AUTODESK官方标准教程系列

精于心 美于形

AUTODESK® INVENTOR® 2015 官方标准教程

Autodesk, inc. 主编 ACAA教育 策划 马茂林 毕梦飞 编著

電子工業出版社
Publishing House of Electronics Industry
北京•BEIJING

内 容 简 介

《Autodesk Inventor 2015 官方标准教程》适合于入门级和进阶级的 Invertor 使用者，通过教程去逐渐熟练掌握 Inventor 的功能及应用。本书主要包含 Inventor 入门、草图应用基础、创建和编辑草图特征、创建放置特征、创建工作特征、零件建模基础、高级零件造型、创建和编辑装配模型、表达视图处理技术、工程图处理技术、钣金设计、高级钣金技术、模型和样式、用户定制和附加模块管理，以及设计助理和附加工具。

图书在版编目（CIP）数据

Autodesk Inventor 2015 官方标准教程 / 马茂林,毕梦飞编著. —北京：电子工业出版社，2015.2
Autodesk 官方标准教程系列
ISBN 978-7-121-25398-0

Ⅰ. ①A… Ⅱ. ①马… ②毕… Ⅲ. ①机械设计－计算机辅助设计－应用软件－技术培训－教材
Ⅳ. ①TH122

中国版本图书馆 CIP 数据核字(2015)第 009706 号

策划编辑：林瑞和
责任编辑：徐津平
文字编辑：杨 璐
印　　刷：北京京科印刷有限公司
装　　订：三河市皇庄路通装订厂
出版发行：电子工业出版社
　　　　　北京市海淀区万寿路 173 信箱 邮编：100036
开　　本：787×1092 1/16 印张：31.5 字数：756 千字
版　　次：2015 年 2 月第 1 版
印　　次：2015 年 2 月第 1 次印刷
定　　价：69.00 元

凡所购买电子工业出版社图书有缺损问题，请向购买书店调换。若书店售缺，请与本社发行部联系，联系及邮购电话：（010）88254888。

质量投诉请发邮件至 zlts@phei.com.cn，盗版侵权举报请发邮件至 dbqq@phei.com.cn。

服务热线：（010）88258888。

前　　言

本书是 Inventor AIP 2015 培训教程，主要适合入门级和进阶级的 Invertor 使用者，通过教程去逐渐熟练掌握 Inventor 的功能及应用。本书内容共分为 15 章。

第 1 章 Inventor 入门，主要介绍了 Inventor 的历史、优点和特点，如何安装/卸载 Inventor，如何组建网络服务器，概述 Inventor 的模块组成，设计项目的管理。举例说明 Inventor 的设计思想：零部件设计参数化。

第 2 章 草图应用基础，在 Inventor 中二维草图是一切三维实体零部件设计的基础。本章主要讲述二维草图的绘制、编辑及约束的添加，并介绍如何利用二维草图求解设计数据及草图块的相关知识。

第 3 章 创建和编辑草图特征，以实例演示的方式向读者讲解零件造型的基本功能——特征，以及如何对特征进行操作和编辑。

第 4 章 创建放置特征，主要介绍了放置特征的基本功能，以及如何对这些功能进行编辑和操作。

第 5 章 创建工作特征，工作平面、轴、点和用户坐标系在零件造型当中发挥着重要的作用，通过本章了解工作特征的创建。

第 6 章 零件建模基础，主要介绍了多实体的创建、特性，以及拔模和扫掠等特征的创建，这些都是建立模型的基础。

第 7 章 高级零件造型，主要讲解零件建模的基本要求、建模技术、建模的策略和步骤及 Inventor 的建模技巧，通过复杂的壳体建模实例来深刻理解 Inventor 高级零件造型。

第 8 章 创建和编辑装配模型，主要讲述了在装配中新建和装入零部件并给这些零部件添加约束的方法，并介绍了零件的自适应功能和装配完成后的装配分析。

第 9 章 表达视图处理技术，主要介绍了如何创建表达视图及动作的设置。

第 10 章 工程图处理技术，工程图是机械设计的最后一个环节，本章将讲解 Inventor 中工程图的创建环境，工程图中各种视图的创建功能和标注功能，以及 GB 标准工程图图纸、图框的定制。

第 11 章 钣金设计，钣金是机械设计中一个比较特殊的零件，本章以钣金实例的创建过程为依托，详细讲述钣金零件设计的基本功能。

第 12 章 高级钣金技术，主要讲解钣金的高级展开原理及自定义展开公式、冲压工具的定制与实例、零件特征的钣金建模的高级应用和钣金的综合应用。

第 13 章 模型和样式，主要介绍了颜色和样式编辑器的使用方法，以及衍生零件功能的应用，并介绍了 Inventor 中自带的资源中心。

第 14 章 用户定制和附加模块管理，主要讲解 Inventor 应用软件的选项设置、文档选项设置及 Inventor 常用样式库的设置。通过本章的学习，读者能够深刻理解 Inventor 应用程序选项、文档选项和样式库选项的含义，能够配置符合自己要求的设计选项和风格，同时能将 Inventor 的设置导出，进行设置共享。

第 15 章 设计助理和附加工具，主要讲解 Inventor 对设计数据进行管理的相关功能，主要包括设计助理和附加工具两大部分的内容。

通过本书的学习，能使读者融会贯通地理解 Inventor 的精髓，逐渐掌握 Inventor，并能融合 Inventor 的设计与管理思想，成为真正的 Inventor 设计高手。

由于时间仓促，加之作者水平有限，书中难免有错漏之处，敬请广大读者谅解并指正。

编 著 者

目　录

第 1 章　Inventor 入门

本章学习目标

- 认识安装 Autodesk Inventor 系统所需的硬件配置和软件环境。
- 尝试新建、打开、保存 Inventor 文件。
- 了解基本术语和装配、零件、工程图及表达视图环境的工具面板、浏览器和图形界面。
- 掌握创建和使用项目文件。
- 了解 Inventor 专业模块的主要功能和用途。
- 了解 Inventor 的用户界面 Ribbon 和视口操作，熟悉 ViewCube 工具的使用方法。
- 熟悉应用程序菜单和快速访问工具栏。
- 掌握工具动画演示、渐进式工具提示、演示动画增强功能。
- 了解自定义的 Inventor 文件信息提示。

1.1　Inventor 概述

Autodesk Inventor 是美国 Autodesk 公司推出的一款可视化三维实体建模软件，它是一款全面的设计工具，它的功能涵盖了产品的草图设计、零件设计、零件装配、分析计算、视图表达、模具设计、工程图设计等全过程，还包括了专业的运动仿真、结构性分析、应力分析、三维布线、三维布管等功能。它用于帮助用户创建和验证完整的数字样机以减少物理样机的投入，用户在数字样机设计流程中获得极大的优势，并且能在更短的时间内生产出更好的产品，以更快的速度将更多的创新产品推向市场。

在进行机械产品设计的过程中常会遇到一些棘手的问题，例如，操作界面复杂，难以在短期内上手，这样就需要大量的培训和接触才能熟悉该软件；产品文件类型多样，无法有效传达数据和进行思想交流；青睐数字样机的优势，但担心数据在出书过程中丢失等。

Inventor 具有强大的三维造型能力，有良好的设计表达能力，与其他主流三维 CAD 软件相比，它具有以下明显特点。

1．简单易懂的操作界面

Autodesk Inventor 采用了 Autodesk 产品通用的功能区（Ribbon）界面（见图 1-1），这种界面与 Microsoft Office 最新的风格一致，此界面根据功能的不同划分成若干功能区，方便用户操作。对于使用 Autodesk 其他产品（如 AutoCAD 2015）的用户，能够使其在短期内熟悉 Inventor 的应用环境并快速上手，真正达到“知一而晓百”。

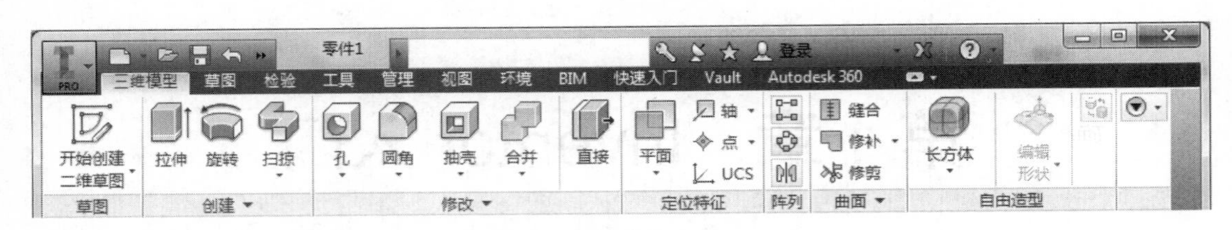

图 1-1 Inventor 标准 Ribbon 用户界面

2. 智能简便的操作方式

直接操作作为一种新的用户界面，使用户可以直接参与模型交互及修改模型，同时还可以实时查看更改。生成的交互是动态的、可视的、可预测的。用户可以将注意力集中到图形区域内显示的几何图元上，而无须关注与功能区、浏览器和对话框等用户界面要素的交互。

3. 简化模具设计

Autodesk Inventor 产品线中包含自动化模具设计工具，用户可以直接利用 Inventor 中注塑件的三维模型，借助 Autodesk Moldflow 塑料流动工具，Inventor 可以帮助用户优化模具设计并减少模具试修次数。

4. 加强设计沟通协作

Inventor 与 Autodesk 数据管理应用的紧密集成有利于高效地交流设计数据，让设计团队与制造团队能够尽早开展协作。各个团队都可以利用免费的 Autodesk Design Review 软件来管理和跟踪数字样机中的所有组件，从而更好地重复利用关键的设计数据和管理物料清单（BOM），加强与其团队及合作伙伴之间的协作。

5. 支持多种数据格式

Inventor 能够导入、导出多种数据格式，如 IGES、Parasolid、ACIS、STEP 等，方便用户交流，对于来自其他主流 CAD 软件的文件也能够读取自如。尤其随着工业设计软件 Alias 的加入，Inventor 能够关联性地继承 Alias 三维模型数据。

6. 强大的二维工程图处理技术

AutoCAD 作为一款优秀的二维设计软件已经成为业界的标准，而 Inventor 与 AutoCAD 同属 Autodesk 整体解决方案阵容的产品。作为“近亲”，Inventor 与 AutoCAD 的很多优势，使得很多来自于 AutoCAD 的二维数据能够毫无损失地移植到 3D 环境下。

1.2 Inventor 的安装与卸载

1.2.1 安装 Inventor 之前要注意的事项

- 使用本地计算机管理员权限安装 Inventor。如果登录的是受限账户，可用鼠标右键单击“Setup.exe”以管理员身份运行。

- 在 Windows Vista 上安装时应禁用“用户账户控制”功能，在 Windows 7 上安装时，应关闭“用户账户控制”或降低等级为“不要通知”。
- 确保有足够的硬件支持。对于复杂的模型、复杂的模具部件及大型部件（通常包含 1000 多个零件），建议最低内存为 3GB。同时应该确定有足够的磁盘空间。以 Inventor 2015 为例，它的磁盘需求大约为 10GB。
- 在安装 Autodesk Inventor 2015 之前请先更新操作系统，如果没有更新则会自动提示用户更新。安装所有的安全更新后请重启系统。请勿在安装或卸载该软件时更新操作系统。
- 强烈建议先关闭所有的 Autodesk 应用程序，然后再安装、维护或卸载该软件。
- 安装 Inventor 时应尽量关闭防火墙、杀毒软件。如果安装的操作系统是 Windows 7，应降低或者关闭 UAC 安全的设置。

1.2.2 安装 Autodesk Inventor 2015 的步骤

（1）插入安装光盘，双击“Setup.exe”文件，弹出 Inventor 安装的欢迎界面，在右上角选择语言，如图 1-2 所示。

图 1-2 Inventor 安装的欢迎界面

（2）单击“安装”按钮，在打开的窗口中单击“下一步”按钮进入“产品信息”界面。如果用户选择的不是试用该产品，则需要提供用户信息和产品序列号数据，如图 1-3 所示。

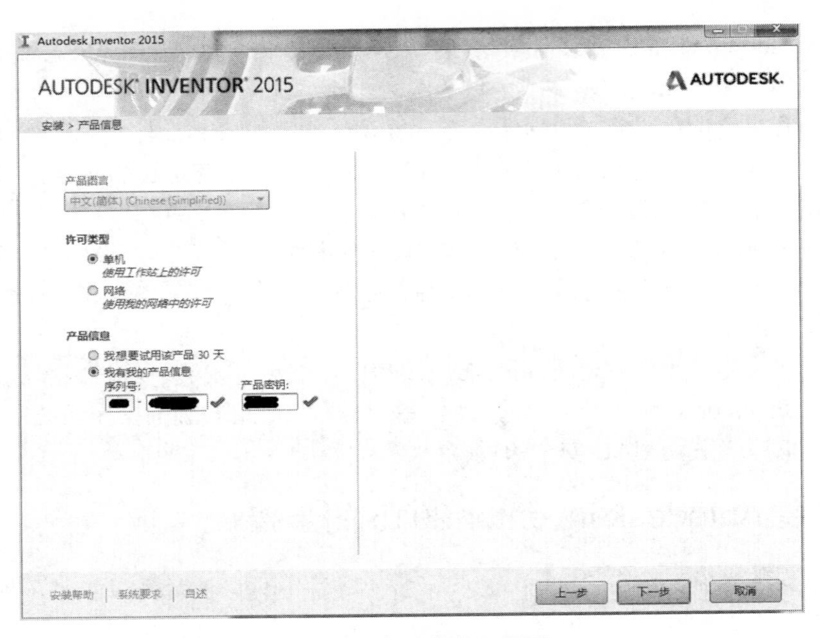

图 1-3 “产品信息”界面

（3）单击“下一步”按钮进入选择要安装的产品及路径界面，如图 1-4 所示。

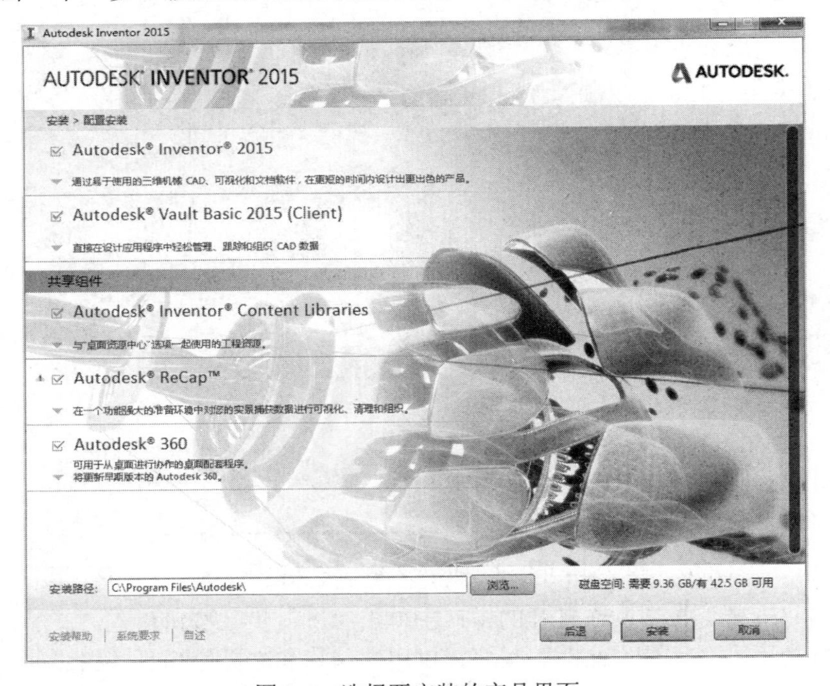

图 1-4 选择要安装的产品界面

（4）选择好路径后单击“安装”按钮等待自动安装，最后单击“完成”按钮。

1.2.3　更改或卸载安装

Inventor 提供 3 种维护方式：卸载、更改和修复。

（1）关闭所有打开的程序。

（2）选择“开始”→“控制面板”→“程序和功能”命令，选择 Autodesk Inventor 2015，然后单击“卸载/更改”按钮，如图 1-5 所示。

（3）修改完成后需要重新启动系统来启用修改设置。

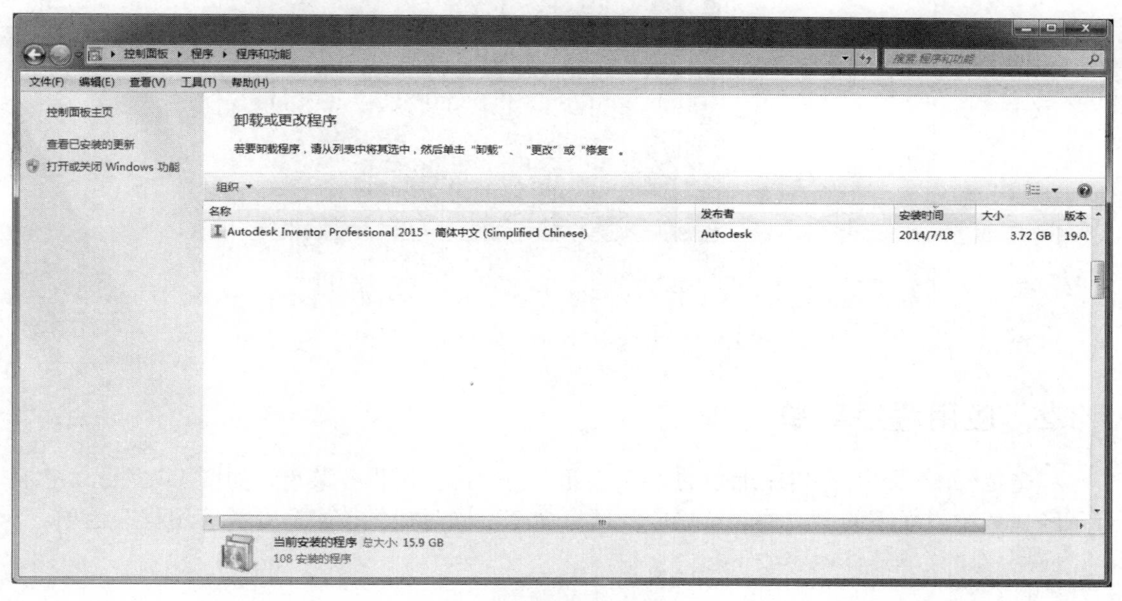

图 1-5　添加或更改程序

1.3　Inventor 基本使用环境

1.3.1　用户界面

如图 1-6 所示为 Autodesk Inventor 2015 默认的用户界面，它主要包括图形窗口、功能区、快速访问工具条、通信中心、浏览器、状态栏、文件选项卡和关联菜单等。

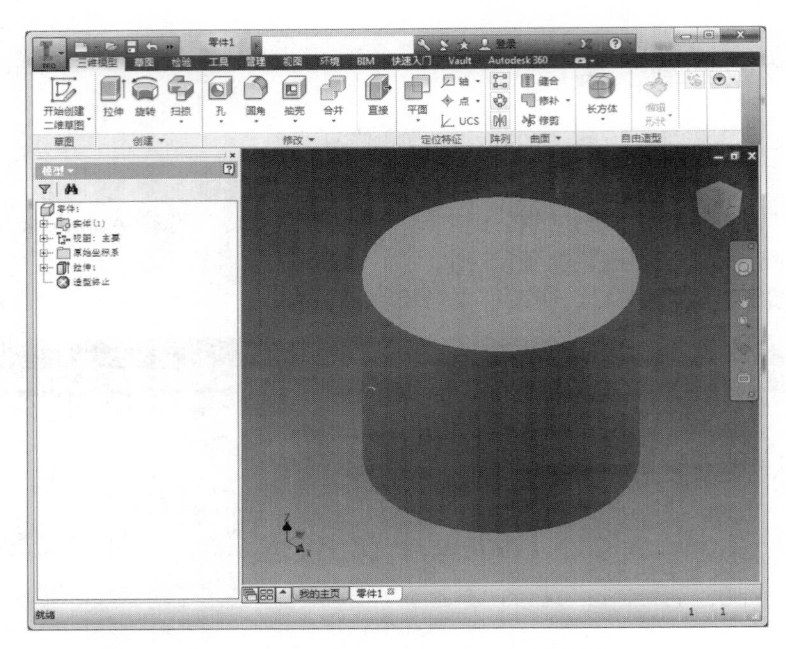

图 1-6 Autodesk Inventor 2015 用户界面

1.3.2 应用程序菜单

单击位于 Inventor 窗口左上角的“I”按钮，会弹出应用程序菜单，如图 1-7 所示。它整合了经典菜单界面下的“文件”菜单中的所有命令，同时提供搜索命令和应用程序选项。

应用程序菜单具体内容如下。

1. 新建文档

选择“新建”命令即弹出“新建文件”对话框（见图 1-8），单击对应的模板即创建基于此模板的文件，也可以单击其扩展子菜单直接选定模板来创建文件。当前模板的单位与安装时选定的单位一致。用户可以通过替换“Template”目录下的模板更改模块设置。

也可以将鼠标指针悬于“新建”选项上或者单击其后的按钮，在弹出的列表中直接选择模板，如图 1-7 所示。

当 Inventor 中没有文档打开时，可以在“新建文件”对话框中指定项目文件或者新建项目文件，用于管理当前文件。

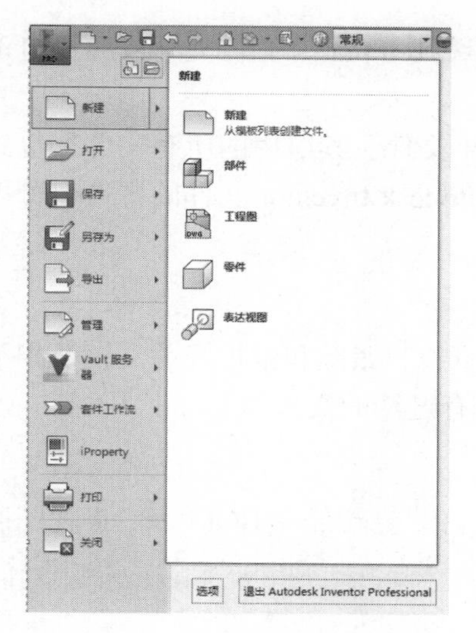

图 1-7　选择模板

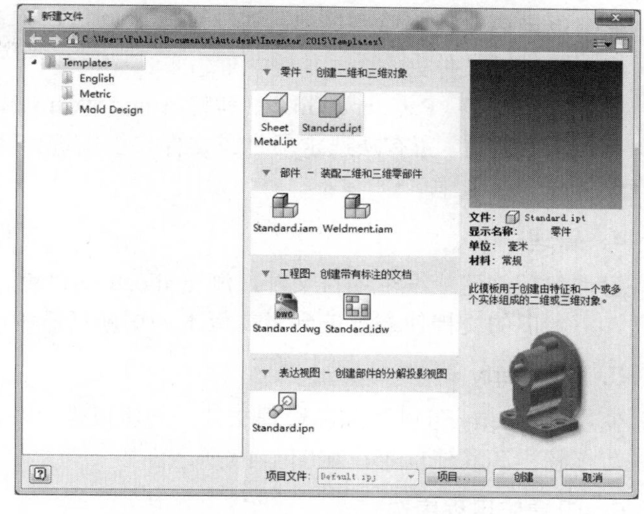

图 1-8　“新建文件”对话框

2．打开文档

选择“打开”命令会弹出“打开”对话框。将鼠标指针悬停在“打开”选项上或者单击其后的按钮，会显示“打开”、“打开 DWG”、“从资源中心打开”、“导入 DWG”和“打开样例”选项。

“打开”对话框与“新建文件”对话框可以互相切换，并可以在无文档的情况下修改当前项目或者新建项目文件。

3．保存/另存为文档/导出

将激活文档以指定格式保存到指定位置。如果第一次创建，在保存时会弹出“另存为”对话框，如图 1-9 所示。“另存为”用来以不同文件名、默认格式保存。“保存副本”则将激活文档按“保存副本”对话框指定格式另存为新文档，原文档继续保持打开状态。Inventor 支持多种格式的输出，如 IGES、STEP、SAT、Parasolid 等。

图 1-9　“另存为”对话框

另外，Inventor 还集成了如下一些功能：

- 以当前文档为原型创建模板，即将文档另存到系统 Templates 文件夹下或用户自定义模板文件夹下。
- 利用打包（Pack and Go）工具将 Autodesk Inventor 文件及其引用的所有文件打包到一个位置。所有从选定项目或文件夹引用选定 Autodesk Inventor 文件的文件也可以包含在包中。

4．管理

管理包括创建或编辑项目文件，浏览 iFeature 目录、查找、跟踪和维护当前文档及相关数据，更新旧的文档使之移植到当前版本，更新任务中所有过期的文件等。

5．iProperty

使用 iProperty 可以跟踪和管理文件，创建报告，以及自动更新部件 BOM 表、工程图明细栏、标题栏和其他信息，如图 1-10 所示。

6．设置应用程序选项

单击“选项”按钮会弹出“应用程序选项”对话框，如图 1-11 所示。在该对话框中，用户可以对 Inventor 的零件环境、iFeature、部件环境、工程图、文件、颜色、显示等属性进行自定义设置，同时可以将应用程序选项设置导出到 XML 文件中，从而使其便于在各计算机之间使用并易于移植到下一个 Autodesk Inventor 版本。此外，CAD 管理器还可以使用这些设置为所有用户或特定组部署一组用户配置。

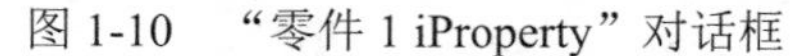
图 1-10　“零件 1 iProperty”对话框

图 1-11　“应用程序选项”对话框

7．搜索命令

搜索命令可对位于快速访问工具栏、应用程序菜单和功能区中的所有命令进行实时搜索。“搜索”字段显示在应用程序菜单顶部。搜索结果可以包含菜单命令、基本工具提示和命令提示文本字符串。可以使用任何支持的语言输入搜索词。

8．预览最近访问的文档

通过“最近使用的文档”列表查看最近使用的文件，如图 1-12 所示。在默认情况下，文件显示在“最近使用的文档”列表中，并且最新使用的文件显示在顶部。

鼠标指针悬停在列表中其中一个文件名上时，会显示此文件的以下信息：

- 文件的预览缩略视图。
- 存储文件的路径。
- 上次修改文件的日期。

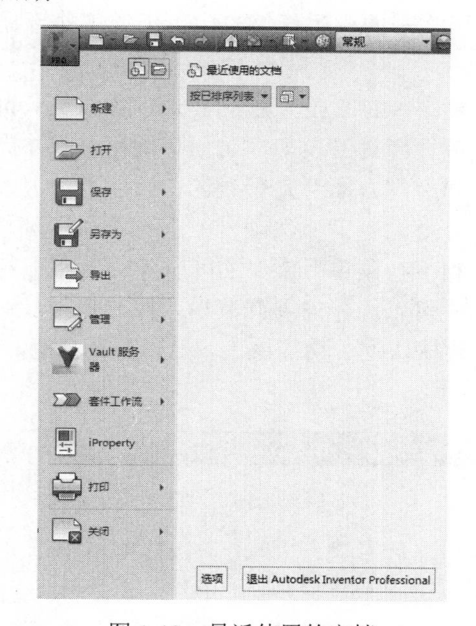

图 1-12　最近使用的文档

1.3.3　功能区

除了继续支持传统的菜单和工具栏界面之外，Autodesk Inventor 2015 默认采用功能区界面以便于用户使用各种命令，如图 1-13 所示。功能区将与当前任务相关的命令按功能组成面板集中到一个选项卡中。这种用户界面和元素被大多数 Autodesk 产品（如 AutoCAD、Revit、Alias 等）接受，方便 Autodesk 用户向其他 Autodesk 产品移植文档。

图 1-13　功能区

功能区具有以下特点。

- 直接访问命令：轻松访问常用的命令。研究表明，增加目标命令的大小可使用户访问命令的时间锐减（费茨法则）。

- 发现极少使用的功能：库控件（例如“标注”选项卡中用于符号的库控件）可提供图形化显示可创建的扩展选项卡。
- 基于任务的组织方式：功能区的布局及选项卡和面板内的命令组，是根据用户任务和对客户命令使用模式的分析而优化设计的。
- Autodesk 产品外观一致：Autodesk 产品家族中的 AutoCAD、Autodesk Design Review、Autodesk Inventor、Revit、3ds Max 等采用了风格相似的界面。某一产品的用户只要熟悉一种产品就可以“触类旁通”。
- 上下文选项卡：使用唯一的颜色标识专用于当前工作环境的选项卡，方便用户进行选择。
- 应用程序的无缝环境：目的或任务催生了 Autodesk Inventor 内的虚拟环境。这些虚拟环境帮助用户了解环境目的及如何访问可用工具，并提供反馈来强化操作。每个环境的组件在放置和组织方面都是一致的，包括用于进入和退出的访问点。视觉提示（例如，用颜色分类的上下文选项卡）强化了激活环境。
- 更少的可展开菜单和下拉菜单：减少了可展开菜单和下拉菜单中的命令数，以此减少单击次数。用户还可以选择向展开菜单中添加命令。
- 快速访问工具条：其默认位于功能区上，是可以在所有环境中进行访问的自定义命令组，如图 1-14 所示。

图 1-14　快速访问工具条

在功能区中的命令上单击鼠标右键，在弹出的快捷菜单中选择“添加到快速访问工具栏”命令，可将该命令添加到快速访问工具栏中，如图 1-15 所示。若要删除则只需在“快速访问工具条”上用鼠标右键单击该命令，在弹出的快捷菜单中选择“从快速访问工具栏中删除”命令即可，如图 1-16 所示。

- 扩展型工具提示：Autodesk Inventor 功能区中的许多命令都具有增强（扩展）的工具提示，最初显示命令的名称及对命令的简短描述，如果继续悬停鼠标指针，则工具提示会展开提供更多信息。此时按住“F1”键可调用对应的帮助信息，如图 1-17 所示。

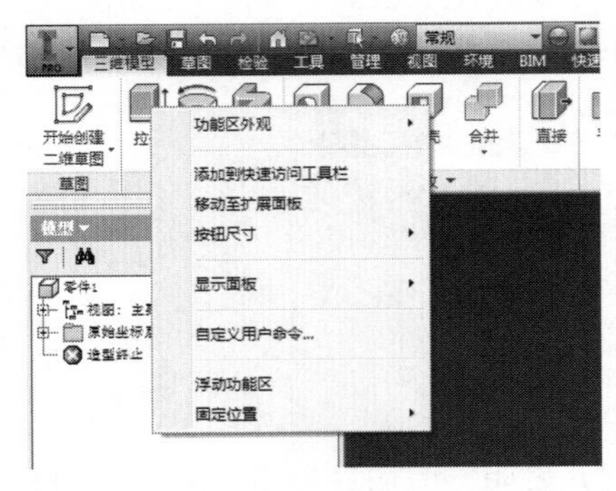

图 1-15　添加命令到快速访问工具栏

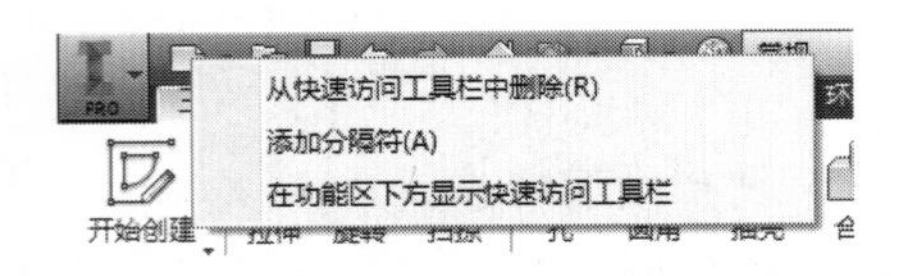

图 1-16　“从快速访问工具栏中删除”命令

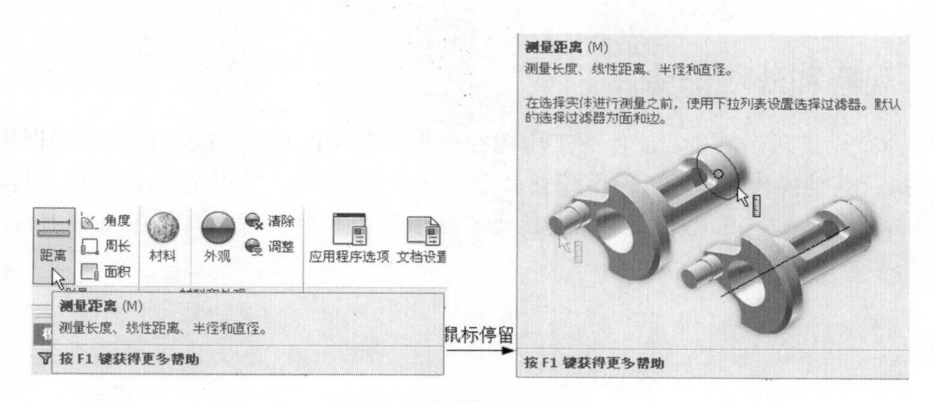

图 1-17　扩展型工具提示

可以在"应用程序选项"对话框中控制工具提示的显示。在"常规"选项卡中可进行"工具提示外观"设置。

1.3.4　鼠标的使用

鼠标是计算机外围设备中十分重要的硬件之一，用户与 Inventor 进行交互操作时几乎 80%利用了鼠标。如何使用鼠标直接影响到产品设计的效率。使用三键鼠标可以完成各种功能，包括选择和编辑对象、移动视角、单击鼠标右键打开快捷菜单、按住鼠标滑动快捷功能、旋转视角、物体缩放等。具体使用方法如下。

- 单击鼠标左键（MB1）用于选择对象，双击用于编辑对象。例如，单击某一特征会弹出对应的特征对话框，可以进行参数再编辑。
- 单击鼠标右键（MB3）用于弹出选择对象的关联菜单。
- 按下滚轮（MB2）来平移用户界面内的三维数据模型。
- 按下"F4"键的同时按住鼠标左键并拖动则可以动态观察当前视图。鼠标放置轴心指示器的位置不同，其效果也不同，如图 1-18 所示。
- 滚动鼠标中键（MB2）用于缩放当前视图。

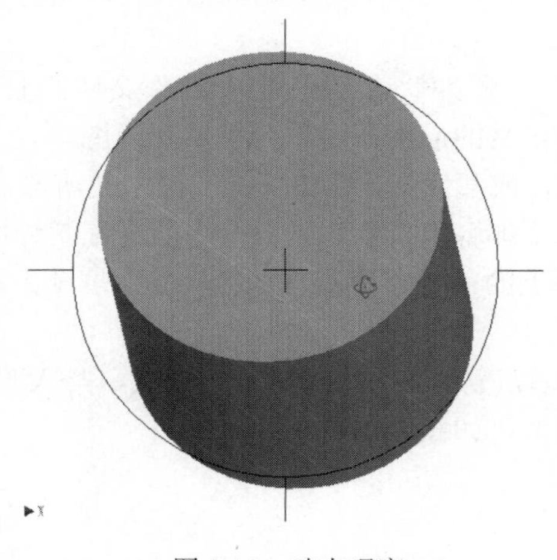

图 1-18　动态观察

1.3.5 观察和外观命令

观察命令操纵激活零件、部件或工程图在图形窗口中的视图，或者在工程师记事本中的视图。在执行其他操作时，可以使用观察命令操纵视图。例如，在进行圆角操作时旋转零件，以便于选择隐藏的边。常用的观察命令位于“导航”组和导航栏上，如图 1-19 所示。

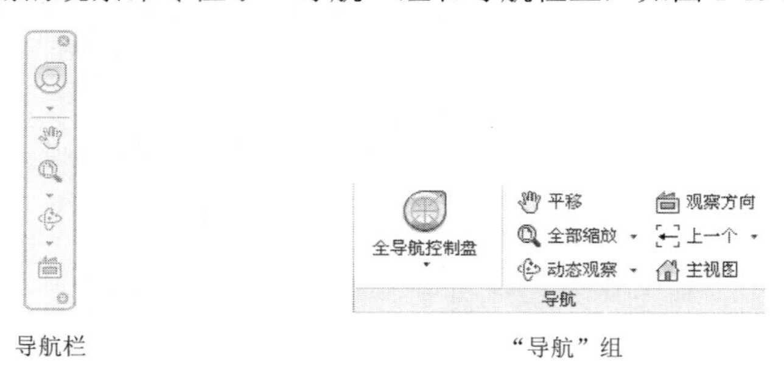

导航栏　　“导航”组

图 1-19　观察命令

常用的观察命令如下。

- 平移：沿与屏幕平行的任意方向移动图形窗口视图。当“平移”图标激活时，在用户图形区域会显示手掌平移光标。将光标置于起始位置，然后单击并拖动鼠标，可将用户界面的内容拖动到光标所在的新位置。
- 实时缩放：使用此命令可以实时缩放零件部件。
- 缩放窗口：光标变为十字形，用来定义视图边框，在边框内的元素将充满图形窗口。
- 全部缩放：激活“全部缩放”命令会使所有可见对象（零件、部件或图纸等）显示在图形区域内。
- 缩放选中实体：在零件或部件中，缩放所选的边、特征、线或其他元素以充满图形窗口。可以在单击“缩放”之前或之后选择元素。该命令不能在工程图中使用。
- 受约束的动态观察：在模型空间中围绕轴旋转模型，即相当于在纬度和经度上围绕模型移动视线。
- 主视图：将前视图重置为默认设置。当在部件文件的上下文选项卡中编辑零件时，在顶级部件文件中定义的前视图将作为主导前视图。
- 观察方向：在零件或部件中，缩放并旋转模型使所选元素与屏幕保持平行，或使所选的边或线相对于屏幕保持水平。该命令不能在工程图中使用。
- 平行模式：模型上的所有点都沿平行线投影到屏幕上的显示模式，如图 1-20 所示。
- 透视模式：模型以三点透视方式显示的模式，与人眼观察到的真实世界中的对象陈列方式非常相似，如图 1-21 所示。

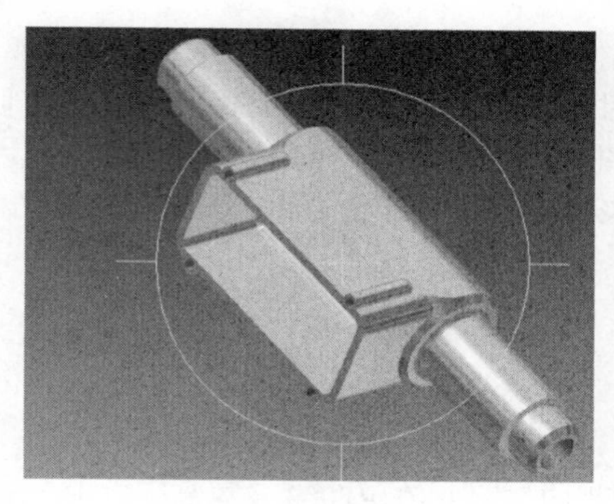

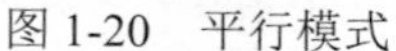

图 1-20　平行模式

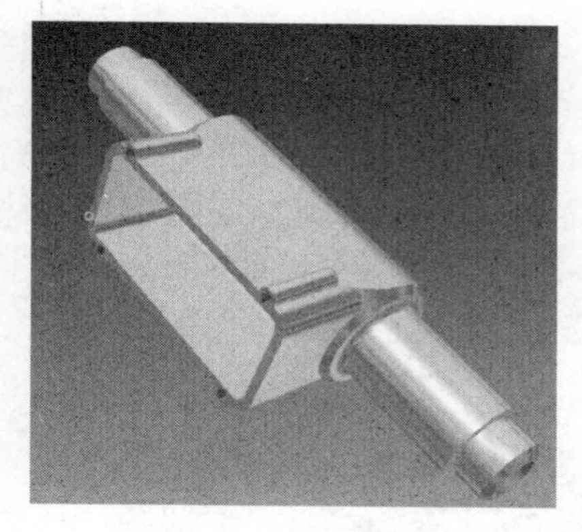

图 1-21　透视模式

- 上一视图：当前视图采用上一个视图的方向和缩放值。在默认情况下，“上一个视图”命令位于“视图”选项卡的“导航”组中，可以单击导航栏右下角的下拉按钮，在弹出的“自定义”菜单中选择“上一视图”命令，将该命令添加到导航栏中。可以在零件、部件和工程图中使用“上一视图”命令。
- 下一视图：使用“上一视图”后恢复到下一个视图。在默认情况下，“下一视图”命令位于“视图”选项卡的“导航”组中，可以单击导航栏右下角的下拉按钮，在弹出的“自定义”菜单中选择“下一视图”命令，将该命令添加到导航栏中。可以在零件、部件和工程图中使用“下一视图”命令。
- 视觉样式：视觉样式定义了模型面和边在视图中的显示方式。软件中有若干标准的视觉样式，可以满足多种造型需求。
- 阴影：“阴影”命令可以增强模型的外观效果和清晰度。地面阴影、对象阴影和环境光阴影可以单独应用，也可以一起应用。例如，可以在处理复杂形状时使用环境光阴影和对象阴影，以显示出微小的细节，或者在呈现最终作品时使用地面阴影。应用所有阴影效果可以提供最真实的显示效果，如图 1-22 所示。

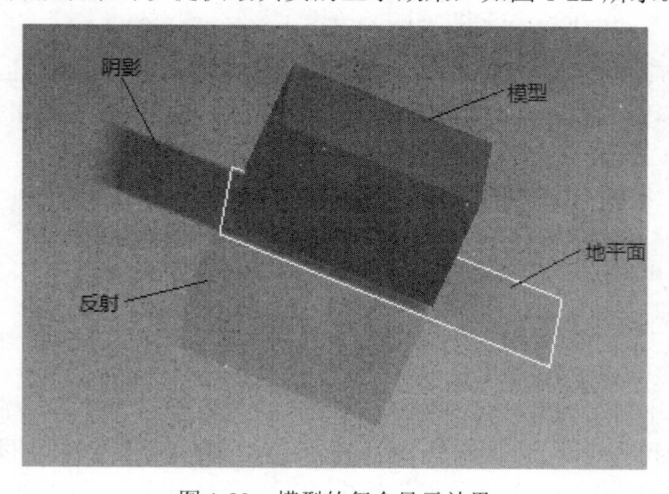

图 1-22　模型的复合显示效果

- 地平面：地平面是一种表达模式空间向上方向的方法，可以提供用于模型缩放的视觉提示。使用视图控件旋转模型时，地平面与模型的关系保持不变。从地平面下方查看模型时，地平面会被隐藏，直到相机位于地平面之上才显示地平面。
- 地面反射：地面反射可以形成模型视图的深度和维度感，它还可以显示出从当前相机角度看不到的特征。

1.3.6 导航工具

1. ViewCube

ViewCube 是一种屏幕上的设备，与"常用视图"类似。在 R2009 及更高版本中，ViewCube 替代了"常用视图"，由于其简单易用，已经成为 Autodesk 产品家庭中如 AutoCAD、Alias、Revit 等 CAD 软件必备的"装备"之一。ViewCube 如图 1-23 所示。

图 1-23 ViewCube

与"常见视图"类似，单击立方体的角可以将模型捕捉到等轴测视图中，而单击面可以将模型捕捉到平行视图中。ViewCube 具有以下附加特征。

- 始终位于屏幕上的图形窗口的一角（可通过 ViewCube 选项指定显式屏幕位置）。
- 在 ViewCube 上拖动鼠标可旋转当前三维模型，方便用户动态观察模型。
- 提供一些有标记的面，可以指示当前相对于模型世界的观察角度。
- 提供了可单击的角、边和面。
- 提供了"主视图"按钮，以返回至用户定义的基础视图。
- 能够将"前视图"和"俯视图"设定为用户定义的视图，而且也可以重定义其他平行视图及等轴测视图。重新定义的视图可以被其他环境或应用程序（如工程图或 DWF）识别。
- 在平行视图中，提供了旋转箭头，使用户能够以 90° 为增量，垂直于屏幕旋转照相机。
- 提供了使用户能够根据自己的配置调整立方体特征的选项。

2. Steering Wheels

SteeringWheels 也是一种便捷的动态观察工具，它以屏幕托盘的形式表现出来，它包含常见的导航控件及不常用的控件。当 SteeringWheels 被激活后，它会一直跟随鼠标指针，无须将鼠标指针移动到功能区的图标上，便可立即使用该托盘上的工具。像 ViewCube 一样，用户可以通过"视图"选项卡的"导航"组中的下拉菜单打开和关闭 SteeringWheels。而且与 ViewCube 一样，SteeringWheels 包含根据个人喜好调整工具的选项。与 ViewCube 不同，

SteeringWheels 默认处于关闭状态，需在功能区上，在“视图”选项卡的“导航”组中选择“全导航控制盘”命令来激活它。

根据查看对象不同，SteeringWheels 分为 3 种表现形式：全导航控制盘、查看对象控制盘和巡视建筑控制盘，如表 1-1 所示。在默认情况下，将显示 SteeringWheels 的完整版本，但是用户可以指定 SteeringWheels 的其他完整尺寸版本和每个控制盘的小版本。若要尝试这些版本，可在 SteeringWheels 工具上单击鼠标右键，然后从弹出的快捷菜单中选择一个版本。例如，选择“查看对象控制盘（小）”，可以查看完整 SteeringWheels 的小版本。

表 1-1　SteeringWheels的界面

类　型	全导航控制盘	查看对象控制盘	巡视建筑控制盘
大托盘	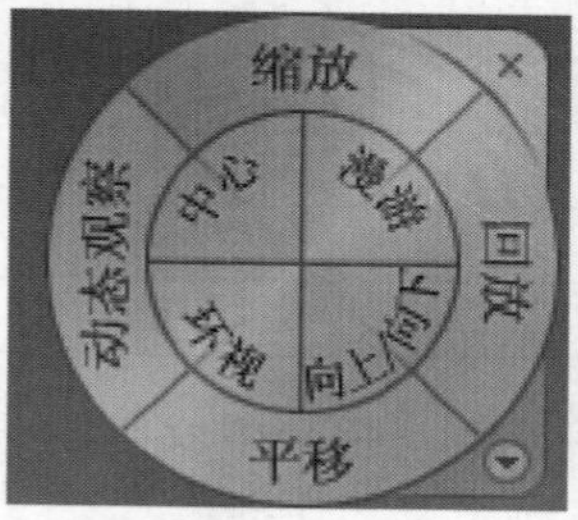 缩放 中心 漫游 动态观察 回放 环视 向上/向下 平移	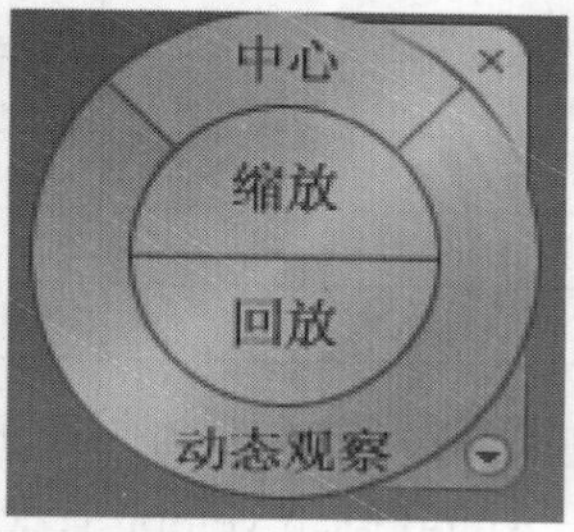 中心 缩放 回放 动态观察	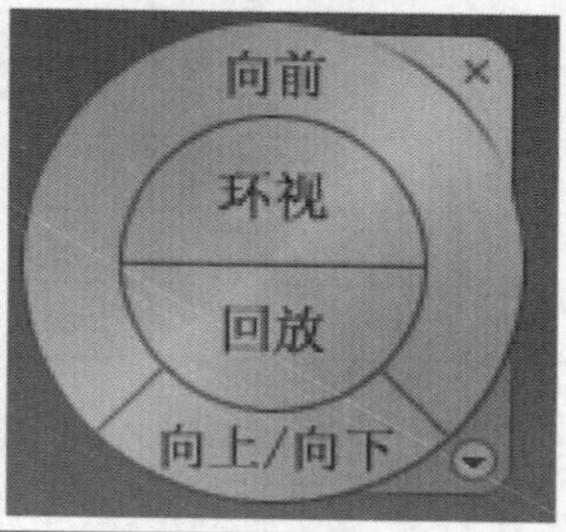 向前 环视 回放 向上/向下
小控制盘	 平移	 平移	 向上/向下

SteeringWheels 提供了以下功能。

- 缩放：用于更改照相机到模型的距离，缩放方向可以与鼠标运动方向相反。
- 动态观察：围绕轴心点更改相机位置。
- 平移：在屏幕内平移照相机。
- 中心：重定义动态观察中心点。

此外，SteeringWheels 还添加了一些 Autodesk Inventor 中以前所没有的控件，或功能上显著变化和改进的控件。

- 漫游：在透视模式下能够浏览模型，很像在建筑的走廊中穿行。
- 环视：在透视模式下能够更改观察角度而无须更改照相机的位置，如同围绕某一个固定点向任意方向转动照相机一般。
- 向上/向下：能够向上或向下平移照相机，定义的方向垂直于 ViewCube 的顶面。
- 回放：能够通过一系列缩略图以图形方式快速选择前面的任意视图或透视模式。

1.3.7　全屏显示模式

在“视图”选项卡的“窗口”组中选择“全屏显示”命令，可以进入全屏显示模式。该模式可最大化应用程序并隐藏图形窗口中的所有用户界面元素。功能区在自动隐藏模式下处于收拢状态。全屏显示非常适用于设计检查和演示。

1.3.8 快捷键

与仅通过菜单选项或单击鼠标键来使用工具相比，一些设计师更喜欢使用快捷键，从而可以提高效率。通常，可以为透明命令（如缩放、平移）和文件实用程序功能（如打印等）指定自定义快捷键。Autodesk Inventor 中预定义的快捷键如表 1-2 所示。

表 1-2　Inventor预定义的快捷键

快　捷　键	命令/操作	快　捷　键	命令/操作
Tab	降级	Shift+Tab	升级
F1	帮助	F4	旋转
F6	等轴测试图	F10	草图可见性
Alt+8	宏	F7	切片观察
Shift+F5	下一页	Alt+F11	Visual Basic 编辑器
F2	平移	F3	缩放
F5	上一视图	Shift+F3	窗口缩放

将鼠标指针移至工具按钮上或命令中的选项名称旁时，提示中就会显示快捷键，也可以创建自定义快捷键。另外，Autodesk Inventor 有很多预定义的快捷键。

用户无法重新指定预定义的快捷键，但可以创建自定义快捷键或修改其他的默认快捷键。具体操作步骤为：在“工具”选项卡的“选项”组中选择“自定义”命令，在弹出的“自定义”对话框中选择“键盘”选项卡，可开发自己的快捷键方案及为命令自定义的快捷键，如图 1-24 所示。当要用于快捷键的组合键已指定给默认的快捷键时，用户通常可删除原来的快捷键并重新指定给用户选择的命令。

图 1-24　“自定义”对话框

除此之外，Inventor 可以通过“Alt”键或“F10”键快速调用命令。当按下这两个键时，命令的快捷键会自动显示出来，如图 1-25 所示，用户只需依次使用对应的快捷键即可执行对应的命令，无须操作鼠标。

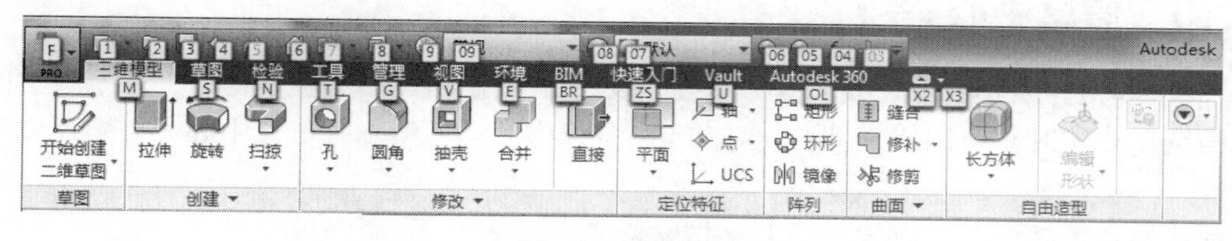

图 1-25　快捷键

1.3.9　直接操纵

直接操纵是一种新的用户界面，它使用户可以直接参与模型交互及修改模型，同时还可以实时查看更改。生成的交互是动态的、可视的，而且是可预测的。用户可以将注意力集中到图形区域内显示的几何图元上，而无须关注与功能区、浏览器和对话框等用户界面要素的交互。

图形区域内显示的是一种用户界面，悬浮在图形窗口上，用于支持直接操纵，如图 1-26 所示。它通常包含小工具栏（含命令选项）、操纵器、值输入框和选择标记。小工具栏使用户可以与三维模型进行直接、可预测的交互。“确定”和“取消”按钮位于图形区域的底部，用于确认或取消操作。

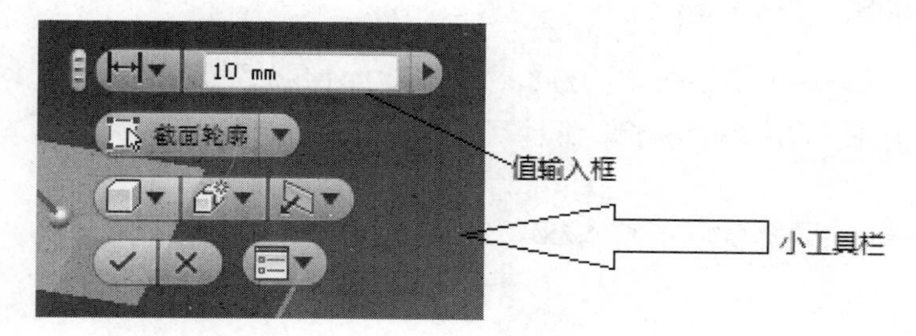

图 1-26　图形区域

- 操纵器：它是图形区域中的交互对象，使用户可以轻松地操纵对象，以执行各种造型和编辑任务。
- 小工具栏：其上显示图形区域中的按钮，可以用来快速选择常用的命令。它们位于非常接近图形窗口中的选定对象的位置。弹出型按钮会在适当的位置显示命令选项。小工具栏的描述更加全面、简单。特征也有了更多的功能，拥有迷你工具栏的命令有拉伸、旋转、倒角、倒圆角、打孔等。小工具条还可以固定位置或者隐藏。
- 选择标记：是一些标签，显示在图形区域内，提示用户选择截面轮廓、面和轴，以创建和编辑特征。
- 值输入框：用于为造型和编辑操作输入数值。该框位于图形区域内的小工具栏上方。
- 标记菜单：在图形窗口中单击鼠标右键，会弹出快捷菜单，它可以方便用户建模的操作。如果用户按住鼠标右键向不同的方向滑动会出现相应的快捷键，出现的快捷键与右键菜单相关。

1.3.10 信息中心

信息中心是 Autodesk 产品独有的界面，它便于使用信息中心搜索信息、显示关注的网址、帮助用户实时获得网络支持和服务等功能，如图 1-27 所示。信息中心可以实现以下功能：

- 通过关键字（或输入短语）来搜索信息。
- 通过“Subscription Center”访问 Subscription 服务。
- 通过“通信中心”访问产品相关的更新和通告。
- 通过“收藏夹”访问保存的主题。
- 访问“帮助”中的主题。

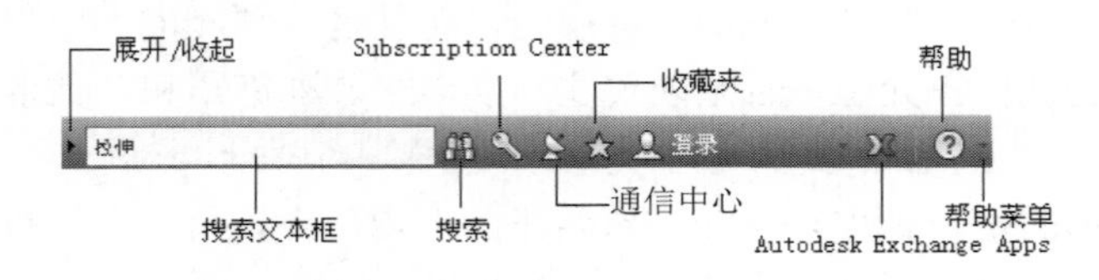

图 1-27　信息中心

1.3.11 Inventor 环境总览

Inventor 中的环境相当于一种工作场合，不同的工作场合会用到不同的工具，Inventor 中的环境也是由目的/任务决定的。了解每种环境的用处及如何访问其可用工具，有利于提高工作效率。

Autodesk Inventor 中提供以下基本环境：

- 零件。
- 钣金零件。
- 装配视图。
- 焊接件部件。
- 工程图。
- 表达视图。

此外，在零件、部件和工程图基本环境中，可以访问二维和三维草图环境，这些基本环境也称为文档或文件类型。在 Autodesk Inventor 中可用的其他所有环境类型，如草图、构造和特定环境（如 Studio），都不是特定文档和文件类型。

另外，在零件、部件和工程图环境中，特定环境可用于执行特定任务。这些任务往往与特定的功能模块绑定在一起。

每个特定环境和二维、三维草图都提供“退出”/“完成”（环境）命令（在功能区的右侧），使用户能够重新进入常规工作环境。使用“返回”命令可退出正在进行的编辑，并快速返回到需要的环境。目标环境取决于用户正在何种造型环境下工作。

1.3.12 Inventor 2015 新功能-Inventor 主页

在 Autodesk Inventor 2015 中，Inventor“主页”取代了早期版本的“欢迎屏幕”，提供了侧重于常见用户任务的全新入门体验。“主页”屏幕的作用类似于你的个人面板，如图 1-28 所示。一些功能包括：

- 基本或完整的模板显示。
- 展开最近使用的文件列表，并在工具提示中包含了丰富的信息。
- 通过过滤器，你可以指定要在最近打开的文件列表中显示的文件类型。
- 能够锁定你正在处理的文件以使其更容易定位。上图显示了两个锁定的文件。
- 快速访问团队网站、帮助和学习路径。

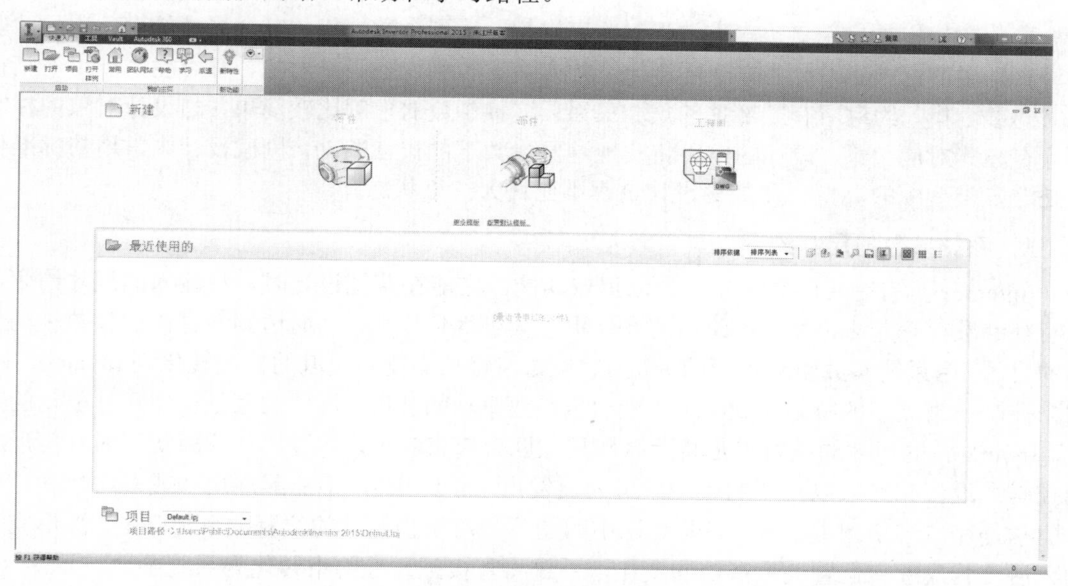

图 1-28 Inventor 主页

1.4 参数化建模技术

随着 CAD 技术的应用，二维绘图已逐渐过渡到三维设计，很多主流 CAD 软件都包含了参数化建模功能，从而可以更完整地定义和描述设计及制造信息。在产品设计和开发过程中，零部件的标准化、通用化和系统化是提高产品设计质量，缩短产品设计开发周期，减少产品市场反应时间的有效途径之一，而基于三维 CAD 系统的参数化设计，更能满足机械设计的需要。

1.4.1 参数化设计思想

使用三维软件进行设计时，首先要了解产品的结构，明晰并构思好产品各个部门间的装备和位置关系，充分了解产品的设计意图；然后利用软件提供的强大的设计功能及编辑工具，把设计意图反映到产品的设计中。

对产品进行研发设计的工作并非一蹴而就，而是一波三折，因为处于研发阶段的产品，其各项特征都具有不确定性，需要根据其他研发人员或者客户的反馈对设计的产品进行反复论证、重新设计或修改，从而不断改进和完善。因此，从某种意义上讲，设计的过程就是反复修改的过程。参数化设计的目的就是按照产品的设计意图进行灵活修改，所以它的易于修改性是至关重要的，这也是参数化设计的优势之一。可以想象，如果没有采用这种技术，重新修改会是一个什么样的过程，尤其是当产品的特征数目超过一定数目时，重新创建将是一个巨大的工程。

1.4.2 参数化建模技术的实现方法

参数化建模技术用“顺序方法”对约束求解，达到全数据相关、全尺寸约束、用尺寸驱动设计结果的修改目的。此方法适合于结构方案比较稳定的设计对象，有可能用一组不是很庞大的参数集，约束所有零部件的尺寸关系。这种参数的求解比较简单，与设计对象的控制尺寸有显式对应关系，设计的结果将实现这些参数下的尺寸驱动，机械设计中常用的标准件就是这一类型中的典型。参数化设计过程不允许欠约束状态。

1. 系统参数与尺寸约束

Inventor 具有完善的系统参数自动提取功能，它能在草图设计时，将输入的尺寸约束作为特征参数保存起来，并且在此后的设计中进行可视化修改，从而达到最直接的参数驱动建模的目的。用系统参数驱动图形的关键在于，如何将从实物中提取的参数转化到 Inventor 中，用来控制三维模型的特征参数。尺寸驱动是参数驱动的基础，尺寸约束是实现尺寸驱动的前提。Inventor 的尺寸约束特点是将形状和尺寸联合起来考虑，通过尺寸约束实现对几何形状的控制。设计时必须以完整的尺寸参考为出发点（全约束），不能漏注尺寸或多注尺寸。尺寸驱动是在二维草图中实现的。若草图中的图形相对于坐标轴的位置关系都确定，图形完全约束后，其尺寸和位置关系能协同变化，系统将直接把尺寸约束转化为系统参数。

2. 特征和表达式驱动图形

Inventor 的建模技术是一种基于特征的建模技术，其模块中提供各种标准设计特征，各标准特征突出关键特征尺寸与定位尺寸，能很好地传达设计意图，并且易于调用和编辑，也能创建特征集，并对特征进行管理。特征参数与表达式之间能相互依赖，互相传递数据，提高了表达式设计的层次，使实际信息可以用工程特征来定义。不同部件中的表达式也可通过链接来协同工作，即一个部件中的某一表达式可通过链接其他部件中的另一表达式建立某种联系，当被引用部件中的表达式被更新时，与它链接的部件中的相应表达式也关联更新。

3. 利用参数表驱动模型

Inventor 提供参数表以从零件中获得模型的参数数据，也可以在参数表中通过链接外部 Excel 文件实现参数外部的修改和编辑。尤其在 Autodesk 包含了 iLogic 这一强大的工具之后，随着 iLogic 与参数的整合，Inventor 引入了更为复杂的逻辑控制，加强了 Inventor 的参数化建模技术，在程序上方便了用户的设计工作。

1.4.3　Inventor 的一般参数化过程

为了对 Inventor 有初步的认识，这里借助一个简单的设计过程来增加对 Inventor 的印象。这个例子是一个简单的轴，如图 1-29 所示，常用于机床工具设计中。这里将从轴的模型创建、工程图创建、装配关联使用几个方面来展示 Inventor 的部分功能特点。

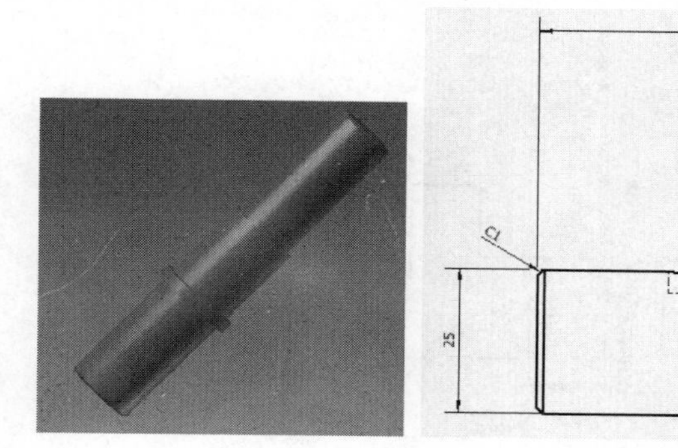

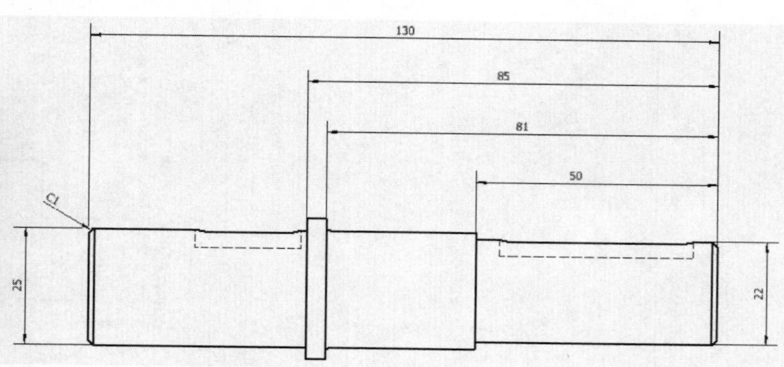

图 1-29　轴零件实例及其工程图

1．启动 Inventor

选择"开始"→"所有程序"→"Autodesk"→"Autodesk Inventor 2015"→"Autodesk Inventor Professional 2015"命令来运行 Inventor。

2．新建零件文档

在"快速入门"选项卡的"启动"组中选择"新建"命令，在弹出的"新建文件"对话框中选择"Standard.ipt"模板，如图 1-30 所示。

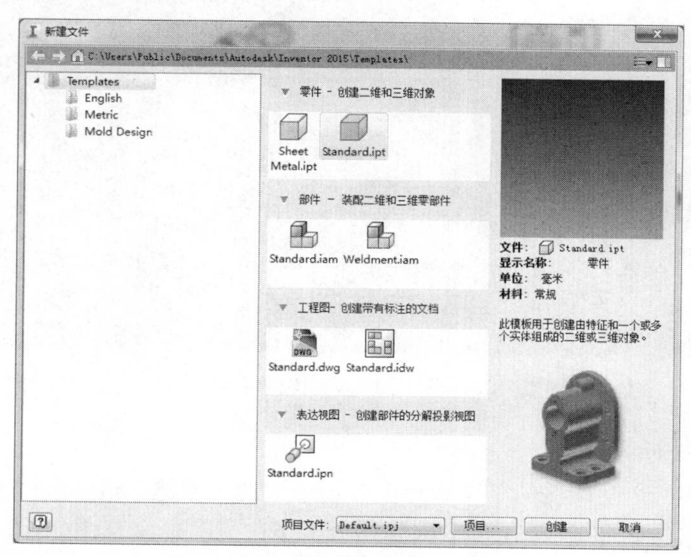

图 1-30　"新建文件"对话框

3. 新建草图

在“模型”浏览器中选择“*XY* 平面”，在“模型”选项卡的“草图”组中选择“开始创建二维草图”命令，或直接在用户图形窗口中单击直接操纵的工具栏，如图 1-31 所示。

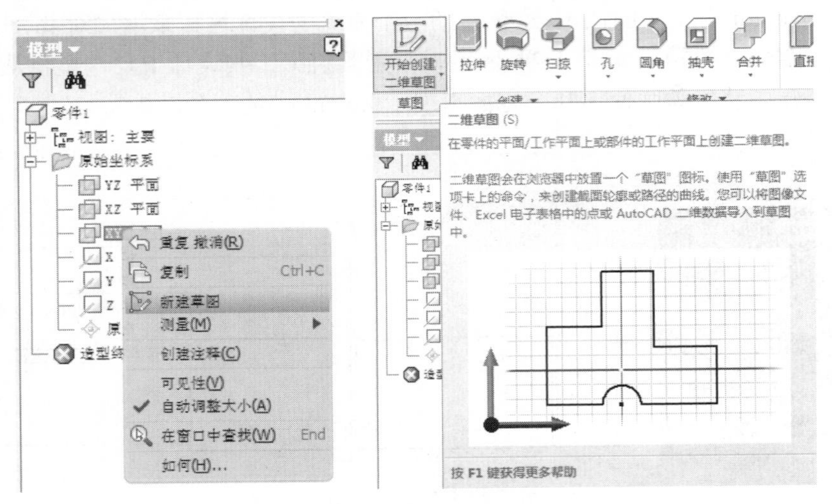

图 1-31　创建草图

4. 创建草图轮廓

在“二维草图”面板中单击“直线”按钮，接着用草图直线绘制截面轮廓，结果如图 1-32 所示。在绘制过程中，要注意查看 Inventor 的几何约束反馈标记，确保在正确的图线之间的平行、垂直和点重合的条件下，再按下拾取键确认直线端点的位置。图线的长度尺寸在这个工程中不必考虑。按模型要求，添加必要的几何约束和尺寸约束。

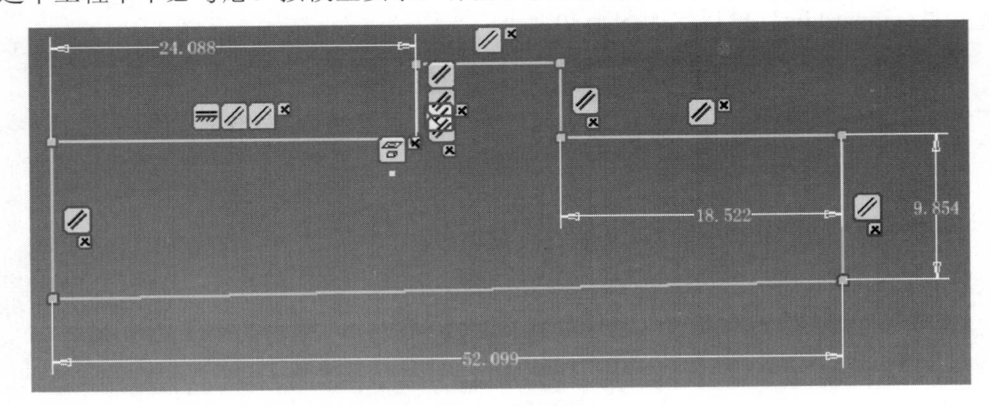

图 1-32　草图轮廓

5. 创建旋转特征

结束创建草图，在功能区的“三维造型”选项卡的“创建”组中选择“旋转”命令，弹出“旋转”对话框，如图 1-33 所示，因为这个例子中只有一个草图，所以旋转特征会自动识别截面轮廓和旋转轴，选择输出为“实体”、范围为“全部”。单击“确定”按钮即完成此轴主体部分的创建。

6．创建参考平面

在功能区的“三维造型”选项卡的“定位特征”组中选择“平面”命令，然后在模型浏览器中选中“*XY* 平面”，在用户图形区拖动鼠标，在文本框中输入偏离距离 4mm，单击“确定”按钮，如图 1-34 所示，完成参考平面的创建。

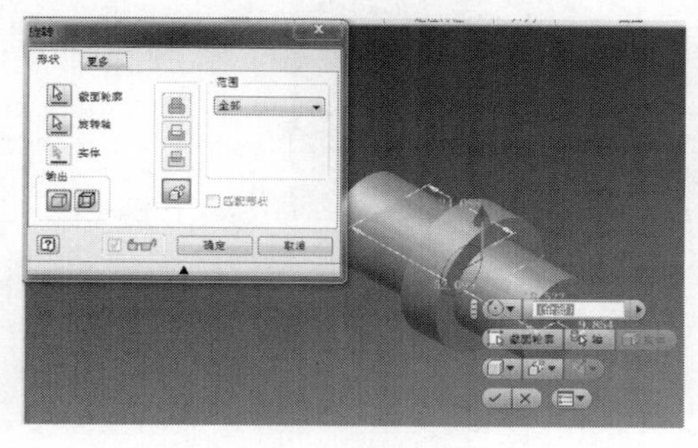

图 1-33　创建旋转特征

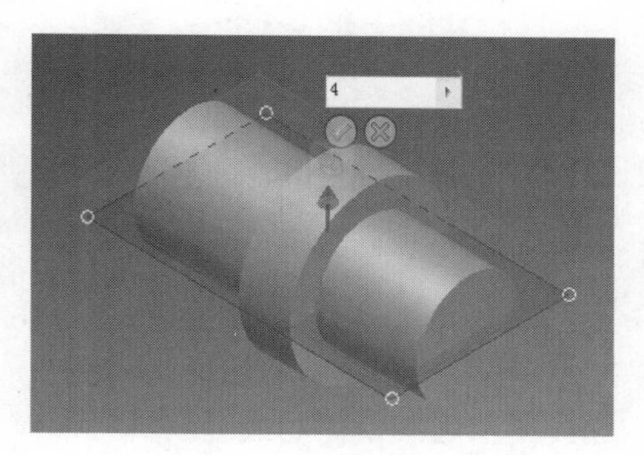

图 1-34　创建参考平面特征

7．创建键槽轮廓图

选择刚创建的参考平面，然后在功能区的“三维模型”选项卡的“草图”组中选择“创建二维草图”命令，在创建的二维草图中创建如图 1-35 所示的轮廓。

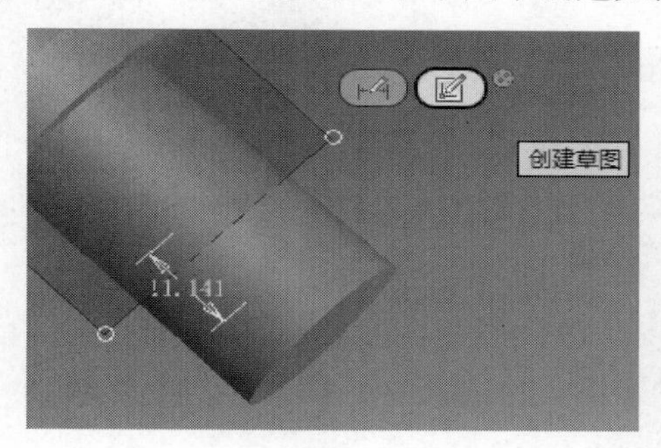

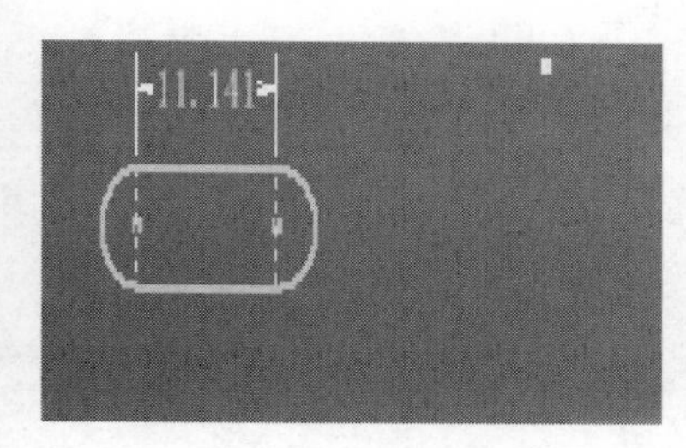

图 1-35　创建草图轮廓

8．创建键槽拉伸特征

退出草图环境，在功能区的“三维模型”选项卡的“创建”组中选择“拉伸”命令，弹出“拉伸”对话框，如图 1-36 所示。选择新建的草图后设计操作模式为“相减”、范围为“距离”、10mm（或直接选择“贯通”模式）、设计拉伸方向为“向外”，单击“确定”按钮创建拉伸特征。

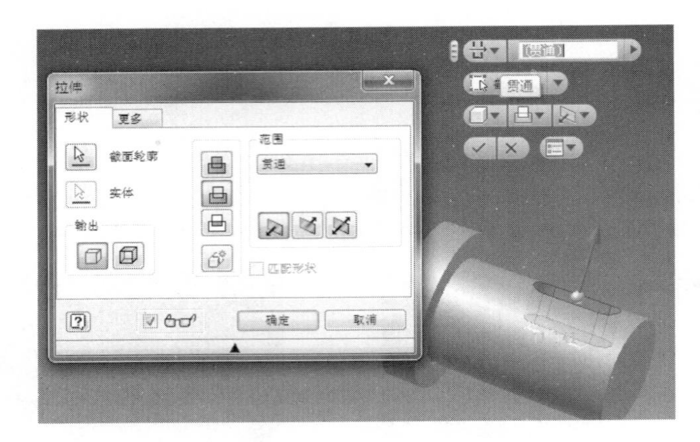

图 1-36　创建拉伸特征

9．创建倒角特征

选择图示边线，在功能区的“三维模型”选项卡的“修改”组中选择“倒角”命令，创建倒角特征，或直接利用图形区域的小工具栏来创建倒角，如图 1-37 所示。

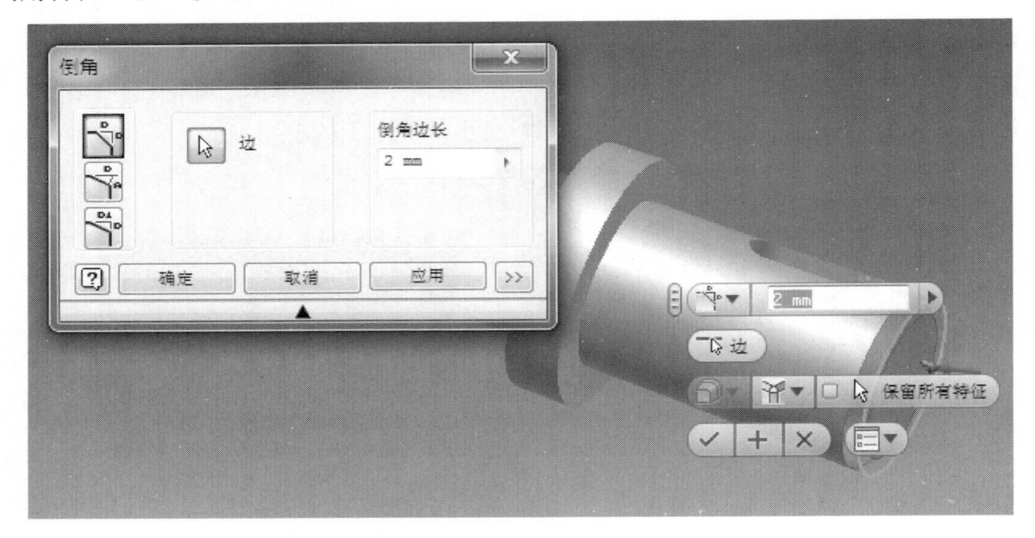

图 1-37 创建倒角特征

10．设置其他设计数据

在应用程序菜单中选择“iProperty”命令，将弹出零件特征界面，在此界面中可以设置零件的其他设计数据，如在“零件材料”选项卡中设置零件材料或在“概要”选项卡中设计零件名称、零件代码、零件作者等。同时为了更真实地反映零件的外形，可以通过在“视图”选项卡的“外观”组中选择“颜色”命令，以设置选择的面、体或特征的表面颜色。

11．保存文件

在应用程序菜单中选择“保存”命令，弹出“另存为”对话框，指定保存类型为“Autodesk Inventor 零件（*.ipt）”，指定目录后确定保存为 L-01-001.ipt。

12. 创建该零件工程图

（1）在“快速入门”选项卡的“启动”组中选择“新建”命令，在弹出的“新建”对话框中切换至“Metric”选项卡，在其中选择“GB.idw”模板，双击打开，创建一个标准的工程图文件，进入工程图绘制环境。

（2）在功能区的“放置视图”选项卡的“创建”组中选择“基础视图”命令，弹出“工程视图”对话框。

（3）在对话框中的“零部件”选项卡下单击“文件”栏目中的“打开现有文件”按钮，弹出“打开”对话框，找到 L-01-001.ipt 零件，选择该零件，单击“打开”按钮。

（4）重新回到“工程视图”对话框，选择合适的比例，当光标出现在绘图区时，在光标上已经有零件的投影预览，选择一个合适的位置拾取，放置基础视图。

（5）利用工程图环境的相关标注功能给工程图添加需要的中心线和标注。

（6）完成后保存该文件，在“另存为”对话框中为工程图文件命名，单击“保存”按钮。

（7）结果如图 1-38 所示。

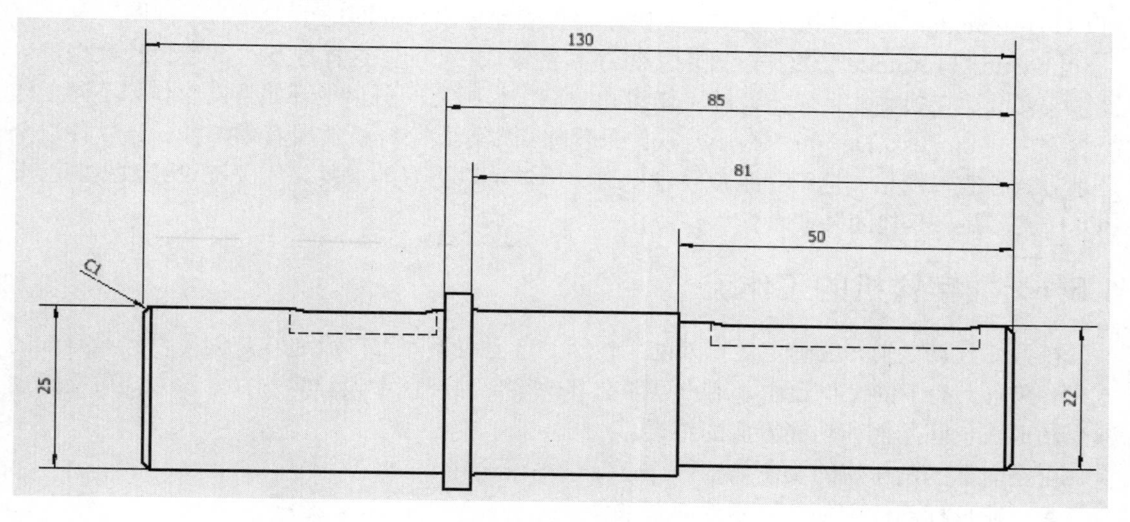

图 1-38　零件工程图实例

13. 参数化修改

如前文所述，机械产品的设计过程其实就是反复论证和修改的过程，有了 Inventor 的参数化设计，以及设计参数的关联传递，修改论证的过程不再那么复杂，而是轻而易举就可以搞定。

例如，上面的零件设计，假设在论证中需要修改零件，将总长从 79mm 改为 100mm，将带键槽的一头长度从 52mm 改为 72mm。只需要打开零件的三维实体模型，在模型旋转特征的草图中，将要修改的尺寸值改为需要的值，保存即可。工程图会自动关联更新，这就做到了一劳永逸，简化了修改流程，大大节省了论证修改的时间。

1.5 Autodesk 的数字样机技术

Autodesk Inventor 提供用于生产、验证和记录完整数字原型的一组综合的三维机械 CAD 工具。Inventor 模型是三维数字样机。原型可帮助用户分析产品或零件在构建之前如何在真实条件下工作。制造商可以凭借较少的物理样机和更具创新性的产品加快进入市场的步伐。

Inventor 提供了用于创建零件和部件的直观三维设计环境。工程师可将主要精力放在设计功能上，来促进智能零部件（如钢结构件、旋转机械、三维布管管路、电缆和导线束）的自动创建。

Inventor 中紧密集成的运动仿真和应力分析都简单易用：它们使工程师可以优化和验证数字样机。

从验证的三维数字样机生成制造文档，可以在制造前减少错误和关联的工程变更单（ECO）。Inventor 可以直接从三维模型快速、正确地输出可立即用于生产的工程图。

Inventor 与 Autodesk 数据管理应用程序紧密集成在一起。这样便使得数字设计数据可以高效、安全地交换，并且促使设计工作组和制造工作组之间更早地开始协同合作。不同工作组可使用 Autodesk Design Review 软件来管理和跟踪数字样机的所有零部件。该软件以全数字方式检查、测量、标记和跟踪设计更改。用户可以更好地重复使用关键设计数据、管理 BOM 表，并与其他团队和合作伙伴协作。

1.5.1 数字样机的工作流

在开始设计之前，应确定最有效的工作流。自上而下的工作流通常是创建设计最有效的方式。在自上而下的工作流中，用户可以在其他零部件环境中设计零部件。该方式可极大地减少在形式、匹配性和功能方面的错误。

自上而下的工作流的实例如下：

- 在目标部件中创建新零件或子部件。
- 在零件文件中创建多个实体，然后将各个实体保存为独立的零件。
- 在零件文件中创建二维草图块以仿真机构。可以在由布局控制的部件中使用草图块来创建三维零部件。

以下是开始前要考虑的几个问题：

- 零件的哪个视图最准确地描述了零件的基本形状？
- 零件是钣金零件吗？
- 该零件可以用做零件工厂（iPart）来生成多个零件吗？
- 电子表格可以控制一个或多个零件吗？
- 可以使用设计加速器来自动创建零件吗？
- 如果零件是结构钢结构件中的零部件，可以使用结构件生成器来创建整个结构件吗？

- 如果零件是普通库零件，那它存在于资源中心或其他库中吗？

如图 1-39 所示为一个多实体零件文件，它保存为部件中的多个独立零件。多实体零件文件中的各个实体可与其他实体（如圆角和孔）共享特征。

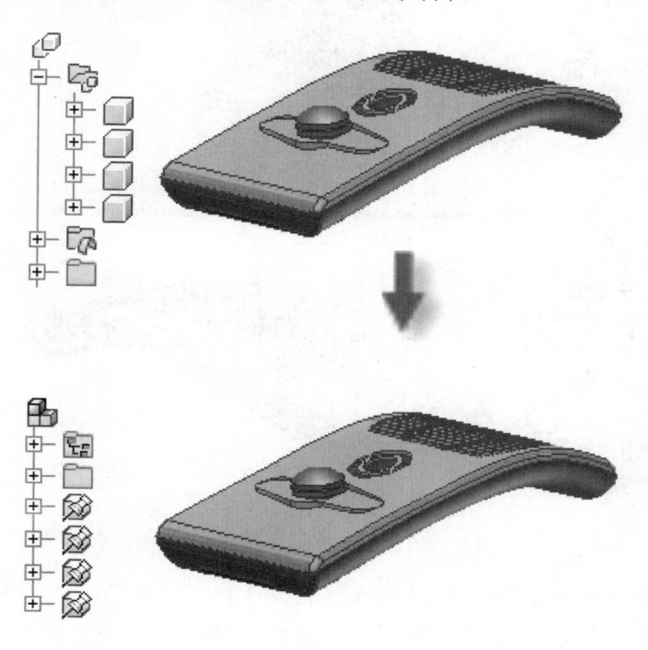

图 1-39 多实体零件文件

1.5.2 数字样机的零部件

在打开现有文件或启动新文件之前，创建或激活项目文件以设定文件位置。选择“新建”命令可以打开“新建文件”对话框，其中包含用于创建新零件、部件、表达视图文件、钣金零件、焊接件或工程图的模板。用户可以从几个具有预定义单位的模板中进行选择。

模板可以包含特性信息，如零件、项目数据及工程视图。用户可以通过查看其特性来查看存储在文件中的信息。

打开零件文件后，用户即处于零件环境中。零件命令可以处理组合生成零件的草图、特征和实体。可以将单实体零件插入部件中，并将它们约束在它们在制造部件时应占据的位置。可以从多实体零件中提取多个零件文件。

大多数零件都是从绘制草图开始的。草图是创建特征时所需的特征和任意几何图元（如扫掠路径或旋转轴）的截面轮廓。

零件模型是特征的集合。如果需要，则多实体零件文件中的实体可共享特征。草图约束用于控制几何关系，如平行和垂直，尺寸用于控制大小。该方式统称为参数化造型，可以调整约束或尺寸参数（控制模型的大小和形状），并可自动看到修改带来的影响。

图 1-40 在上半部分显示了一个单实体零件，在下半部分显示了一个多实体零件。注意每个图像中不同零件的图标。

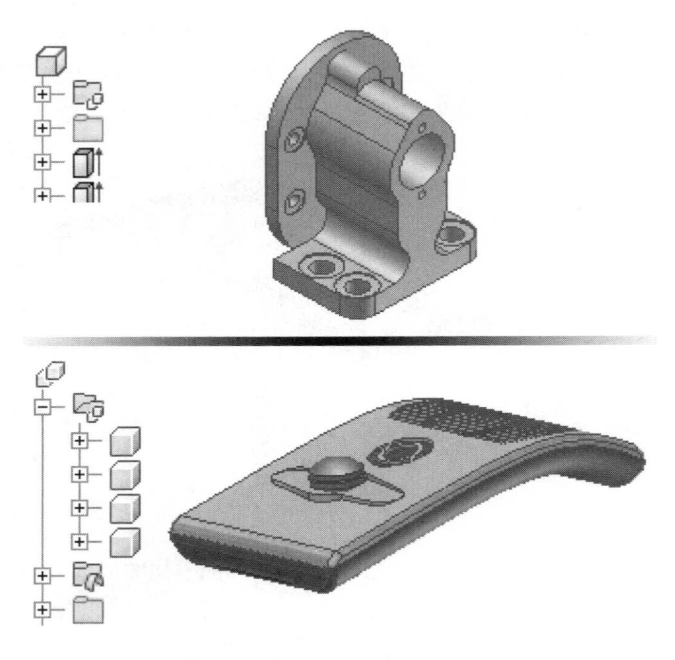

图 1-40　单实体与多实体对照

创建模型后，可以创建工程图来记录自己的设计。在工程图中，将模型的视图放置在一个或多个工程图纸上。然后添加尺寸和其他工程图标注以记录模型，如图 1-41 所示。

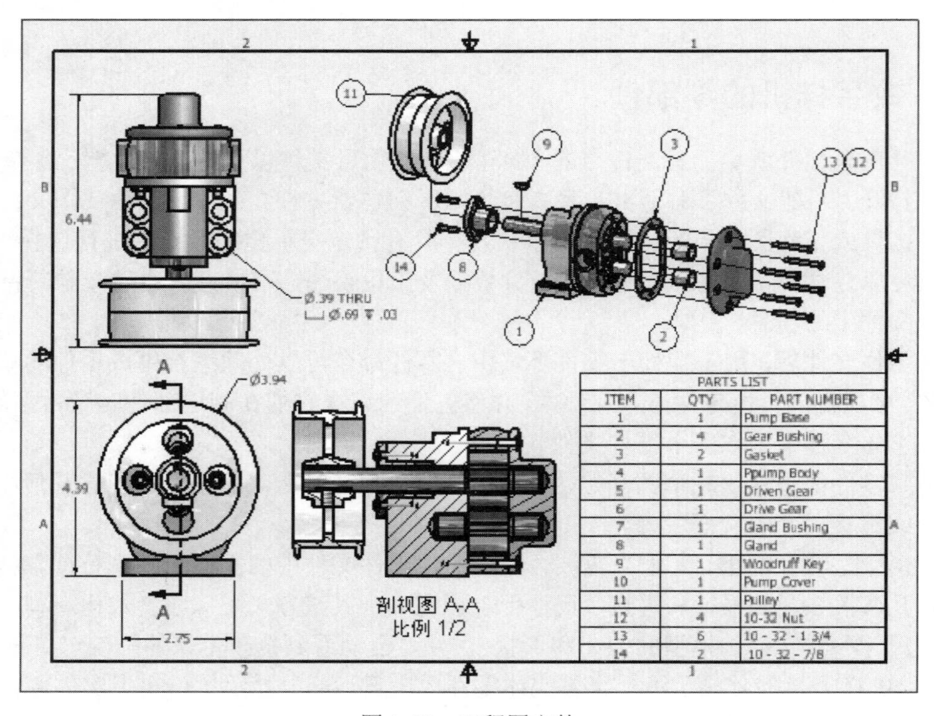

PARTS LIST		
ITEM	QTY	PART NUMBER
1	1	Pump Base
2	4	Gear Bushing
3	2	Gasket
4	1	Ppump Body
5	1	Driven Gear
6	1	Drive Gear
7	1	Gland Bushing
8	1	Gland
9	1	Woodruff Key
10	1	Pump Cover
11	1	Pulley
12	4	10-32 Nut
13	6	10 - 32 - 1 3/4
14	2	10 - 32 - 7/8

图 1-41　工程图文件

用做工程图起点的模板具有标准工程图文件扩展名（.idw、.dwg）。

因为 Autodesk Inventor 保留零部件和工程图之间的链接，所以在创建零部件的过程中可以随时创建工程图。在默认情况下，编辑零部件时将自动更新工程图。但是，最好在零部件设计快完成时再创建工程图。编辑工程图细节（添加或删除尺寸或视图，或者更改注释和引出序号的位置）以反映所做的修订。

1.6　本章小结

本章概括地讲述了 Inventor 的历史、安装与卸载、界面及各种工作环境的设置，使读者从整体上对 Inventor 有一个初步的认识和了解，可以清晰地知道它有哪些优点，它可以帮助设计师完成哪些工作。最后通过对一个简单零件设计过程的介绍，粗略地展示 Inventor 的设计功能。利用 Inventor 提供的强大的参数化建模技术，用户可以方便、快捷地创建数字原型，并易于修改，加速设计进程。

第 2 章　草图应用基础

本章学习目标

- 了解草图环境，掌握新建二维草图的方法。
- 了解创建草图原则，了解草图坐标系。
- 掌握草图工具绘制草图几何图元的方法。
- 编辑草图、掌握草图几何图元添加驱动尺寸的方法。
- 熟悉编辑和删除草图几何图元、驱动尺寸、几何约束。
- 熟悉草图的应用。
- 了解自由移动和自由过渡、动态输入。
- 掌握创建三维草图和共享草图的方法。
- 理解草图约束的概念。
- 掌握使用垂直、平行、相切、重合、同心、共线、水平、竖直、等长和固定等约束。
- 掌握草图几何图元添加驱动尺寸。
- 熟悉编辑和删除草图几何图元、驱动尺寸、几何约束。
- 识别在二维草图几何图元中使用不同线型及尺寸样式。
- 识别用来创建二维草图几何图元的不同线型及尺寸样式的工具。
- 使用“二维草图”工具来创建不同样式的二维草图几何图元及尺寸。

2.1　创建草图

所有三维设计都是从草图开始的，草图是进行三维设计的基础。在通常情况下，基础特征和其他特征都是由包含在草图中的二维几何图元创建的。

2.1.1　草图环境

创建或编辑草图时，所处的工作环境就是草图环境。草图环境由草图和草图命令组成。命令可以控制草图网格，以及绘制直线、样条曲线、圆、椭圆、圆弧、矩形、多边形或点。

打开新的零件文件时，“草图”选项卡被激活。草图命令及要在其上绘制草图的草图平面将可用。可以通过使用模板文件或“应用程序选项”对话框的“草图”选项卡中的设置控制初始草图的设置。

创建草图时，草图图标显示在浏览器中。从草图创建特征时，浏览器中会显示特征图标，其下还嵌套有草图图标。当在浏览器中单击某个草图图标时，系统会在图形窗口中亮显该草图。

从草图创建模型之后，可以重新进入草图环境，以进行更改或绘制新特征的草图。在现有的零件文件中，首先激活浏览器中的草图。此操作将激活草图环境中的命令，可以为零件特征创建几何图元，对草图进行的更改将反映在模型中。Autodesk Inventor 的草图环境如图 2-1 所示。

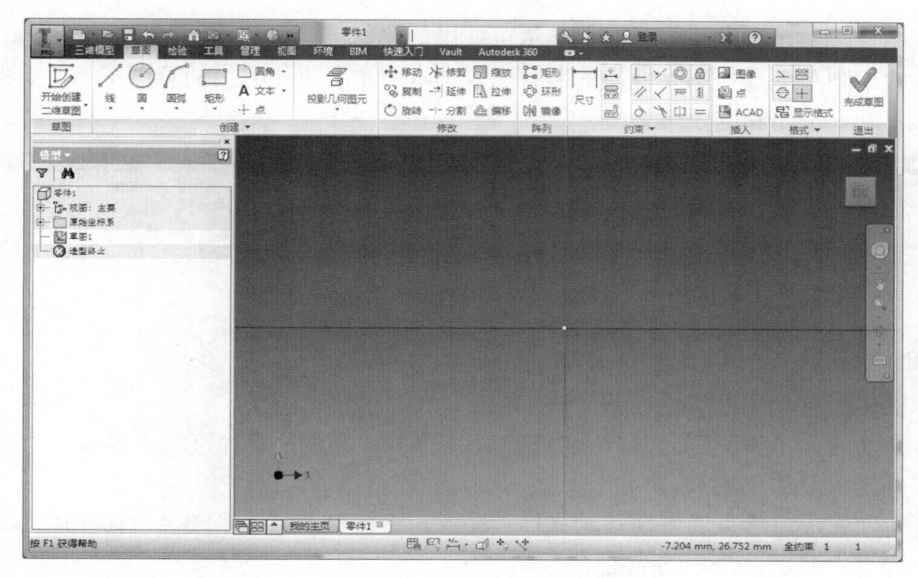

图 2-1 Autodesk Inventor 的草图环境

下面是环境中的一些重要特征。

- 二维草图面板：显示可使用的二维草图工具。
- 草图样式工具：创建草图几何图元时，用于绘制中心线、构造线、点和标注，计算尺寸的工具。
- 草图坐标原点指示器：用来确定当前相对于草图原点的坐标轴的位置及方向。
- 草图 1：零件中的第一个草图，该草图是创建新的零件时自动产生的。
- 草图坐标轴：与草图坐标原点指示器一样，分别表示草图的 *X* 轴和 *Y* 轴。创建新的零件时，Inventor 会自动创建一个草图，如果需要创建一个新草图，则应手动创建一个新的草图，如图 2-2 所示。

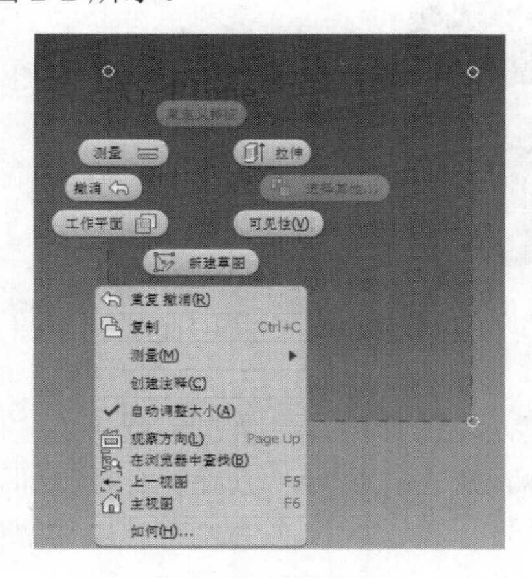

图 2-2 新建草图

2.1.2 草图工具

在草图环境中，二维草图面板上显示可使用的草图工具按钮，如图 2-3 所示，二维草图面板中包含绘制草图几何图元使用的所有工具，本节主要讲述常用的草图工具。如直线、圆弧、矩形、圆、倒角和圆角等。

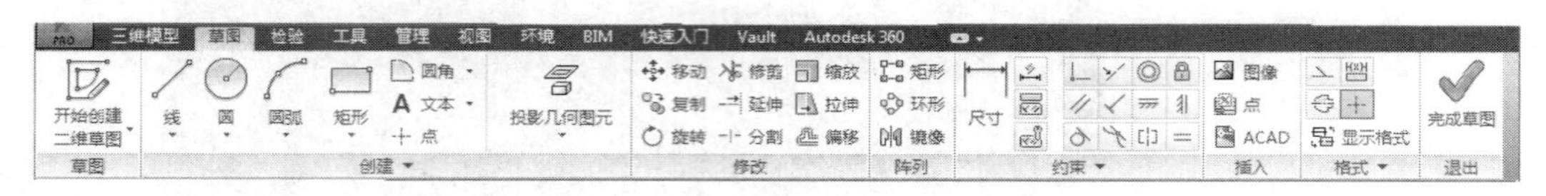

图 2-3 二维草图面板

1. 创建直线

在草图中创建直线的步骤如下：

（1）在功能区“草图”选项卡“绘制”组中选择“直线”命令，在图形窗口中单击任意一点，以确定线段的起始点。

（2）向创建线段终点的方向移动光标。注意，绘制草图时，系统会自动应用约束。光标上的约束符号会显示出约束的类型。

（3）在图形窗口中单击一点，以确定线段的终点。

（4）再向绘制下一条线段的方向移动光标。再次注意光标上显示的约束符号，在光标上的约束符号显示出将要自动添加约束，如图 2-4 所示。

（5）在图形窗口单击一点，以确定线段的终点。

（6）根据需要继续创建线段。

（7）在图形窗口的任意位置上单击鼠标右键，在弹出的快捷菜单中选择“确定”命令。

2. 创建圆

圆有两个命令，即圆圆心和圆相切，单击“圆”下面的下拉箭头，可以看到下拉菜单中有两个命令。在默认情况下选择的是“圆圆心”命令，如图 2-5 所示。

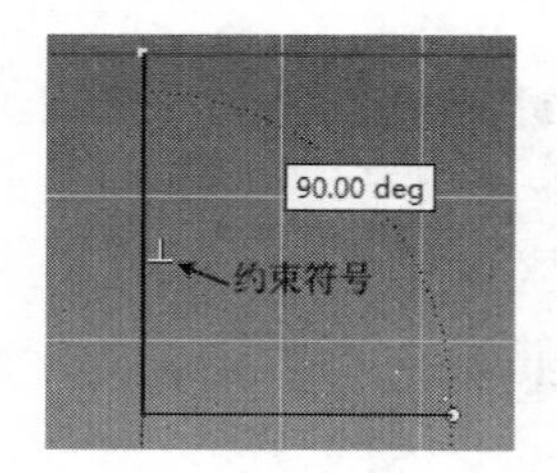

图 2-4 自动添加的约束

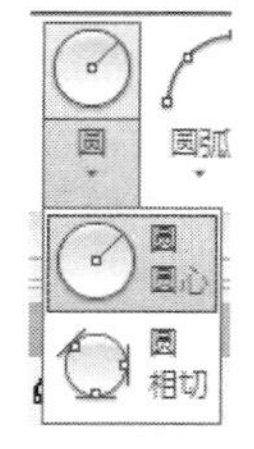

图 2-5 创建圆的命令

1）由圆心创建圆

（1）单击“圆圆心”按钮，在图形窗口中单击任意一点，以确定圆心。

（2）向圆周外面拖动鼠标，单击一个点，以确定半径，即可创建圆，如图 2-6 所示。

（3）在图形窗口的任意位置上单击鼠标右键，在弹出的快捷菜单中选择“确定”命令。

2）创建与三条直线相切的圆

（1）单击“圆相切”按钮。

（2）一次选择 3 条直线，即可创建与这 3 条直线都相切的圆，如图 2-7 所示。

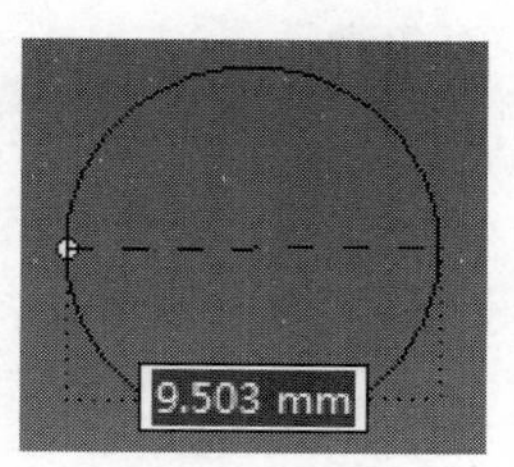

图 2-6　创建圆

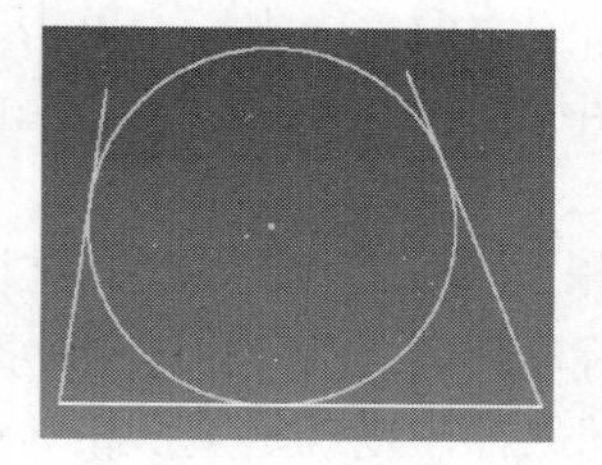
图 2-7　创建三条直线相切的圆

（3）在图形窗口的任意位置上单击鼠标右键，在弹出的快捷菜单中选择“确定”命令。

3. 创建圆弧（椭圆）

圆弧有 3 个命令，分别是圆弧三点、圆弧相切、圆弧圆心。单击“圆弧”下面的下拉箭头，可以看到下拉菜单中的 3 个圆弧命令，如图 2-8 所示。

1）创建三点圆弧

（1）单击“圆弧三点”按钮，在图形窗口中单击任意一点，以确定圆弧的起点。

（2）然后单击任意一点，以确定圆弧的终点。

（3）最后单击任意一点，以确定弧的大小。

（4）在图形窗口的任意位置上单击鼠标右键，在弹出的快捷菜单中选择“确定”命令。

2）创建圆弧相切

（1）单击圆弧相切按钮，在图形窗口中单击一个几何图元作为相切圆弧的起点。

（2）拖动光标，然后再单击一点，以确定该相切圆弧的终点。

（3）在图形窗口的任意位置上单击鼠标右键，在弹出的快捷菜单中选择“确定”命令。

3）创建圆心圆弧

（1）单击“圆弧圆心”按钮。在图形窗口中单击任意一点，以创建圆弧中心点。

（2）然后单击一点，以确定圆弧的起点。

（3）最后单击一点，以确定圆弧的终点。

（4）在图形窗口的任意位置上单击鼠标右键，在弹出的快捷菜单中选择“确定”命令。

4. 创建矩形

矩形有四个命令，即“矩形两点”、“矩形三点”、“矩形两点中心”和“矩形三点中心”。单击“矩形”下面的下拉箭头，可以看到下拉菜单中有四个命令，如图 2-9 所示。

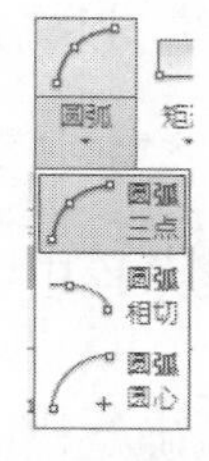

图 2-8　创建圆弧的命令

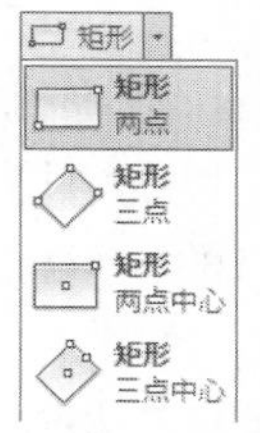

图 2-9　创建矩形的命令

1）创建两点矩形

（1）单击“矩形两点”按钮，在图形窗口中单击任意一点，以确定矩形的第一个对角点，然后沿着对角线方向移动光标，单击以确定矩形的第二个对角点。

（2）在图形窗口的任意位置上单击鼠标右键，在弹出的快捷菜单中选择“确定”命令。

2）创建三点矩形

（1）单击“矩形三点”按钮，在图形窗口中单击第一点，以确定矩形的第一个对角点。

（2）然后单击第二点，以确定矩形的一个边。

（3）拖动鼠标，以确定矩形相邻边的长度。

（4）在图形窗口的任意位置单击鼠标右键，在弹出的快捷菜单中选择“确定”命令。

3）创建两点中心矩形

（1）单击“矩形两点中心”按钮，在图形窗口中单击第一点，以确定矩形的中心。

（3）拖动鼠标，以确定矩形的对角点。

（4）在图形窗口的任意位置单击鼠标右键，在弹出的快捷菜单中选择“确定”命令。

4）创建三点中心矩形

（1）单击“矩形三点中心”按钮，在图形窗口中单击第一点，以确定矩形的中心。

（2）然后单击第二点，以确定矩形的长度。

（3）拖动鼠标，以确定矩形相邻边的长度。

（4）在图形窗口的任意位置单击鼠标右键，在弹出的快捷菜单中选择“确定”命令。

5. 创建槽（创建矩形下拉菜单中）

槽有五个命令，即“槽中心到中心”、“槽整体”、“槽中心点”、“槽三点圆弧”和“槽圆心圆弧”。单击“槽”下面的下拉箭头，可以看到下拉菜单中有五个命令，如图 2-10 所示。

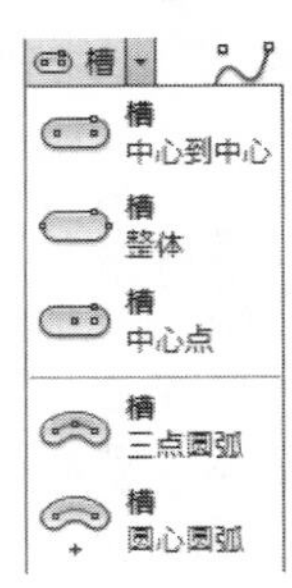

图 2-10　创建槽的命令

1）创建中心到中心槽

（1）单击“槽中心到中心”按钮，在图形窗口中单击任意一点，以确定槽的第一个中心。

（2）单击第二点，以确认槽的第二个中心。

（3）拖动鼠标，以确定槽的宽度。

（4）在图形窗口的任意位置上单击鼠标右键，在弹出的快捷菜单中选择“确定”命令。

2）创建整体槽

（1）单击“槽整体”按钮，在图形窗口中单击任意一点，以确定槽的第一个点。

（2）拖动鼠标，以确认槽的长度。

（3）拖动鼠标，以确定槽的宽度。

（4）在图形窗口的任意位置上单击鼠标右键，在弹出的快捷菜单中选择“确定”命令。

3）创建中心点槽

（1）单击“槽中心槽”按钮，在图形窗口中单击任意一点，以确定槽的中心点。

（2）单击第二点，以确认槽圆弧的圆心。

（3）拖动鼠标，以确定槽的宽度。

（4）在图形窗口的任意位置上单击鼠标右键，在弹出的快捷菜单中选择“确定”命令。

4）创建三点圆弧槽

（1）单击“槽三点圆弧”按钮，在图形窗口中单击任意一点，以确定槽的起点。

（2）然后单击任意一点，以确定槽的终点。

（3）最后单击任意一点，以确定槽圆弧的大小。

（4）拖动鼠标，以确定槽的宽度。

（5）在图形窗口的任意位置上单击鼠标右键，在弹出的快捷菜单中选择“确定”命令。

5）创建圆心圆弧槽

（1）单击“槽圆心圆弧”按钮，在图形窗口中单击任意一点，以确定槽的中心点。

（2）然后单击任意一点，以确定槽的终点。

（3）最后单击任意一点，以确定槽圆弧的大小。

（4）拖动鼠标，以确定槽的宽度。

（5）在图形窗口的任意位置上单击鼠标右键，在弹出的快捷菜单中选择“确定”命令。

6. 创建圆角

如图 2-11 所示为“二维圆角”对话框，其参数如下。

图 2-11　“二维圆角”对话框

- 半径：输入圆角的半径。
- 等长：使用当前命令创建的所有圆角都是等长的。

在草图中创建圆角的具体过程如下：

（1）在功能区“草图”选项卡的“绘制”组中选择“圆角”命令，在弹出的对话框中输入圆角半径，单击“等长”按钮，将创建多个等半径的圆角。

（2）在图形窗口中选择要创建成为圆角的几何图元的拐角（顶点）或分别选择每条线段，如图 2-12 所示。

（3）继续选择要创建圆角的几何图元。注意，设置“等长”选项的数值只能等于创建第一圆角半径的值，如图 2-13 所示。

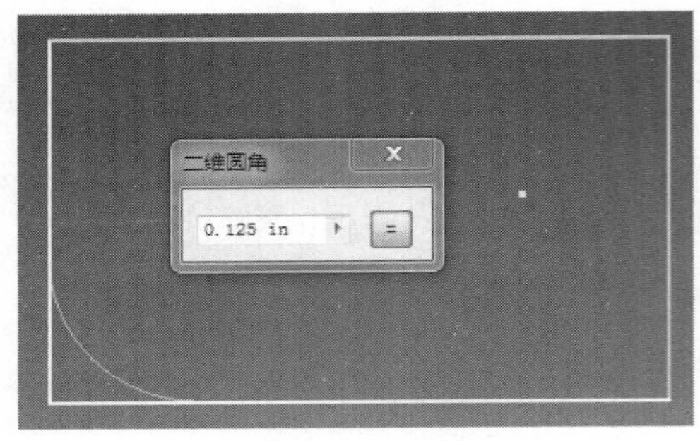

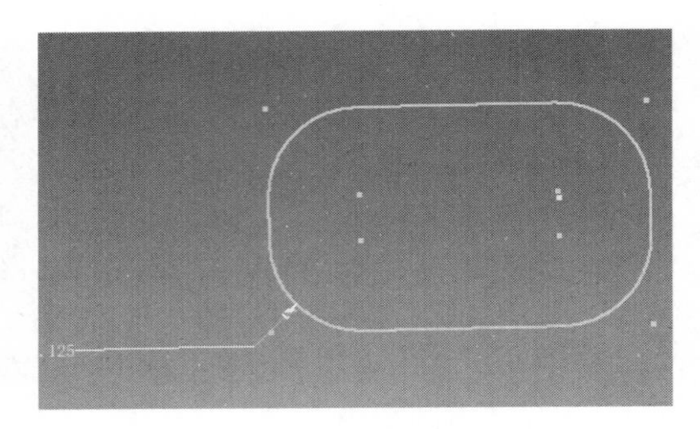

图 2-12 创建圆角

图 2-13 继续创建圆角

（4）完成后在图形窗口的任意位置单击鼠标右键，在弹出的快捷菜单中选择“确定”命令。

7. 创建倒角的过程

在图 2-14 中显示了“二维倒角”对话框中的各选项，这些选项可以设置倒角类型和尺寸。

- “等长”：此选项将倒角的距离和角度设置为与当前命令中创建的第一个倒角的参数相等。
- 倒角边长：输入与放置倒角的两边相同的偏移距离，如图 2-15 所示。
- 倒角边长 1：输入与放置倒角的第一条边的偏移距离，如图 2-16 所示。
- 倒角边长 2：输入与放置倒角的第二条边的偏移距离，如图 2-16 所示。
- 角度：输入与放置倒角的角度，如图 2-17 所示。

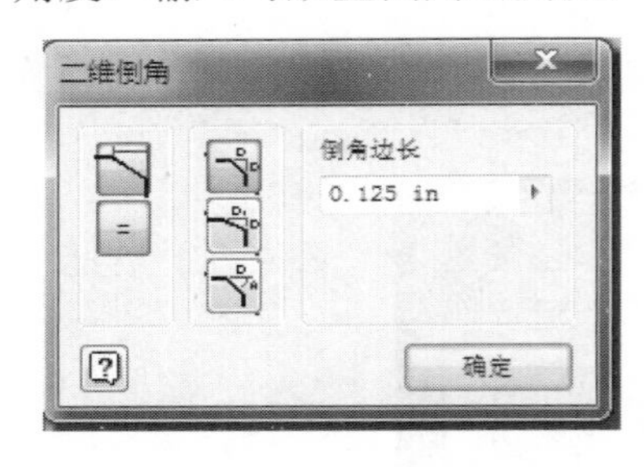

图 2-14 “二维倒角”对话框

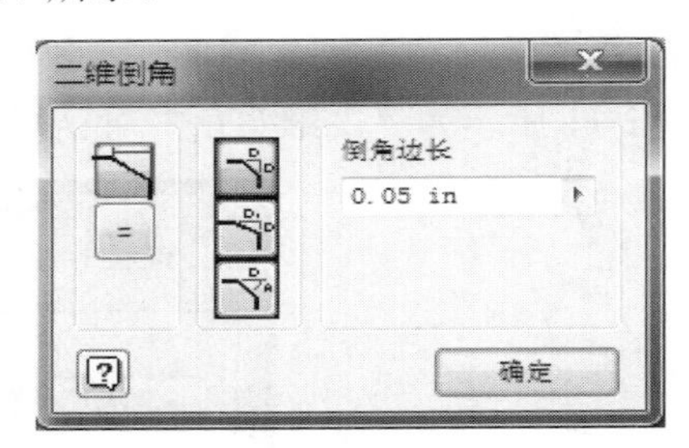

图 2-15 设置倒角边长

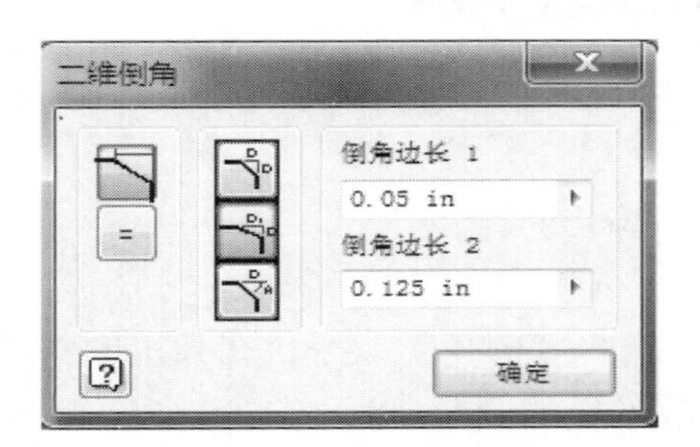

图 2-16 设置倒角边长 1、倒角边长 2

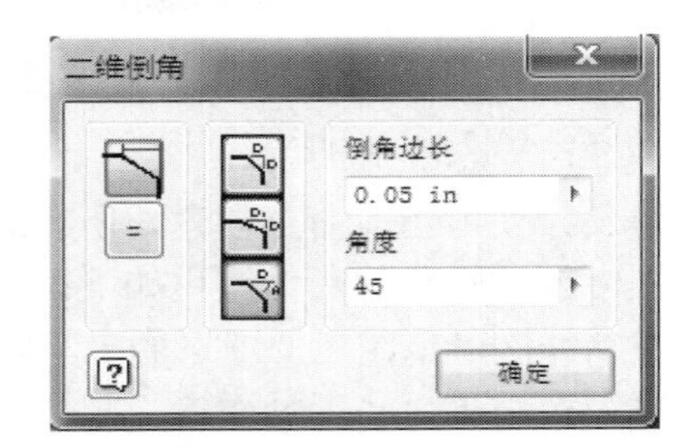

图 2-17 设置角度

在草图中创建倒角的具体操作步骤如下：

（1）在功能区“草图”选项卡的“绘制”组中选择“倒角”命令，其与圆角在一个命令组的下拉菜单中。

（2）根据需要选择“二维倒角”对话框中的各选项，可选择一个点或者选择两个几何图元来创建倒角，如图 2-18 所示。

（3）如果需要，可以改变“二维倒角”对话框中的各选项，或者继续选择其他点或几何图元以便创建其他倒角，如图 2-19 所示。

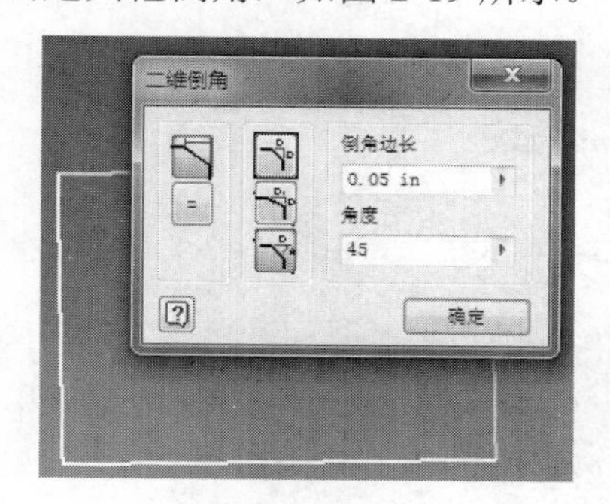

图 2-18　创建倒角（1）

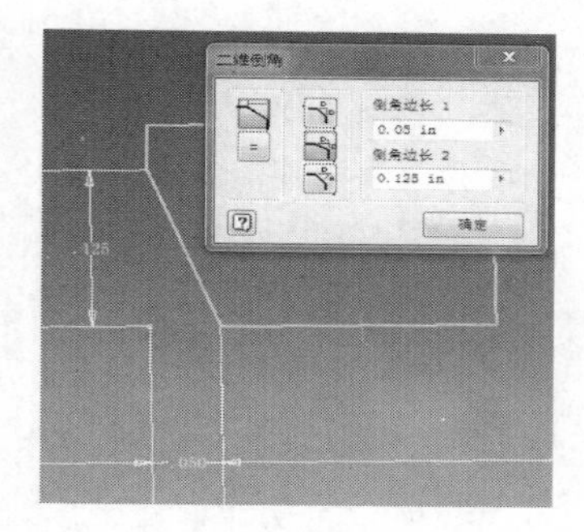

图 2-19　创建倒角（2）

（4）完成创建倒角之后，在“二维倒角”对话框中单击“确定”按钮。

2.1.3　创建草图原则

创建草图几何图元与使用 Autodesk Inventor 中的“草图”命令绘制一个封闭的图形一样容易。绘制封闭图形的方法有很多，既可以使用命令，如“矩形”、“圆”和“多线段”等，也可以使用草图约束，将独立的草图几何图元形成封闭图形。有的时候，也需要不封闭的草图几何图元，比如扫掠特征的路径或创建一个曲面等，但本节主要讲述创建封闭几何图元的方法。

成功创建草图的原则如下：

- 保持草图整洁。如果通过对所完成的特征添加圆角也能获得相同效果，就不要在草图上添加倒圆角。随着设计过程的进行，管理复杂的草图几何图元是很困难的。
- 重复简单的形状，创建比较复杂的形状。
- 绘制草图图形的粗略形状和尺寸。
- 接受默认的尺寸，使图形处于稳定状态。
- 在确定尺寸前，先添加二维约束以确定草图形状。
- 使用封闭回路作为界面轮廓。

2.1.4　草图坐标系

在创建的每个草图中，都具有独立的坐标系，这个坐标系与创建草图时使用的方法和位置有关系，并且它与三维实体模型的坐标系完全独立。

在大多数情况下，不需要编辑草图坐标系。当然如果实际需要，也可以编辑草图坐标系。编辑方法为：在浏览器中的草图上单击鼠标右键，在弹出的快捷菜单中选择“编辑坐标系”命令。在编辑草图坐标系之前，必须退出所有的草图环境，这样才能改变坐标轴的方向及坐标原点的位置。

编辑草图坐标系的具体操作步骤如下：

（1）当需要编辑草图坐标系时，应该首选退出草图环境，然后在浏览器中用鼠标右键单击草图，在弹出的快捷菜单中选择“编辑坐标系”命令。在图形窗口中将显示草图坐标系图标，它们分别代表当前坐标系的原点和方向，如图 2-20 所示。

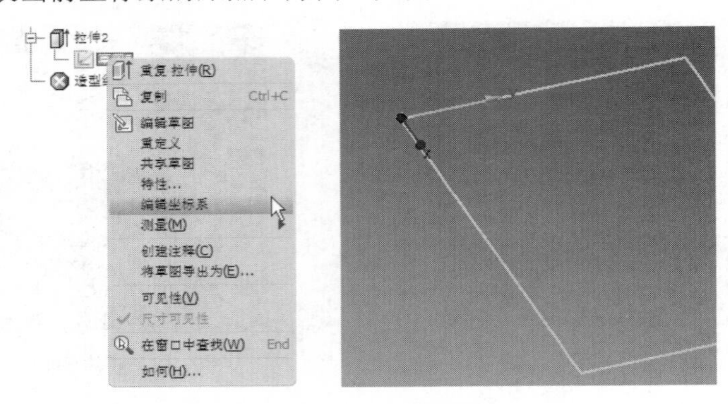

图 2-20　编辑草图坐标系

（2）要修改草图坐标系原点的位置，应拖动当前草图坐标系原点图标，将它重新定位到新坐标原点上。

（3）要改变 X 轴和 Y 轴的方向，应单击当前草图坐标系的坐标轴图标，再选择新的边作为新的坐标轴。

2.1.5　精确输入

在绘制草图时，可使用“精确输入”工具栏为草图几何图元输入精确值或精确坐标值。这样就可以在创建草图几何图元的过程中，以特定的长度或角度事先放置参数尺寸。也可以在这个工具栏中输入相对于其他模型几何图元的数值。如图 2-21 所示为“Inventor 精确输入”工具栏。

图 2-21　“Inventor 精准输入”工具栏

使用“Inventor 精确输入”工具栏的具体操作步骤如下：

（1）建立一个新的草图。

（2）在二维草图工具面板上选择草图工具（直线、圆弧等）。

（3）选择面板上的“绘制”下拉列表中的“精确输入”选项。

（4）设置精确相对点，单击“相对原点”图标，在草图几何图元中选择一个点。

2.1.6　编辑草图

在建立参数化模型的过程中，需要创建多个草图。如果草图被特征使用，那么这个草图就是被特征退化的草图，如图 2-22 所示。在浏览器中，退化的草图显现在该特征的下面，可以通过展开特征的方法，展示出每个被退化的草图。编辑特征和编辑草图是参数化模型设计的基本技能。完成编辑草图之后，特征会随着草图的改变而改变。

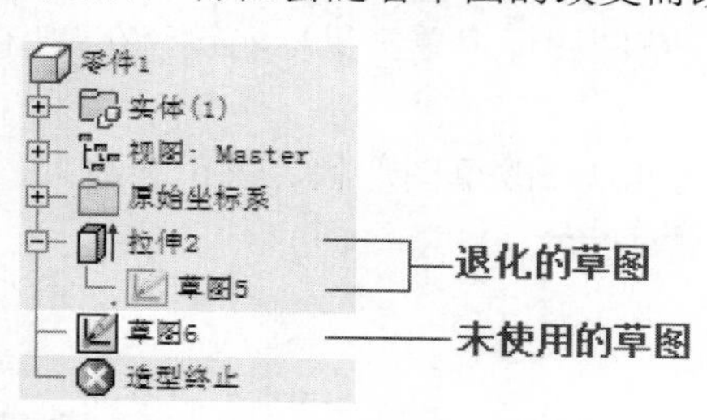

图 2-22　退化的草图

可以使用表 2-1 所列的方法编辑草图。

表 2-1　编辑草图的方法

位　置	方　法
在浏览器中	双击草图图标
在浏览器中	选择该特征图标，单击鼠标右键，在弹出的快捷菜单中选择“编辑草图”命令
在浏览器中	选择该草图图标，单击鼠标右键，在弹出的快捷菜单中选择“编辑草图”命令

在图 2-23 中，“草图 1”是被特征“拉伸 1”所退化的草图，可以通过展开特征“拉伸 1”的方法，展示出退化的草图。

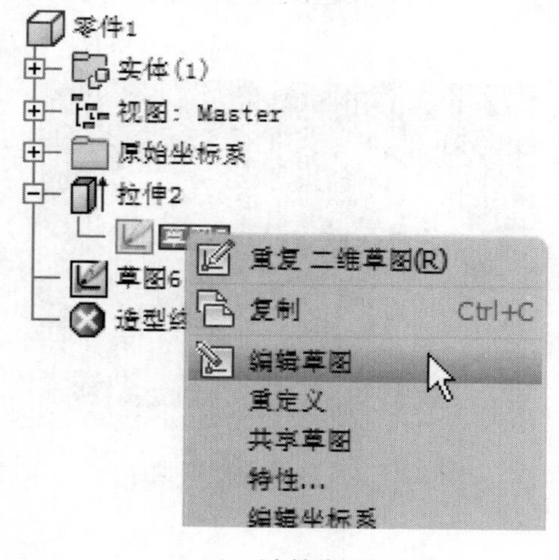

（a）正在被编辑的草图

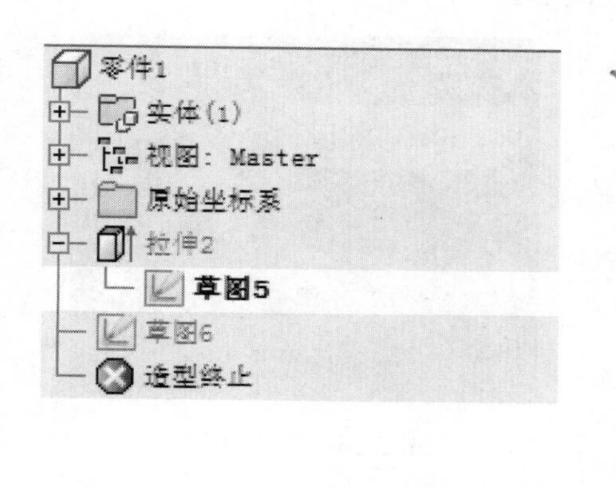

（b）已被退化的草图

图 2-23　正在被编辑的草图和已被退化的草图

编辑的草图放置在模型的下面，只有在当前特征下所创建的草图才可见。注意在浏览器中显示的颜色，若特征的背景颜色改变了，表示该特征处于激活状态。

编辑草图时，将自动返回到草图环境中，工具面板也随之发生改变，变为提供访问所有草图工具的二维草图面板。

结束编辑草图后，在功能区“草图”选项卡的“退出”组中选择“完成草图”命令，即退出草图环境。

编辑草图的具体操作步骤如下：

（1）在浏览器中的特征或草图图标上单击鼠标右键，在弹出的快捷菜单中选择“编辑草图”命令，如图 2-24 所示。

（2）草图一旦被激活，就可以修改草图形状、大小和约束，如图 2-25 所示。

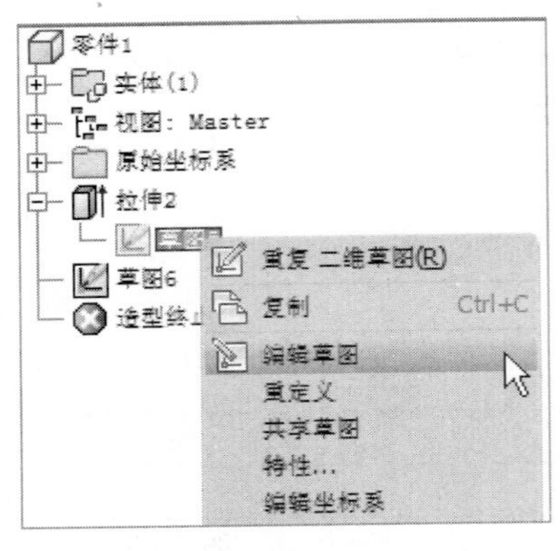

图 2-24 “编辑草图”命令

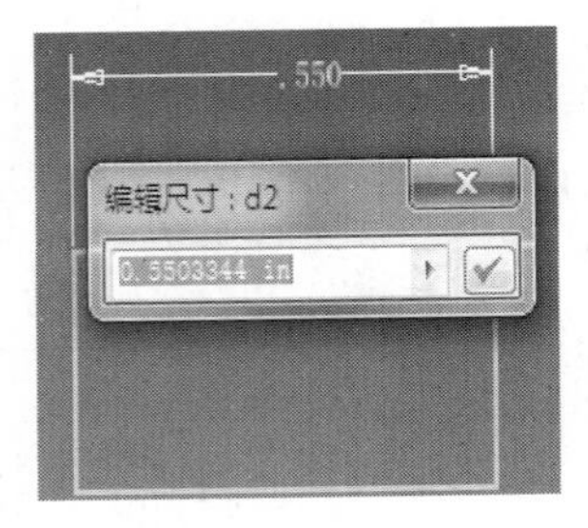

图 2-25 编辑草图尺寸

（3）根据需要，继续编辑草图，如图 2-26 所示。

（4）完成编辑草图之后，在功能区“草图”选项卡的“退出”组中选择“完成草图”命令，退出草图环境并返回到零件的模型环境中，零件模型的特征也随着草图的改变而改变，如图 2-27 所示。

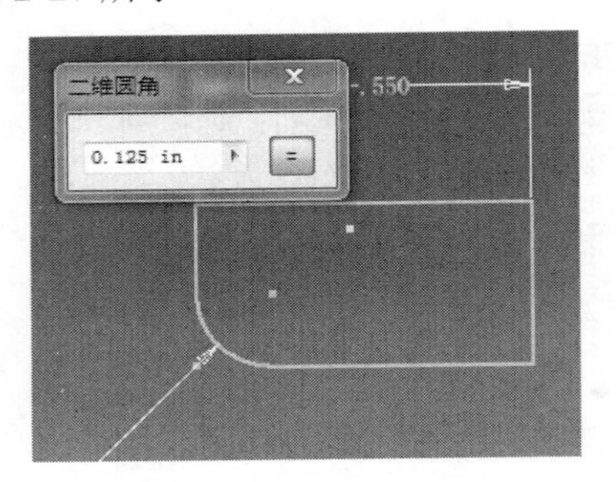

图 2-26 编辑草图

图 2-27 完成后返回模型

练习 2-1

1．绘制草图

（1）在“快速访问”工具栏中选择“新建”命令。在“新建文件”对话框上双击“Standard(mm).ipt”。将在浏览器中列出新零件，并激活草图环境。

（2）在功能区“草图”选项卡的“绘制”组中选择“直线”命令。在图形窗口左侧单击以指定第一个点，将光标向右移动大约 100 个单位，然后单击指定第二个点。

在绘制草图时，当前直线点的位置、直线长度和直线角度将动态显示在图形窗口右下角的图框中。

注意

如果长度为 100 个单位的直线未在图形窗口中完全显示，可使用“缩放”工具缩小图形来显示整条直线。

当前直线点的位置是相对于草图(0,0)坐标的。直线角度是相对于草图 *X* 轴的。绘制草图时，表示隐含约束的符号将显示在当前直线点的旁边，结果如下图所示。

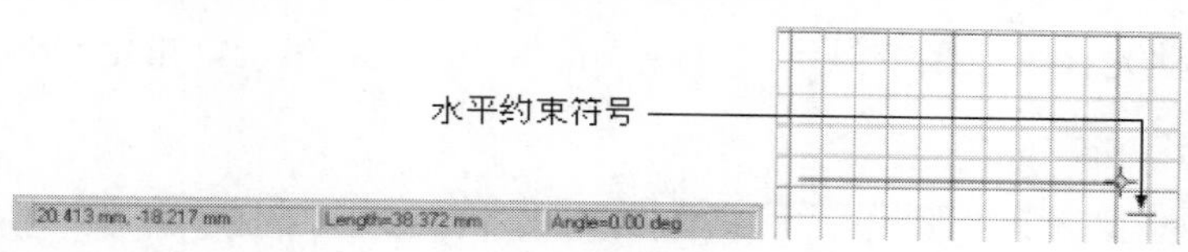

2．完成草图

（1）将光标向上移动大约 40 个单位，然后单击以创建垂线，结果如下图所示。

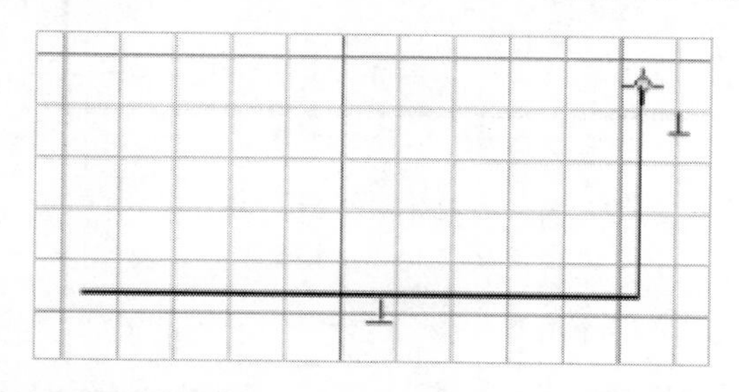

（2）将光标移动到左侧，创建一条长约 30 个单位的水平线。系统将显示平行约束符号，结果如下图所示。

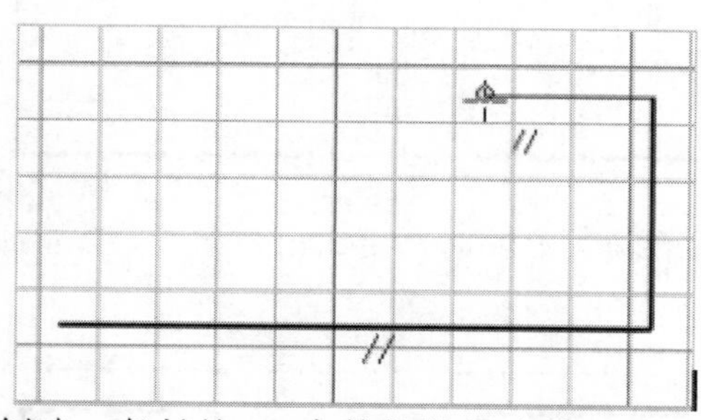

（3）向下移动光标，创建一条长约 10 个单位的竖直线，结果如下图所示。

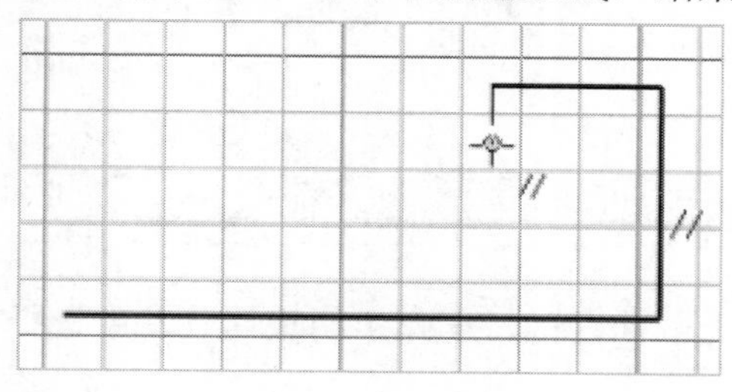

（4）将光标移动到左侧，创建一条长大约 40 个单位的水平线，结果如下图所示。

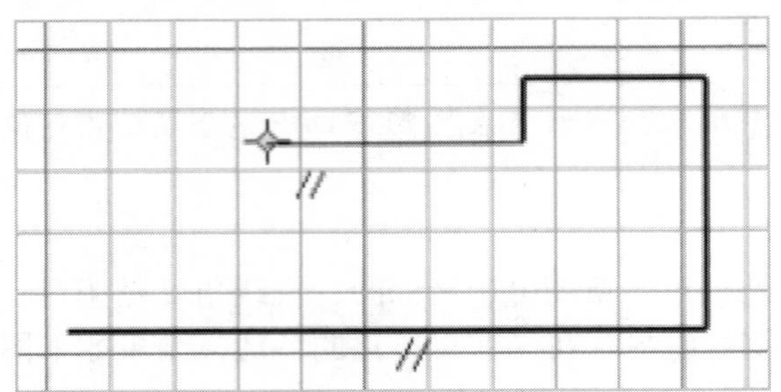

（5）向上移动光标直至系统显示平行约束符号和虚线，单击以指定一个点，结果如下图所示。

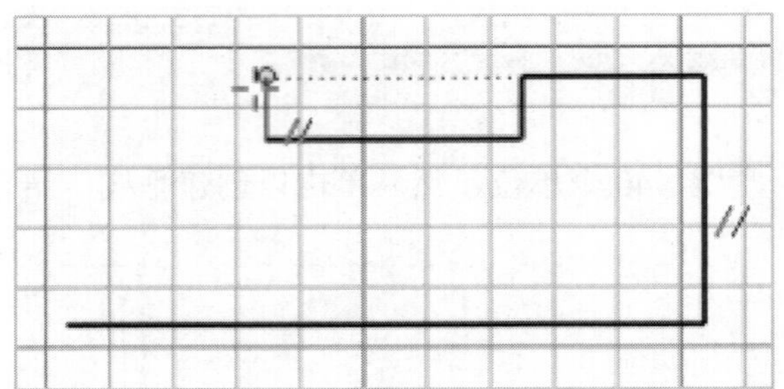

（6）向左移动光标直至系统显示平行约束符号和虚线，然后单击以指定一个点，结果如下图所示。

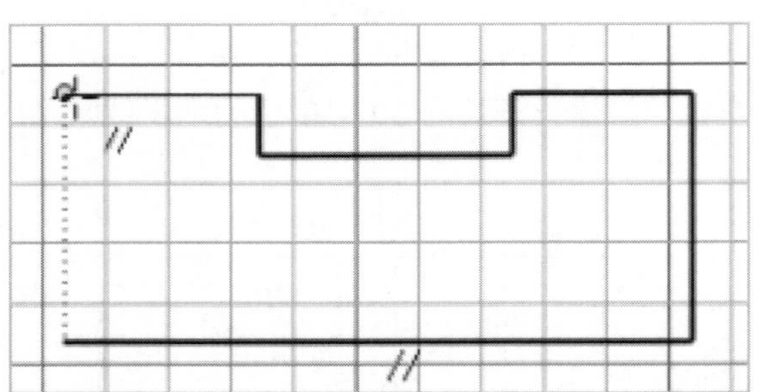

（7）向下移动光标，直至练习开始时指定的第一个点。当显示重合约束符号时，单击以关闭草图，结果如下图所示。

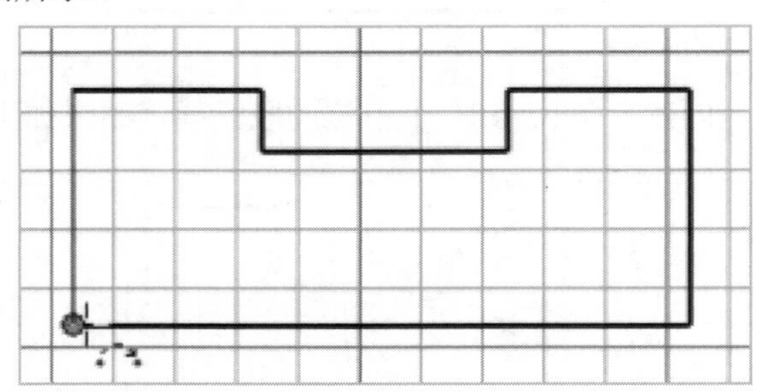

（8）在图形背景中单击鼠标右键，在弹出的快捷菜单中选择“结束”命令，结果如下图所示。

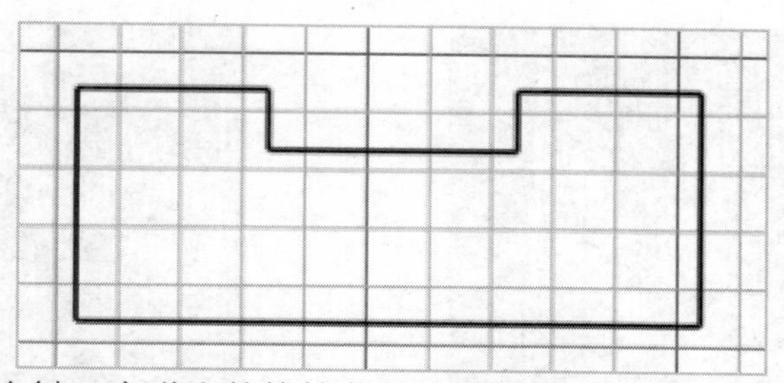

（9）再次单击鼠标右键，在弹出的快捷菜单中选择“结束草图”命令。

草图完成。不要保存文件。

2.2　约束草图

使用几何约束可以控制草图几何图元的形状。例如，如果给一条直线添加竖直约束，则此约束迫使这一条直线总是保持竖直；如果给两个圆弧添加相切约束，则此约束迫使这两条圆弧总是保持相切，如图 2-28 所示。

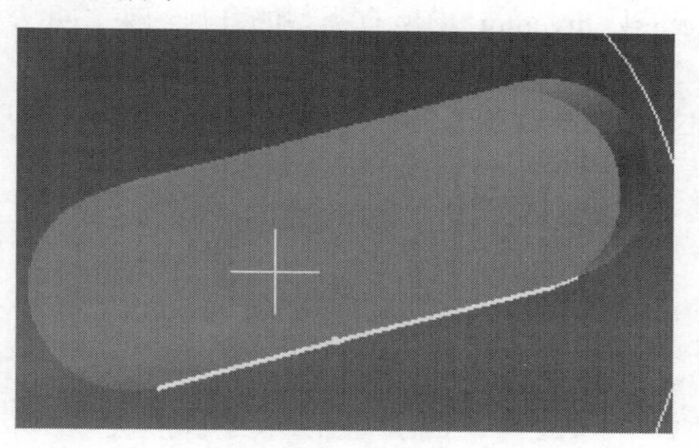

图 2-28　草图约束

2.2.1　Autodesk Inventor 中的草图约束

给二维草图几何图元添加几何约束时，就把具有智能的信息添加到二维草图几何图元中。在草图几何图元被完全约束之后，仅能通过拖动或添加尺寸来改变其位置和大小。例如，如果给一条直线添加了水平约束，则这条直线就永远保持水平。

在绘制草图时，系统会自动推断并添加一些约束，在大多数情况下，这些约束会限制草图过程的进行，这就需要添加其他一些约束来控制草图几何图元的形状。

在图 2-29 中显示了添加几何约束前后草图几何图元的对比效果。图中左边的草图是使用系统自动推断的一些约束随意绘制的；右边的草图是人为添加了一些约束，比如水平约束、竖直约束和等长约束等约束的效果。

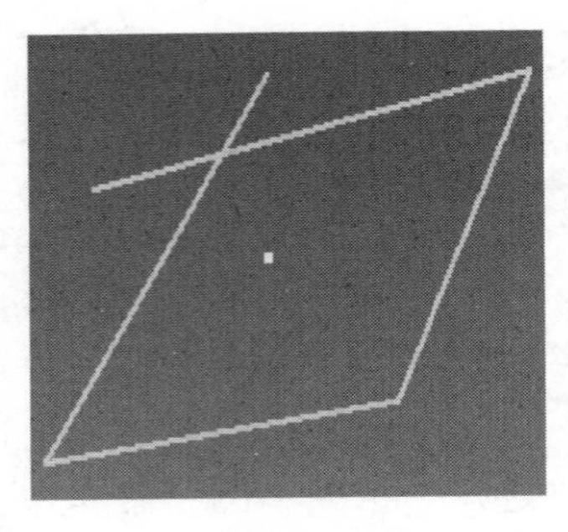

（a）草图约束前

（b）草图约束后

图 2-29　草图约束前后

2.2.2　几何约束

可以通过添加一些不同类型的约束来控制草图几何图元的形状，每种类型的约束都具有其独特的约束能力，并在其特定情况下使用。

本节主要讲述 Autodesk Inventor 中所有类型的几何约束，并介绍如何使用这些几何约束。

图 2-30 和表 2-2 中显示二维草图面板中提供的几何约束和二维几何图形。

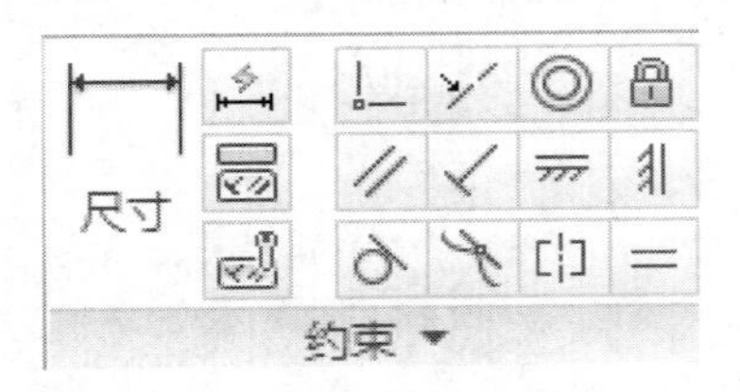

图 2-30　二维草图面板中的几何约束

表 2-2　二维草图面板中提供的二维几何图形

约束的类型	适用对象	结　果
垂直	直线	使所选的几何图元相互垂直
平行	直线	使所选的几何图元相互平行
相切	直线、圆、圆弧	使所选的几何图元相互相切
重合	直线、点、直线的端点、圆心点	使两个约束点重合或使一个点位于曲线上
同心	圆、圆弧	使两段圆弧或两个圆有同一中心点
共线	直线、椭圆	使选中的几何图元位于同一条直线上
水平	直线、成对的点	使选中的几何图元平行于草图坐标系的 X 轴
竖直	直线、成对的点	使选中的几何图元平行于草图坐标系的 Y 轴
等长	直线、圆、圆弧	使选中的圆或圆弧具有相同的半径，使选中的直线具有相同的长度
固定	直线、点、圆、圆弧	使所选几何图元固定在相对于草图坐标系的一个位置
对称	直线、点、圆、圆弧	使所选几何图元相对于所选中心线形成对称约束
平滑	曲线	使所选几何图元的曲率变的平滑

在本节的部分练习中，有机会添加不同类型的几何约束，具体如下。

1．添加水平约束

在功能区“草图”选项卡的“约束”组中选择“水平约束”命令，再选中要添加水平约束的几何图元，即可添加水平约束。

2．添加等长约束

（1）在功能区“草图”选项卡的“约束”组中选择“等长约束”命令。

（2）选中一个圆、圆弧或直线。

（3）再选中一条同类型的曲线使两条曲线等长。如果第一次选中的曲线是圆弧或圆，则第二次只能选中圆弧和圆。

（4）使被选中的几何图元具有相同的尺寸（使直线具有相同的长度，使圆、圆弧具有相同的半径）。

3．在一个点和一个中点之间添加水平约束

（1）在功能区“草图”选项卡的“约束”组中选择“水平约束”命令。

（2）选中一个点，可以是一条直线的端点或圆的中心点等，如图 2-31 所示。

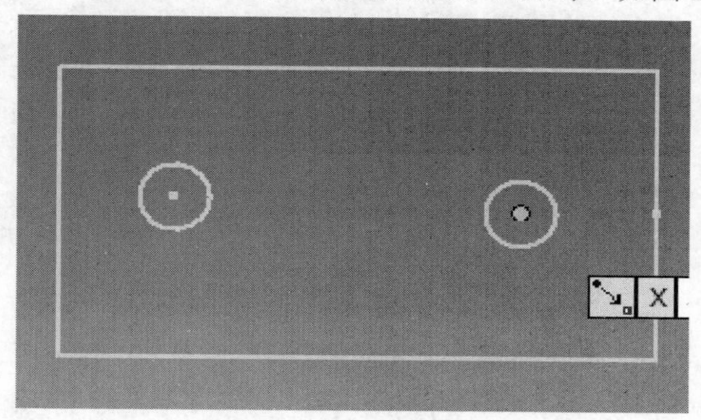

图 2-31 添加水平约束（1）

（3）选中另一个圆的中心点或者直线的中点，如图 2-32 所示。被选中的点就保持水平了，如图 2-33 所示。

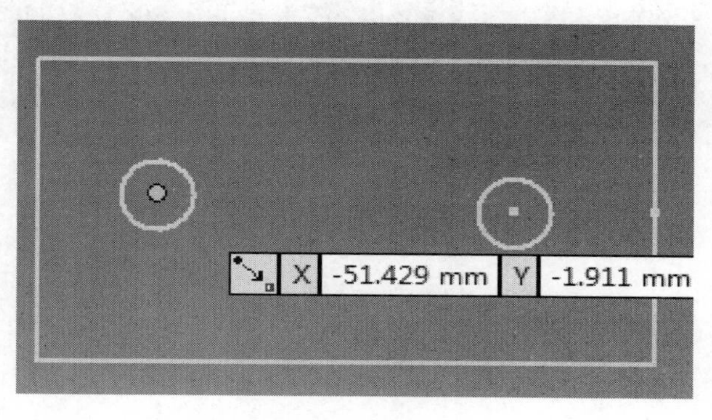

图 2-32 添加水平约束（2）

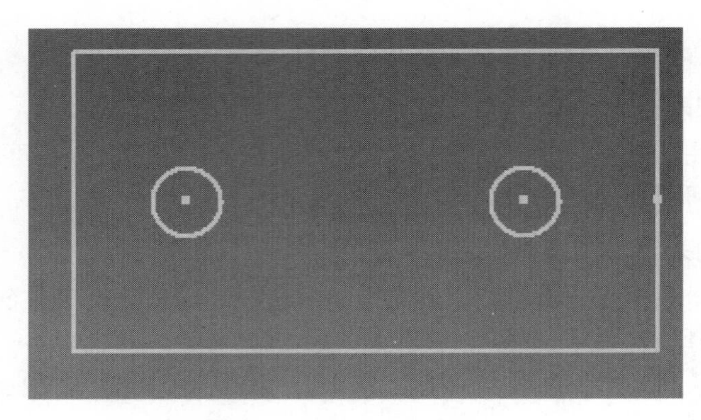

图 2-33 添加水平约束（3）

4. 添加对称约束

（1）在功能区“草图”选项卡的“约束”组中选择“对称约束”命令。

（2）选中要添加对称约束的第一个草图对象，如图 2-34 所示。

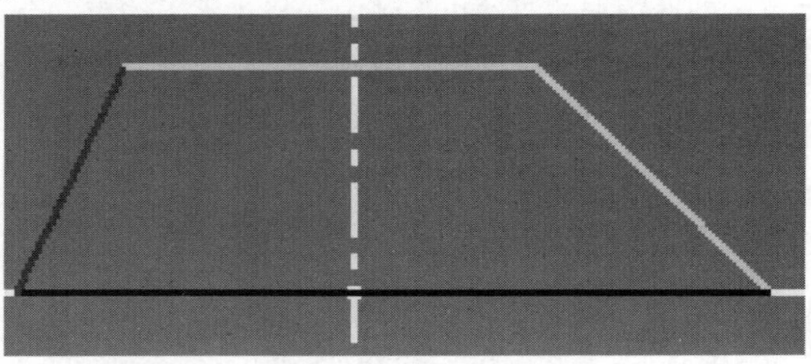

图 2-34 选择第一条边

（3）选中要添加对称约束的第二个草图对象，如图 2-35 所示。

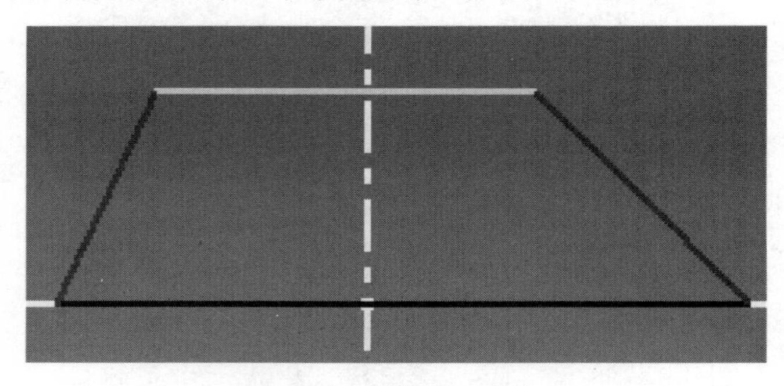

图 2-35 选择第二条边

（4）选中要作为对称轴的草图图元。使用当前的“对称约束”工具，仅能选择一个对称轴，如图 2-36 所示。

（5）继续对其他草图元素添加对称约束。

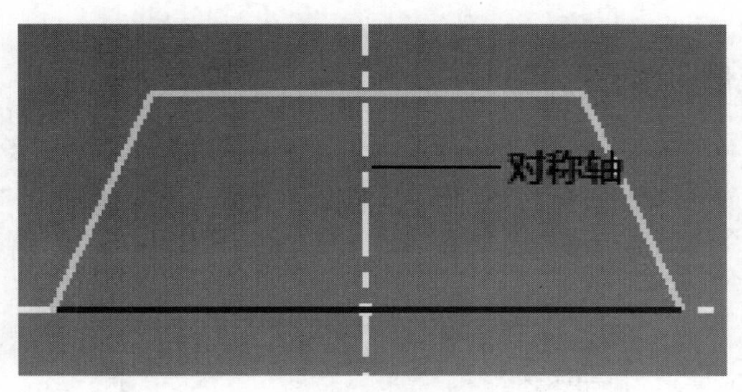

图 2-36　选择对称轴

2.2.3　规划约束

绘制草图时，系统会自动添加一些约束，然而这些约束并不一定能完全满足设计意图。因此必须添加或者删除一些约束，以便确定草图的形状和位置。

- 确定草图从属关系：在绘制草图过程中，要确定草图几何图元的内在关系，从而决定应该使用什么样的几何约束。
- 分析自动应用的约束：在绘制草图几何图元过程中，系统会自动添加一些约束，在完成草图绘制后，应确定剩余的自由度。然后根据设计需要，决定是否删除系统自动添加的约束和剩余的自由度。
- 只使用所需的约束：在对草图几何图元添加约束时，应充分考虑设计意图和草图中剩余的自由度。在创建三维特征时，不必完全约束草图。在某些情况下，还可能需要欠约束，可以通过拖动约束方法来观察草图中剩余自由度的个数。
- 确定草图大小前先确定形状：在标注尺寸之前应先添加几何约束，这样草图形状比较不容易扭曲变形。在标注尺寸时，草图图元的大小将随着尺寸值的变化而更新。在草图中几何约束用来稳定几何图元的形状，尺寸约束用来确定草图几何图元的大小。根据需要，可以应用“固定约束”以固定草图中的一部分。
- 优先标注较大几何图元的尺寸：要使草图扭曲变形最小化，应先定义可决定草图大小的较大几何图元。
- 同时使用尺寸约束和几何约束：同时使用尺寸约束和几何约束尺寸来约束几何图元很重要。某些约束的组合运用可能导致草图中欠约束的部分扭曲变形。也可以通过组合运用几何约束和尺寸约束来修改这种扭曲变形，并添加正确的约束以满足设计意图。
- 识别可能改变大小的草图：在约束草图时，应该考虑在设计的进程中某特征是否要改变，如果要改变某特征草图的大小，则应使它的某些几何图元处于欠约束状态，这样才会允许在设计进行中改变其特征的大小。具有自适应特征的零件一定要使其特征欠约束，这样才能使它与部件中的其他零件自适应。

2.2.4 显示或删除约束

约束本身是一种限制关系，是无形的，为了便于查看和管理约束，给约束规定了符号，约束的符号就是各命令图标的样子。如何显示约束符号呢？这就用到了“显示约束”命令。

将鼠标指针移至“显示约束”命令按钮上，关于该命令按钮的功能和操作方法就会动态显示出来，如图 2-37 所示。

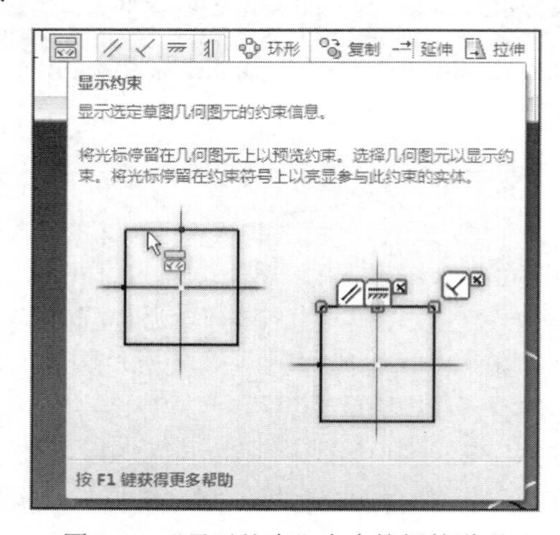

图 2-37 “显示约束”命令按钮的说明

上面介绍了约束的显示方法，即在单击“显示约束”命令按钮后选择几何图元。

关于约束显示操作的几个问题如下。

- 隐藏约束：单击约束符号右上角的“×”号，约束关系被隐藏，也可以选中约束符号并单击鼠标右键，在弹出的快捷菜单中选择“隐藏”命令，如图 2-38 所示。
- 删除约束：选中约束符号，按“Delete”键，或者单击鼠标右键，在弹出的快捷菜单中选择“删除”命令，如图 2-39 所示。

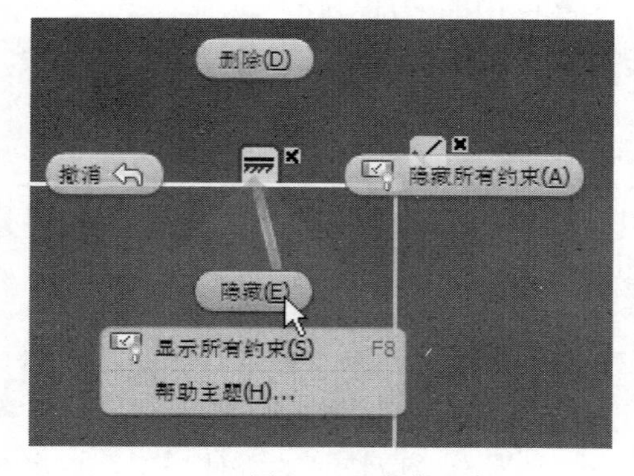

图 2-38 隐藏约束

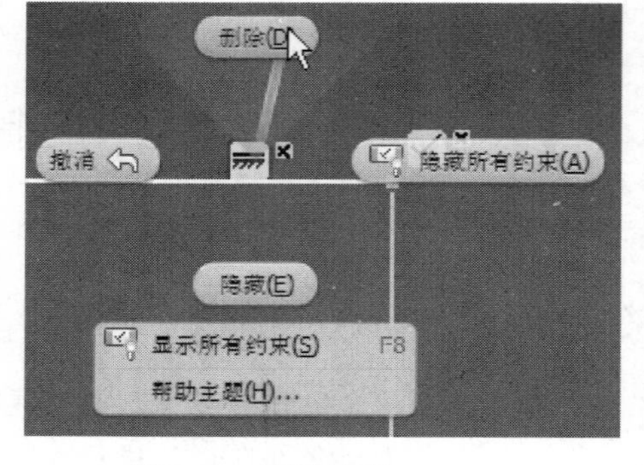

图 2-39 删除约束

从图 2-38、图 2-39 中，我们还可以看到“显示所有约束”和“隐藏所有约束”命令。

- Inventor 中的选择问题：在单击按钮后，通常需要选择一些图元，将来还可能选择零部件，因此 Inventor 支持鼠标左键的选择，也支持拖动鼠标左键的框选。从左往右的框选，只有全部在框内的才算选中；从右往左的框选，只要被框到，即使只有一部分，也算选中。

2.2.5　标注草图

标注草图是约束二维几何图元的主要方法之一，在草图中，除了使用几何约束稳定其形状之外，还需要使用尺寸以满足设计意图。本节将主要讲述如何标注草图及如何在二维草图几何图元中使用不同类型的标注尺寸。

图 2-40 中显示了在三维实体上标注的例子。

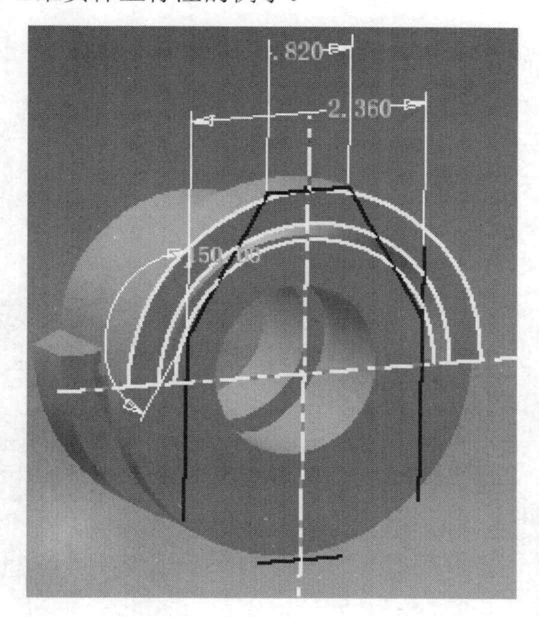

图 2-40　标注草图尺寸

1. 参数化尺寸

在完全约束二维草图之后，添加参数化尺寸是其最后的步骤，一旦对草图几何图元添加了参数化尺寸，就意味着可以通过修改尺寸的值来更改几何图元的大小。

在二维 CAD 应用软件中，尺寸仅表示几何图元的数值，并不控制大小；在三维参数化模型应用软件中，与其相反，尺寸是用来驱动几何图元的大小的，这项技术可以迅速地修改其尺寸的大小，并且可以立即看到几何图元修改后的效果。

在 Autodesk Inventor 中，仅使用一个添加尺寸命令就能完成不同类型的尺寸标注。Autodesk Inventor 主要是根据所选择的几何图元的特征，来选择合适的尺寸类型，另外也可以从右键菜单中选择合适的尺寸类型。

图 2-41 中显示了在几何图元上标注不同类型的尺寸。

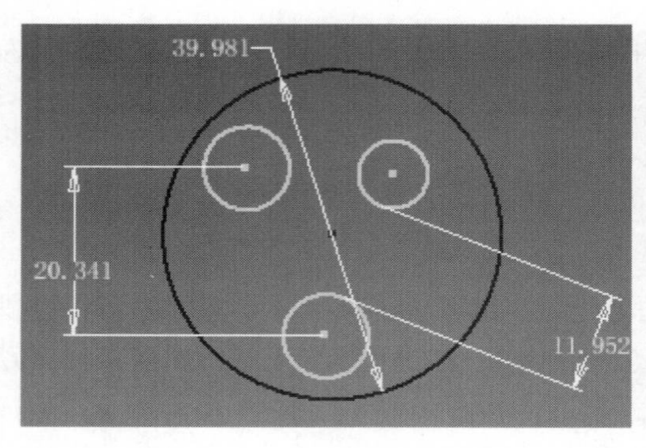

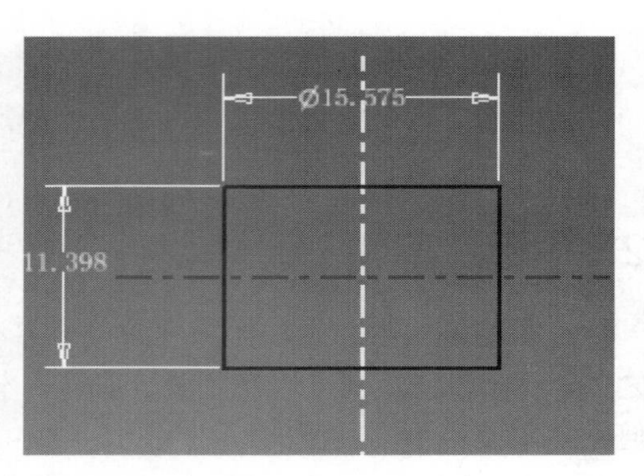

图 2-41　标注的不同类型的尺寸

2. 应用参数化尺寸的过程

下面是应用不同类型的参数化尺寸进行标注尺寸的主要过程。

1）线性尺寸

（1）在功能区“草图”选项卡的“约束”组中选择“通用尺寸”命令。

（2）首先，在图形窗口中选择要标注线性尺寸的草图几何图元；然后，按照图 2-42 中的顺序标注尺寸。

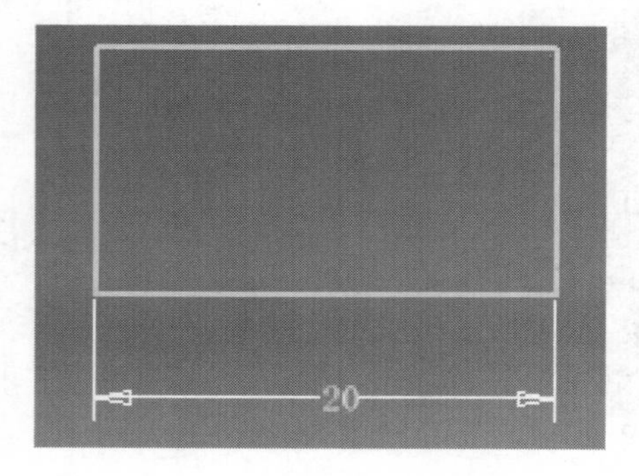

（a）放置尺寸

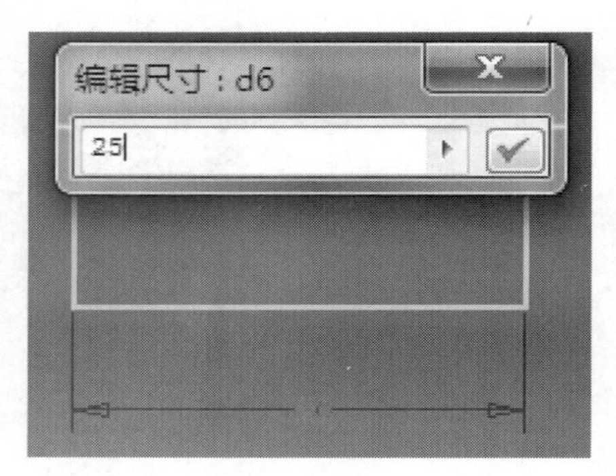

（b）单击尺寸值在文本框中输入新的尺寸值

图 2-42　标注线性尺寸

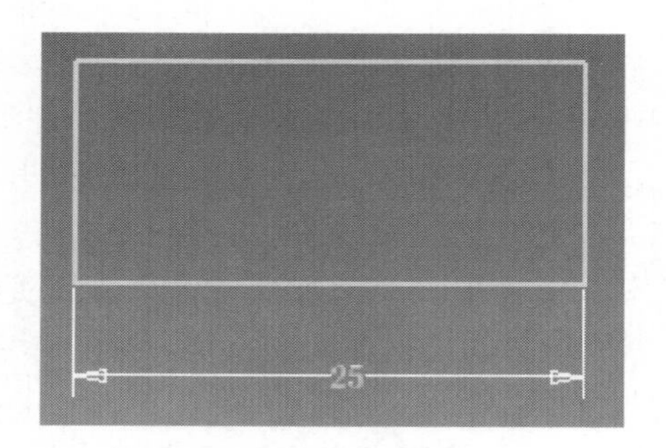

（c）几何图元的大小会随着新的尺寸值的修改而更新

图 2-42　标注线性尺寸（续）

（3）在图形窗口的任意位置上单击鼠标右键，在弹出的快捷菜单中选择“确定”命令，或继续标注其他尺寸。

2）半径或直径尺寸

（1）在功能区“草图”选项卡的“约束”组中选择“通用尺寸”命令。

（2）首先，在图形窗口中选择要标注半径或直径尺寸的草图几何图元；然后，按照图 2-43 中的顺序标注尺寸。

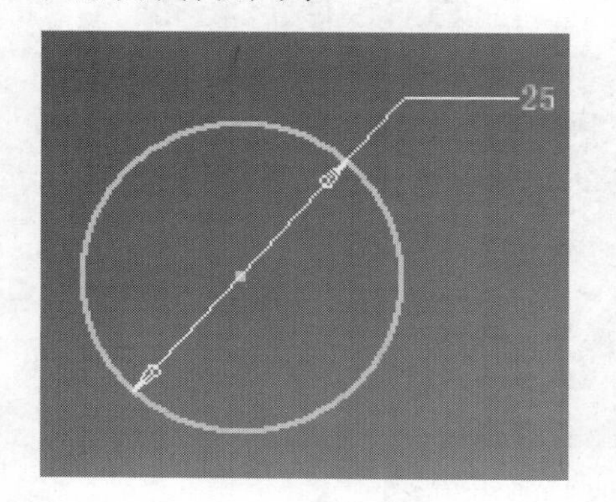

（a）放置尺寸

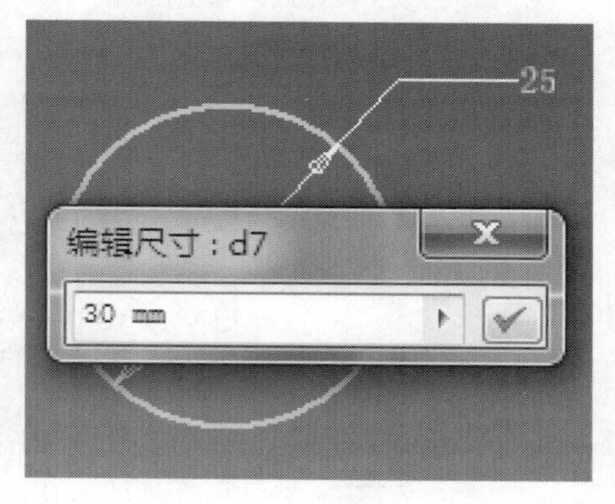

（b）单击尺寸值，在文本框中输入新的尺寸值

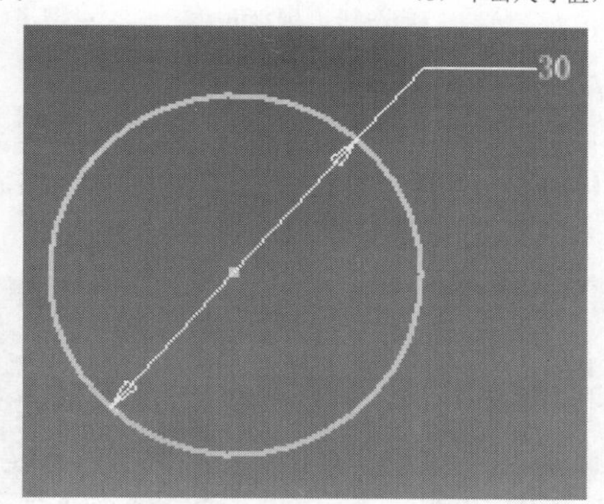

（c）几何图元的大小会随着新的尺寸值的修改而更新

图 2-43　标注半径或直径尺寸

（3）在图形窗口的任意位置单击鼠标右键，在弹出的快捷菜单中选择“确定”命令，或继续标注其他尺寸。

3）角度尺寸

（1）在功能区“草图”选项卡的“约束”组中选择“通用尺寸”命令。

（2）在图形窗口中分别选择要标注角度尺寸的几何图元，然后按照图 2-44 中的顺序标注尺寸。标注角度尺寸时，可选择在要标注角度尺寸的直线上，除了端点之外的任意位置。

（3）在图形窗口的任意位置单击鼠标右键，在弹出的快捷菜单中选择“确定”命令，或继续标注其他尺寸。

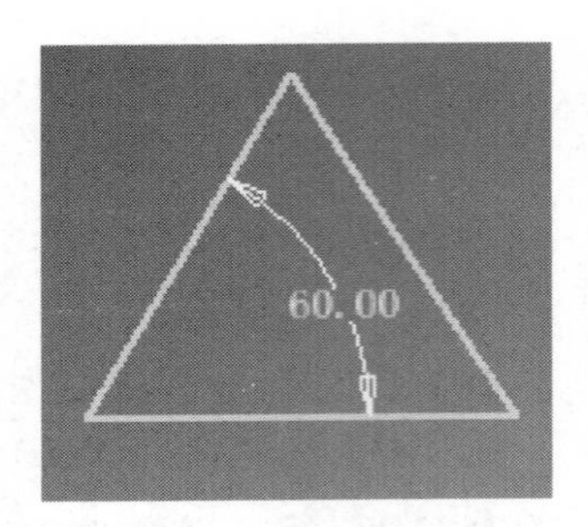

（a）放置尺寸

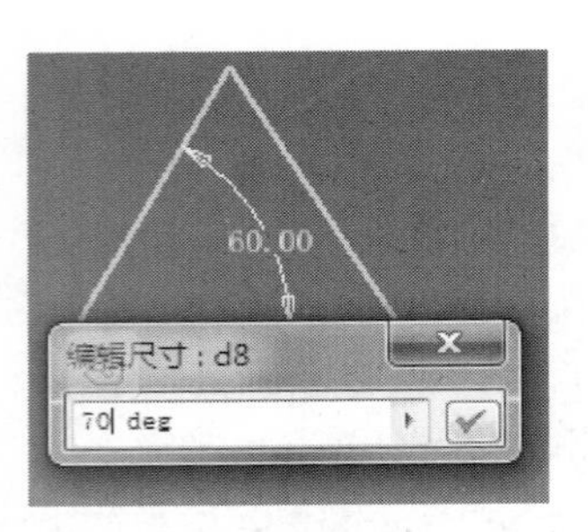

（b）单击尺寸值，在文本框中输入新的尺寸值

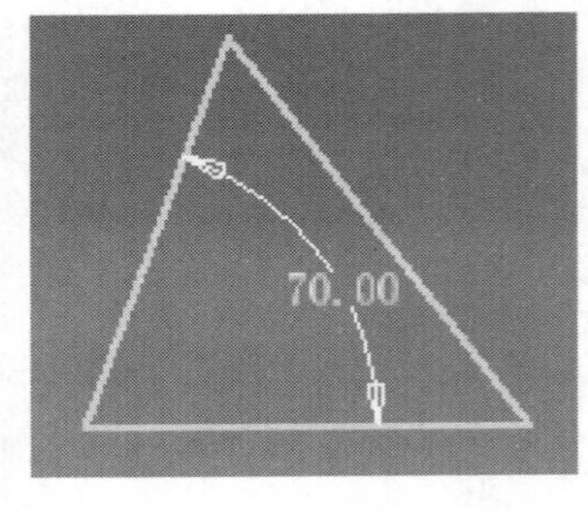

（c）几何图元的大小会随着新的尺寸值的修改而变化

图 2-44　标注角度

4）对齐尺寸

（1）在功能区“草图”选项卡的“约束”组中选择“通用尺寸”命令。

（2）在图形窗口中选择要标注对其尺寸的草图几何图元，然后按照图 2-45 中的顺序标注尺寸。

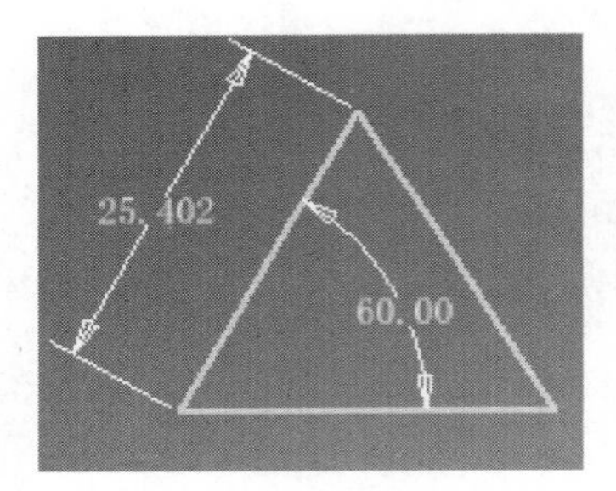

（a）放置尺寸

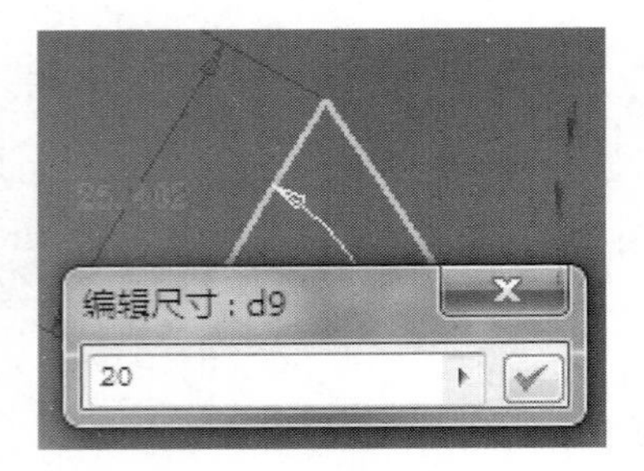

（b）单击尺寸值，在文本框中输入新的尺寸值

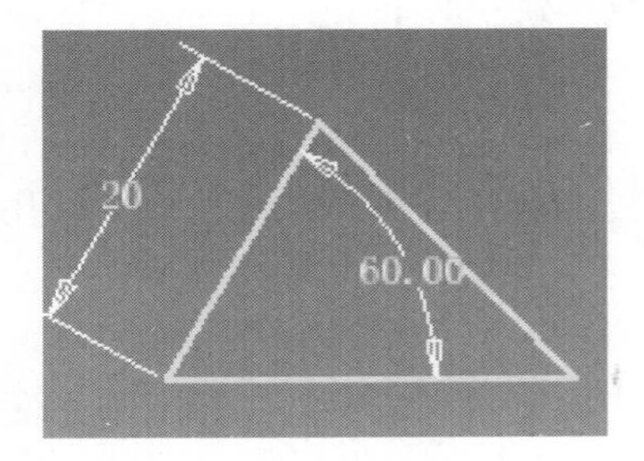

（c）几何图元的大小会随着新的尺寸值的修改而更新

图 2-45　对齐尺寸

（3）在图形窗口的任意位置单击鼠标右键，在弹出的快捷菜单中选择“确定”命令，或继续标注其他尺寸。

3．输入数值

Autodesk Inventor 可以识别大多数常用的度量单位，如毫米、厘米、米、英寸或英尺等。在对话框中输入数值时，若在数值后面不输入单位名称，则认为是使用这个文件的默认单位。

如果在模型中包括多种类型的度量单位系统，则必须在数值后面输入非默认单位的名称。例如，如果使用文件的默认单位为毫米，则输入的“50”为 50 毫米；而输入的“50cm”为 50 厘米。

Autodesk Inventor 能对输入的表达式进行正确的识别和分析，如果输入的表达式中包含语法错误，则字符显示为黑色。

另外，Autodesk Inventor 也能对输入数值的度量单位和参数进行正确的识别和分析。在输入一个单位的名称时，一定要使用小写字母，例如，输入“50cm”是正确的，而输入“50CM”是无效的。

4．添加尺寸中的其他选项

放置尺寸时，在右键菜单中显示的一些命令如下。

- “编辑尺寸”命令：放置尺寸时，在绘图区任意位置单击鼠标右键，在弹出的快捷菜单中选择“编辑尺寸”命令。当这个命令被选择后，在每次放置尺寸时，都会自动弹出“编辑尺寸”对话框。
- “半径”或“直径”命令：放置圆弧或者圆的标注尺寸时，在绘图区任意位置单击鼠标右键，在弹出的快捷菜单中选择“半径”、“直径”或“弧长”命令，可以实现这个选项与默认标注之间的相互转换。若要给圆弧标注尺寸，则默认的标注模式为半径尺寸；若要给圆标注尺寸，则默认的标注模式为直径尺寸，如图 2-46 所示。

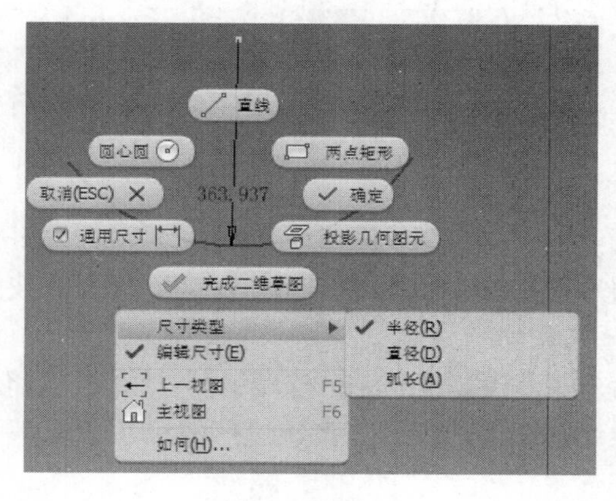

（a）给圆弧标注尺寸

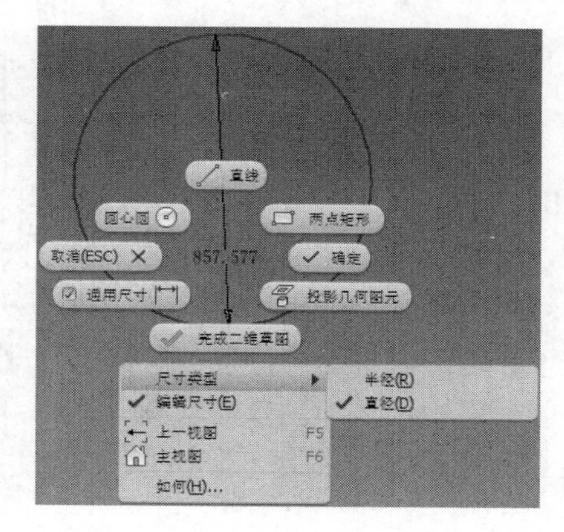

（b）给圆标注尺寸

图 2-46　圆或圆弧的标注

- “线性尺寸”选项：放置一条线或两个点的线性标注尺寸时，应在绘图区任意位置单击鼠标右键，在弹出的快捷菜单中选择所需要的类型，如图 2-47 所示。

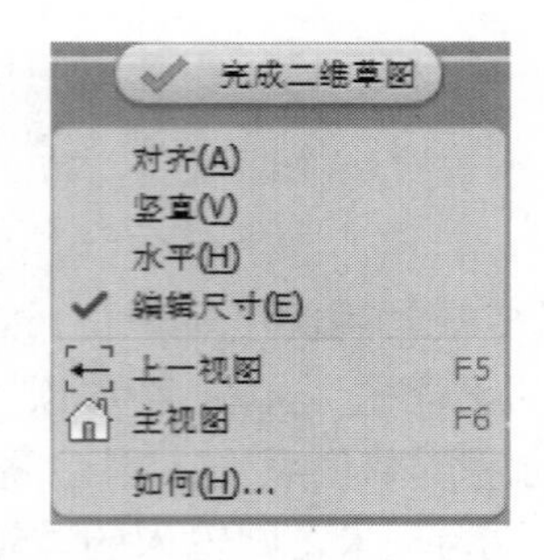

图 2-47 “线性尺寸”快捷菜单

5．尺寸以参数形式存储

每次标注一个尺寸时，都会以参数形式自动存储在当前模型文件中，并给它们分配一个参数名称。在功能区“管理”选项卡“参数”组中选择“fx 参数”命令，在弹出的“参数”对话框中将显示出所有模型参数，如图 2-48 所示。

参数

参数名称	单位/类型	表达式	公称值	公差	模型数值	关键		注释
模型参数								
d12	mm	12.508 mm	12.508440	○	12.508440	□	□	
d13	mm	13.413 mm	13.412664	○	13.412664	□	□	
d14	deg	71.38 deg	71.384189	○	71.384189	□	□	
d15	mm	7.976 mm	7.976408	○	7.976408	□	□	
d16	mm	22.547 mm	22.546608	○	22.546608	□	□	
d17	mm	8.138 mm	8.138021	○	8.138021	□	□	
用户参数								

添加数字 更新 重设公差 << 更少
链接 ☑立即更新 完毕

图 2-48 模型参数

6．联动尺寸

对草图几何图元添加标注尺寸时，这些尺寸都会被默认为一个参数名称，添加的每个参数尺寸都将消除草图中的某个自由度，一旦将草图的自由度全部消除，则这个草图就被完全约束了，这时就不允许添加或标注尺寸了。

创建联动尺寸与创建参数尺寸的命令是完全相同的，但是在创建联动尺寸时必须将“标准”工具栏中的“联动尺寸”按钮激活，这样通过“通用尺寸”按钮进行的标注就全都是联动尺寸了。

在改变参数尺寸值时，参数尺寸将调整几何图元的大小，而联动尺寸则不能。联动尺寸显示几何图元的当前测量值。如果几何图元的大小发生改变，则联动尺寸也随着改变，联动尺寸不能驱动几何图元的大小，也不能消除草图中的任意自由度。

7．“编辑尺寸”对话框中的选项

应用参数尺寸时，单击“编辑尺寸”对话框中的下三角按钮，弹出的下拉列表中的具体选项如下。

- 测量：测量其他草图图元或三维特征的距离。测量的距离将自动显示在“编辑尺寸”对话框中。
- 显示尺寸：能够显示三维模型中所选择的特征上的尺寸。在选择的尺寸显示后，就可以单独或在公示中引用这个尺寸了。
- 公差：显示“公差”对话框能使参数带有公差值。
- 列表参数：在窗口中列出当前“用户参数”，在当期尺寸中可使用所选择的“用户参数”。此选项仅能显示用户已创建的“用户参数”。
- 最近使用的值：显示最近使用过的数值列表，在当前尺寸中可以使用任意值。

8．自动标注尺寸

可以使用工具面板或二维草图面板中的“自动尺寸和约束”工具来加快标注尺寸的过程。如果单独选择草图几何图元（如直线、圆弧、圆和顶点），系统将自动应用尺寸标注和约束。如果不单独选择草图几何图元，系统将自动为所有未标注尺寸的草图对象进行标注。“自动尺寸和约束”工具使用户可以通过一个步骤迅速快捷地完成草图的尺寸标注。

用户可以：

- 使用“自动尺寸和约束”来完全标注和约束整个草图。
- 识别特定曲线或整个草图，以便进行约束。
- 仅创建尺寸标注或约束，也可以同时创建两者。
- 使用“尺寸”工具来提供关键的尺寸，然后使用“自动尺寸和约束”来完成草图的约束。
- 在复杂的草图中，如果不能确定缺少哪些尺寸，可以使用“自动尺寸和约束”工具来完全约束该草图。
- 删除自动尺寸标注和约束。

要确保完全标注草图的尺寸，在使用“自动尺寸和约束”工具之前可以使用“投影几何图元”工具将所有参照几何图元投影到草图中。可以使用其他尺寸值定义尺寸。尺寸的名称是参数。当编辑尺寸时，可以输入使用了一个或多个参数的等式。可以用以下 3 种形式来显示草图尺寸：

- 计算值。
- 参数名称。
- 参数名称和计算值。

可以使用“编辑尺寸”对话框来修改尺寸。要显示“编辑尺寸”对话框，应在放置好尺寸后单击该尺寸；如果“通用尺寸”工具未处于激活状态，也可以双击该尺寸。

基于尺寸放置显示“编辑尺寸”对话框的方法如下：

- 在“工具”选项卡的“应用程序选项”组中选择“草图”→“在创建时编辑尺寸”命令。

- 在“通用尺寸”处于激活状态的情况下，在图形窗口中单击鼠标右键，并在弹出的快捷菜单中选择“编辑尺寸”命令。

9. 显示尺寸

可以通过使用尺寸不同的显示样式，控制尺寸在绘图窗口中的显示形式。在激活的草图的绘图窗口中单击鼠标右键，在弹出的快捷菜单中选择“尺寸显示”命令，然后就可以选择显示各种类型的尺寸样式，如图 2-49 所示。

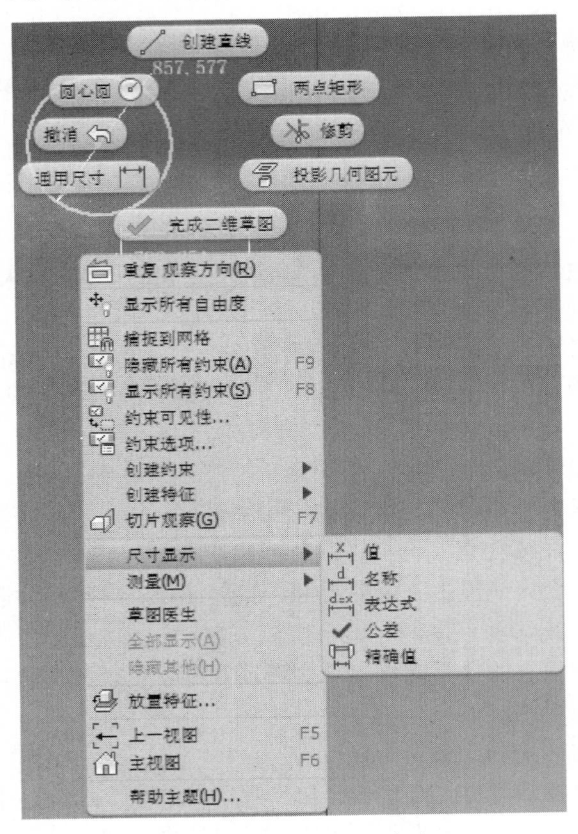

图 2-49 “尺寸显示”命令

10. 草图标注尺寸原则

在草图中标注尺寸时，应考虑以下原则：

- 首先使用“通用尺寸”命令标注主要的尺寸，然后再使用“自动标注尺寸”工具加速标注进程。
- 尽可能使用几何约束，比如添加垂直约束，而不要标注一个 90° 角。
- 先添加大尺寸，后添加小尺寸。
- 在尺寸间建立相互联系。比如，假设有两个尺寸大小相等，在创建其中一个尺寸时，由于引用了另外一个尺寸，因此使它们之间建立了关系，当修改其中一个尺寸值时，则另外一个尺寸也就随着改变了。

- 既要使用几何约束，又要使用尺寸约束，以满足总体设计的要求。

11．动态输入

草图环境中的动态输入在光标附近提供一个平视显示仪（HUD）界面，以帮助用户将注意力集中到绘图区域。动态输入为“直线”、“圆”、“圆弧”、“矩形”和“点”草图命令启用。

启用动态输入后，光标附近的值输入字段将显示随光标移动而动态更新的信息。可以在输入框中输入值，也可以在输入字段之间切换以更改值。

当用户对草图的尺寸值感到满意后，这些值将自动应用到草图元素中。这种在动态输入中自动创建和放置草图尺寸的功能称为存留尺寸。

练习 2-2

1．向第一个草图添加约束

（1）在功能区“视图”选项卡的“导航”组中选择“观察方向”命令，然后选择任意曲线，将显示平面视图。

（2）在功能区“视图”选项卡的“导航”组中选择“全部缩放”命令，以查看 3 个回路，如下图所示。

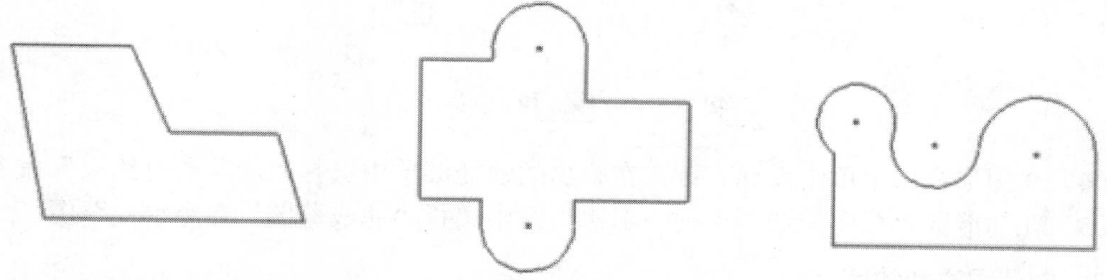

（3）在浏览器中双击“草图 1”将其激活。

（4）在功能区“视图”选项卡的“导航”组中选择“全部缩放”命令，然后在左侧的草图回路周围绘制一个窗口。草图回路即位于屏幕的中心。

（5）在功能区“草图”选项卡的“约束”组中选择“显示约束”命令。将光标停留在草图左侧的倾斜直线上，即会显示当前约束。

（6）将光标移动到约束符号上，以亮显被约束的草图几何图元。

在本样例中有两个重合约束。希望草图中的倾斜直线是竖直的，因此现在可以添加一个竖直约束。

（7）在功能区“草图”选项卡的“约束”组中选择“垂直约束”命令。

单击 3 条倾斜直线（确保不要选择这些直线的中点），草图应如下图所示。

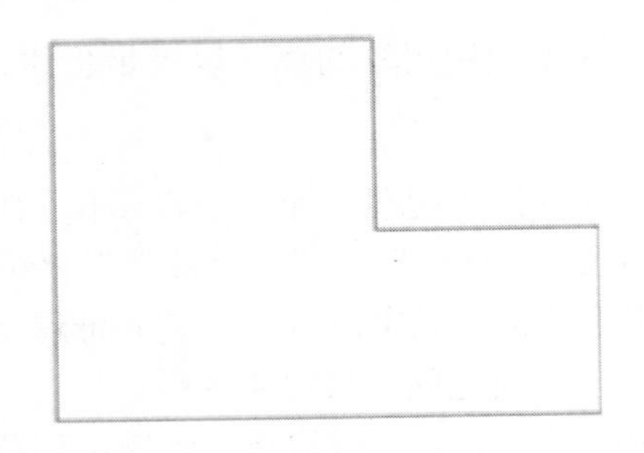

2．显示所有约束

（1）在图形窗口中单击鼠标右键，在弹出的快捷菜单中选择“确定”命令。

（2）再次在图形窗口中单击鼠标右键，在弹出的快捷菜单中选择“显示所有约束”命令。

（3）系统将显示所有约束，如下图所示。单击鼠标右键，在弹出的快捷菜单中选择“结束”命令。

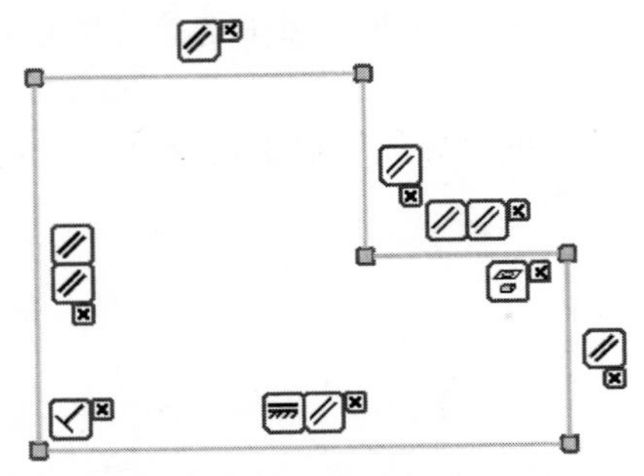

（4）在图形窗口中单击鼠标右键，在弹出的快捷菜单中选择“隐藏所有约束”命令。

（5）在功能区“草图”选项卡的“退出”组中选择“完成草图”命令退出草图。

3．向草图添加约束

（1）在浏览器中双击“草图 2”。

（2）在功能区“视图”选项卡的“导航”组中选择“全部缩放”命令，然后在第二个草图回路周围拖出一个窗口。

第二个草图回路即位于屏幕的中心，如下图所示。

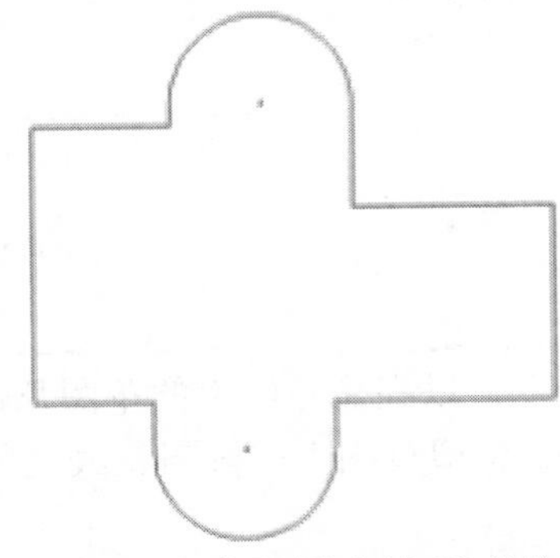

（3）在功能区“草图”选项卡的“约束”组中选择“共线约束”命令。单击草图顶部的水平线。

草图应如下图所示。

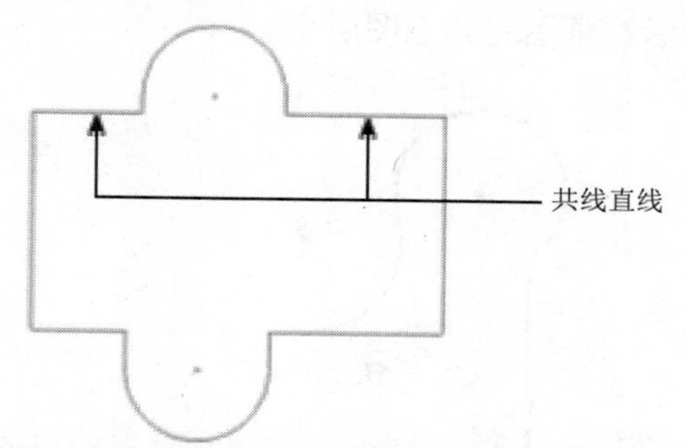

（4）按“Esc”键取消“共线”约束按钮。将位于顶部右侧的水平线向下拖动，请注意草图的变化，这称为带约束拖动。

（5）在功能区“草图”选项卡的“约束”组中选择“等长约束”命令。单击草图左下方的水平线，然后单击左上方的水平线。

使右侧的两条水平线与左下方的直线等长。

草图应如下图所示。

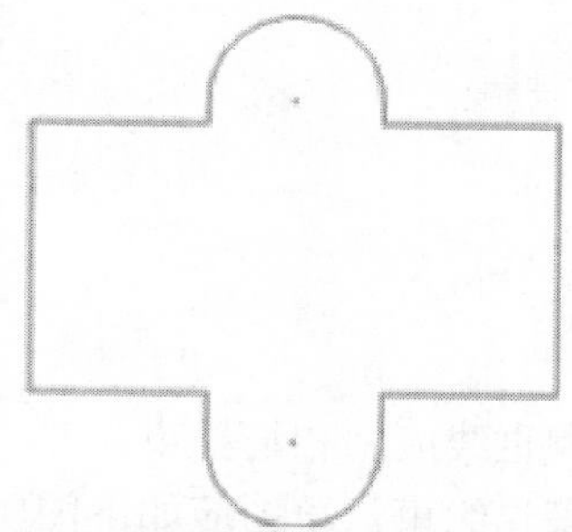

（6）按“Esc”键取消“约束”按钮。拖动右侧的竖直线，请注意草图的变化。因为应用了等长约束，所以拖动竖直线时仍可以保持草图的对称性。

（7）在图形背景中单击鼠标右键，在弹出的快捷菜单中选择“确定”命令；然后再单击鼠标右键，在弹出的快捷菜单中选择“完成草图”命令以退出草图。

4．删除约束和添加约束

（1）激活“草图 3”。

（2）在功能区“视图”选项卡的“导航”组中选择“全部缩放”命令，然后在第三个草图回路周围拖出一个窗口。

第三个草图回路即位于屏幕的中心，如下图所示。

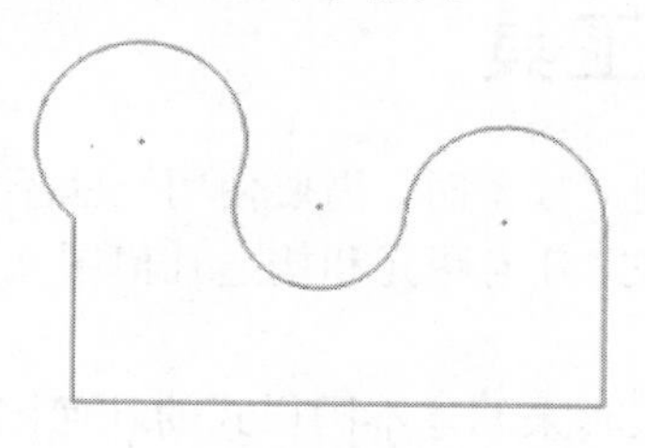

（3）在功能区“草图”选项卡的“约束”组中选择“显示约束”命令。将光标停留在草图左侧的竖直线上，约束随即显示。草图应如下图所示。

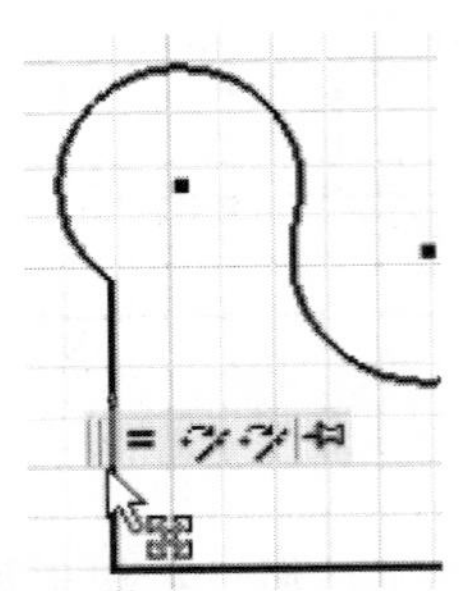

（4）将光标移动到等长约束符号上，单击以选中该符号。然后单击鼠标右键，在弹出的快捷菜单中选择“删除”命令以删除约束。

（5）在功能区“草图”选项卡的“约束”组中选择“水平约束”命令。

（6）单击位于草图左侧的圆弧的中心点，然后单击位于草图中心的圆弧的中心点。对第三个中心点重复上述操作。草图应如下图所示。

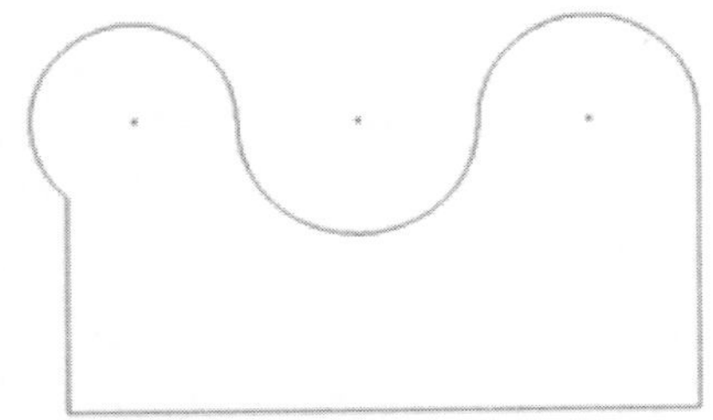

（7）向位于草图左侧的圆弧和直线应用相切约束。

（8）向 3 个圆弧的半径应用等长约束。草图应如下图所示。

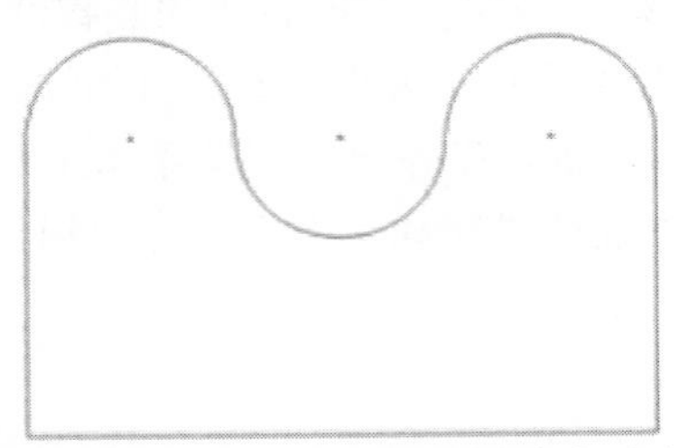

（9）在图形背景中单击鼠标右键，在弹出的快捷菜单中选择“结束草图”命令，退出草图。不要保存文件。

2.3 “二维草图”工具

创建二维草图几何图元以建立模型时，需要使用一些不同线型的几何图元，根据设计任务的需要，可能需要组合运用普通几何图元和构造几何图元，或需要组合运用参数尺寸和联动尺寸。

本节将主要讲述如何使用工具来创建不同样式的几何图元及两种尺寸的类型。

2.3.1　二维几何图元线型和尺寸样式

如表 2-3 所示为几何图元的不同线型及尺寸样式工具。在所有的二维草图几何图元中，使用的草图线型都属于下列线型中的一种或几种：普通、构造、中心线、参考。

表 2-3　几何图元线型和尺寸样式工具

命令按钮	功　能
构造	单击此按钮后，绘制的所有草图几何图元的线型都是构造线型。若要使现有的草图几何图元线型转换为构造线型，应先选中要修改线型的几何图元，然后在“标准”工具栏上单击“构造”按钮即可
中心线	单击此按钮后绘制的所有草图几何图元的线型都是中心线线型。若要使现有的草图几何图元线型转换为中心线线型，应选中要修改线型的几何图元，然后在“标准”工具栏上单击“中心线”按钮即可
联动尺寸	单击此按钮后，标注的所有尺寸都是联动尺寸样式。若要使现有的普通尺寸样式转换为联动尺寸样式，应先选中此尺寸，然后在“标准”工具栏上单击“联动尺寸”按钮即可

在这些线型中，可以使用草图工具创建的线型有普通、构造和中心线 3 种几何图元，而仅能使用“投影几何图元”工具创建的线型是参考几何图元。

所有的二维草图尺寸样式都属于下列样式中的一种。

- 普通尺寸（参数尺寸）：驱动尺寸，其值的变化将改变几何图元的大小。
- 联动尺寸（非参数尺寸）：非驱动尺寸，几何图元的大小改变时，它的值随之更新。

如图 2-50 所示的是不同几何图元的草图线型及尺寸样式，一定要注意它们的显示形式。

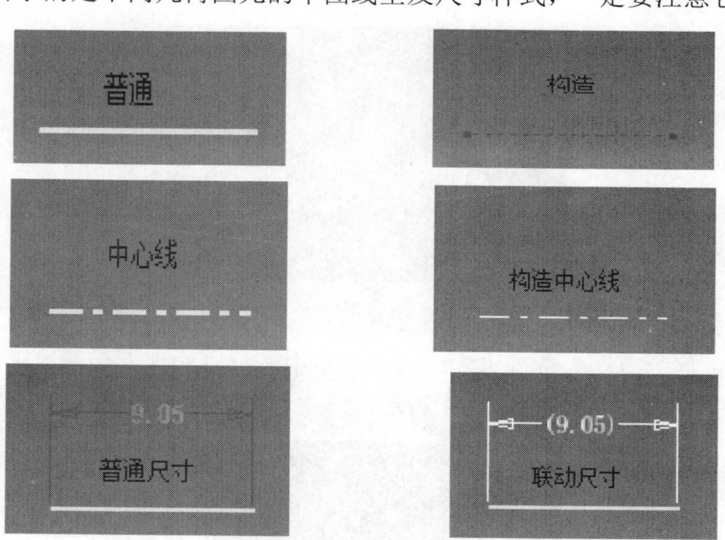

图 2-50　不同的线型图元的草图线形样式

2.3.2　创建二维几何图元线型和尺寸样式的工具

在“标准”工具栏上有 3 个命令按钮，这些命令按钮可以改变几何图元线型和尺寸样式，如表 2-3 所示。与其他命令不同的是，这些命令不仅能改变几何图元线型和尺寸样式，而且也表示所选择的几何图元线型及尺寸样式的当前状态。在单击其中一个命令按钮后，此命令按钮将一直处于激活状态，直到再次单击这个命令按钮，才能关闭它。

2.3.3 如何使用二维几何图元草图工具

1．如何创建构造几何图元

创建构造几何图元的具体步骤如下：

（1）在功能区“草图”选项卡的“格式”组中选择“构造”命令。

（2）在图形窗口中，使用标准草图工具创建所需要的几何图元，如图 2-51 所示。

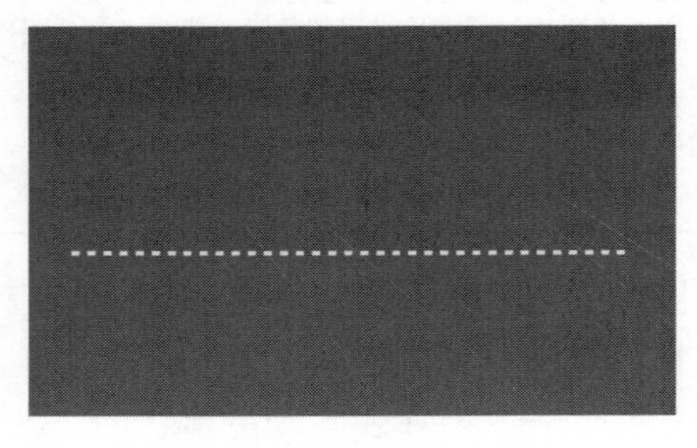

图 2-51 创建几何图元

（3）如果要在创建草图几何图元之后改变其线型为构造线型，则应在图形窗口中选中要改变的几何图元，如图 2-52 所示。

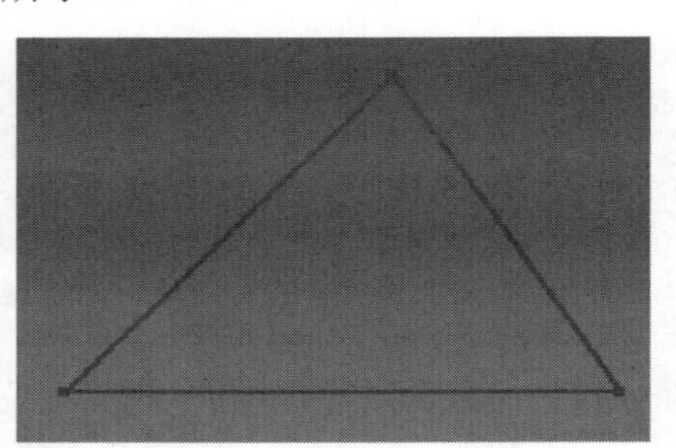

图 2-52 选中要改变的几何图元

（4）再在功能区“草图”选项卡的“格式”组中选择“构造”命令，则所选中的几何图元就转变为构造几何图元了，如图 2-53 所示。

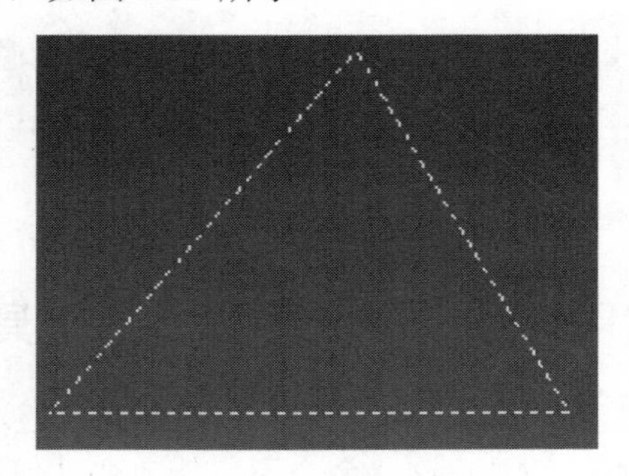

图 2-53 普通几何图元转变为构造几何图元

2．如何创建中心线几何图元

创建中心线几何图元的具体操作步骤如下：

（1）在功能区“草图”选项卡的“格式”组中选择“中心线”命令。

（2）在图形窗口中，使用标准草图工具创建所需要的几何图元，如图 2-54 所示。

图 2-54　创建几何图元

（3）如果要在创建几何图元之后改变其线型为中心线线型，应在图形窗口中选中要改变的几何图元，如图 2-55 所示。

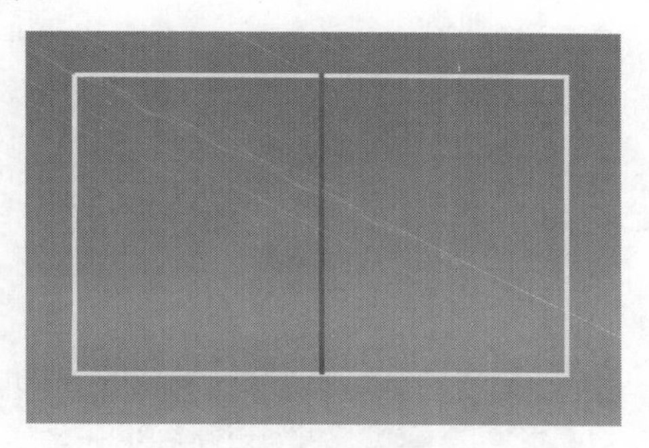

图 2-55　选中要改变的几何图元

（4）在功能区“草图”选项卡的“格式”组中选择“中心线”命令，则选中的几何图元就转变为中心线几何图元，如图 2-56 所示。

图 2-56　转变为中心线的几何图元

3．如何创建关联尺寸

创建计算尺寸的具体操作步骤如下：

（1）在功能区“草图”选项卡的“格式”组中选择“联动尺寸”命令。

（2）在图形窗口中，使用通用尺寸工具创建所需要的计算尺寸，如图 2-56 所示。

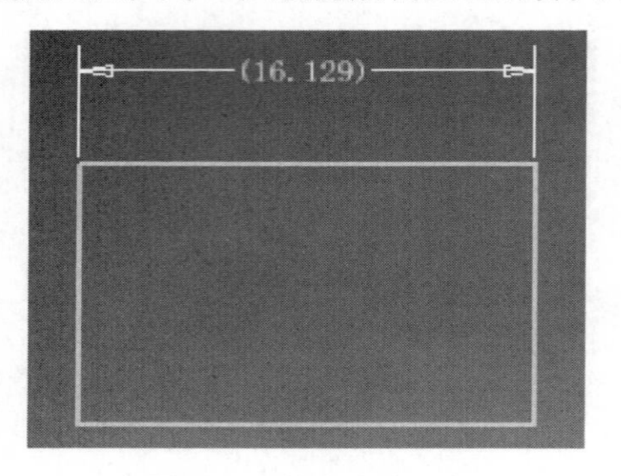

图 2-57　创建关联尺寸

（3）如果要使现有的普通尺寸转变为计算尺寸，首先应在图形窗口中选中这个尺寸，如图 2-58 所示。

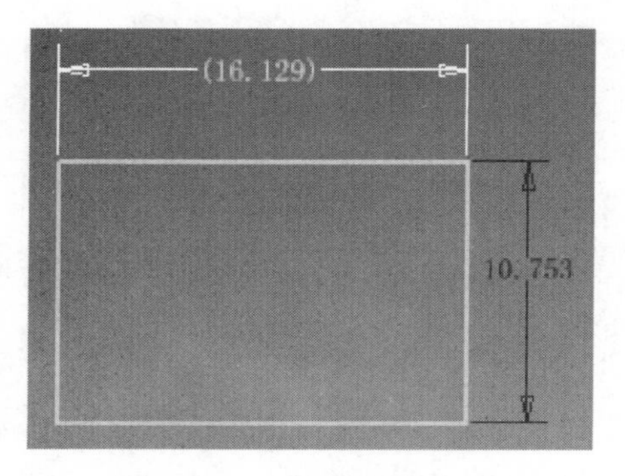

图 2-58　选中要转变的尺寸

（4）在功能区“草图”选项卡的“格式”组中选择“联动尺寸”命令，则选中的尺寸就会转变为计算尺寸，如图 2-59 所示。

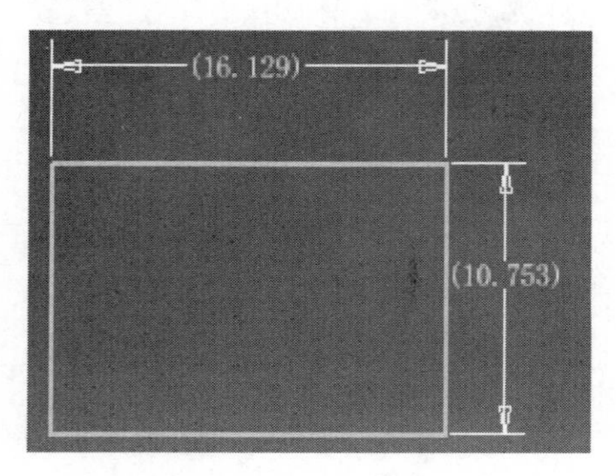

图 2-59　转变为计算尺寸

练习 2-3

1．创建驱动尺寸

（1）创建草图或打开现有草图。

（2）在功能区“草图”选项卡的“约束”组中选择“通用尺寸”命令。

（3）选择要标注尺寸的草图几何图元，然后拖到一点以显示尺寸。

（4）单击尺寸，弹出“编辑尺寸”对话框。

（5）输入一个尺寸值。可以输入数值及与其他尺寸或等式相关联的参数名称，如下图所示。

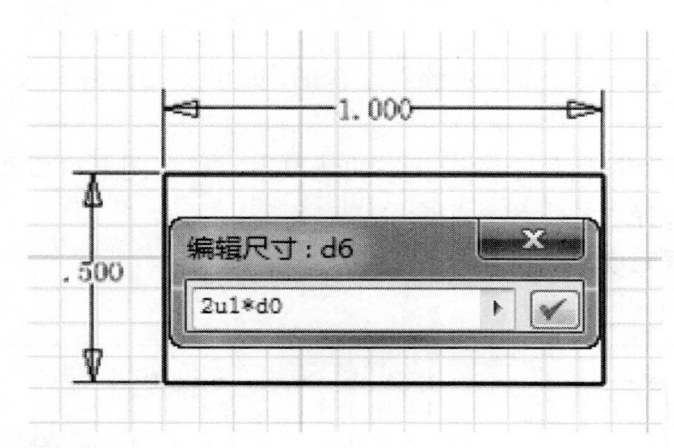

2．向线性对象应用尺寸

（1）激活 tutorial_files 项目后，打开 dimsketch.ipt 文件。草图几何图元需要进行尺寸约束，以保持其总体大小。系统已经应用了几何约束，以保持草图的形状。

（2）在浏览器中双击“草图 1”，将草图激活。

（3）在功能区“视图”选项卡的“导航”组中选择“观察方向”命令，然后选择任意直线，以获得草图的平面视图。单击“全部缩放”按钮查看整个草图。

（4）在功能区“草图”选项卡的“约束”组中选择“通用尺寸”命令。

（5）单击草图顶部的水平线，然后设置尺寸，如下图所示。

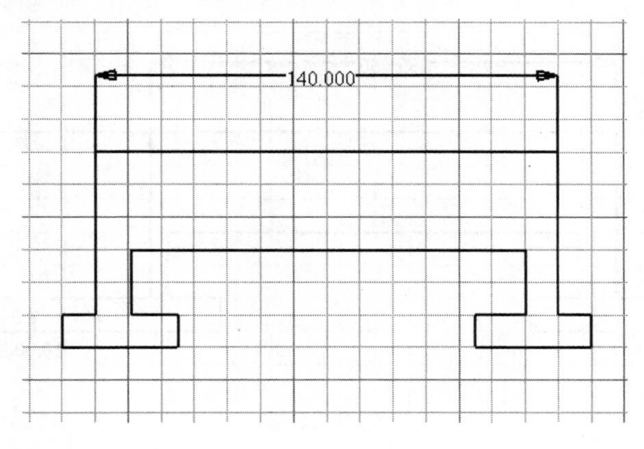

（6）单击该尺寸，弹出“编辑尺寸”对话框。输入 135，然后按“Enter”键，结果如下图所示。

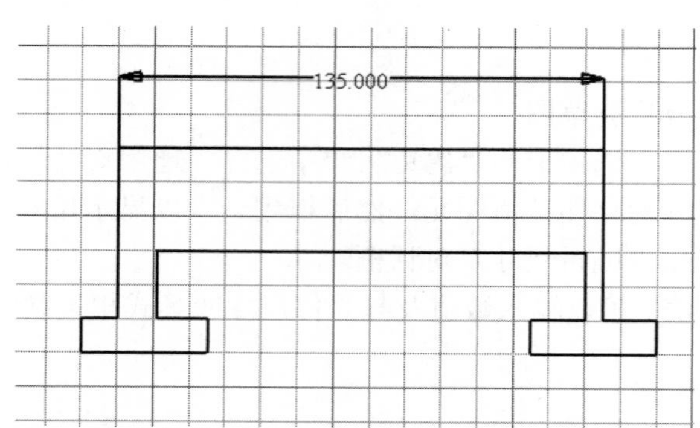

在本例中，是通过单击尺寸来显示该对话框的，如果要设置多个尺寸，可以自动显示“编辑尺寸”对话框。

（7）在“通用尺寸”按钮处于激活状态的情况下，可在图形窗口背景中单击鼠标右键，在弹出的快捷菜单中选择“编辑尺寸”命令。

（8）按照下列步骤完成尺寸约束：

① 添加尺寸 10，如下图所示。

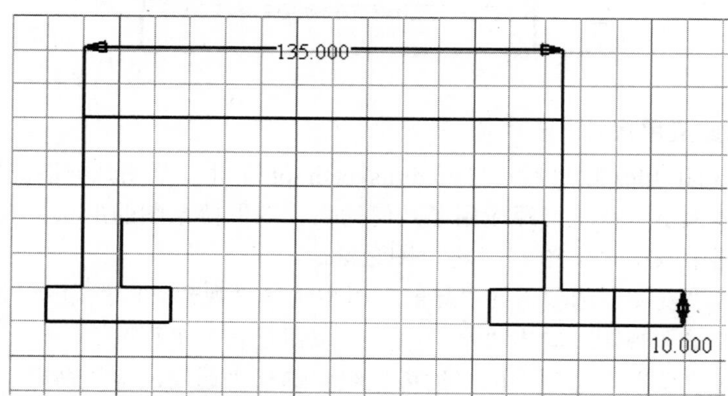

② 添加尺寸 60，如下图所示。

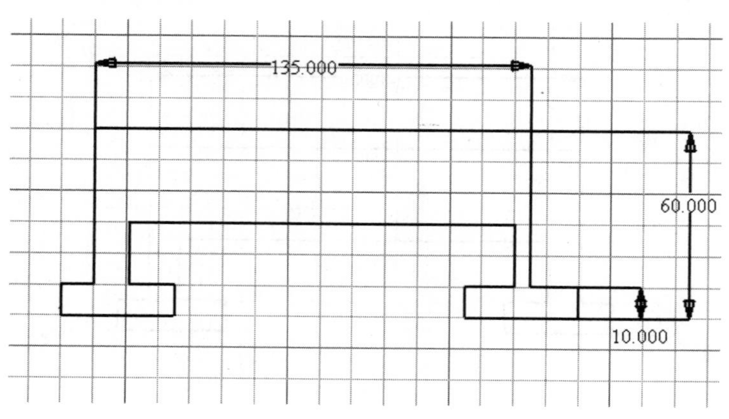

③ 添加尺寸 35，如下图所示。

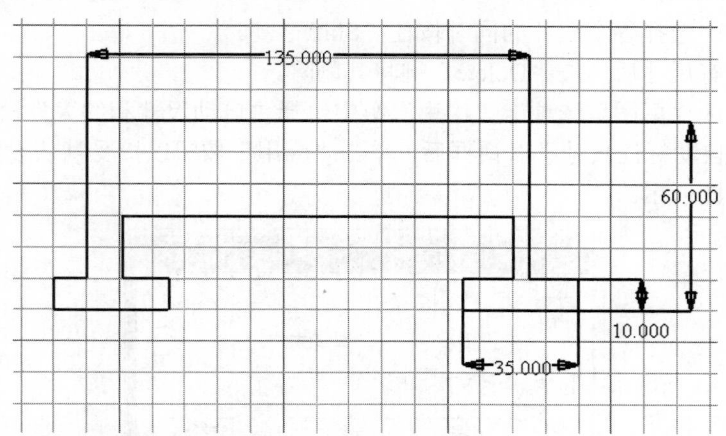

④ 添加尺寸 10，如下图所示。

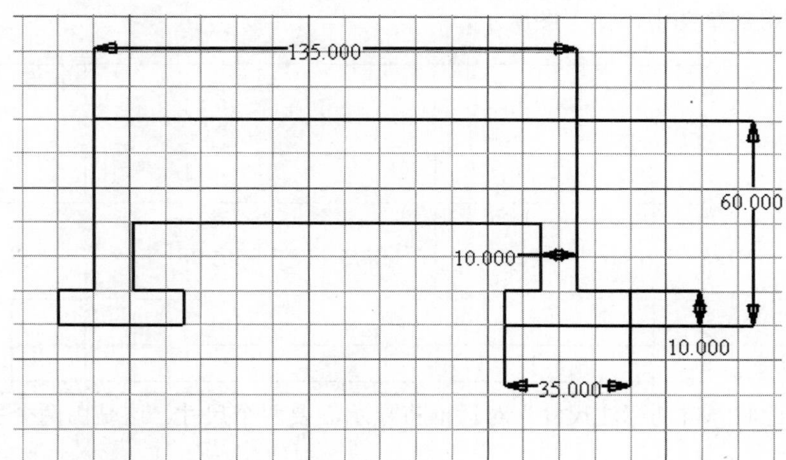

⑤ 添加尺寸 25 和 30，如下图所示。

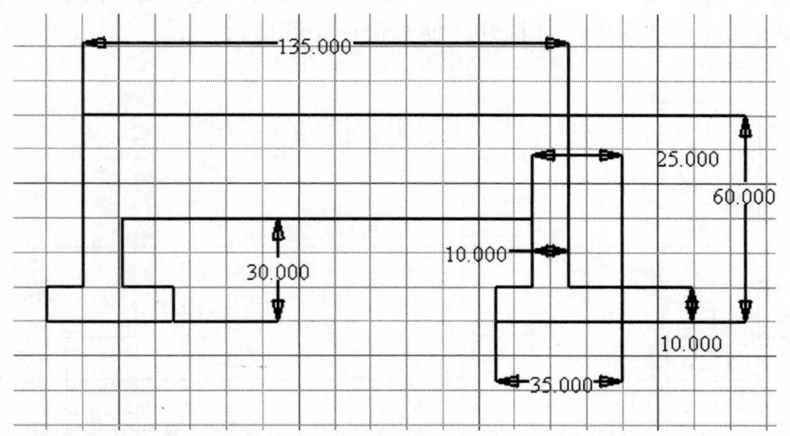

（9）在图形窗口中单击鼠标右键，在弹出的快捷菜单中选择“确定”命令。

3. 在草图中删除和添加尺寸

（1）在草图中选择各个尺寸的同时按住“Shift”键。

（2）选定所有尺寸后，按“Delete”键将其删除。

（3）在功能区“草图”选项卡“约束”组中选择“自动尺寸和约束”命令。

（4）弹出“自动标注尺寸”对话框后，单击“应用”按钮以接受默认设置并开始标注草图的尺寸，如下图所示。

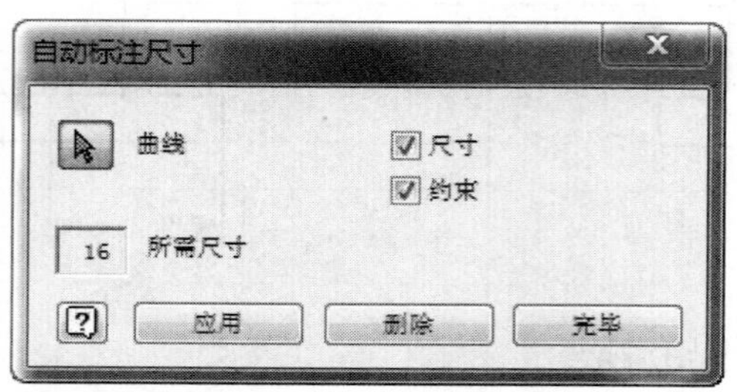

尺寸将应用到草图中，如下图所示。

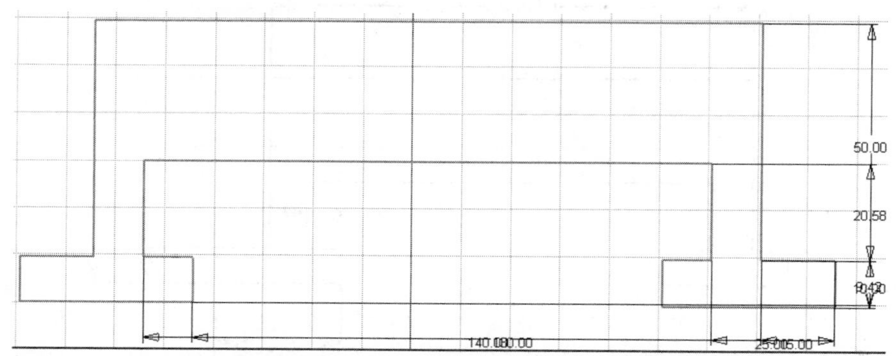

请注意，此时“自动标注尺寸”对话框将显示需要两个尺寸。这是由两个丢失的固定约束造成的。

（5）在“自动标注尺寸”对话框中单击“完毕”按钮，关闭该对话框。

（6）在草图中选择并重置尺寸标注，使它们便于读取。

尺寸应如下图所示。

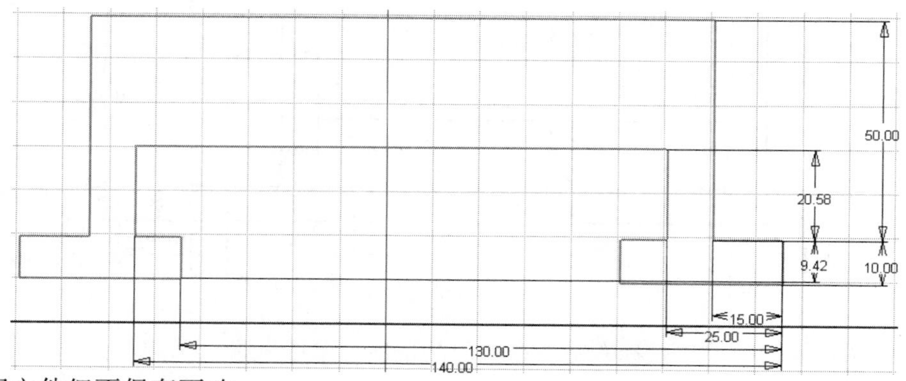

关闭文件但不保存更改。

第 3 章　创建和编辑草图特征

本章学习目标

- 了解什么是拉伸特征及如何创建。
- 掌握使用拉伸工具条创建拉伸特征。
- 了解在创建拉伸的时候如何使用加、减、交的操作。
- 掌握在使用拉伸特征的时候，使用各种终止选项。
- 熟悉编辑拉伸特征及用于创建拉伸特征的草图。
- 熟悉旋转特征及如何创建。
- 掌握使用“旋转”工具去创建旋转特征。
- 在创建旋转特征时，熟悉使用添加、切削和求交的概念。
- 掌握编辑特征及创建特征的草图截面轮廓。
- 了解如何自动进入主视图。
- 了解初始视图范围。

3.1　草图特征

草图特征是在 Autodesk Inventor 中创建三维特征时采用的一种特征类型，这里所指的采用“草图特征”创建的三维特征是基于二维草图基础上的。可以使用共享草图创建零件，如图 3-1 所示。

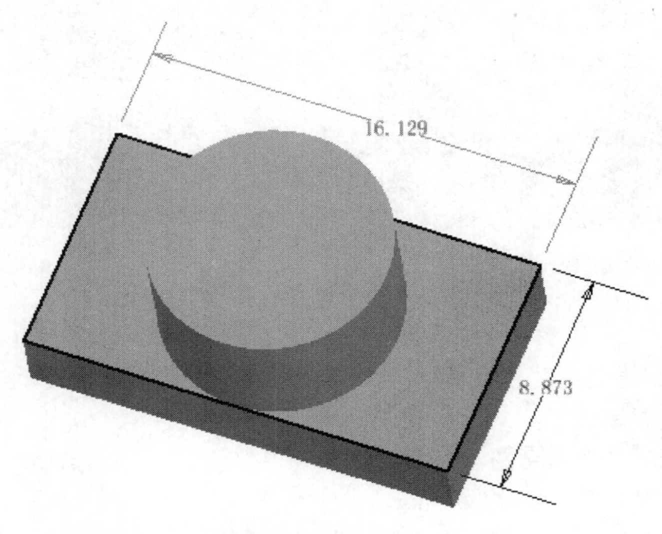

图 3-1　使用一个共享草图创建零件

3.1.1 简单的草图特征

草图特征是一种三维特征，它是在二维草图的基础上建立的，用 Autodesk Inventor 的草图特征可以表现出大多数基本的设计意图。当创建一个草图特征时，必须首先创建一个三维的草图或者创建一个截面轮廓。而所绘制的轮廓通常是表现所被创建的三维特征的二维截面形状，对于大多数复杂的草图特征，截面轮廓可以创建在一张草图上。

可以以不同的三维模型轮廓，创建零件的多个草图，然后在这些草图之上建立草图特征。所创建的第一个草图特征被称为基础特征，当创建好基础特征之后，就可以在此三维模型的基础上添加草图特征或者添加放置特征了。

1. 典型草图特征的建立

如图 3-2 所示，这是一个典型的基于草图所创建的三维特征，这个基础的草图用来创建基础的特征，第二个草图的特征是在三维模型的基础上添加的。

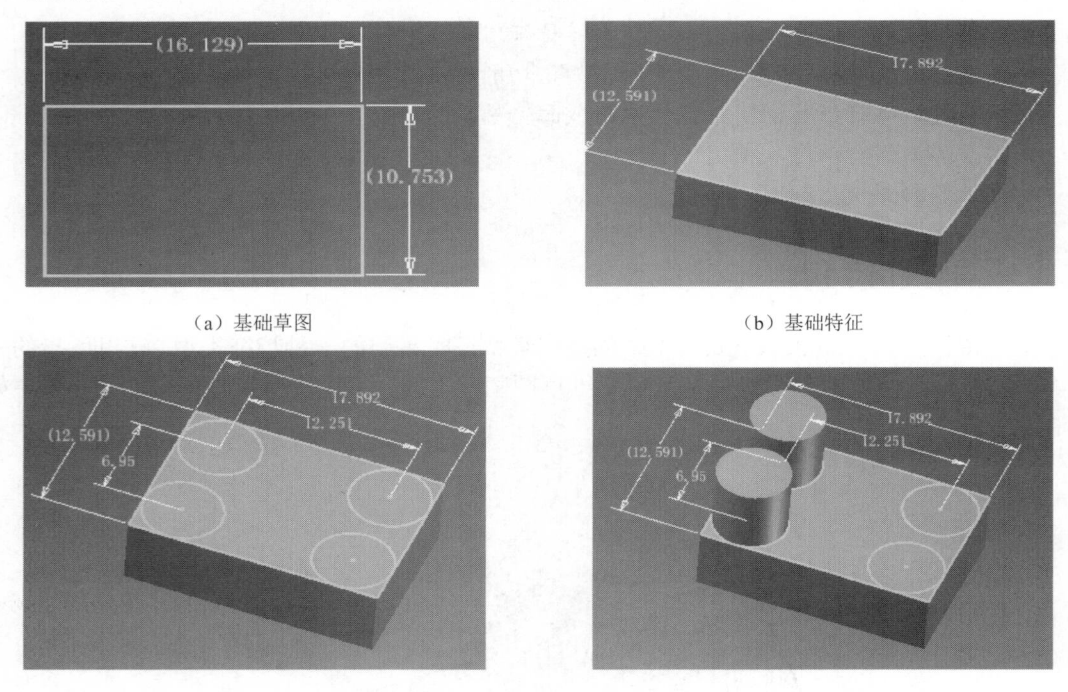

（a）基础草图　（b）基础特征

（c）二级草图　（d）二级草图特征

图 3-2　基于草图创建的三维特征

2. 草图特征的属性

草图特征的主要属性如下：

- 需要一个未退化的草图。
- 可以用于基础特征和次级特征。
- 可以从三维模型中添加或去除材料来得到草图特征的结果。

3.1.2　退化和未退化的草图

当创建一个零件时，第一个草图是自动创建的，在大多数情况下会使用默认的草图作为三维模型的基础视图。在草图创建好之后，就可以创建草图特征，比如使用拉伸或旋转来创建三维模型最初的特征。对于三维特征来说，在创建三维草图特征的同时，草图本身也就变成了退化草图。除此之外，草图还可以通过“共享草图”重新定义成未退化的草图，在更多的草图特征中使用。

1．未退化草图

图 3-3 展示了一个被草图特征退化之前最初的草图。

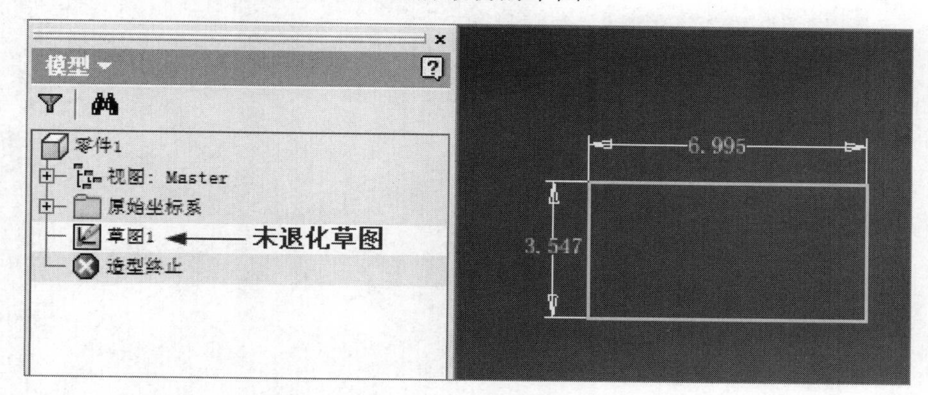

图 3-3　未退化的草图

2．退化草图

如图 3-4 所示，通过一个草图特征展示了退化草图。

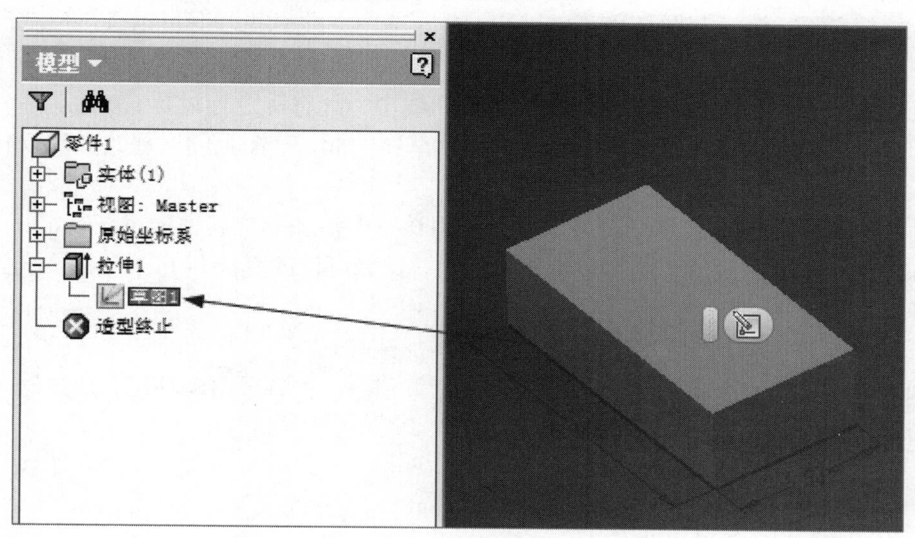

图 3-4　退化的草图

3．退化草图选项

在草图已经被退化后，仍可以进入草图编辑状态，如图 3-5 所示，在浏览器中用右键单击草图进入编辑状态。

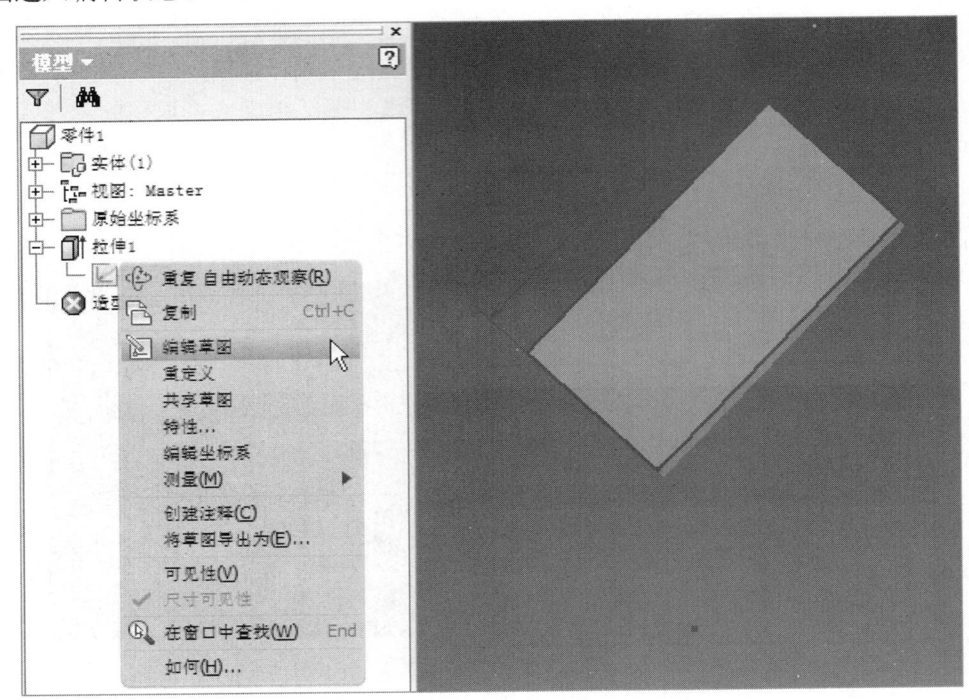

图 3-5 草图快捷菜单

草图右键菜单中的命令如下。

- 编辑草图：激活草图环境可以进行编辑，草图上的一些改变可以直接反映在三维模型中。
- 特性：可以对几何图元特性如线颜色、线型、线宽等进行设置。
- 重定义：可以确保用户能重新选择创建草图的面，草图上的一些改变可以直接反映在三维模型中。
- 共享草图：使用共享草图可以重复使用该草图添加一些其他的草图特征。
- 编辑坐标系：激活草图可以编辑坐标系，比如可以改变 X 轴和 Y 轴的方向，或者重新定义草图方向。
- 创建注释：使用工程师记事本给草图增加注释。
- 可见性：当一个草图通过特征成为退化草图后，它将会自动关闭。通过这个命令可以设置草图可见性处于打开或关闭状态。

3.1.3 草图和轮廓

在创建草图轮廓时，要尽可能创建包含许多轮廓的几何草图。草图轮廓有两种类型：开放的和封闭的。封闭的轮廓多用于创建三维几何模型，开放的轮廓用于创建路径和曲面。草图轮廓也可以通过投影模型几何图元的方式来创建。

在创建许多复杂的草图轮廓时，必须要以封闭的轮廓来创建草图。在这种情况下，往往是一个草图中包含着多个封闭的轮廓。在一些情况下，封闭的轮廓将会与其他轮廓相交。在用这种类型的草图来创建草图特征时，可以使所创建的特征包含一个封闭或多个封闭的轮廓。

如图 3-6 所示，草图包含了多个可以用来创建拉伸特征的封闭轮廓，在图中注意选择要包含在草图特征中的轮廓。

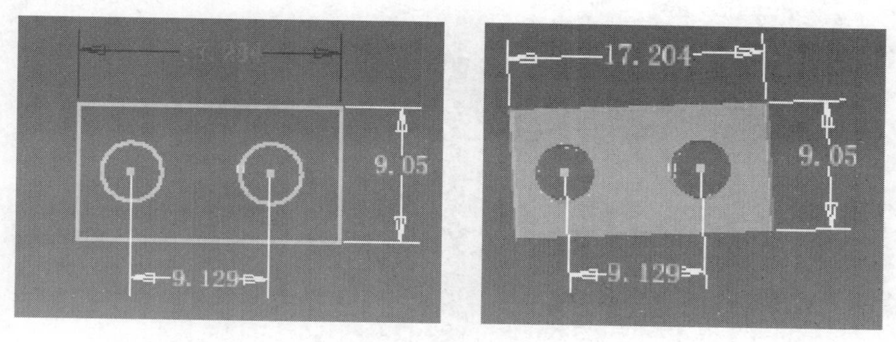

图 3-6　封闭轮廓

3.1.4　共享草图的特征

可以用共享草图的方式重复使用一个已存在的被退化的草图。共享草图后，为了重复添加草图特征仍需将草图可见。

通常，共享草图可以创建多个草图特征。当共享草图后，它的几何轮廓就可以无限地添加草图特征。如图 3-7 所示，草图已被共享，并且已被用于两个草图特征。

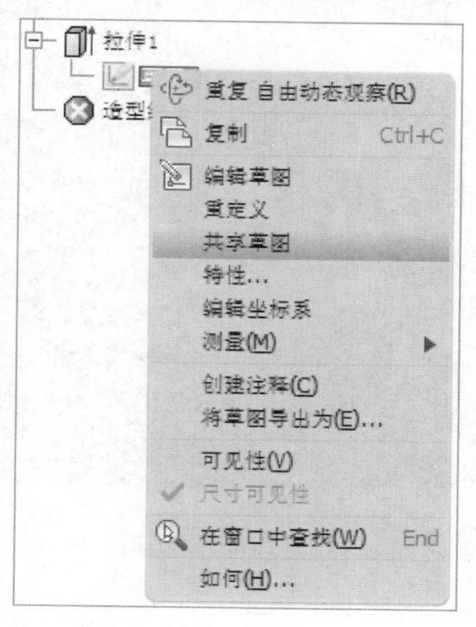

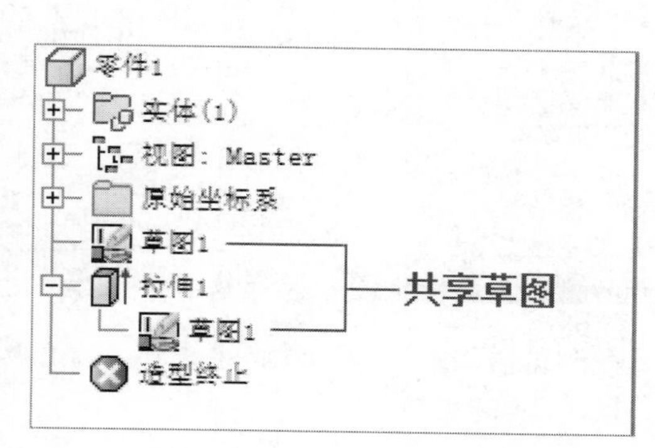

图 3-7　共享草图

练习 3-1

初步草图特征

在本练习中，可以从一张有很多封闭轮廓的草图中创建一个草图特征，然后共享草图来添加特征。

操作步骤如下：

（1）按照下图所示尺寸创建“Feed-Rod-Bearing.ipt”，一个由多个封闭轮廓组成的草图轮廓。

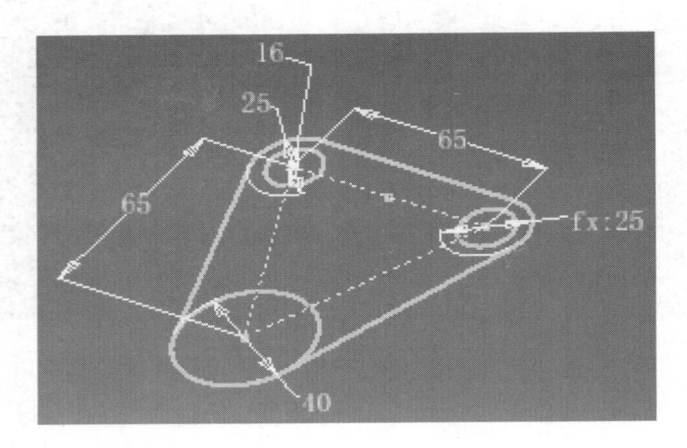

（2）在功能区的“三维造型”选项卡的“创建”组中选择“拉伸”命令，然后选择下图所示的轮廓。在“拉伸”对话框的“距离”数值框中输入 15，单击所显示的拉伸方向图标，然后单击“确定”按钮。

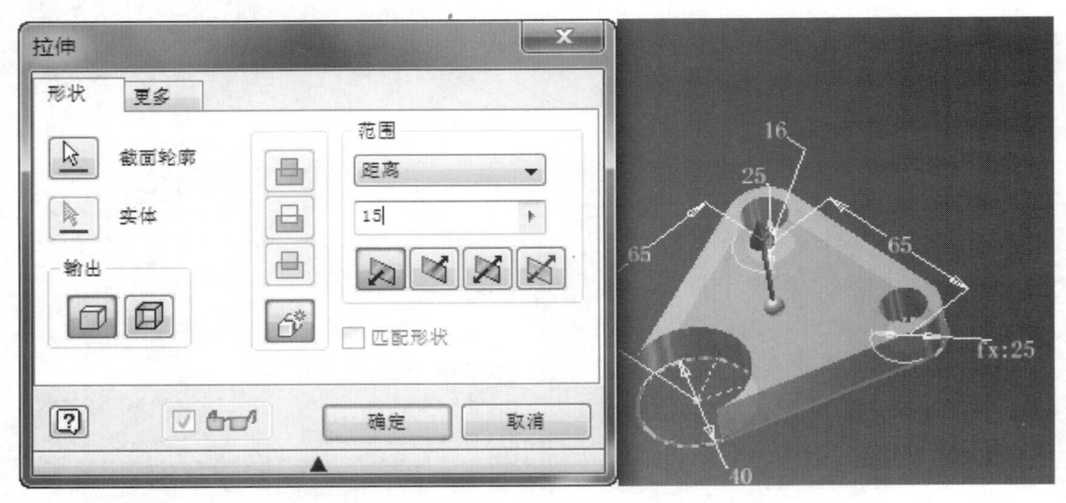

（3）在浏览器中扩展拉伸 1 特征，草图 1 已经被使用了，如下图所示。

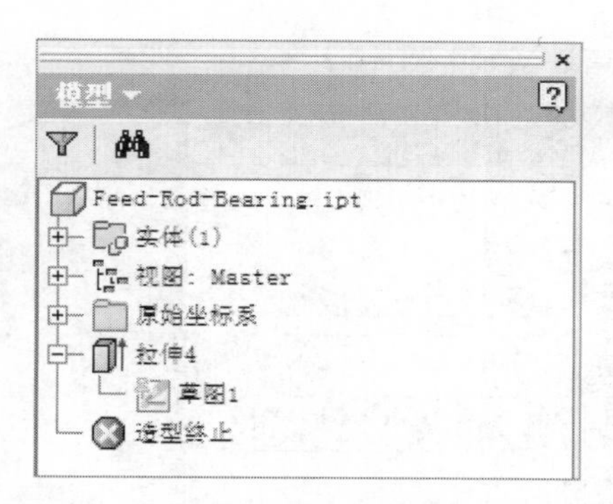

（4）在浏览器中用鼠标右键单击“草图”，然后在弹出的快捷菜单中选择“共享草图”命令。

（5）在浏览器中注意草图 1 的外观，图标已改变，显示它为共享草图。

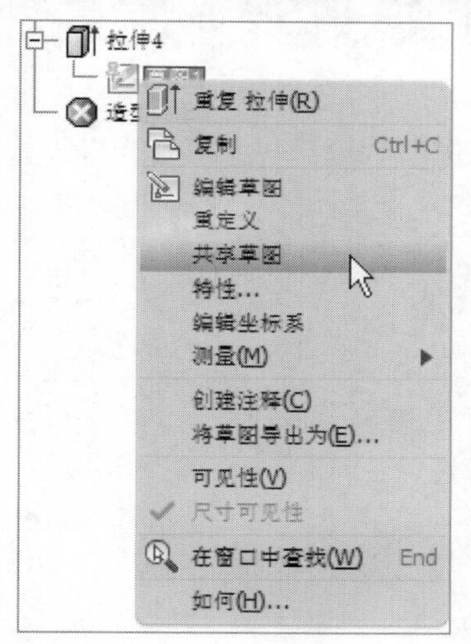

（6）在功能区的“三维造型”选项卡的“创建”组中选择“拉伸”命令，然后选择大圆的封闭轮廓，在“距离”数值框中输入 20mm，然后单击“确定”按钮。

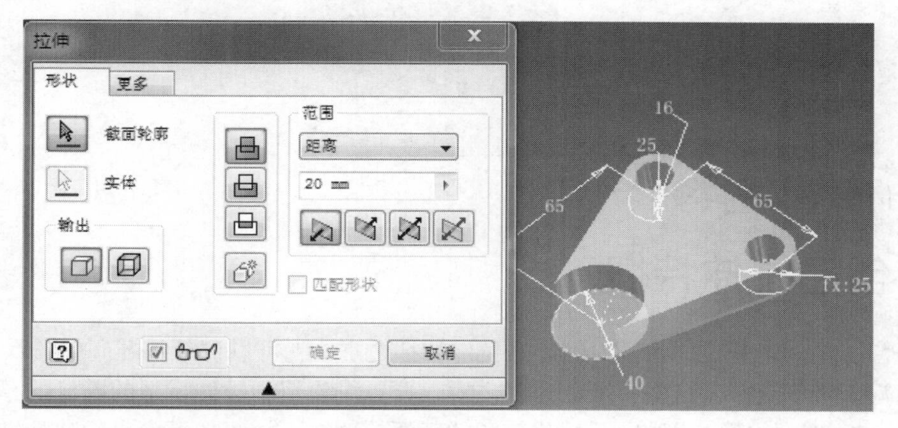

（7）在功能区的“三维造型”选项卡的“创建”组中选择“拉伸”命令，然后选择小一

些的圆的封闭轮廓，在“距离”数值框中输入 5mm，然后单击“确定”按钮。

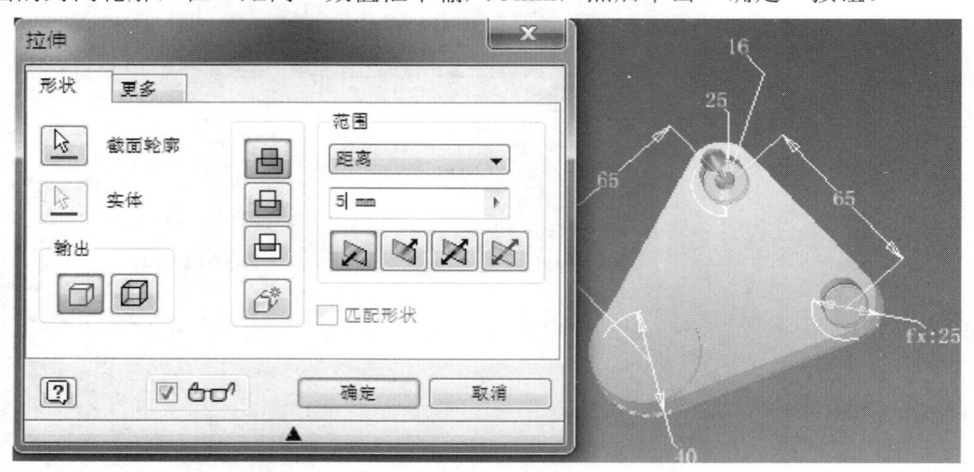

（8）在浏览器中用鼠标右键单击草图 1，然后在弹出的快捷菜单中选择“可见性”命令，以选择是否在部件中显示草图。

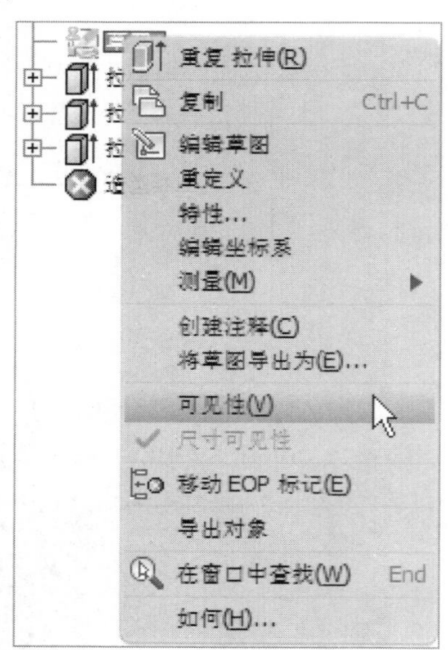

（9）保存并关闭所有文件。

3.2 创建拉伸特征

草图特征之一就是拉伸特征，创建好拉伸特征之后，就可以调节特征间的关系，如布尔加、布尔减、布尔交。在这些特征创建好之后，可以编辑用于拉伸特征的隐藏的草图轮廓。

使用“拉伸”按钮，通过向开放或封闭的截面轮廓或面域添加深度来创建特征。

- 在部件环境中创建部件特征时，可以使用“部件”工具面板上的“拉伸”按钮。

- 在焊接件环境中，当创建准备或加工特征时，可以使用“焊接件面板”工具栏上的“拉伸”按钮。
- 在零件环境中，当创建单个零件的拉伸时，可以使用“零件特征”工具面板上的“拉伸”按钮。

3.2.1　拉伸特征概述

拉伸特征也就是草图特征，它是一个草图轮廓以一个数值拉伸到一定的距离，并基于不同的终止方式而得到的。如果轮廓是封闭的，则可以选择添加、切削和求交中的一个作为拉伸的结果；如果轮廓是开放的，拉伸的结果便是一个面。

尽管拉伸特征的面可以有一个锥度，但是拉伸的方向始终正交于所拉伸的草图轮廓。

如图 3-8 所示，在这个简单的拉伸截面轮廓的例子中，包含多个封闭截面轮廓的草图拉伸出一个单一的特征。

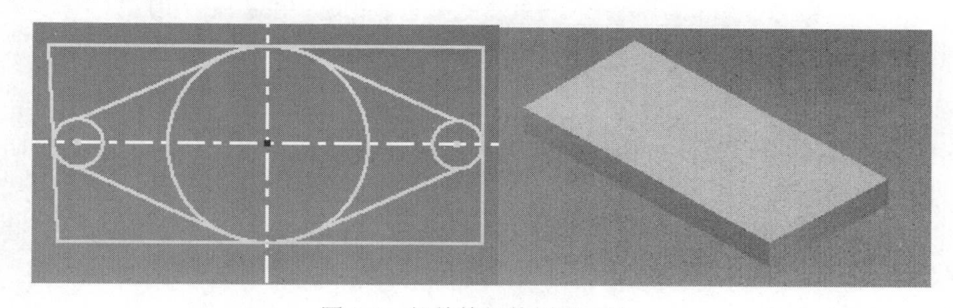

图 3-8　拉伸特征的例子（1）

在这个例子中，草图包含了多个可选的封闭轮廓，如图 3-9 所示。

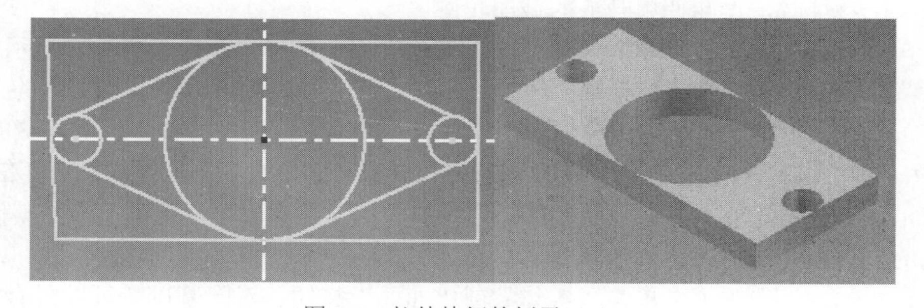

图 3-9　拉伸特征的例子（2）

3.2.2　拉伸工具

使用拉伸工具从存在的草图中创建拉伸特征，即为草图特征。拉伸特征需要一个未退化并且可见的草图。如果草图只包含一个封闭的轮廓，则使用拉伸特征的时候，草图轮廓会被自动选取；如果草图包含两个或两个以上的轮廓，就需要在拉伸特征中选取包含的草图轮廓。

在功能区的“三维造型”选项卡的“创建”组中选择“拉伸”命令，会弹出“拉伸”对话框，并且单击对话框最下方的箭头可以显示或隐藏对话框，如图 3-10 所示。

图 3-10 “拉伸”对话框

“拉伸”对话框中的一些选项如下。

- 截面轮廓：单击此按钮选择所包含的拉伸的草图轮廓，红色的箭头表明还没有为拉伸特征选取草图轮廓。
- 方向：选择方向箭头或者在所想要拉伸的方向单击并拖动一个截面的拉伸。

创建拉伸特征的步骤如下：

（1）创建草图或选择一个截面轮廓或面域，以表示要创建的拉伸特征的横截面。在将拉伸创建为装配特征时，不能使用开放的截面轮廓。

（2）在功能区的“三维造型”选项卡的“创建”组中选择“拉伸”命令以显示“拉伸”对话框。草图特征之一就是拉伸特征，创建好拉伸特征之后，就可以调节特征间的关系，如布尔加、布尔减、布尔交。在这些特征创建好之后，可以编辑用于拉伸特征的隐藏的草图轮廓。如果草图中只有一个截面轮廓，将自动选择该轮廓。如果有多个截面轮廓，可在“形状”选项卡中单击“截面轮廓”按钮，然后选择要拉伸的截面轮廓。可以使用“选择其他”浏览所有可选的几何图元，然后进行选择。

（3）在“输出”选项组中单击“实体”或“曲面”按钮。对于基础特征，只有“曲面”可用于开放的截面轮廓。对于部件拉伸，只有“实体”可用。

（4）单击“添加”、“切割”或“求交”按钮。对于部件拉伸，只有“切割”操作可用。

（5）在“范围”选项组的下拉列表框中选择拉伸的终止方式。其中有些方式对于基础特征不可用。

（6）如果需要，则可在“更多”选项卡中输入扫掠斜角。在图形窗口中，将有一个箭头显示扫掠斜角的方向。单击“确定”按钮，草图将被拉伸，如图 3-11 所示。

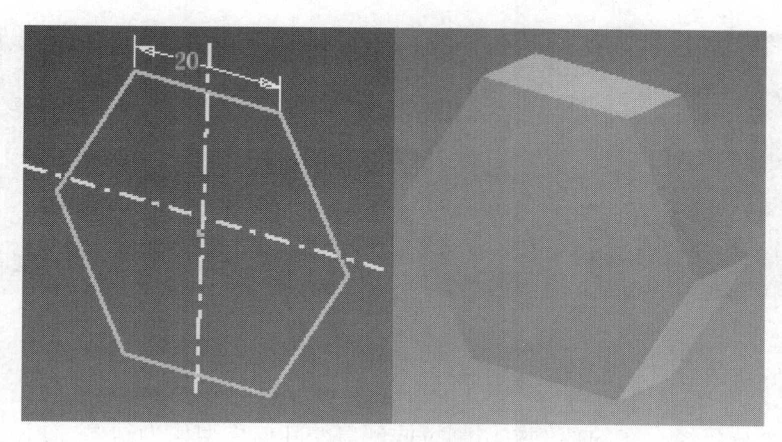

图 3-11　拉伸特征

3.2.3　拉伸特征关系——添加、切削、求交

在创建拉伸特征时，有必要在已存在的特征上给刚创建的拉伸特征一个关系，以控制结果，这些关系在创建第一个零件特征时是不能使用的。

这些特征关系选项可以在“拉伸”对话框中得到，如图 3-12 所示。

图 3-12　“拉伸”对话框中特征的关联关系

1．添加

这个选项会联结拉伸创建的几何模型作为结果。使用这个选项会将拉伸体的材料与已经存在的部件的材料相加起来，注意，绿色的凸台材料已经被添加了，如图 3-13 所示。

图 3-13 添加

2．切削

这个选项会从已经存在的部件中切割拉伸创建的几何模型作为结果。使用这个选项将从已存在的部件中移去创建的材料。注意，红色部分的材料已经被去除，如图 3-14 所示。

图 3-14 削切

3．求交

这个选项会相对于已经存在的部件和创建的特征移去材料，仅留下两者之间都有的材料。注意，蓝色的部分表明了布尔交的关系，如图 3-15 所示。

图 3-15 求交

3.2.4 指定终止方式

在创建拉伸特征时，可以在“拉伸”对话框中为特征选择拉伸的终止方式。基于所选的选项可以得到不同的终止方式。指定终止方式可以确定拉伸的起始和结束，如图 3-16 所示。

图 3-16 指定终止方式

- 距离：该选项可以通过一个拉伸的值来拉伸轮廓。
- 到表面或平面：该选项可以拉伸轮廓到下一个平面或面。使用终止箭头来选择实体面或者面。
- 到：该选项可以拉伸轮廓到所选的终止面或者平面上。如果所选择的终止面或者平面不能完全包容拉伸的面，则应选择“在延伸面上指定终止特征”。
- 介于两面之间：该选项拉伸轮廓从所选的起始面到终止面，且终止面为所选取的第二个面，如果需要，则选择“延伸平面”选项。
- 贯通：该选项可以贯通整个零件。零件改变时拉伸特征仍会贯通整个零件。

3.2.5 编辑拉伸特征

创建拉伸特征之后，可以在任何时候进行编辑，由于它是一个草图特征，所以有两个可被编辑的潜在选项：特征本身和用来创建特征的草图。

编辑草图特征的时候，可以改变参数，比如距离、特征关系、终止方式，也可以重新选定所包含的几何图元。

在一个特征上单击鼠标右键，弹出一个快捷菜单，如图 3-17 所示。

- 编辑特征：选择该命令，打开拉伸工具条，在创建特征时所有的选项都可以被编辑。
- 编辑草图：选择该命令可以对草图进行操作，在编辑几何轮廓时，所有的草图轮廓都可以使用。在编辑草图的时候，可以改变尺寸和约束，增加或移去几何轮廓。所有的改变都反映在拉伸特征中，基于改变草图特征，需要编辑拉伸特征。

编辑拉伸特征的步骤如下：

（1）在浏览器中选中所要编辑的草图特征，单击鼠标右键，在弹出的快捷菜单中选择“编辑草图”命令，如图 3-18 所示。

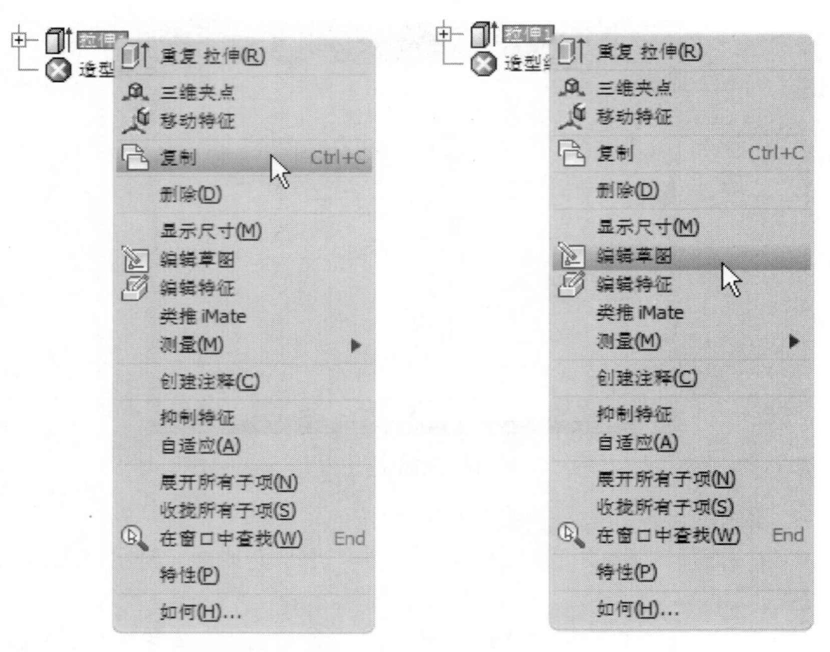

图 3-17　特征快捷菜单　　　　图 3-18　选择“编辑草图”命令

（2）使用标准草图工具命令，对需要的草图进行编辑。

（3）在功能区的“草图”选项卡的“退出”组中单击“完成草图”按钮退出草图。

（4）在浏览器中用鼠标右键单击“特征”，然后在弹出的快捷菜单中选择“编辑特征”命令。

（5）在“拉伸”对话框中完成所需要编辑的选项，然后单击“确定”按钮。

练习 3-2

创建拉伸特征

在这个拉伸练习中，创建这个零件特征需要几个拉伸特征，有些拉伸轮廓已经创建好，但是仍需要创建其余的几个草图轮廓。

操作步骤如下：

（1）创建 Index-Silde.ipt，如下图所示。

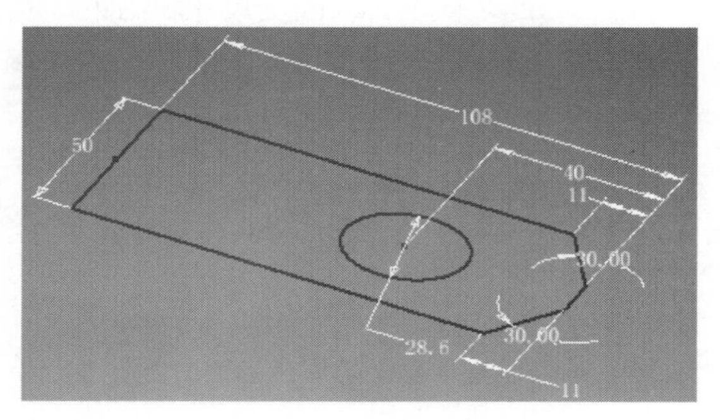

（2）在功能区的“三维造型”选项卡的“创建”组中选择“拉伸”命令，然后选择下图所示的轮廓，在“距离”数值框中输入 28mm，然后单击“确定”按钮。

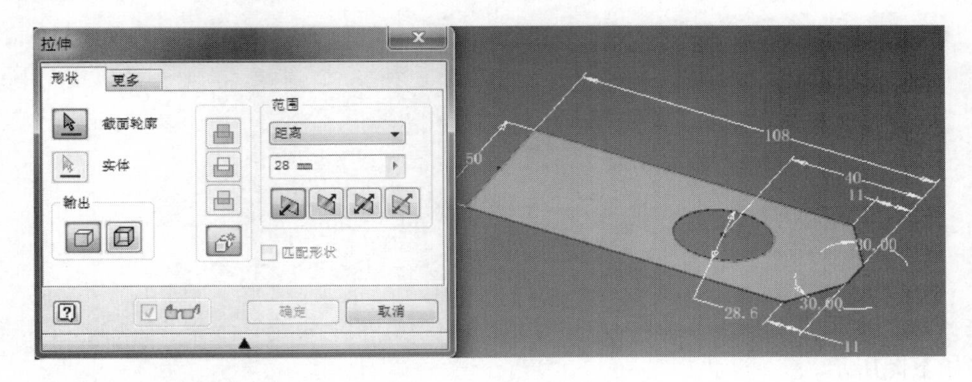

（3）用鼠标右键单击最末端的零件面，在弹出的快捷菜单中选择“新建草图”命令，如下图所示。

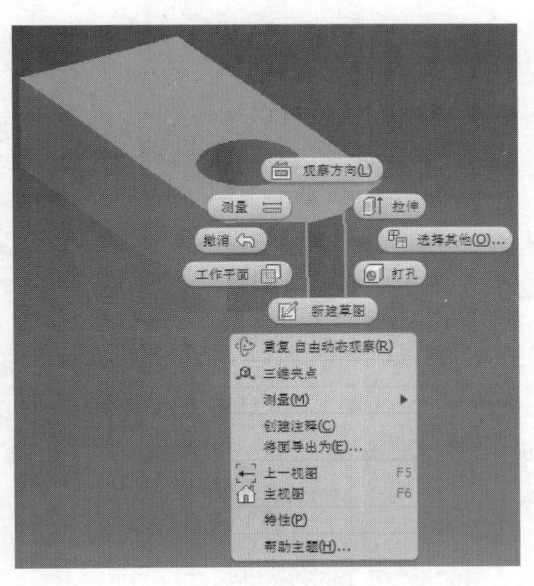

（4）在功能区的“草图”选项卡的“绘制”组中选择“投影几何图元”命令，然后选择边 A、B、C、D、E，如下图所示。

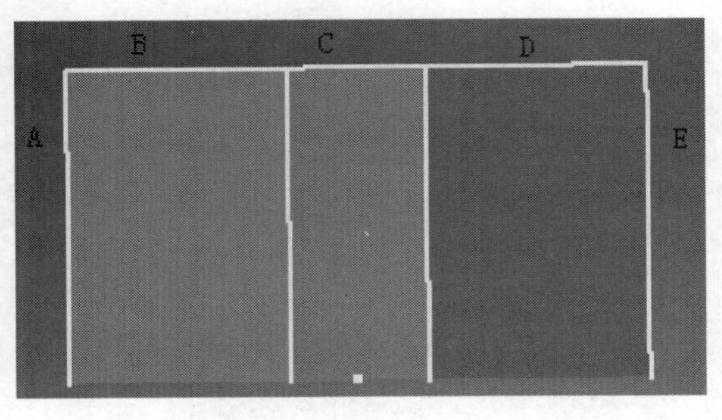

（5）在功能区的“草图”选项卡的“绘制”组中选择“直线”命令，绘出如下图所示的线段。

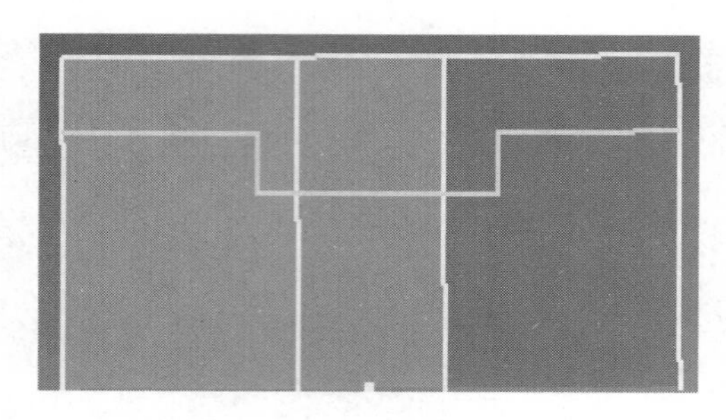

（6）在功能区的“草图”选项卡的“约束”组中选择“共线”命令，然后选择两条线A和B，如下图所示。

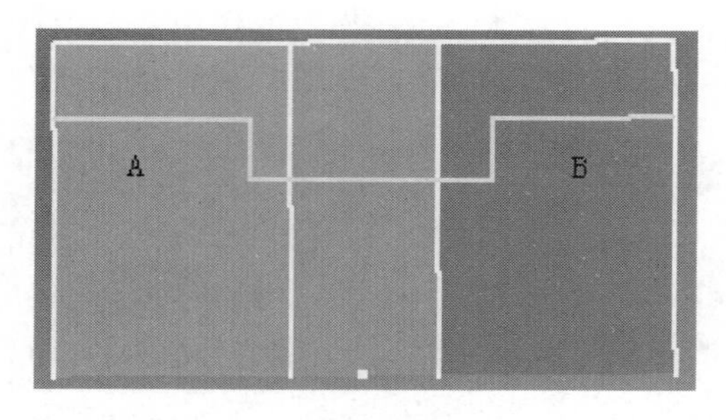

（7）在功能区的“草图”选项卡的“约束”组中选择“垂直”命令，然后选择C线中点和下面D边的中点，如下图所示。

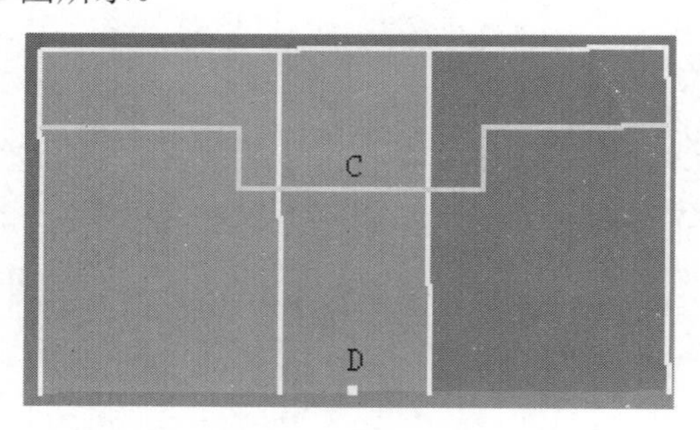

（8）在功能区的“草图”选项卡的“约束”组中选择“通用尺寸”命令，然后按如下图所示进行标注。

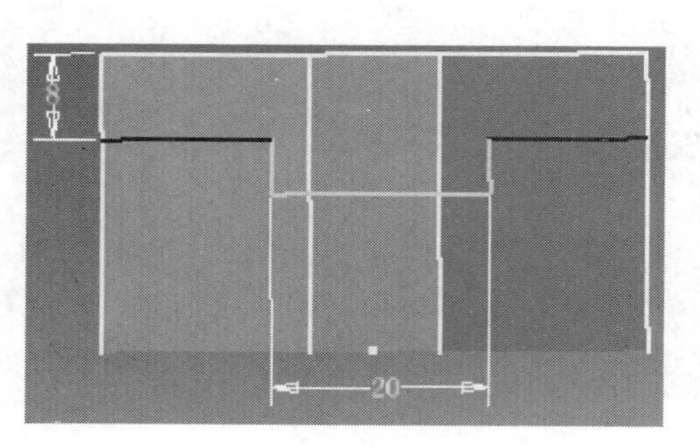

（9）在图形窗口中单击鼠标右键，然后在弹出的快捷菜单中选择等轴视图。

（10）在功能区的“草图”选项卡的“退出”组中单击“完成草图”按钮，退出草图环境。

（11）在功能区的“三维造型”选项卡的“创建”组中选择“拉伸”命令，在“距离”数值框中输入 48，选择布尔差操作关系，然后确定如下图所示的方向，接着单击“确定”按钮。

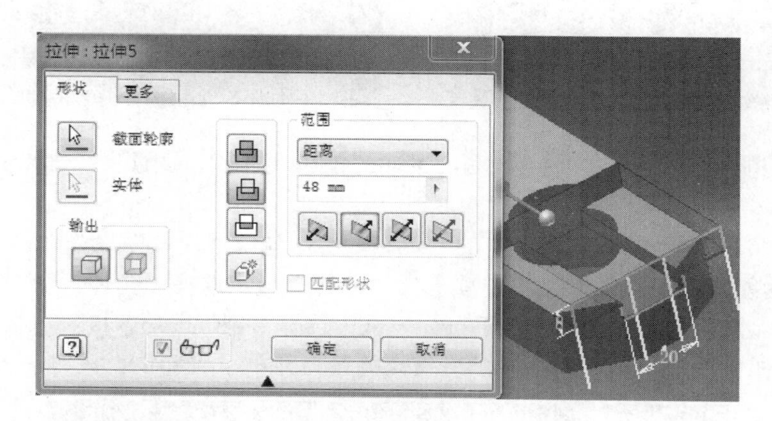

（12）在平面的顶部单击鼠标右键，然后在弹出的快捷菜单中选择“新建草图”命令，如下图所示。

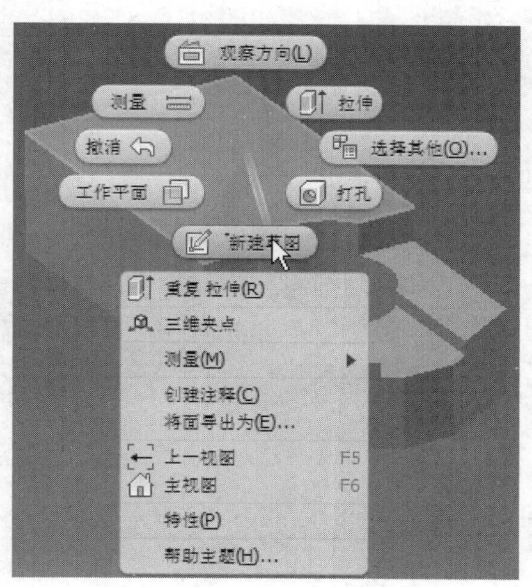

（13）在功能区的“草图”选项卡的“绘制”组中选择“中心圆”命令，然后创建两个同心圆，并投影与圆相交的两条边，如左下图所示。

（14）在功能区的“草图”选项卡的“修改”组中选择“修剪”命令，然后选择圆外边的轮廓，如右下图所示。

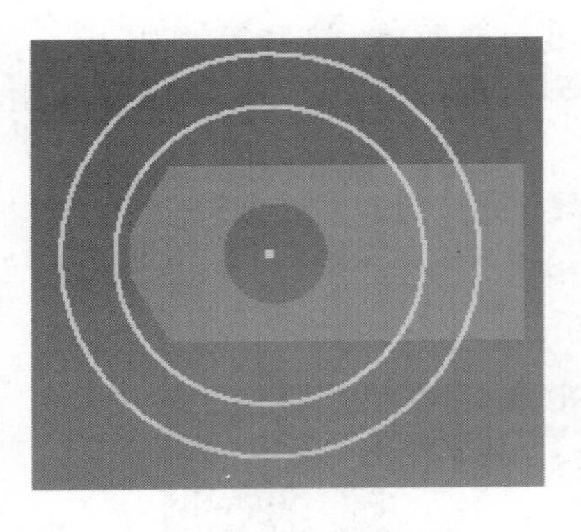

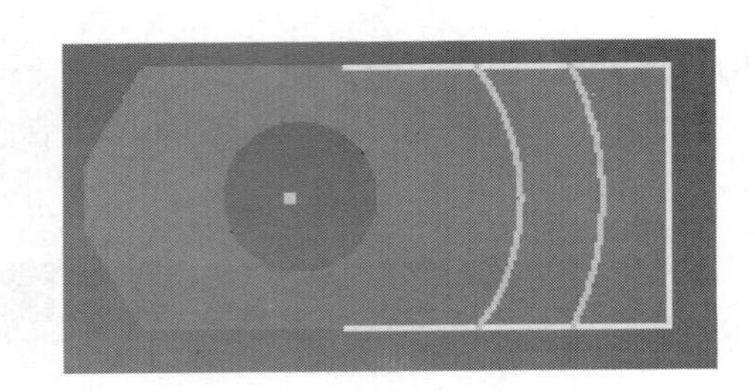

（15）在功能区的“草图”选项卡的“约束”组中选择“通用尺寸”命令，标注圆弧的尺寸。

（16）在功能区的“草图”选项卡的“退出”组中选择“完成草图”命令。

（17）在功能区的“三维造型”选项卡的“创建”组中选择“拉伸”命令，然后通过选择面的两个圆弧来创建。在“范围”下拉列表框中选择“到”选项，接着选择零件上矮一点的面单击“拉伸”按钮，然后单击布尔差操作关系，并单击“确定”按钮。

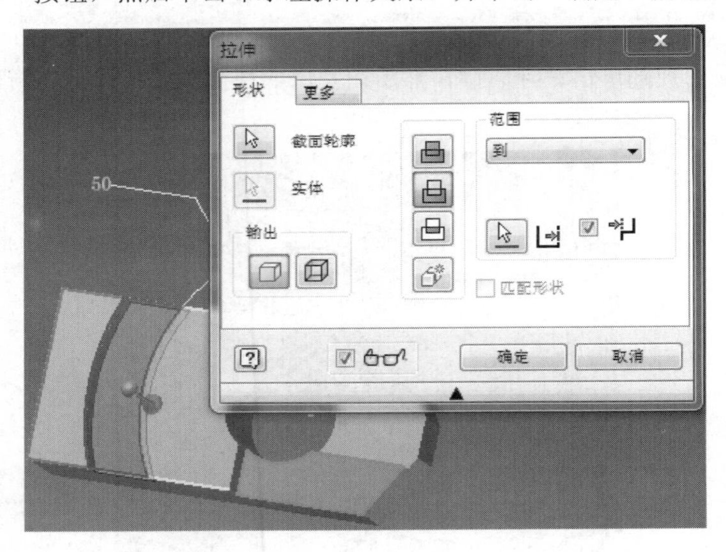

（18）关闭并保存文件。

3.3 创建旋转特征

可以将草图绕着一根轴创建旋转特征。在创建草图特征的同时，可以对特征施加添加、切削和求交的布尔运算。在创建好特征以后，同样可以对旋转特征或草图进行编辑。

本节将学习如何编辑特征和编辑创建特征所使用的草图。

旋转特征就是草图通过绕着一根轴旋转所创建的特征，可以将草图旋转 360°，也可以将草图旋转一个指定的角度。如果被旋转的轮廓是封闭的，则可以选择添加、切削和求交中的任何一个作为旋转的结果；如果被旋转的轮廓是不封闭的，那么旋转的结果就是一个面。

3.3.1　简单旋转轮廓

在如图 3-19 所示的例子中，草图包含了一个封闭的草图轮廓及一条中心线，在使用拉伸命令时，这条中心线将自动被选为旋转的中心轴。

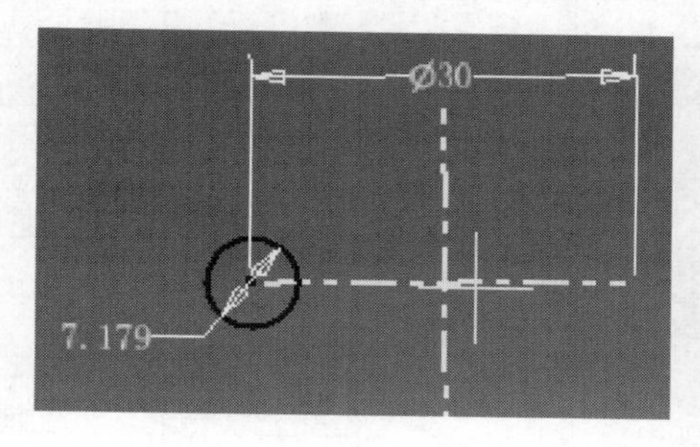

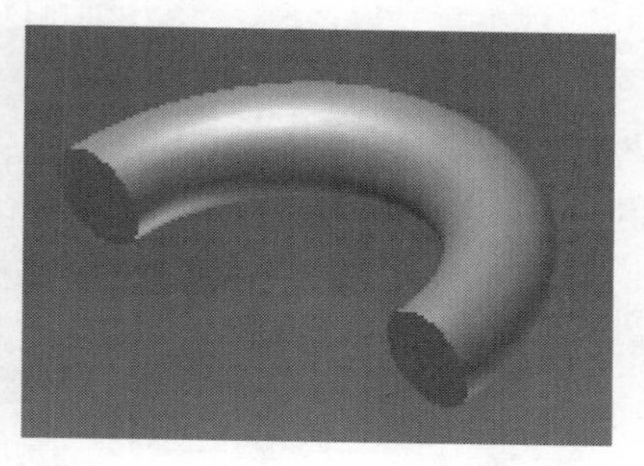

图 3-19　旋转特征实例（1）

在如图 3-20 所示的例子中，草图包含了一个单一的封闭轮廓、参考几何轮廓和一条中心线，被旋转的轮廓采用了布尔减的运算关系。

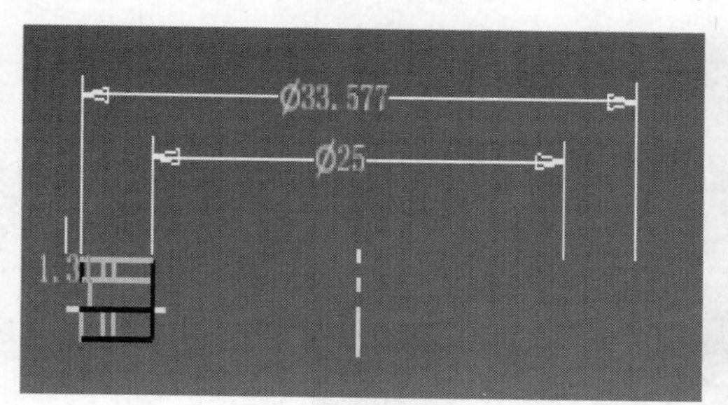

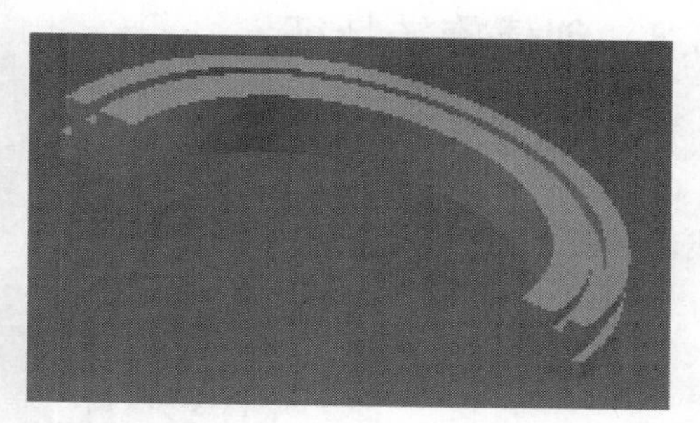

图 3-20　旋转特征实例（2）

3.3.2　旋转工具

单击“旋转”按钮使用一个已存在的草图轮廓创建草图特征，旋转特征需要一个未退化和可见的草图。如果草图包含单一的封闭轮廓，则草图会被自动选取；如果草图包含一条中心线，则它将自动被作为旋转的轴；如果草图包含一个或一个以上的草图轮廓，则需要选择包含特征的草图轮廓，如图 3-21 所示。

在“旋转”对话框中可以设置以下选项。

- 截面轮廓：单击此按钮，选择包含旋转特征的草图几何轮廓，红色的箭头表明还没有为旋转特征选取草图轮廓。
- 旋转轴：单击此按钮，选取一条线段作为旋转特征的旋转轴。
- 技巧：如果草图包含一条中心线，则它将会自动作为中心轴选择。
- 输出：选择想要输出的选项，有实体和曲面两种。
- 终止方式：从下拉列表框中选择想要的选项。其中“角度”可以确保用户为旋转特征选择特定的角度或者方向；“全部”可以将草图旋转 360°。

- 方向：选择方向按钮或者单击且拖曳旋转的预览特征到所想要的方位，如图 3-22 所示。

图 3-21 “旋转”对话框

图 3-22 旋转特征

3.3.3 创建旋转特征

按下列步骤创建旋转特征：

（1）创建一个用来旋转的草图，如果轮廓是绕一中心线旋转的，则考虑将中心段作为中心线，如图 3-23 所示。

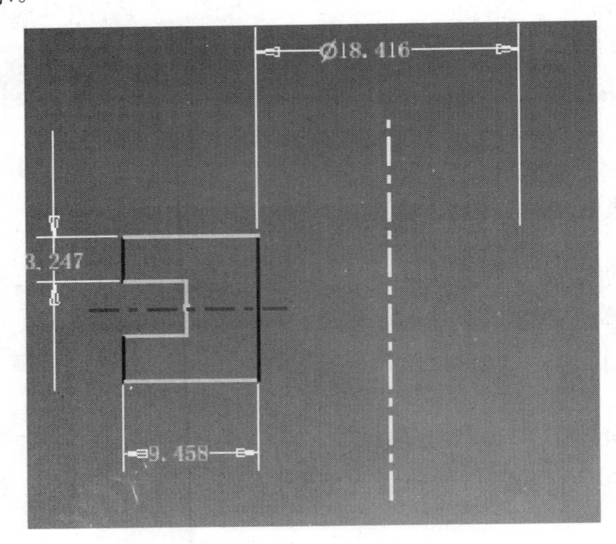

图 3-23 创建旋转草图

（2）在功能区的“三维造型”选项卡的“创建”组中选择“旋转”命令，在弹出的“旋转”对话框中调节所需要的选项，然后单击“确定”按钮，如图 3-24 所示。

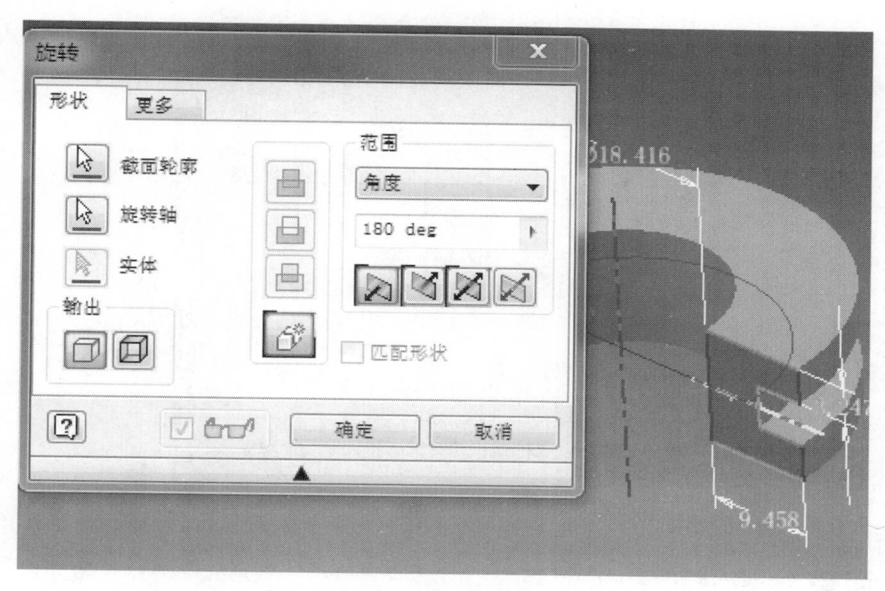

图 3-24　创建基础旋转特征

（3）创建所需要的其他草图几何模型，如图 3-25 所示。

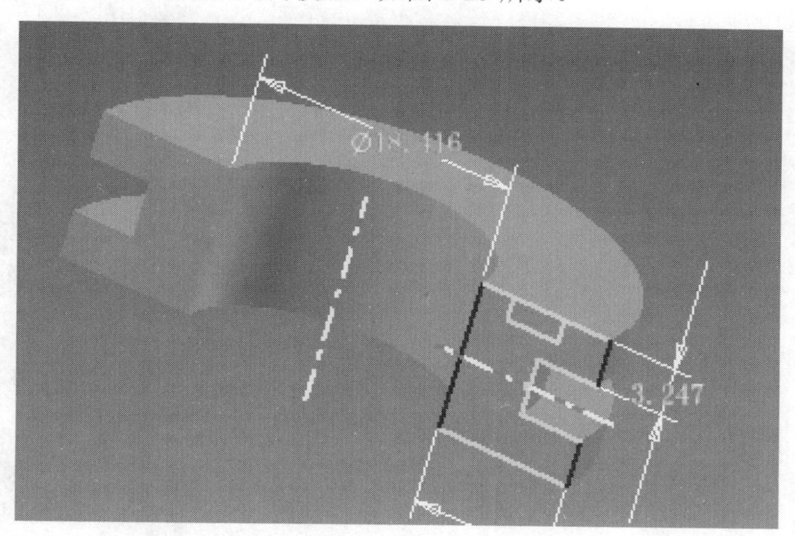

图 3-25　创建草图几何模型

（4）在功能区的“三维造型”选项卡的“创建”组中选择“旋转”命令，选择被包含的草图特征的几何轮廓，然后调节所需要的选项，并单击“确定”按钮。

3.3.4　旋转特征关系——添加、切削、求交

在创建旋转特征时，需要选择特征关系来控制当前的特征与已存在实体之间的关系。特征关系选项有添加、切削、求交，如图 3-26 所示。

图 3-26 “旋转”对话框中的特征关系

3.3.5 编辑旋转特征

按下列步骤编辑旋转特征：

（1）在浏览器中选择想要编辑的特征，单击鼠标右键，然后在弹出的快捷菜单中选择“编辑草图”命令，如图 3-27 所示。

（2）使用草图工具，改变所需编辑的草图，如图 3-28 所示。

图 3-27 选择“编辑草图”命令

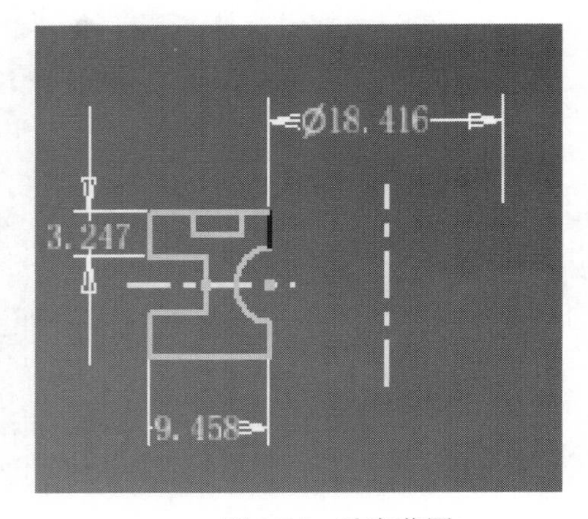

图 3-28 改变草图

（3）在功能区的“草图”选项卡的“退出”组中单击“完成草图”按钮，退出草图状态。

（4）在这个浏览器中用鼠标右键单击特征，然后在弹出的快捷菜单中选择“编辑特征”命令，如图 3-29 所示。

（5）在弹出的“旋转”对话框中调整所需要的选项，然后单击“确定”按钮，如图 3-30 所示。

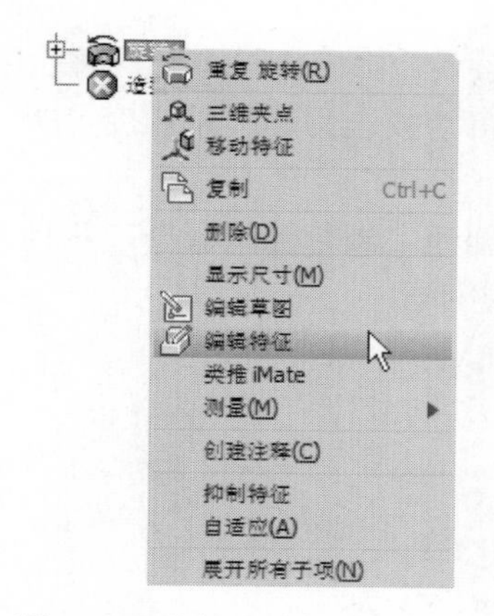

图 3-29　选择“编辑特征命令”

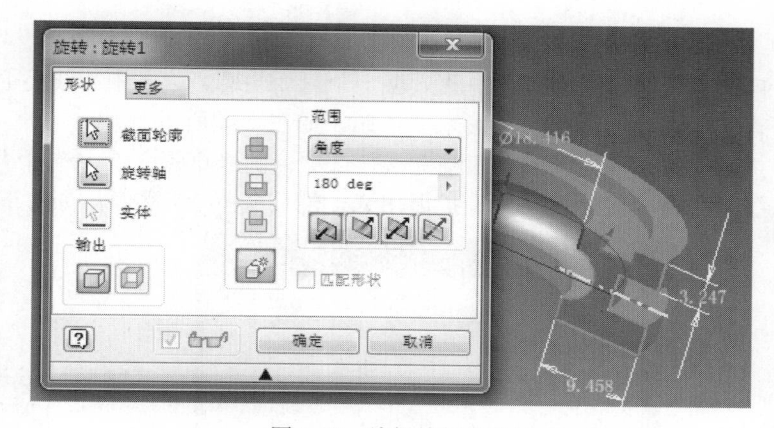

图 3-30　编辑特征参数值

练习 3-3

创建旋转特征

在此练习中，要求使用旋转工具创建一个简单的分度盘零件，将 *Z* 轴投影到第一个草图上并将它改变为中心线，可以使用投影和投影剪切边工具来创建用于旋转的不同外形。

操作步骤如下：

（1）创建 Indexer.ipt。

（2）新建草图 1。

（3）在功能区的“草图”选项卡的“绘制”组中选择“矩形两点”命令，然后画出一个类似于如下图所示的矩形。

（4）在功能区的“草图”选项卡的“约束”组中选择“通用尺寸”命令，标注如下图所示的尺寸。

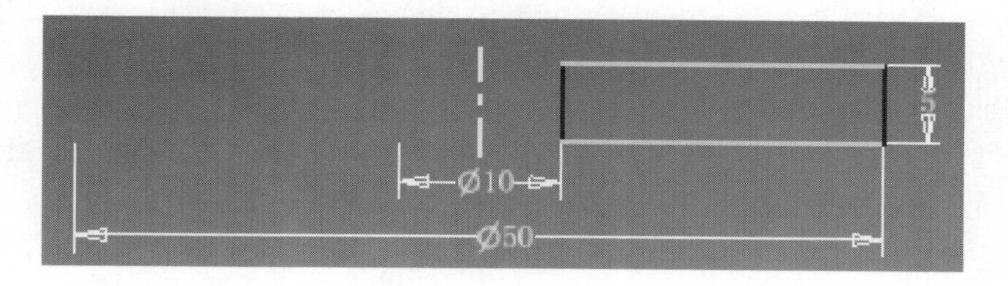

（5）在功能区的“草图”选项卡的“退出”组中单击“完成草图”按钮。

（6）在功能区的“三维造型”选项卡的“创建”组中选择“旋转”命令，这个轮廓将会自动被选取，因为在图中就只有一个封闭轮廓，这条中心线将会自动被作为旋转轴。接受所有的默认设置后单击“确定”按钮，如左下图所示。

（7）在功能区的“三维造型”选项卡的“草图”组中选择“创建二维草图”命令，并且在浏览器中将原始文件夹扩展出来，然后选择 *XY* 平面，如右下图所示。

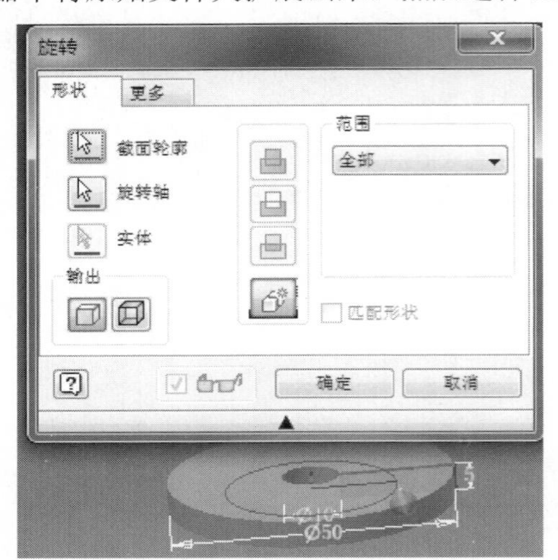

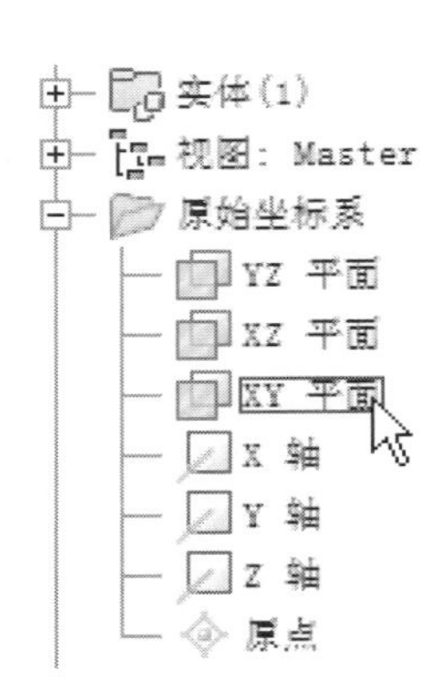

（8）按“F7”键激活切片观察选项，视图显示当前草图的位置在切片位置上，它只能在草图状态中得到，如下图所示。

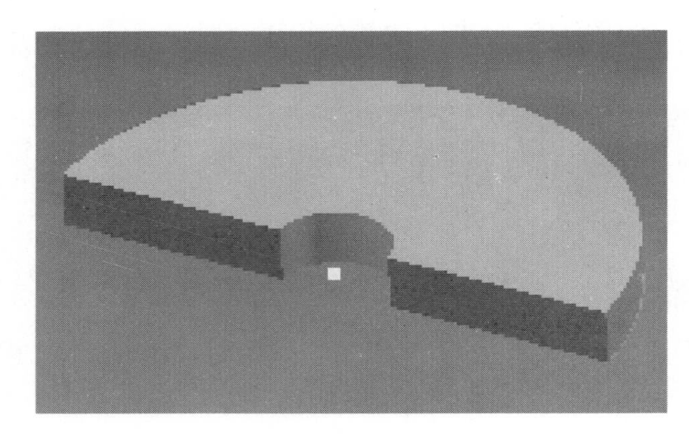

（9）在功能区的“草图”选项卡的“绘制”组中选择“投影切割边”命令，当通过零件时，引用特征会基于当前草图位置创建。

（10）在功能区的“草图”选项卡的“绘制”组中选择“投影几何图元”命令，然后在浏览器中选择 *Z* 轴，这时将会投影原始的 *Z* 轴到当前的草图上。

（11）在功能区的“草图”选项卡的“绘制”组中选择“矩形两点”命令，然后画出如下图所示的两个矩形。

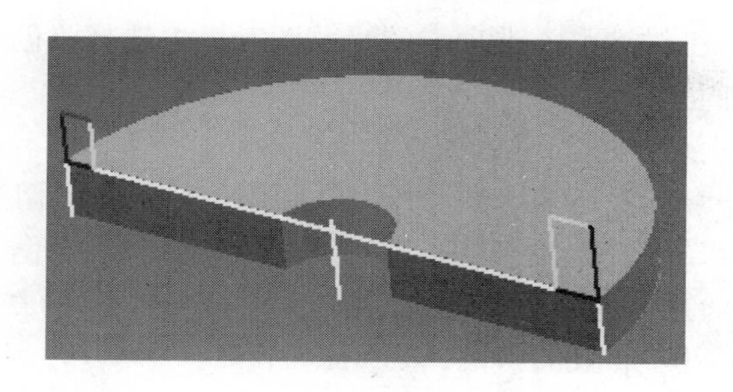

（12）在功能区的“草图”选项卡的“约束”组中选择“共线”命令，然后选择 A、B 边，并使用“通用尺寸”按钮标出如下图所示的尺寸。

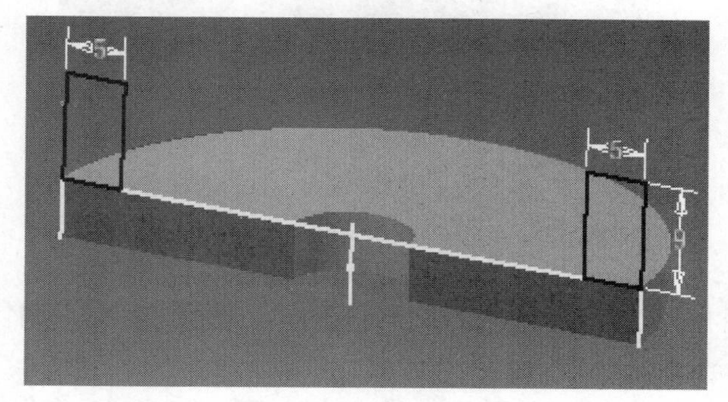

（13）在功能区的“草图”选项卡的“退出”组中选择“完成草图”按钮。

（14）在功能区的“三维造型”选项卡的“创建”组中选择“旋转”命令并且选择草图轮廓，接着选择旋转工具，然后在图形窗口中单击 Z 轴。从终止方式的下拉列表框中选择“角度”选项，然后在“角度”数值框中输入 60 deg，单击“确定”按钮，如下图所示。

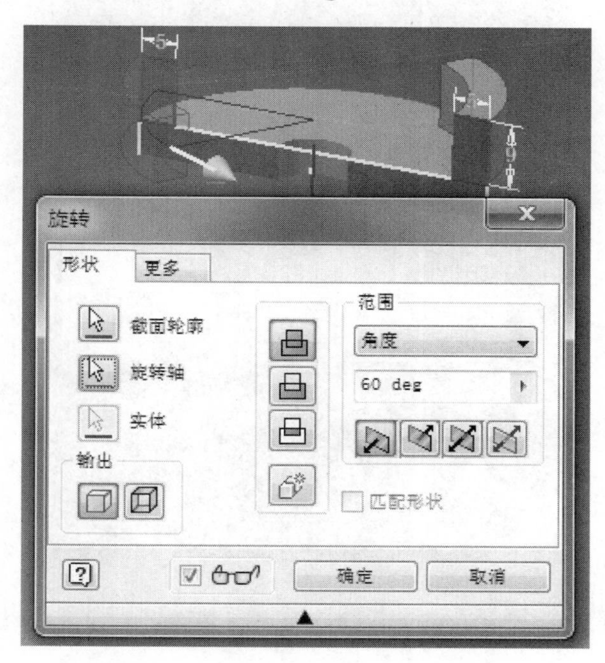

（15）在功能区的“三维造型”选项卡的“草图”组中选择“创建二维草图”命令，并且在浏览器中选择 *YZ* 平面。

（16）按“F7”键切换到切片观察状态。

（17）在功能区的“草图”选项卡的“绘制”组中选择“投影切割边”命令。

（18）在功能区的“草图”选项卡的“绘制”组中选择“矩形两点”命令，然后绘出如下图所示的两个矩形，绘出草图后，在功能区的“草图”选项卡的“约束”组中选择“通用尺寸”命令，标注上如下图所示的尺寸。

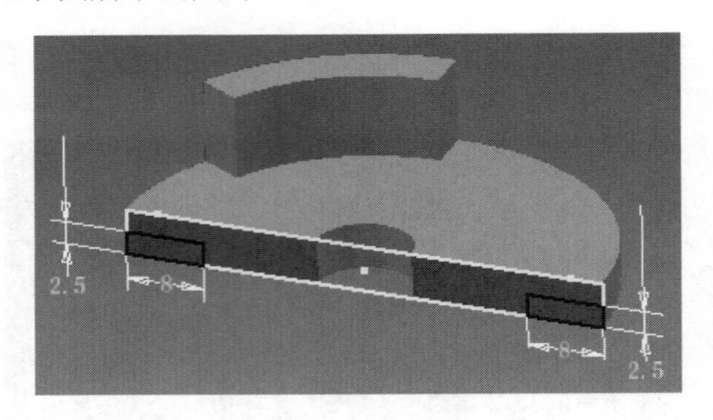

（19）在功能区的“草图”选项卡的“绘制”组中选择“投影几何图元”命令，然后在浏览器中选择 *Z* 轴。

（20）在图形窗口中单击鼠标右键，在弹出的快捷菜单中选择“确定”命令。

（21）在图形窗口中单击鼠标右键，然后选择如下图所示的轮廓来创建旋转特征，接着单击“旋转轴”按钮并且选择 *Z* 轴的投影，从终止方式下拉列表框中选择“角度”选项，然后在数值框中输入 60 deg，选择布尔减的特征操作关系，单击“确定”按钮。

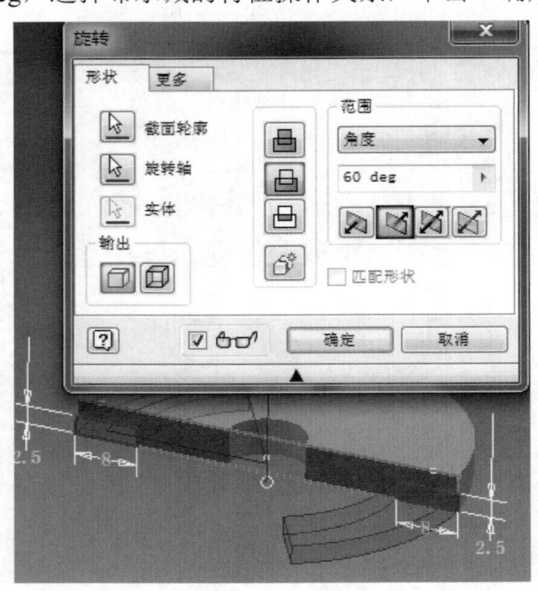

（22）保存并关闭所有文件。

第 4 章　创建放置特征

本章学习目标

- 掌握创建和编辑倒圆角特征。
- 掌握在特征中添加和编辑倒角特征。
- 熟悉使用孔和螺纹工具。
- 掌握使用抽壳工具在特征中移除材料。
- 熟悉模型中创建矩形和环形阵列。
- 掌握在模型中添加面拔模。
- 掌握使用圆角工具建立等半径倒圆和变半径倒圆。
- 熟悉在模型上使用样式。
- 认识孔特征、了解使用打孔工具建立孔特征的好处。
- 了解创建孔特征的一些选项。
- 掌握以各种方式放置的孔特征。
- 掌握使用打孔工具建立标准螺纹孔，以及外螺纹特征。

放置特征是常用的工程特征，使用 Autodesk Inventor 创建它们时不需要使用草图。创建这些特征时，通常只需提供位置和一些尺寸。标准的放置特征包括抽壳、圆角、倒角、拔模斜度、孔和螺纹。

如果说 Autodesk Inventor 中的草图特征是创建零件实体，那么放置特征就是修改草图特征实体，以达到我们的设计要求。

4.1　圆角特征

圆角特征广泛地使用在 3D 模型上，在设计零件时，要移除尖锐边缘和减少内应力，有时也为了美观，因而常常使用圆角特征。它们有多种尺寸和样式，模型中常用等半径倒圆（见图 4-1），有时为了某些需要也使用变半径倒圆。

图 4-1　等半径倒圆

本节将学习等半径倒圆和变半径倒圆。

4.1.1 倒圆工具

使用圆角工具创建倒圆角和在模型上创建一周倒圆，如图 4-2 所示为倒圆角前和倒圆角后的模型对比。在倒圆工具中，可以使用等半径倒圆和变半径倒圆。

图 4-2　倒圆前和倒圆后的模型对比

4.1.2 等半径模式

“圆角”对话框中的等半径模式如图 4-3 所示。

图 4-3　等半径模式

- 边设置：一个边的设置包括一条边和圆角的半径值。
- 边：显示所选边的数目。箭头图标说明目前处在选择模式，并且可以选择其余的边。
- 半径：指定每条边所倒角的半径值。尽管每条边都可以设置一个不同的半径，但是它们在一个过程中建立。铅笔符号表示半径值正在编辑。改变模式前无法选择其他边。要删除所选的边，首先在对话框中选择所选的正确模式，然后按住“Ctrl”或“Shift”键选择删除的边。

- 连续性：Inventor 支持相切（G1）圆角和平滑（G2）圆角。
- 相切（G1）：在棱角的法截面中，圆角结构的截交线使圆弧与棱边两侧的面的交线相切，呈 G1 连续。圆角曲率相同，但在交线处曲率产生突变。
- 平滑（G2）圆角：在棱边的法截面中，圆角结构的截交线使样条与棱边两侧面的交线具有相同曲率，有更光滑的过渡。呈 G2 连续，圆角处曲率平滑渐变。

应用于相邻面具有连续曲率的平滑（G2）圆角，应用此选项会逐步发生曲率更改，在面之间生成更平滑、更美观的过渡，但一般成功率比较低。

- 单击以添加：在对话框的这个部分建立新的边设置。每一个设置中都有自己独立的半径值。
- 选择模式：确定哪种边被选择。
- 边：选择或删除单独的边建立圆角。
- 回路：在一个面上选择或删除一个封闭的回路。
- 特征：选择或删除一个特征上所有的边。
- 实体：选择多实体零件中的参与实体。在单个零件中不可用。
- 所有圆角：选择或删除所有剩余的凹边或拐角。这种模式需要一组独立的边。在部件环境中不可用。
- 所有圆边：选择或删除所有剩余的凸边和拐角。这种模式需要一组独立的边。在部件环境中不可用。

4.1.3　变半径模式

创建变半径边圆角和圆边时，可以选择从一个半径到另一个半径的平滑过渡，也可以选择半径之间的线性过渡。选择的方法取决于用户的零件设计，以及毗邻零件特征向边过渡的方式。

可以在选定边的起点和终点之间指定各个点，然后定义它们相对于起点的距离和半径。这为创建变半径边圆角和圆边提供了灵活性，如图 4-4 所示。

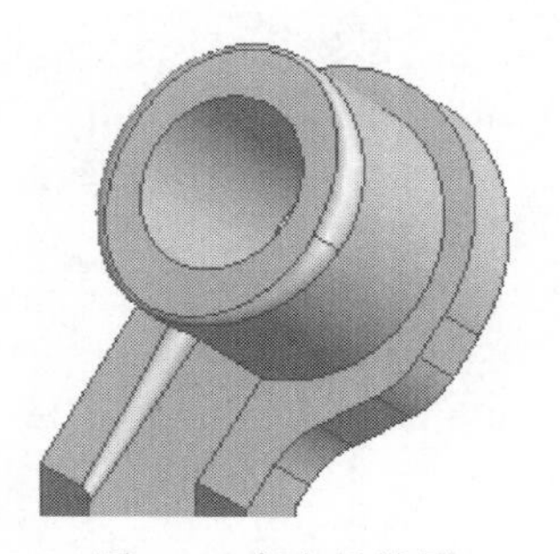

图 4-4　变半径效果

可以构造超过 3 条边相交的特殊圆角应用模型。如果需要，则可以为每条相交的边选择不同的半径，如图 4-5 所示。

图 4-5　特殊圆角应用

如果要确定现有圆角的半径，可在浏览器中的特征上单击鼠标右键，然后在弹出的快捷菜单中选择“显示尺寸”命令，零件上将显示圆角的半径。

有关面圆角和全圆角的详细信息，请参考“帮助”索引中的圆角特征。“圆角”对话框中的变半径模式如图 4-6 所示。

- 边：选择一条边进行变半径倒圆。只能选择一条边，使用“单击以添加”再选择其他的边。
- 点：在所选的边上选择起点和终点。使用“单击以添加”可以在边上选择其他点来控制可变半径值，如图 4-7 所示。

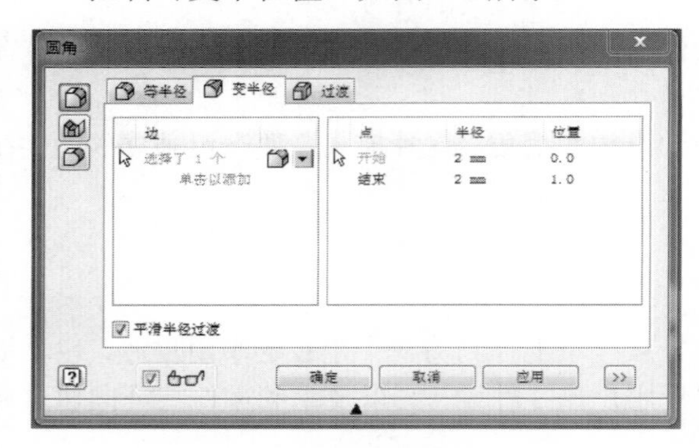

图 4-6　变半径模式

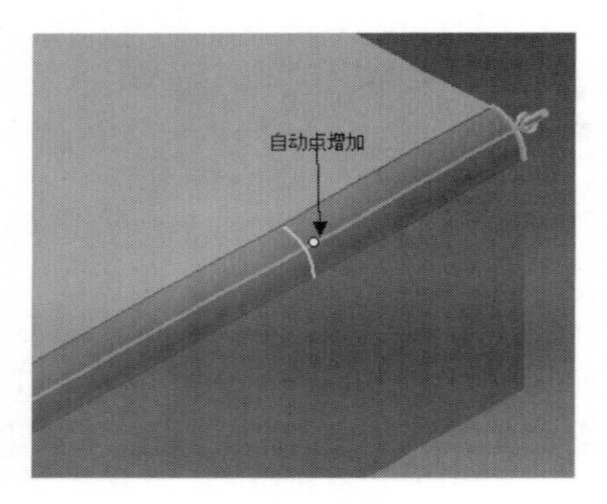

图 4-7　添加控制点

- 半径：输入所选点上的半径值。在对话框中所选的边和点会亮显，如图 4-8 所示。

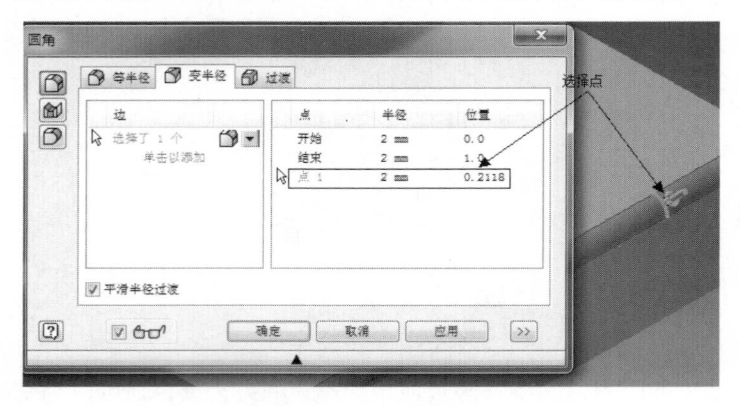

图 4-8　为控制点添加半径

- 位置：在所选的边上为点选择指定的位置，以起点为基础计算百分比值，例如，0.25 表示点到起点的距离为边长的 25%。
- 平滑半径过渡：勾选此复选框使点间的半径逐渐过渡，取消勾选此复选框，点间的半径以线性过渡，如图 4-9 所示。

（a）选择平滑半径过度

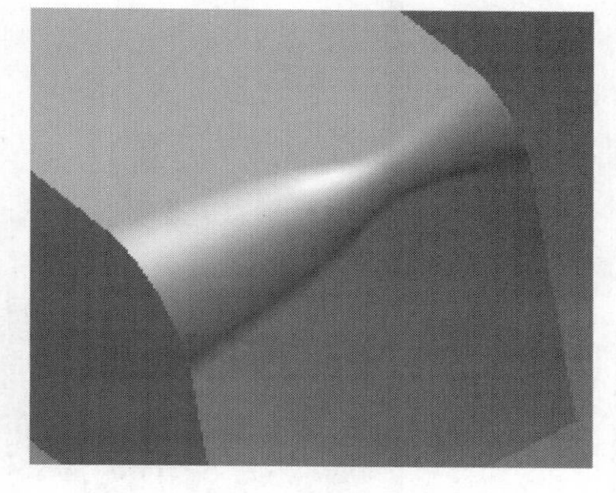

（b）没有选择平滑半径过度

图 4-9　选择平滑半径过渡和没有选择平滑半径过度的对比

4.1.4　过渡模式

“圆角”对话框中的过渡模式如图 4-10 所示。

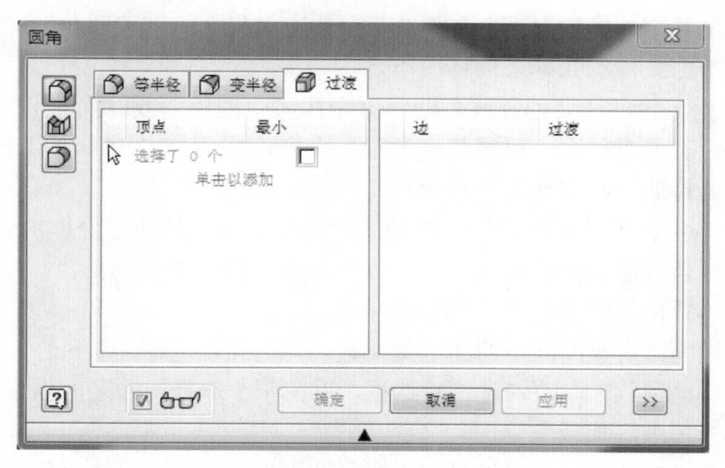

图 4-10　过渡模式

- 顶点：选择所选三边的定点。
- 最小：允许系统定义给定的顶点允许的最小过渡。可以对相交的每条边指定不同的过渡。提高解析较难的顶点圆角的问题的成功率。
- 边/过渡：选择每条边，并设置过渡值，如图 4-11 所示。这个值指定所选的边到定点的距离。

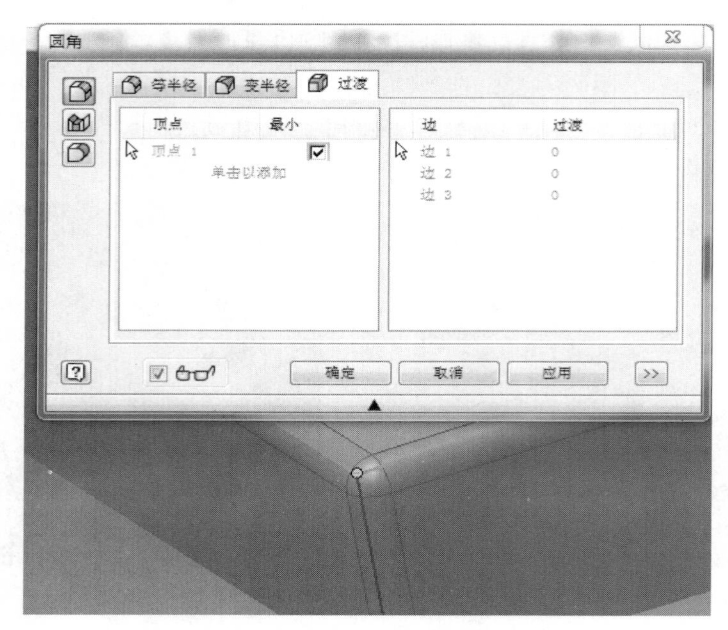

图 4-11　设置过渡值

在三边交一点的情况下倒圆时，要使用过渡模式。

4.1.5　面圆角

在不需要指定共享边的情况下，在零件两个选定面集之间创建圆角。它常用于边不明确或者欲处理的两个面集没有共享边的情况下。

- 面集 1：指定包括在要创建圆角的第二个面集中的模型或曲面体的一个或多个相切、连续面。若要添加面，可选择“选择”命令，然后单击图形窗口中的面。“反向”，反转在选择曲面时要在其上创建圆角的边。
- 面集 2：指定包括在要创建圆角的第二个面集中的模型或曲面体的一个或多个相切、连续面。若要添加面，可选择“选择”命令，然后单击图形窗口中的面。“反向”，反转在选择曲面时要在其上创建圆角的边。
- 包含相切面：设置面圆角的面选择配置。勾选此复选框，以允许圆角在相切面、相邻面上自动继续。取消勾选该复选框，以在两个选择的面之间创建圆角。此选项不会从选择集中添加或删除面。
- 优化单个选择：做出单个选择后，即自动添加到下一个“选择”命令。对每个面集进行多项选择时，需取消勾选该复选框。要进行多项选择时，可选择对话框中的下一个“选择”命令，或选择右键菜单中的“继续”命令以完成特定选择。
- 半径：指定所选面集的圆角半径。要改变半径，可单击该半径值，然后输入新的半径值。面圆角的一个有趣造型是在两个不接触的面之间建立“桥接”关系。

4.1.6　全圆角

添加与 3 个相邻面相交的变半径圆角或圆边。中心面集由变半径圆角取代。全圆角可用于带帽或圆化外部零件特征，如加强筋。

- 边面集 1：指定与中心面集相邻的模型或曲面体的一个或多个相切、连续面。若要添加面，可选择“选择”命令，然后单击图形窗口中的面。若要在每个面集中添加多个面，可取消勾选“优化单个选择”复选框。
- 中心面集：指定使用圆角替换的模型或曲面体的一个或多个相切、相邻面。若要添加面，可选择“选择”命令，然后单击图形窗口中的面。
- 边面集 2：指定与中心面集相邻的模型或曲面体的一个或多个相切、相邻面。若要添加面，可选择“选择”命令，然后单击图形窗口中的面。
- 包含相切面：用于快速选择面。勾选此复选框，以允许圆角在相切面、相邻面上自动继续。取消勾选该复选框，以在两个选择的面之间创建圆角。此选项不会从选择集中添加或删除面。
- 优化单个选择：做出单个选择后，即自动请进到下一个“选择”命令。进行多项选择时需取消勾选该复选框。要进行多项选择时，可选择对话框中的下一个“选择”命令，或选择右键菜单中的“继续”命令以完成特定选择。

4.1.7　“圆角”对话框中的扩展选项

要访问以下选项，可单击“圆角”对话框中的“>>”按钮，展开“圆角”对话框，如图 4-12 所示。

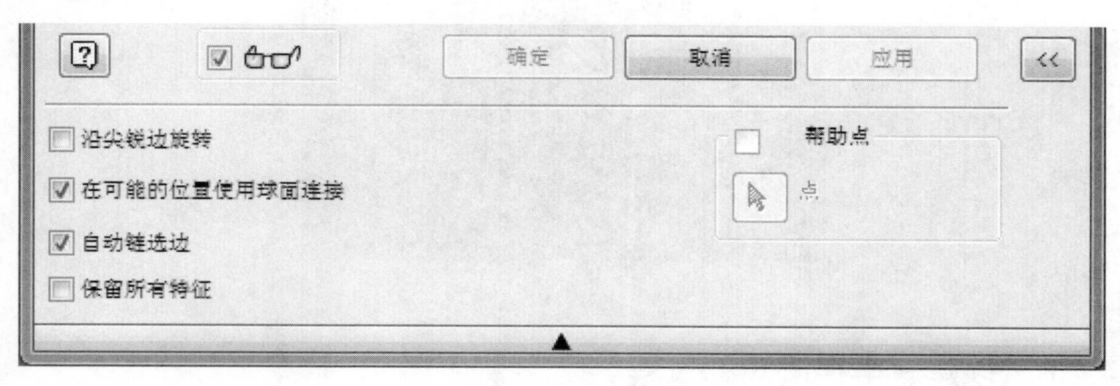

图 4-12　展开“圆角”对话框

- 沿尖锐边旋转：当环境要使邻近的边延伸，并维持圆角半径不变时，就要设置这个选项作为解决方法。如果勾选此复选框，保持面不变，则相应的圆角半径值改变。如果取消勾选此复选框，那么圆角半径将不变，相邻的边会沿着半径规律延伸。
- 在可能的位置使用球面连接：此选项设置圆角的拐角类型。
- 自动链选边：当勾选此复选框时，所有成链的边在选边的操作中自动被选中。
- 保留所有特征：此选项选择后，包含在圆角中的特征将会正确地计算出它们的交叉点。如果取消勾选此复选框，那么与圆角交叉的特征将无法计算。倒角操作时，只有所选择的边才能被计算。

在图 4-13、图 4-14 和图 4-15 中，除料特征在圆角之中，在创建圆角特征时除料特征被覆盖。编辑圆角特征时，需勾选“保留所有特征”复选框，使圆角和除料特征都存在。

图 4-13　与圆角相交的特征

图 4-14　未选择保留所有特征

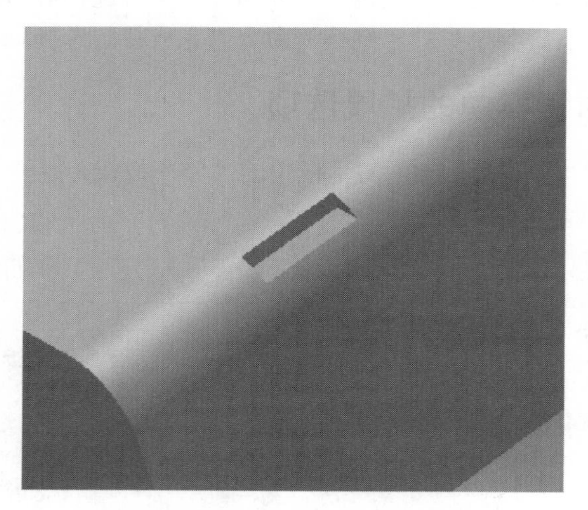

图 4-15　选择保留所有特征

4.1.8　创建等半径圆角的过程

根据下面的步骤建立等半径圆角特征：

（1）在功能区的“三维造型”选项卡的“修改”组中选择“圆角”命令，弹出“圆角”对话框。

（2）在图形窗口中选择要被倒圆的边，然后设置每条边的圆角半径。创建不同半径的圆角设置。在图 4-16 中创建了两个边设置，第一个边设置包含两条半径设置为 2mm 的边，第二个边设置包含两条半径设置为 1mm 的边。

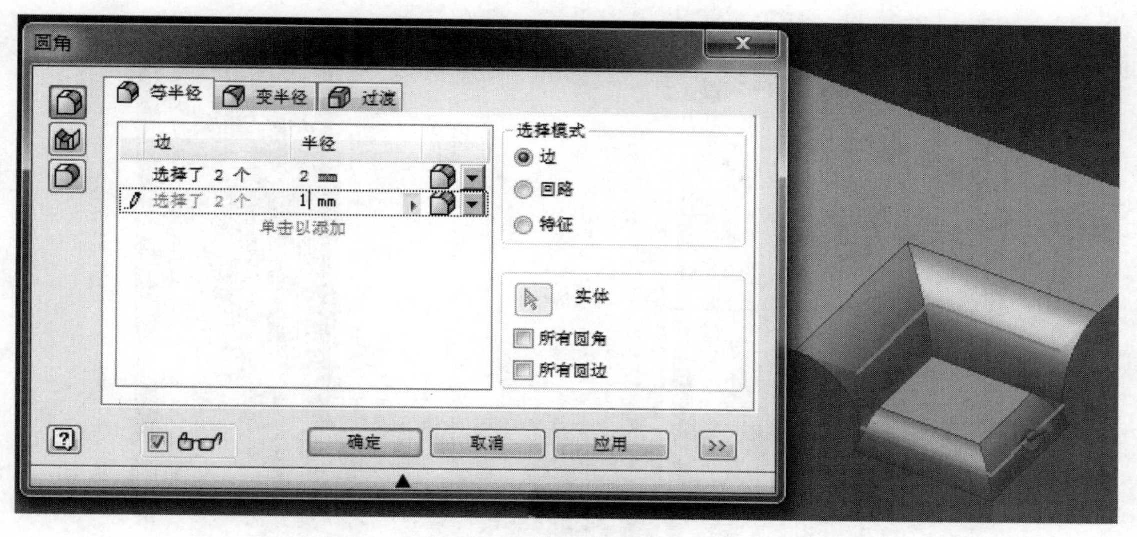

图 4-16 选择需要圆角的边

（3）单击“确定”按钮，建立圆角特征。即使在这个例子中对 4 条边进行倒圆，在浏览器中也只标记了一个特征，如图 4-17 所示。

图 4-17 浏览器中的圆角特征

4.1.9 创建变半径圆角的过程

根据下面的步骤创建变半径圆角：

（1）在功能区的“三维造型”选项卡的“修改”组中选择“圆角”命令，弹出“圆角”对话框。

（2）选择“变半径”选项卡，然后在图形窗口中选择边来设置半径值。在“圆角”对话框中选择起点，然后编辑起点的圆角半径。接着选择终点，再编辑终点的圆角半径，如图 4-18 所示。

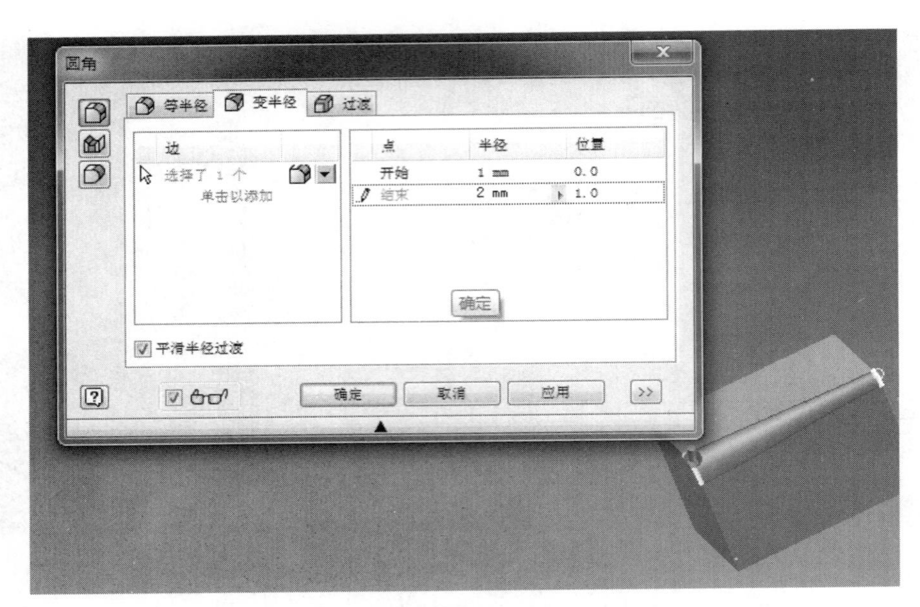

图 4-18　选择需要圆角的边

（3）在所选的边上增加一个点。在所选的边上拖动鼠标指针，然后单击选择点，如图4-19 所示。

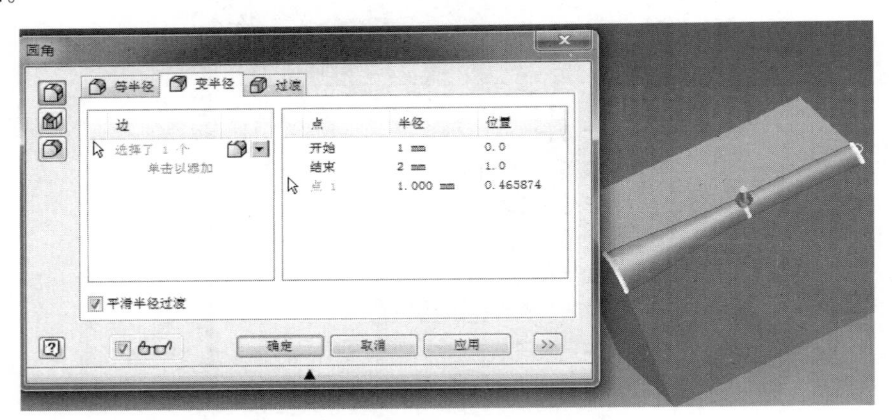

图 4-19　添加控制点

（4）在添加完增加点后，在“半径”栏中修改所增加点处的半径值，然后在“位置”栏中选择新增加点的位置。

（5）单击“确定”按钮完成圆角。

4.1.10　编辑圆角特征

在创建完圆角特征后，也可以在相同的对话框中编辑它们。在浏览器中用鼠标右键单击圆角特征，然后在弹出的快捷菜单中选择“编辑特征”命令，如图 4-20 所示。在圆角特征对话框中，可以编辑圆角的参数，增加或删除所选择的边，以及改变选项。

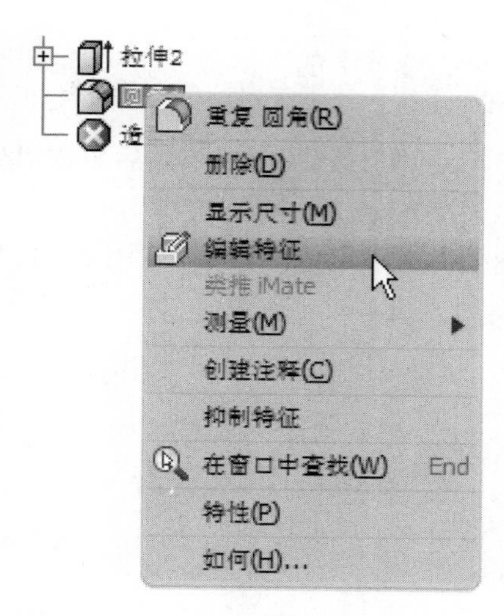

图 4-20　选择“编辑特征”命令

练习 4-1

1. 添加倒角

操作步骤如下：

（1）激活 tutorial_files 项目后，打开文件 chamfillet.ipt。此文件包含轴插槽马鞍座模型，如左下图所示。

（2）在功能区的“三维造型”选项卡的“修改”组中选择“倒角”命令，在弹出的“倒角”对话框中单击“边”按钮，然后选择基础面的 4 条竖直边。

> **注意**
> 可能需要旋转模型以选择相应的边。按“F6”键返回默认等轴测视图。

（3）在“距离”数值框中输入 10 mm，然后单击“确定”按钮。倒角被添加到模型和浏览器中，如右下图所示。接下来，向顶部孔的各边添加等距离倒角。

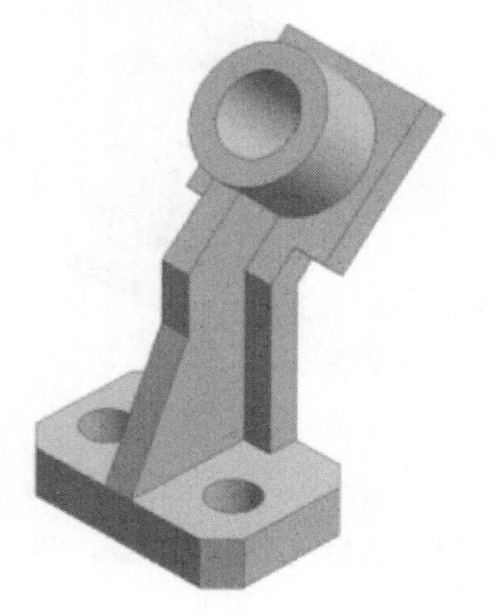

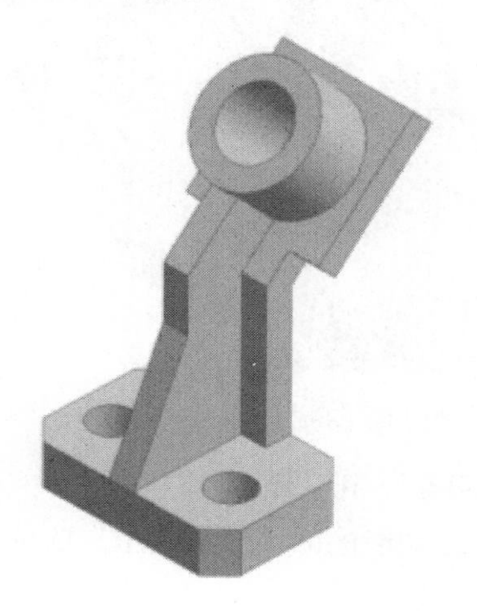

（4）在功能区的“三维造型”选项卡的“修改”组中选择“倒角”命令，然后选择零件三个孔中每个孔的顶部边。

（5）在“倒角”对话框中将距离值改为1mm，然后单击“确定”按钮，如左下图所示。接下来，添加不同距离的倒角，完成插槽马鞍座的基本形状。

（6）在功能区的“三维造型”选项卡的“修改”组中选择“倒角”命令，然后单击“两距离”按钮。选择右下图中显示的边。

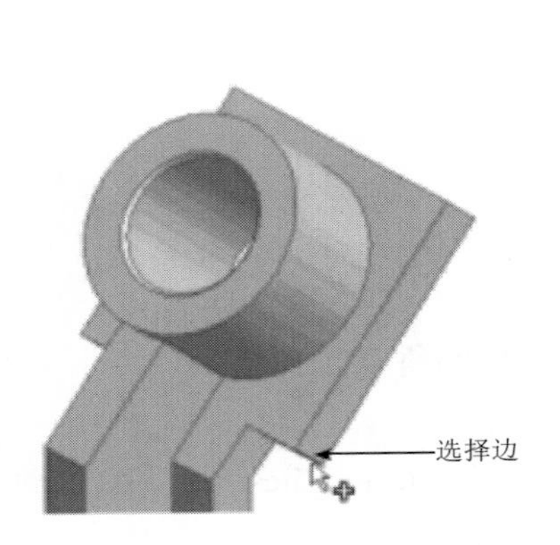

（7）输入以下值：距离1为14mm；距离2为18mm。单击“方向”按钮，查看切换距离时预览如何变化。

（8）再次单击“方向”按钮返回原来的设置，然后单击“确定”按钮创建倒角特征，如左下图所示。

（9）重复此过程，向零件的另一边添加相同尺寸的倒角。现在零件应如右下图所示。

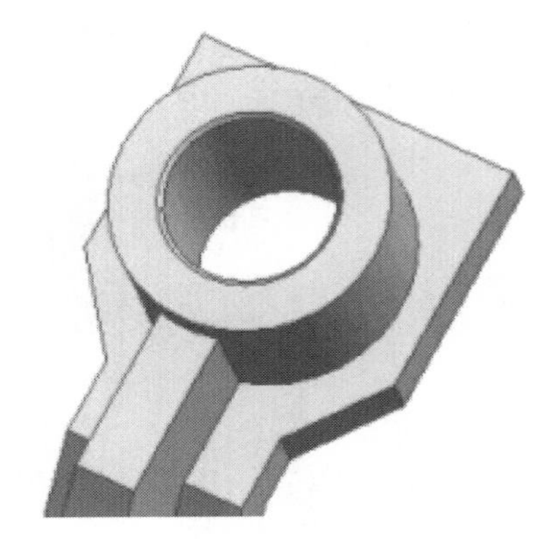

接下来，添加圆角完成零件的最终形状。

2. 向零件添加圆角

（1）在功能区的“三维造型”选项卡的“修改”组中选择“圆角”命令，并确保选择了

“边圆角”按钮。选择下图中显示的两条边。

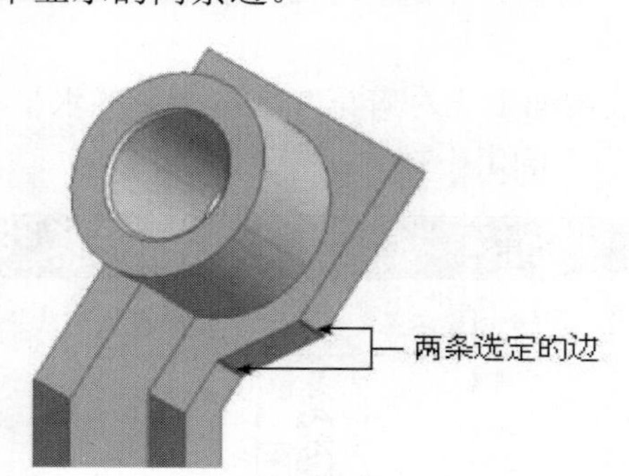

（2）旋转零件，然后在零件另一边选择相同的两条边。在“圆角”对话框中的“等半径”选项卡上，将半径改为 16 mm。

（3）在各边和半径文本下单击“单击以添加”。对于下一组边，在零件顶部的拐角处选择两条竖直边，如左下图所示。

（4）将圆角半径改为 32 mm。当对话框和预览如右下图所示时，单击“确定”按钮。

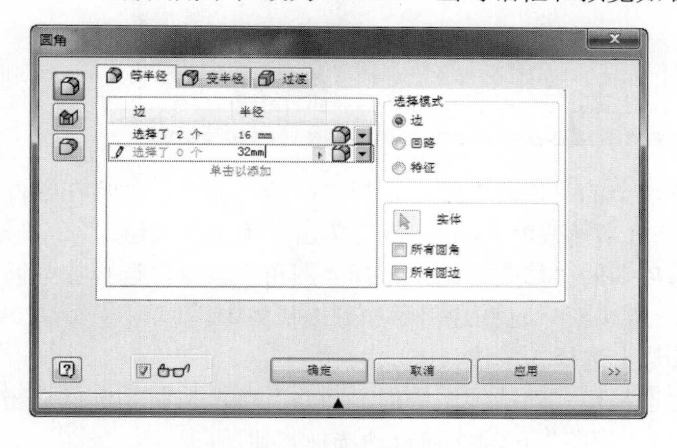

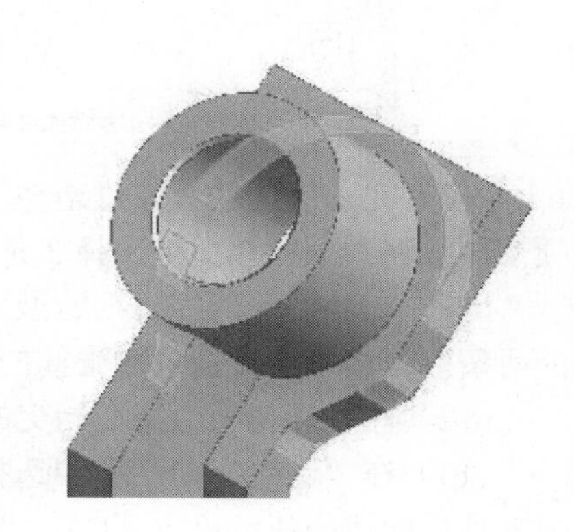

圆角特征被添加到零件和浏览器中。

（5）在功能区的“三维造型”选项卡的“修改”组中选择“圆角”命令，然后选择加强筋前面的两条水平边，如左下图所示。

（6）在“圆角”对话框中输入 30 mm 作为半径。

（7）要添加另一组边，可单击“单击以添加”，然后选择右下图中显示的两条水平边。

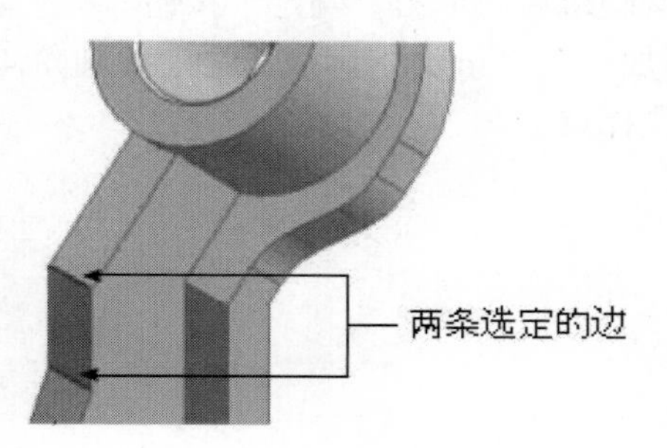

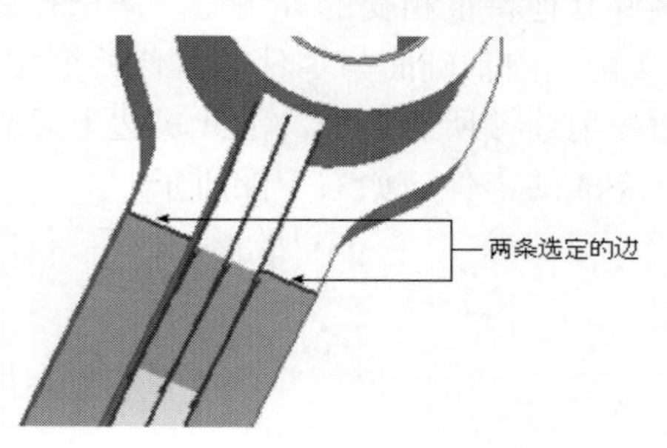

（8）在“圆角”对话框中将第二个选择集的半径改为 22 mm。单击“单击以添加文本”创建第三组边。

（9）旋转模型，并选择后向面上正对着第二个选择集的水平边。输入 10 mm 作为半径。当对话框如下图所示时，单击“确定”按钮。

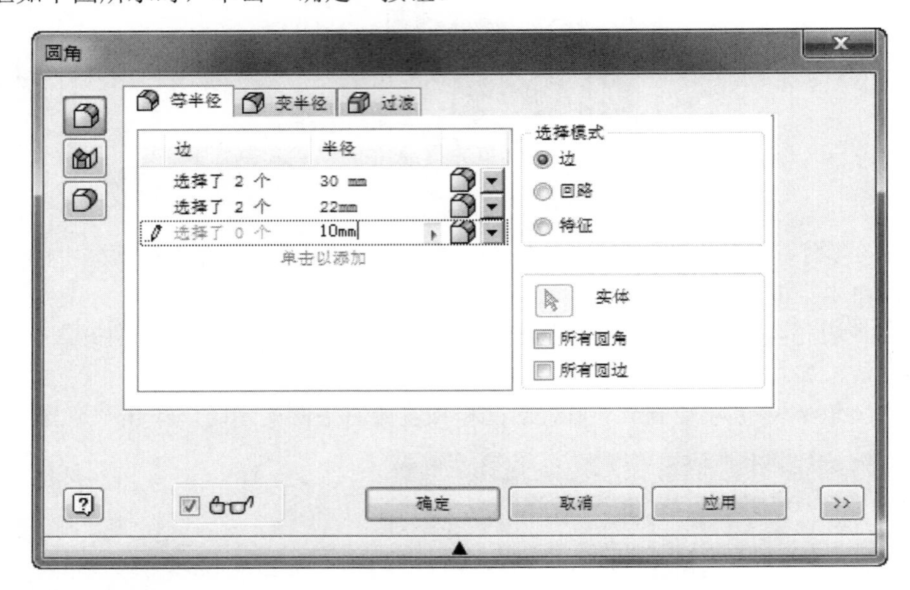

（10）在功能区的“三维造型”选项卡的“修改”组中选择“圆角”命令，然后在零件顶部加强筋与圆柱相交处选择 3 条边。将半径改为 2 mm，然后单击“确定”按钮。

（11）在功能区的“三维造型”选项卡的“修改”组中选择“圆角”命令，选择加强筋的两条前向边，然后选择加强筋的后向边（A）。这些边将添加到选择集中。

（12）在基座与其他特征相交的每边上选择 3 条边（B）。

（13）在“圆角”对话框中选择“选择模式”选项组中的“回路”单选按钮。选择基座上零件后向边的任意位置（C）。请注意“回路”选项如何自动选择其他边。

（14）验证圆角半径是否设置为 2 mm。当预览如左下图所示时，单击“确定”按钮。创建圆角将失败，并且系统将显示一个错误框。

（15）在错误框中单击“编辑”按钮。

（16）在“圆角”对话框中选择“选择模式”选项组中的“边”单选按钮。选择基础面和零件其他特征相交的 6 条边，从选择集中删除这些边后，单击“确定”按钮。

（17）向基础面与零件的其他特征相交的边添加一个 2 mm 的圆角。请注意圆角 4 的各圆角如何连接所有的边，因此每边上只需要一个选择点。

完成的零件应如右下图所示。

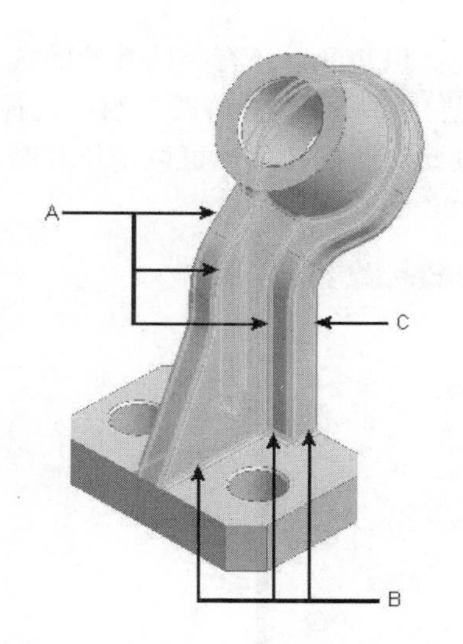

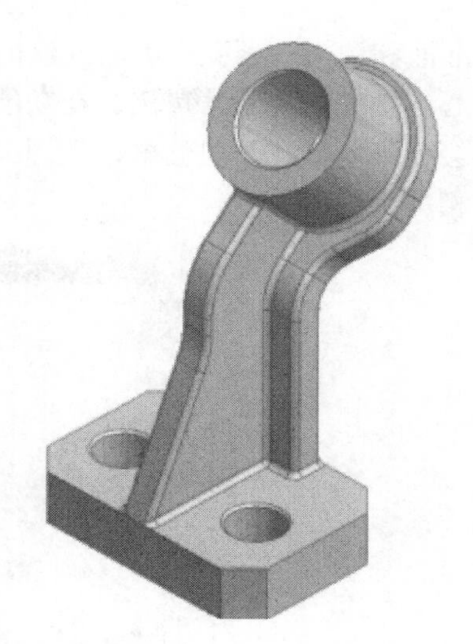

不保存而关闭文件或使用新的名称保存文件以便保留原始数据文件。

4.2　孔和螺纹特征

使用孔特征在实体上建立参数化的孔。要建立孔特征，可以使用已存在的草图来确定孔的中心位置。

4.2.1　关于孔特征

孔特征是建立在当前的几何体上的，并且是参数化的特征。孔特征是利用提供的参考点、草图点或其他参考几何信息创建孔的建模方法。孔特征是一种除料特征，需依附于实体对象。在零件和部件环境下，可以使用孔特征创建各种类型的孔，如沉头孔、倒角孔、沉头平面孔和直孔。同时，它集成了螺纹功能，所以除了创建简单的孔外，还可以创建螺纹孔、锥管螺纹孔或配合孔，几乎满足了所有有关孔的设计要求。

4.2.2　使用打孔工具创建孔的好处

虽然可以使用拉伸一个圆柱以切削材料的方法建立一个孔，但打孔工具更适合以下一些类型的孔，如平孔、埋头孔，还有螺纹孔。使用打孔工具，可以在一个对话框中建立多种孔的类型，比手动创建和编辑方便得多。

使用打孔工具的好处如下：

- 只使用一种工具就能建立多种孔。
- 打孔工具建立的孔可以在工程图中使用孔标注工具进行标注。
- 孔的尺寸可以由类型和间隙决定。

4.2.3　打孔工具

使用打孔工具时，可以使用不同的选项来放置各种样式的孔。可以根据零件上的草图、点、基准面和边来放置孔。可以创建标准钻孔、沉头孔、倒角孔。还有一些其他的选项只有在有孔心或钻螺纹孔时才可用。在功能区的“三维造型”选项卡的“修改”组中选择“孔”命令，会弹出“打孔”对话框，如图 4-21 所示。通过此对话框，用户可以定位孔圆心、孔样式等相关参数信息。

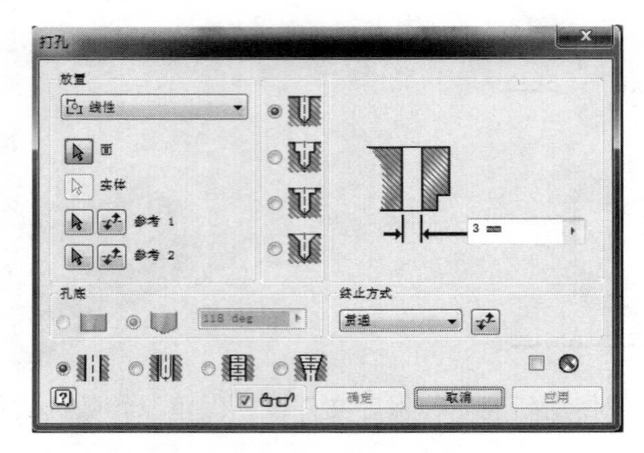

图 4-21 “打孔”对话框

1．孔的放置方式

在“打孔”对话框中的“放置”下拉列表框中可选择一个选项，如图 4-22 所示。

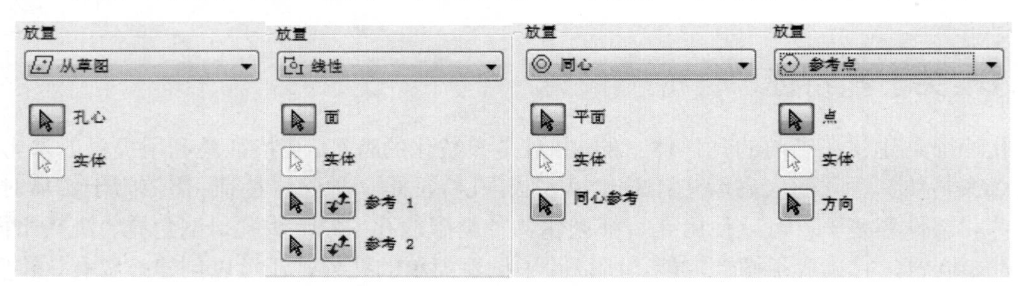

图 4-22 孔放置特征

- 从草图：如果选择此选项，则可以从草图上选择一个位置打孔。孔可以放置在点/孔心、直线或曲线的终点，或投影圆的中心。
- 孔心：为打孔选择中心点，如果选择此选项，则可以在特征上建立连续的相同的孔。
- 线性：如果选择此选项，则可以把孔放置在与所选的两边是一定尺寸的地方。
- 面：选择孔在零件上的放置面。
- 参考 1：选择一条边作为第一个引用。从所选的边到孔的中心放置一个尺寸。这个尺寸可以作为一个标准的参数化的尺寸进行编辑。
- 参考 2：选择第二条边作为第二个引用。从所选的边到孔的中心放置一个尺寸。这个尺寸可以作为标准的参数化的尺寸进行编辑。
- 改变翻折侧：如果选择此选项则可以把孔的定位方向定位为所选方向的反向。
- 同心：如果选择此选项，则可以把孔放置在另一个圆的中心上。
- 平面：选择孔的放置面。

- 同心引用：选择圆形的边或面放置同心孔。
- 在点上：如果选择此选项，则可以把孔放置在定位点上。
- 点：选择放置孔的定位点。
- 方向：选择一个基准平面、面、边或工作轴来定义孔的方向。如果选择一个基准平面，那么孔的方向为这个面或基准面的法线方向。

2．孔样式

根据选定的孔类型提供简单孔、沉头孔、沉头平面孔和倒角孔 4 种样式。用户可根据孔预览图像指定对应的尺寸。可以单击数值框右侧的按钮，从列表中选择一个值；也可以使用“测量”、“显示尺寸”或在“容差”对话框中设定容差；还可以在预览图像的参数框中输入值。

- 直孔：孔与平面齐平，并且具有指定的直径，如图 4-23 所示。
- 沉头孔：孔具有简单的直径、沉头孔直径和沉头孔深度，如图 4-24 所示。

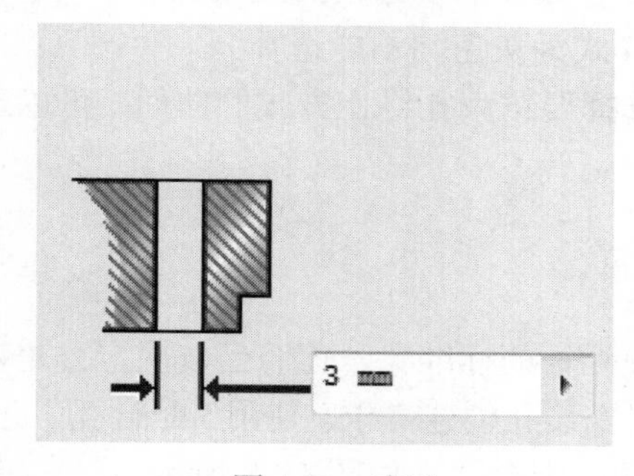

图 4-23　直孔

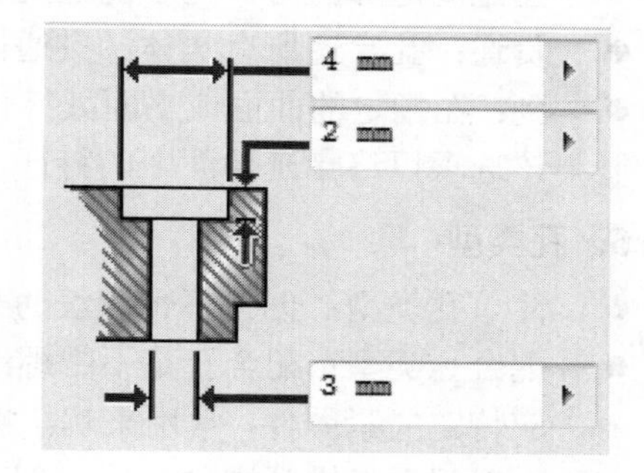

图 4-24　沉头孔

- 沉头平面孔：孔具有指定的直径、沉头平面孔直径和切入深度，如图 4-25 所示。
- 倒角孔：孔具有指定的直径、倒角孔直径和倒角孔深度，如图 4-26 所示。

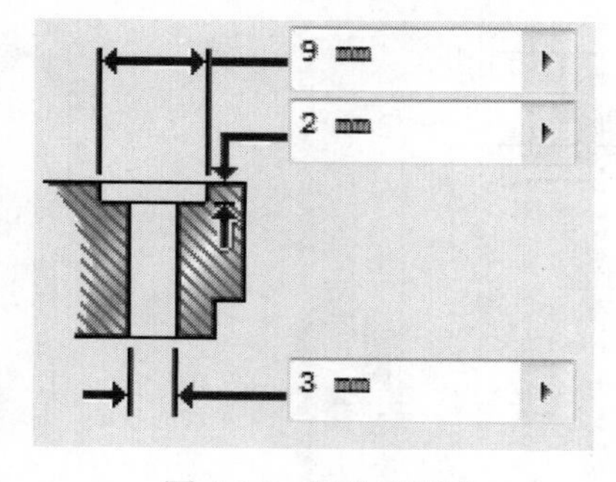

图 4-25　沉头平面孔

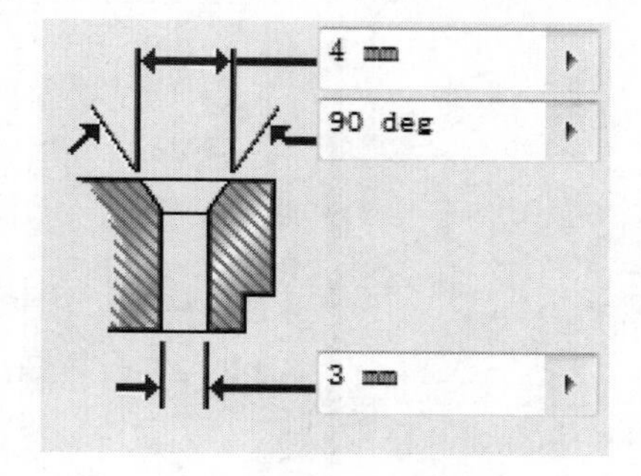

图 4-26　倒角孔

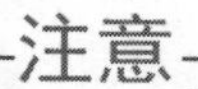
注意

倒角孔直径必须大于孔直径。

3．孔底

设置孔底的平底或端部角度。对于端部角度，单击数值框右侧的按钮指定角度，或者在模型上选择几何图元来测量自定义角度或显示尺寸。角度的正方向是以垂直于平面的孔轴的方向逆时针测量的。默认情况下，孔底角度为 118°，如图 4-27 所示。

图 4-27　孔底样式

4．终止方式

Inventor 为孔特征提供了 3 种与拉伸特征类似的终止方式：距离、贯通和到面。

- 距离：用一个正值来定义孔的深度。深度是沿与平面或工作平面垂直的方向计算的，当距离足够大时，为了能达到贯通的效果，建议使用贯通的终止方式。
- 贯通：孔穿透所有实体（贯通模式下孔底样式为灰色，不能选择）。
- 到：在指定的曲面或平面处终止孔。若要选择要结束孔终止方式的曲面，可以选择该选项以终止延伸面上的特征。

5．孔类型

- 简单孔类型：创建不带螺纹的光孔。
- 配合孔类型：配合孔是不带螺纹（通常是贯通）的标准孔，它们已被规定公差以适应特定的紧固件，常用来解决螺栓、螺钉的安装孔创建需求。使用“配合孔”选项，可以根据标准紧固件数据库创建标准紧固件的配合孔，如图 4-28 所示。

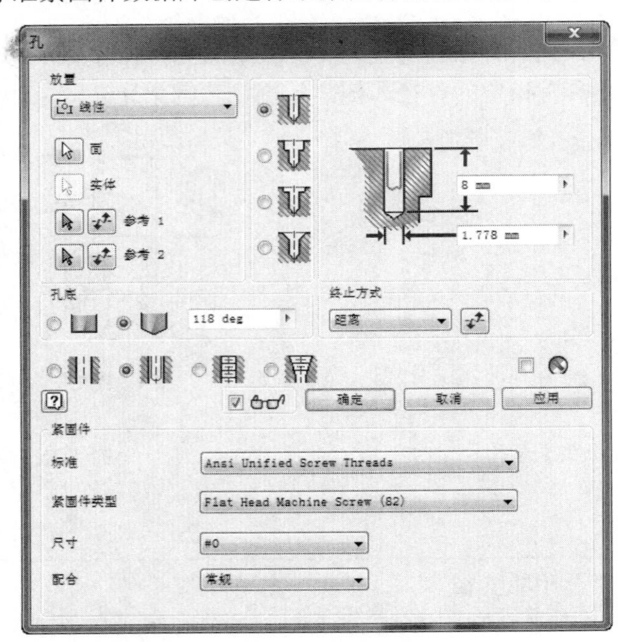

图 4-28　配合孔参数设置

- 相关标准及紧固件类型：从列表中选择紧固件的标准。随着所选标准的不同，会关联列出不同的“紧固件类型”供选择，这些类型目前还没有译成中文，而标准件库中的相关类型已经译成中文，两者的对应会有些麻烦。另外，列出的所有标准件类型，并不是都能被一般设计作为正确的结构使用。
- 孔的深度：作为与螺钉、螺栓的“配合孔”，绝不会有不通孔的可能性。所以，需要注意的是，要将 Inventor 默认的“终止方式”由“距离”设置成为“贯通”。
- 配合方式：需要将 Inventor 现有的模式与设计需要的模式对应，“紧”，过盈配合；“常规”，过渡配合；“松”，间隙配合。
- 公差设置：“打孔”对话框中所有的尺寸输入框都能设置公差，但光孔一般不必设置。

6．圆柱螺纹孔

创建圆柱螺纹孔，螺纹通过以下选项指定，如图 4-29 所示。

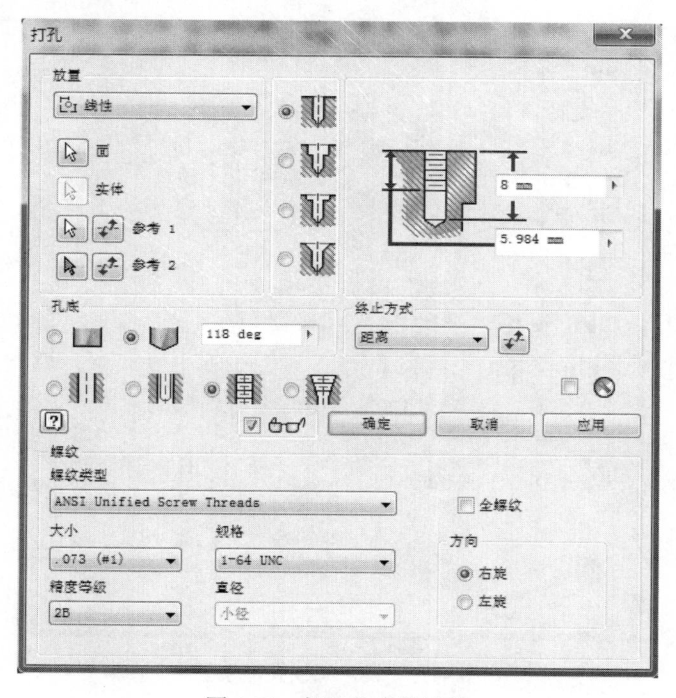

图 4-29　螺纹孔参数设置

- 螺纹类型：展开类型下拉列表，选择标准和类型。例如，选 GB 标准。
- 大小：螺纹孔的公称直径。
- 规格：其实是选择螺距。每个公称尺寸都可能有一个或多个可用的螺距。
- 精度等级：螺纹选择配合的精度系列。
- 直径：指在攻螺纹前孔径的大小。这个数据值只能在“文档设置”中进行更改，孔直径是基于文档设置中的设置值的。方法是在“工具”选项卡的“选项”组中选择“文档设置”命令，在弹出的对话框中选择“造型”选项卡，然后在“螺纹孔直径”

下拉列表框中选择合适的选项来控制螺纹孔模型特征的大小。建议使用此选项的默认值。仅当“螺纹孔径”被设置为“小径”时，才能正确生成工程图管理器示意螺纹。可设置的有“小径”、“螺距”、“大径”、“攻丝底孔”。

- 方向：设置螺纹的旋向，默认为右旋。

7. 锥管螺纹孔

创建锥管螺纹孔，如图 4-30 所示。

- 螺纹类型：单击下三角按钮，在弹出的下拉列表框中选择螺纹特征。NPT 是基于英寸的螺纹类型的一个示例。ISO 内锥是基于毫米的螺纹类型的一个示例。
- 大小：锥管螺纹的公称尺寸。
- 规格：根据尺寸和螺纹特征确定锥管螺纹的螺纹规格。
- 直径：显示此孔特征使用的直径类型的值。该值只能在“文档设置”中进行更改。
- 方向：指定锥管螺纹旋转的方向，默认为右旋。

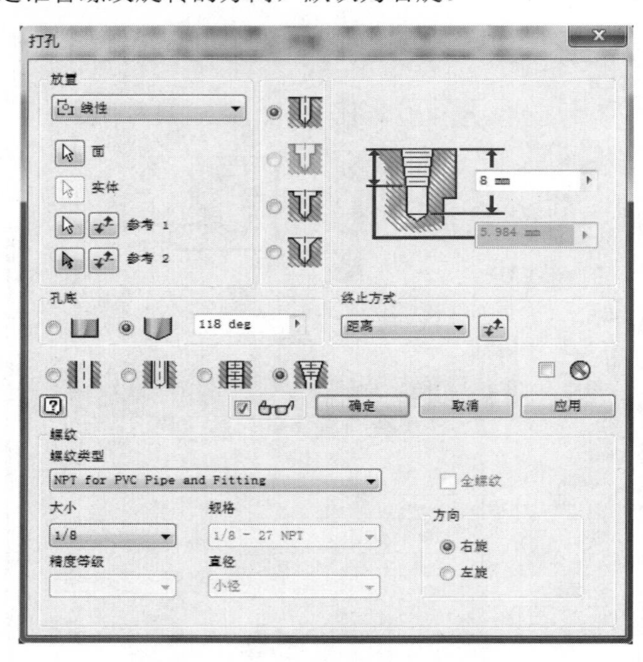

图 4-30　锥管螺纹孔输设置

4.2.4　螺纹

1. 基本概念

机械设计中，螺纹是极其常用的设计结构，而螺纹连接也是机械设计中最为常见的连接方式，常见的螺纹结构如图 4-31 所示。对螺纹结构设计的支持是一个机械设计软件的必备功能。

Inventor 的“螺纹”特征就是用来帮助用户进行机械设计中螺纹结构的设计。“螺纹”特征可以在完整的或者部分圆柱或圆锥体表面创建螺纹，但是并无真实几何结构，而是简化成对表面的贴图。同时，将相关设计数据记录在模型中，这样用贴图的方式处理螺纹的好处是：机械设计中的螺纹结构都是有一定标准的，所以在进行螺纹设计时，只需要相关的螺纹参数就可以加工出所需要的螺纹，这里不绘制真实的螺纹结构，而是用贴图表示，这样可以节省计算机的数据资源；在贴图的同时将相关的螺纹设计数据记录在模型中，也满足了设计的需求。“螺纹”特征不能在曲面上（如圆柱面、圆锥面）创建螺纹结构。

螺纹特征的一些常用方法如下：

- 在现有孔或拉伸切割上生成螺纹。
- 在拉伸圆柱（如螺栓）上生成螺纹。
- 在旋转轴上生成螺纹。

Autodesk Inventor 包含一个螺纹数据电子表格，位于 Microsoft Windows 7：“用户”→“公用”→“公用文档”→“Autodesk”→“Inventor 2015”→“Design Data”→“Thread”。

在 Inventor 中，将鼠标指针移到“螺纹”特征命令按钮上面，关于该命令的功能和相关说明就会动态显示出来，如图 4-32 所示。

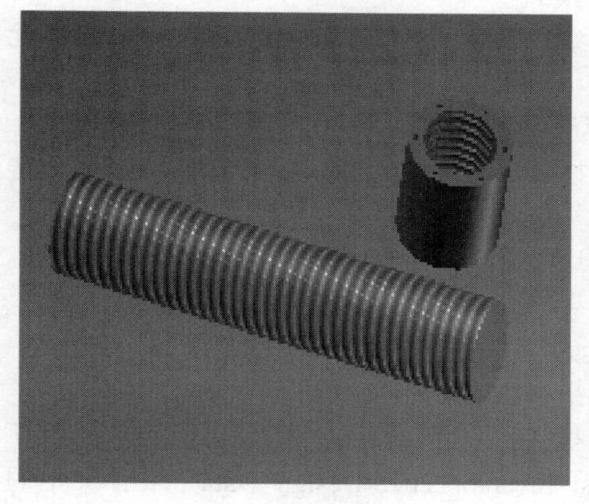

图 4-31　机械设计中常见的螺纹结构

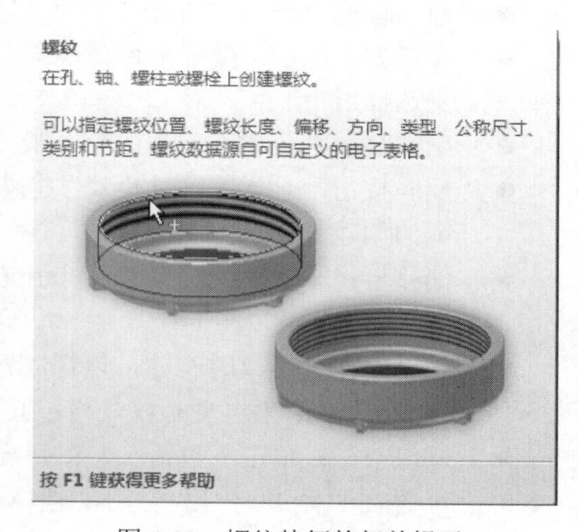

图 4-32　螺纹特征的相关提示

2．操作步骤

（1）螺纹特征启用前的准备。螺纹特征属于放置特征，也就是基于特征的特征，所以在启用螺纹特征前，在该模型中必须要具有可以创建螺纹特征的实体表面——圆柱或圆锥体表面，否则在启用螺纹特征时会弹出启用失败提示对话框。

（2）启用螺纹特征，并进行相关参数的设置。在功能区的“三维模型”选项卡的“修改”组中选择“螺纹”命令，弹出“螺纹”对话框。该对话框有两个选项卡：“位置”选项卡和“定义”选项卡，如图 4-33 所示。

图 4-33 “螺纹”对话框

“位置”选项卡用来设置要创建螺纹的面及螺纹长度。其中各选项含义如下。

- 面：选择单一圆柱或圆锥表面（锥管螺纹）。
- 在模型上显示：指定是否在模型上使用螺纹表达。在设计中当要表达时，应勾选此复选框。
- 全螺纹：是否对选定面的整个长度范围创建螺纹。
- 反向按钮：非全螺纹时有效，将从选定柱面时距光标较近的端面开始，定义螺纹特征的创建方向。
- 偏移量：非全螺纹时有效，以距光标较近的端面为基准，定义螺纹距起始端面的距离。
- 长度：非全螺纹时有效，以螺纹开始处为基准，定义螺纹部分的长度。

“定义”选项卡用来定义螺纹规格，其中各选项含义如下。

- 螺纹类型：单击下拉箭头，在弹出的下拉列表中可以选择公制、英制等类型。默认位置在“用户/公用/公用文档/Autodesk/Inventor 2015/Design Data”文件夹中的Thread 螺纹参数表中指定了预定义的螺纹类型。
- 大小：为所选螺纹类型选择公称直径（可选择，也可与当前模型所指面的直径匹配检测）。
- 规格：根据所选螺纹的直径选择所需的螺距。按螺纹参数表提供的序列选择。
- 精度等级：设置螺纹精度，根据所选螺纹的直径和螺距选择螺纹公差等级。
- 方向：定义螺纹的旋向，指定“右旋”或“左旋”。

以上参数设置完成后，在对话框中单击“确定”或“应用”按钮即可在所选实体面上创建螺纹特征。区别是单击“确定”按钮创建螺纹特征并关闭对话框；单击“应用”按钮则创建螺纹特征不关闭对话框，螺纹特征功能处于激活状态，还可以继续对其他面进行螺纹创建。

（3）编辑螺纹特征。设计本来就是反复修改和配凑的过程，在创建完螺纹特征后，很可能需要重新修改螺纹特征的相关设置。这时只需要在浏览器中选定螺纹特征并单击鼠标右键，在弹出的快捷菜单中选择“编辑特征”命令，在弹出的“螺纹”对话框中就可以重新定义螺纹特征的相关参数。

4.2.5　创建螺纹特征的过程

根据下面的步骤使用螺纹工具建立一个外螺纹特征。

（1）在功能区的“三维模型”选项卡的“修改”组中选择“螺纹”命令，然后在零件上选择圆柱面，在“位置”选项卡中调整螺纹的长度，如图 4-34 所示。

（2）在“定义”选项卡中选择适当的螺纹类型，然后根据设计意图调整一些其他选项。单击“确定”按钮建立螺纹特征，如图 4-35 所示。

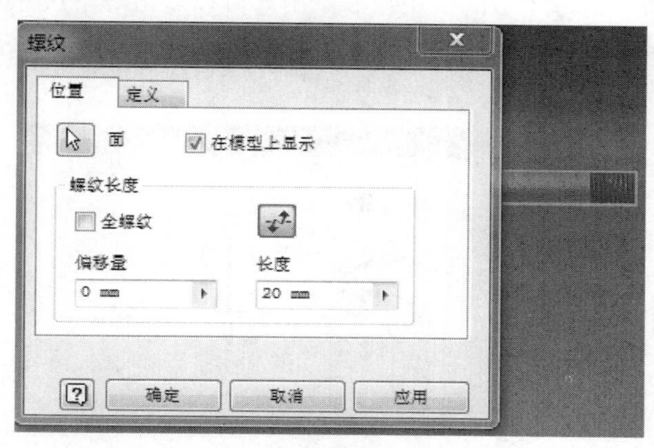

图 4-34　选择需要创建螺纹特征的圆柱面

螺纹特征显示在实体上，同样在浏览器上也有显示。同其他参数化的特征一样，可以用鼠标右键单击螺纹特征，然后在弹出的快捷菜单中选择“编辑特征”命令，如图 4-36 所示，在与创建特征时相同的对话框中进行编辑。

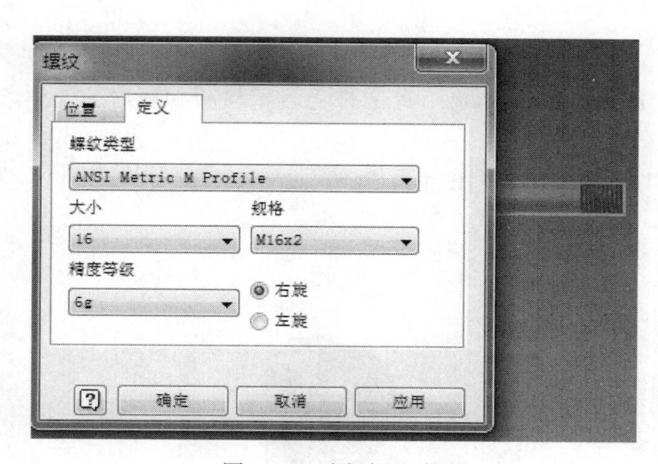

图 4-35　选择螺纹类型

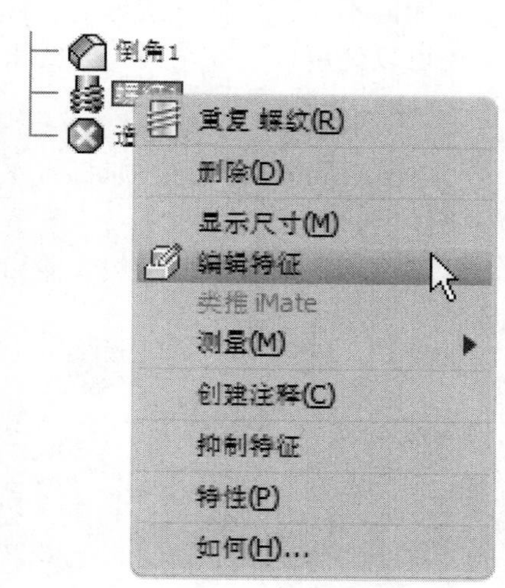

图 4-36　选择“编辑特征”命令

练习 4-2

1．在零件上创建孔特征

（1）激活 tutorial_files 项目后，打开文件 Upper_Plate.ipt。

（2）在功能区的“三维模型”选项卡的“修改”组中选择“孔”命令。

（3）在“打孔”对话框的“放置”选项组的下拉列表框中选择“线性”选项。单击“面”按钮，然后在图形窗口中单击要放置孔的面。单击面的边以指定参考 1，然后单击面的另一条边以指定参考 2。将显示每个边的引用尺寸。用户可以双击每个尺寸并更改值以确定孔的位置。选择第一个孔类型（“直孔”），然后输入直径 0.25 in。在“终止方式”下拉列表框中选择“贯通”选项，如下图所示。

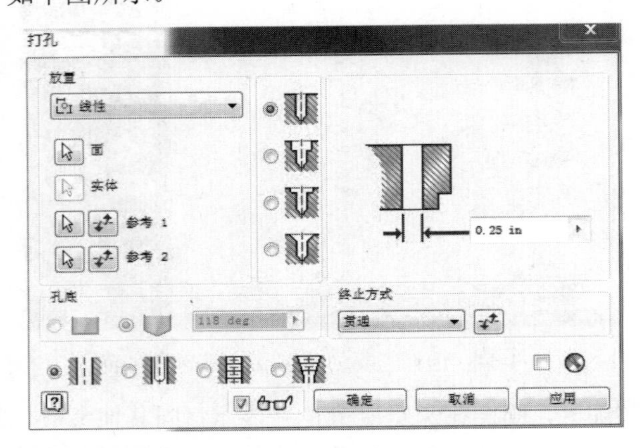

（4）单击“确定”按钮，将在面上放置用户定义的孔。

关闭但不保存文件，或者将文件以不同的名称保存以保留原数据文件。

还可以使用以下 3 个终止方式来指定孔的深度：“距离”、“贯通”和“到”。

2．添加螺纹

（1）激活 tutorial_files 项目后，打开文件 threads.iam。此文件包含塑料瓶和瓶盖的模型，如左下图所示。

（2）使用“窗口缩放”放大瓶口和瓶盖，如右下图所示。

（3）在图形窗口或浏览器中选择瓶盖，然后单击鼠标右键，并在弹出的快捷菜单中取消选择“可见性”命令。

（4）在图形窗口或浏览器中，双击瓶以激活编辑模式。

（5）在功能区的“三维模型”选项卡的“修改”组中选择“螺纹”命令。

（6）在“位置”选项卡上，输入如左下图所示的设置。

（7）选择如右下图所示的分割曲面。

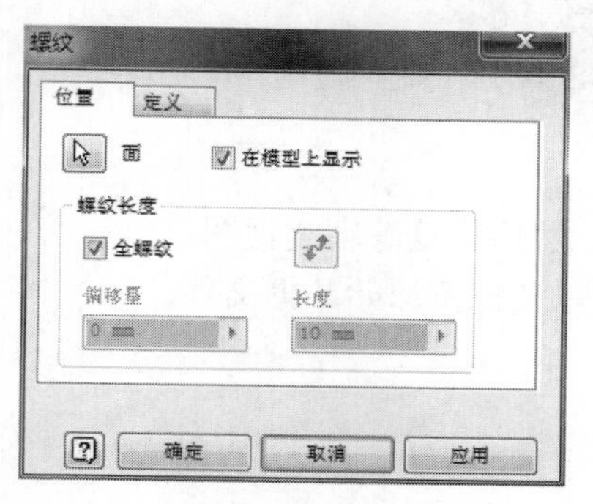

请注意螺纹在模型中的预览效果。

（8）选择“定义”选项卡，根据需要调整设置以与左下图中的设置匹配，然后单击“确定”按钮。

将创建如右下图所示的“螺纹”特征并将其添加到浏览器中。

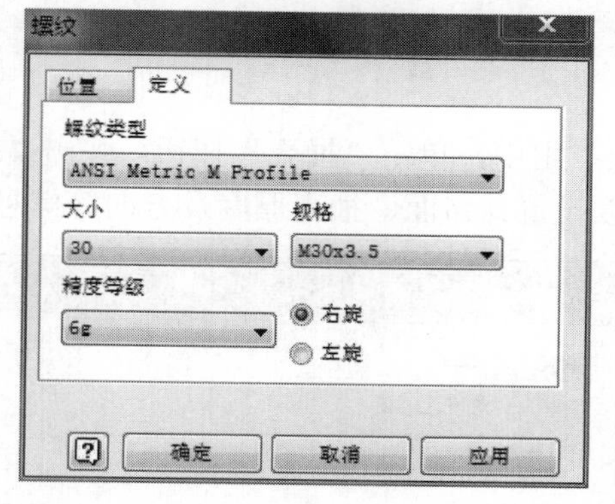

注意

可以临时更改零件颜色，以便于查看螺纹。在“标准”工具栏上单击“样式”框上的箭头并选择不同的颜色。

（9）单击“返回”按钮，退出瓶的编辑模式，然后关闭瓶的可见性。

（10）在浏览器中双击“cap:1”以激活编辑模式。

（11）重复步骤（5）～（8），选择瓶盖的内表面，如下图所示。

（12）在浏览器中双击部件，打开瓶的可见性，然后恢复等轴测视图。

不保存而关闭文件，或使用新的名称保存文件以便保留原始数据文件。

4.3 抽壳

1. 基本概念

抽壳是参数化特征，通过移除零件的一个或多个面，挖空实体的内部，只留下一个指定壁厚（均等或不均等）的壳体。抽壳常用于铸件和模具。

当为零件创建抽壳时，在此之前添加到实体上的所有特征都会受到影响，因此，使用抽壳特征时要特别注意特征的顺序。

2. 特征对话框

抽壳特征位于“三维模型”选项卡的“修改”组中，单击“抽壳”按钮，弹出“抽壳”对话框，如图4-37所示。在此对话框中用户可以设置开口面、抽壳厚度及方向等信息。

图4-37 “抽壳”对话框

- 开口面：也叫移除面，用于选择要删除的零件面，保留剩余的面作为壳壁，选定面被去除。厚度应用到其余的面以创建壳壁。

若要定义抽壳，可以指定要从一个或多个实体去除的一个或多个零件面，保留剩余的面作为壳壁。如果没有指定要去除的面，则抽壳将创建一个中空零件。

- 方向：指定相对于零件面的抽壳边界。当选择内向时，向零件内壁偏移壳壁，原始零件的外壁成为壳体的外壁。反之，向零件外部偏移壳壁，原始零件的外壁成为壳体的内壁。选择双向，则向零件内部和外部以相同距离偏移壳壁，零件的厚度将增加壳体厚度的一半。
- 厚度：指定要均匀应用到壳壁的厚度。在选择要删除的零件时，未被选中的零件曲面将成为壳壁。
- 非均匀厚壁：用户可以忽略默认厚度，而选定的壁面应用其他厚度。在对话框中单击“单击以添加”，然后选择面，并给该面上的壳壁设置不同的厚度。
- 自动链选面：启用或禁用自动选择多个相切、连续面。默认设置为开启的。取消选择以允许选择各个相切面。
- 允许近似值：如果不存在精确方式，在计算抽壳特征时，允许与指定的厚度有偏差。精确方式可以创建抽壳，该抽壳中，原始曲面上的每一点在抽壳曲面上都具有对应点。这两点之间的距离就是指定的厚度。选择是否允许使用近似方式，然后单击下三角按钮，在弹出的下拉列表框中选择偏差类型。单击以选择一个计算选项。
- 平均：将偏差分为近似指定的厚度。
- 不要过薄：保留最小厚度。偏差必须大于指定的厚度。
- 不要过厚：保留最大厚度。偏差必须小于指定的厚度。
- 已优化：使用可以花费最短计算时间的公差进行计算。
- 指定公差：使用指定的公差进行计算，可能需要相当长的计算时间。选择该选项，然后指定公差。

练习 4-3

抽壳特征

本练习中，将在零件上建立抽壳特征，在所有的面上使用相同的厚度。然后可以编辑包括特殊厚度在内的抽壳特征。

操作步骤如下：

（1）打开 Hair-Dryer-Housing.ipt，如下图所示。

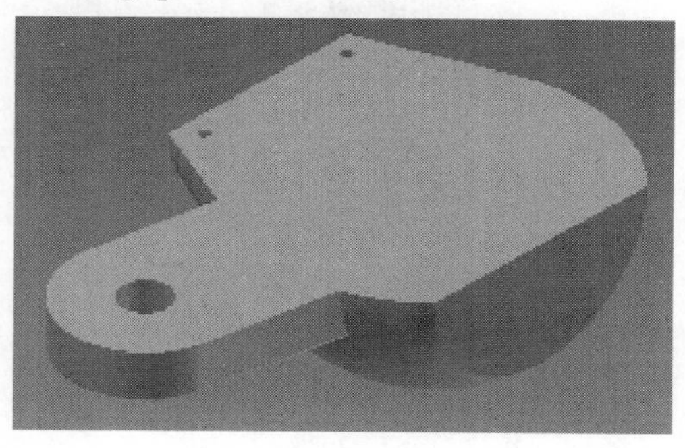

（2）在功能区的“三维模型”选项卡的“修改”组中选择“抽壳”命令，选择如下图所示的面。在“厚度”数值框中输入 1mm，然后单击“确定”按钮。注意：此厚度适用于所有保留面。

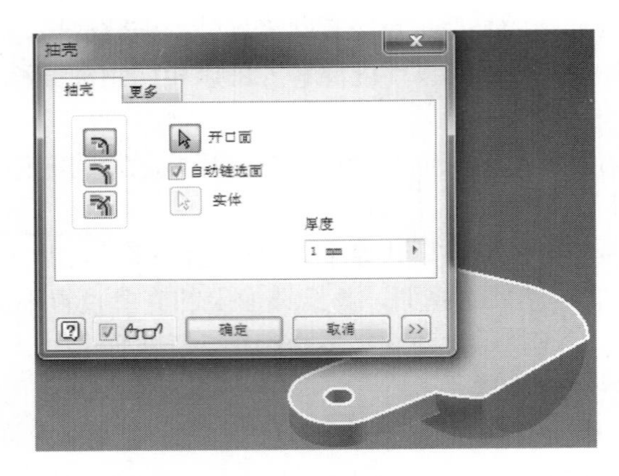

壳特征建立后，可以增加开口面，也可以为某一面指定单独的厚度，如下图所示。

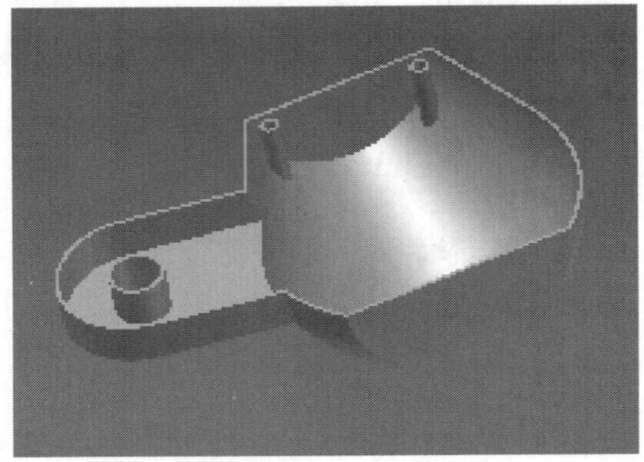

（3）在浏览器中用鼠标右键单击抽壳特征，并在弹出的快捷菜单中选择“编辑特征”命令，如下图所示。

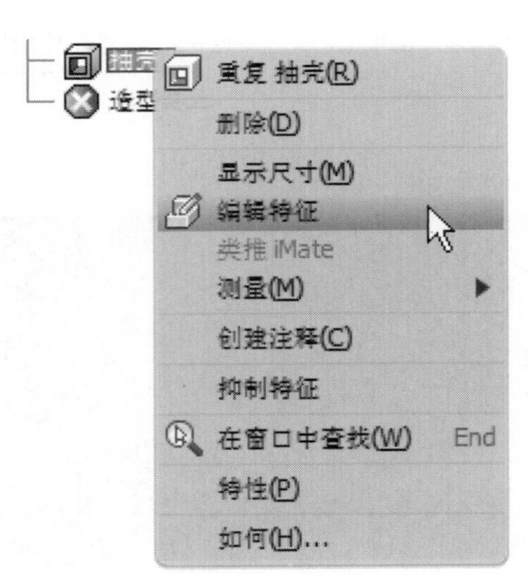

（4）在“抽壳”对话框中单击“开口面”按钮，并选择相反的位置，使用动态观察工具旋转零件。

（5）单击“<<”按钮展开对话框。单击“单击以添加”，选择下图所示的面。在“厚度”数值框中输入 2mm，然后在单独厚度窗口输入 3mm。

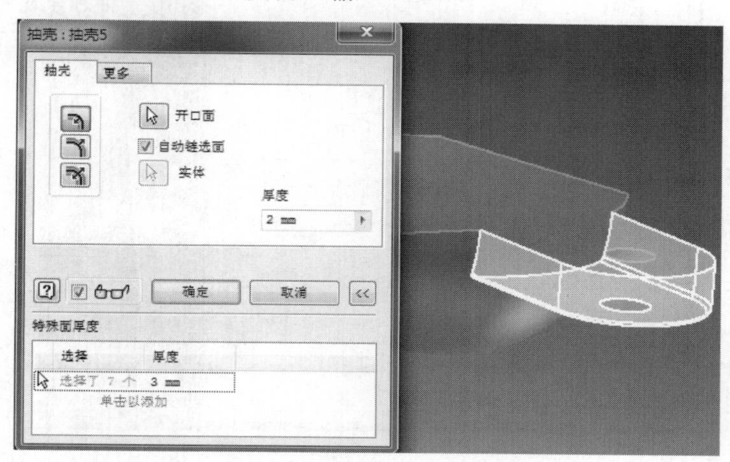

（6）单击“单击以添加”，添加单独厚度。选择大孔的内表面，然后输入厚度 3.5mm。

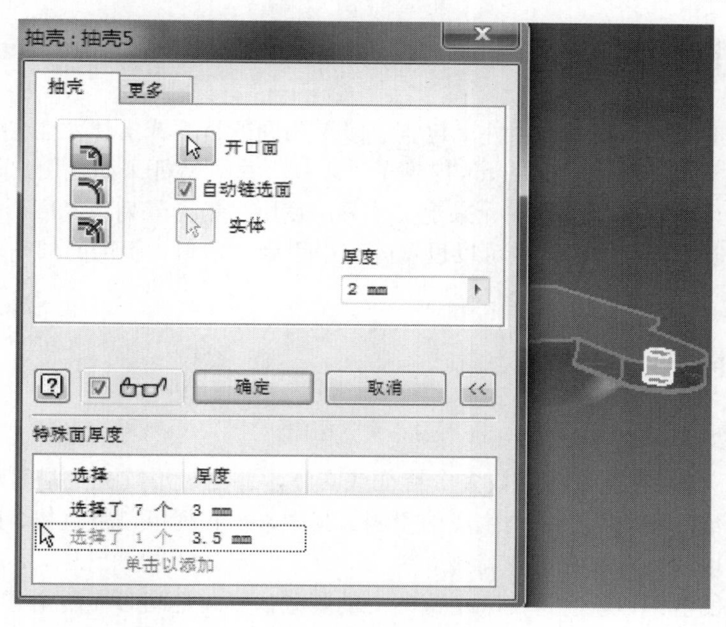

（7）单击“单击以添加”，并选择内表面和两个孔，输入厚度为 1.5mm，然后单击“确定”按钮，如下图所示。

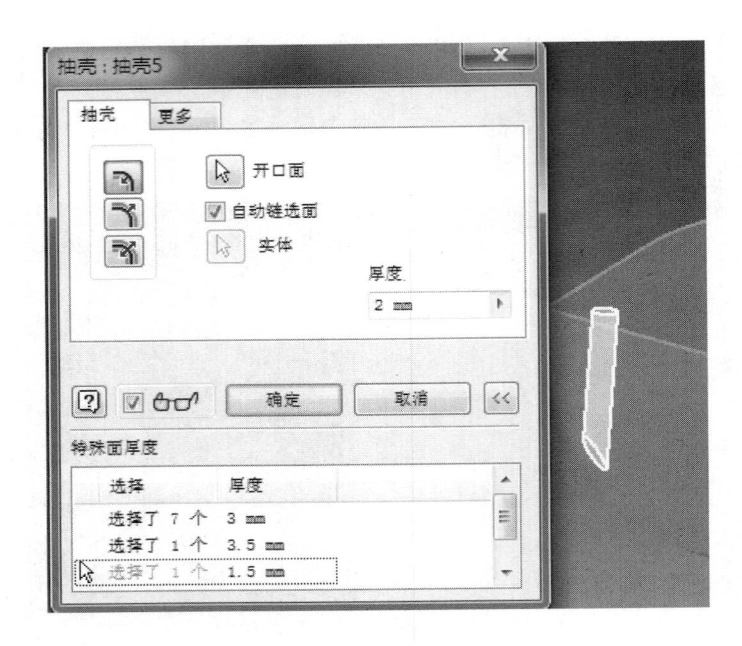

（8）更新特征，关闭但不保存。

4.4 阵列

在构建模型的时候，同一个零件上包含了多个相同的特征或实体，且这些特征或实体在零件中的位置有一定的规律。Inventor 提供了“阵列”系列特征来简化用户创建相同特征的工作量。阵列工具需要参考几何图元来定义阵列。使用“矩形阵列”、“环形阵列”和“镜像特征”工具可以创建阵列特征，也可以设置阵列中引用的数量、引用间的角度间隔及重复的方向。

4.4.1 矩形阵列

1．基本概念

“矩形阵列”是用来复制一个或多个特征或实体，并在矩形阵列中沿着单向或双向线性路径，以特定的数量和间距来排列生成的引用。其中，行和列可以是直线、圆弧样条曲线及修建的椭圆，可以阵列曲线和工作特征。

单向和双向的区别：单向是在一个方向上的阵列，双向是同时在两个方向上的阵列。这里所说的“矩形阵列”不是传统观念上的矩形，而是可按指定的参数以矩形或沿着指定路线阵列，可以同时复制一个或多个特征或实体。在零件环境下，在功能区的“三维模型”选项卡的“阵列”组中选择“矩形阵列”命令，弹出“矩形阵列”对话框，如图 4-38 所示。

2．特征对话框

“矩形阵列”对话框包括阵列对象、阵列方向、阵列数量、阵列尺寸、尺寸类型、中间面、反向等，如图 4-38 所示。

1）阵列各个特征

使用该选项选定阵列的基础是特征，可以是实体特征、定位特征和曲面特征。如果有基于特征的特征，则必须在所依附的特征被选中后才能被选定，譬如，倒角特征是不能单独作为阵列的基础的，用户必须在选择倒角特征之前先选中倒角所依附的特征。

- 特征：用户可以选择一个或多个要包括在阵列中的实体特征、定位特征和曲面特征。
- 实体：选择接受上述生成阵列的实体，即生成的阵列特征属于哪个实体。当零件中包含多个实体时，对话框中的“实体”按钮可用，某些特征可以依附于多个实体。如果只有一个实体，则该按钮灰显不可用。

2）阵列实体

使用该选项选定阵列的基础是实体，包含不能单独阵列的特征是实体，也包括定位特征和曲面特征，如图 4-39 所示。其中，单击“阵列实体”按钮后，对话框会有所变化，多了“包括定位/曲面特征”、“求并”及“新建实体”功能按钮。

图 4-38 “矩形阵列”对话框

图 4-39 阵列实体

- 实体：选择要包含在阵列中的实体，即阵列的基础，且仅能选择一个实体。当零件中包含多个实体时，对话框中的“实体”按钮可用。
- 包括定位/曲面特征：单击该按钮，可以在图形区或浏览器中选择一个或多个需要阵列的定位特征或曲面特征。
- 求并：即将阵列附着在选中的实体上，默认选项。单击该按钮将使得实体阵列为一个单一实体。
- 新建实体：创建包含多个独立实体的阵列，即阵列数量为多少，就产生多少个实体。

3）阵列方向

矩形阵列包括单向和双向两种，即通过方向 1 和方向 2 来控制。

单击“方向 1”中的方向选择按钮后，可以在绘图区选择添加引用的方向，即阵列的方向。方向箭头的起点位于选择点，阵列中可以作为方向的几何图元包括未退化二维或三维直线、圆弧、样条曲线、修剪的椭圆或边，构造线不能作为方向。路径可以是开放回路，也可以是闭合回路。

单击“方向 2”中的方向选择按钮后，即可在绘图区选择要在行中添加引用的方向，如图 4-40 所示。方向箭头的起点位于选择点，阵列中可以作为方向的几何图元包括未退化二维或三维直线、圆弧、样条曲线、修剪的椭圆或边，同样路径是开放回路，也可以是闭合回路。

用户可以通过“方向 1”和“方向 2”中的“反向”及“中间面”功能按钮来调整阵列的方向。“反向”即反转引用的方向，“中间面”即在原始特征的两侧分布引用。

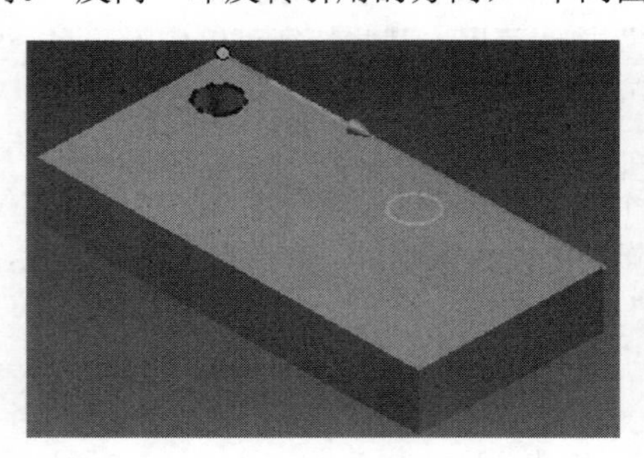
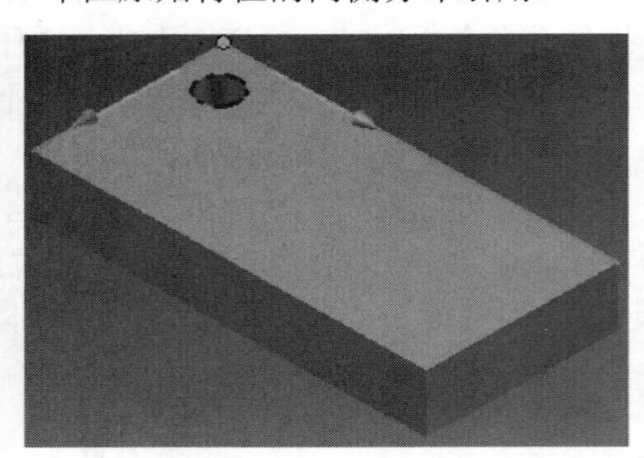

图 4-40 阵列方向

4）阵列数量

阵列数量用来指定该方向上阵列引用的数量，必须大于零。“方向 1”和“方向 2”都包含“阵列数量”选项，“方向 1”中表示行方向上引用的数量，“方向 2”中表示方向 2 上行的引用数量。

5）阵列尺寸

阵列尺寸用来指定引用之间的间距或距离，可以输入负值来创建相反方向的阵列。“方向 1”和“方向 2”都包含阵列尺寸选项，用来表示各个方向上引用之间的间距或距离。

如果“尺寸类型”为“间距”，则表示引用之间的间距；如果“尺寸类型”为“距离”，则表示该方向上所有引用距离之和；如果“尺寸类型”为“曲线长度”，则表示选择的曲线的总长。

6）尺寸类型

矩形阵列中，“方向 1”和“方向 2”都包括间距、距离和曲线长度 3 种尺寸类型。

“间距”表示引用之间的间距，如图 4-41 所示，方向 1 引用之间的间距为 6mm，方向 2 引用之间的间距为 5mm。

“距离”表示该方向上所有引用距离之和，如图 4-42 所示，方向 1 上阵列的总距离是 18mm，方向 2 上阵列的总距离为 15mm。

“曲线长度”即阵列引用的总长度为选择曲线的长度，同时也沿着所选曲线的方向均匀排列，如图 4-43 所示。当选择“曲线长度”时，对话框中的“阵列尺寸”灰显，此时该尺寸的值是一个计算值，用户不能修改。曲线长度与距离有相似之处，都是先确定阵列引用的总长度，然后设置阵列数目，这样可以求出阵列的间距。

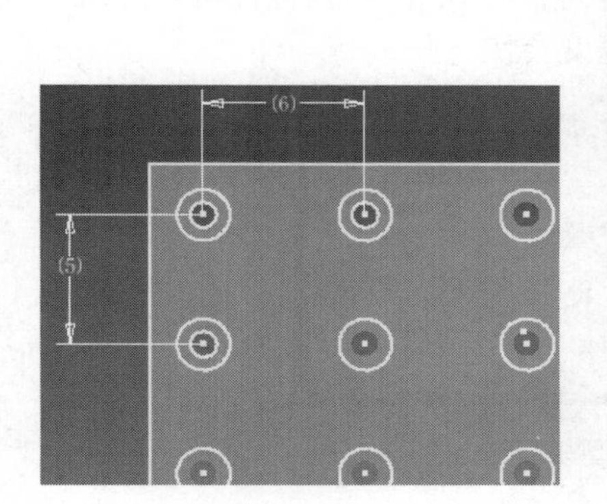

图 4-41　间距

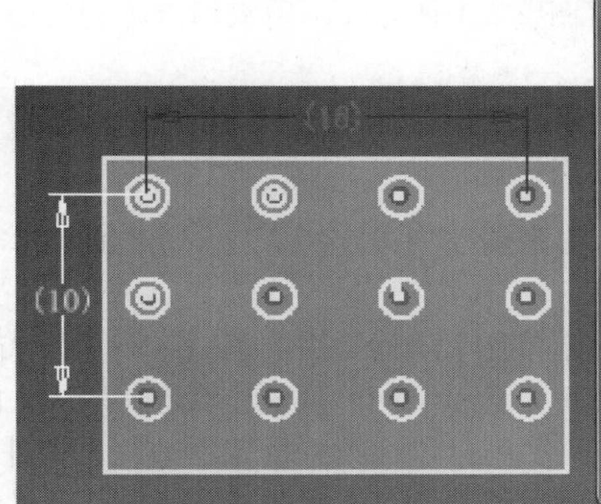

图 4-42　距离

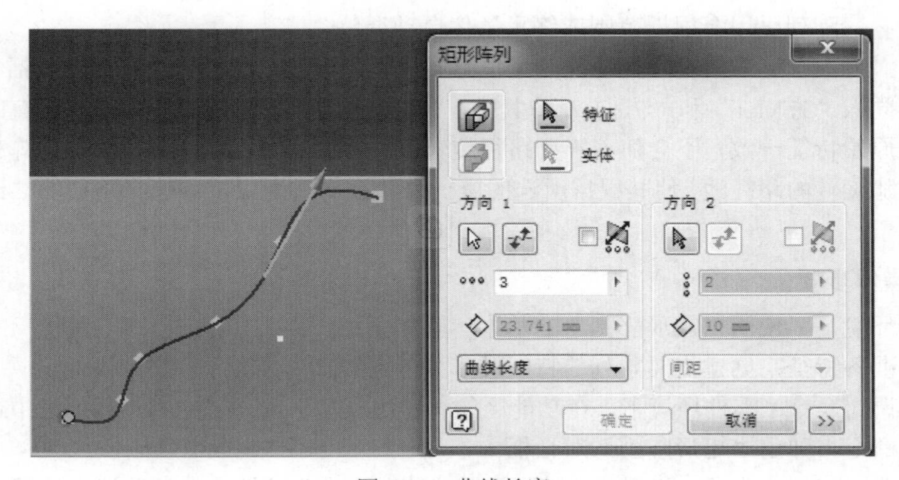

图 4-43　曲线长度

7）“更多”按钮

单击对话框右下角的“>>”按钮，显示“矩形阵列”的更多选项，如图 4-44 所示。其中包括指定阵列的“开始”、“终止方式”和“定位方式”。阵列特征可以有统一或可变的特征长度，当阵列的特征完全一样时，计算的速度会快一些。

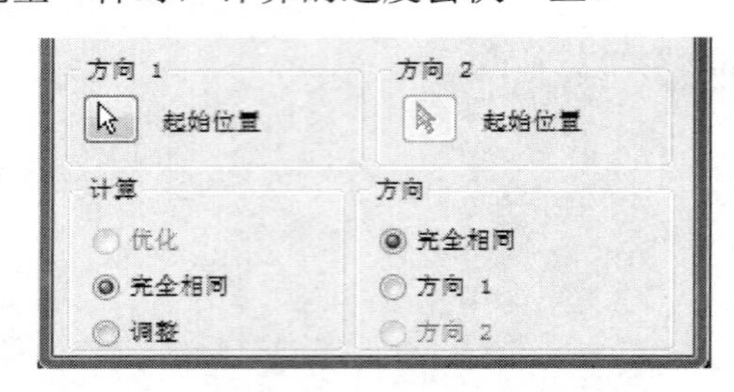

图 4-44 “更多”选项

- 方向 1 和方向 2 的起始位置用来重新设置两个方向上阵列的起点。如果需要，则阵列可以以任何一个可选择的点作为起点。
- 计算包括“优化”、“完全相同”和“调整”3 种方式，用来指定阵列特征的计算方式。
  - “优化”是通过阵列特征面来创建与选定特征完全相同的副本，是最快的计算方法，一般在加速阵列计算时使用该选项。
  - “完全相同”是通过复制原始特征来创建与选定特征完全相同的副本，是默认选项。
  - “调整”是通过阵列特征并分别计算各个阵列引用的范围或终止方式，来创建可能与选定特征不同的副本。具有大量引用的阵列，计算量比较大，因此阵列需要的时间会比较长，通过使阵列引用可以根据特征范围或终止条件（如终止于模型面上的阵列特征）进行调整，可以保留原始的设计意图。可以看出使用“完全相同”计算方式时，阵列引用都是相同的，而使用“调整”计算方式时，阵列引用会根据范围或终止条件自动调整。
- “方向”用来指定阵列特征的定位方式，取决于选定的第一个特征，包括“完全相同”、“方向 1”和“方向 2”。其中，“完全相同”表示创建阵列时，所有的引用与原始特征一致，不会随着阵列路径旋转；“方向 1”和“方向 2”即指定阵列引用跟随旋转的路径线，使其根据所选的第一个特征将方向保持为选择路径的二维相切矢量。

3. 操作步骤

零件环境下，使用“矩形阵列”的基本步骤如下：

（1）准备特征：创建需要阵列的特征及阵列的路径。

（2）调用命令：零件环境下，在功能区的“三维模型”选项卡的“阵列”组中选择“矩形阵列”命令，弹出“矩形阵列”对话框。

（3）选择阵列：单击“阵列各个特征”或“阵列实体”按钮，在浏览器中选择要阵列的对象。

（4）选择方向：单击“方向 1”中的方向选择按钮，在图形绘制区选择合适的几何图元作为阵列的方向，可以通过“反向”或“中间面”功能按钮调整所选择的方向。如果是双向阵列，那么需要选择“方向 2”，设置其方向。

（5）参数设置：在“阵列数量”和“阵列尺寸”数值框中根据需要设置相应的数值，同时可以根据实际情况选择“尺寸类型”。

（6）更多选项：如果有需要，展开更多选项，指定阵列的“开始”、“终止方式”和“定位方式”。

4．对应实例

下面通过一个简单的实例来讨论矩形阵列创建的基本过程：

（1）打开零件模型（L-03-104a.ipt），需要阵列模型中的孔特征。

（2）零件环境下，在功能区的“三维模型”选项卡的“阵列”组中选择“矩形阵列”命令，弹出“矩形阵列”对话框，单击“阵列各个特征”和“特征”按钮在浏览器中选择孔特征作为阵列的基础。

（3）选中“方向 1”中的方向选择按钮，在图形绘制区选择阵列方向，如图 4-45 所示，同时输入阵列数量与阵列间距，尺寸类型选择“间距”。

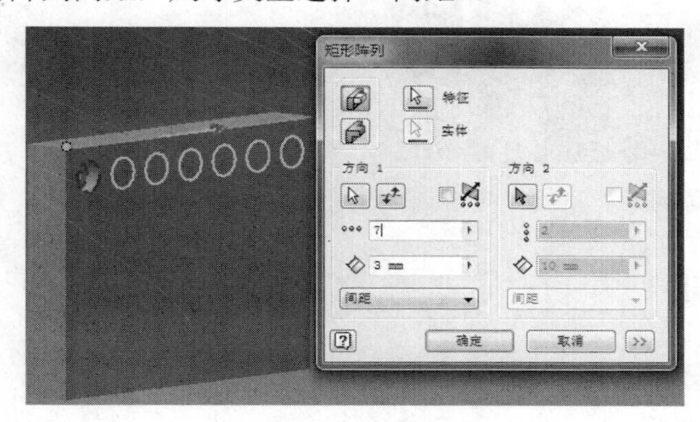

图 4-45 设置方向（1）

（4）选中“方向 2”中的方向选择按钮，在图形绘制区选择阵列方向，如图 4-46 所示，同时输入阵列数量与阵列间距。当输入阵列数量时，系统会弹出提示对话框，提示用户使用“优化”计算方法，提高阵列速度。

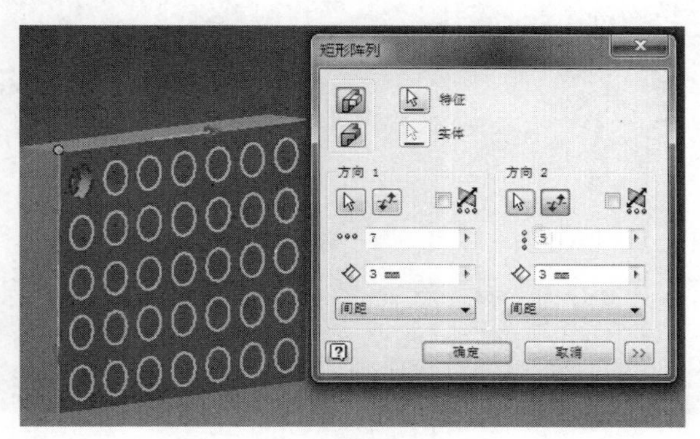

图 4-46 设置方向（2）

（5）其他设置使用默认设置，单击“确定”按钮，即生成阵列特征，如图 4-47 所示或参见零件模型（L-03-104b.ipt）。

用户可以将阵列引用中的某些引用抑制不可见，具体方法：在浏览器中的阵列特征下选择需要抑制的引用，单击鼠标右键，在弹出的快捷菜单中选择“抑制”命令，即可将选中的引用抑制不可见，如图 4-48 所示。

图 4-47　阵列模型

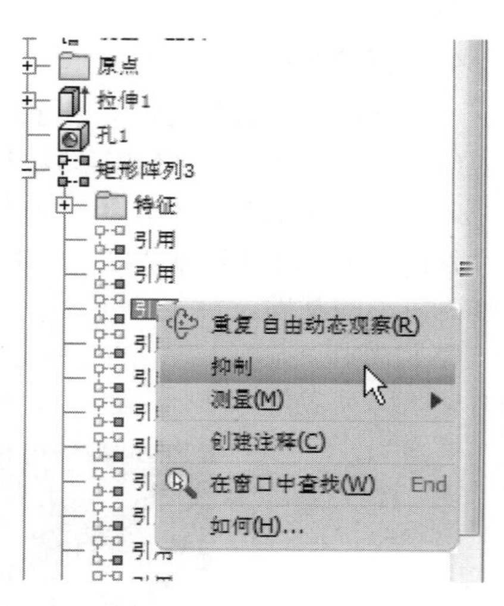

图 4-48　抑制引用

4.4.2　环形阵列

1．基本概念

“环形阵列”是用来复制一个或多个特征或实体，然后在圆弧或圆阵列中以特定的数量和间距排列生成引用。

零件环境下，在功能区的“三维模型”选项卡的“阵列”组中选择“环形阵列”命令，弹出“环形阵列”对话框，如图 4-49 所示。

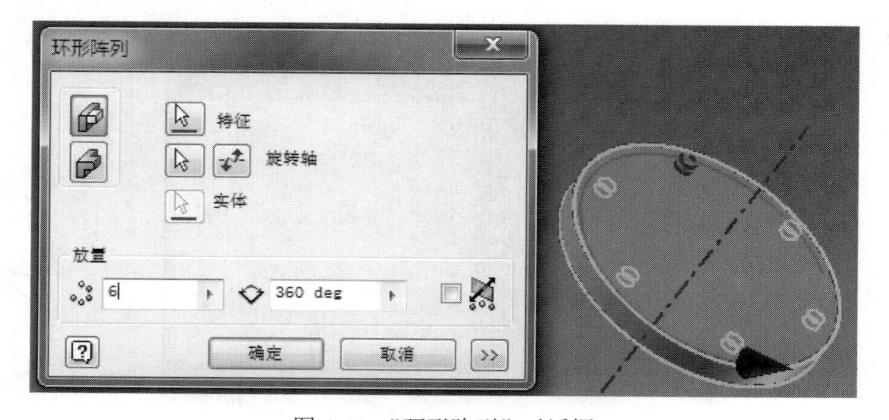

图 4-49　“环形阵列”对话框

2. 特征对话框

“环形阵列”特征对话框包括阵列对象、旋转轴、放置尺寸、创建方法、放置方法等，如图4-49所示。

1）阵列各个特征

使用该选项选定阵列的基础是特征（见图4-49），可以是实体特征、定位特征和曲面特征。如果有基于特征的特征，则必须在所依附的特征被选中后才能被选定，譬如倒角特征是不能单独被作为阵列的基础的，用户必须在选择倒角特征之前先选中倒角所依附的特征。

- 特征：用户可以选择一个或多个要包括在阵列中的实体特征、定位特征和曲面特征。
- 旋转轴：用来指定重复围绕的轴，轴可以处于与阵列特征或实体不同的平面上，可以作为旋转轴的几何图元，包括工作轴、特征棱边、原始坐标等。
- 实体：选择接受上述生成阵列的实体，即生成的阵列特征属于哪个实体。当零件中包含多个实体时，对话框中的“实体”按钮可用，某些特征可以依附于多个实体。如果只有一个实体，则该按钮灰显不可用。

2）阵列实体

使用该选项选定阵列的基础是实体，包含不能单独阵列的特征是实体，也包括定位特征和曲面特征，如图4-50所示。其中单击“阵列实体”按钮后，对话框会有所变化，多了“包括定位/曲面特征”、“求并”及“新建实体”功能按钮。

- 实体：选择要包含在阵列中的实体，即阵列的基础，且仅能选择一个实体。当零件中包含多个实体时，对话框中的“实体”按钮可用。
- 包括定位/曲面特征：单击该按钮，可以在图形区或浏览器中选择一个或多个需要阵列的定位特征或曲面特征。
- 旋转轴：用来指定重复围绕的轴，轴可以处于与阵列特征或实体不同的平面上，可以作为旋转轴的几何图元，包括工作轴、特征棱边、原始坐标系等。
- 求并：即将阵列附着在选中的实体上，默认选项。单击该按钮将使得实体阵列为一个单一实体。
- 新建实体：创建包含多个独立实体的阵列，即阵列数量为多少，就产生多少个实体。

图4-50 阵列实体

3）放置尺寸

放置尺寸主要用来定义环形阵列中引用的数量、引用之间的角度间距和重复的方向。

- 阵列数量：用来指定一定角度范围阵列引用的数量，必须大于零。
- 阵列角度：引用之间的角度间距取决于“更多”选项中的“放置方法”，如果选择“增量”单选按钮，则阵列角度表示两个引用之间的角度间距；如果选择“范围”单选按钮，则阵列角度表示所有引用间距的总和。
- 中间面：勾选该复选框，用来指定阵列的原始特征，处于特征引用的两侧。

4）“更多”按钮

单击对话框右下角的“>>”按钮，显示“环形阵列”的更多选项，如图 4-51 所示。其中包括指定阵列的“创建方法”和“放置方法”，其是用来计算和放置阵列特征的方法。

创建方法包括“优化”、“完全相同”和“调整”3 种方式，用来指定阵列特征的计算方式。

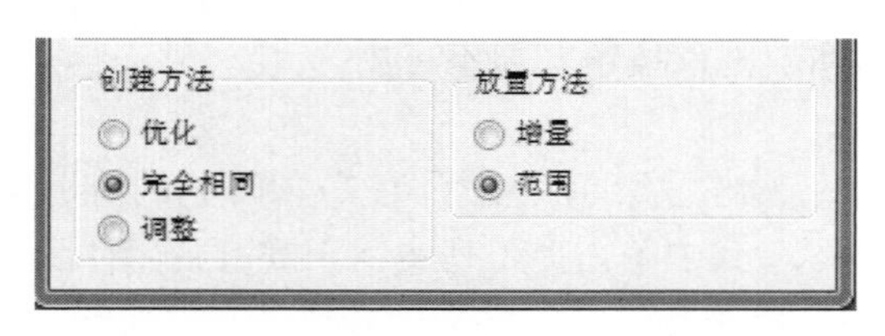

图 4-51　更多选项

- “优化”是通过阵列特征面来创建与选定特征完全相同的副本，是最快的计算方法，一般在加速阵列计算时使用该选项。
- “完全相同”是通过复制原始特征来创建与选定特征完全相同的副本，是默认选项。
- “调整”是通过阵列特征并分别计算各个阵列引用的范围或终止方式，来创建可能与选定特征不同的副本。具有大量引用的阵列，计算量比较大，因此阵列需要的时间会延长。通过使阵列引用可以根据特征范围或终止条件（如终止于模型面上的阵列特征）进行调整，可以保留原始的设计意图。

放置方法包括“增量”和“范围”两种方式，其中“增量”用于定义阵列引用之间的角度间隔；“范围”用于定义所有阵列引用的角度总和，是默认选项。与矩形阵列中的“间隔”与“距离”类似。

3. 操作步骤

零件环境下，使用“环形阵列”的基本步骤如下。

（1）准备特征：创建需要阵列的特征及旋转轴。

（2）调用命令：在零件环境下，在功能区的“三维模型”选项卡的“阵列”组中选择“环形阵列”命令，弹出“环型阵列”对话框。

（3）选择阵列：单击“阵列各个特征”或“阵列实体”按钮，在浏览器中选择要阵列的对象。

（4）选择旋转轴：单击“旋转轴”按钮，在图形绘制区选择合适的几何图元作为阵列的旋转轴，可以通过“反向”功能按钮调整阵列的旋转方向。

（5）参数设置：在“阵列数量”和“阵列角度”数值框中，根据需要设置相应的数值。

（6）更多选项：如果需要，则展开更多选项，指定阵列的“创建方法”和“放置方法”。

4．对应实例

下面通过一个简单的实例来讨论环形阵列创建的基本过程。

（1）打开零件模型（L-03-107a.ipt），需要阵列中的孔特征和加强筋。

（2）在零件环境下，在”三维模型”选项卡的“阵列”组中选择“环形”命令，弹出“环形阵列”对话框，单击“阵列各个特征”和“特征”按钮，在浏览器中选择“孔 1”作为阵列的基础，并设置阵列数量和阵列角度。

（3）单击“旋转轴”按钮，在浏览器中选择工作轴“Z 轴”作为旋转轴，如图 4-52 所示。也可以在图形绘制区选择合适的圆柱面来间接得到旋转轴。

图 4-52　环形阵列（1）

（4）单击“确定”按钮，生成孔的阵列特征，重新打开“环形阵列”对话框，单击“阵列实体”和“实体”按钮，在浏览器中选择“实体 2”作为阵列的基础，并设置阵列数量和阵列角度。

（5）单击“旋转轴”按钮，在浏览器中选择“Z 轴”作为旋转轴，也可以在图形绘制区选择合适的圆柱面来间接得到旋转轴，如图 4-53 所示。

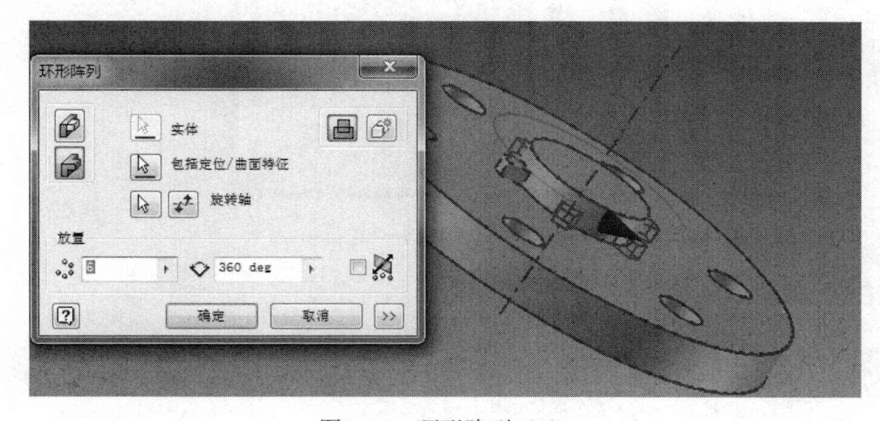

图 4-53　环形阵列（2）

（6）单击“确定”按钮，即可得到如图 4-54 所示的阵列特征或参见模型（L-03-107b）。

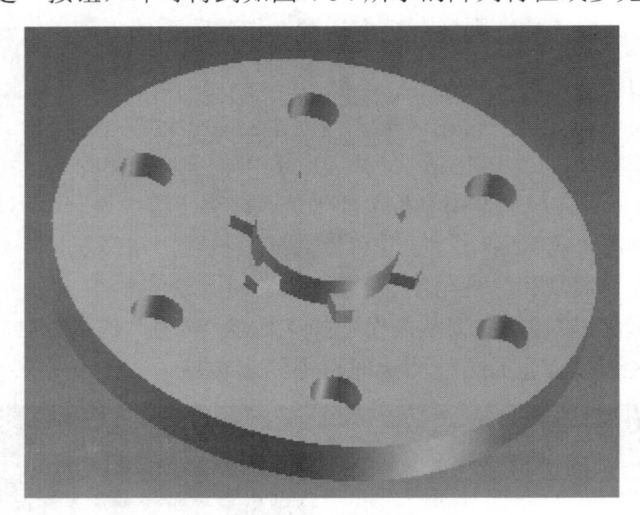

图 4-54　环形阵列结果模型

4.4.3　镜像

1．基本概念

“镜像”是用来创建所选特征或实体的面对称的结构模型。可以绕任意工作平面或平面镜像特征，镜像的几何图元包括实体特征、定位特征、曲面特征或整个实体，同时整个实体的镜像允许镜像该实体所包括的复杂特征，譬如抽壳或扫掠曲面。

在零件环境下，在功能区的“三维模型”选项卡的“阵列”组中选择“镜像”命令，弹出“镜像”对话框，如图 4-55 所示。

图 4-55 “镜像”对话框

2．特征对话框

“镜像”特征对话框包括镜像对象、镜像平面等，如图 4-55 所示。

1）镜像各个特征

使用该选项选定镜像的基础是特征，可以是实体特征、定位特征和曲面特征。

- 特征：用户可以选择一个或多个要包括在镜像中的实体特征、定位特征和曲面特征。如果所选特征带有从属特征，则将被自动选中。需要注意的是不能镜像在整个实体上创建的特征，如所有圆角等；不能镜像急于求交操作结果的特征。
- 镜像平面：选择作为创建面对称模型的对称面，包括工作平面和平面，选定的特征将通过该平面镜像。
- 实体：选择接受上述生成镜像的实体，即生成的镜像特征属于哪个实体。当零件中包含多个实体时，对话框中的“实体”按钮可用；如果只有一个实体，该按钮灰显不可用。

2）镜像实体

使用该选项选定镜像的基础是实体，当单击“镜像实体”按钮后，对话框会有所变化，多了“包括定位/曲面特征”、“求并”、“新建实体”和“删除原始特征”功能，如图 4-56 所示。

图 4-56　镜像实体

- 实体：选择要包含在镜像中的实体，即镜像的基础，且仅能选择一个实体。当零件中包含多个实体时，对话框中的“实体”按钮可用。在单实体零件中，默认选中整个零件。
- 包括定位/曲面特征：单击该按钮，可以在图形区域浏览器中选择一个或是多个需要镜像的定位特征或曲面特征。
- 镜像平面：选择作为创建面对称模型的对称面，包括工作平面和平面，选定的定位特征、曲面特征或实体将通过该平面镜像。
- 求并：即将镜像特征附着在选中的实体上，是默认选项。单击该按钮，将使得实体镜像为一个单一实体。
- 新建实体：创建包含阵列特征的新实体。如果是单实体零件，则转化为多实体零件。
- 删除原始特征：勾选该复选框，则将删除镜像的原始实体。零件文件中仅保留镜像引用，使用此功能可以对零件进行对称造型。

3）“更多”按钮

单击对话框右下角的“>>”按钮，显示“镜像”的更多选项，如图 4-57 所示，包括指定镜像特征的“创建方法”，“创建方法”有优化、完全相同和调整 3 种方式，其功能与“矩形阵列”及“环形阵列”类似。

图 4-57　更多选项

- 优化：通过镜像特征面来创建与选定特征完全相同的副本，是最快的计算方法，使用该选项可加快镜像的计算速度。
- 完全相同：通过复制原始特征来创建与选定特征完全相同的副本，是默认选项。
- 调整：通过镜像特征并分别计算各个阵列引用的范围或终止方式，来创建可能与选定特征不同的副本。

3．操作步骤

在零件环境下，使用“镜像”的基本步骤如下。

（1）准备特征：创建需要镜像的特征及镜像平面。

（2）调用命令：在零件环境下，在功能区的“三维模型”选项卡的“阵列”组中选择“镜像”命令。

（3）选择阵列：单击“镜像各个特征”或“镜像实体”按钮，在浏览器中选择要镜像的对象。

（4）选择镜像平面：单击“镜像平面”按钮，在图形绘制区或浏览器中选择合适的几何图元作为镜像平面。

（5）更多选项：如果有需要，展开更多选项，指定阵列的“创建方法”。

4．对应实例

下面通过一个简单的实例来讨论镜像特征创建的基本过程。

（1）打开零件模型（L-03-104b.ipt），需要镜像整个模型。

（2）在零件造型环境中，在功能区的“三维模型”选项卡的“阵列”组中选择“镜像”命令，弹出“镜像”对话框，单击“阵列实体”按钮，系统会自动选择模型中的唯一实体作为镜像的基础。如果是多实体零件，则需要用户手动在浏览器中选择镜像的实体。

（3）单击“镜像平面”按钮，在图形绘制区选择镜像平面，如图 4-58 所示。

图 4-58　选择镜像平面

（4）其他使用默认设置，单击“确定”按钮，即生成镜像特征，如图 4-59 所示或参见零件模型（L-03-108.ipt）。

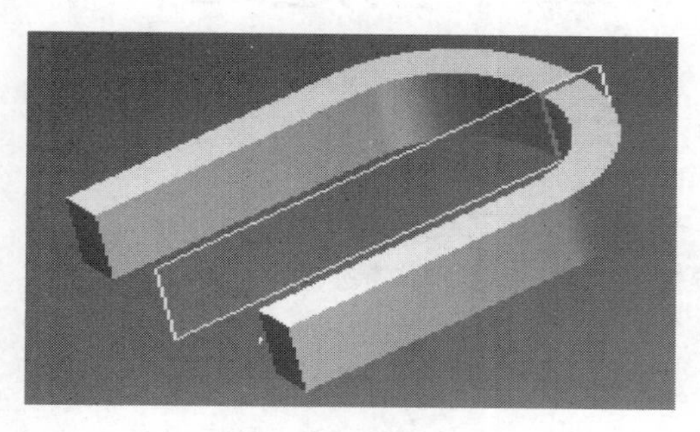

图 4-59　镜像模型

第 5 章　创建工作特征

本章学习目标

- 掌握应用“工作平面”工具创建工作平面。
- 掌握应用“工作轴”工具创建工作轴。
- 掌握应用“工作点”工具创建工作点。
- 掌握应用“用户坐标系 UCS”工具创建用户坐标。
- 了解应用“固定工作点”工具在三维空间创建固定工作点。
- 掌握“工作轴”、“工作平面”、“工作点”和“用户坐标系 UCS”的编辑方法。
- 了解增强的定位特征。

5.1　工作平面

工作平面是沿一个平面的所有方向无限延伸的平面，与默认的基准平面 *YZ*、*XZ* 和 *XY* 平面类似。但是，也可以根据需要创建工作平面，并使用现有特征、平面、轴或点来定位工作平面。

使用工作平面可以执行以下操作：

- 在没有可用于创建二维略图特征的零件面时创建草图平面。
- 创建工作轴和工作点。
- 为拉伸提供终止参考。
- 为装配约束提供参考。
- 为工程图尺寸提供参考。
- 为三维草图提供参考。
- 投影到二维草图以创建截面轮廓几何图元或参考的曲线。

如图 5-1 所示说明了一些用于定义工作平面的方法。

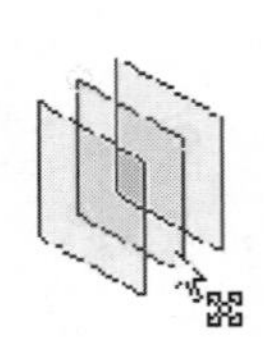 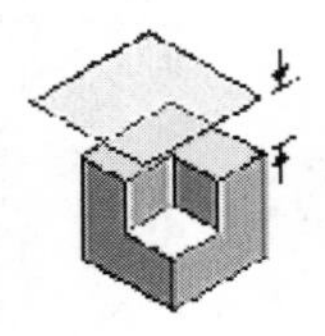  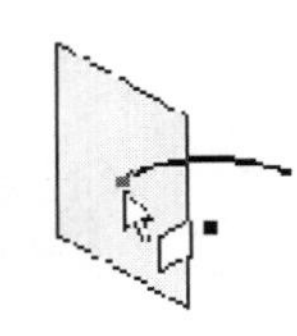 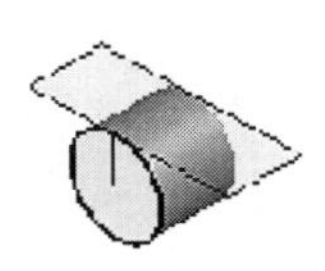

图 5-1　定义工作平面的方法

5.1.1　默认的工作平面

每个工作部件和装配文件都包含默认的工作平面，这些工作平面位于装配件或零件浏览器最初的目录中，这个工作平面可以从原点无限延伸。一共有 3 个默认的工作平面，每个工作平面都代表相同的坐标系。所描述的工作平面就是 *YZ* 平面、*XZ* 平面和 *XY* 平面，如图 5-2 所示。

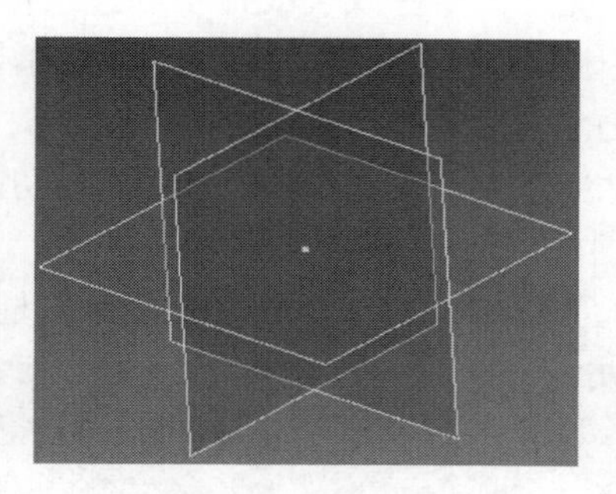

图 5-2　默认的 3 个工作面

在创建一个新部件时，最初的草图就放在一个工作平面内。也可以使用模型表面或其他默认的工作平面来添加草图或特征。

1．使用默认工作平面的其他方法

- 作为一个新的草图平面。
- 作为装配配对基准。
- 作为特征终止选项。
- 作为工作特征放置面。

2．默认工作平面的显示属性

以下几个选项可以用来控制工作平面的显示属性。

- 可见性：这个特征默认处于关闭状态，在工作平面上单击鼠标右键，然后在弹出的快捷菜单中选择“可见性”命令，将工作平面的可见性打开，如图 5-3 所示。
- 自动调整大小：默认为打开状态，可以将现有文件的工作平面根据几何轮廓调整尺寸。为了防止工作平面恢复到以前的形状，在此选项中清除“自动调整大小”标志，如图 5-4 所示。

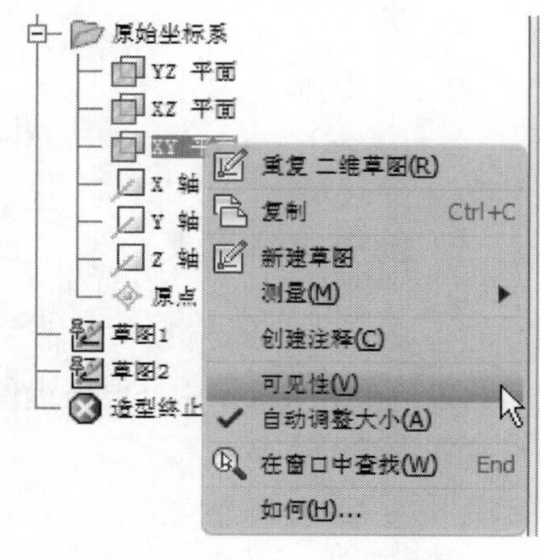

图 5-3　默认的工作平面属性

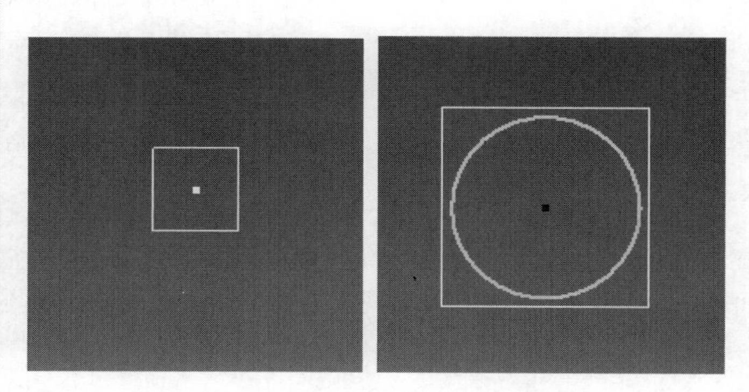

图 5-4　默认的工作平面自动调整尺寸

5.1.2 工作平面命令

可以使用工作平面命令在现有的零件或装配件中创建工作平面。当现有的轮廓没有所需要的平面时，工作平面通常用来定义一个平面，工作平面是基于几何模型和默认的工作平面的参数化平面。在使用已存在的几何模型创建一个工作平面时，如果几何模型改变了，则工作平面也会改变。例如，创建一个与半径为 2mm 的圆柱相切的面，然后将圆柱的尺寸改变为 5mm，工作平面移动到与圆柱相切的相关位置。

如图 5-5 所示，工作平面基于与零件面成 30° 角，且圆柱特征也会随之改变。

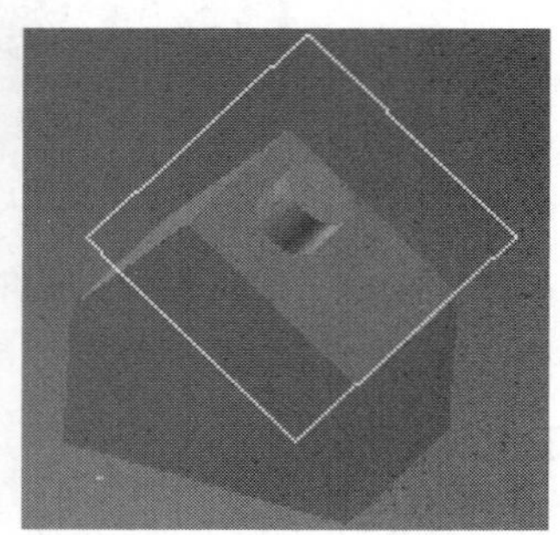

图 5-5 工作平面

注意

Inventor 2015 支持对工作平面进行重命名并且直接在模型窗口中显示。

1. 重复使用工作平面命令

如果要创建更多的工作平面，则可以将“重复命令”命令激活。当工作平面命令处于激活状态时，用鼠标右键单击图形窗口，在弹出的快捷菜单中选择“重复命令”命令，工作平面命令便可一直重复使用，直到关闭，如图 5-6 所示。

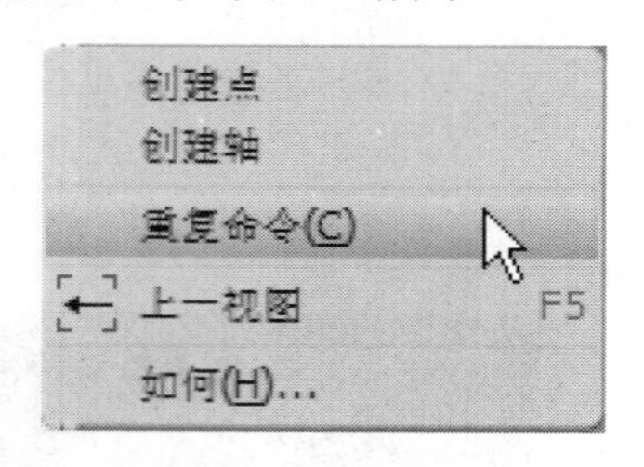

图 5-6 选择“重复命令”命令

2. 工作平面的创建方法

确定平面的法向和经过的点能完全确定工作平面的空间位置。在 Inventor 中，根据提供平面法向和经过点的几何不同，创建工作平面的方法也不同，如表 5-1 所示。

表 5-1　创建工作界面的方法

组合文案		第二输入几何要素				
		直线	点	圆柱/球表面	平面	无
第一输入几何要素	直线					X
	曲线	X		X	X	X
	点					X
	圆柱			X		X
	平面					
	圆环体	X	X	X	X	

由表 5-1 可知，传统创建平面的方法整合了大多数创建工作平面的方法，除了不能创建圆环体的中性面外，几乎是“万能”的。

- 从平面偏离：创建偏离源平面指定距离的工作平面。源平面可以是工作平面或者模型的平面表面，如图 5-7 所示。

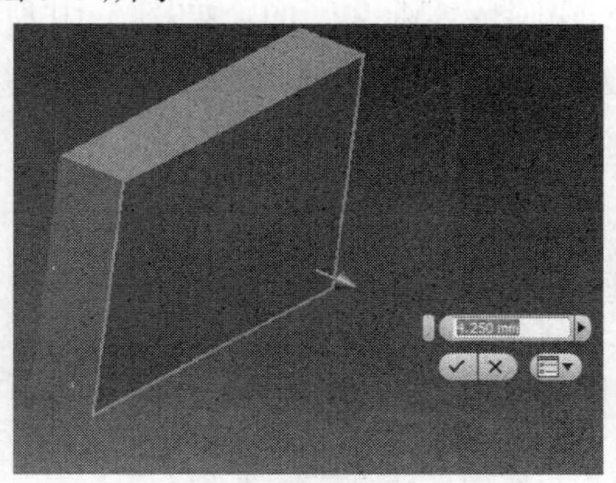

图 5-7　偏离平面指定距离创建平面

- 平行于平面且通过点：相当于使用点来确定偏离距离。此“点”是工作点，也可以是模型的顶点，如图 5-8 所示。

图 5-8　平行于平面且过点创建平面

- 在两个平行面之间的中间面：选择两个平行平面或工作平面，创建距离两平面距离相等的中性面，如图 5-9 所示。创建的工作平面的法向方向与第一个指定的平面外法向相同。Inventor 2015 中支持从平行面或非平行面创建中间面工作平面。

图 5-9 创建两平行平面的中间面

- 圆环体的中间面：创建圆环体的中间面，如图 5-10 所示。

图 5-10 创建圆环体的中间面

- 平面绕边旋转的角度：选择一个平面（零件表面或工作平面）和过平行于该面的任意边或线，创建与该平面成任意角度的工作平面，如图 5-11 所示，默认为 90°。

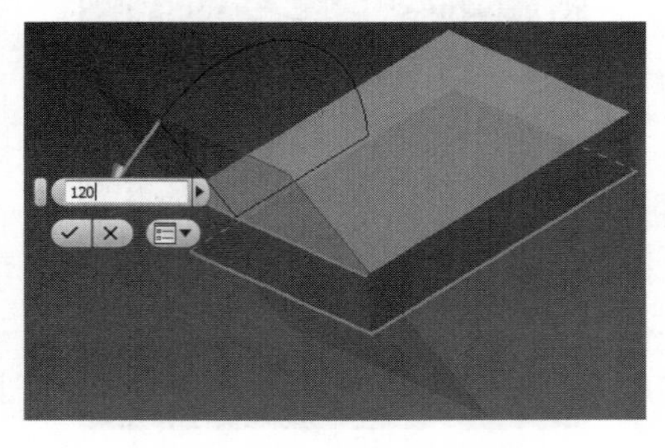

图 5-11 通过平面或边线创建平面

- 与轴垂直且通过点：通过选择一条线性边（或轴）和一个点来创建过该点且与线性边垂直的平面。选择线性边（或轴）与点时，无先后顺序。创建工作平面的 X 轴正向是从平面与轴的相交处到选定点的方向。指定 Y 轴的正向，如图 5-12 所示。

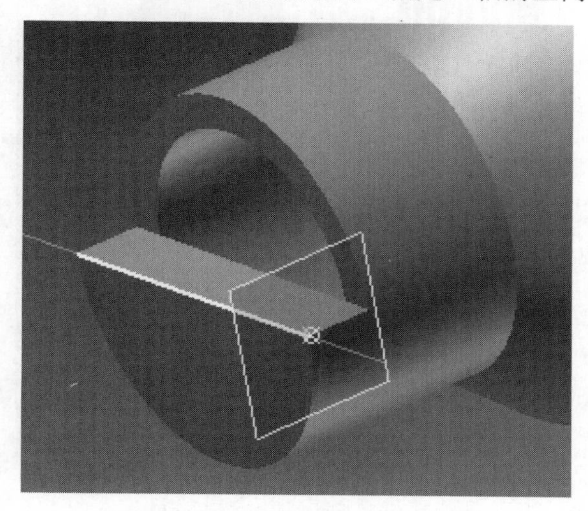

图 5-12　通过点与轴创建垂直平面

- 三点：通过选择三个点（端点、中点、工作点）创建工作平面。工作平面的 X 轴正向由第一个点指向第二个点，Y 轴正向通过三点与 X 轴正向垂直。工作平面的法向遵循“右手定则”，将右手平展，使大拇指与其余四指垂直，并使四指指向选择顶点的顺序方向，则大拇指指向的方向即工作平面的法向方向。
- 两条共面边：通过选择两条共面工作轴、边或线来创建工作平面。所创建的工作平面的 X 轴正向指向第一条选定边的方向，如图 5-13 所示。

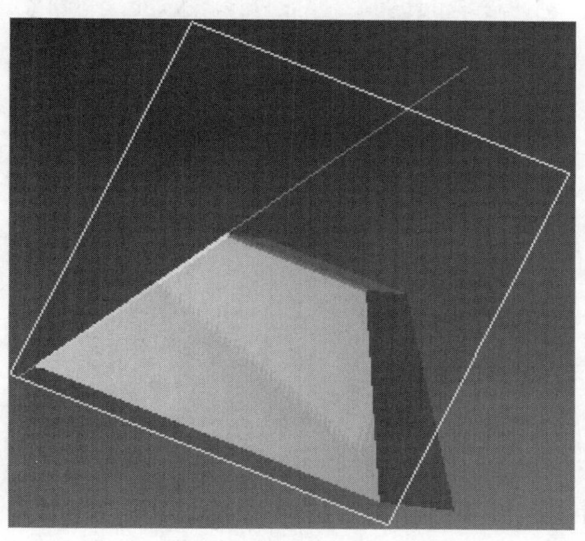

图 5-13　通过两条共面边创建工作平面

- 与曲面相切且通过边：通过选择一个曲面和一条轴或线性边（不分顺序）来创建过边与指定曲面相切的平面。创建的工作面的 *X* 轴由相切于面的线来定义，*Y* 轴正向定义为从 *X* 轴到该边的方向，如图 5-14 所示。

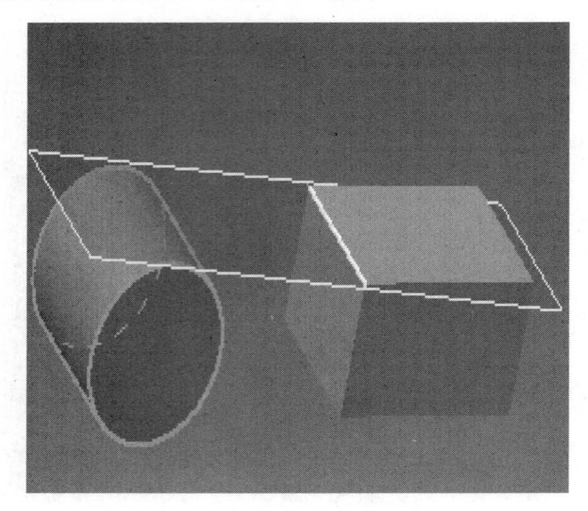

图 5-14　通过曲面和边创建工作平面

- 与曲面相切且通过点：通过选择一个曲面和一个端点、中点、工作点来创建工作平面。创建的工作平面的 *X* 轴由相切于面的线来定义，*Y* 轴正向的定义为从 *X* 轴指向该点，如图 5-15 所示。

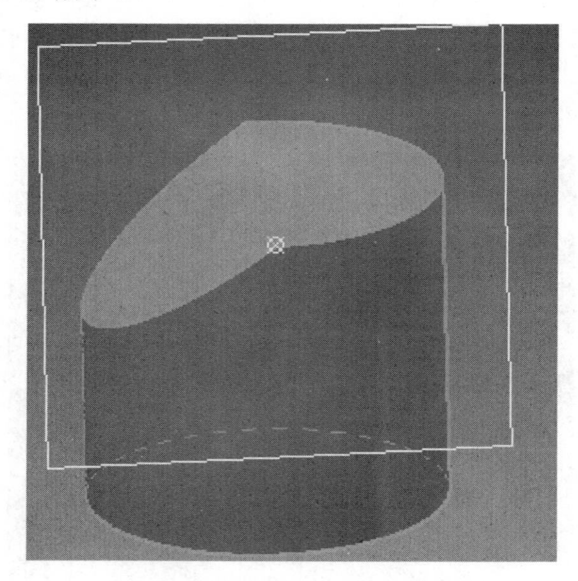

图 5-15　通过曲面和点创建工作平面

- 与曲面相切且平行于平面：通过选择一个曲面和一个平面（或工作平面）来创建工作平面。选择曲面和平面时无先后顺序，如图 5-16 所示。

图 5-16　通过曲面和平面创建工作平面

- 在指定处与曲线垂直：通过选择一条非线性边或草图曲线（圆弧、圆、椭圆或样条曲线）和曲线上的顶点、边的中点、草图点或工作点来创建过指定点与曲线垂直的平面。使用此方式创建工作平面，在很大程度上能保证截面轮廓逼近真实情况，所以常结合扫掠特征和放样特征使用。
- 与轴垂直且通过点：通过选择一条线性边（或轴）和一个点来创建平面。选择线性边（或轴）与点时，无先后顺序。创建的 X 轴方向是从平面与轴的相交处到选定点的方向，如图 5-17 所示。

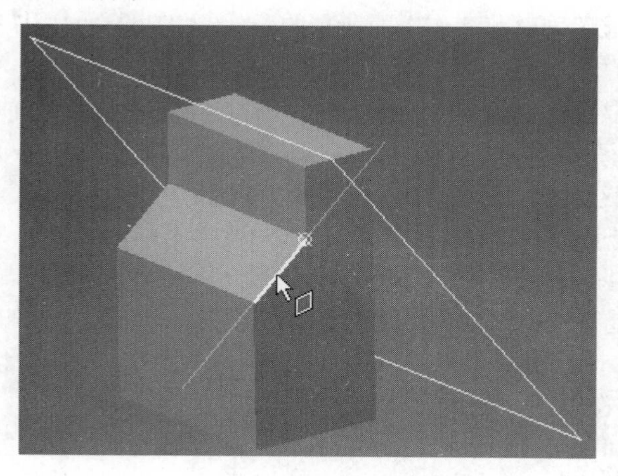

图 5-17　与轴垂直且通过点

- 在指定点处与曲线垂直：选择一条非线性边或草图曲线（圆弧、圆、椭圆或样条曲线）和曲线上的顶点、边的中点、草图点或工作点创建平面，如图 5-18 所示。

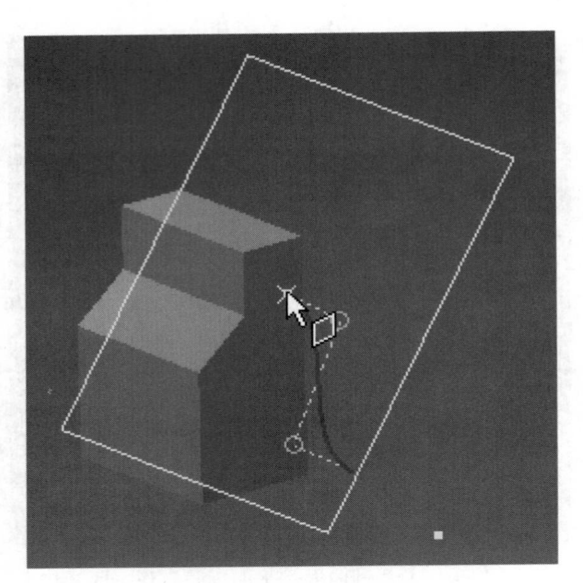

图 5-18　在指定点处与曲线垂直

3．工作平面的控制

用户可以通过在“模型浏览器”中用鼠标右键单击工作平面，在弹出的快捷菜单中选择以下命令，对选择的工作平面进行操作。

- 重定义特征：由于创建工作平面时没有类似拉伸特征供用户输入参数的对话框，用户无法直接利用对话框来编辑工作平面。选择此命令可以重定义工作平面特征的输入几何图元。
- 使用输入：显示创建此工作平面所需的图元。此功能便于用户了解创建工作平面所需几何图元的从属性。
- 显示输出：显示创建工作平面时所使用的几何图元，如工作轴、顶点、模型表面等，便于用户进行验证。
- 反向法向：这种方法只适合于用户创建的工作平面，对于内置的工作平面，如 *XY*，是无效的。创建工作平面时，由于输入的条件不同，如使用“三点定面”创建工作平面，所得的工作平面的 *X*/*Y* 方向十分迥异，在很多情况下与原坐标系的 *X*/*Y* 方向不符。可以通过反向法向使创建的工作平面与 Inventor 内置的工作平面相符。另外，要注意的是，由于改变了工作平面的法向，可能会导致依附于此工作平面的草图发生偏转而失效。
- 自动调整大小：在 Inventor 中，工作平面的可见性和大小是可以控制的，默认情况下此选项是打开的，工作平面的大小会随着模型空间零件的大小而变化，以获得合适的尺寸。当关闭此选项时，用户可以手动调节平面的大小。当然，由于工作平面的特殊性，这只是一种便于用户进行观察的“假象”。

练习 5-1

创建工作平面

在本练习中，将完成在圆柱控制阀上由原始坐标系创建工作平面。

操作步骤如下：

（1）打开 Control-Valve.ipt。

（2）在浏览器中双击草图 1 来激活草图 1。

（3）在功能区的“草图”选项卡的“绘制”组中选择“投影几何图元”命令，在浏览器中扩展原始坐标系文件夹，并且选择原点对象投影到当前的草图上，如下图所示。

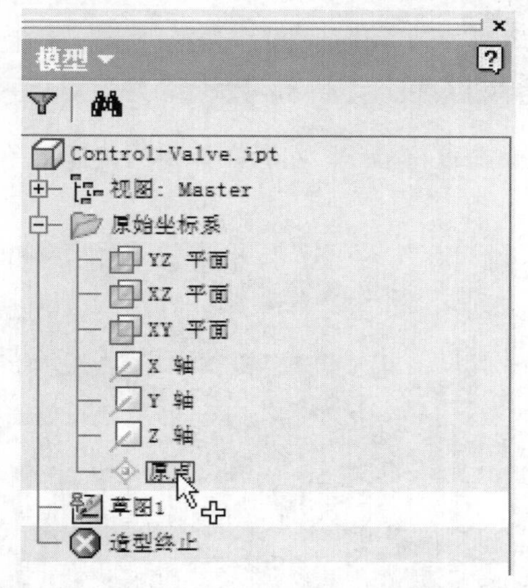

（4）在图形窗口中单击鼠标右键，然后在弹出的快捷菜单中选择“确定”按钮。

（5）从下面投影的中心点上创建并约束一个圆，如下图所示。

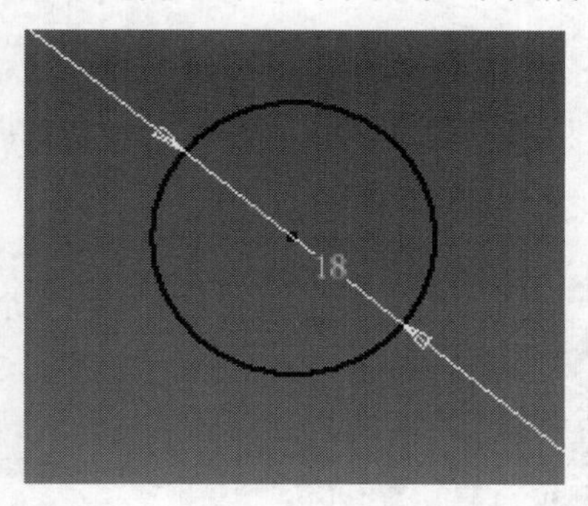

（6）在功能区的“草图”选项卡的“退出”面板中单击“完成草图”按钮，退出草图状态。

（7）在功能区的“三维造型”选项卡的“创建”组中选择“拉伸”命令，弹出“拉伸”对话框，在“距离”数值框中输入 25mm，并单击“向两边拉伸”按钮，然后单击“确定”按钮，如下图所示。

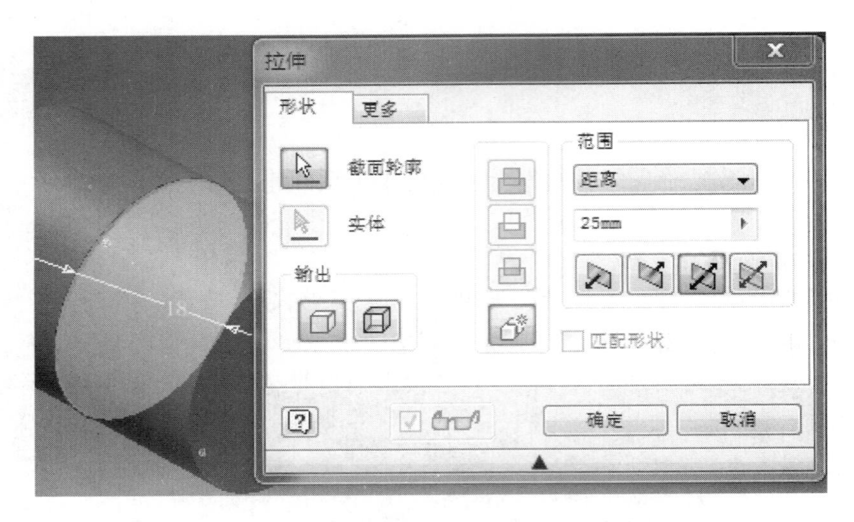

（8）在零件前段的面上单击鼠标右键，然后在弹出的快捷菜单中选择“新建草图”命令，如下图所示。

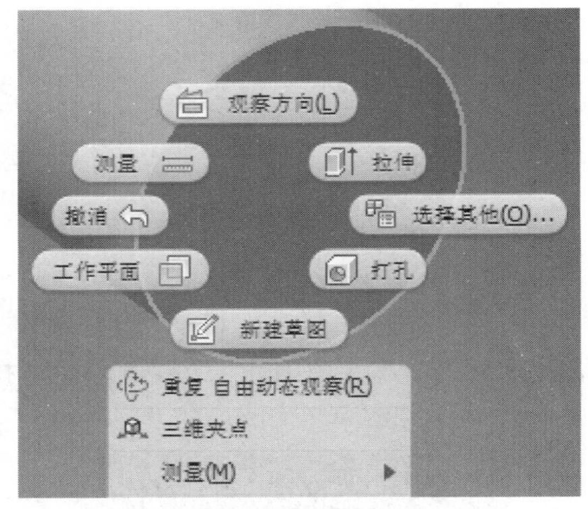

（9）在创建草图时，如果几何模型没有被投影，那么就使用投影工具来投影圆柱面，如下图所示。

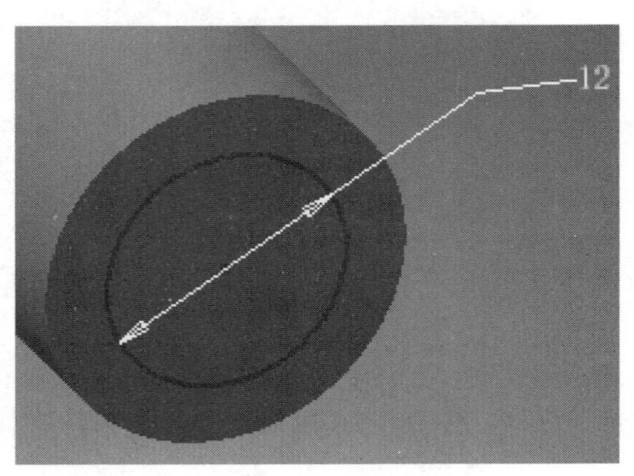

（10）在功能区的“三维造型”选项卡的“创建”组中选择“拉伸”命令，弹出“拉伸”对话框。然后选择内部的轮廓，在“距离”数值框中输入尺寸 25mm，确定正确的拉伸法向，然后单击“确定”按钮，如下图所示。

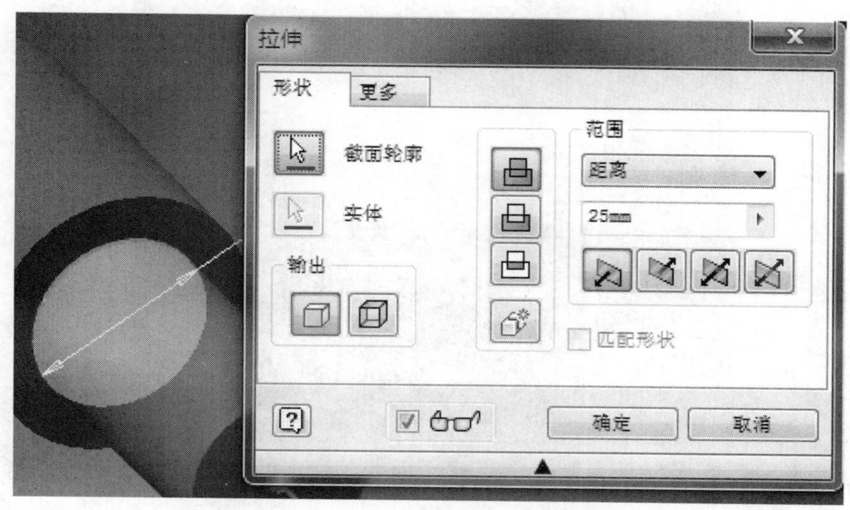

（11）在浏览器中展开原始坐标系文件夹，用鼠标右键单击 *XY* 平面，然后在弹出的快捷菜单中选择“可见性”命令，如下图所示。

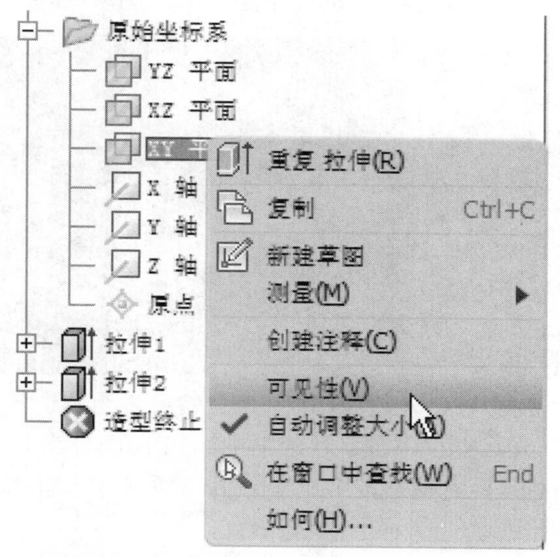

（12）在功能区的“三维模型”选项卡的“阵列”组中选择“镜像”命令，弹出“镜像”对话框，然后选择“拉伸 2”特征，单击“镜像平面”按钮，然后选择如左下图所示的 *XY* 原始平面，单击“确定”按钮。

（13）在图形窗口中用鼠标右键单击工作平面，在弹出的快捷菜单中取消选择“可见性”命令，将工作平面隐藏。

（14）在功能区的“三维模型”选项卡的“定位特征”组中选择“平面”命令，在浏览器中选择 *XZ* 平面，然后选择圆柱的顶部创建平面，如下图所示。

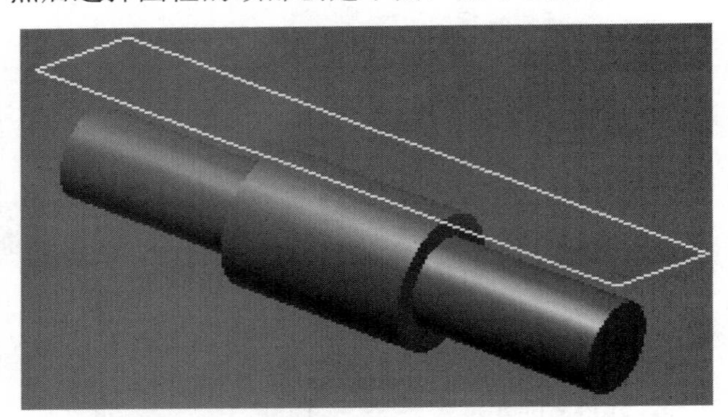

（15）在功能区的“三维模型”选项卡的“定位特征”组中选择“平面”命令，单击并拖动刚创建的工作平面，然后在“偏置”数值框中输入 10，并单击绿色的检查标志。

（16）在图形窗口中用鼠标右键单击工作平面 1，然后在弹出的快捷菜单中取消选择“可见性”命令，隐藏工作平面。

（17）在功能区的“三维模型”选项卡的“草图”组中选择“创建二维平面”命令，然后选择工作平面 2。

（18）在功能区的“草图”选项卡的“绘制”组中选择“投影几何图元”命令，然后投影符号为 A 边和 B 边。

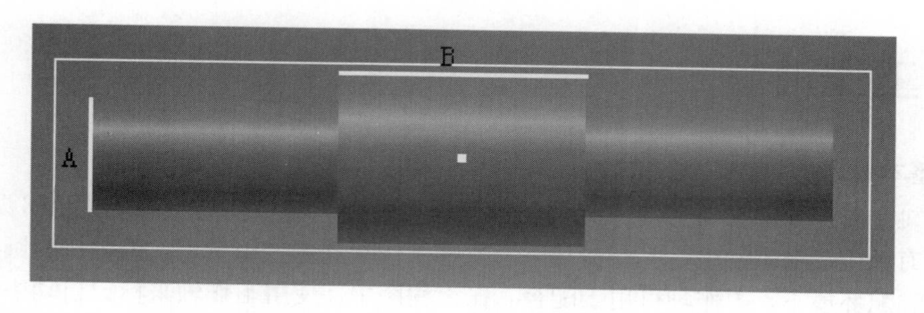

（19）使用草图工具，按如下图所示的约束尺寸绘制，注意，将水平约束和垂直约束加在模型的中心上。

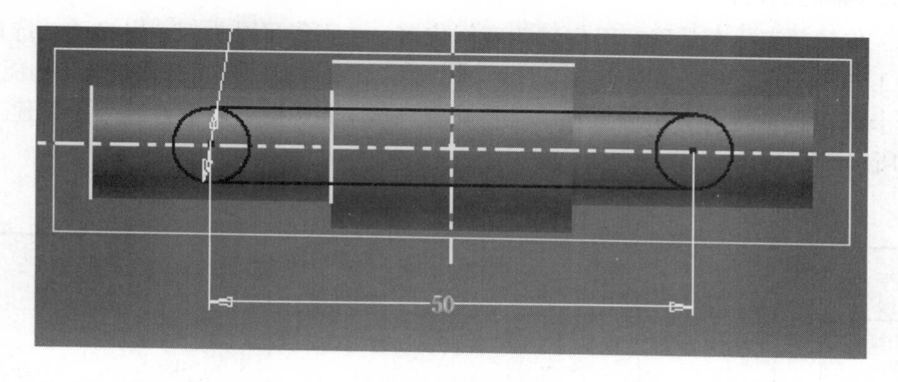

（20）在功能区的“草图”选项卡的“退出”面板上单击“完成草图”按钮，退出草图状态。

（21）在功能区的“三维造型”选项卡的“创建”组中选择“拉伸”命令，然后选择如下图所示的轮廓，在“终止方式”下拉列表框中选择“到表面或平面”选项，然后单击“确定”按钮。

（22）保存并关闭所有文件。

5.2 工作轴

1. 基本概念

工作轴也是一个重要的参考几何。虽然工作轴在用户区域的大小表现为“可调节”，它实际上没有长度。在零件中，工作轴常用于生成工作平面的定位参考，或者作为圆周阵列的中心。在装配环境下，工作轴可用于配合。在工程图中，使用工作轴来标记自动中心线和中心标记位置。

2. 工作轴的创建方法

创建工作轴，实际上是确定工作轴的空间位置。与工作平面类似，用户通过选择输入几何来创建工作轴，而无须在输入参数的对话框中操作。如果要创建工作轴，则在功能区的“模型”选项卡的“定位特征”组中选择“轴”命令。Inventor 提供以下方式用于创建工作轴，如表 5-2 所示。

表 5-2 工作轴的创建方式

输入几何		第二输入			
		点	直线	平面	无
第一输入	点				X
	直线	X	X	X	
	平面				
	圆或椭圆	X	X	X	
	圆柱面	X	X	X	

由表 5-2 可知，传统创建工作轴的方法几乎适合所有可创建工作轴的场合。下面对如何创建工作轴进行简单介绍。

- 在线或边上：选择一个线性边、草图直线或三维草图直线，沿所选的几何图元创建工作轴。
- 通过旋转面或特征：选择一个旋转特征，沿其旋转轴创建工作轴。
- 通过两点：选择两个有效点，创建通过它们的工作轴。
- 垂直于平面且通过点：选择一个工作点和一个平面，创建与平面垂直并通过该工作点的工作轴。
- 两个平面的交集：选择两个非平行平面，在其相交位置创建工作轴。
- 通过圆形或椭圆形边的中心：选择一条圆或椭圆边线，创建过圆或椭圆圆心的垂线。
- 平行于线且通过点：选择点（端点、中点、草图点或工作点），然后选择线性边或草图线，创建平行于选定边并通过选定点的工作轴。

3. 工作轴的控制

用户可以对工作轴进行重新定义、显示输出、可见性、自动调整大小等控制，由于这些控制功能与工作平面相似，详细内容请参见工作平面的控制方法。

练习 5-2

创建工作轴

本练习学习向现有零件中添加工作轴特征。利用两个原始坐标工作轴和新建的工作轴，在零件中创建一个附加的特征。

操作步骤如下：

（1）打开文件 Control-Block-45.ipt。

（2）在浏览器中展开原始坐标系文件夹，一直按住“Ctrl”键，然后选择 *X* 轴、*Z* 轴和原点，在其中的一个对象上单击鼠标右键，在弹出的快捷菜单中选择“可见性”命令。

（3）在浏览器中扩展拉伸 1，然后在草图 1 上单击鼠标右键，在弹出的快捷菜单中选择“编辑草图”命令。

（4）对草图和尺寸进行检查，注意相对于原始特征的约束和尺寸，比如原点或轴。

（5）在功能区的“草图”选项卡的“退出”组中单击“完成草图”按钮，退出草图状态。

（6）在功能区的“工具”选项卡的“选项”组中单击“应用程序选项”按钮，在弹出的对话框中选择草图，然后取消勾选“自动投影边以创建和编辑草图”复选框，单击“确定”按钮，如下图所示。

- [ ] 捕捉到网格
- [ ] 在创建时编辑尺寸
- [ ] 在创建曲线过程中自动投影边
- [ ] 自动投影边以创建和编辑草图
- [x] 新建草图后，查看草图平面
- [x] 新建草图后，自动投影零件原点
- [x] 点对齐

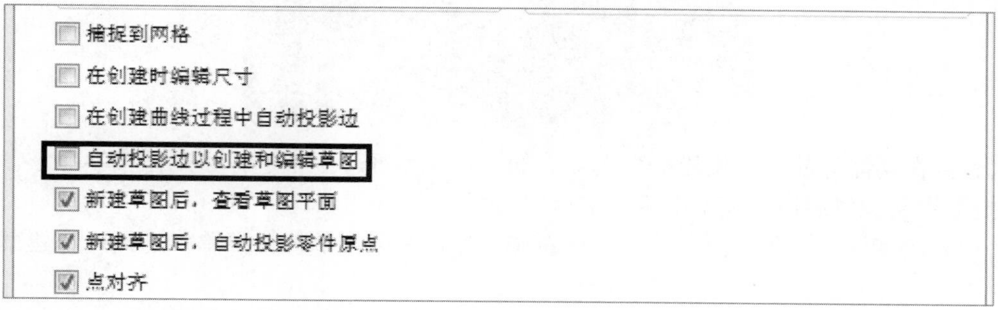

（7）在零件的面上单击鼠标右键，然后在弹出的快捷菜单中选择“新建草图”命令。

（8）在功能区的“草图”选项卡的“绘制”组中选择“投影几何图元”命令，然后在浏览器中选择原始 *X* 轴，在图形窗口中单击鼠标右键，然后在弹出的快捷菜单中选择“确定”命令。

（9）在功能区的“草图”选项卡的“退出”组中单击“完成草图”按钮，退出草图状态。

（10）在功能区的“三维模型”选项卡的“修改”组中选择“孔”命令，从原始工作轴选择的点将会自动被选择，在“终止方式”下拉列表框中选择“贯通”选项，然后在对话框的预览窗口中输入 7，单击“确定”按钮，如下图所示。

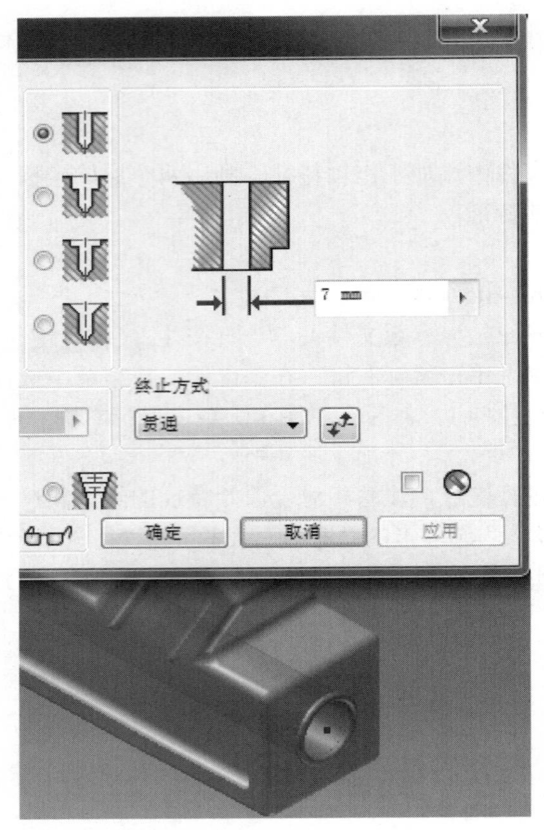

（11）在功能区的“三维模型”选项卡的“定位特征”组中选择“工作轴”命令，选择原点投影对象，然后选择模型中成一定角度的面。

（12）在零件上的角度面上单击鼠标右键，然后在弹出的快捷菜单中选择“新建草图”命令。

（13）在功能区的“草图”选项卡的“绘制”组中选择“投影几何图元”命令，然后选择先前创建的工作轴。

（14）在功能区的“草图”选项卡的“退出”组中单击“完成草图”按钮，退出草图状态。

（15）在功能区的“三维模型”选项卡的“修改”组中选择“孔”命令，从原始工作轴中投影的点将会被自动创建，在“终止方式”下拉列表中选择“贯通”选项，然后在对话框的预览窗口中输入 7，单击“确定”按钮，如下图所示。

（16）在浏览器中双击草图 1 来编辑草图。

（17）双击尺寸 45°，然后输入 60°，接着单击绿色的检查标记“ √ ”。

（18）在功能区的“草图”选项卡的“退出”组中单击“完成草图”按钮，以退出草图状态，注意应用到有效特征上的改变，包括工作轴和孔。

（19）保存并关闭文件。

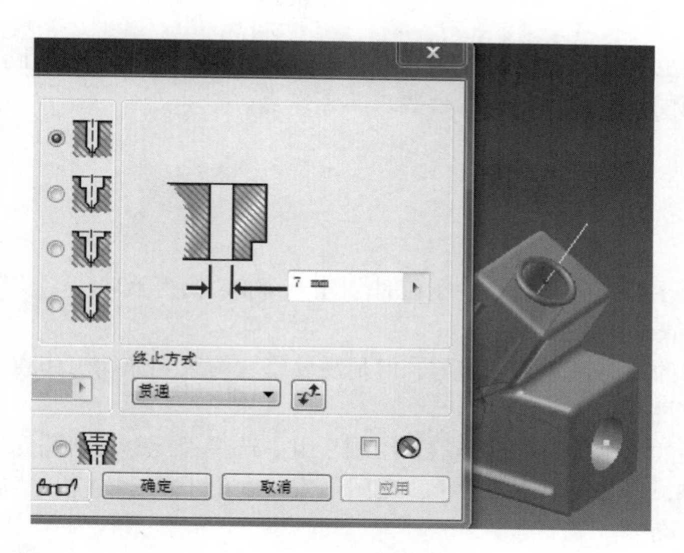

5.3　工作点

1．基本概念

工作点定位特征是抽象的构造几何图元，常用来标记轴和阵列中心、定义坐标系或工作平面、定义三维路径、固定位置和形状等。另外，在几何图元不足以创建和定位新特征时，例如，在某一复杂曲面上创建孔特征时，可以借助此定位特征。

与三维草图中的点相比，工作点不隶属于任何草图，但可能因为引用草图几何的原因，其与草图有一定的引用关系。相比三维草图点，用户无法直接输入坐标创建工作点，一种解决方案是，用户在三维草图环境下可以利用“Inventor 精确输入”对话框创建三维坐标点。

2．工作点的创建

要创建工作点，则在功能区的“三维模型”选项卡的“定位特征”组中选择“点”命令。

如表 5-3 所示，Inventor 根据输入几何的不同，提供多种方式用于创建工作点，传统创建工作点方法几乎适合所有可创建工作点的场合。下面对如何创建工作点进行简单介绍。

表 5-3　工作点的创建方式

输入几何		第二输入几何			
		点	线	平面	无
第一输入几何	点	X	X	X	
	线	X			X
	平面	X		X	X
	边回路	X	X	X	
	三面	X	X	X	
	圆环体	X	X	X	
	球体	X	X	X	

创建工作点，主要是确定它的空间位置。在三维坐标不明朗的情况下，用户可以灵活运用点、线和面之间的几何关系创建符合要求的工作点。

练习 5-3

工作点

本练习使用草图特征和工作点基于组件创建一个 PC 扬声器底座。

（1）打开 Speaker-Base.ipt。

（2）虽然最初的草图已经被创建好，但是需要将它约束到原始工作点上，在浏览器中双击草图 1 来编辑草图。

（3）在功能区的“草图”选项卡的“绘制”组中选择“投影几何图元”命令，然后在浏览器中展开文件夹，选择“原点”对象。在图形窗口中单击鼠标右键，然后在弹出的快捷菜单中选择“确定”命令。

（4）在功能区的“草图”选项卡的“约束”组中选择“重合”命令，然后选择投影对象和构造轮廓的交叉点，如下图所示。

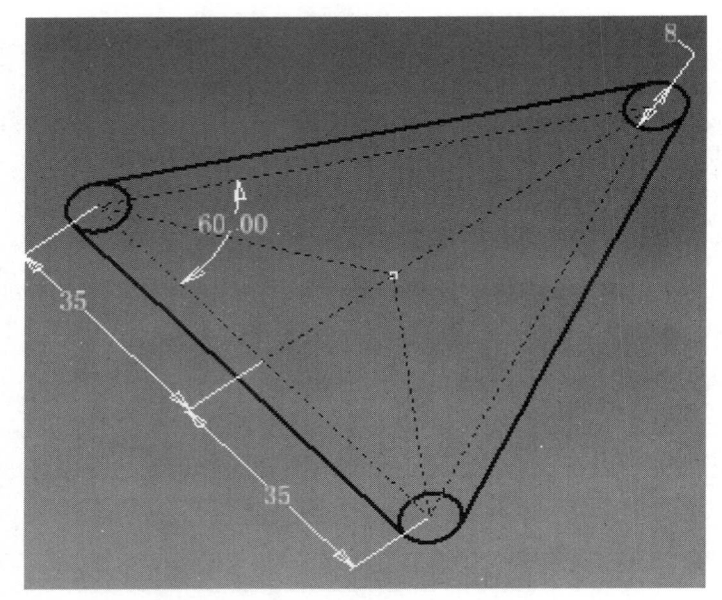

（5）在功能区的“草图”选项卡的“退出”组中选择“退出草图”命令，以退出草图状态。

（6）在浏览器中用鼠标右键单击草图 2，然后在弹出的快捷菜单中选择“可见性”命令来显示该草图。

（7）在功能区的“三维造型”选项卡的“创建”组中选择“拉伸”命令，然后在“拉伸”对话框中单击“截面轮廓”按钮并选择曲线，在“距离”数值框中输入 100mm，然后单击“向两边拉伸”按钮，单击“确定”按钮以建曲面拉伸，如下图所示。

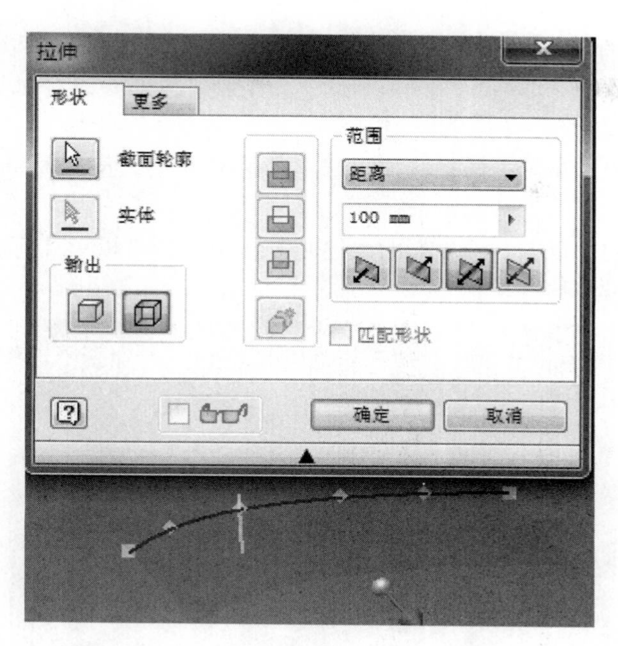

（8）在功能区的“三维造型”选项卡的“创建”组中选择“拉伸”命令，选择如下图所示的草图1的轮廓，从“终止方式”下拉列表框中选择“到”选项并且选择曲线，单击“确定”按钮。

（9）在浏览器中用鼠标右键单击拉伸曲面1特征，然后在弹出的快捷菜单中取消选择“可见性”命令来关闭曲面的可见性。

（10）在功能区的“三维造型”选项卡的“定位特征”组中选择“点”命令，然后选择

Speaker-Base 零件边的中点。

（11）在功能区的“三维造型”选项卡的“定位特征”组中选择“平面”命令，在浏览器中选择原始 *XY* 平面和预先创建的工作点。

（12）在功能区的“草图”选项卡的“退出”组中选择“退出草图”命令，并选择预先创建的工作面。

（13）在功能区的“草图”选项卡的“绘制”组中选择“投影几何图元”命令，然后选择如下图所示的工作点。

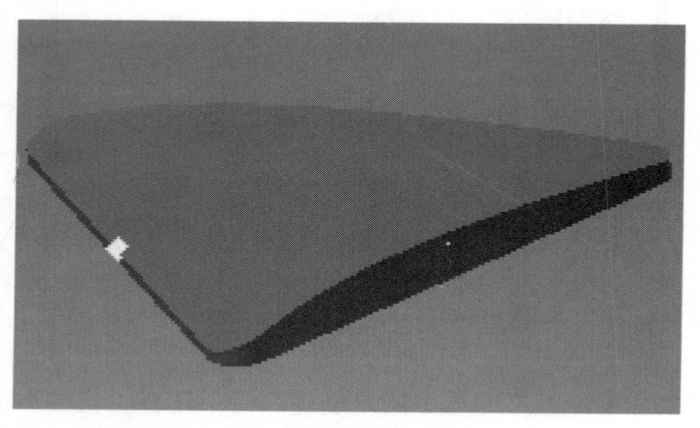

（14）从如下图所示的投影的工作点草绘并标注圆。

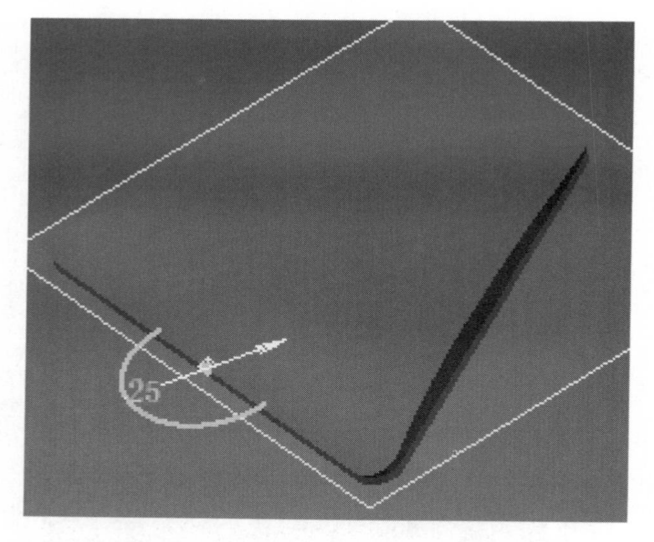

（15）在功能区的“草图”选项卡的“退出”组中选择“退出草图”命令以退出草图状态。

（16）在功能区的“三维造型”选项卡的“创建”组中选择“拉伸”命令，选择圆行轮廓，在“拉伸”对话框中选择布尔差操作，然后从“终止方式”下拉列表框中选择“贯通”选项，单击如下图所示的拉伸法向，并单击“确定”按钮。

（17）在功能区的“三维造型”选项卡的“定位特征”组中选择“固定点”命令，并在浏览器中展开文件夹，选择“原点”对象。

（18）当三维工作点出现时，选择 Z 轴，并在 Z 轴文本框中输入 25mm，然后单击“确定”按钮，创建工作点，如下图所示。

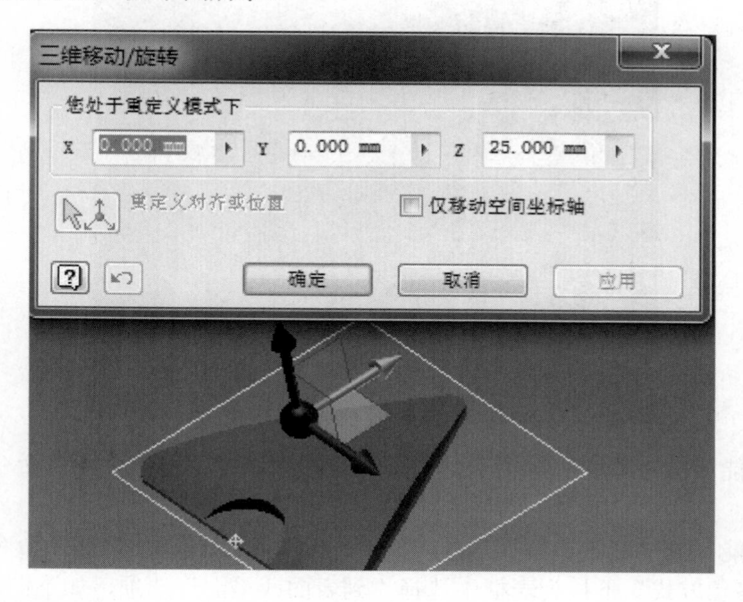

（19）在功能区的“三维造型”选项卡的“定位特征”组中选择“平面”命令，然后在浏览器中选择 XY 平面，再选择刚创建的工作点 2。

（20）在刚创建的工作平面上单击鼠标右键，然后在弹出的快捷菜单中选择“新建草图”命令。

（21）在功能区的“草图”选项卡的“绘制”组中选择“投影几何图元”命令，然后选择工作点，如下图所示。

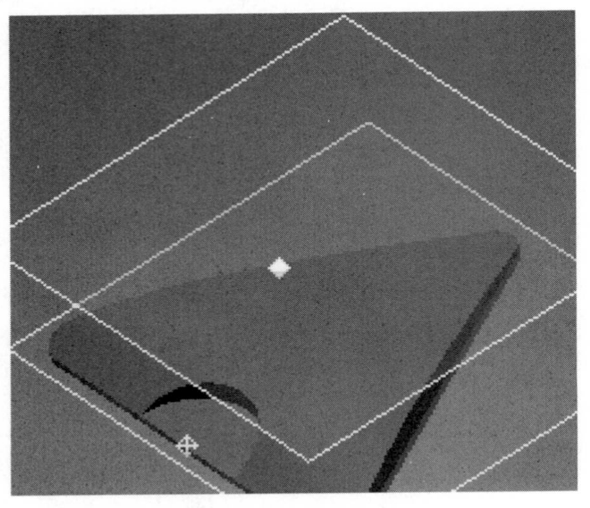

（22）从如下图所示的投影的工作点处开始草绘，并标注圆。

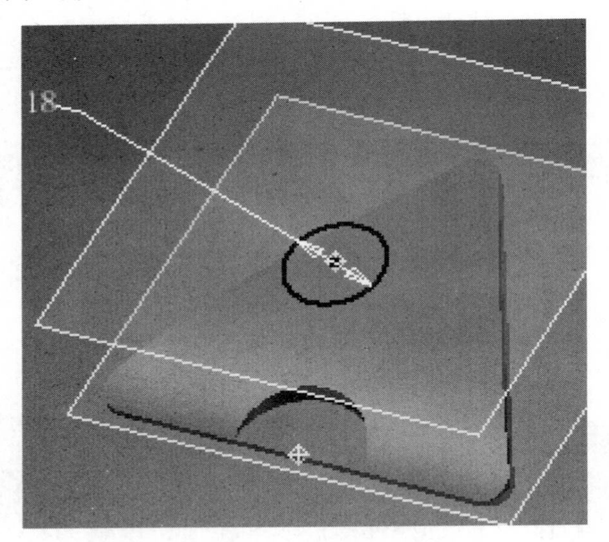

（23）在功能区的“草图”选项卡的“退出”组中选择“退出草图”命令，以退出草图状态。

（24）在功能区的“三维造型”选项卡的“创建”组中选择“拉伸”命令，然后选择圆形轮廓，从“终止方式”下拉列表框中选择“到表面或平面”选项，如下图所示。

（25）在“拉伸”对话框中选择更多选项，然后在“拉伸斜角”对话框中输入 5，单击“确定”按钮。

（26）保存并关闭所有文件。

5.4　用户坐标系

1．基本概念

用户坐标系（UCS）特征是定位特征的集合（3 个工作平面、3 个轴和 1 个中心点）。但是与 Inventor 内置的坐标系不同，在文档中允许有多个 UCS，并且可以有区别地放置并重定向它们。

使用用户坐标系，可以在三维模型空间移动和重新定向体系，以简化工作。用户坐标系的定位特征用来放置草图和特征。使用自定义的用户坐标系进行简化测量。

2．用户坐标系的创建

用户坐标系的创建其实就是确定新坐标的位置。坐标位置的确定有以下几种方法：

- 指定新原点（一个点）、新 *X* 轴（两个点）或新 *XY* 平面（三个点）。在零件环境下，可以使用多种输入作为用户坐标系的原点或确定 *X*/*Y*/*Z* 轴的辅助点。常用的点有实体边的顶点、实体边的中点、草图和工作点。
- 通过选择三维实体对象上的面来创建 UCS。可以在面或实体的边上选择。
- 沿其 3 个主轴中的任意一个轴旋转当前 UCS。

第 6 章　零件建模基础

本章学习目标

- 掌握创建零件的多实体特征的方法。
- 掌握创建加强筋和网格特征的方法。
- 掌握创建扫掠特征的方法，熟悉如何创建拔模斜度特征，熟悉如何创建放样特征，以及运用放样关联菜单。
- 掌握复制特征的方法。
- 掌握设置和查看零件特性的方法。
- 掌握高级圆角特征的创建方法。
- 熟悉“移动面”、“折弯零件”、“螺旋扫掠”特征的创建方法。
- 熟悉在零件中创建塑料特征的方法。
- 熟悉合并和移动实体的方法。
- 熟悉在零件中插入零部件的方法。
- 熟悉动态剖切的方法，了解生成曲面的方法。

6.1　多实体

6.1.1　基本概念

多实体零件的制作是自上而下的工作流程，能够在单个零件文档中创建和定位多个实体。用户可以控制每个实体的可见性，且可以定义单独的颜色样式和计算其质量。对于设计者来说，设计的工作流程一般是从成品的外部形状开始，随着设计的深入来详细设计制作单个零件，设计完成形状，然后提取零部件，此方法称为自上而下的设计方法。

当完成整个零件的设计时，可以将单个实体作为零件文件直接导出到部件。在装配中，由各个实体转化而成的零件之间的位置关系仍然保持不变，且在装配中不需要重新添加约束关系。当原始多实体零件更新时，生成的装配也将随之变化。

在复杂设计中使用多实体零件具有以下优点：

- 可以显著减少设计时间。
- 整个设计位于一个零件文件中，便于管理。
- 所有编辑均在一个零件文件中进行。
- 由“生成零件”或“生成零部件”生成的零件文件均与主设计关联，用户可以直接修改原始主设计，以更新生成的零部件文件。
- 可以不用添加装配约束关系，当装配中约束关系较多时，会影响运行的速度。

6.1.2　创建多实体的环境

在 Inventor 中有许多功能可以直接或间接地创建新实体，常见的有如下几种方式：

- 可以使用普通的造型命令来创建新实体。通过单击对话框中的“新建实体”按钮（见图 6-1），使用基于草图的造型命令，譬如“拉伸”、“旋转”、“放样”、“扫掠”和“螺旋扫掠”来创建新实体。创建新实体后，在浏览器的“实体”文件下会增加新实体的节点。

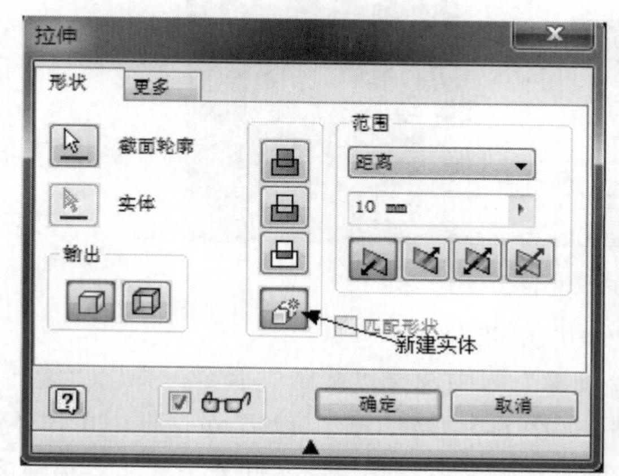

图 6-1　新建实体

- 使用“分割”功能在零件文件中创建单独的实体。如图 6-2 所示，使用“分割”功能创建两个单独实体；使用曲面功能中的“加厚/偏移”、“缝合”和“灌注”功能新建实体，同时通过阵列实体也可以创建单独的实体。
- 使用“衍生”功能将零部件作为实体导入到零件文件。

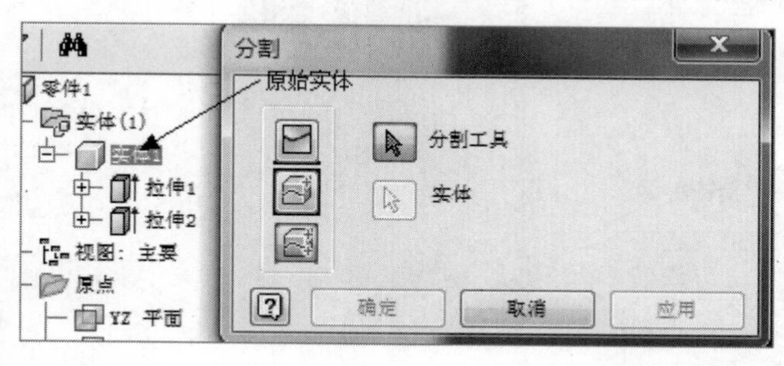

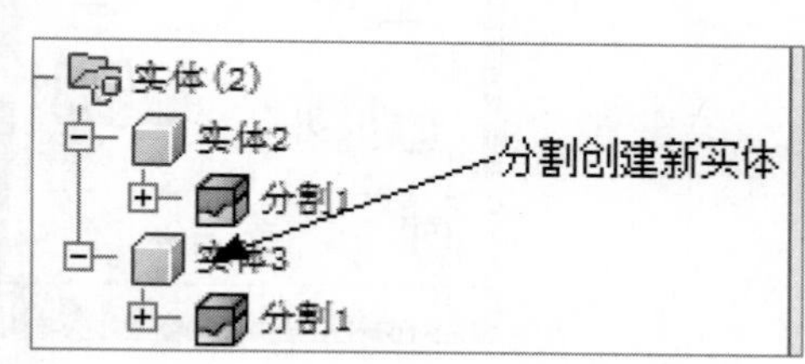

图 6-2　分割创建实体

6.1.3　创建多实体

本节通过一个简单的例子来介绍多实体零件的创建。

（1）打开零件模型（L_03_110a.ipt），模型中已经创建了特征的草图。

（2）在功能区的“三维造型”选项卡的“创建”组中选择“旋转”命令，弹出“旋转”对话框，在图形绘制区选择截面轮廓和旋转轴，如图 6-3 所示。因为当前模型中没有实体，所以旋转生成的特征自动创建实体。同时在浏览器“实体”文件夹中生成了“实体 1”的节点，可以手动修改实体名称。

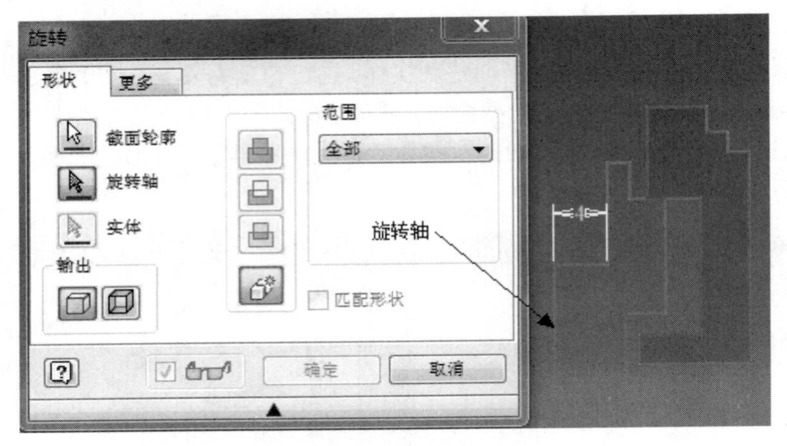

图 6-3 新建实体 1

（3）在浏览器中选中草图，设置草图为“共享草图”或“可见”。

（4）在功能区的“三维造型”选项卡的“创建”组中选择“旋转”命令，弹出“旋转”对话框，在图形绘制区选择截面轮廓和旋转轴，如图 6-4 所示，在“旋转”对话框中单击“新建实体”按钮，将为旋转特征创建新的实体，同时在浏览器“实体”文件夹生成了“实体 2”的节点。如不单击该按钮，则旋转特征将依附于实体 1。

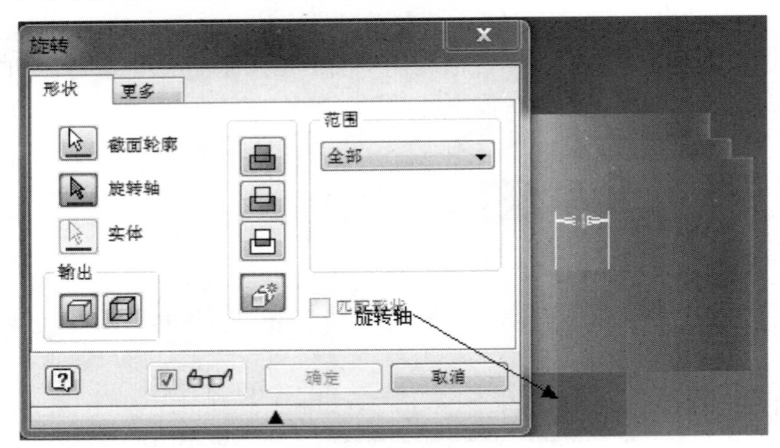

图 6-4 新建实体 2

（5）在实体 2 的下端面创建螺纹孔特征，规格为 5/16-18 UNC，终止方式为“贯通”。

（6）选中浏览器“实体”文件夹下的“实体 2”，单击鼠标右键，在弹出的快捷菜单中选择“特性”命令，弹出“曲面体特性”对话框，在“曲面体颜色”下拉列表框中选择“黄色”，单击“确定”按钮。实体 2 的颜色被设置为黄色，与实体 1 区别，如图 6-5 所示或参见零件（L_03_110b.ipt）。

创建一个新的实体后，新实体将被添加到浏览器的“实体”文件夹中，如图 6-6 所示。

实体是包含在零件文件内部独立的特征集合，所有的新实体均会在创建时添加到浏览器的相应文件夹中。用户可以通过选择实体并单击鼠标右键，在弹出的快捷菜单中选择“特性”命令，在“曲面体特征”对话框中设置实体的颜色属性，同时通过快捷菜单也可以设置实体的可见性。

图 6-5　多实体零件

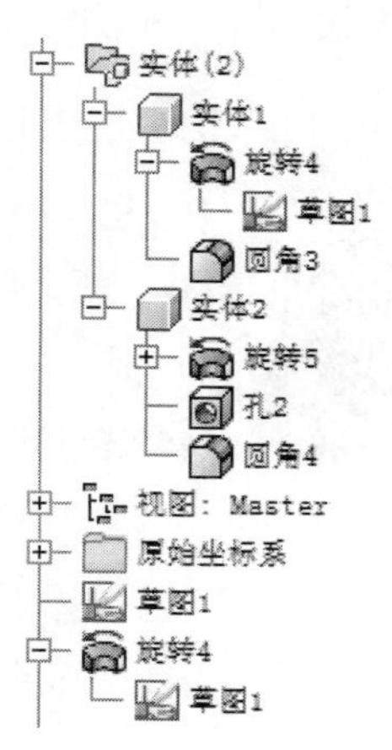

图 6-6　实体零件浏览器

展开浏览器“实体”文件夹中的实体，可以列出各个实体包含的特征，不同的实体可以共享相同的特征，如圆角、倒角或孔。

6.1.4　多实体成员间的布尔运算

多实体零件可以通过 Inventor 提供的“移动实体”功能将实体移动到合适的位置，同时可以通过“合并”功能进行多实体成员间的布尔运算。

（1）打开零件模型（L_03_111.ipt）。该模型是多实体的零件。

（2）在功能区中的“三维模型”选项卡的“修改”组中选择“移动实体”命令，弹出“移动实体”对话框。在图形绘制区中选择圆柱实体或在浏览器中选择实体 2，如图 6-7 所示，同时设置移动的偏移量，单击“确定”按钮。

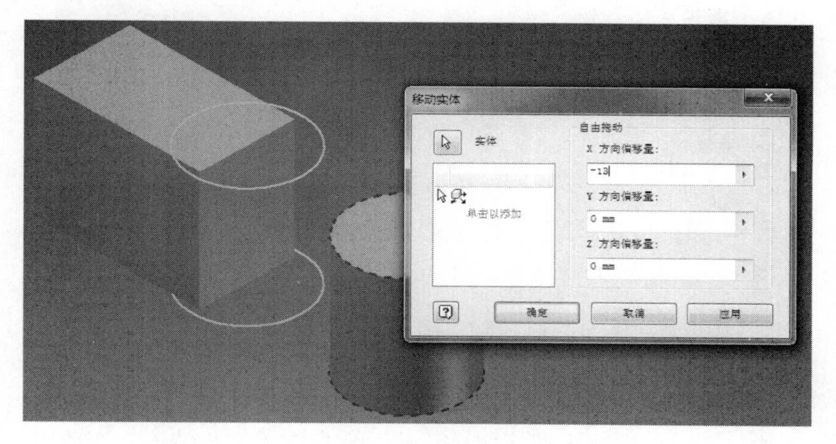

图 6-7　移动实体

（3）在功能区中的“三维模型”选项卡的“修改”组中选择“合并”命令，弹出“合并”对话框，单击“基本体”按钮，在浏览器中选择实体 1 作为基本体；单击“工具体”按钮，在浏览器中选择实体 2 作为工具体；在布尔运算选项中，单击“差集”按钮，如图 6-8 所示。

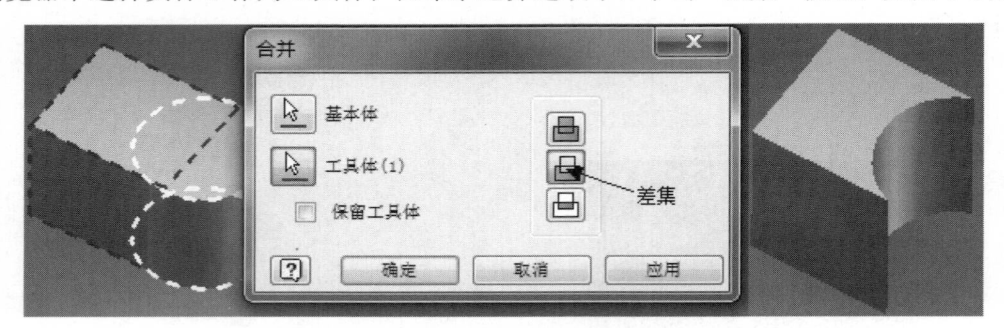

图 6-8　多实体成员间的布尔运算

（4）取消勾选“保留工具体”复选框，单击“确定”按钮，即生成如图 6-8 所示的结构模型，同时在浏览器“实体”文件夹中只剩下实体 1。

6.1.5　多实体的常规特性

Inventor 提供了多实体零件中单个实体的常规信息，如质量、面积、体积和重心，用户可以通过两个途径查看常规信息，也可以修改其中的质量和体积属性。

1．多实体零件的 iProperty

打开多实体零件，用鼠标右键单击浏览器中顶端的多实体图标，在弹出的快捷菜单中选择“iProterty”命令，弹出属性对话框，选择“物理特性”选项卡，如图 6-9 所示。

图 6-9　“物理特性”选项卡

可以在“实体”下拉列框表中选择实体成员，然后在“常规特性”选项组中实时显示选中实体的各个属性。“常规特性”选项组中的“质量”和“体积”是计算值，用户可以手动修改。

2. 单个实体的属性

打开多实体零件，在浏览器的“实体”文件夹中选择单个实体，单击鼠标右键，在弹出的快捷菜单中选择“特性”命令，弹出“实体特性”对话框，如图 6-10 所示，在此对话框中不可手动修改“质量”和“体积”属性。

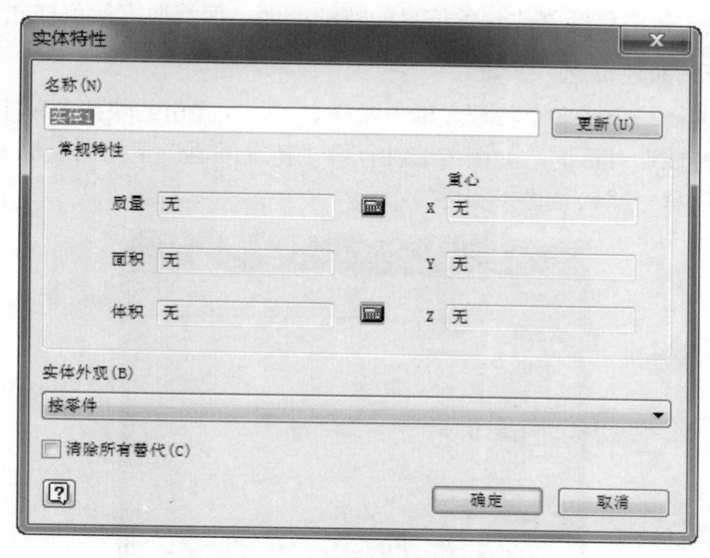

图 6-10　“实体特性”对话框

6.1.6　多实体的颜色信息

零件的默认颜色取决于零件的材料，用户可以根据需要来修改零件的颜色信息。Inventor 中可以分别设置零件、实体、特征和面的颜色信息。一般来说，设置颜色的顺序为“零件”→“实体”→“特征”→“面”，优先级是越来越高的，即设置面的颜色将会覆盖面所带有的原有特征的颜色。

1. 设置零件的颜色信息

通过 Inventor 界面中的“颜色替代”设置，如图 6-11 所示，“颜色”下拉列表框中包括了 Inventor 的所有颜色样式信息，默认是“按零件”。

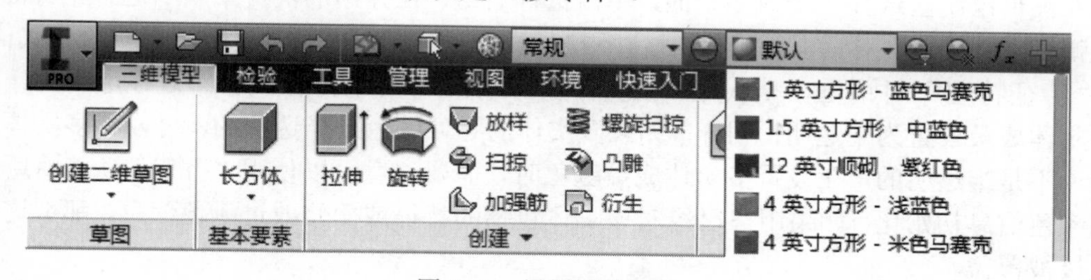

图 6-11　设置零件颜色

2．设置实体的颜色信息

在浏览器的“实体”文件夹中选择一个或是多个实体，单击鼠标右键，在弹出的快捷菜单中选择“特性”命令，弹出“实体特性”对话框，如图 6-10 所示。对话框中的“实体外观”下拉列表框中包括了 Inventor 的所有颜色样式信息，默认是“按零件”。

如果勾选“清除所有替代”复选框，则将使用实体的颜色信息来替代该实体包括的特征和面的原有颜色信息；如取消勾选该复选框，则颜色信息优先级为“零件”→“实体”→“特征”→“面”，该实体中已经修改颜色信息的特征或面，保持原有颜色样式不变。

3．设置特征的颜色信息

在浏览器中选择一个或多个特征，单击鼠标右键，在弹出的快捷菜单中选择“特性”命令，弹出“特征特性”对话框，如图 6-12 所示，“特征颜色”下拉列表框中包括了 Inventor 的所有颜色样式信息，默认是“按实体”。

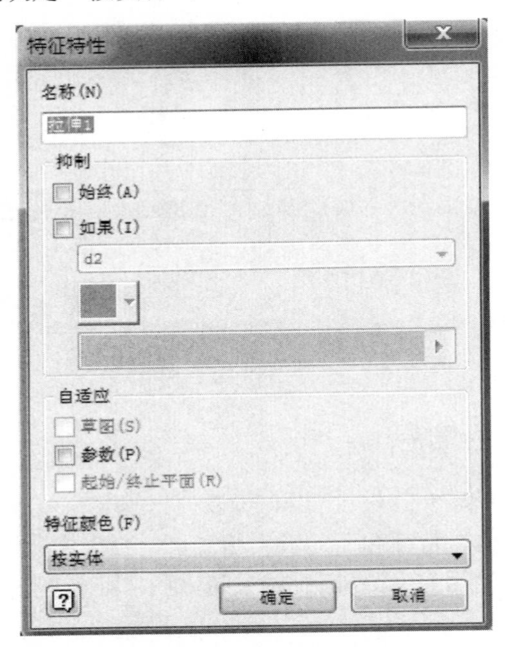

图 6-12 “特征特性”对话框

4．设置面的颜色信息

在图形绘制区选择一个或多个面，单击鼠标右键，在弹出的快捷菜单中选择“特性”命令，弹出“面特征”对话框，“面颜色”下拉列表框中包括了 Inventor 的所有颜色样式信息。

“特征特性”对话框，默认是“按实体”。如果多实体的零件颜色不是半透明的，可以将多实体成员设置为半透明；同样，如果多实体的零件颜色是半透明的，可以将多实体成员设置为不是半透明的。在设置多实体成员颜色时，需要注意可以使用“替代”功能将所选实体的颜色信息初始化。如果用户已经对该实体包括的特征或面修改过颜色信息，那么这些修改直接被覆盖。

6.1.7　生成零部件

当完成整个零件的设计时，可以将单个实体作为零件文件直接导出到部件中，在装配时，由各个实体转化而成的零件之间的位置关系仍然保持不变，且不需要重新添加约束关系。原始多实体零件更新时，生成的装配更新变化。

具体生成零部件的过程如下：

（1）打开零部件类型（L_03_112.ipt），模型中包括 3 个实体，如图 6-13 所示。

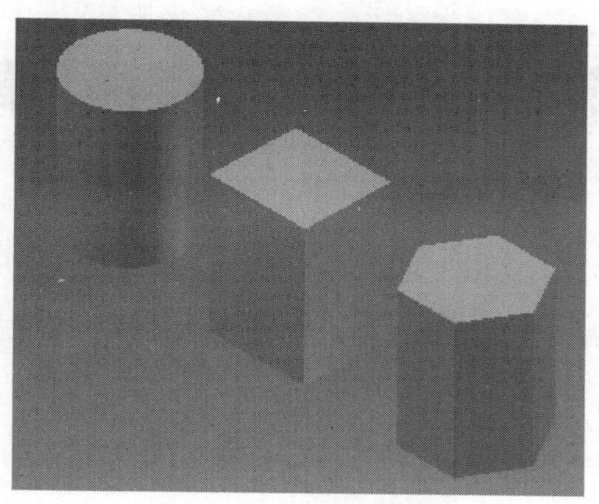

图 6-13　多实体零件

（2）零件造型环境下，在“管理”选项卡的“布局”组中选择“生成零部件”命令，弹出“生成零部件：选择”对话框，如图 6-14 所示。对话框中包括选择和删除实体、目标部件名称、生成部件的模板、目标部件存档的位置及 BOM 表结构等。

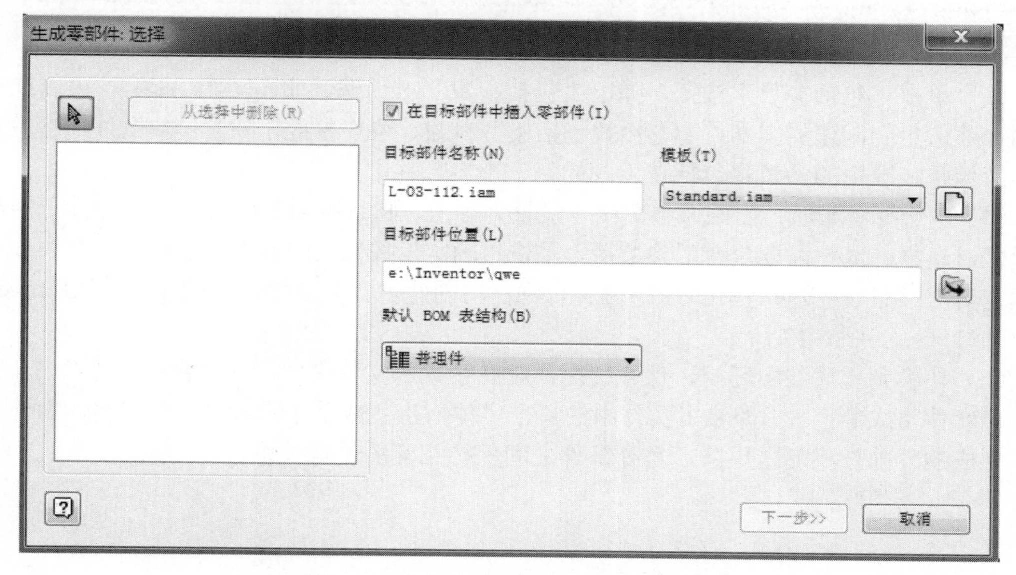

图 6-14　“生成零部件：选择”对话框

（3）单击左上角的“选择”按钮，在浏览器中选中实体 1、实体 2 和实体 3。

（4）单击“目标部件位置”文本框右侧的“打开文件”按钮，重新设定目标部件存放的位置，系统会弹出提示对话框，提示“是否要创建新的目标部件”，单击“是”按钮，然后选择存放目标文件的位置。其他使用默认设置即可（使 Inventor 提供的标准部件模板、目标部件名称与多实体的名称一致且均为普通件）。

（5）单击“下一步”按钮，进入“生成零部件：实体”对话框，如图 6-15 所示。可以为每个选定实体创建的零部件指定零部件信息，例如，修改零部件名称、模板、BOM 表结构及文件位置，同样也可以设置衍生的比例系数和镜像零件。

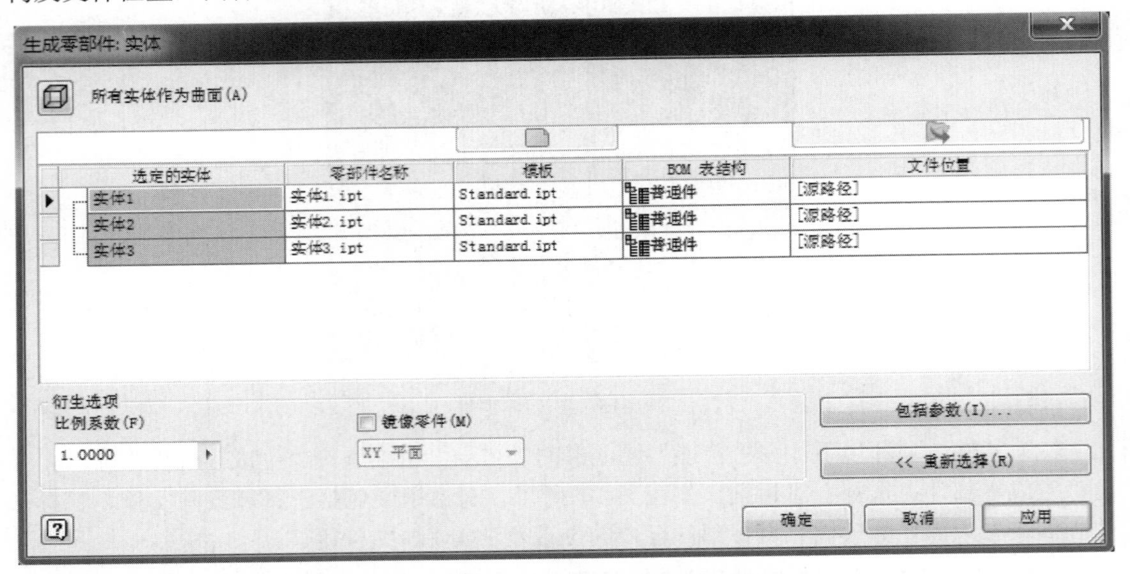

图 6-15 “生成零部件：实体”对话框

（6）单击“包括参数”按钮，弹出“包括参数”对话框，如图 6-16 所示。可以选择需要的参数衍生到创建的零部件中，参数包括模型参数、用户参数、参考参数及外部参数。需要注意的是，选中的参数将包括在生成的每一个零部件中。

（7）当选择参数时，如果该参数没有设置为导出，则系统会弹出将选中参数标记为导出的提示对话框。选定需要包含的参数后，单击“确定”按钮，回到“生成零部件：实体”对话框，其他使用默认设置，单击“应用”按钮，将自动创建多实体零件对应的装配，并在 Inventor 中自动打开，如图 6-17 所示。

（8）切换到上述装配环境，保存装配，则在设置的文件夹中创建零部件模型文件。

多实体生成零部件，即将多实体中的单个实体衍生生成单个零部件。当多实体零件更新时，生成的零部件将随之更新，且零部件之间保持相互的位置关系。

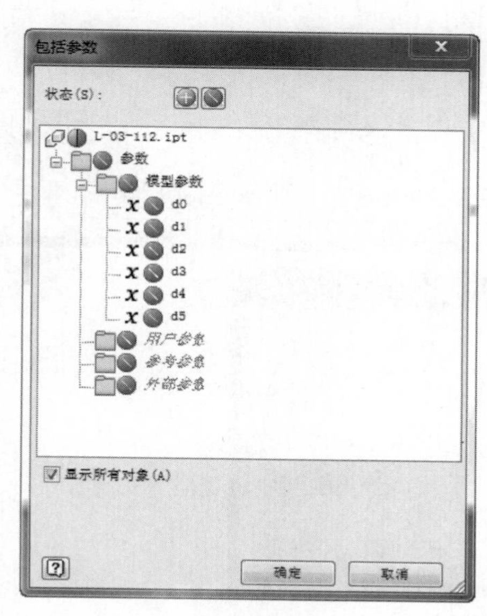

图 6-16 “包括参数”对话框

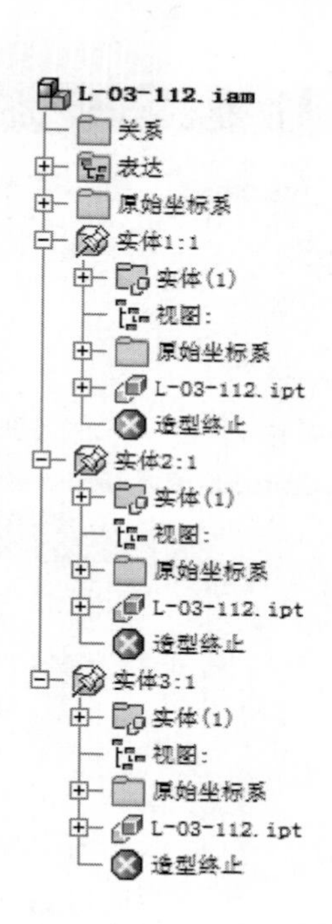

图 6-17　多实体生成零部件

6.2　拔模

1．基本概念

拔模斜度是应用到零件面的斜角，使得零件可以从模具中取出，或者使零件可以有一个或多个倾斜的面。对于一个模型，拔模角度的大小直接决定了在零件和模具之间是否可以顺利出模。一般情况下，在对产品设计的同时可以直接指定拔模角度，如为拉伸或扫掠指定正的或负的扫掠斜角来应用拔模。若要给现有特征或各个面添加拔模，则必须使用“拔模”命令。

2．特征对话框

在功能区的“三维造型”选项卡的“修改”组中选择“面拔模”命令，弹出面拔模特征对话框，有固定边、固定平面和分模线 3 种拔模方式，拔模方式不同对话框设置也不同，如图 6-18 所示。

1）拔模方向

拔模方向表示从零件拔出的方向。当在图形窗口中移动鼠标指针时，会显示一个垂直于亮显面或沿亮显边的矢量。当矢量显示时，单击平面、工作平面、边或轴，以进行选择，如图 6-19 所示。

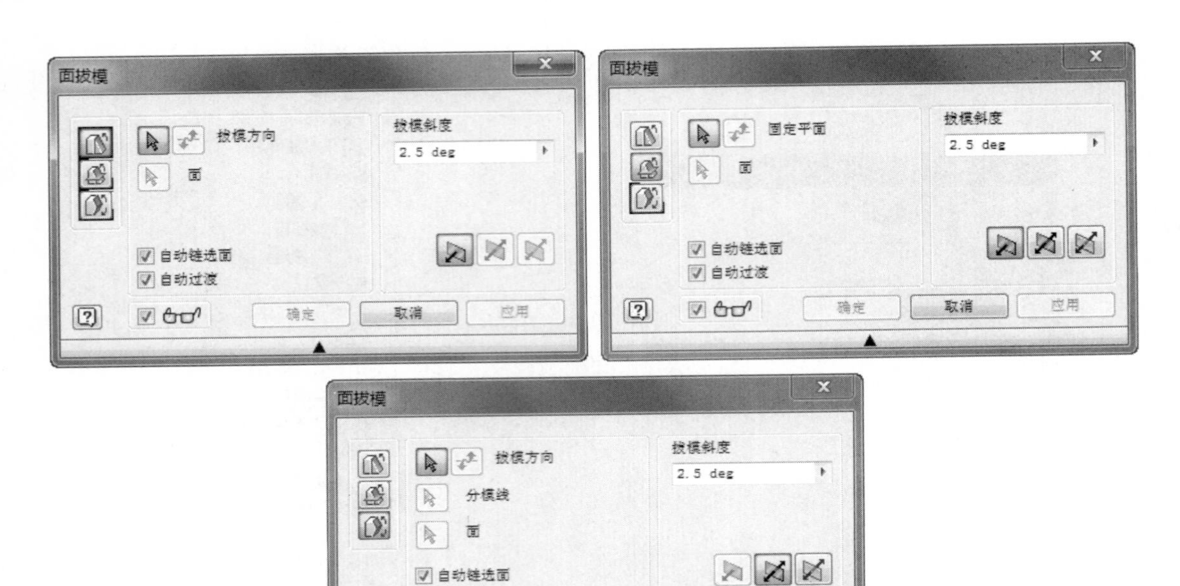

图 6-18 “面拔模”对话框

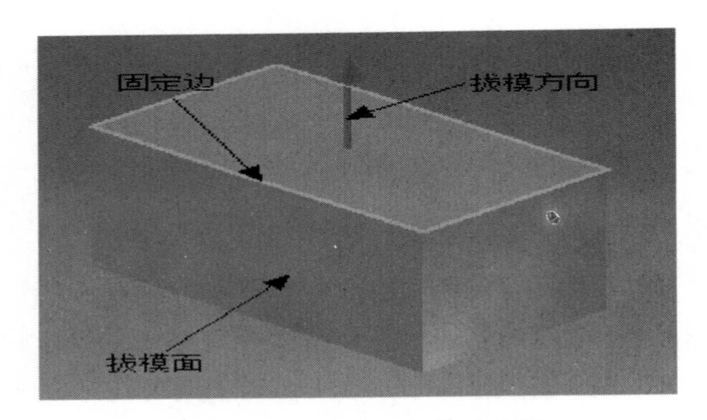

图 6-19 拔模特征参数示意图

当拔模方向与实际不符时，可以通过“反向”来改变拔模方向，或者直接使用负值使拔模方向指向相反方向。

2）面

面即拔模基准面。选择要将拔模应用到的面或边，当在面上移动鼠标指针时，将有一个符号表示拔模的固定边及如何应用拔模。单击顶边将其固定，并使用扫掠斜角移动底边；或者单击底边将其固定，并使用扫掠斜角移动顶边。再次单击以选择所选面的一条边，如图 6-19 所示。

3）拔模角度

可以在拔模特征对话框中设置拔模的角度，输入正的或负的角度，或者从下拉列表框中选择一种计算方法。

4）拔模类型

拔模分为固定边、固定平面、分模线拔模 3 种方式。

固定边是在每个平面的一个或多个相切的连续固定边处创建拔模，结果将创建额外的面。除了直线性棱边外，样条曲面也可以作为固定边，如图 6-20 所示。

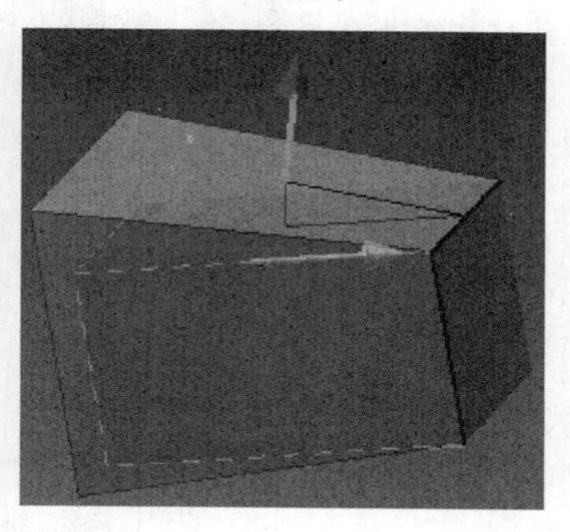

图 6-20　固定边拔模

固定平面是选择一个平面并确定拔模方向，拔模方向垂直于所选面。创建固定平面的拔模，选定的平面可确定对哪些面进行拔模。根据固定平面的位置，拔模可以添加和去除材料。固定平面处的截面面积不变，其他截面随固定平面的距离变化而放大或缩小，如图 6-21 所示。

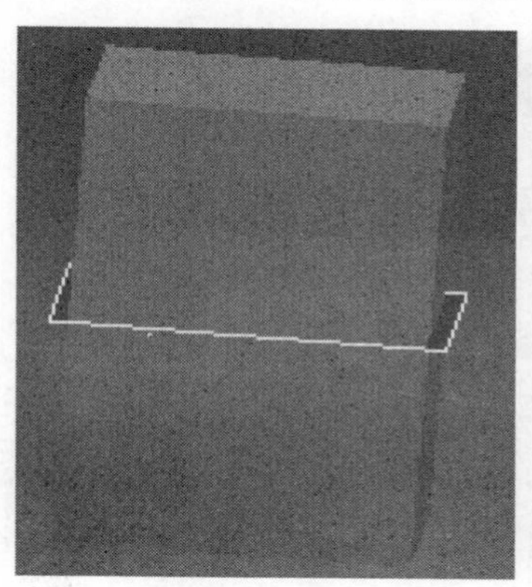
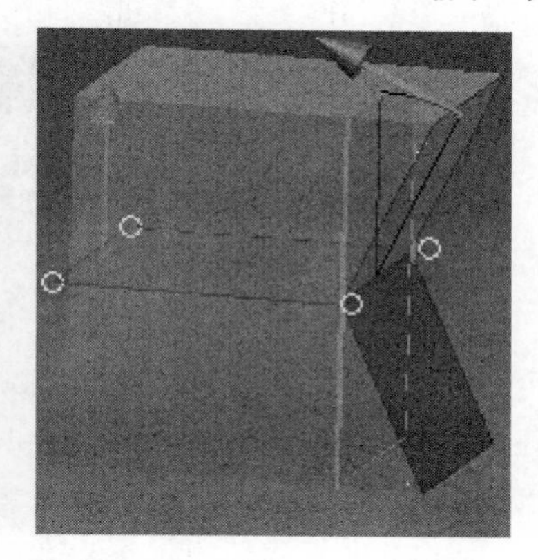

图 6-21　固定平面拔模

分模线拔模的前提是有一个三维的线即分模线。首先选择一个平面确定拔模方向，再选择分模线，最后选择需要拔模的面进行拔模。

6.3　加强筋

1．基本概念

加强筋是一种特殊的结构，是铸件、塑胶件等不可或缺的设计结构。在结构设计过程中，可能出现结构体悬出面过大或跨度过大的情况。在这种情况下，如果结构面本身与连接面能承受的负荷有限，则在两结合面体的公共垂直面上增加一块加强板，俗称加强筋，以增加结合面的强度。例如，厂房钢结构的立柱与横梁结合处，或是铸铁件的两垂直浇铸面上通常都会设有加强筋。在塑料零件中，它们也常常用来提高刚性和防止弯曲。

- 加强筋的厚度可垂直于草图平面，并在草图的平行方向上延伸材料。
- 加强筋的厚度可平行于草图，并在草图平面的垂直方向上延伸材料。
- 网状加强筋可提供一系列相交的薄壁支承。

使用开放或闭合的截面轮廓定义加强筋或腹板的截面。用户可以将截面轮廓延伸至与下一个面相交。另外，还可以定义它的方向（以指定加强筋或腹板的形状）和厚度。用户可以向腹板添加拔模或凸柱特征。

若要创建网状加强筋，请在草图中指定多个相交或不相交的截面轮廓。整个网状腹板将应用相同的厚度和拔模斜度（如果已指定）。

2．特征对话框

在功能区的“三维造型”选项卡的“创建”组中选择“加强筋”命令，弹出“加强筋”对话框，如图 6-22 所示。通过此对话框可以设定加强筋的轮廓、加强方向、厚度等相关参数。用户可以延伸截面轮廓使其与下一个面相交，即使截面轮廓与零件不相交，也可以指定一个深度。还可以定义它的方向（以指定加强筋或腹板的形状）和厚度，由于加强筋的成型工艺多采用铸造形成，在很多情况下，需要沿产品的出模方向对加强筋施加拔模角，使之易于出模。

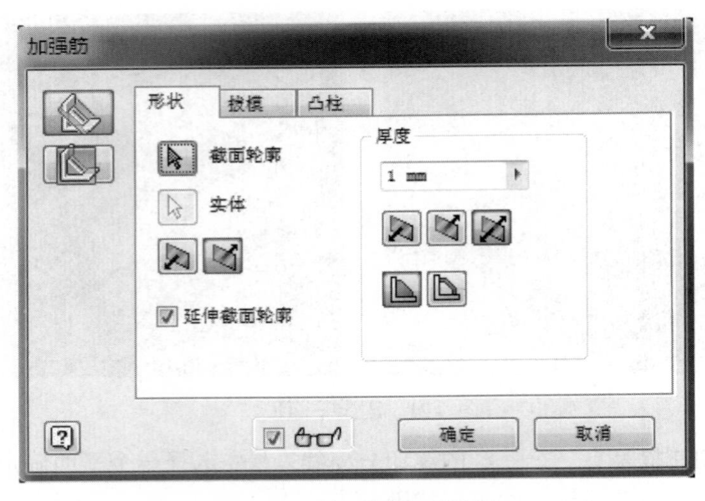

图 6-22 “加强筋”对话框

1）截面轮廓

创建加强筋时，常使用一个开放截面轮廓定义加强筋或腹板的形状，或者选择多个相交或不相交的截面轮廓来定义网状加强筋或腹板。

在这里需要注意的是，选择多条截面轮廓创建加强筋，并非是对选择单条截面轮廓创建加强筋特征简单的累加。有时选择多个截面轮廓所获得的结果可能不是我们想要的，这时可以选择单条轮廓，逐个创建。

2）延伸截面轮廓

如果截面轮廓的末端不与零件相交，则会显示“延伸截面轮廓”复选框。截面轮廓的末端将自动延伸。如果需要，则取消勾选该复选框，以按照截面轮廓的精确长度创建加强筋和腹板。

3）创建方式

- 到表面或平面：截面轮廓被投影到下一个面上，将加强筋或腹板终止于下一个面，用于创建封闭的薄壁支撑形状，即加强筋。
- 有限的：截面轮廓以一个指定的距离投影其深度，用来创建开放的薄壁支撑形状，即腹板。

4）加强筋厚度

加强筋厚度即指定加强筋或腹板的宽度。

5）加强筋方向

加强筋厚度即控制加强筋或腹板的加厚方向。在截面轮廓的任意一侧应用厚度，或在截面轮廓的两侧同等延伸。也可以单击“反向”按钮以指定加强筋厚度的方向。

6）方向

方向箭头指明加强筋是沿平行于草图图元的方向延伸还是沿垂直的方向延伸以设定加强筋的方向。

7）锥度

即在“锥度”文本框中为加强筋或腹板输入锥角或拔模值。只有加强筋延伸方向垂直于截面轮廓草图时，此选项才可用；否则，如果是施加锥度，则需借助“拔模”命令。

6.3.1　创建平行于草图平面的加强筋

加强筋使用开放的截面轮廓来创建单个支承形状。指定的厚度垂直于草图平面，并在草图的平行方向上拉伸材料。

设置草图平面，并创建截面轮廓几何图元：

（1）可以创建工作平面以用做草图平面。单击“创建二维草图”按钮，然后单击工作平面或平整面以设定草图平面。

（2）如果需要，则请使用“观察”重新定位草图方向。

（3）使用“草图”选项卡上的命令创建一个开放截面轮廓来代表加强筋的形状。

定义加强筋的方向、厚度终止方式：

（1）在功能区上的“三维模型”选项卡的“创建”组中选择“加强筋”命令，弹出“加强筋”对话框。确认已选中截面轮廓；如果未选中，则请单击选中。

（2）单击按钮，设定加强筋的方向。单击“反向”按钮，指定材料的拉伸方向。

（3）如果零件文件中存在多个实体，则单击“实体”按钮，选择参与的实体。

（4）在“厚度”数值框中输入加强筋的厚度。单击“反向”按钮，以指定加强筋厚度的方向。

（5）单击以下选项之一以设定加强筋的深度。

- 到表面或平面：使加强筋终止于下一个面。
- 有限的：设定特定的深度（需输入一个值）。

（6）单击“确定”按钮，以创建加强筋或腹板。

6.3.2 创建垂直于草图平面的加强筋

加强筋使用开放或闭合的截面轮廓来创建支承形状。指定的厚度平行于草图平面，并在草图的垂直方向上拉伸材料。使用草图点在加强筋特征上放置凸柱几何图元。

设定草图平面，并创建截面轮廓几何图元。

（1）可以创建工作平面以用作草图平面。单击“创建二维草图”按钮，然后单击工作平面或平整面以设定草图平面。

（2）如果需要，则可使用“观察”重新定位草图方向。

（3）使用“草图”选项卡上的命令创建一个代表加强筋形状的截面轮廓。

定义腹板方向、厚度、范围和其他选项：

（1）在功能区的“三维模型”选项卡的“创建”组中选择“加强筋”命令，弹出“加强筋”对话框。确认已选中的截面轮廓；如果未选中，则可单击选中。

（2）单击按钮，设定加强筋的方向。

（3）单击“反向”按钮，指定材料的拉伸方向。

（4）如果零件文件中存在多个实体，则单击“实体”按钮，选择参与的实体。

（5）如果截面轮廓的末端不与零件相交，则会显示“延伸截面轮廓”复选框。截面轮廓的末端将自动延伸。如果愿意，则取消勾选该复选框以按照截面轮廓的精确长度创建加强筋和腹板。

（6）在“厚度”数值框中输入加强筋的厚度。单击“反向”按钮，以指定加强筋厚度的方向。

（7）单击以下选项之一以设定加强筋的深度。

- 到表面或平面：使加强筋终止于下一个面。
- 有限的：设定特定的深度（需输入一个值）。

（8）在“锥角”数值框中为加强筋或腹板输入锥角或拔模值。若要应用锥角值，方向必须垂直于草图平面。

（9）单击“确定”按钮，以创建加强筋或腹板。

（可选）选择“拔模”选项卡控制特征上的拔模：

- 选择将厚度值保留在特征顶部或根部。
- 指定拔模斜度的值。

（可选）选择“凸柱”选项卡为凸柱几何图元指定选项：

- 若要找到凸柱，可使用“中心”按钮或“全选”复选框。默认情况下，将选择与截面轮廓几何图元相交的所有草图点。
- 指定凸柱几何图元的直径值。
- 指定偏移值，即从加强筋特征顶部到凸柱特征顶部的距离。

● 指定凸柱几何图元的拔模斜度值。

注意

若要创建网状加强筋或腹板，可以在草图平面上绘制多个相交或不相交的截面轮廓，然后执行以上步骤。

6.4 放样

1．基本概念

放样是将两个或两个以上具有不同形状或尺寸的截面轮廓均匀过渡，从而形成特征实体或曲面。与扫掠相比，放样更加复杂，用户可以选择多个截面轮廓和轨道来控制曲面。

由于其具有可控性并能创建更为复杂的曲面，常用于创建与人机工程学、空气动力学或美学相关的曲面，比如日常电器产品外形和汽车表面等。

2．特征对话框

在功能区的“三维模型”选项卡的“创建”组中选择“放样”命令，会弹出“放样”对话框，该对话框中有“曲线”、“条件”和“过渡”3 个选项卡，如图 6-23 所示。

图 6-23 “放样”对话框

1）截面轮廓

放样的截面轮廓可以是二维草图或三维草图中的曲线、模型边、点或面回路。截面轮廓的增加会控制模型更加逼近真实或者期待的形状，但随着截面轮廓的增加，计算时间会增加，应选择适量的轮廓或者其他辅助几何要素。如果出现截面误选，则可在截面列表中单击误选的轮廓，然后通过“Ctrl+单击”、“Shift+单击”或直接按“Delete”键清除误选的截面。

2）轨道

轨道是指截面之间的放样形状。轨道将影响整个放样实体，而不仅仅是与轨道相交的截面顶点。没有轨道的截面顶点将受相邻轨道的影响。轨道必须与每个截面相交，并且必须在第一个和最后一个截面上（或在这些截面之外）终止。创建放样时，将忽略延伸到截面之外的那一部分轨道。轨道必须连续相切。

3）中心线

中心线是一种与放样截面成法向的轨道类型，其作用与扫掠路径类似。中心线放样使选定的放样截面的相交截面区域之间的过渡更平滑。中心线与轨道遵循相同的标准，只是中心线无须与截面相交，且只能选择一条中心线。

4）放样类型

根据添加的轨道和中心线控制等约束条件的不同，放样可分为以下 4 种类型。

- 一般放样：只使用多个截面轮廓而不施加中心线、导轨或面积等控制，如图 6-24 所示。
- 轨道放样：对选择的多个截面轮廓施加单个或多个轨道控制，如图 6-25 所示。默认为此方式，当没有选择轨道时，默认创建的为一般放样，即放样的曲面只能由提供的截面轮廓控制。若要创建轨道放样，可单击鼠标右键，从弹出的快捷菜单中选择“轨道”命令，或在“放样”对话框的“轨道”列表框中单击“单击以添加”，并选择一个或多个二维或三维曲线以用于引导轨道。
- 中心线放样：对选择的多个截面轮廓按某条中心线变化，如图 6-26 所示。若要创建中心线放样，需单击鼠标右键，从弹出的快捷菜单中选择“中心线”命令，或选择“放样”对话框“曲线”选项卡的“中心线”单选按钮，选择二维或三维曲线来用作中心线。中心线将保持垂直于中心线的截面之间的放样形状。

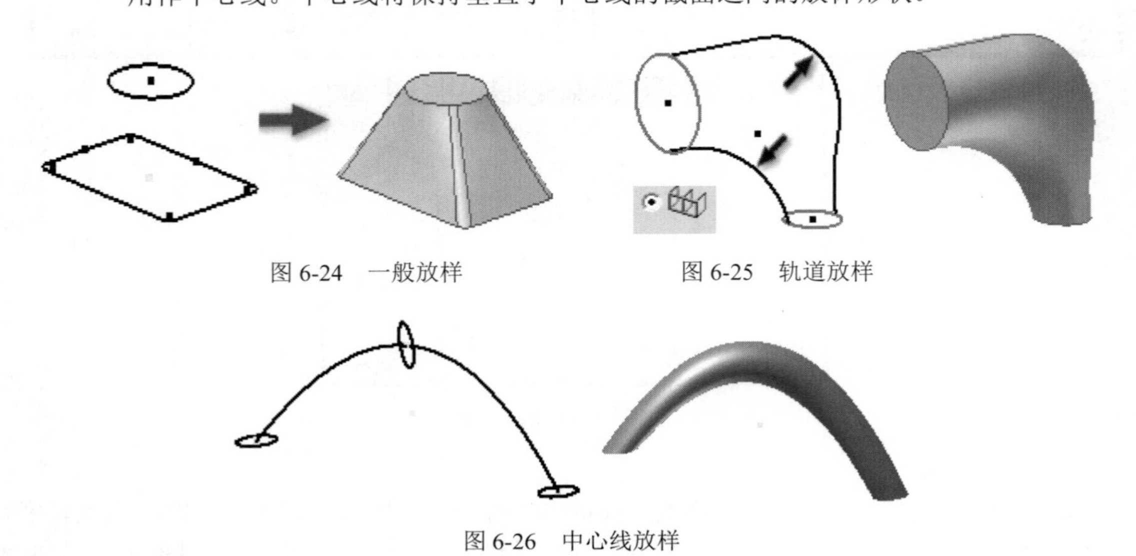

图 6-24　一般放样

图 6-25　轨道放样

图 6-26　中心线放样

- 面积放样：对放样过程中指定截面的面积进行控制。面积放样允许控制沿中心线放样的指定点处的横截面面积。面积放样可以与实体和曲面输出结合使用，但需要选择单个轨道作为中心线，将显示放样中心线上所选的每个点的截面尺寸。使用截面尺寸定义每个点的横截面面积和比例系数。使用此特征可以设计比较复杂的液体管道系统，由于各个截面面积近似相等，在一定程度上能降低流量损失和流动噪声。

选择“面积放样”，用户需首先选择一条二维或三维曲线作为中心线；然后在“截面”列表框中单击“单击以添加”，在用户图形区域沿中心线将指示器移动到采样点位置，最后单击添加面积控制点。此时，在用户图形区域将显示每个截面的截面尺寸。

若要相对于中心线长度更改或控制截面位置，请选择所需的“截面位置”选项并输入值。使用“成比例的距离”相对于中心线长度定位截面。使用“绝对距离”沿中心线的绝对距离放置截面。例如，如果中心线是 16 英尺，则输入 8，在中心线的中点创建放置的截面。

若要更改或控制比例，可选择所需的“截面尺寸”选项并输入值。选择“区域”并输入值，将按比例调整截面以匹配指定的区域值。尺寸相对于中心线长度。选择“比例系数”并输入值，将按比例调整截面以匹配指定的区域值。使用“比例系数”选项作为外观设计工具或用来调整放样形状。

使用“从动截面”和“主动截面”将截面定义为“主动”或“从动”（检验）。选择“主动截面”以更改截面的位置和尺寸；选择“从动截面”以禁用所有截面尺寸控件，并仅允许控制截面位置。

5）闭合回路

此选项为可选，用于连接放样的第一个和最后一个截面以构成封闭回路。

6）合并相切面

此选项为可选，用于自动缝合相切放样面，这样，特征的切面之间将不创建边，效果如图 6-27 所示。

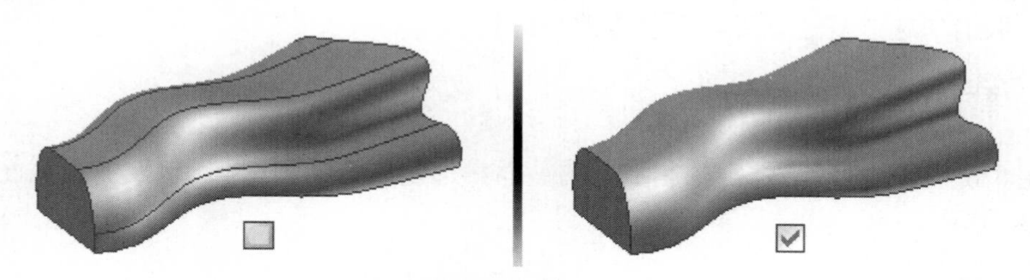

图 6-27　合并相切放样效果对比

7）选择条件

为列出的截面和轨道指定边界条件。

- 无条件：即自由条件，相当于 G0 连续。默认选项，不应用任何边界条件。
- 方向条件：用以指定相对于截面或轨道平面测量的角度。设置条件的角度和权值。仅当曲线是二维草图时可用。
- 角度：表示截面或轨道平面与放样创建的面之间的过渡段包角。范围从 0°～180°。默认值为 90°，即垂直过渡。180°的值可提供平面过渡。

- 权值：一种无量纲系数，通过在转换到下一形状之前确定截面形状延伸的距离以控制放样的外观。大的权值和小的权值是相对于模型的大小而言的。大的权值可能导致放样曲面扭曲，并且可能生成自交曲面。权值系数通常在 1～20 之间。
- 相切 G1 条件：用以创建与相邻面相切的放样，然后设置条件的权值。当截面、轨道与曲面、实体相邻或选择面回路时可用。不适应于草图截面轮廓。
- 平滑 G2 条件：用以指定与相邻面连续的放样曲率。此条件只在截面轮廓边与曲面或实体边界相邻或选择面回路时可用，而且不适应截面轮廓为草图的情况。
- 尖锐点：用以创建尖头或锥形顶面，仅当起始截面或终止截面是一个点时可用。
- 相切：用以创建圆头的盖形顶面，然后设置条件的权值。仅当起始截面或终止截面是一个点时可用。
- 与平面相切：指定工作平面或平面，然后设置条件的权值。仅当起始截面或终止截面是一个点时可用。

8）选择过渡

在“过渡”选项卡中，默认选项为“自动映射”。如果需要，则取消勾选该复选框以修改自动创建的点集，添加或删除点。

映射点、轨道、中心线和截面顶点将定义一个截面的各段如何映射到其前后截面的各段中。如果取消勾选“自动映射”复选框，将列出自动计算的点集并根据需要添加或删除点。

- 点集：在每个放样截面上列出自动计算的点。
- 映射点：在草图上列出自动计算的点，以便沿这些点直线对齐截面，从而使放样特征的扭曲最小化。点按照截面的顺序列出。
- 位置：以无量纲值指定相对于选定点的位置。0 表示直线的一端，5 表示直线的中点，1 表示直线的另一端。
- 自动映射：默认设置打开。勾选该复选框后，点集、映射点和位置等条目将为空。取消勾选该复选框可以手动修改映射点。

6.4.1 截面尺寸

使用“截面尺寸”对话框可控制放置的截面和选定截面的面积、比例及放置截面的位置，如图 6-28 所示。

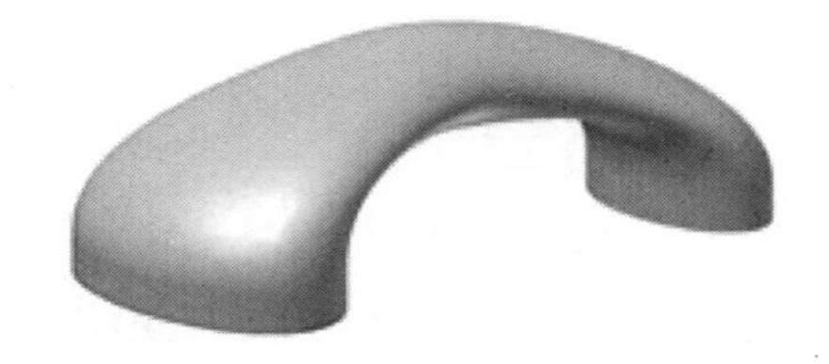

图 6-28 设置截面尺寸

在功能区的“三维模型”选项卡的“创建”组中选择“放样”命令。双击通过“面积放样”命令创建的现有点，或在通过“面积放样”创建的点上单击鼠标右键，并从弹出的快捷菜单中选择“编辑”命令。

- 截面位置：指定放置截面的位置。在放置初始截面后，只能通过“编辑”对话框中的值来控制位置。
  - 成比例的距离：尺寸相对于中心线长度。截面相对于中心线长度放置。
  - 绝对距离：尺寸沿中心线的绝对长度放置。例如，如果中心线为 16 英寸，则可以在尺寸的一半（8 英寸）处放置。
- 主动截面：主动截面允许控制截面位置和尺寸。
- 从动截面：从动截面提供了截面尺寸的反馈而未更改面积放样。从动截面仅允许控制位置。
- 截面尺寸：可以使用两种方法来调整放置的截面的尺寸。
  - 面积：按比例调整截面以匹配指定的区域值。尺寸相对于中心线长度。
  - 比例系数：按比例调整截面以匹配指定的比例系数。

6.4.2 对应实例

创建放样或使用轨道放样如图 6-29 和图 6-30 所示。

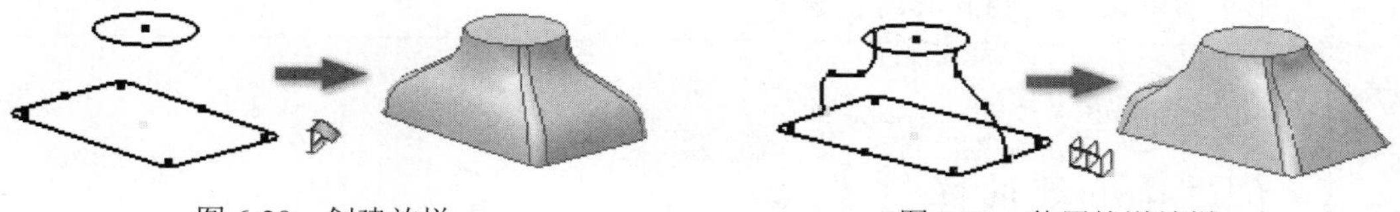

图 6-29 创建放样　　图 6-30 使用轨道放样

（1）在功能区上的“三维模型”选项卡的“创建”组中选择“放样”命令，弹出“放样”对话框。

（2）在“曲线”选项卡上指定要放样的截面。在“截面”列表框中单击“单击以添加”，然后按照希望形状光滑过渡的顺序来选择截面。如果在任一平面上选择多个截面，则这些截面必须相交。

注意

如果草图中有多个回路，应先选择该草图，然后选择曲线或回路。

（3）若要使用轨道导向曲线，可单击鼠标右键，并在弹出的快捷菜单中选择“轨道”命令，或在“放样”对话框的“轨道”列表框中单击“单击以添加”，并选择一个或多个二维或三维曲线以用于引导轨道。截面必须与轨道相交。放样轨道控制了截面之间的放样形状。

（4）如果该零件包含的实体不止一个，则单击“实体”按钮来选择参与实体。

（5）在“输出”下选择“实体”或“曲面”。

（6）勾选“封闭回路”复选框，以连接放样的起始和终止截面。

（7）勾选“合并相切面”复选框，以无缝合并放样面。

（8）在“操作”下，单击“求并”、“求差”、“求交”或 “新建实体”按钮。如果放样是该文件中的第一个特征，则“新建实体”就是默认操作。

（9）在“条件”选项卡上，为列出的截面和轨道指定边界条件：

- 选择“无条件”，不应用任何边界条件。
- 选择“相切条件”，以创建与相邻面相切的放样。然后设置条件的权值。
- 选择“方向条件”，以指定相对于截面或轨道平面测量的角度。设置条件的角度和权值。
- 选择“平滑（G2）条件”，以指定与相邻面连续的放样曲率。

注意

图形中将亮显选定的草图或边。

（10）在“过渡”选项卡中，默认选项为“自动映射”。如果需要，则取消勾选该复选框，以修改自动创建的点集、添加点或删除点。

- 单击点集行进行修改、添加或删除。
- 将为每个截面草图创建一个默认的计算映射点。单击“位置”以指定一个无量纲的值（0 代表直线的一端；1 代表直线的另一端；小数值代表两个端点之间的位置）。

注意

图形中将亮显选定的点集或映射点。

（11）单击“确定”按钮，以创建放样。

6.4.3 创建中心线放样

创建中心线放样如图 6-31 所示。

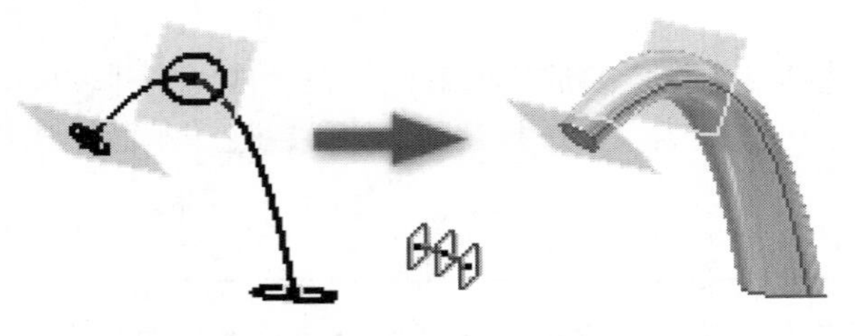

图 6-31 创建中心线放样

（1）在功能区上的“三维模型”选项卡的“创建”组中选择“放样”命令。

（2）在“曲线”选项卡中指定要放样的截面。在“截面”列表框中单击“单击以添加”，然后按照希望形状光滑过渡的顺序来选择截面。如果在任一平面上选择多个截面，则这些截面必须相交。

注意

如果草图中有多个回路，则应先选择该草图，然后选择曲线或回路。

（3）若要选择中心线导向曲线，可单击鼠标右键，并从弹出的快捷菜单中选择“中心线”命令，或在“放样”对话框中选择“中心线”单选按钮。选择二维或三维曲线来用作中心线。中心线将保持垂直于中心线的截面之间的放样形状。

（4）如果该零件包含的实体不止一个，则单击“实体”按钮来选择参与实体。

（5）在“输出”下选择“实体”或“曲面”。

（6）勾选“封闭回路”复选框，以连接放样的起始和终止截面。

（7）勾选“合并相切面”复选框，以无缝合并放样面。

（8）在“操作”下，单击“求并”、“求差”、“求交”或“新建实体”按钮。

注意

图形中将亮显选定的草图或边。

（9）在“过渡”选项卡中，默认选项为“自动映射”。如果需要，则取消勾选该复选框，以修改自动创建的点集、添加点或删除点。

- 单击点集行进行修改、添加或删除。
- 将为每个截面草图创建一个默认的计算映射点。单击“位置”以指定一个无量纲的值（0 代表直线的一端；1 代表直线的另一端；小数值代表两个端点之间的位置）。

注意

图形中将亮显选定的点集或映射点。

（10）单击“确定”按钮以创建放样。

6.4.4 创建到点的放样

创建到点的放样如图 6-32 所示。

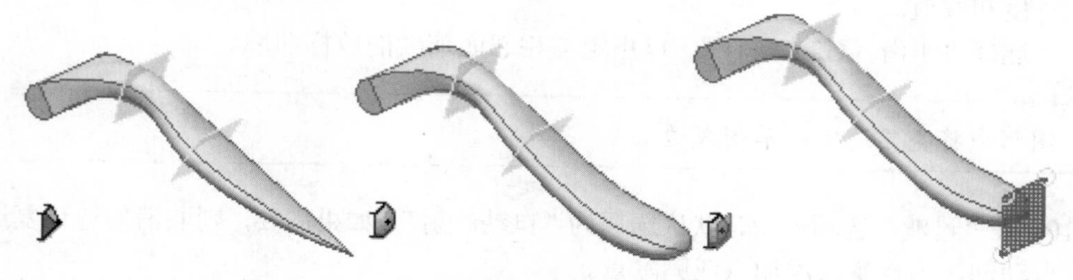

图 6-32 创建到点的放样

对于开放放样，可以同时为起始截面或终止截面选择一点，然后将条件应用到点截面。应用“尖锐点”条件以创建具有尖头或锥形顶面的放样。应用相切条件以创建具有圆头的盖形顶面的放样。将相切应用到平面条件，并选择相切平面以控制圆头顶面。

两个点截面之间的放样必须包括一个内部截面以定义截面形状。

（1）在功能区上的“三维模型”选项卡的“创建”组中选择“放样”命令。

（2）在“曲线”选项卡上指定要放样的截面。在“截面”列表框中单击“单击以添加”，然后按照希望形状光滑过渡的顺序来选择截面。

- 点截面必须位于放样的开始或结束处。
- 如果在任一平面上选择多个截面，则这些截面必须相交。
- 如果草图中有多个回路，请先选择该草图，然后选择曲线或回路。

（3）指定是否使用轨道或中心线来创建放样。用户可以使用右键菜单在“截面”、“轨道”和“中心线”之间切换选择或更改对话框中的选择类型。选择单条二维或三维曲线作为中心线，或选择一条或多条曲线作为引导轨道。截面必须与轨道相交，但无须与中心线相交。

注意

使用点指定中心线时，中心线必须通过该点截面且在相邻截面中心附近。

（4）如果该零件包含的实体不止一个，则单击“实体”按钮来选择参与实体。

（5）在“输出”下选择“实体”或“曲面”。

（6）勾选“封闭回路”复选框，以连接放样的起始和终止截面。

（7）勾选“合并相切面”复选框，以无缝合并放样面。

（8）在“操作”下，单击“求并”、“求差”、“求交”或 “新建实体”按钮。

（9）在“条件”选项卡中为列出的截面和轨道指定的边界条件。

对于点截面：

- 选择“尖锐点”，以创建尖头或锥形顶面。
- 选择“相切”，以创建圆头的盖形顶面，然后设置条件的权值。
- 选择“与平面相切”，并指定工作平面或平面，然后设置条件的权值。

对于其他截面和轨道：

- 选择“无条件”，不应用任何边界条件。
- 选择“相切条件”，以创建与相邻面相切的放样，然后设置条件的权值。
- 选择“方向条件”，以指定相对于截面或轨道平面测量的角度，然后设置条件的角度和权值。
- 选择“平滑（G2）条件”，以指定与相邻面连续的放样曲率。

注意

图形中将亮显选定的草图或边。

（10）在“过渡”选项卡中，默认选项为“自动映射”。如果需要，则取消勾选该复选框，以修改自动创建的点集，添加点或删除点。

- 单击点集行进行修改、添加或删除。
- 将为每个截面草图创建一个默认的计算映射点。单击“位置”以指定一个无量纲的值（0 代表直线的一端；1 代表直线的另一端；小数值代表两个端点之间的位置）。

注意

图形中将亮显选定的点集或映射点。

（11）单击“确定”按钮以创建放样。

6.4.5 创建面积放样

创建面积放样如图 6-33 所示。

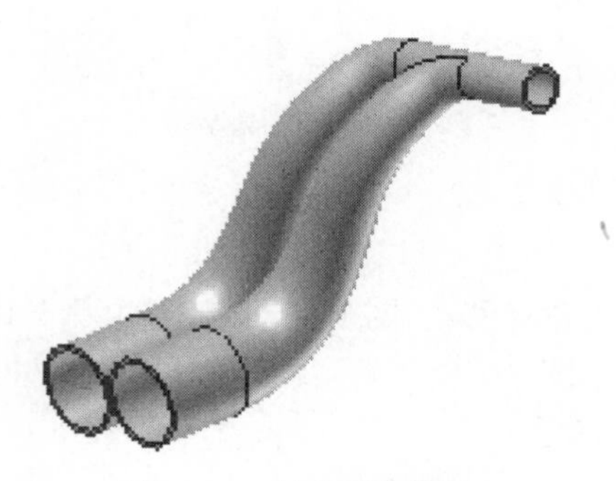

图 6-33　创建面积放样

（1）在功能区的“三维模型”的“创建”组中选择“放样”命令。在图形窗口中按照希望形状过渡的顺序选择截面。

（2）选择“面积放样”，然后选择一条二维或三维曲线作为中心线。中心线将保持垂直于中心线的截面之间的放样形状。

选择中心线时，截面尺寸将显示在每个端点处，并提供相对于每个选定截面的中心线的区域和位置。

可以使用面积放样查看中心线是否与截面成法向。截面尺寸指向与中心线成法向的截面。

除了这两个截面外，还可以添加放置的截面以定义横截面，从而可以控制放样形状。

（3）若要添加放置的截面，在“放样”对话框的“截面”列表框中单击“单击以添加”，并沿中心线将指示器移至点位置，然后单击以添加点。将显示每个放置截面的截面尺寸。

（4）双击一个放置的截面以访问“截面尺寸”对话框。可以更改放置的截面的位置和尺寸。

- 若要相对于中心线长度更改或控制截面位置，可选择所需的“截面位置”选项并输入值。使用“成比例的距离”相对于中心线长度定位截面。使用“绝对距离”沿中心线的绝对距离放置截面。例如，如果中心线是 16 英尺，则输入 8，在中心线的中点创建放置的截面。
- 若要更改或控制比例，可选择所需的“截面尺寸”选项并输入值。选择“区域”选项并输入值，按比例调整截面以匹配指定的区域值。尺寸相对于中心线长度。选择“比例系数”并输入值，按比例调整截面以匹配指定的区域值。使用“比例系数”选项作为外观设计工具或用来调整放样形状。
- 使用“从动截面”和“主动截面”将截面定义为“主动”或“从动”（检验）。选择“主动截面”更改截面的位置和尺寸。选择“从动截面”以禁用所有截面尺寸控件并仅允许控制截面位置。

通常，将“放置的截面”用做“主动截面”。

（5）单击“确定”按钮退出对话框。若要进行其他编辑，可双击截面尺寸或在图形窗口中的尺寸上单击鼠标右键，从弹出的快捷菜单中选择“编辑”命令。

（6）若要删除截面尺寸，可在图形窗口中的尺寸上单击鼠标右键，从弹出的快捷菜单中选择“删除”命令。

6.5 扫掠

1. 基本概念

扫掠特征或实体是通过沿路径移动或扫掠一个或多个草图截面轮廓而创建的。用户使用的多个截面轮廓必须在同一草图中。路径可以是开放回路，也可以是封闭回路，但是必须穿透截面轮廓平面，如图 6-34 所示。

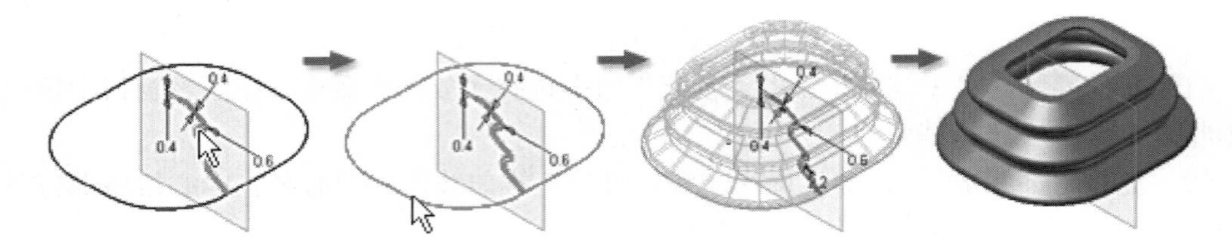

图 6-34　扫掠特征

2. 特征对话框

在功能区的“三维模型”选项卡的“创建”组中选择“扫掠”命令，弹出“扫掠”对话框，如图 6-35 所示，选用的路径类型不同，对话框设置也不同。通过此对话框，用户可以选择截面轮廓，指定扫掠路径、选择扫掠类型、指定扫掠斜角等。

图 6-35　“扫掠”对话框

1）截面轮廓

选择草图的一个或多个截面轮廓以沿选定的路径进行扫掠。

由“扫掠”对话框可知，扫掠也是集创建实体和曲面于一体的特征：对于封闭截面轮廓，用户可以选择创建实体或曲面；而对于开放的截面轮廓，则只有创建曲面。无论扫掠路径开放与否，扫掠路径必须要贯穿截面草图平面，否则无法创建扫掠特征。

使用扫掠实体时，每次只能使用一个能构成封闭区域的截面轮廓，这个截面轮廓可由多个闭合轮廓组成。如图 6-36（a）所示，虽然有多个闭合轮廓，但可以一次创建扫掠特征；如图 6-36（b）所示则需要多次调用扫掠命令才能达到相同的效果。

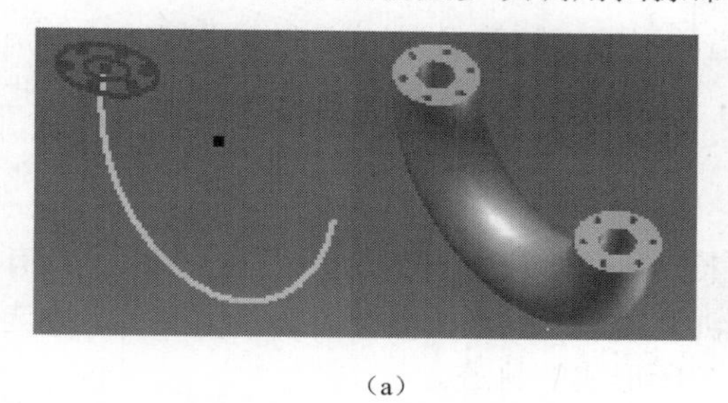

（a）

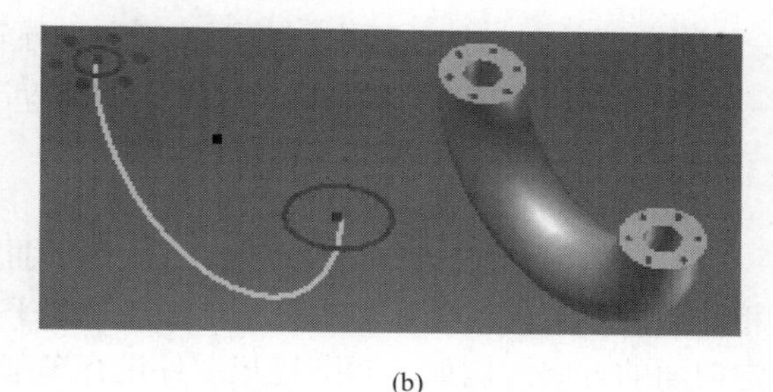

(b)

图 6-36　使用复杂截面轮廓创建扫掠

2）扫掠路径

选择扫掠截面轮廓所围绕的轨迹或路径。路径可以是开放回路，也可以是封闭回路，但无论扫掠路径开放与否，扫掠路径必须要贯穿截面草图平面，否则无法创建扫掠特征。在 Inventor 2015 中支持创建自相交的几何模型。

3）扫掠类型

用户创建扫掠特征时，除了必须指定截面轮廓和路径外，还可以选择引导路径和引导曲面等来控制截面轮廓的比例和扭曲。因此，基于扫掠过程中截面轮廓变形控制的类型不同，创建扫掠实体或曲面的方法可分为传统路径扫掠、引导轨道扫掠和引导曲面扫掠。

① 传统路径扫掠

传统路径扫掠，即创建扫掠时指定路径扫掠截面轮廓，用户可以选择控制扫掠过程的扫掠斜角。这种扫掠用于沿某个轨迹具有相同截面轮廓的对象，如火车系统的轨道、输油系统的管道和用于输电的电线等。

传统路径扫掠有两种控制截面轮廓的变形方式，即路径和平行。若选择“路径”方式，创建扫掠时，截面轮廓相对于扫掠路径保持不变，即所有扫掠截面都维持与该路径相关的原始截面轮廓。原始截面轮廓与路径垂直，在结束处扫掠截面仍维持这种几何关系。

若选择“平行”方式，截面轮廓会保持平行于原始截面轮廓，在路径任一点做平行截面轮廓的剖面，获得的几何形状仍与原始截面相当。

当选择控制方式为“路径”时，用户可以指定路径方向上截面轮廓的锥度变化，即扫掠斜角。它相当于拉伸特征的拔模角度，用来设置扫掠过程中在路径的垂直平面内扫掠体的拔模角度变化。当选择正角度时，扫掠特征沿离开起点方向的截面面积增大，反之减小。它不适于封闭的路径。

② 引导轨道扫掠

引导轨道扫掠，即创建扫掠时，选择一条附加曲线或轨道来控制截面轮廓的比例和扭曲。这种扫掠用于具有不同截面轮廓的对象，沿着轮廓被扫掠时，这些设计可能会旋转或扭曲，如吹风机的手柄和高跟鞋底。

在此类型的扫掠中，可以通过控制截面轮廓在 X 和 Y 方向上的缩放创建符合引导轨道的扫掠特征。截面轮廓缩放方式有以下 3 种。

- *X* 和 *Y*：在扫掠过程中，截面轮廓在引导轨道的影响下随路径在 X 和 Y 方向同时绽放。
- *X*：在扫掠过程中，截面轮廓在引导轨道的影响下随路径在 X 方向上进行绽放。
- 无：使截面轮廓保持固定的形状和大小，此时轨道仅控制截面轮廓扭曲。当选择此方式时，相当于传统路径扫掠。

③ 引导曲面扫掠

引导曲面扫掠，即创建扫掠时附加一个曲面来控制截面轮廓的扭曲。这种扫掠用于具有相同截面轮廓的对象，这些截面轮廓沿着非平面轨迹扫掠。在该轨迹中，必须保持指定给选定曲面的方向，例如，对圆柱形零件进行车削加工所形成的轨迹。

④ 优化单个选择

进行单个选择后，即自动前进到下一个选择器。进行多项选择时取消勾选该复选框。

6.5.1 创建扫掠特征

在“模型”选项卡的“创建”组中选择“扫掠”命令，通过沿选定路径扫掠一个或多个草图截面轮廓来创建特征或实体。用户使用的多个截面轮廓必须在同一草图中。若要创建实体或曲面扫掠特征，请使用闭合的截面轮廓。开放的截面轮廓可用于仅创建曲面扫掠特征。

若要控制扫掠截面轮廓的方向，用户可以选择是保持该截面轮廓相对于路径不变，还是使其平行于原始截面轮廓。若要控制扫掠截面轮廓的比例和/或扭曲，请选择引导曲面或引导轨道。

如果将扫掠命令作为部件特征使用，则仅包含求差操作的实体输出可用。不支持求并、求交和新建实体操作。仅允许对部件特征使用二维草图，因此不能选择特征边作为扫掠路径。

> **注意**
>
> 进行多项截面轮廓选择时，为防止自动前进到下一个选择器，可取消勾选“优化单个选择”复选框。

1. 沿路径创建扫掠

沿路径创建扫掠如图 6-37 所示。

首先，在相交的平面上绘制截面轮廓和路径。路径必须穿透截面轮廓平面。

（1）在功能区上的“三维模型”选项卡的“创建”组中选择“扫掠”命令。如果草图中只有一个截面轮廓，则将自动亮显。

（2）如果有多个截面轮廓，则可单击“截面轮廓”按钮，然后选择要扫掠的截面轮廓。

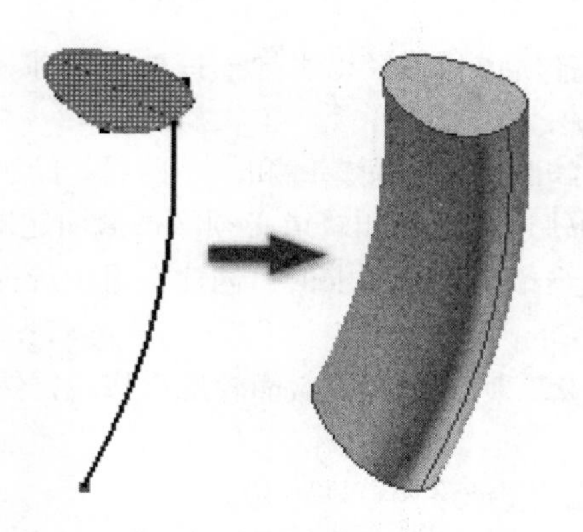

图 6-37　沿路径创建扫掠

（3）单击“路径”按钮，然后选择二维草图、三维草图或几何图元的边。

注意

如果使用边作为路径，则完成扫掠命令时，边将投影到新的三维草图上。

（4）如果有多个实体，则单击“实体”按钮，然后选择参与实体。

（5）从“类型”下拉列表框中选择“路径”选项。

（6）选择路径的方向。

- “路径”：使扫掠截面轮廓相对于路径保持不变。
- “平行”：将使扫掠截面轮廓平行于原始截面轮廓。

（7）如果需要，可在“扫掠斜角”数值框中输入一个角度值。

（8）单击“求并”、“求差”或“求交”按钮，与其他特征、曲面或实体交互。单击“新建实体”按钮来创建新实体。如果扫掠是零件文件中的第一个实体特征，则此选项是默认选项。

如果图形窗口中的扫掠预览和预期的相同，则可单击“确定”按钮。

2．沿着路径和引导轨道创建扫掠

沿着路径和引导轨道创建扫掠如图 6-38 所示。

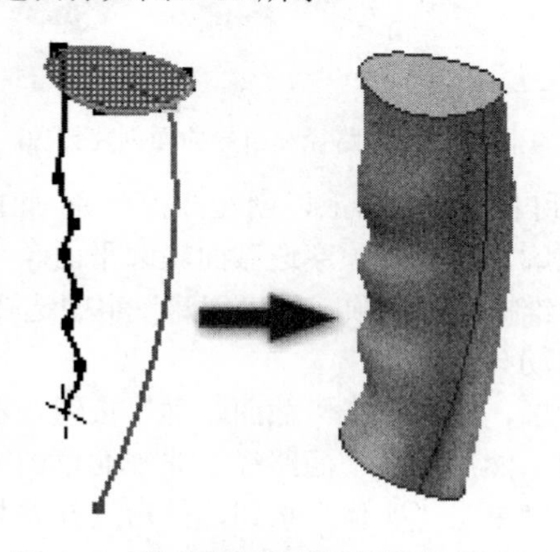

图 6-38　沿着路径和引导轨道创建扫掠

使用引导轨道扫掠，选择轨道和路径以引导扫掠截面轮廓。轨迹可以控制扫掠截面轮廓的缩放和扭曲。

首先，在相交的平面上绘制一个截面轮廓和一个路径。绘制一条附加曲线，作为可以控制截面轮廓的缩放和扭曲的轨道。路径和轨道必须穿透截面轮廓平面。

（1）在功能区上的“三维模型”选项卡的“创建”组中选择“扫掠”命令。如果草图中只有一个截面轮廓，则将自动亮显。

（2）如果有多个截面轮廓，则可单击“截面轮廓”按钮，然后选择要扫掠的平面截面轮廓。

（3）单击“路径”按钮，选择路径草图或边。

（4）如果有多个实体，则单击“实体”按钮，然后选择参与实体。

（5）从“类型”下拉列表框中选择“路径和引导轨道”选项。

（6）在图形窗口中选择引导曲线或轨道。

（7）单击某个截面轮廓缩放选项，以指示如何缩放扫掠截面才能符合引导轨道。

（8）单击“求并”、“求差”或“求交”按钮，与其他特征、曲面或实体交互。单击“新建实体”按钮来创建新实体。如果扫掠是零件文件中的第一个实体特征，则此选项是默认选项。

（9）如果图形窗口中的扫掠预览和预期的相同，则可单击“确定”按钮。

3．沿路径和引导曲面创建扫掠

沿路径和引导曲面创建扫掠如图 6-39 所示。

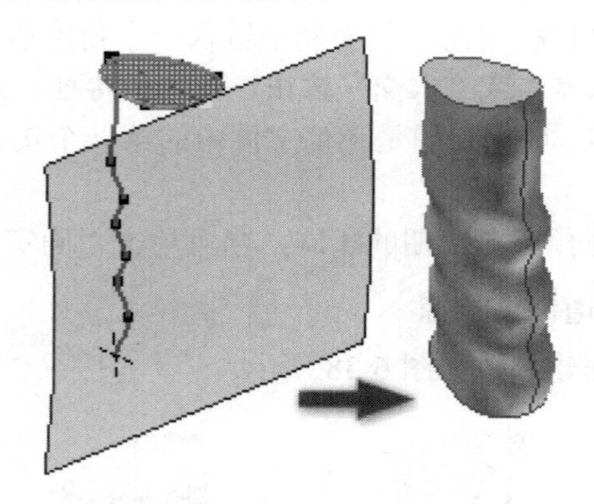

图 6-39　沿路径和引导曲面创建扫掠

首先，将一条曲线投影到非平面曲面上以创建扫掠路径。此曲面可控制截面轮廓的扭曲。在相交的平面上绘制截面轮廓。路径必须穿透截面轮廓平面。

（1）在功能区上的“三维模型”选项卡的“创建”组中选择“扫掠”命令。如果草图中只有一个截面轮廓，则将自动亮显。

（2）如果有多个截面轮廓，则可单击“截面轮廓”按钮，然后选择要扫掠的截面轮廓。

（3）单击“路径”按钮，然后选择平面路径、非平面草图或边。

（4）如果有多个实体，则单击“实体”按钮，然后选择参与实体。

（5）从“类型”下拉列表中选择“路径和引导曲面”选项。

（6）在图形窗口中，选择曲面以控制绕路径的扫掠截面轮廓的扭曲。

（7）单击“求并”、“求差”或“求交”按钮，与其他特征、曲面或实体交互。单击“新建实体”按钮来创建新实体。如果扫掠是零件文件中的第一个实体特征，则此选项是默认选项。

（8）如果图形窗口中的扫掠预览和预期的相同，则可单击“确定”按钮。

其次，测量扫掠中的二维开放路径，如图 6-40 所示。

扫掠是沿路径移动截面轮廓的操作。它扫掠过的空间为体积。如果用户具有包含一个或多个线束段的开放式路径（a），则可以通过体积除以面积来计算扫掠的总长，前提是满足以下条件：

- 开放式路径（a）被用作实体扫掠或螺旋扫掠特征中的路径。
- 有封闭的草图（b）。
- 沿（a）扫掠（b）以生成实体（c）。
- 零件中的所有其他实体特征处于被抑制状态。

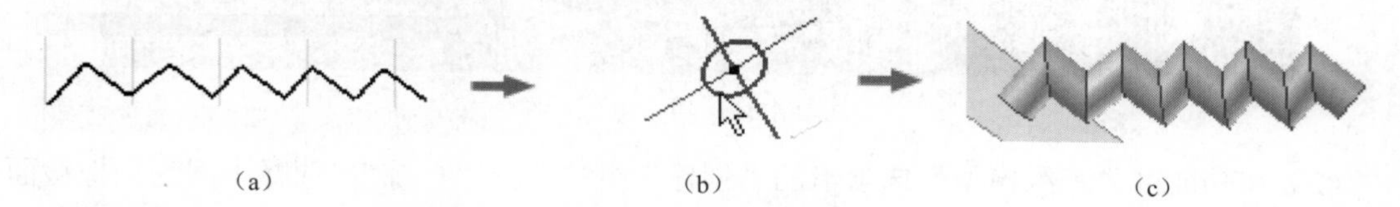

图 6-40　测量扫掠中的二维开放路径

（1）在新零件文件中创建二维草图（a）。完成草图并在草图的一个端点处创建工作平面。

（2）创建第二个草图，并在工作平面（b）上第一个草图的端点处创建一个圆。

（3）完成草图，然后创建扫掠（c）：单击“扫掠”按钮。选择该开放式路径。单击“确定”按钮。

4．查找和计算开放二维路径总长的步骤

（1）首先，查找体积。单击，在弹出的下拉菜单中选择“iProperty”命令。在“物理特性”选项卡中单击“更新”按钮。扫掠的体积（V）将显示在“体积”字段中。

（2）接下来，查找第二个草图的面积。在浏览器中，亮显二维草图，然后单击“草图”。在“工具”选项卡的“测量”组中选择“面积”命令，然后在图形窗口中选择圆。将显示截面面积（A）。

（3）计算长度：总长=V/A。

5．Inventor 2015 新功能增强-扭转角

Inventor 2015 中新增加了扭转角选项，如图 6-35 所示。通过扭转角可以控制与当前扫掠路径相垂直的截面的旋转，用来创建一些特殊模型。

（1）新建零件，创建两个相互垂直的二维草图，如图 6-41 所示。

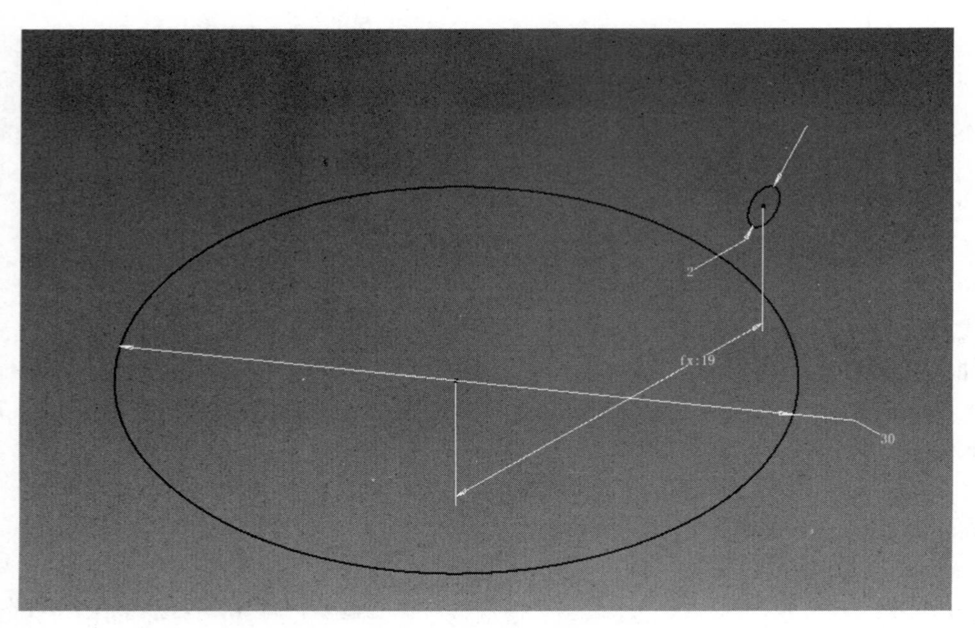

图 6-41　扫掠草图

（2）在功能区“三维模型”选项卡的“创建”组中选择“扫掠”，选择小圆为扫掠截面，大圆为扫掠路径，设置扭转角为“360”度，如图 6-42 所示。

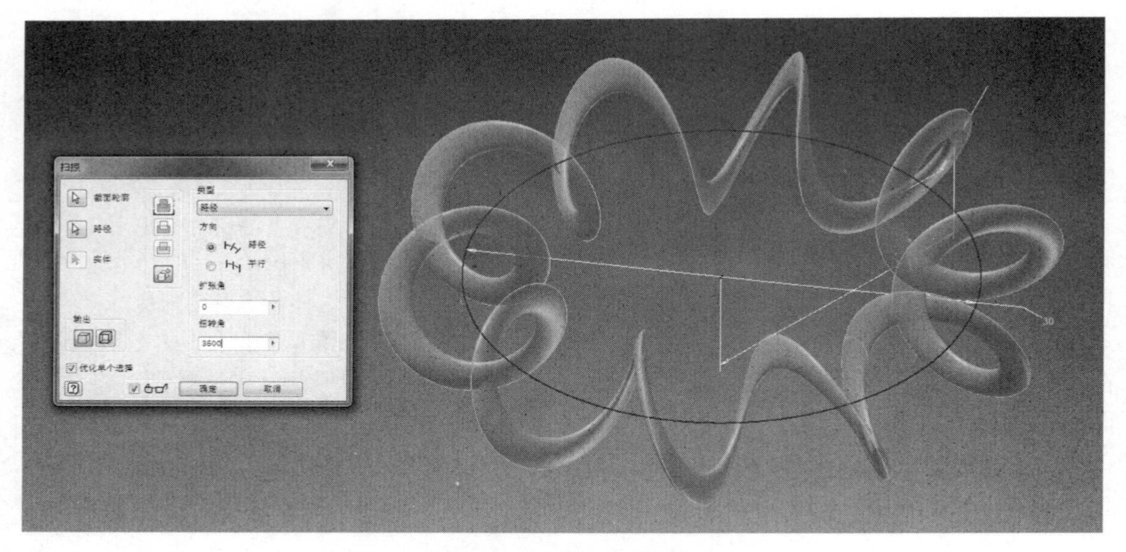

图 6-42　扫掠扭转角设置

（3）在功能区“三维模型”选项卡的“草图”组中选择“开始创建三维草图”，在“绘制”选项卡中选择“包含几何图元”，如图 6-43 所示。

（4）在左侧模型浏览器中右键选择实体 1，隐藏实体并留下扫掠路径。如图 6-44 所示。

图 6-43　提取扫掠路径

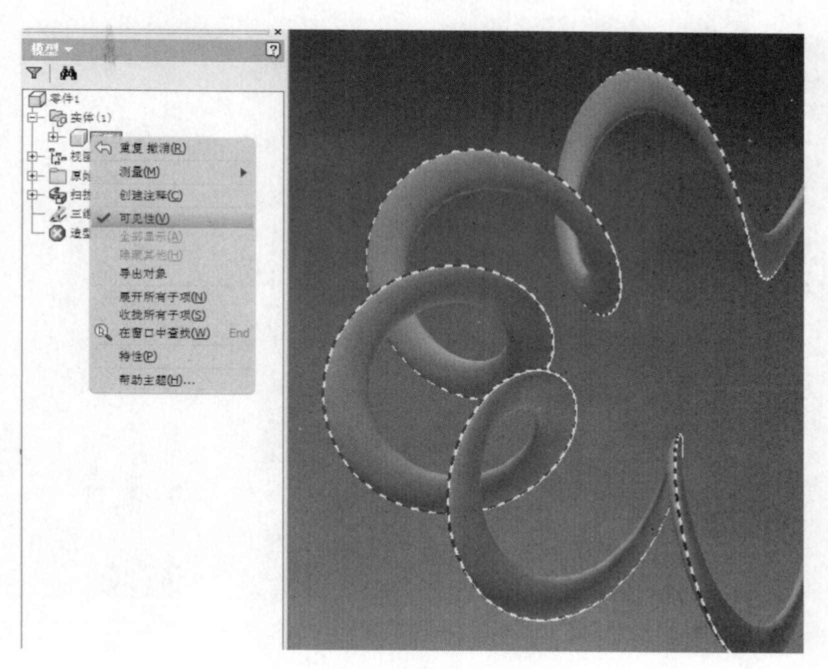

图 6-44　设置实体的可见性

（5）在功能区“三维模型”选项卡的“定位特征”组中选择“平面”以创建二位草图平面，选择三维草图中的路径和其中的节点创建草图平面，如图 6-45 所示。

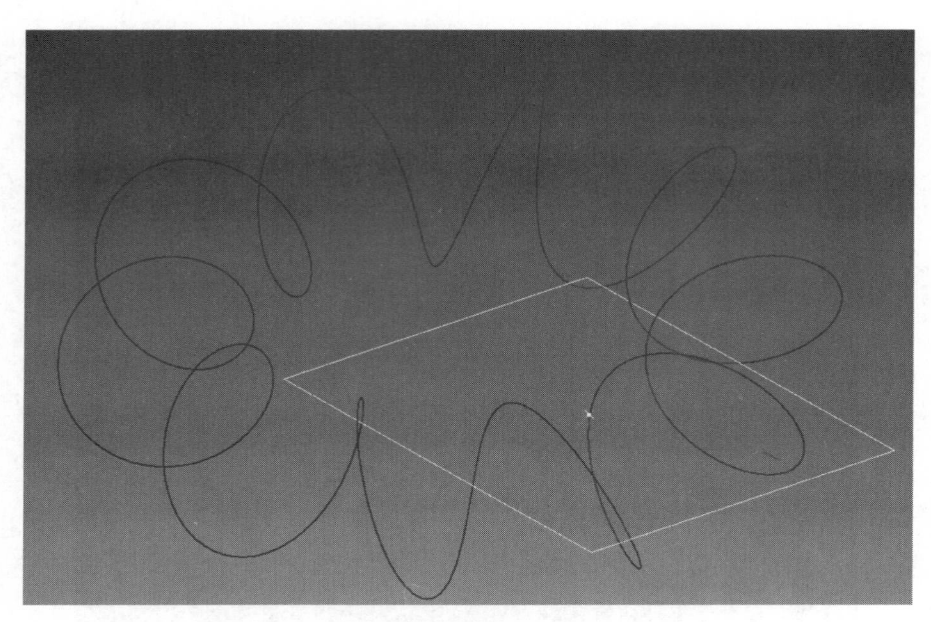

图 6-45　创建草图平面

（6）在新建的草图平面中建立草图并创建扫掠截面，如图 6-46 所示。

图 6-46　创建草图

（7）在功能区“三维模型”选项卡的“创建”组中选择“扫掠”，选择小圆为扫掠截面，三维草图为扫掠路径，选择新建实体，最终结果如图 6-47 所示。

图 6-46 最终模型

6.5.2 创建螺旋扫掠特征

螺旋扫掠用于构造对象，如弹簧或圆柱表面的螺纹。螺旋扫掠可以是多实体零件中的新实体。

在功能区“三维模型”选项卡的“创建”组中选择“螺旋扫掠”命令，弹出“螺旋扫掠”对话框，如图 6-47 所示。用于创建基于螺旋的特征或实体。使用本特征来创建螺旋弹簧和螺纹。如果螺旋扫掠是第一个特征，那它就是基本体特征。

图 6-47 “螺旋扫掠”对话框

1. 创建弹簧

首先，绘制出表达螺旋扫掠特征横截面的截面轮廓，然后使用“直线”命令或“工作轴”命令来创建螺旋扫掠的旋转轴，如图 6-48 所示。

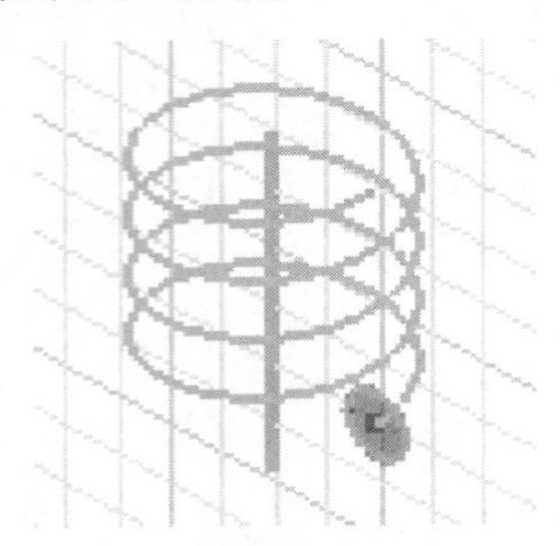

图 6-48　创建螺旋扫掠的旋转轴

（1）在功能区上的“三维模型”选项卡的“创建”组中选择“螺旋扫掠”命令。如果草图中只有一个截面轮廓，则它将自动亮显。

（2）如果有多个截面轮廓，则可单击“截面轮廓”按钮，然后选择截面轮廓。截面轮廓可以是开放的，也可以是闭合的。

（3）单击旋转轴。它可以位于任意方向，但不能与截面轮廓相交。

（4）如果存在多个实体，则单击“实体”按钮，然后选择要参与此操作的实体。

（5）在“输出”中单击“实体”或“曲面”。

（6）如果存在实体，则单击“新建实体”按钮以创建独立的实体。

（7）选择“螺旋规格”选项卡，单击“类型”下拉箭头，然后选择以下类型：螺距和转数、转数和高度、螺距和高度、螺旋。

输入适当的“螺距”、“高度”、“转数”或“锥角”（“锥角”对于“螺旋”不可用）。

（8）选择“螺旋端部”选项卡并选择以下方法来定义螺旋扫掠开始和终止的方式。例如，可以让它在平面上保持直立：

- 选择“平底”创建在螺旋扫掠螺距内的过渡角。输入“过渡段包角”，再输入“平底段包角”（最大为 360°）。
- 选择“自然”以终止螺旋扫掠，而不过渡。

2. 创建螺纹

要创建圆柱体上的螺纹，先放置用来标记螺纹截面轮廓位置的工作平面、创建截面轮廓，然后切割螺纹。

6.5.3　创建用于定位螺纹的圆柱体和定位特征

定位特征置于圆柱体中心并垂直于圆柱体端面。

（1）使用“草图”选项卡上的命令来创建截面轮廓。

（2）在功能区的“三维模型”选项卡上的“创建”组中选择“拉伸”命令，以将该截面轮廓拉伸到圆柱体。

（3）选择浏览器中的“原始坐标系”图标，再选择默认工作平面，然后单击鼠标右键，并在弹出的快捷菜单中选择“显示”命令。如果需要，则可创建以下定位特征：

- 在功能区的“三维模型”选项卡的“定位特征”组中使用“轴”来指定中心点上的工作轴。
- 在功能区的“三维模型”选项卡的“定位特征”组中使用“平面”来创建垂直于圆柱体末端的工作平面，如图 6-49 所示。

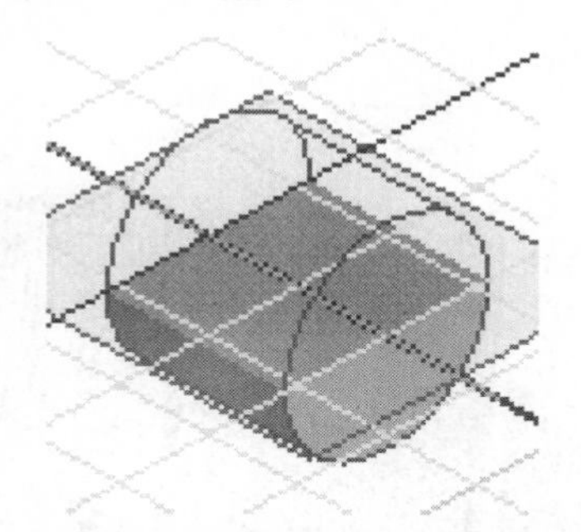

图 6-49 创建垂直于圆柱体末端的工作平面

6.5.4 创建和定位用于螺纹的截面轮廓

创建和定位用于螺纹的截面轮廓的具体步骤如下：

（1）在垂直于圆柱体端面的工作平面上创建草图平面。

（2）绘制螺纹截面轮廓。

（3）将圆柱体的侧面轮廓、圆柱体顶部或底部的边和工作轴投影到草图平面。

（4）约束截面轮廓形状并添加尺寸，相对于圆柱体定位。通常，截面轮廓应偏移圆柱体端面，使螺纹能够处于圆柱体顶面的适当位置，如图 6-50 所示。

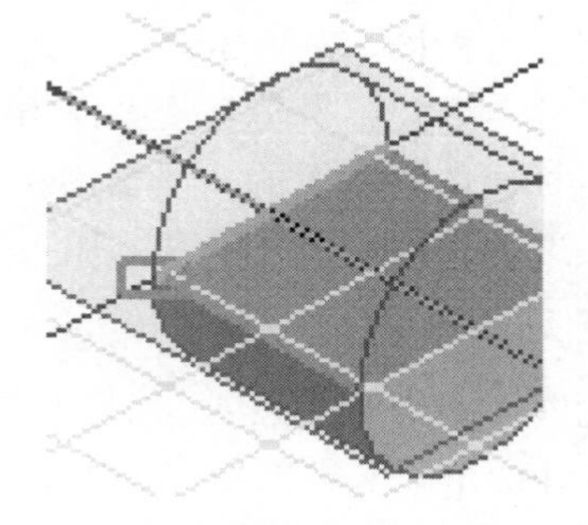

图 6-50 创建和定位用于螺纹的截面轮廓

创建螺纹的方法与 6.5.2 节中的方法相同，此处不再赘述。

6.6 创建和编辑塑料特征

多实体零件是自上而下的工作流。在单个零件文档中创建和放置多个实体。这种技术对于设计塑料零件尤其有用。自上而下的工作流不再需要零件之间的复杂文件关系和投影边。用户可以控制每个实体的可见性，为其定义单独的颜色并计算其质量。完成设计时，可以将单个实体作为零件文件直接导出至部件，如图 6-51 所示。

Inventor 中的塑料零件命令基于规则，这些命令用于自动创建复杂的塑料零件特征。

注意

塑料零件命令并非专用于塑料零件。例如，“规则圆角”命令可基于指定的设计规则在任意类型的特征上创建圆角。

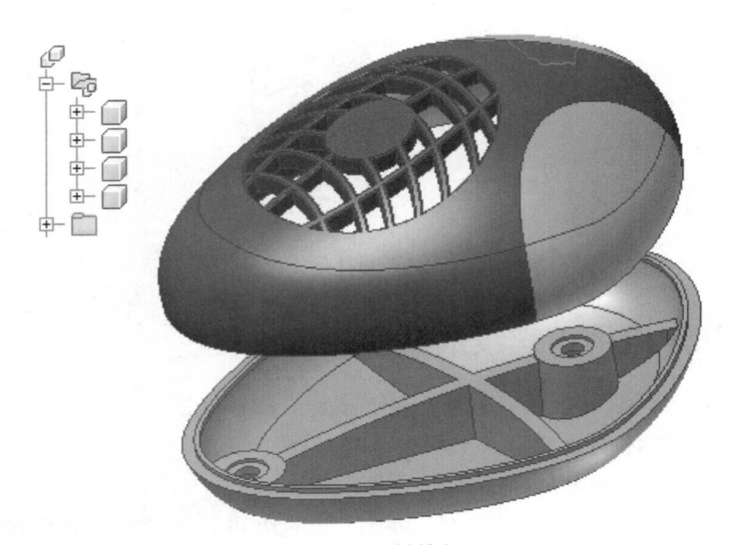

图 6-51　塑料特征

1．凸柱特征

紧固件是塑料零件中的常用连接机构。若需要设计这类连接机构，可在两个零件上塑造匹配特征。为紧固件的头塑造凸柱，以及用于契合紧固件的螺纹部分的通道。

使用凸柱特征，用户可以设计紧固件放置的两个零部件，称为“端部”和“螺纹”。也可以设计紧固加强筋。当凸柱长度大于直径的 3 倍时，加强筋便可以发挥作用。

2．放置

凸柱特征放置在头和螺纹的匹配面中心的点上。然后凸柱延伸到目标零件实体的下一个面中。若要在两个相对实体中设计两个配合零部件，可使用方向相对的相同放置元素，如图 6-52 所示。

可以选择以下放置元素：

- 来自草图的点（“从草图”选项）。从在相同草图中定义的点中选择放置点。草图法向表示凸柱方向。若要切换到相反方向，请拖动凸柱方向预览箭头。
- 三维工作点或草图点（“参考点”选项）。从不同的草图或工作点中选择放置点。在此情况下，不使用草图法向。若要定义凸柱方向，请选择几何元素或工作元素。

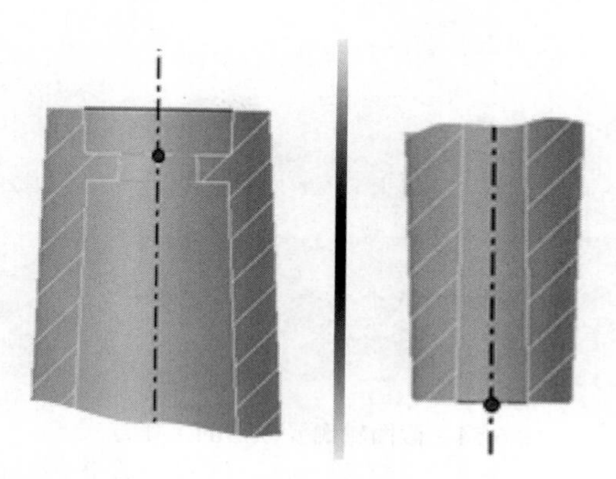

图 6-52 凸柱放置

仅当特征可延伸到与凸柱方向上放置点相对的目标零件实体的表面时，才存在此特征。特征可自动决定其可延伸到的零件实体的最近表面。还可以选择不同的目标实体并反转方向。

使用操纵器设定凸柱特征的尺寸。不需要输入精确尺寸时，可在预览上使用操纵器，以交互方式定义几何参数。

3．预览操纵器

在预览期间，凸柱的截面显示在与照相机轴垂直的平面中。将光标悬停在截面上以亮显可以拖动的线段。将光标悬停在关键点上以显示可以拖动的其他点。某些点保持隐藏状态以防止预览过于杂乱。

操纵器有如下两种类型。

- 点操纵器定义卡扣式连接的某些角度参数和线性参数，如图 6-53 所示为其工作方式。

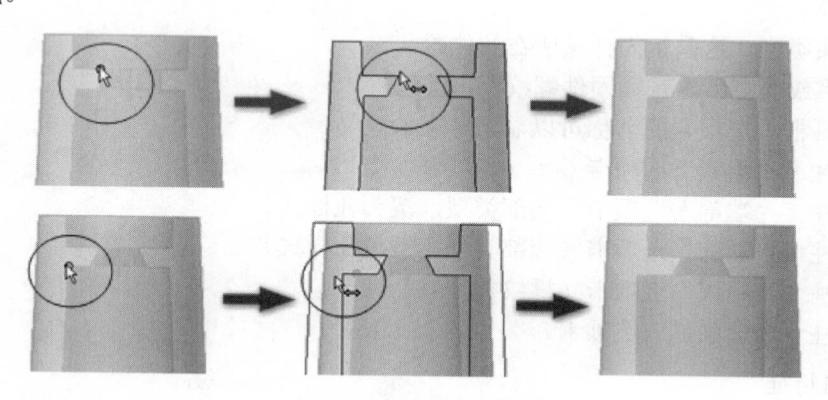

图 6-53 点操纵器的工作方式

- 截面轮廓操纵器可定义凸柱的线性参数，如图 6-54 所示为其工作方式。

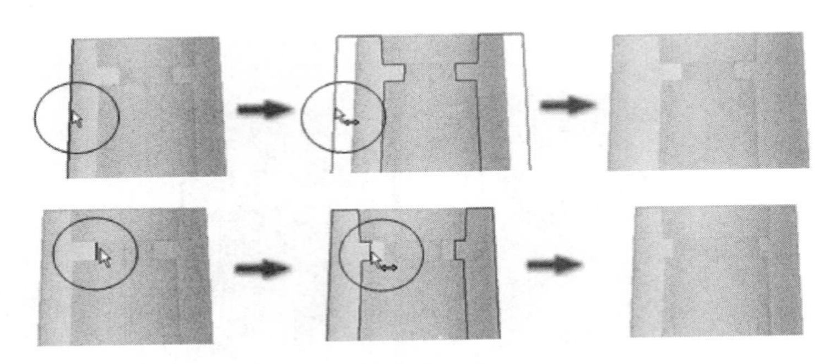

图 6-54 截面轮廓操纵器的工作方式

使用二维草图的点或三维工作点和方向元素创建凸柱特征。如图 6-55 所示。

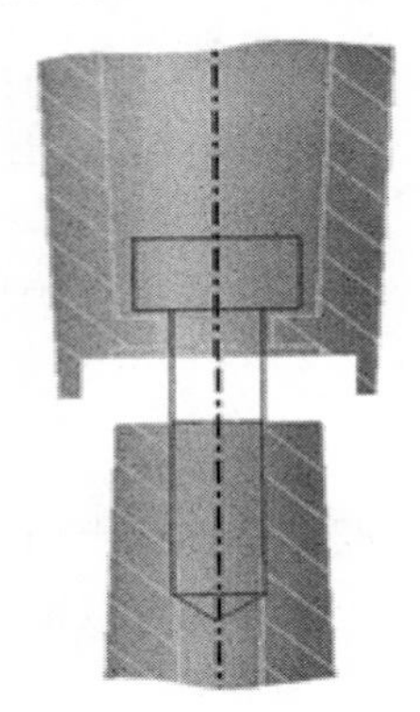

图 6-55 创建凸柱特征

凸柱特征位于“三维模型”选项卡的“塑料零件”组中（“凸柱”）。

类型规格：

- 头类型。这是紧固件头所在的位置。
- 螺纹类型。这是紧固件螺纹所占的位置。

单击对话框中选项卡的名称可以显示选项的定义。

- 凸柱 –“形状”选项卡。
- 凸柱 –“端部”选项卡（端部类型，沉头孔样式）。
- 凸柱 –“端部”选项卡（端部类型，倒角孔样式）。
- 凸柱 –“螺纹”选项卡（螺纹类型）。
- 凸柱 –“加强筋”选项卡。

4．止口特征

止口和槽特征通常是塑料产品设计的一部分。它们用于在沿墙壁的分模线上精确连接两个零件。特征通常由两个精确匹配的独立元素组成：止口本身和槽。止口特征允许基于沿墙壁的路径和几何参数创建两个元素中的一个，如图 6-56 所示。

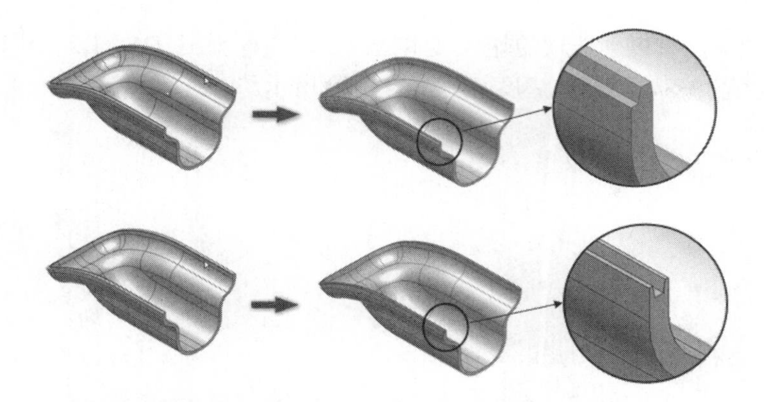

图6-56 基于沿墙壁的路径和几何参数创建止口或槽特征

在零件的薄壁上创建止口或槽特征，如图6-57所示。

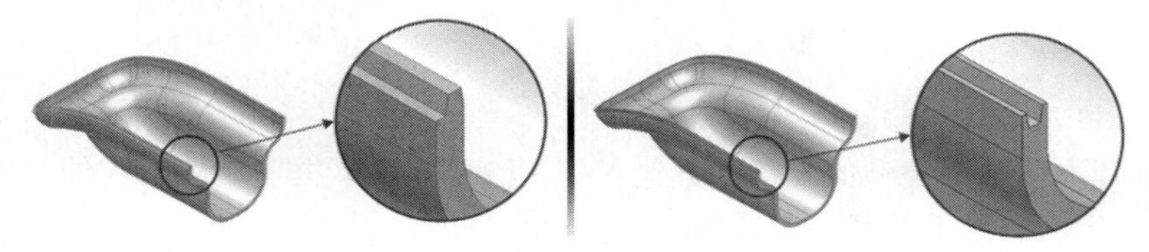

图6-57 在薄壁上创建止口或槽特征

止口特征位于“三维模型”选项卡的“塑料零件”组中（“止口”）

止口/槽开关：决定特征类型为“止口”或“槽”。

- 路径边：选择一个或多个路径。每条路径都必须是相切连续的。相同止口/槽的所有路径都必须在相切连续的面上。
- 引导面：选择引导面。导向面包含相邻区域中的路径边。选中后，保留沿路径的定角处的止口/槽的截面。
- 拔模方向：展开以显示选择箭头。单击以选择止口/坡口焊的拔模方向。对于导向面是可选的。选中后，确保止口/槽截面沿整条路径与其平行。
- 路径范围：展开以显示选择箭头。单击以选择修剪止口/坡口焊所依据的元素。相同选择器允许选择两个修剪元素和要保留或删除的路径部分。使用绿色和黄色点可确定要保留或删除的路径部分。

“止口“选项卡包括止口类型的几何参数输入。除了在文本框中的精确输入外，还可以使用操纵器，允许所有参数的互动尺寸标注，如图6-58所示。

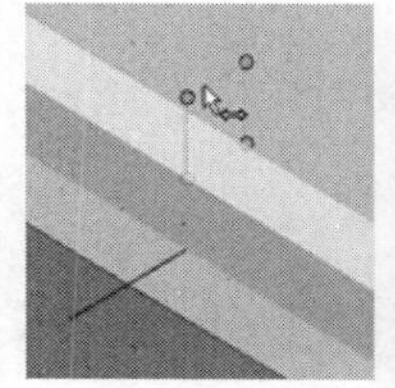
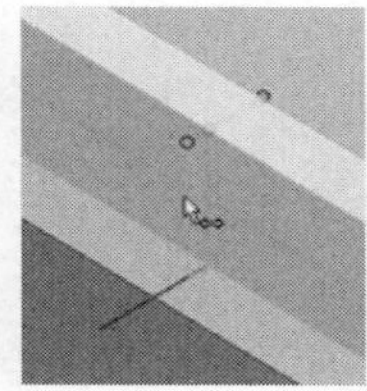

图6-58 使用操纵器标注参数

“止口”选项卡具有以下选项的输入文本框：止口拔模斜度 D1、D2、止口高度 H、止口厚度 T、轴位宽度 S、挖空体高度 C，如图 6-59 所示。

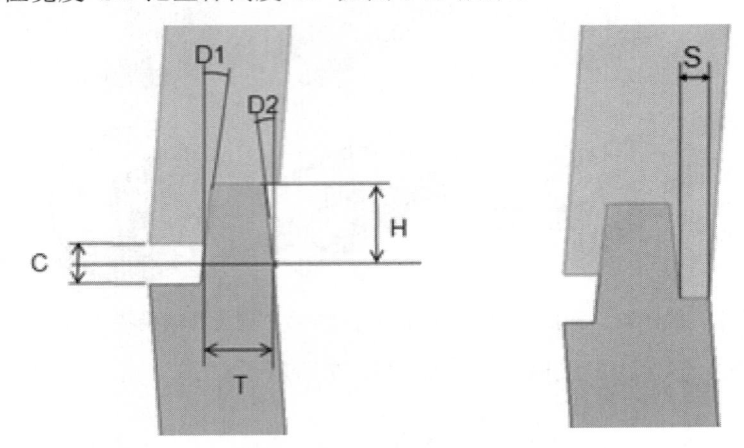

图 6-59　止口类型的几何参数

“槽”选项卡包括槽类型的几何参数输入框。除了在文本框中精确输入外，还可以使用操纵器，可允许所有参数的互动尺寸标注。

“槽”选项卡包括以下输入文本框：槽拔模斜度 D1、D2、槽高度 H、槽厚度 T、轴位宽度 S、挖空体高度 C，如图 6-60 所示。

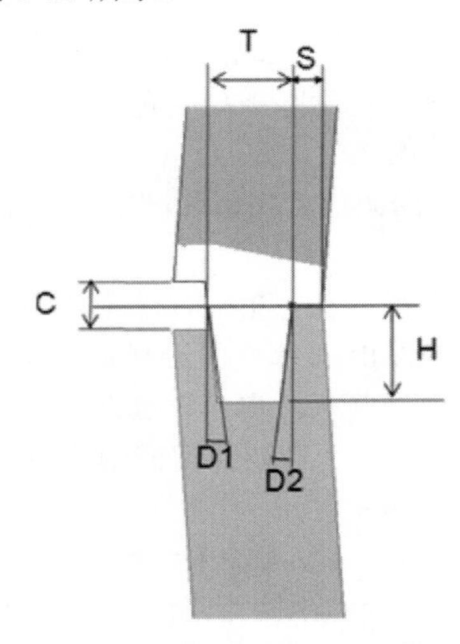

图 6-60　槽类型的几何参数

6.7　建立具有扁平平台面的支撑台特征

支撑台是一种塑料零件元素，应用于塑料抽壳的倾斜壁或弯曲壁。它形成一个“平台面区域”，部分在实体内突出，部分在实体外突出，平台面区域可用于另一个零件的放置或提供与整体形状方向不同的曲面，如图 6-61 所示。

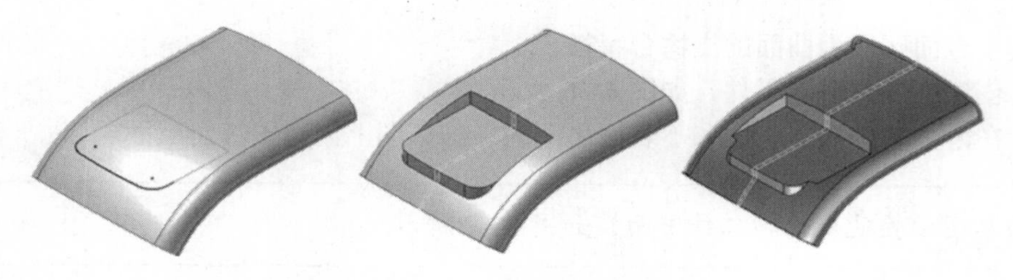

图 6-61　支撑台特征

（1）创建或导入薄壁零件，如图 6-62 所示。

图 6-62　创建或导入薄壁零件

（2）在薄壁零件的上表面和下表面之间的二维草图上创建支撑台截面轮廓。

注意

为草图位置使用偏移工作平面，如图 6-63 所示。

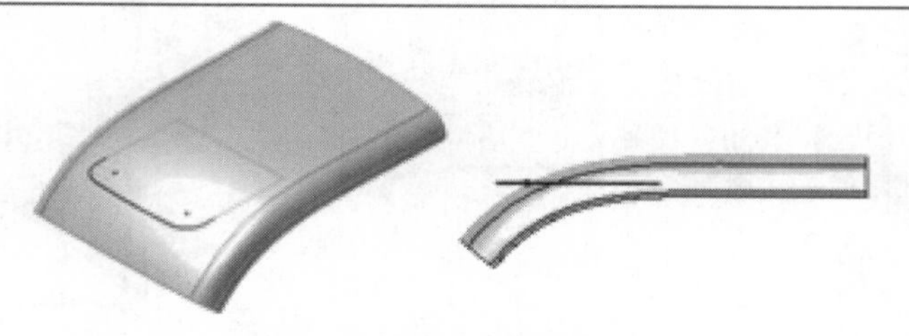

图 6-63　使用偏移工作平面

（3）在功能区上的“三维模型”选项卡的“塑料零件”组中选择“支撑台”命令。

（4）验证“形状”选项卡中的框是否设定为“贯通”。平台体方向箭头类似于图 6-64 所示的箭头（例如，与相应的挖空体体积相对）。

（5）可以拖动平台面截面轮廓或更改平台面选项以指定新距离，单击“确定”按钮。

（6）支撑台特征已完成，如图 6-65 所示。

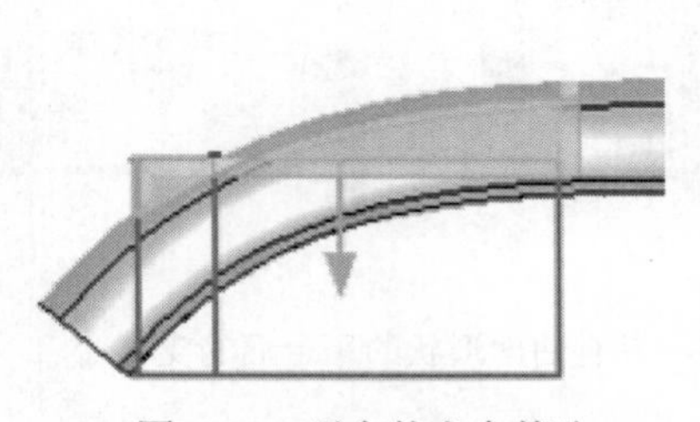

图 6-64　平台体方向箭头

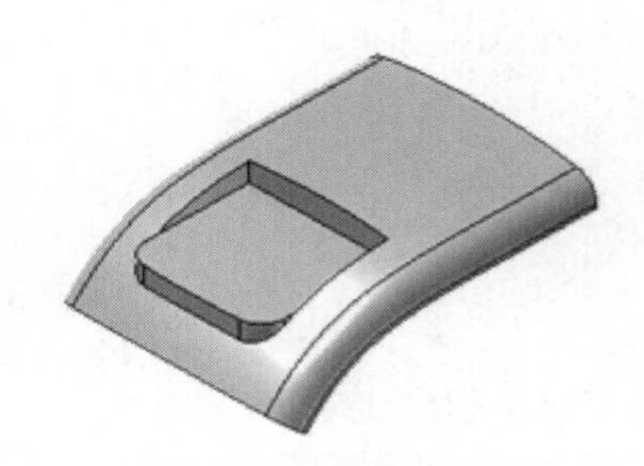

图 6-65　支撑台特征

构建平台面区域为曲面的支撑台特征。

（1）创建或导入薄壁零件，如图 6-66 所示。

（2）在薄壁零件的上表面和下表面之间的二维草图上创建支撑台截面轮廓。

注意

为草图位置使用偏移工作平面，如图 6-67 所示。

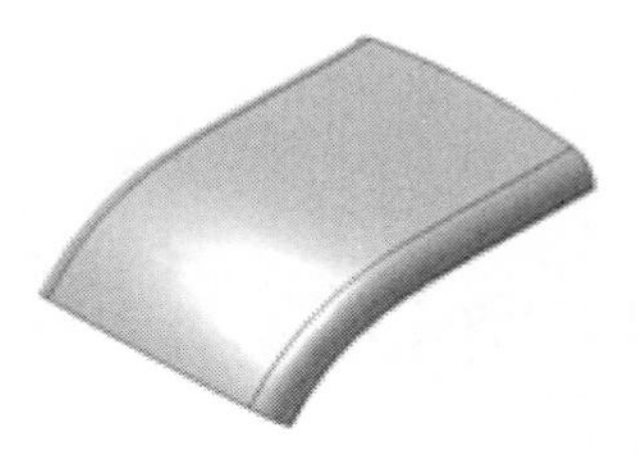

图 6-66　创建或导入薄壁零件

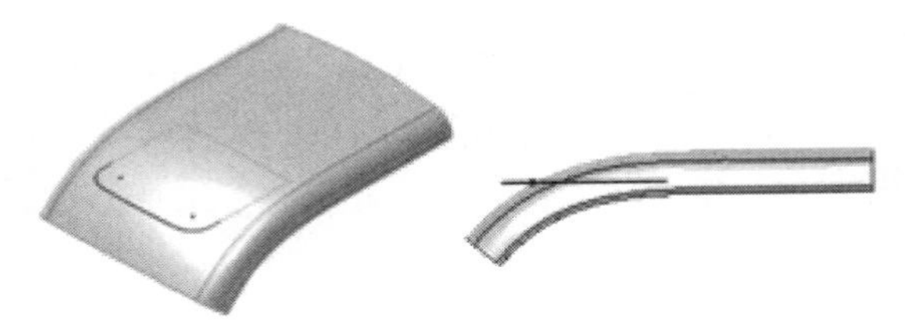

图 6-67　使用偏移

（3）在需要平台面曲面的位置构建跨越整个草图的曲面，如图 6-68 所示。

（4）在功能区中的“三维模型”选项卡的“塑料零件”组中选择“支撑台”命令。

（5）验证“形状”选项卡中的框是否设置为“贯通”。平台体方向箭头类似于图 6-69 中所示的箭头（例如，与相应的挖空体体积相对）。

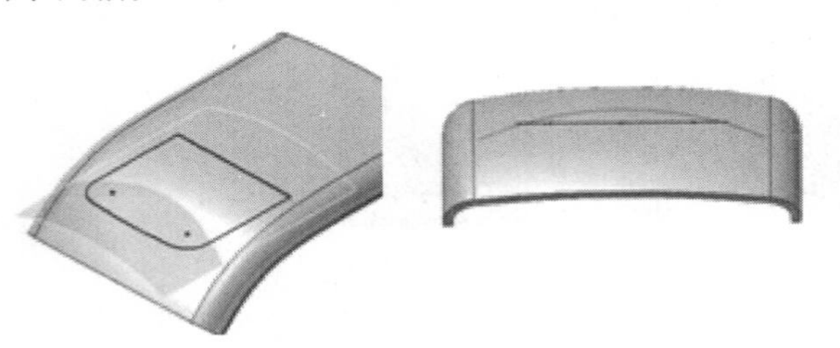

图 6-68　构建跨越整个草图的曲面

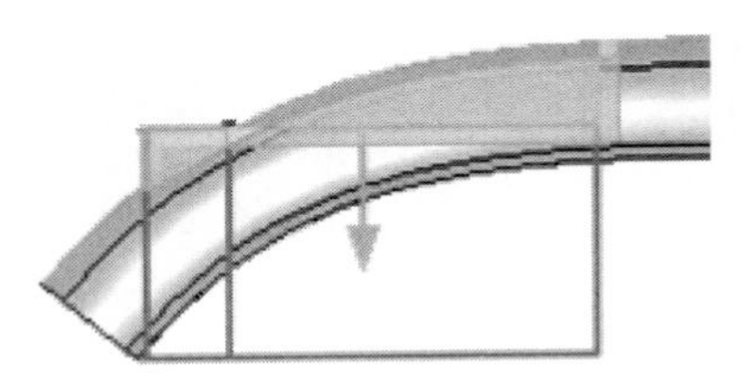

图 6-69　平台体方向箭头

（6）切换到“更多”选项卡。

（7）在“更多”选项卡的“平台面选项”框中指定“目标曲面”，并选择曲面，如图 6-70 所示。

（8）单击“确定”按钮，完成具有曲面形状的平台面的支撑台，如图 6-71 所示。

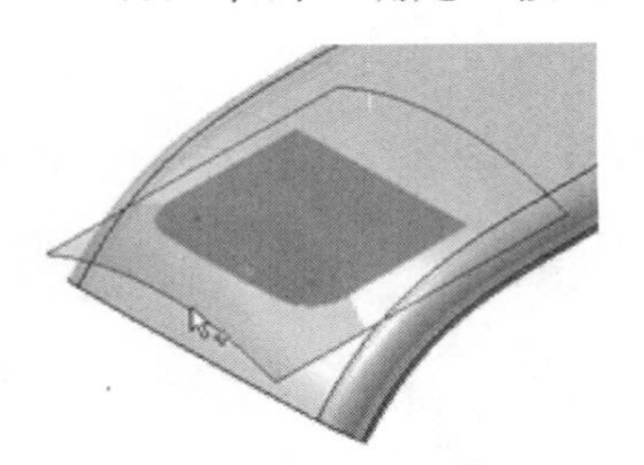

图 6-70　选择目标曲面

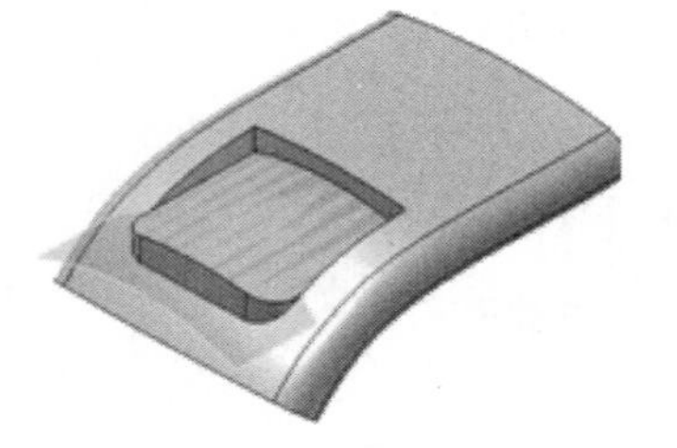

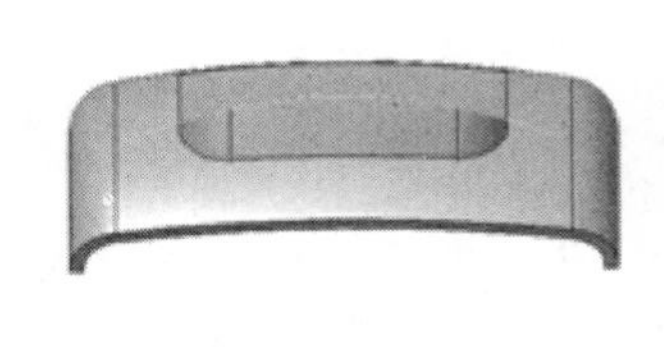

图 6-71　具有曲面形状的平台面的支撑台

6.8　栅格孔特征

栅格孔特征用于在零件的薄壁上创建孔或缺口，从而为内部零部件提供空气流，如图 6-72 所示。

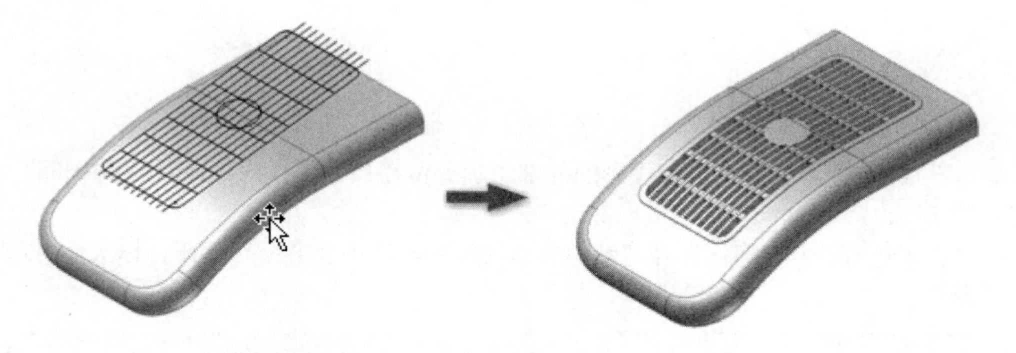

图 6-72　栅格孔特征

通过在零件的曲面上投影一个或多个二维草图的阵列来创建栅格孔特征。

用于定义栅格孔几何图元的阵列有如下几种。

- 外部轮廓：必须是封闭的草图。限制栅格孔的范围，通常外部轮廓在零件曲面的偏移处扩展，如图 6-73 所示。
- 内部轮廓：填满材料的区域，通常在栅格孔中心处。内部轮廓通常与抽壳的厚度相同。其必须是封闭的草图，如图 6-74 所示。

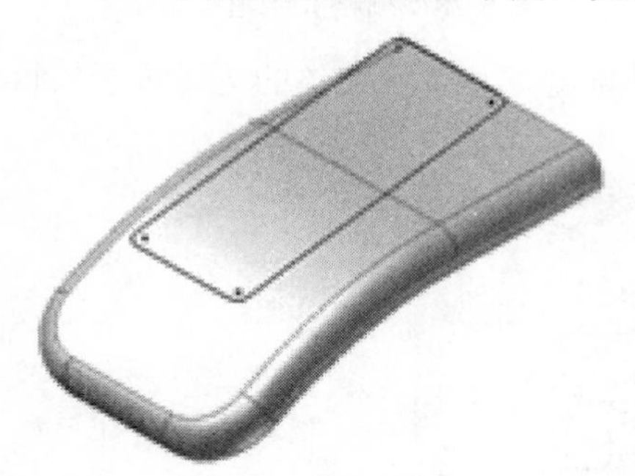

图 6-73　外部轮廓

图 6-74　内部轮廓

- 加强筋：一个填充栅格孔区域的阵列。加强筋的外部面相对于外部轮廓外部面是表面齐平或稍微嵌入的，如图 6-75 所示。
- 加强肋：一个二级阵列，通常添加它来增加加强筋的硬度，如图 6-76 所示。

外部轮廓投影（加上外部轮廓周围 10%的公差带）必须完全在零件曲面内。在外部轮廓投影内不允许任何材料间隙（孔）。

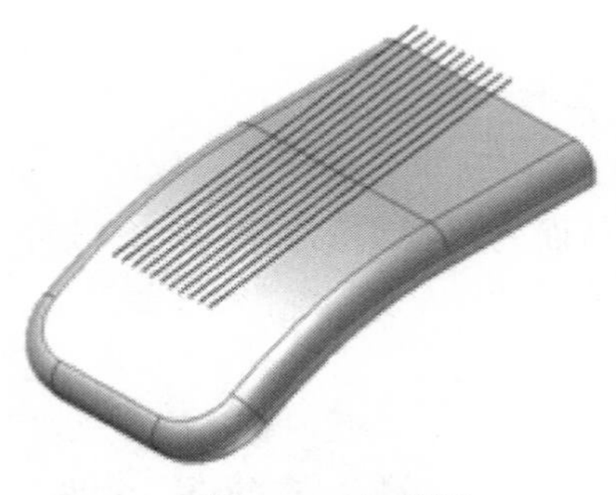

图 6-75　加强筋

图 6-76　加强肋

栅格孔成功。栅格孔外部轮廓投影的外部轮廓保留在目标实体内部，可以有 10%的公差，如图 6-77 所示。

栅格孔未进行计算。栅格孔外部轮廓投影的外部轮廓不会全部包括在目标实体内，如图 6-78 所示。

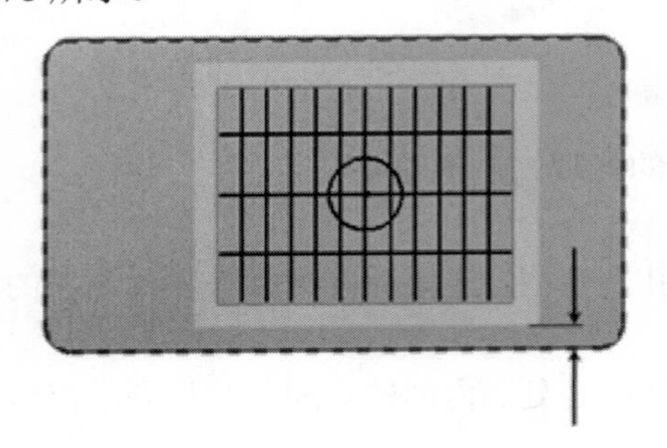

图 6-77　栅格孔成功

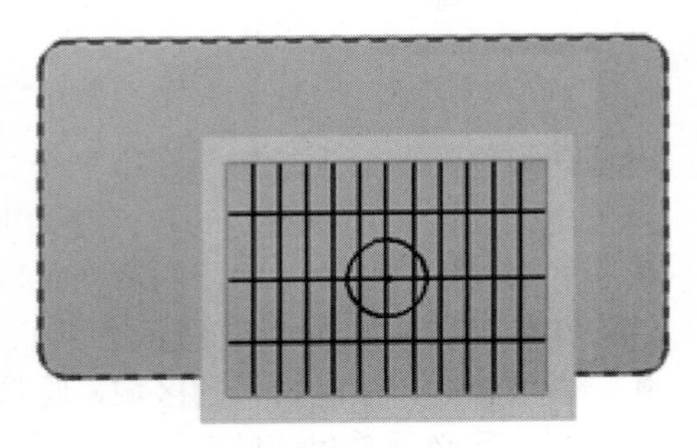

图 6-78　栅格孔未进行计算

栅格孔不会进行计算。栅格孔外部轮廓投影的外部轮廓与目标实体的边缘过于接近（距离公差在 10%以内），如图 6-79 所示。

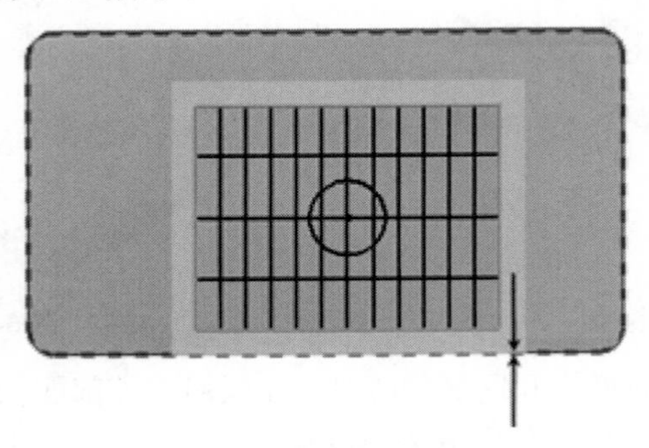

图 6-79　栅格孔不会进行计算

外部轮廓草图是建立栅格孔时的唯一强制元素。栅格孔特征的缺口区域在对话框的“通风面积”部分和在参考参数中报告。通风面积不会考虑可选拔模斜度。

6.9　在薄壁零件上建立栅格孔特征，从二维草图开始

（1）创建或导入薄壁零件，如图 6-80 所示。

（2）在需要栅格孔的曲面外平面上的二维草图上定义各种栅格孔要素，如图 6-81 所示。

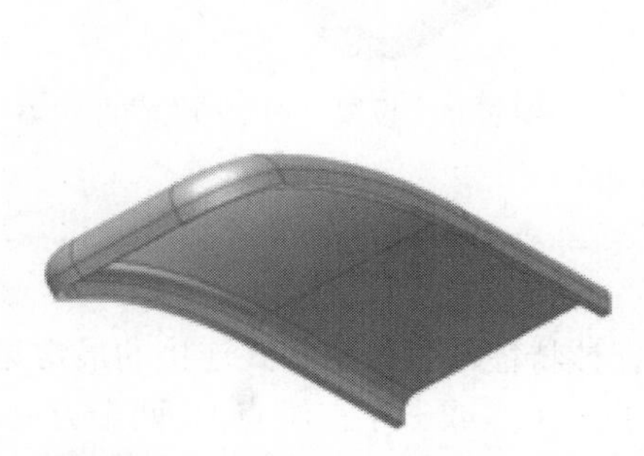

图 6-80　创建或导入薄壁零件

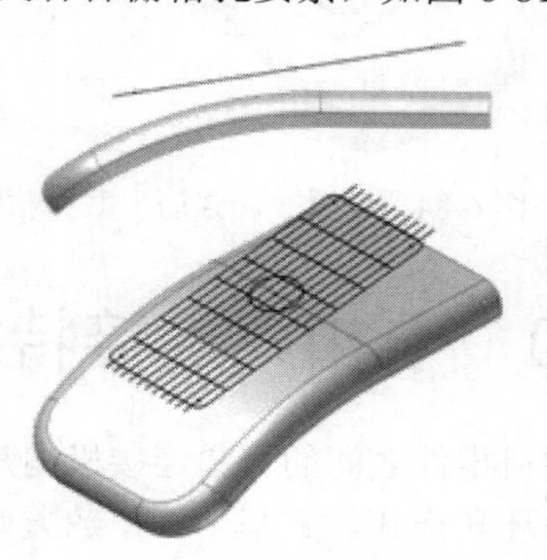

图 6-81　定义栅格孔要素

（3）在功能区上的“三维模型”选项卡的“塑料零件”组中选择“栅格孔”命令。

（4）选择“外部轮廓”截面轮廓，并输入“厚度”、“高度”和“外部高度”（例如，从实体面的偏移）参数。预览将显示对应的几何图元，如图 6-82 所示。

（5）选择“内部轮廓”截面轮廓并输入“内部轮廓壁厚”参数，如图 6-83 所示。

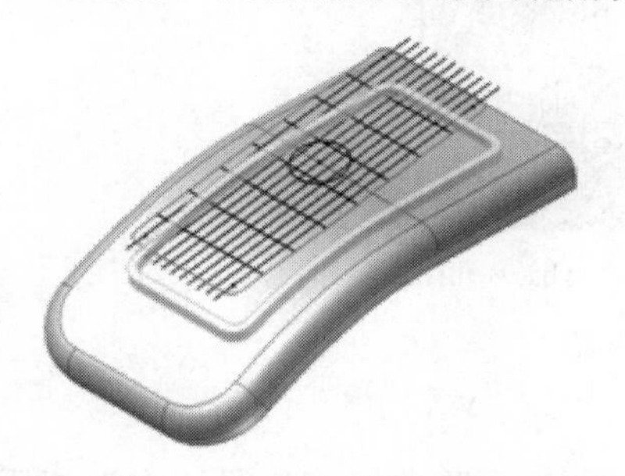

图 6-82　设置“外部轮廓”截面轮廓

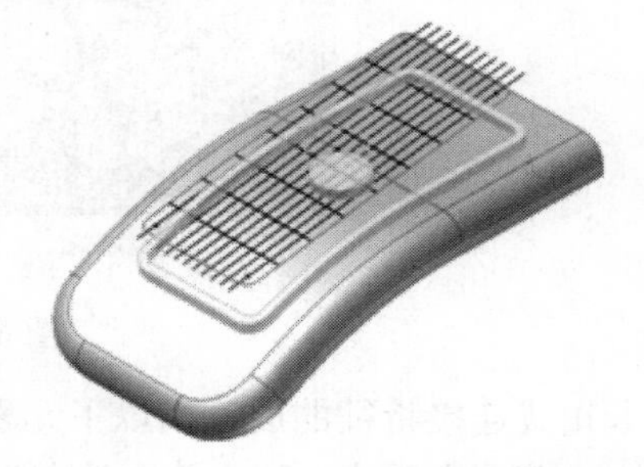

图 6-83　设置“内部轮廓”截面轮廓

（6）选择“加强筋”截面轮廓。可以使用框选，即将鼠标从左至右拖动以仅选择完全包含在窗口中的内容。将鼠标从右至左拖动以选择窗口边界断开的任何实体。输入“加强筋厚度”、“高度”和“顶部偏移”（从栅格孔外部轮廓面）参数，如图 6-84 所示。

（7）选择“加强肋”截面轮廓。也可在此使用窗选。输入“加强肋厚度”和“偏移”（从加强筋面）参数，如图 6-85 所示。

（8）输入拔模斜度。

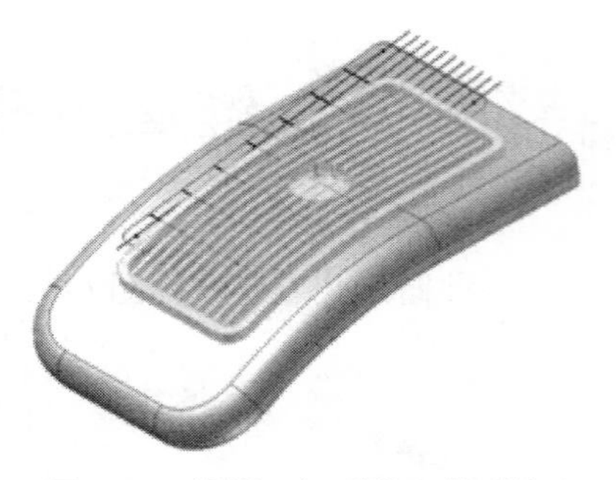

图 6-84　设置“加强筋”截面轮廓

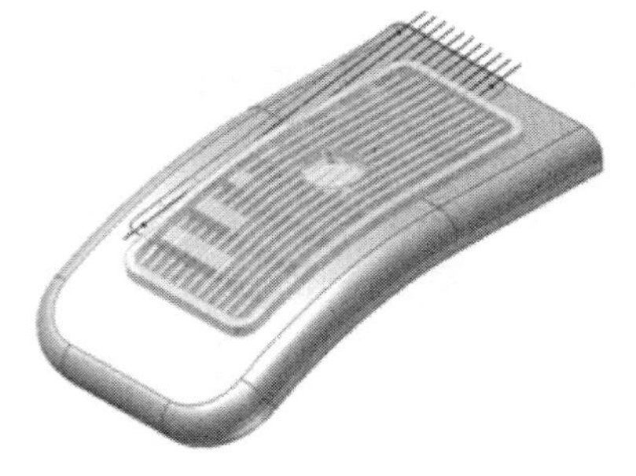

图 6-85　设置“加强肋”截面轮廓

6.10　卡扣式连接特征

塑料零件之间的普通连接机构是卡扣式连接。该特征可塑造卡扣式连接的最常见形状：挂钩和环孔样式。它基于一个放置数据（草图上的一个点或一个三维点）、两个方向和一组几何参数来决定形状，该形状也可直接在图形预览中操纵，如图 6-86 所示。

（a）挂钩样式

（b）环孔样式

图 6-86　挂钩和环孔样式

卡扣式连接特征的放置由以下元素决定：

- 草图上的点，其中草图法向表示梁方向。单击方向预览按钮可将梁切换为相反的方向，如图 6-87 所示。

图 6-87　时梁切换为相反的方向

- 挂钩/扣方向与梁方向垂直。单击方向预览按钮可按 90°向 4 个象限切换，如图 6-88 所示。

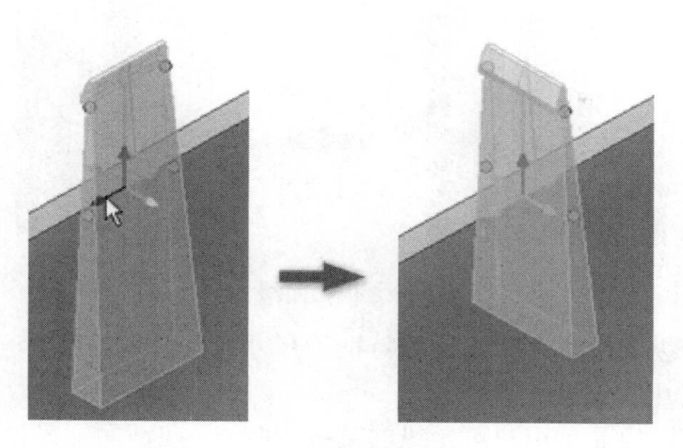

图 6-88　按 90°向 4 个象限切换

- 工作点或草图点，从不同的草图或工作点中选择放置点。在该情况下，不使用草图法向，并且梁方向和挂钩/扣方向必须通过选择几何元素或工作元素定义，如图 6-89 所示。

图 6-89　通过几何元素或工作元素定义方向

选中梁方向和挂钩/扣方向后，仍可以通过选择和拖动箭头来反转它们的方向，如图 6-90 所示。

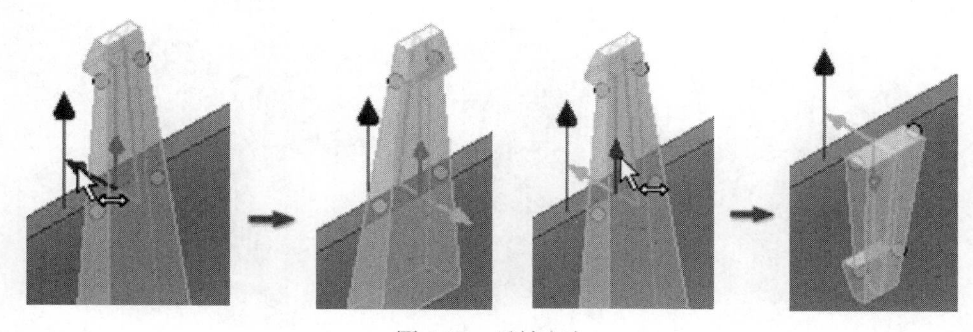

图 6-90　反转方向

最后，可以自动将梁形状延伸到下一个表面，如图 6-91 所示。

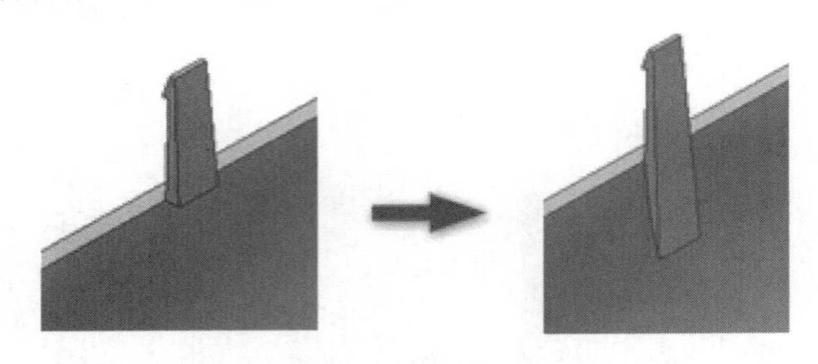

图 6-91　将梁形状延伸到下一个表面

可以通过使用操纵器设置卡扣式连接特征的尺寸。它们在预览中可用，以在不使用精确尺寸输入时互动定义几何元素。

卡扣式连接预览图像显示用户可操纵的某些控制点。在截面上悬停光标以亮显可以拖动的线束段。在关键点上悬停光标以显示可以拖动的其他点。某些点保持隐藏状态，以避免预览过于杂乱。在预览上悬停光标，以获得对操纵器的响应的感觉。

操纵器有如下两种类型。

- 点操纵器：定义卡扣式连接的某些角度参数和线性参数。如图 6-92 所示为点操纵器的工作方式。

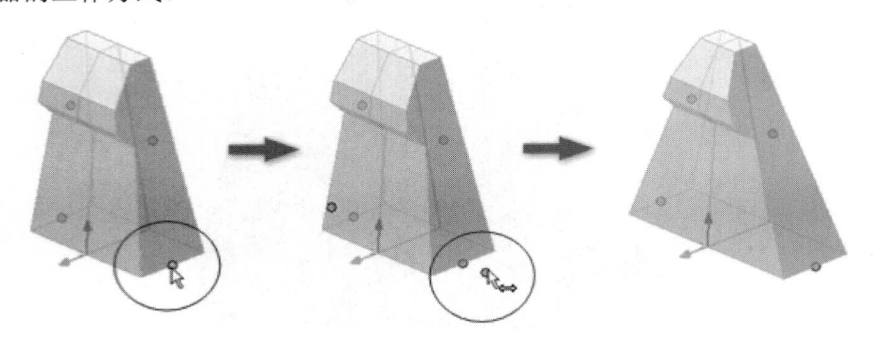

图 6-92　点操纵器的工作方式

- 截面轮廓操纵器：定义卡扣式连接的线性参数。如图 6-93 所示为截面轮廓操纵器的工作方式。

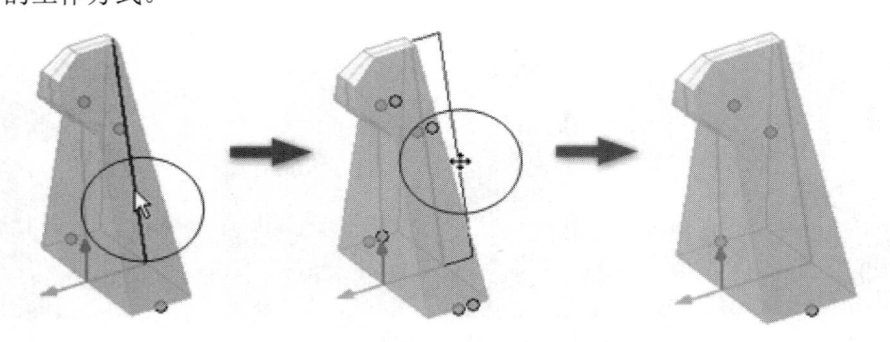

图 6-93　截面轮廓操纵器的工作方式

环孔样式具有类似的操纵器，如图 6-94 所示。

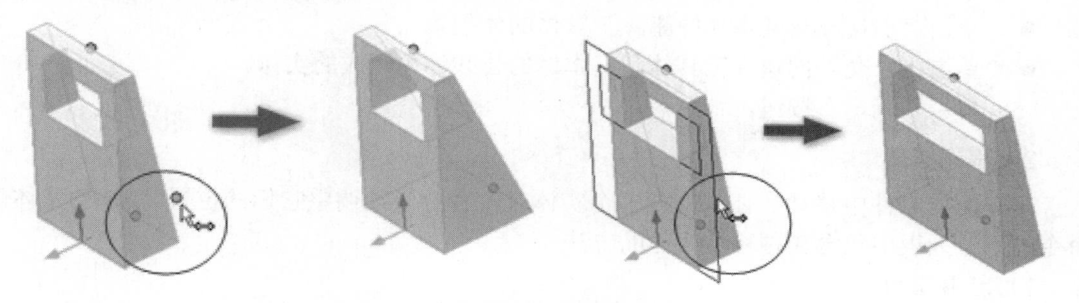

图 6-94　环孔样式操纵器

可使用“常见”复选框来打开/关闭预览。

6.11　合并和移动实体

1．合并实体

合并命令提供了对选定实体使用求并、求差或求交操作的方法。可以在位创建实体，或使用“衍生零部件”命令导入实体。

使用“移动实体”命令将实体放置到正确的位置，然后再使用合并；或者在所需位置创建实体从而避免移动实体之需。

当使用合并命令时，基本体是接受操作的实体，而工具体是在基本体上执行操作的实体。可以选择多个工具体用于一次合并操作。

合并实体的默认方式为使用工具体并修改基本体。如果不希望使用工具体，可选择将原工具体保留为单独的实体。完成该命令后，保留的实体将不可见。如果删除合并操作，则原实体将位于“实体”文件夹中。如果删除合并操作，则可在浏览器中启用原实体的可见性。

合并实体的操作步骤如下：

首先，创建一个多实体零件，并将要合并的实体定位到正确的位置。定位实体的最高效方式是，配合使用特征创建命令与“新建实体”在位创建实体。还可以使用“衍生零部件”命令导入零部件，以用作工具体。使用“移动实体”命令精确定位工具体。

注意

“合并”命令仅在多实体零件文件中可用。

（1）在功能区上的“三维模型”选项卡的“修改”组中选择“合并”命令。

（2）在图形窗口中单击“基本体”按钮，然后选择要接受操作的实体。

（3）单击“工具体”按钮，然后选择要对基本体执行操作的实体。允许选择多个工具体。将在该箭头旁边的圆括号中显示选定的工具体数。如果不选中“保留工具体”，则工具体将被占用并且不能再用于后续操作。如果选中“保留工具体”，则完成操作后将关闭工具体的可见性，但可以再次使用该工具体。

（4）选择以下操作之一：

- 单击“并集”将实体的体积加在一起。
- 单击“剪切”从基本体中删除工具体的体积。
- 单击“求交”创建由工具体和基本体的公共体积组成的实体。

（5）单击“确定”按钮。

2．移动实体

在多实体零件中移动实体，处理多个实体时，有时必须调整它们的位置。“移动实体”命令的下拉列表中包含 3 种移动实体的方法。

1）自由拖动

使用“自由拖动”时，可以通过按住并拖动预览截面轮廓对一个或多个实体执行无约束移动。使用“自由拖动”时，还可以通过指定确切的值将实体移动精确的距离。

具体操作步骤如下：

（1）在功能区上的“三维模型”选项卡的“修改”组中选择“移动实体”命令。

（2）默认方法为“自由拖动”。选择一个或多个要移动的实体。

（3）选择完实体后，输入移动的精确 X、Y、Z 值。

（4）此外，也还可以执行无约束移动。选中 X、Y 或 Z 值框之一，然后选择移动预览图像并使用鼠标拖动该图像。

（5）单击“应用”按钮，移动实体并停留在对话框中；或单击“确定”按钮，移动实体并退出命令。如图 6-95 所示为直接拖动。

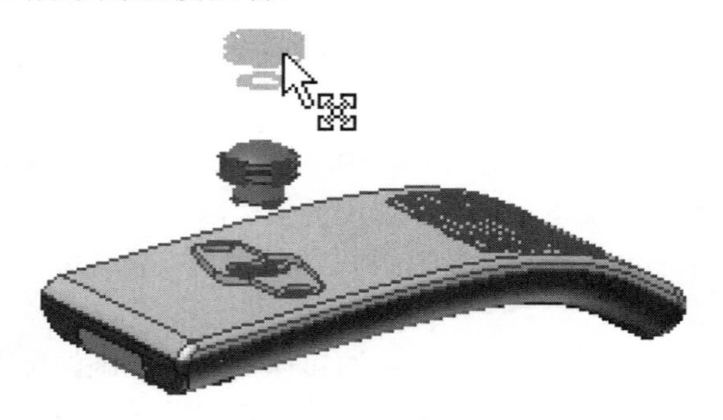

图 6-95　直接拖动

2）沿射线移动

使用“沿射线移动”可沿线性方向移动实体，指定边或轴以指示方向。可以拖动预览截面轮廓或通过指定确切的值来精确移动实体。

具体操作步骤如下：

（1）在功能区上的“三维模型”选项卡的“修改”组中选择“移动实体”命令。

（2）默认方法为“自由拖动”。在下拉列表中选择“沿射线移动”选项。

（3）选择一个或多个要移动的实体。

（4）使用参考边或轴选择“方向”。如果需要，则可反转方向。

（5）将光标置于“偏移”数值框中，输入精确的移动值。

（6）此外，也可以执行无约束线性拖动。选中“偏移”数值框，然后选择预览图像并使用鼠标拖动该图像。

（7）单击“应用”按钮，移动实体并停留在对话框中；或单击“确定”按钮，移动实体并退出命令。如图 6-96 所示为沿射线移动。

图 6-96　沿射线移动

3）旋转

使用“旋转”来调整一个或多个实体绕指定的线或轴的角度。可以拖动预览截面轮廓，或指定精确的旋转值。

具体操作步骤如下：

（1）在功能区上的“三维模型”选项卡的“修改”组中选择“移动实体”命令。

（2）默认方法为“自由拖动”。在下拉列表中选择“旋转”选项。

（3）选择一个或多个要旋转的实体。

（4）通过选择参考边或轴来定义旋转轴。如果需要，则可反转方向。

（5）将光标置于“角度”数值框中，输入精确的移动角度。

（6）此外，也可以执行无约束旋转。选中“角度”数值框，然后选择旋转预览图像并使用鼠标拖动该图像。

（7）单击“应用”按钮，旋转实体并停留在对话框中；或单击“确定”按钮，旋转实体并退出命令。如图 6-97 所示为旋转移动。

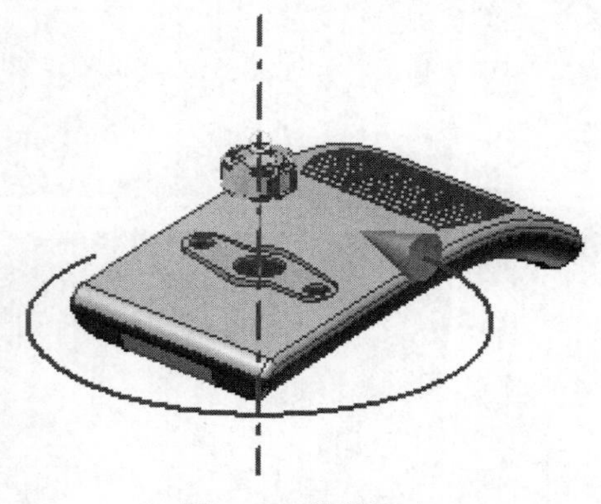

图 6-97　旋转移动

可以分别使用每种方法，也可以使用“单击以添加”来将移动操作合并在一起。每次移动都将消耗内存。使用“单击以添加”并将移动操作合并到一个操作中，以减小文件大小。

6.12 Inventor 2015 新功能之自由造型

Inventor 2015 增加了一种全新的建模方式：自由造型。提供 5 个基础造型工具和 9 个编辑和显示工具，如图 6-98 所示。

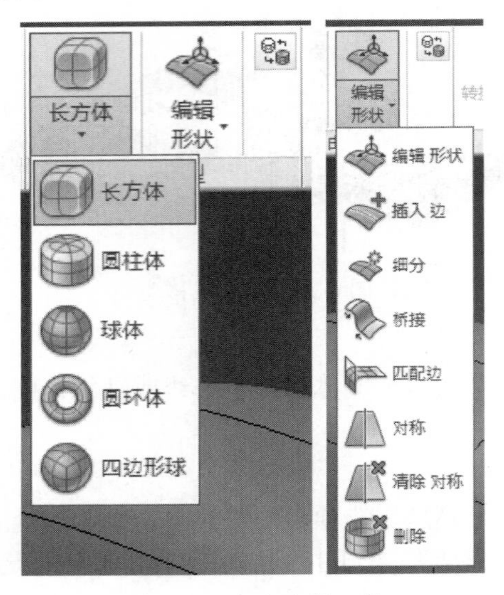

图 6-98　自由造型工具

相对于常规的通过各种特征进行造型的方法，自由造型工具使用“直接操纵”的方式来创建自由造型模型。这使得自由造型命令可以以“所见即所得”的方式创建一些用常规造型方法比较耗时间的复杂模型。如图 6-99 所示。

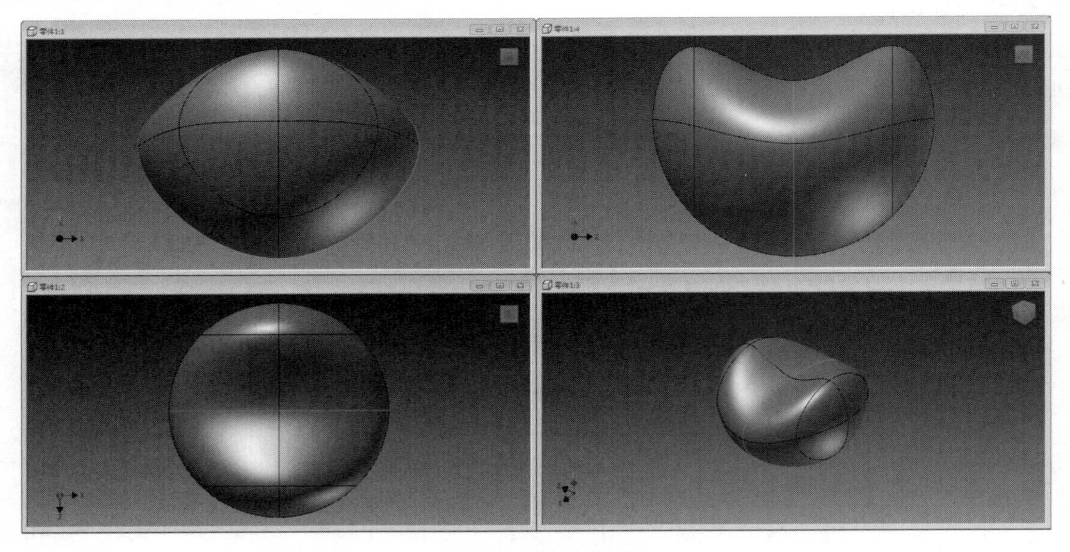

图 6-99　特殊模型

在常规建模方法中，类似的模型只能通过“草图”-“三维草图”-“旋转、拉伸、扫掠、放样、边界嵌片生成曲面等”-“缝合、灌注”的流程来完成，对于这类模型，想要实现参数化驱动会比较困难，大部分时候还是不得不进行重建。

但在自由造型中实现起来非常容易，尽管无法实现参数化驱动，在常规机械设计上可能用处不大，但在一些适合的产品比如消费品设计，自由造型工具还是有用武之地的。

1．自由造型形状工具

Inventor 2015 自由造型工具提供了长方体、球体、圆柱体、圆环体或四边形球五种基础自由造型形状工具，如图 6-100 所示。使用自由造型工具建模之前，如果可能，则应该尽量选择合适的初始形状。

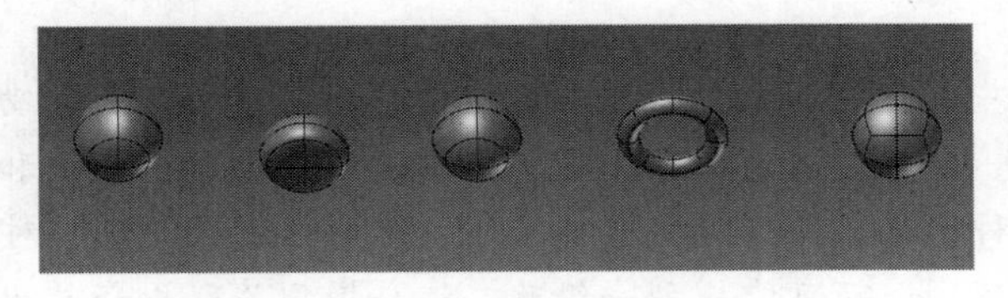

图 6-100 自由造型工具

2．自由造型编辑工具

Inventor 2015 自由造型工具提供了 9 个编辑工具：

- 编辑自由造型的实体
- 在自由造型实体上插入边
- 细分自由造型曲面
- 桥接自由造型面
- 匹配自由造型边
- 创建对称
- 清除对称
- 删除自由造型实体、边或点
- 切换平滑自由造型实体

3．关于自由造型工具

自由造型工具使用户可以通过拖、拉、推挤等简单的动作做出异常复杂的造型，同时还可以非常快速地转换成实体模型供后续设计使用，非常适合用来做前期外观建模。这一定程度上使得用户可以在过去的捉襟见肘的烦琐的建模操作中解放出来，尽管 Inventor 面对消费品设计还是存在各种功能缺口，目前自由造型工具功能也还不是十分全面，当然这也并不是仅一个造型工具的加入能够解决的，但至少说明 Inventor 已经意识到了在消费品行业里，产品造型、设计方面的不足，并且积极主动的持续改进，这对笔者这群消费品设计师们实在是一大利好。

第 7 章　高级零件造型

在 3D 数字化产品的全生命周期中，产品的设计建模处于基础地位。“万丈高楼平地起”，产品设计建模就是“高楼”的地基，只有地基稳固了，高楼才能建成。同样，如果设计建模失败，则其余所有的设计资料将无法表达、无法关联、无法管理，也就无法给设计决策提供支持，也就失去了设计的根本。产品设计建模的重要性可见一斑，复杂零件尤其如此。

在前面的教程中，我们详细讲解了 Inventor 的各种建模工具的功能和使用规则。然而软件功能的强大、复杂，就需要有一些相应的技巧去更好地掌握和应用。在建立零件模型时，可以有多种途径，虽然模型建出来了，建模的途径不同，对后期模型的修改和关联将会有很大的不同。有可能模型一修改，整个模型关联更新就出问题了，而且这种问题经常出现，也是让我们最为头疼的事，甚至宁愿重新建模也不愿修改模型。因此，在创建模型之前，就必须好好考虑如何建模，如何关联更新，如何选择建模方法等问题。特别对于复杂的模型，我们更应该好好规划一下。本章将以复杂的壳体零件为例讲解如何建模。

7.1　建模的基本要求

1．正确性

模型应准确表达设计意图，对模型的技术要求理解不能有任何歧义。模型的细节必须符合设计的要求，这也是最关键的正确性。好的模型设计既要确立“面向制造”的设计理念，充分考虑模具设计、工艺制造等下游用户的应用要求，做到与实际的加工过程基本匹配，又要做到“面向用户”，充分考虑用户的使用是否方便、有效。

2．关联性

我们通过初级教程和中级教程的学习，知道 Inventor 的核心竞争力就在于 Inventor 的设计数据的关联性，同时也学习了 Inventor 的各种关联设计方法。这里我们就是要根据产品的不同，选择最适合的关联设计方法，进行相关参数化建模，正确体现数据的内在关联关系，保证产品信息在产品数据链中的正确传递。

3．可编辑性

在产品设计时，模型的编辑极其平常，好的设计方式能够让模型被多次编辑修改，模型可被重用和相互操作，而不至于使产品的参数或设计数据断裂。可重用性和相互操作性是由可编辑性衍生出来的重要特性。

4．可靠性

模型能通过 Inventor 的几何质量检查，拓扑关系正确，实体严格交接，内部无空洞，外部无细缝，无细小台阶。模型文件大小得到有效控制，模型不含有多余的特征、空的组和其他过期的特征，同时，模型不含有任何引用丢失或者特征失效及 Inventor 的设计“医生”不能有任何错误提示。保证模型总能在任何情况下正确地打开。

7.2　Inventor 功能分析

7.2.1　草图功能

Inventor 提供了功能齐全的二维草图功能集和三维草图功能集，其中二维草图功能集参见图 7-1，三维草图功能集参见图 7-2。

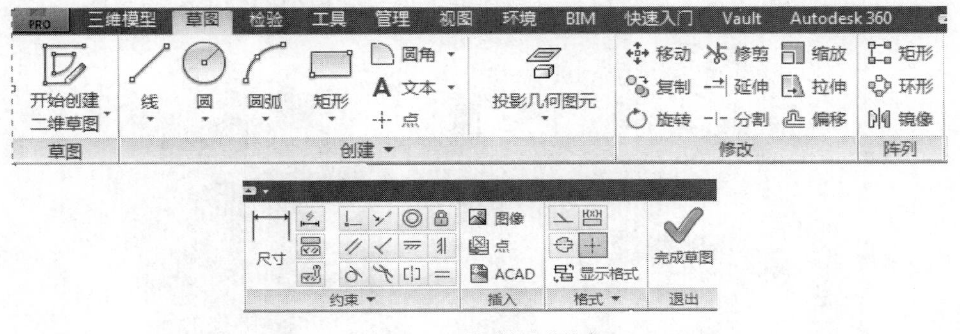

图 7-1　二维草图功能集

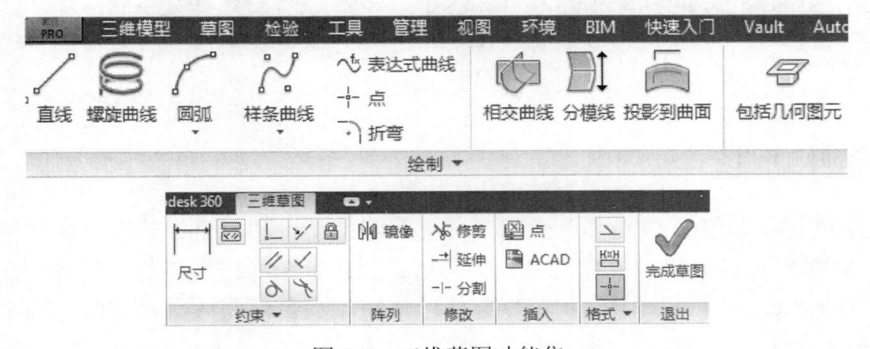

图 7-2　三维草图功能集

在初级教程中我们已经讲解了每个功能的用法，这里主要讲解几个用于创建复杂模型的命令。

1．样条曲线

样条曲线是我们创建复杂零件常用的工具之一，可以帮助我们创建复杂的曲面及复杂模型，参见图 7-3。

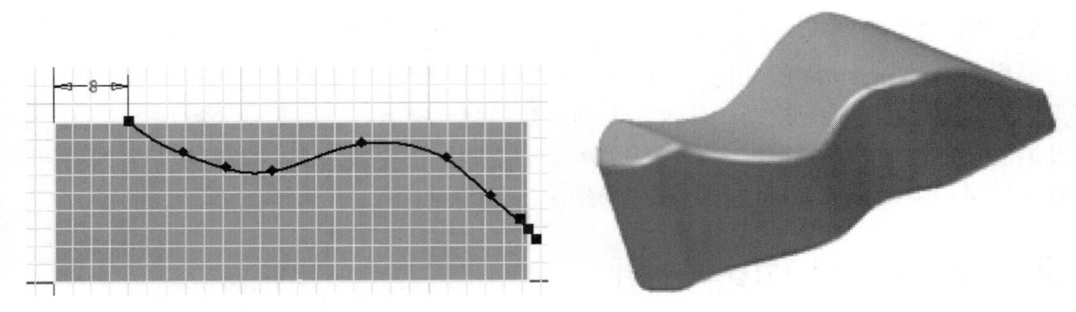

图 7-3 样条曲线的应用

2．插入图片

对于许多复杂的模型建模，如何确定模型的外形，也是建模的难点，特别是对于类似的产品，如果我们有产品的图片，那么就可以将图片插入到 Inventor 的草图中，然后使用样条曲线命令将其轮廓勾勒出来，就可以很方便地创建该复杂模型的外形，参见图 7-4。

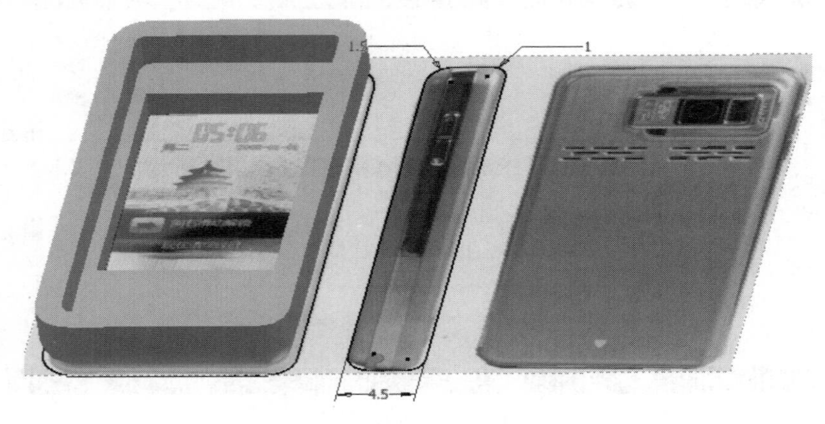

图 7-4 插入图片应用

7.2.2 零件功能

Inventor 提供了功能齐全的零件建模工具集，我们可以利用“拉伸”、“旋转”工具得到基础模型，同样也可以利用“放样”、“扫掠”工具创建复杂的模型特征。另外，在零件环境中，我们可以使用“衍生”、“复制对象”来借用别的复杂零件的复杂模型或曲面来创建本零件，并能达到关联设计的目的。

同样，我们还可以使用 Inventor 的曲面功能来创建复杂的曲面。虽然 Inventor 不能对曲面的轮廓、曲线的点单独编辑，但 Inventor 提供的曲面实用工具基本满足了各种复杂零件建模及曲面建模的需求。我们可以通过各个特征的曲面建模及单独的曲面功能来创建期望的曲面，参见图 7-5。

图 7-5 零件建模工具集

7.2.3 分析功能

在“检验”选项卡中，Inventor 提供了测量工具以方便我们测量模型。同时，Inventor 提供了各种分析功能，可以对模型进行全面分析。例如，分析模型曲面质量的“斑纹”分析，零件的“拔模”分析零件的拔模情况，该功能特别是对塑料零件很有用。另外，还提供了“曲面”、“剖视”和“曲率”分析工具。通过这些分析工具，我们就可以确保创建的模型的质量，参见图 7-6。

图 7-6 测量与分析工具集

7.3 建模技术

7.3.1 建模的规则

不管简单的零件建模，还是复杂的零件建模都需要建立其统一的建模规则，以方便对模型的理解。特别是对于复杂的模型建模，可能一个复杂的模型，其特征就多达上千个，参数也是成百上千，为了模型的可读性及可编辑性，我们必须创建统一的建模规则。通用规则如下：

- 根据命名规则对模型文件及模型特征命名，使所有相关人员易于理解。
- 建立模型前，先在 Fx 表中创建自定义参数，并且参数名称要符合命名规则。同时，要在参数表中的“注释”列表中，详细注释参数的用处，以便于理解，特别是参数多模型复杂的建模。
- 画图前要首先投影坐标原点并最大限度地使用坐标平面，不滥用工作面。
- 草图必须要处于全约束状态，包括尺寸约束和几何约束。

- 草图中，多余的线条（比如一些用于参考的投影线、参考线）需要设置成相关的线型，如构造线或中心线。
- 尽量利用坐标系的作用，不仅考虑在建模时使用，还要考虑以后在装配时使用。特别是坐标原点在模型中必须与装配基准重合。例如注塑模具模架的导销，考虑到它在模架中和其他标准件的装配关系，创建模型草图时，就应该将原点设置在如图 7-7 所示的红点处。

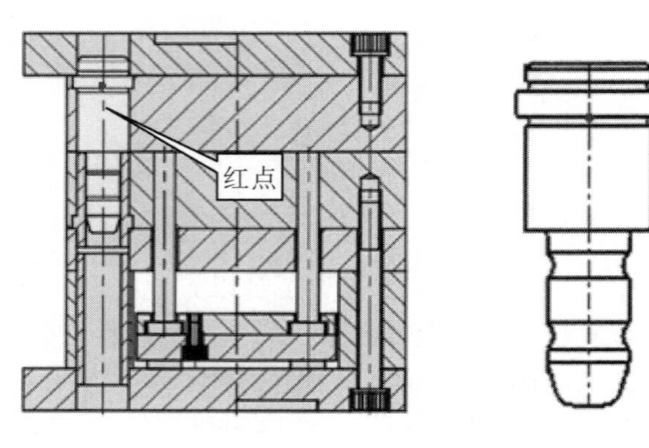

图 7-7　坐标原点与装配基准

- 保持草图的简洁性，倒角和倒圆要用倒角、倒圆特征来处理，不要直接在草图中创建倒角和倒圆。

7.3.2　明确设计意图

设计意图决定建模的思路和策略。产品设计师首先应该十分清楚自己的设计意图，不能在没有统一规划的情况下就盲目地急于建模。一个比较清晰完整的设计意图至少应包括：

- 理解该零件模型及与之有关的零部件在产品结构中的功能和作用。
- 理解模型的内部结构、外形轮廓、表面形状、定位孔（面）和主要设计参数。
- 理解该零件模型与其他零部件可能的关联方式及数据传递方式。
- 理解该零件的工艺设计的有关信息：工艺方案、工艺路线、工艺基准、数控加工要求等，以便我们建模时选择合适的基准。
- 理解该零件的模具设计的有关信息：模具类型、结构、分型面、型芯、拔模角等。
- 理解该零件建模可能存在的特征相互关系。
- 理解该零件模型潜在的改变区域，改变的幅度大小。
- 理解该零件模型被另一项目复制和修改的可能性。

7.3.3　建模思路

我们明确了设计意图以后，就需要建立整体的建模思路。

1．关联方式

根据零件的设计意图，我们选好零件的关联方式，确定零件的关键参数，这样可以帮助我们更好地进行特征的分解及特征间的关联，为创建可靠优质的模型打好坚实的基础。

2．进行特征的分解

分析零件的形状特点，然后把它隔离成几个主要的特征区域，接着对每个区域进行粗线条分解，在大脑中形成一个总的建模思路及一个粗略的特征图。同时要辨别出难点和容易出问题的点。

遇到复杂的特征，我们就把它分解成多个简单的特征建模。遇到复杂的草图，我们就把它分解成多个简单的草图建模，具体流程参见图7-8。

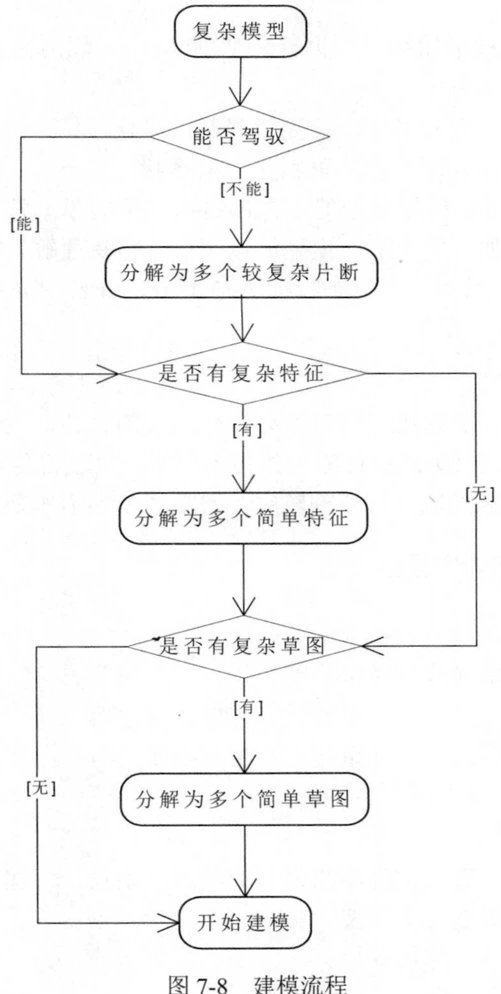

图7-8　建模流程

特别是对于复杂的模型，我们应该考虑分段建模，把每一个分段建模好以后，进行装配，装配成一个我们需要的整体，然后利用衍生功能衍生已经装配好的整体，获得实体，得到一个整体的零件。这样的建模方式能够很容易地驾驭，大幅度地降低建模难度，而且一旦出现问题可以分段修改，不至于影响整个模型的生成。同时，可以大大提高Inventor的性能，参见图7-9。

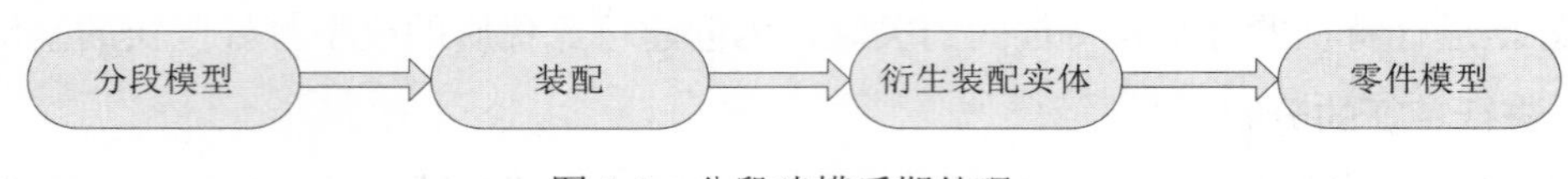

图 7-9　分段建模后期处理

3. 基础特征

主体特征设计：确立建模的起点。在选定好设计基准的基础上，通常情况下用草图作为模型的起始设计。

4. 详细设计

- 由粗到精：先建立主体特征（也就是基础特征），然后在主体上进行修剪或者增加其中比较精细的地方。
- 先大后小：先做大尺寸形状，再完成局部的细化。
- 先外后里：先做外表面形状，再细化内部形状。
- 由简至繁：无论多么纷繁复杂的零件都是由简单的模型特征堆砌而成，那么就从简单入手，逐渐累加，要求单一模型尽量简单，容易理解、容易修改、容易继承（阵列、镜像等）、容易引用（复制特征、制作 iFeature、提取入库），以利于工程图的表达。

5. 细节设计

模型基本特征创建后，最后我们将对模型进行细节的设计，例如进行倒圆角、斜角、各类孔系、各类沟槽等设计，以满足设计零件的技术要求，这就好像雕刻家进行雕刻一样，先选择大的机体，然后大刀阔斧地进行雕刻轮廓，最后才是精雕细琢，完成作品。

7.3.4　建模的策略和步骤

建模策略重点考虑的具体方面：

- 如何选择特征类型（成形特征、特征操作、草图等）。
- 如何建立特征关系（尺寸、附着性、位置、时序等）。
- 如何利用已有的资源（设计重用、衍生、投影等）。
- 定义草图约束。
- 创建表达式。

我们以复杂壳体为例，其通常为测绘设计或改进改型设计，建模的步骤一般是：

（1）梳理设计意图，规划特征框架。

（2）打开种子文件，搭建建模环境。

（3）确定零件的原点和方向。

（4）建立最初始的基准。

（5）创建草图作为建模的根特征。

（6）在特征创建过程中，优先添加增加材料的特征，再添加减少材料的特征。

（7）按加工过程进行特征操作。

（8）坚持边建模边分析检查的原则，进行过程检查的目的是为了及时发现问题，及时纠正问题，以免造成因问题累积而导致建模无法继续进行下去。

（9）养成边建模边保存的良好习惯，防止意外事故（如停电）丢失数据。

（10）输入零部件属性。

（11）清理模型数据，清理不需要的样式、多余的模型、多余的定位特征、多余的参数等。

（12）进行模型总体检查。

（13）文件打包，提交模型。

7.3.5　建模的方法和技巧

1. 关联性设计

在产品设计中，零件不单单是孤立的几何元素设计，从设计到制图、数控加工、分析、装配，都存在着相关性。相关性设计为我们提供了非常方便的修改产品设计的方法，减少了重复性工作，保持了信息的一致性，是 Inventor 三维设计的基础技术之一。相关性体现在以下几方面。

- 对象之间的关联性：例如，一条直线可能是一个实体的一条棱边，一条曲线可能是一个曲面的一条边界曲线。
- 绘图对象与几何模型或模型位置的关联性：在制图中，有视图、尺寸、符号等，这些对象与几何模型是相关的，例如尺寸与几何模型相关，几何模型的修改使得尺寸可以自动刷新；制图对象与模型位置相关，例如文字说明、剖面线符号等与视图位置相关，当视图位置移动时，这些对象随之移动。
- 对象与零件或视图的关联性：对象是模型的一部分，或者与一个视图有关。
- 非几何信息与零件的相关性：例如，可以把属性与零件、对象相关，可以把一个零件的材料、规格、颜色、质量等信息作为属性连接到零件上。
- 零（部）件与零（部）件之间特征的关联性：一个零（部）件的某个特征尺寸与本零（部）件或者其他零（部）件的特征尺寸具有相关性，例如，销钉的直径与孔的直径保持相关，当孔的直径改变，销钉的直径也随着变化。

产品设计建模的目标，是应用 Inventor 主模型原理和方法，创建一个参数化、变量化的具有相关性和可编辑性的模型。

参数化与关联性密不可分，关联性是实现参数化的基本技术和条件。从本质上来理解，关联性有两个层次：设计意图的关联性与 Inventor 软件使用技术的关联性。

Inventor 能实现单一零件内部的相关，也能实现部件间的相关（衍生、跨零件投影、参数连接等技术）。Inventor 中关联性设计的技术实现有以下几个途径：

- 基于 fx 参数表。
- 衍生。
- 跨零件投影。
- 对象复制。
- iLogic 技术。

2. 实现可编辑性设计

复杂零件由于特征多、文件大，还要满足模具设计、数控加工等下游用户的建模需求，其可编辑性成为至关重要的指标。一个理想的模型，可以编辑、修改各种参数和表达式，可以进行重排特征时序、插入特征等操作。总之，参数化模型里的每一项内容都可以进行修改。

因为相关参数化是可编辑性的基础，所以前面讨论关联性时已涉及不少可编辑性的内容。下面就可编辑性问题再做进一步探讨，相同的地方不再重复。

- 重视特征的先后依附关系（父子关系），在 Inventor 中，实体里各种特征的先后依附关系十分重要，建模顺序的概念必须十分清晰。后面特征的定位，只能同时引用比它出现早的特征。同时，删除父特征时，其子特征往往也会被删除，或变为过期的无效特征。
- 模型中不得有多余的特征，也不要掩盖以前实体的特征。例如，不要在原开孔的地方再覆盖一个更大的孔以修订圆孔的尺寸和位置。
- 模型中不应出现重复的未进行布尔加操作的特征，例如实体的体积相重复。
- 当创建或编辑特征失败或系统出现提示性警告时，一定要查清原因后对症下药，不要用重复的多个相同特征操作去实现，从而造成不良后果。

以下技术对于创建可编辑的模型会有很好的帮助：

- 在建模的初期就创建一组基准平面，用它们来作为安放平面或是定位。这将最小化特征依附的级数。
- 试着参考稳定的边缘。有些边缘是由属于不同特征的面的交线构成，在之后编辑时很可能被移去断开，这也是后来编辑失败的原因。
- 尽可能晚地进行倒圆和倒角。
- 如果要改变一个倒圆，则可编辑半径以确认半径的改变在一个允许的区间范围内。

3. 相关功能的使用

1）草图使用

草图是可以用于创建关联到部件的二维轮廓特征的工具，是参数化建模的核心基础。草图具有自相关性，也与任何一个从它上面创建的特征相关。

- 通常情况下，复杂壳体建模的根特征使用草图。
- 概念设计时多用草图绘制结构简图。
- 对于复杂的几何形状，应使用草图，不要用一系列特征去综合实现它。
- 不要用草图建立键槽、退刀槽、倒圆、倒角等，应在随后的体上附加这些特征。
- 不要用草图去生成螺纹表面，否则创建螺纹时会遇到麻烦，也就是能使用螺纹特征建立螺纹特征就不要使用螺旋扫掠建立螺纹特征。
- 共享草图的使用：在确定不同的特征基于相同的草图，而且以后这种关系不会改变时尽量使用共享草图的功能。

2）草图的工作平面

作为根特征的草图，其工作平面应放在预先定义的基准上，最好是种子文件的基准上，其他草图的工作平面根据设计意图而定。

3）草图的约束

- 草图约束追求的理想目标是完整表达设计者意图，并可以进行参数化驱动。
- 草图要进行全约束，以下为如何判断是否全约束。
  - ➢ 使用草图医生（Sketch Doctor）。
  - ➢ 手动拉扯草图的不同点，如果能拉动，则没有全约束。
  - ➢ 草图图线的颜色和约束关联，草图特征被全约束后其颜色会发生改变，参见图 7-10。

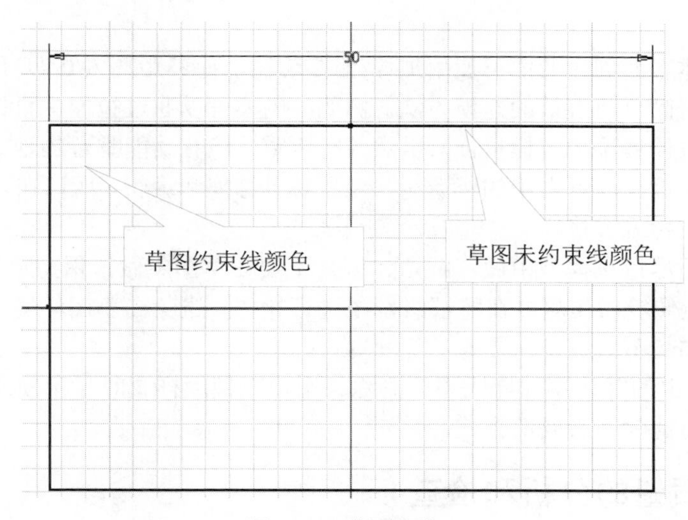

图 7-10　草图约束

  - ➢ 对于比较复杂的草图，尽量避免构造完所有的曲线后再加约束，这会增加全约束的难度。
  - ➢ 草图应先进行几何约束，再进行尺寸约束。能使用几何约束就不使用尺寸约束。

4）衍生的使用技巧

由于衍生功能在其他专题中有详细叙述，在此就不介绍其应用环境和使用的基本功能，也不介绍其强壮的关联性和缺点了。此处只提几点在使用中应该注意的问题。

- 由于 Inventor 2015 中虽然有用户坐标系，但衍生的对齐规则就是使用零件原始坐标系重合，如果要在一个零件中对其他多个零件进行衍生，或者一个零件被其他不同的零件衍生多次，那么就要求我们在建模之初使所使用的坐标系一致。这样才能保证在衍生的过程中把被衍生的零件放置到合适的位置。如果坐标系不一致，那就需要用 Inventor 的“移动实体”命令来调整位置，这样比较麻烦。因此建议，在创建衍生前，使零件的坐标系一致。
- 如果被衍生的零件已经存在，而其位置我们无法控制，那么就先衍生后在此基础之上建模。
- 如果想要进行特征级别的操作，则请不要考虑使用衍生。
- 如果在进行模具尤其是有上下模或者是组合模的情况下，优先考虑使用衍生功能。

5）其他注意事项

- 倒圆技巧：倒圆顺序一般由大半径到小半径；边缘倒圆失败时，尝试一下其他的倒圆方法，如面倒圆。
- 每个草图要尽可能简单，可以将一个复杂草图分解为若干个简单草图（闭合轮廓），以支持通过扫描形成多个高低不同的实体，也便于约束和修改。
- 零件打孔尽量使用孔特征进行而不是使用拉伸或者旋转来进行。
- 螺纹尽量使用螺纹特征而不是螺旋扫掠或者三维螺旋线和扫掠同时使用，以节省资源。
- 通过实体表面创建曲面可使用加厚/偏移功能，使其距离为0即可。
- 尽量使用简单而有效的建模方法。例如，拔模可以通过拉伸中直接添加拔模角，也可以先拉伸后添加拔模特征，虽然各有侧重，但有功能重合的地方，前一种建模方式简单易控制而且占用的资源少，并且易于管理和编辑，所以在可能的情况下尽量使用前一种方式建模。
- 工艺特征尽量在模型中做，圆角、倒角不要在草图中做，保持草图简洁。
- 阵列、镜像等操作尽量在特征级别中进行操作，避免在草图环境下操作。一是易于修改，二是节省资源。
- Inventor 中的默认零件样式不可删除。用户在使用样式时尽量使用自定义的样式，在打包前清除不必要的样式。

7.3.6 模型质量的分析和检查

模型质量的检查根据不同的方法可以进行以下分类。

- 按检查的范围分，可以分为总体检查和局部检查。
- 按检查的阶段分，可以分为建模过程检查和模型交付检查。

模型交付检查应进行总体检查，检查的内容包括系统参数设置、颜色设置、样式、Part 属性、草图或者平面是否需要隐藏，是否存在抑制的特征等。

建模过程检查一般只进行局部检查，包括两个方面：一是数据检查，如果出现数据上的问题，则在模型树中会有提示，例如闪电表示数据需要更新，i 表示数据出现问题等；另一个是指局部建模检查，主要是“分析”功能的使用，例如使用斑马纹检测表面连续等。

注意

- 做重要步骤前，应仔细检查尺寸，防止出现错误。在其后所做的工作，可能会因该遗漏而造成全部报废，只能从头再做，不仅浪费时间，还影响了进度。
- 对于复杂模型，应使三维实体建模与生成二维图两个过程相结合。在空间不易检查的尺寸，在二维图能较准确地检查，通过生成的二维图可反过来检查实体建模的正确与否，能及时发现存在的问题。

7.4　复杂壳体零件建模实例

上面我们详细讲解了 Inventor 的建模基本要求、功能分析、建模规则、建模思路、建模流程、建模技巧和方法及模型的质量检查和分析。本节我们将以复杂壳体零件建模为实例，进行详细的讲解。其模型结果参见图 7-11。

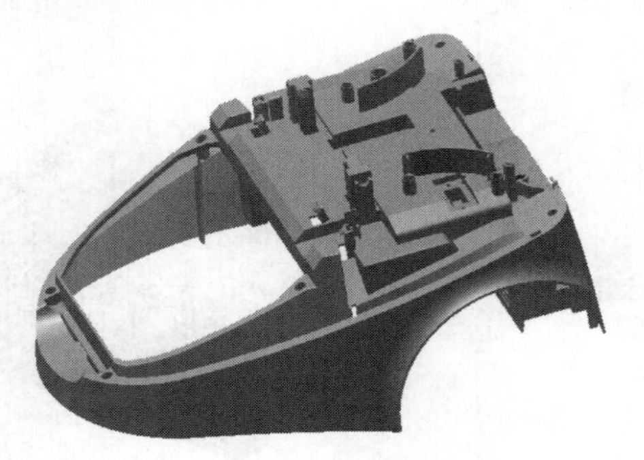

图 7-11　复杂壳体零件

7.4.1　建模方法

对于壳体零件造型，Inventor 提供的具体方法有 3 种：抽壳、曲面加厚和布尔运算。对于 3 种方法的具体功能在初级和中级教程中有详细介绍，请直接查阅相关章节，在此只说明其使用中要注意的问题。

1. 抽壳

复杂零件可能涉及的尖角、异形特征比较多，倒角使得这些特征变得更加突出，而这些特征的存在往往使得倒角变得不可用。所以，不要先倒角再抽壳，而应该先抽壳后倒角。如果必须要先倒角再抽壳，那么在“圆角”对话框中，请勾选“保留所有特征”复选框，参见图 7-12。

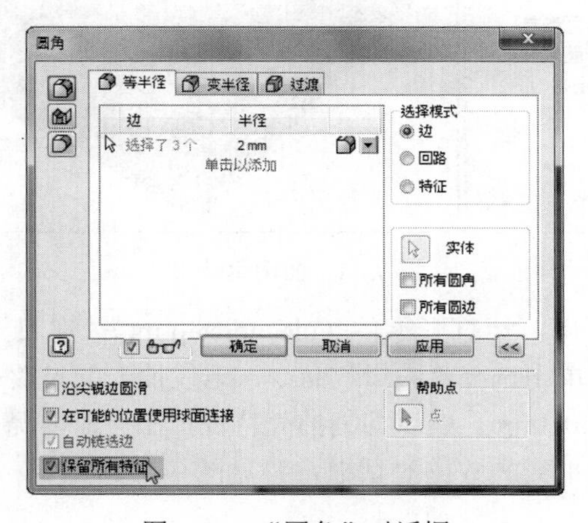

图 7-12　“圆角”对话框

当这个复选框被选择时，所有与圆角相交的特征都将被选中，并且在圆角操作中将计算它们的交线，并保留这些特征与圆角之间的结果关系。否则，默认状态下，圆角操作只计算参与操作的边，而不去处理与圆角可能相交的这些特征。

参见零件（抽壳后倒圆角.ipt），参见图 7-13，我们可以看到圆角保留和不保留时的效果。

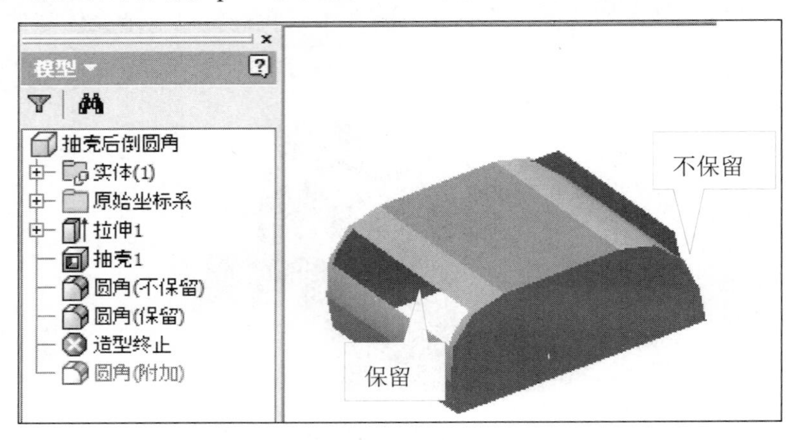

图 7-13　圆角保留和不保留的效果

两种情况都是一次直接倒角的结果，和我们需要的结果不符，我们可以使用面倒角的方法，先倒内后倒外，外面的倒角半径＝内倒角半径+抽壳厚度。这样就可以得到理想的倒角结果，参见图 7-14。

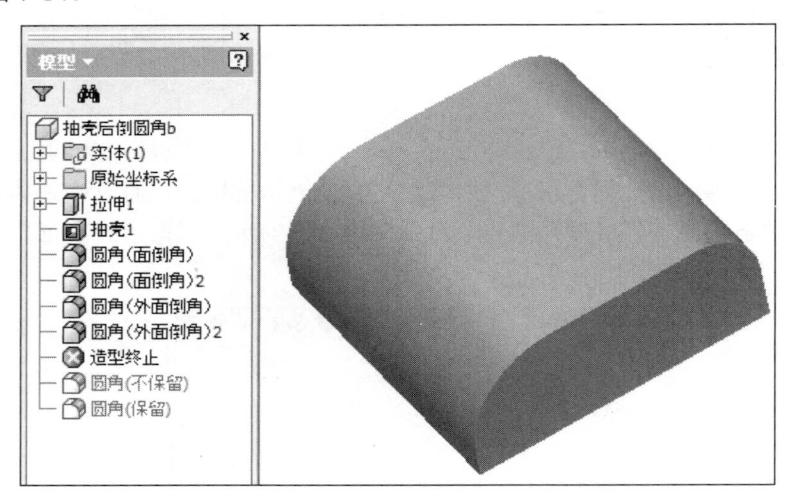

图 7-14　面倒角结果

关于抽壳与倒角的顺序，请打开零件（cleanerstep.ipt），在目录树中抽壳特征上单击鼠标右键，在弹出的快捷菜单中选择“编辑”命令，记住抽壳的设置：底部面和侧部面作为开口面，另外抽壳的厚度为 0.3mm。然后抑制抽壳特征，在当前情况下添加抽壳，完成抽壳设置进行抽壳，我们会看到抽壳失败的对话框，参见图 7-15。

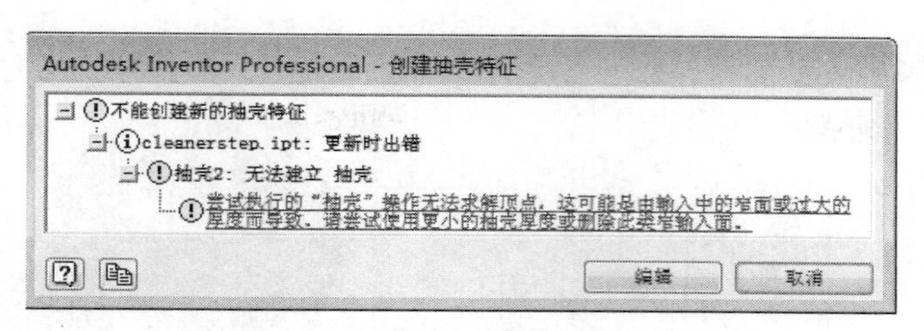

图 7-15　抽壳失败

结果表明，在这个并非特别复杂的零件中，先倒角后抽壳的顺序不能完成我们所需要的造型。原因就是倒角使模型变得更复杂，异形特征更加突出。

决定在哪一步进行抽壳相当关键，这有可能决定抽壳特征的成败，在上面提到的抽壳与倒角的先后顺序就是其中一个例子，但是并无常法，需要根据具体情况具体分析。这也提醒用户在进行复杂壳体建模的过程中，如果遇到抽壳不成功的时候可以考虑是否是抽壳和其他特征操作进行的先后有问题。

通常我们应该选择零件结构不是很复杂，但是能够保证我们需要的主体，能够满足建模的需要，例如在零件（cleaner.ipt）中，我们选择的是主体特征已经造型完毕，但是，在细节尚未详细修饰时进行抽壳，保证抽壳后的特征能够满足后面造型的需要，但是不会因为结构太复杂而使得抽壳不能成功，参见图 7-16。

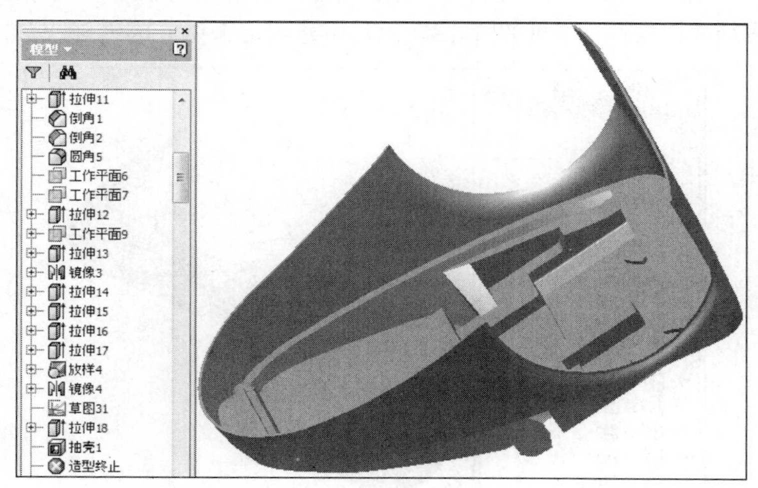

图 7-16　合理抽壳

2．曲面加厚和填充

应该说曲面功能不是 Inventor 的强项，但是也能够满足比较复杂曲面的设计要求。这就为零件设计提供了另外一条途径：从曲面到实体，这也符合零件内部数据结构的组成。使用曲面建立实体，前提是先建立符合我们要求的曲面，然后进行填充或者加厚，而对于壳体零件，使用曲面加厚的功能可能会比较多，参见图 7-17。

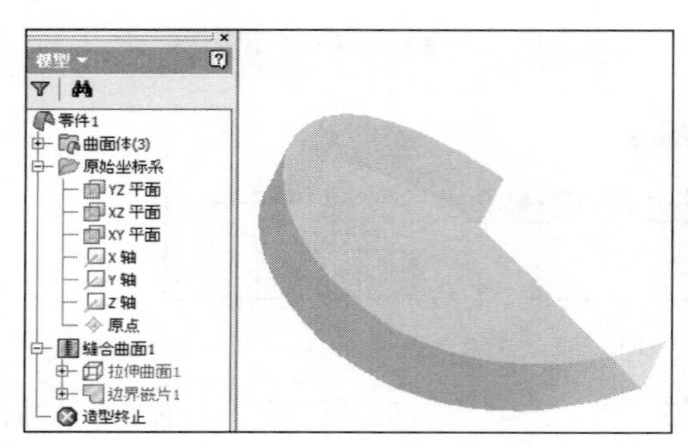

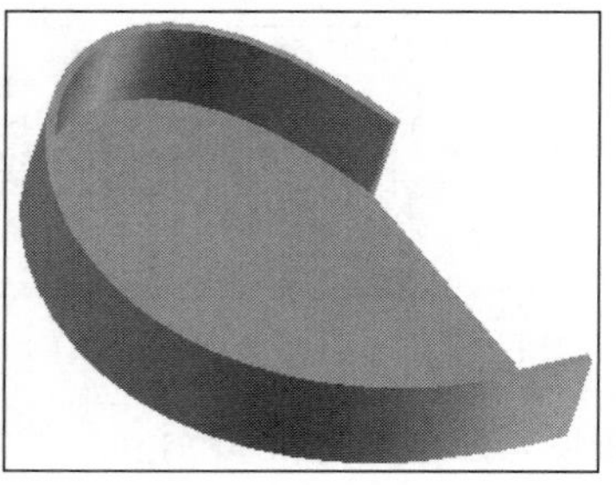

图 7-17　曲面加厚

注意

- 曲面的造型规则参照实体建模。应该把复杂的模型分成不同的特征，然后就不同的特征建立曲面，如果确定为相同厚度的曲面，则可一次在加厚中实现。
- 曲面加厚的方向，应尽量避免与自身相交。

3．布尔减

布尔减包括分割功能和拉伸、旋转等普通造型工具中的布尔减。应用起来比较麻烦，不过却很实用，成功率比较高，参见图 7-18。但是不建议这么做，因为修改会比较麻烦。

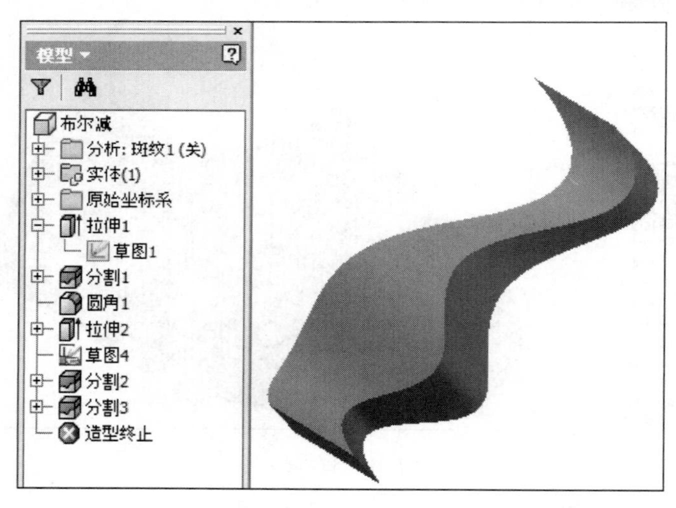

图 7-18　布尔减运算

抽壳后所有的被抽壳的壳体是同一个厚度，曲面加厚则可以实现不同的曲面有不同的厚度，但是在加厚的不同特征边界上要进行边界处理，这也会给建模带来麻烦，而使用布尔减则消耗较大的资源，但是可以建立厚度非常复杂的特征，而且非常有效。在实际的建模过程中，可能是结合各种功能，针对具体的情况选用最优的工具。

4．加强筋

复杂壳体造型中，加强筋的造型也是经常遇到的，要在合理的地方添加，而且添加的方式也要注意。下面将着重介绍加强筋的造型技巧。创建板状或者肋状的加强筋，可以有条件地创建出筋的拔模斜度。参见图7-19，该界面与早期版本的Inventor有较大的改变。在新的对话框中，分为加强筋平行于草图平面或垂直于草图平面。

1）加强筋平行于草图平面

（1）截面轮廓，实际上并不是“轮廓”，更与筋的“截面”形状无关，只是表示加强筋的位置及斜度。

（2）筋厚度的方向，筋厚度的方向包括正向、反向、双向对称。

（3）范围，范围参数决定了是创建筋板，还是肋，参见图7-19，创建的是加强筋。参见图7-20，创建的也是加强筋。只是该加强筋是肋，需要补充输入截面的在另一个方向上的尺寸。

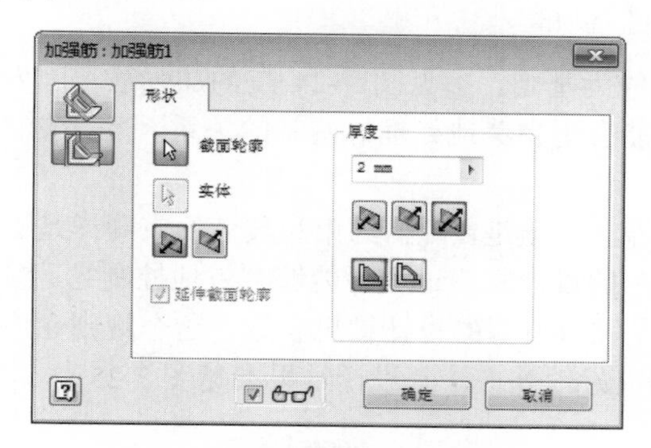

图7-19　加强筋

图7-20　加强肋

2）加强筋垂直于草图平面

加强筋垂直于草图平面分为“形状”、“拔模”和“凸柱”选项卡。其中，这里主要讲解“拔模”和“凸柱”选项卡。

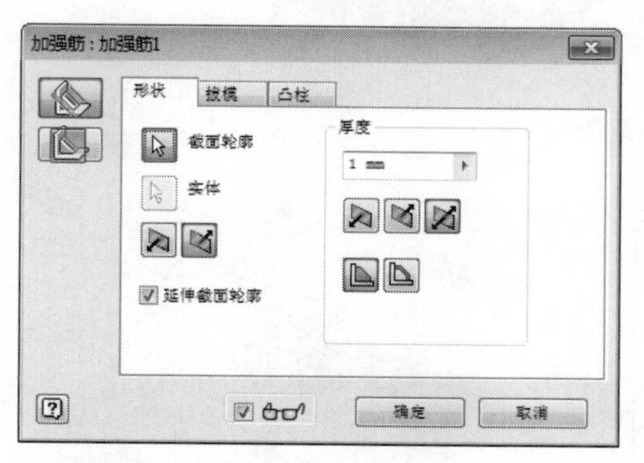

图7-21　“形状”选项卡

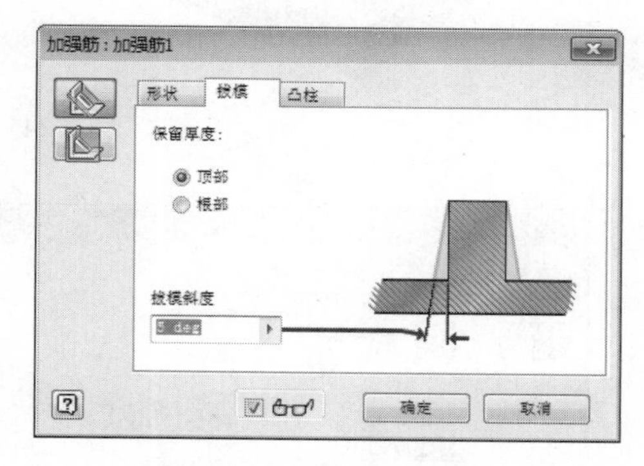

图7-22　“拔模”选项卡

（1）形状，“形状”选项卡与“加强筋平行于草图平面”完全相同，参见图7-21。

（2）拔模，通过“拔模”选项卡，可以创建加强筋的同时对加强筋创建拔模。通过界面，可以设定顶部不变或根部不变，然后输入拔模斜度，参见图7-22。

（3）凸柱，当创建交叉加强筋时，在交叉处生成凸柱，参见图7-23。创建凸柱时，必须要在交叉草图线的交叉处创建草图点，选择该草图点，才能创建凸柱。

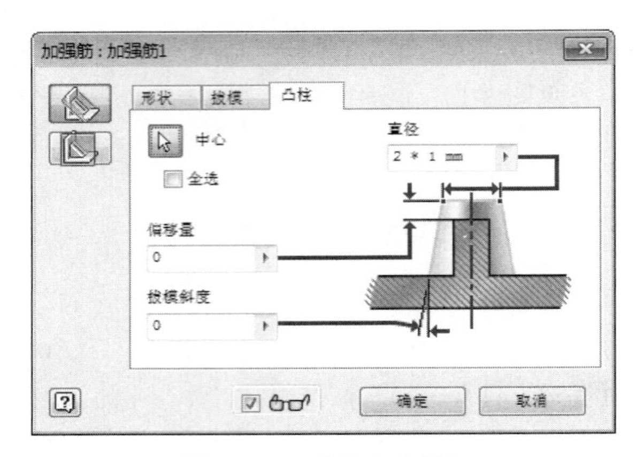

图 7-23　“凸柱”选项卡

（4）加强筋造型实例，加强筋以不封闭草图线为基础。参见图 7-24 左的加强筋，因为是与带有拔模斜度的圆柱相交，专用的加强筋功能会更完美地处理好两者的关系，而一般的拉伸就不容易做了。

在定义加强筋的时候，虽然使用的是开口的草图，但是，几何约束和尺寸约束同样是必须完整的，以便能正确表达设计者的意图，在未来的设计配凑过程中能够有效地控制它。参见图 7-24 右边所示的草图约束，该草图约束就是比较典型的设计构思表达。这个规则允许筋的基础草图可以不必“穿过”相关特征，也能很好地处理，其设计结果参见图 7-25。

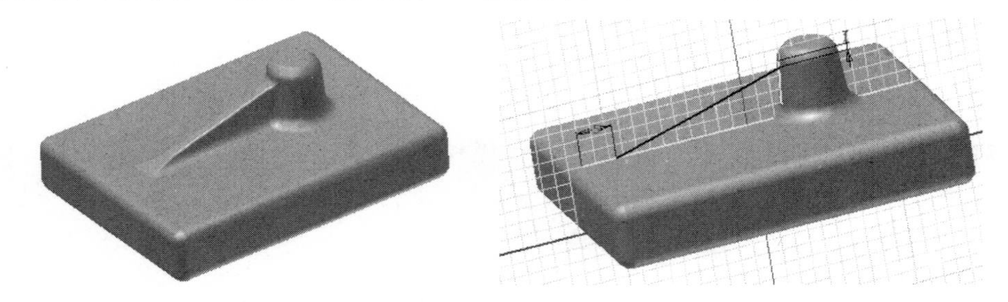

图 7-24　加强筋锥度

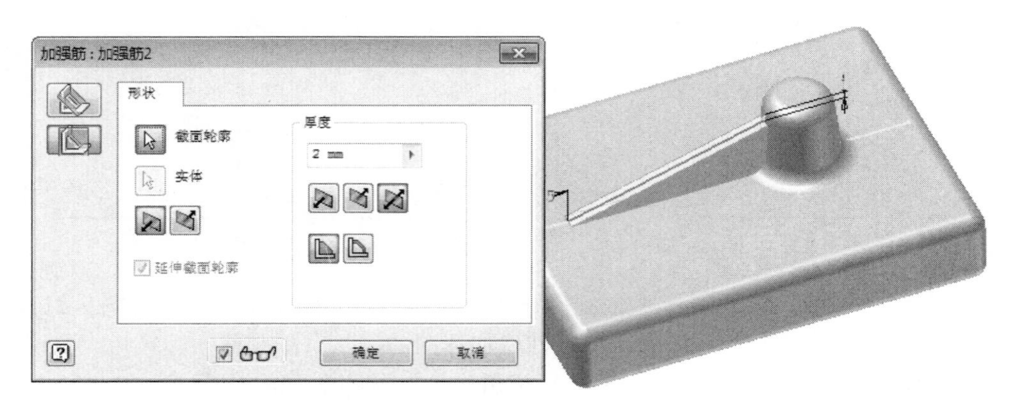

图 7-25　加强筋实例

（5）网状加强筋，肋的创建，也遵循同样的规则。参见图 7-26 左，需要在凹坑中添加 3×2 条网状筋，高度为 15mm、厚度为 2mm。操作过程如下：

① 创建与凹坑底面距离 25mm 的工作面，并在上面创建草图。

② 绘制筋的走向控制草图线，参见图 7-26 右。注意在草图线的交叉处创建草图点。

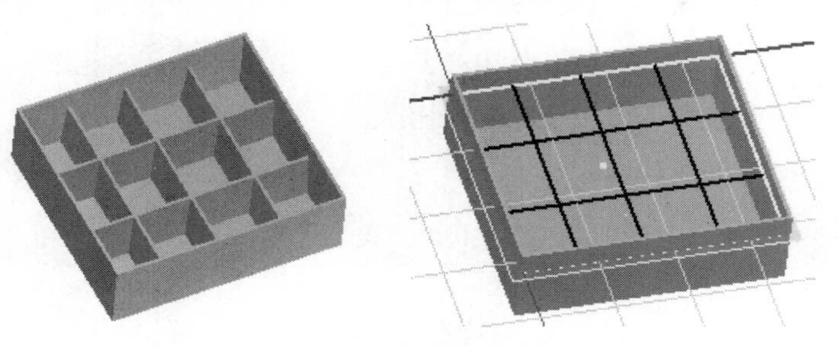

图 7-26　加强肋草图

③ 结束草图，在特征工具面板中单击“加强筋”按钮，弹出“加强筋”对话框，设置好参数，参见图 7-27。因为草图的构成恰好符合 Inventor 的规则，这样就可以将拔模斜度一并完成了，参见图 7-28，设置拔模斜度。同时，还可以在交叉处创建凸柱，参见图 7-29。

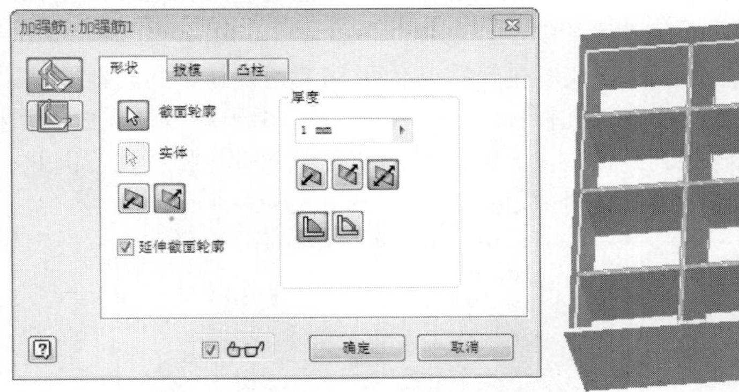

图 7-27　创建加强肋

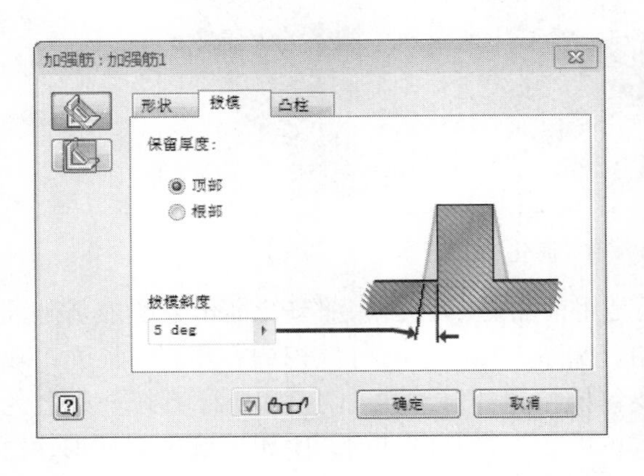

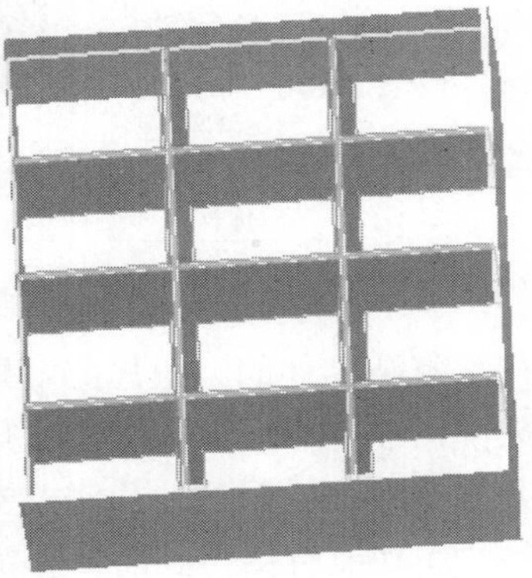

图 7-28　设定拔模斜度

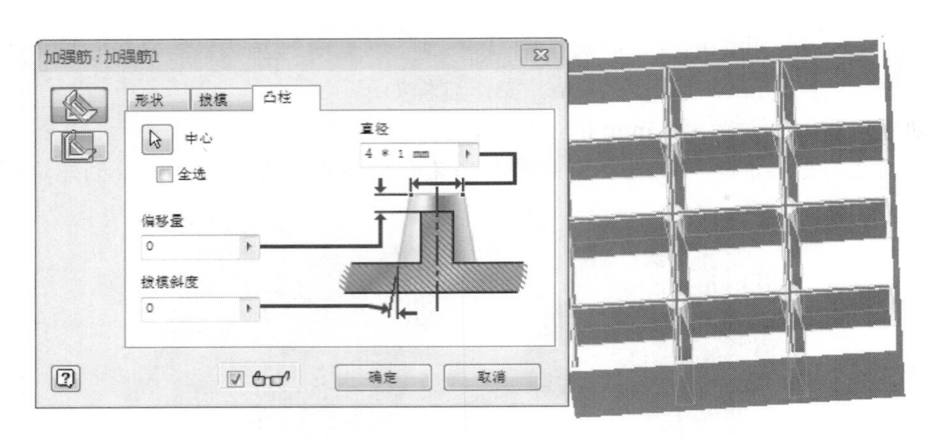

图 7-29　创建加强肋凸柱

7.4.2　建模实例

参见图 7-11，图中所示是一个相对来说有点复杂的壳体零件，就作为一个实例进行说明。

首先，拿到这个零件的时候，需要我们在脑子里去除圆角、钻孔这些细节特征，同时考虑如果简化模型，则第一个基础体建在哪里，坐标原点在哪里。然后再将其分成一些基本几何体，包括方块、圆柱、圆锥、球，或者是一些其他形状的拉伸体、回转体等，因为这些是软件能够直接得到的几何外形（基础几何体），参见图 7-30，由于该零件需要注塑模具加工，因此，我们要将沿 *Z* 轴方向作为开模方向，同时基础体要考虑有拔模斜度。因此，该基础体用放样特征来完成，详细尺寸参见零件（cleaner.ipt）。

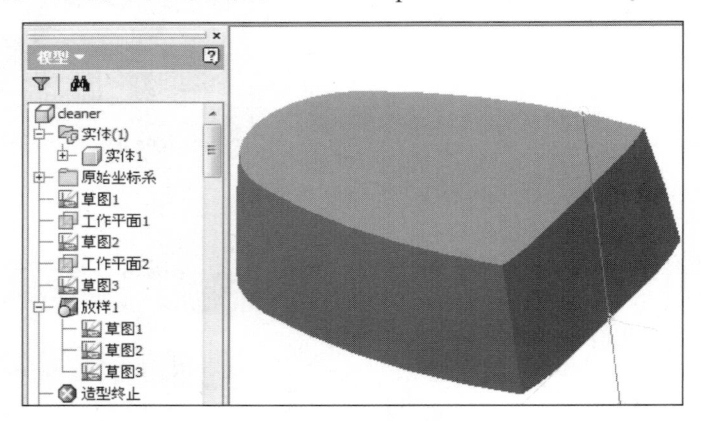

图 7-30　简化的基础体

对于任意复杂零件的一般思路，还是用前面提到的去除细节特征再分解成基础几何的方式。一般来说，细节特征主要包括圆角、倒角、钻孔，有时候挖槽、凸起、抽壳、裁分割也可以认为是细节特征；而基础几何主要包括拉伸外形（注：曲面和实体都统一称之为外形）、旋转外形，曲面功能直接得到的外形也可以认为是基础几何，比如说直纹面外形、扫掠面外形等，都可以认为是基础几何。所有的零件（任意复杂程度）都可以分解成基础几何加上细节特征。

分解成基础几何以后，我们就可以开始 3D 建模工作了。如果分解出来有多个基础几何外形的时候，我们需要选择其中一个作为最基础的，然后开始建模工作。一般来说，选择最复杂的一个基础外形入手，如果复杂程度都差不多的时候，则一般选择体积最大的一个入手，参见图 7-30。然后逐步将基础体修剪成复杂零件的外形模型，参见图 7-31。

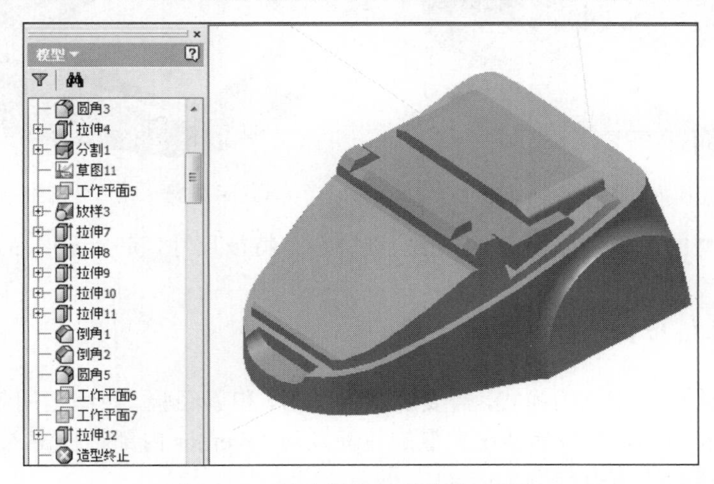

图 7-31　简化的基础体的外形模型

逐步建立各种附加特征，然后抽壳，参见图 7-32，先抽壳后倒角。

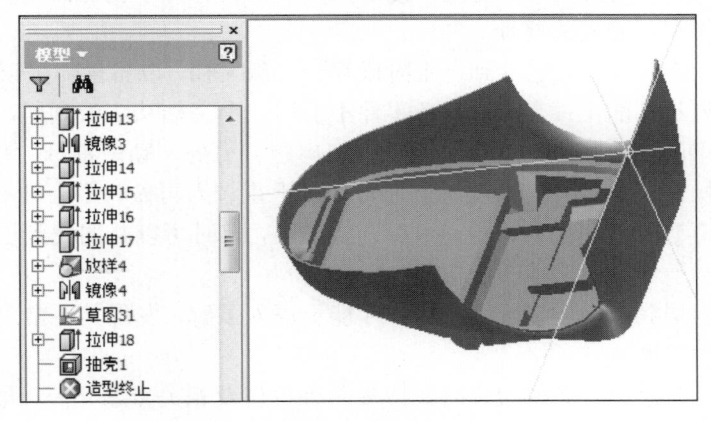

图 7-32　抽壳

逐渐添加其他特征，使用布尔运算、阵列、镜像特征，参见图 7-33，新建的局部特征成为更细节的模型的主体特征。

壳体内部特征处理好后，然后处理壳体外部细节特征，处理细节特征时，尽量用简单的草图处理单个细节特征，如图 7-34 所示为外部细节特征。

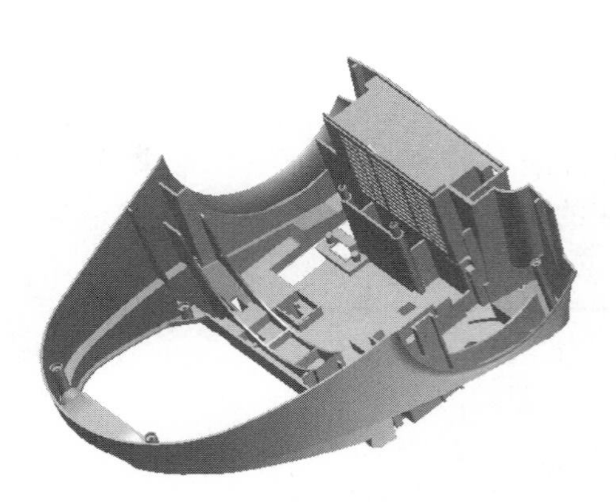

图 7-33　壳体内部细节特征处理

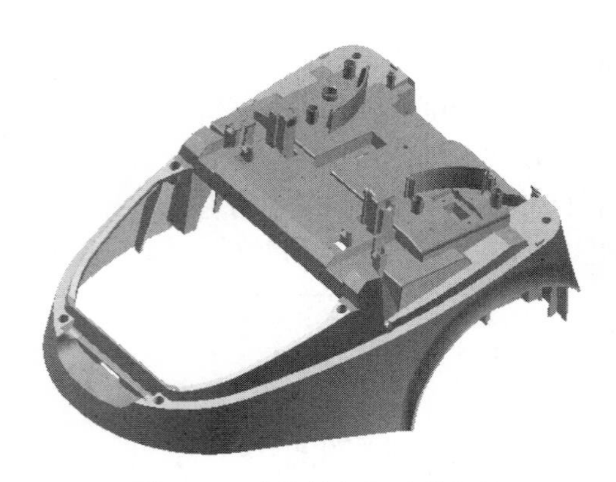

图 7-34　壳体外部细节特征处理

完成全面模型的建模后，我们要仔细检查每一个特征尺寸，完全无误后，提交设计模型。

7.5　本章小结

复杂零件的建模无统一的模式，需要大量的练习，积累经验，熟练运用各种方法和技巧。本章介绍的规则和技巧，很多都是在大量的建模及对 Inventor 内部结构深入了解的基础上而得出的，但是不能解决所有问题。

良好的习惯是进行复杂工作的必要条件，例如，只要建立草图就设置参考坐标系，进行全约束等，这些看似不太重要的小习惯却能够为以后的设计打下良好而坚实的基础，能够给以后的工作省去很多不必要的麻烦。

做复杂零件应多做备份，进行到一定阶段存一个新文档，以备操作失误造成文件丢失或损坏时可调用最近相邻的文件重做。复杂零件不要用一个文档从头做到尾，待确实成功完成后再将前面已无用的备份删除，这样可避免很多问题。另外，勤做备份、勤存盘也有好处，当出现死机或误操作退出等异常情况时，还可以马上重调入再做，不会让心血白费。

经常向别人请教或者和他人讨论，可以开阔思路，有时可以共同找到更佳的方法，不至于陷入思维定式。

应当针对实际遇到的问题多实践，这样才能更深入了解，发现其不常用的功能，有时能对解决问题有很大帮助。

及时记录，及时总结。条件允许时，应多与外单位及相关专家交流，取长补短。

第 8 章　创建和编辑装配模型

本章学习目标

- 掌握在装配中装入和新建零部件的方法，给零部件添加“配合”、“对准角度”、“相切”和“插入”装配约束的方法。
- 了解应用用户自定义坐标系创建约束集合的方法。
- 掌握在装配中给零部件添加“运动”和“过度”装配约束的方法。
- 掌握编辑装配约束的方法。
- 熟悉应用欠约束的自适应特征的方法。
- 掌握检查零件间干涉的方法。
- 熟悉“测量距离”、“测量角度”、“测量周长“和”测量面积“等分析工具的使用方法。
- 了解如何创建、设置和编辑装配中零部件的引出序号。
- 了解如何创建、设置和编辑装配中零部件的明细表。
- 熟悉部件性能、约束极限、“装配”命令、约束冲突分析。
- 快速地重新定位组件。
- 简单地操纵约束。

8.1　自上而下的设计

自上而下设计技术（也称为骨架造型）会集中控制用户的设计。该技术可以有效更新设计并对设计文档的破坏最小。

自上而下设计从布局开始。布局是二维零件草图，也是设计的根文档。用户可以创建一个布局，来表示部件、子部件、平面图或相等物。在布局中，使用二维草图几何图元和草图块来表示设计零部件。可以在布局中放置这些零部件以评估设计可行性，如图 8-1 所示。

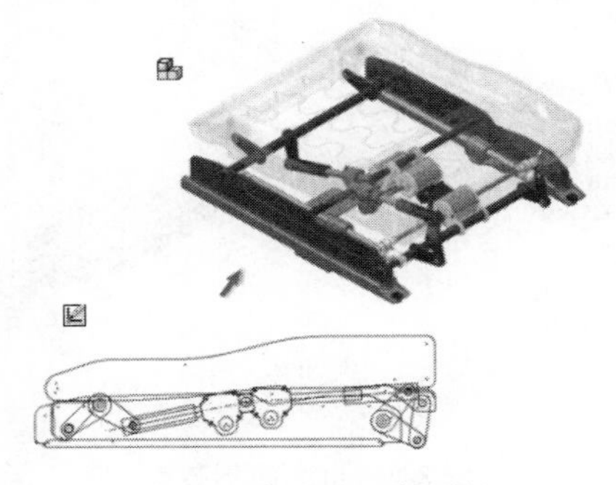

图 8-1　自上而下的设计

当满足布局状态后，可从草图块生成零部件。该过程（也称为“推”衍生）生成与布局草图块相关联的零件和部件文件。当更改草图块定义时，零部件文件会自动反映更改。

试验自上而下设计以体验真正关联的设计的功能。

8.2 装配建模基础

利用装配工具可以把单个零部件添加到公共的装配环境中，然后使用多种工具进行装配。可以在装配中创建新的零部件、定位已存在的零部件及管理好零部件之间的关系。

8.2.1 装配模型基础

可以创建一个装配来装配多个零部件，或者创建一个单一的装配环境。每个零部件之间所创建的装配约束关系，决定了该零部件的工作状况。

这些关系可以由一系列简单的约束组成，从而决定了零部件在装配中的位置。也包括高级的自适应关系，当尺寸变化时，它可以让所有自适应关系的零部件自动更新。

1．装配模型概念

创建装配模型之前，需要先了解创建装配件的 3 种方法：自上而下装配、自下而上装配及从中间装配。

1）自上而下装配

所有装配用的模型都在关联装配环境中设计，可以创建一个空的装配，然后可以一直在装配环境中设计每个零部件。设计零部件时，可以应用装配约束将对基础零部件的更改以一定比例关系应用到相关零部件。

在总装配中，可以创建或编辑所有的模型。如图 8-2 所示描述了一个装配模型中的自上而下的设计路径。当首个零件创建好后，可以在关联装配中创建新添加的零件。

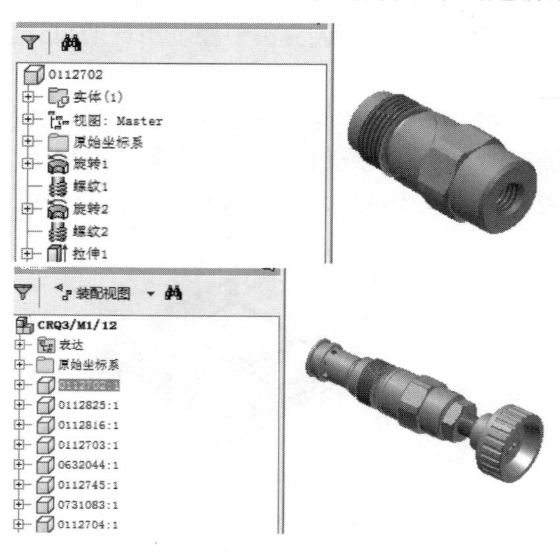

图 8-2 自上而下装配

2）自下而上装配

装配中的零部件，可以在装配以外的环境设计完成后再装入装配中。每个零部件都是在装配或者其他的零件中单独设计的，创建好零部件，并将它们与其他零件装入后，如果零件需要更改，则也可以在装配环境外进行编辑，改变的结果会自动反映到装配环境中。

如图 8-3 所示为一个典型的自下而上的装配建模例子，所有零件都是在装配以外设计的，设计完后再将它们装入装配。

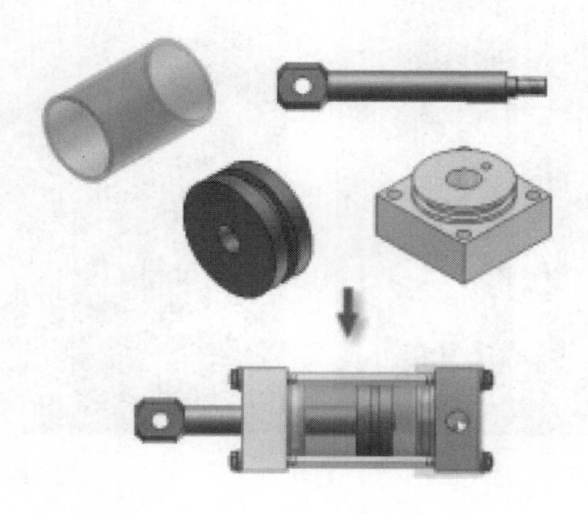

图 8-3　自下而上装配

3）从中间装配

这种灵活的方法接近实际的设计过程。例如，一个典型装配中通常有专用的零部件，以及其他的标准件（如螺母、螺钉等其他标准五金件）。通常设计专用零部件的方法是接近自上而下，而装入标准件后，设计方式就转换成从中间开始，这是因为装配中的零部件包含在装配外部完成设计的零部件。

如图 8-4 所示为一个自中间开始的装配建模实例。一些零部件是装入装配中的，其他的零部件是在关联装配中设计完成的。

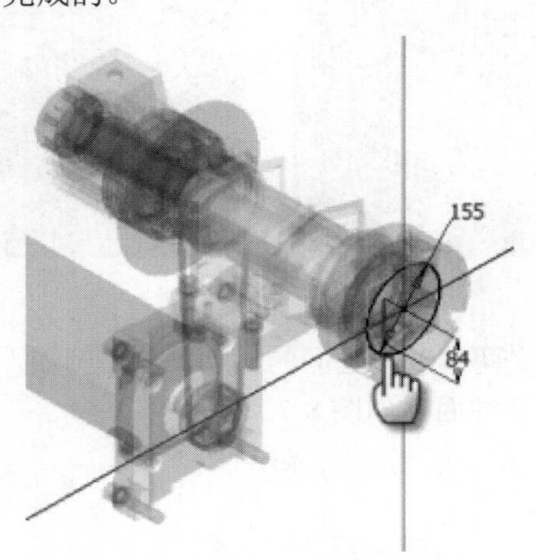

图 8-4　自中间开始装配

2．装配约束

可以通过装配约束在装配中的部件间创建约束关系，就像二维约束控制二维模型一样，在装配中利用三维约束将零部件与其他零件创建位置关系。这里有 4 种基本的装配约束，各自有独立的使用方法及选项。

- 配合/对齐约束：用来配合或对齐零件特征，如面、边或轴，如图 8-5 所示。

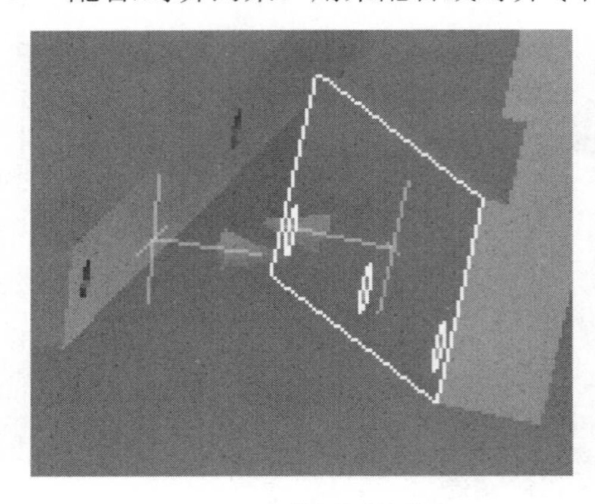

（a）配合约束之前

（b）配合约束之后

图 8-5　配合约束

- 角度约束：用来指定两个部件之间特定的角度，用于边、面和轴，如图 8-6 所示。

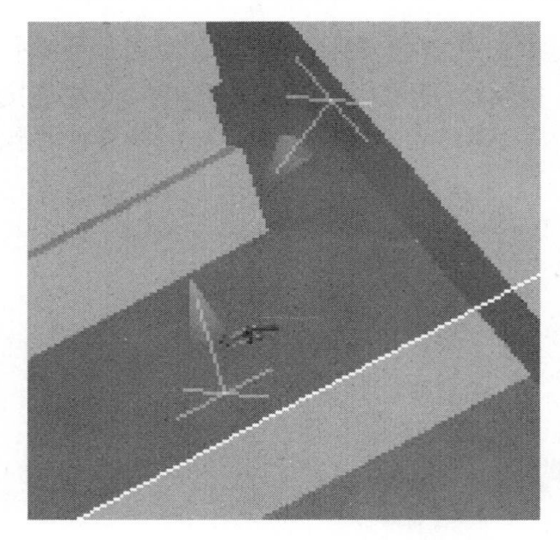

图 8-6　角度约束

- 相切约束：用于定义两个部件之间的相切关系，例如，用于圆柱面和平面，其中一个选择对象必须是圆柱面，如图 8-7 所示。

图 8-7　相切约束前后

- 插入约束：用于插入零部件到另一个零部件中。这个约束对于轴与轴的装配、面与面的装配非常有效。总的来说，用于螺钉、销钉或者是其他的一些需要插入到孔当中的部件。通过选择部件上的圆柱面来应用这个约束，如图 8-8 所示。每个约束类型都会在这一章中进行详细介绍。

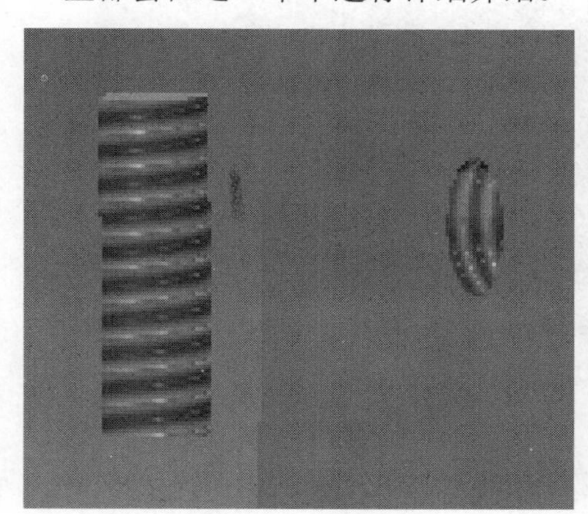

图 8-8　插入约束前后

3．子装配

可以通过子装配将一个大的装配零部件分成很多小的装配零部件。一个子装配实质上是将一个装配定义到另一个装配中。在关联的装配中，子装配表现为一个单独的装配件，当子装配约束在整个装配中作为一个单独的部件时，子装配约束于每一个装配。当它们创建的时候，必须编辑装配中的约束。如想要激活局部装配，就在浏览器中双击子装配。

4．装配草图

可以在装配环境中的某个零部件上使用装配草图来创建特征，如孔、拉伸和倒角。然而这些特征不保存在零部件中，对零部件没有影响，它仅仅应用于当前装配中，也只对关联装配有影响。装配草图是装配特征的基础。这个特征可以对多个零部件起作用，但是有时也会在单独的零件中使用这个特征。

例如，需要设计一个装配来适应一些不同的电动机，每个电动机都有不同孔的图样和镶线槽，使用装配特征，可以确保在装配中创建特定的电动机，同时该项特征对装配所有用到的公共零件没有影响。

8.2.2 装配环境

事实上 Autodesk Inventor 软件中装配环境与零件的环境是相同的，只有部件工具面板不一样，如图 8-9 所示。

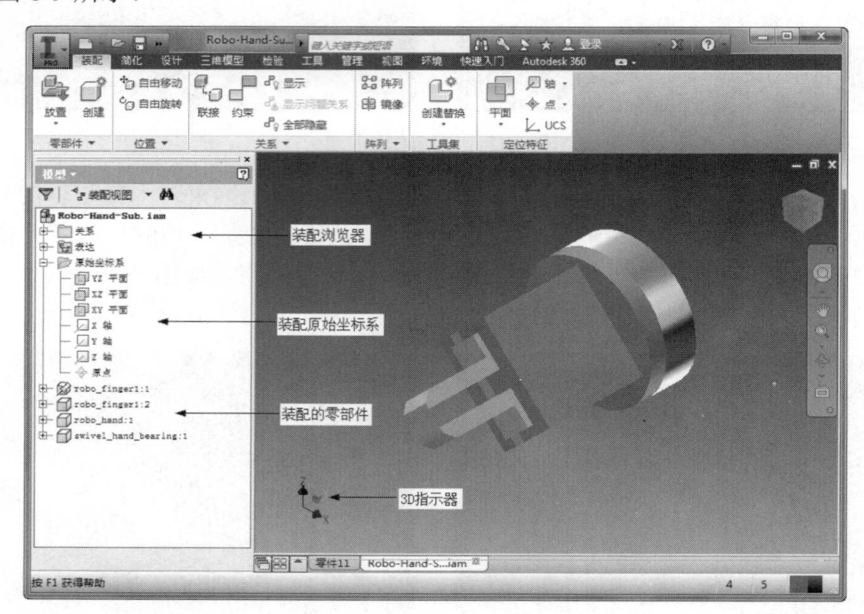

图 8-9　装配环境

- 部件工具面板：包含指定装配模型特定的工具。
- 装配浏览器：列出所有的部件和装配约束，当某个部件被激活用于编辑时，浏览器的功能与建模环境时是一样的。
- 装配原始坐标系：与零件环境一样，每个装配文件都包含一个独立的装配坐标系，扩展原始折叠文件夹将原始面、原始轴和中心点显示出来。
- 装配的零部件：装配中的每个零部件都会被列出来，展开零部件将已经被应用的装配约束显示出来。
- 3D 指示器：显示当前的视图与装配坐标系关联的方位。每个装配件都包含一个独立的装配坐标系，在装配中默认坐标系为(0,0,0)，建立装配时装配坐标系需要经常使用。当装入第一个零部件到装配中时，零部件的原始坐标点会与装配中原始坐标点重合。

8.2.3 部件工具面板

部件工具面板与零件特征工具面板相似，部件工具面板包含指定装配模型的工具。创建三维模型的时候，基于应用的状况，工具面板可以自动在装配、零件与草图之间切换。注意每个下拉按钮，单击这些按钮将启动相关的面板工具，如图 8-10 所示。

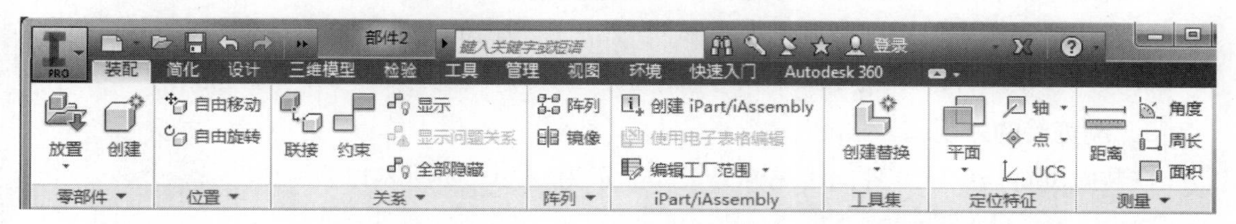

图 8-10　部件工具面板

8.2.4　浏览器

装配浏览器提供了装配环境中的一些工作选项，并且是关联零部件和特征的主要工具。

1. 在位激活

在位激活是指可以在关联装配中激活零部件，为了在关联装配中编辑零件，必须激活零件。下面有几种可以在位激活零件的方法：

- 在浏览器中或者图形窗口中双击零件。
- 在浏览器中或者图形窗口中的零件上单击鼠标右键，在弹出的快捷菜单中选择“编辑”命令。
- 在浏览器或者图形窗口中的零件上单击鼠标右键，在弹出的快捷菜单中选择“打开”命令。这个选项可以在单独的窗口中打开零件。在零部件上的一些改变将会自动反映到装配中。

当一个零件在关联装配中被激活后，在装配环境中有如下变化：

- 在浏览器中，所有零件的背景颜色都变为灰色。
- 在浏览器中，零件将会自动展开将其零件特征显示出来。
- 部件工具面板切换到零件特征工具面板。
- 在图形窗口中，没有激活的部件将以灰色显示，如图 8-11 所示。

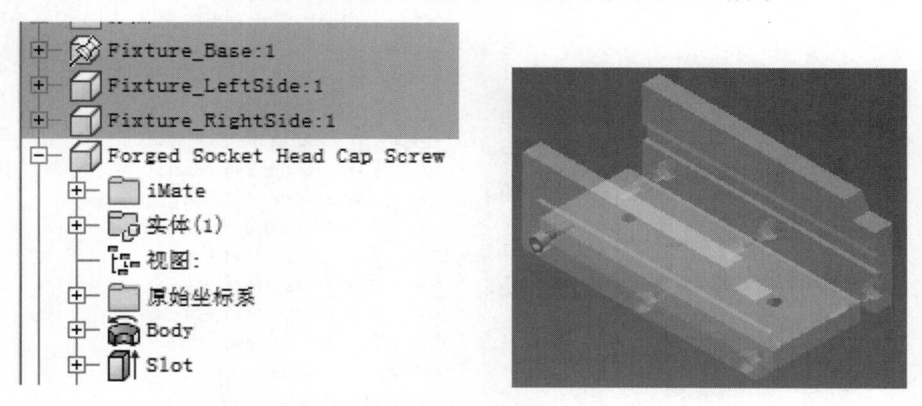

图 8-11　未激活零件以灰色显示

2．可见性控制

在装配中控制所有零部件的可见性是非常重要的，在关联装配中工作时，可在装配浏览器中或者图形窗口中用鼠标右键单击零部件，然后在弹出的快捷菜单中选择“可见性”命令。零件可见性通常是可见的，如图 8-12 所示。

3．浏览器的外观

在装配浏览器中，零件的可见性为关闭显示为灰色，如图 8-13 所示。

图 8-12　零部件可见性控制

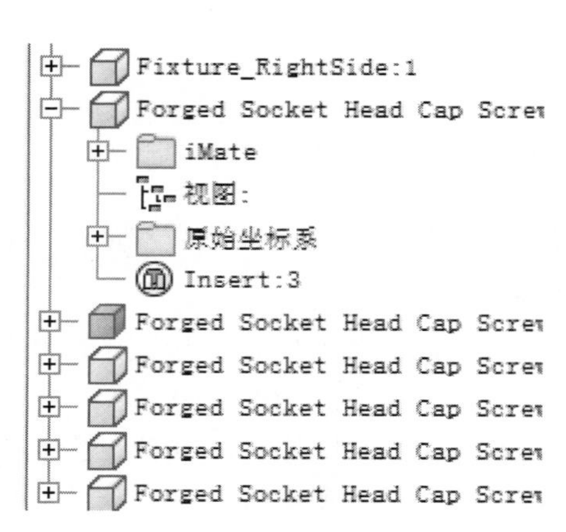

图 8-13　浏览器中零件的可见性

4．隔离装配零部件

可以关闭所有零部件的可见性，但是所选的零部件通过隔离仍然可见，用鼠标右键单击零部件，在弹出的快捷菜单中会显示“隔离”命令。

- 隔离：除所有选取的零部件外，其他的零部件的可见性都关闭。图 8-14 展示了隔离的效果。
- 撤销隔离：将隔离时所有关闭可见性的零部件都恢复为可见，但对于零部件的可见性已单独设定的不产生影响。

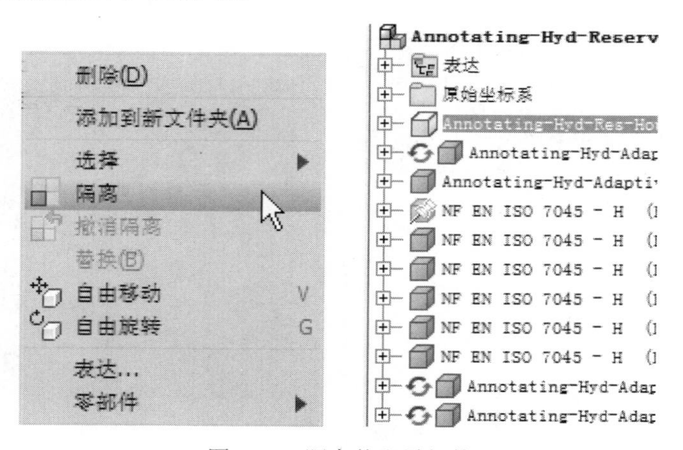

图 8-14　隔离装配零部件

5．装配重排序

在装配中可以重新排列零件的顺序。在浏览器中显示的零件是由装配工具命令将其装入或创建的。重新排列装配可以使零件定位在更合理的位置上。

如果重新排列装配顺序，可以在浏览器中单击鼠标左键并拖动零件，然后在新位置上释放鼠标。

6．装配重新构造

创建好装配后，需要在装入零部件到子装配中来组织装配。通过重新构造装配，可以创建子装配并且将已经存在的零部件装入到子装配中。

使用降级工具来重新构造零部件时，将显示“创建在位零部件”对话框，如图 8-15 所示。

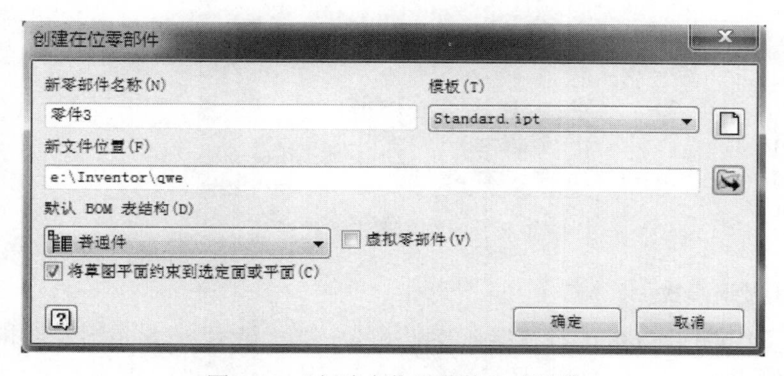

图 8-15 “创建在位零部件”对话框

- 新零部件名称：为部件输入一个新的文件名。
- 新文件位置：为新的部件输入或者浏览位置。
- 模板：为新部件选择一个模板。

7．装配重组的警告

重新组装零件到部件时，在重组的过程中可能失去很多装配约束。与此同时，有些时候还需要重新组装所有零件。如果重装个别零件，将会丧失装配约束且要重新创建这些约束。

重组零件的第一步是在浏览器或图形窗口中选择所有的零部件，然后选择降级工具，这个动作可以定位所有零件到部件中并且保留所有的约束。如果同时需要重新构造到一个新装配中，就将约束应用到相同装配剩下的零部件上，在不同的装配和不同的部件中将约束应用到留下的零件上是不需要保留的。

如果子装配已存在，可以从装配顶级部件中采用拖动零件的方式重新组装部件，也可以从子部件中拖动或升级零件到装配顶级部件中。

基于约束的条件，可以使用这种方法去除一些约束。

8．浏览器中的过滤器

可以在浏览器中使用过滤浏览器过滤信息的显示，当装配变为复杂时，装配浏览器的过滤器可帮助精简信息。在装配浏览器的顶端单击过滤器按钮后，会弹出过滤器菜单，如

图 8-16 所示。

- 隐藏定位特征：隐藏所有特征，包括原始折叠的特征。
- 仅显示子项：仅显示第一级子级特征。当顶级装配在工作的时候，隐藏包括在装配中的零件。
- 隐藏注释：隐藏施加在特征上的所有注释。
- 隐藏文档：隐藏插入的注释。
- 隐藏警告：隐藏在浏览器中施加在约束上的警告。

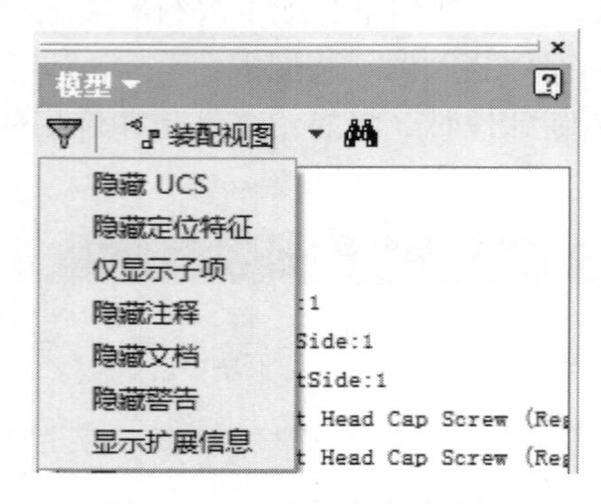

图 8-16 浏览器中的过滤器

9. 浏览器显示模式

在装配中工作的时候，装配浏览器在装配环境中默认显示。它显示出零件和装配的约束。可以在顶级装配浏览器中选择装配环境降级菜单改变装配环境中的显示模式。模型环境显示零件和其他特征，这个模式可以确保零件特征在激活未激活的零部件时进行编辑，如图 8-17 所示。

在检查进程图像的过程中当装配观察和部件特征在模型状态下时，注意出现的装配约束条件。在模型中观察的同时也要注意顶部折叠项中的约束条件，展开折叠项使装配条件可见。

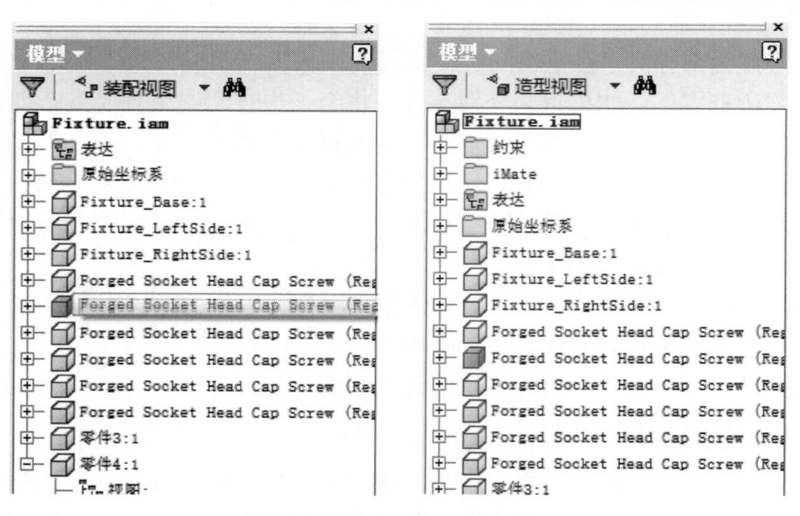

图 8-17 装配浏览器显示模式

10．启用零部件

默认状态下，在装配中装入一个零部件时，这个零部件处于启用状态。当一个零部件处于启用状态时，就可以对它进行操作。当一个零部件处于非启用状态时，这个零部件将在图形窗口中呈暗色，并且它的图标颜色将会在浏览器中呈绿色。

打开一个装配的时候，可以启用零部件创建的数据。当零部件处于非启用状态时，仅仅可以加载图形信息。对于大型的装配来说，可以增加全部的系统性能，如图 8-18 所示。

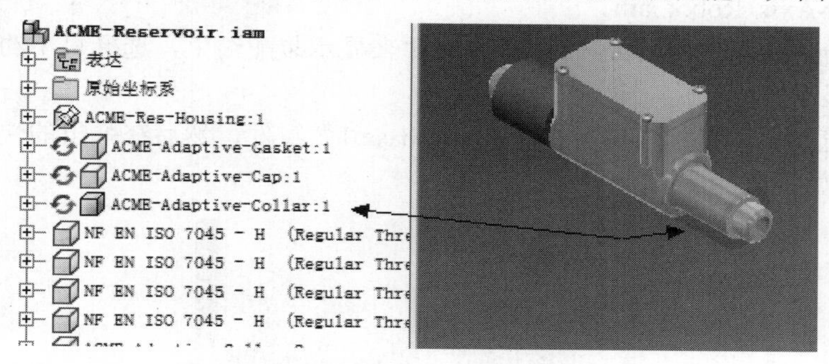

图 8-18 非启用状态

在图形窗口或者浏览器中，用鼠标右键单击零件，然后在弹出的快捷菜单中选择“激活”命令，一个检查标记表明了零件处于激活状态。

11．固定零部件

在默认状态下，对于每一个装配，第一个装入的零部件是固定的，所有的自由度都不可以移动。施加约束到零部件上时，固定零部件的位置保持不变，非固定零部件将根据约束而移动。

尽管第一个零部件是固定的，但是对于在装配中固定零部件的数量并没有限制，同样可以从第一个零件上删除零部件的固定特性。

用固定零部件可以将移动零部件固定在实际位置上，一些移动的零部件与固定零部件发生约束关系。

在浏览器或者图形窗口中，用鼠标右键单击零件，然后在弹出的快捷菜单中选择“固定”命令，如图 8-19 所示。

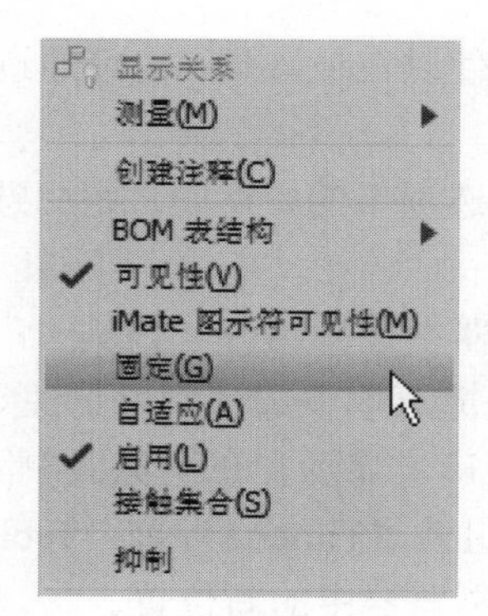

图 8-19 固定零部件

练习 8-1

装配浏览器

在本练习中，打开一个装配文件，然后使用装配浏览器完成一些任务。

操作步骤如下：

（1）打开 5-Axis_Robot.iam。

（2）在浏览器中扩展“motor_base:1”组件来显示装配约束，选择每个约束使特征在图形窗口中高亮显示。

（3）在浏览器中用鼠标右键单击“motor_base:1”组件，然后在弹出的快捷菜单中选择“编辑”命令，如下图所示。

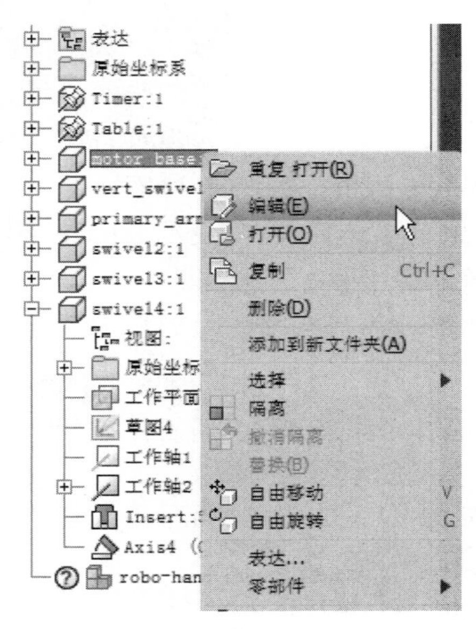

（4）现在可以在装配上下文中激活组件，注意特征的外观，非激活的零件是暗色显示的。

（5）在功能区的“三维模型”选项卡的“返回”组中选择“返回”命令，退出零件状态返回装配状态。

（6）在浏览器中双击同样的组件以在位激活，也可通过单击鼠标右键的方法来编辑先前的操作。

（7）在功能区的“三维模型”选项卡的“返回”组中选择“返回”命令，退出零件状态返回装配状态。

（8）按住“Crtl”键，在浏览器中选择组件“Table:1”和“Timer:1”，然后在其中一个组件上单击鼠标右键，在弹出的快捷菜单中选择“可见性”命令，如左下图所示。

（9）这两个组件将不在图形窗口中显示，在浏览器中注意组件外观按钮的变化。

（10）在浏览器中单击并拖动组件“Timer:1”到“Table:1”后，释放鼠标。

（11）检查组件“Timer:1”在浏览器中的新位置。

（12）在浏览器中选择下列组件：robo_hand:1、swivel_hand_bearing:1、robo_finaer1:1，然后在其中一个组件上单击鼠标右键，在弹出的快捷菜单中选择“零部件”→“降级”命令，如右下图所示。

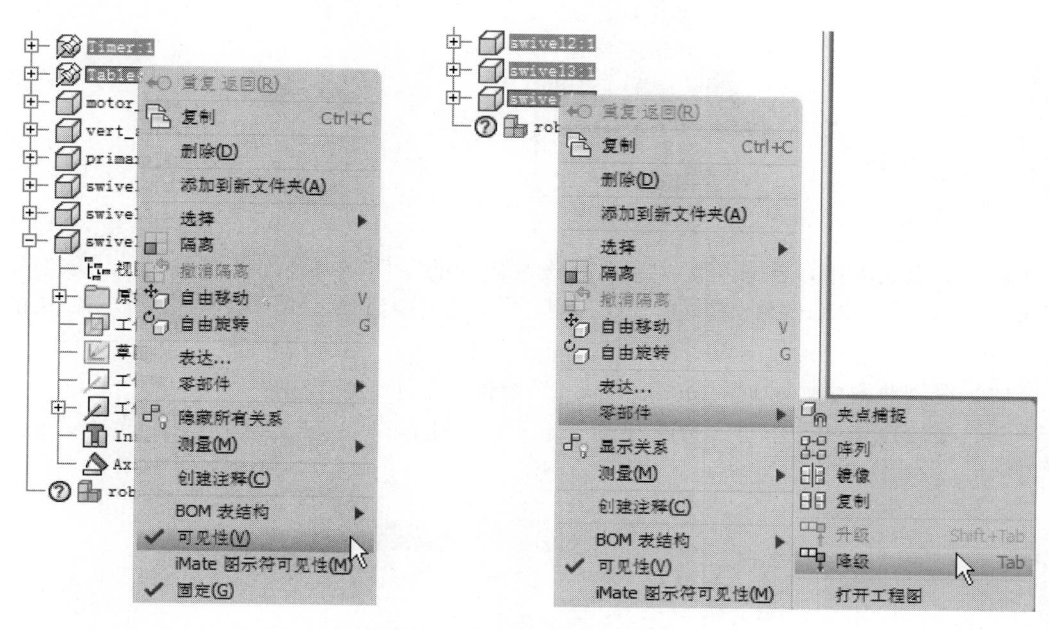

（13）在“创建在位零部件”对话框的“新零部件名称”文本框中输入“Robo-Hand-Sub.iam”，然后单击“确定”按钮，如下图所示。

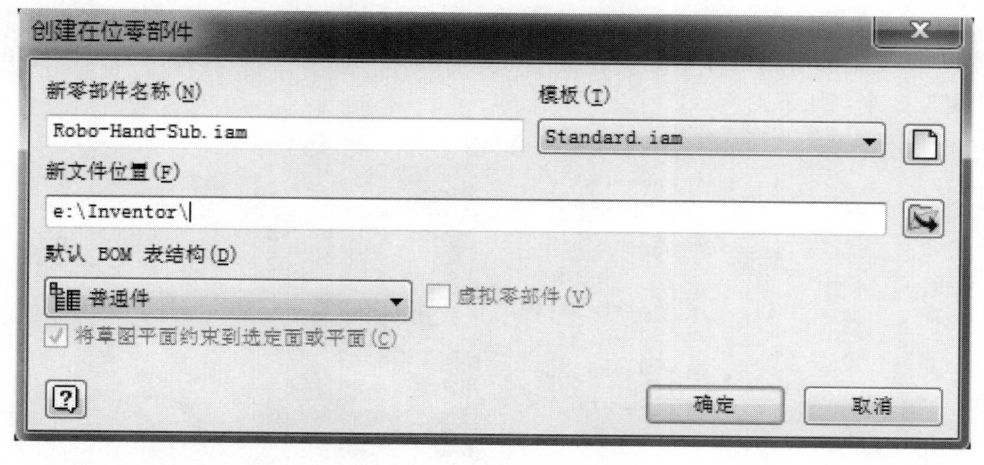

当装配重组对话框出现时，单击“确定”按钮。

（14）浏览器中注意装配重组，“robo-Hand-Sub1”组件将与选中的组件出现在浏览器中。

（15）在浏览器顶端单击▼按钮，在弹出的菜单中选择“仅显示子项”命令，如下图所示。

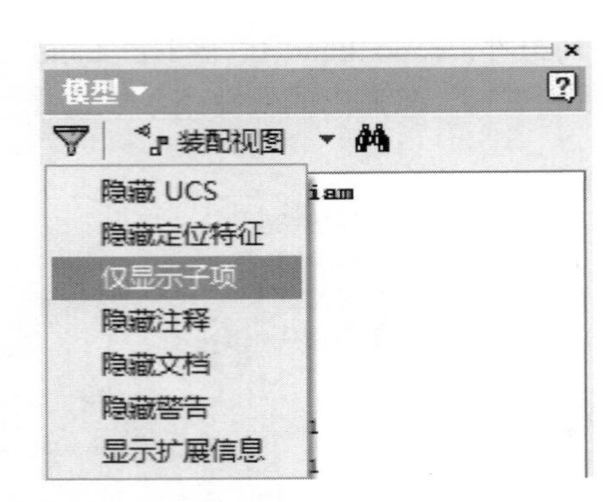

（16）在浏览器中，注意装配中包含但没有出现的零件，这是因为“仅显示子项”过滤器在装配中只显示一个级别的零件。但零件只在浏览器中过滤，并不影响在图形窗口中的显示。

（17）在浏览器中，扩展“motor_base:1”组件，显示装配约束。

（18）在浏览器中，单击“装配视图”下三角按钮，在弹出的下拉列表中选择“造型视图”选项，注意出现的装配特征，如下图所示。

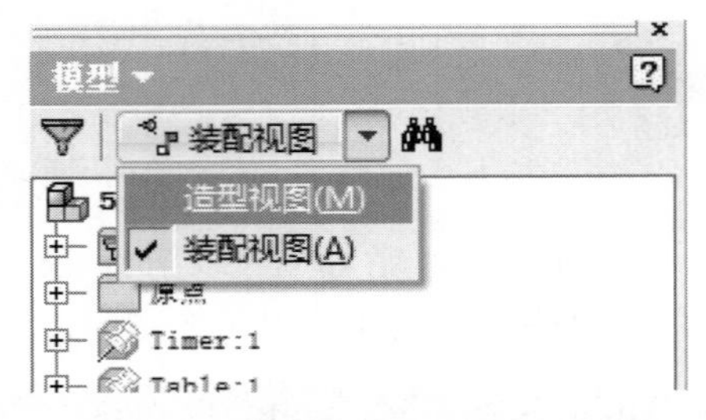

（19）在浏览器中用鼠标右键单击组件“robo-hand-sub1”，然后在弹出的快捷菜单中选择“启用”命令，如下图所示。

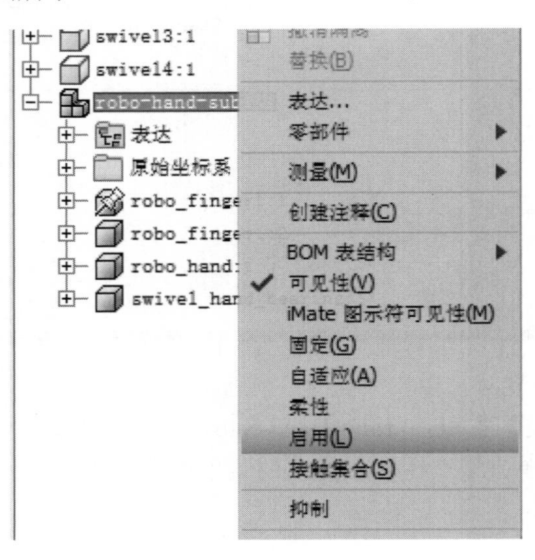

（20）在浏览器和图形窗口中注意组件出现的变化。

（21）在浏览器中用鼠标右键单击组件“motor_base:1”，然后在弹出的快捷菜单中选择“固定”命令。

（22）在浏览器中注意零件的按钮。在浏览器中单击并拖动组件，因为固定的零件是不能被拖动的，注意指针符号出现在固定零件上。

（23）保存并关闭所有文件。

8.3　在装配中装入和创建零部件

创建装配件时，将在装配中装入零部件的几何模型，这些几何模型可以是由单独的零件装配的。

8.3.1　装入零部件工具

使用装入零部件工具可以装入零部件到装配中。选择该工具后，会显示“打开”对话框。选择要打开的文件，最终选择的文件是被装入到装配中的文件。

第一个装入到装配中的零件，自动装入到装配环境中(0,0,0)的坐标系上，并且是固定的。可以通过图形窗口中的不同定位方式，装入该零件的其他引用。装入装配后，在图形窗口中单击鼠标右键，在弹出的快捷菜单中选择“结束”命令。

选择好装入到装配中的文件，然后单击“打开”按钮。

装入非 Autodesk Inventor 的文件，在“文件类型”下拉列表框中选择文件的类型。

使用零部件定位工具将零部件定位到装配环境中的步骤如下：

（1）打开或创建一个新的装配文件。

（2）在功能区的“装配”选项卡的“零部件”组中选择“放置”命令，在浏览器中的部件上单击鼠标右键，然后在弹出的快捷菜单中选择“零部件”→“替换零部件”命令。

（3）在主窗口中显示位于选定路径的子文件夹和文件的列表。双击子文件夹显示它包含的文件，或者单击某个文件选中它。也可以双击文件将其打开。

（4）指定要打开的文件。输入文件名，或者从列表框中选择文件。

（5）过滤文件列表，使其仅包含特定类型的文件。单击“文件类型”下三角按钮，在弹出的下拉列表中选择一个文件类型。

（6）将所选文件装入激活的装配中。

8.3.2　定位零部件来源

使用 Autodesk Inventor 软件建立一个装配后，可以在装配中使用其他应用软件的几何外形作为零件。以下列出了可以装入到装配中的文件格式：

- Autodesk Inventor 零件和装配件（*.ipt、*iam）。
- Autodesk Mechanical Desktop(*.dwg)。
- AutoCAD(*.dwg)。

- STA file(*.sta)(ACIS/ShapeManager)。
- IGES files(*.igs、*ige、*iges)。
- STEP files(*.stp、*.ste、*.step)。
- Pro Engineer(*.prt、*.asm)。

这些格式在文件的不同版本中都可以使用，当它们加载到 Autodesk Inventor 装配件中时，可以修改一些文件的格式。但是 Autodesk Mechanical Desktop 文件链接到装配件中时，在 Autodesk Mechanical Desktop 中做的更改将会反映到装配中。

1. 支持文件类型

在“打开”对话框中单击“文件类型”下三角按钮，在弹出的下拉列表中将显示文件的类型，如图 8-20 所示。

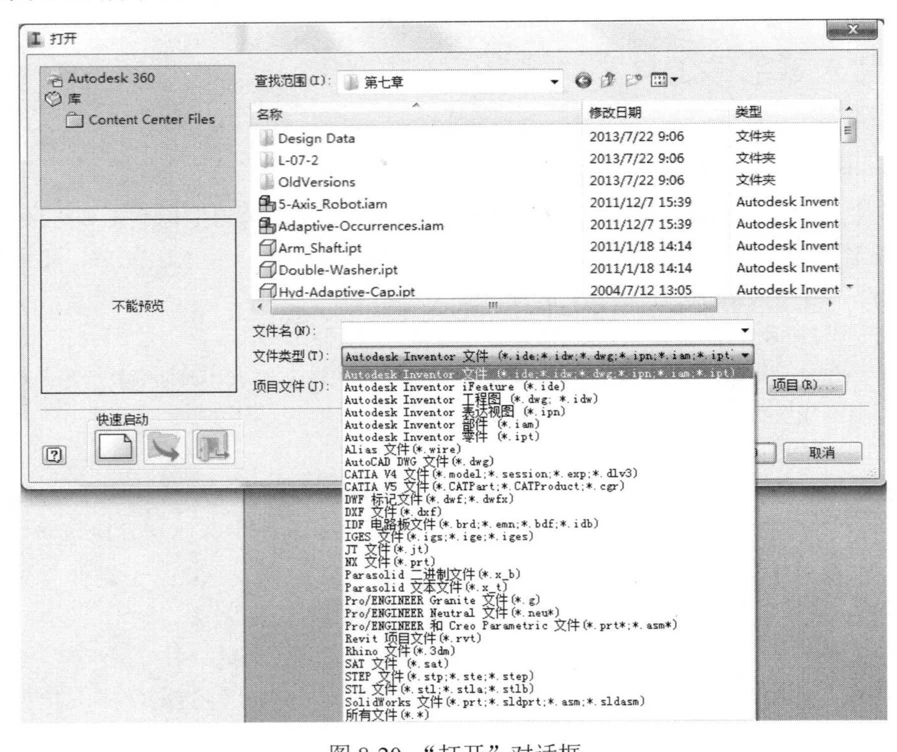

图 8-20 “打开”对话框

2. 将零件拖动到装配中

可以从打开的文件或者其他浏览器窗口中拖动零部件到装配中，此操作将使零部件装入到装配中，此时需要选择零部件定位工具。

在图 8-21 中将激活的零件拖动到处于非激活状态但已打开的装配中。

在图中，将一个零部件从图形浏览器中拖动到装配中。从 Windows 资源管理器窗口拖动零部件到装配时，在当前 Inventor 项目文件中，需指定所装入零部件确切的位置，否则将会出现如图 8-22 所示的信息。

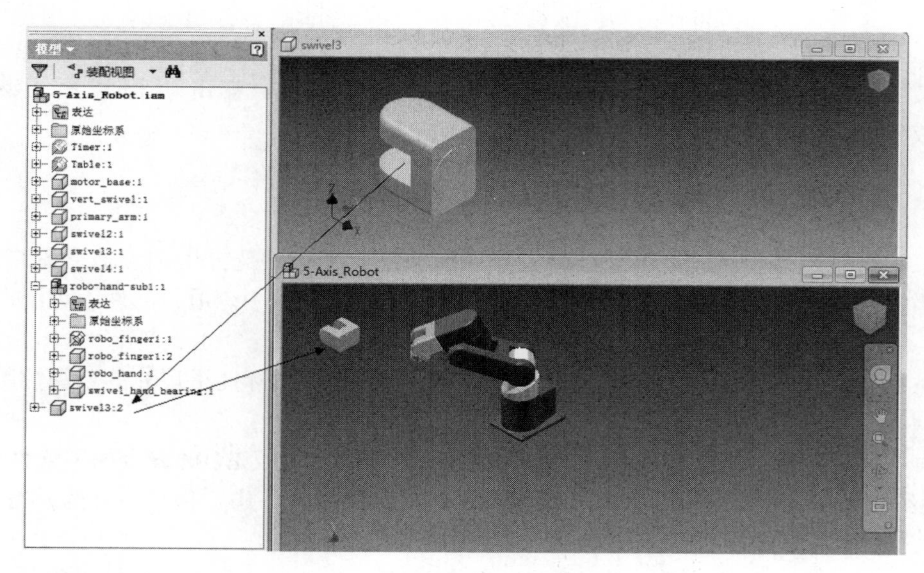

图 8-21　拖动打开的零件到装配中

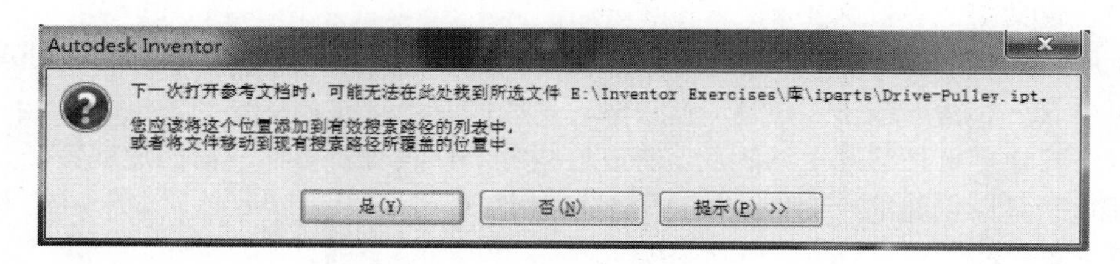

图 8-22　文件位置提示信息

这个信息表示当前所装入的零部件所在位置在装配件中无关联。当下次装配打开时，Autodesk Inventor 将不能确定零部件所在的文件夹。

单击“是”按钮，在装配中装入零部件。必须重新打开装配前的模型并对其进行编辑，包括在当前文件下装入零部件或移动零部件到项目文件确定的位置。

8.3.3　替换零部件

建立装配后，可能需要替换零部件。例如，刚进行装配时，不需要访问所有的零件，可以定位一个代理零件来替代最终零件。找到所需要替换的零件后，可以对最终文件使用替换工具来替换替代的零部件。

在装配中装入替换零部件时，一些装配约束丢失了，就需要重新创建。Autodesk Inventor 软件试图保留约束，但最终结果却在很大程度上取决于已经存在的模型和替换模型的不同之处。

当零部件被替换后，新的模型装入在同一个地方替换已存在的模型。新模型的原点与被替换的模型的原点保持一致。

有如下两种替换零部件的文本。

- 替换：仅替换选择的零部件。

- 全部替换：替换所选零部件及所有引用。

在装配中替换零部件时，会显示“约束可能丢失”对话框，单击“确定”按钮继续替换零部件或者单击“取消”按钮，取消操作。

8.3.4 在装配中创建零部件

可以在现有部件中创建零件或部件。当单击“创建”按钮并选择用于绘制草图的平面时，会激活零件环境。输入有意义的新零件文件的名称。在浏览器中，顶级部件不可用，新零件将激活。

在位创建（在部件环境中）的零件可以具有特定大小、由标注了尺寸的草图控制、是自适应的（由与其他部件之间的关系控制）。

选择在位零部件的默认BOM表结构。BOM表结构特性定义BOM表中的零部件的状态。BOM表结构有5个基本选项：“常规”、“虚拟”、“参考”、“外购”和“不可拆分”。在零部件引用级别，可以将结构替代为“参考”。

可以选择创建虚拟零部件。虚拟零部件是不需要几何图元造型和文件的零部件。其与明细栏中的自定义零件等效。

对于所有实际操作，虚拟零部件都被视为真实零部件，并作为真实零部件来处理。它们具有浏览器表达和诸如数量、BOM 表结构、零件代号等特性。

可以在其他零部件的面上绘制新零件，这些零部件具有新零件所需的边或特征，并在所选平面和从新草图创建的平面间应用约束（默认情况下）。如果以后必须重新定位零件，可以删除该约束。

可以通过设置“应用程序选项”对话框的“部件”选项卡中的选项来将约束设为自适应。此选项允许在约束参数或零部件变化时，更改零件大小或位置。

创建零件时，可以从另一个零件的面对几何图元进行投影。可以使新零件关联至父零件。在创建零件之前，请在“应用程序选项”对话框的“部件”选项卡中勾选“在位造型时启用关联的边/回路几何图元投影”复选框。通常，将此选项设置为工作流程配置。

零件可以在其他零部件的面上终止。为拉伸特征使用“从表面到表面”工具或“到”终止选项。使用“从表面到表面”或“到”终止方式拉伸到其他部件的特征默认是自适应的。可以根据需要调整这些特征的大小或相对其他零部件对其进行重新定位。

注意

可以在部件中创建草图和特征，但它们不是零件。它们包含在部件文件（.iam）中。

在装配中创建零部件的具体过程如下：

（1）在功能区的“装配”选项卡的“零部件”组中选择“创建”命令。

（2）要创建虚拟零部件，请选择“虚拟”选项。某些对话框选项被禁用。仅输入零部件名称和默认BOM表结构。

注意

虚拟零部件是不需要几何图元造型和文件的零部件。

（3）在该对话框中输入文件的信息和位置：

- 在“新零部件名称”文本框中输入名称。如果不输入名称，则将创建默认名称。
- 指定新零件使用的模板。
- 在“新文件位置”选项下，浏览在部件项目中指定其路径的文件夹。

如果指定的文件夹不在项目中，则在下一次打开部件时 Autodesk Inventor 可能找不到此文件。

- 选择默认 BOM 表结构。

注意

可以将该结构覆盖为在零部件引用级别参考。

- 勾选复选框可以在部件中的草图平面和选定面或平面之间添加配合约束。如果不想创建自动约束，则可取消选择该复选框。

（4）指定如何定位零件的新草图平面，有以下几种方法：

- 选择要绘制草图的零部件面或工作平面。
- 单击空白处以创建与目标部件具有相同方向和原始坐标系的零件。
- 单击目标部件或任何零部件引用的基准点。此操作会根据选择对象的转动和平动确定新零件的方向。

如果适用，则可使用“投影几何图元”从零件向新零件草图投影几何图元。

（5）若要重定向草图视图，在“视图”选项卡的“导航”组中选择“观察方向”命令。

（6）使用“草图”选项卡上的命令在选定面或平面上创建草图。

（7）选择“拉伸”、“旋转”、“放样”或“扫掠”，使用新草图创建特征。

（8）继续选择绘制草图的面，根据需要添加新特征。

零件完成后，在浏览器中单击“返回”按钮或双击顶级部件重新激活部件环境。

注意

如果投影部件零件中的几何图元，则可以使新零件具有关联性。在“工具”选项卡的“选项”组中选择“应用程序选项”命令，在弹出的对话框中选择“部件”选项卡，然后勾选“在位造型时启用关联的边/回路几何图元投影”复选框。包含投影几何图元的草图会在浏览器中以嵌套在略图符号下的参考符号的形式显示。

创建在位零件时，可以浏览到要使用的模板。如果输入文件名的扩展名与模板的扩展名不同，则该文件名将显示为红色。

单击“浏览新的文件位置”时有如下 3 种情况：

- 如果模板发生更改（输入带扩展名的文件名、从列表中选择模板或浏览到模板位置），则当前选择的模板将过滤“文件”对话框。
- 如果输入文件名的扩展名与模板的扩展名不同，则模板扩展名将附加到该名称后，并显示在文件名控件中。
- 如果模板是默认模板，则零件和部件都会过滤该对话框。输入带有有效扩展名的文件名时，模板将更新。

练习 8-2

在装配中装入零部件

在本练习中，要使用本节所学的方法，将零部件装入到一个新的装配中。在零部件装入装配之后，使用替换零部件工具来替换零部件。

操作步骤如下：

（1）基于标准模板创建新的装配。

（2）在“快速访问”工具栏上单击“保存”按钮保存装配，在“另存为”对话框中输入“Robot-Assembly-A.iam”，然后单击“保存”按钮。

（3）在功能区的“装配”选项卡“零部件”组中选择“放置”命令，然后在打开的对话框中双击“Robot-Base-Model-A”，如下图所示。

（4）第一个组件自动与原点对齐，按“Esc”键退出定位组件工具，在浏览器中注意第一个组件是固定的。

（5）按“P”键启动定位组件工具，在“Robot-Axisl-2”零件上双击，然后按下图所示定位组件，接着按“Esc”键取消命令。

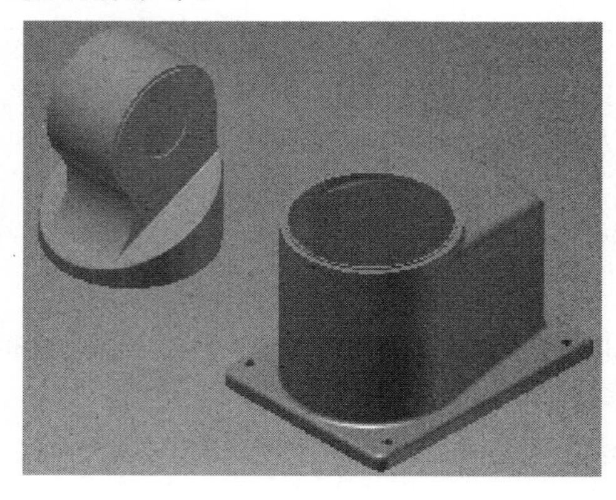

（6）接着往装配中放入零件，按住“Ctrl”键可以一次选择多个，并把所有零部件放到装配中。

（7）零部件的排列将基于在屏幕上所放的位置，如下图所示。

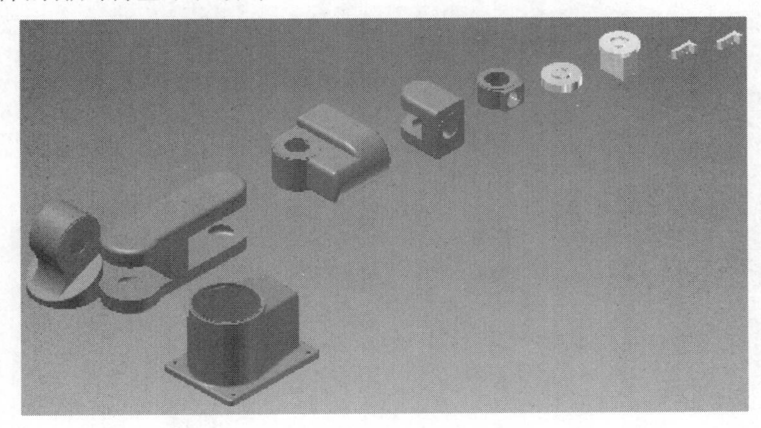

（8）在功能区“装配”选项卡的“关联”组中选择“约束”命令，并在“放置约束”对话框中单击“插入”按钮，如下图所示，选择符号为 A 的圆弧和符号为 B 的圆弧边，单击“应用”按钮。

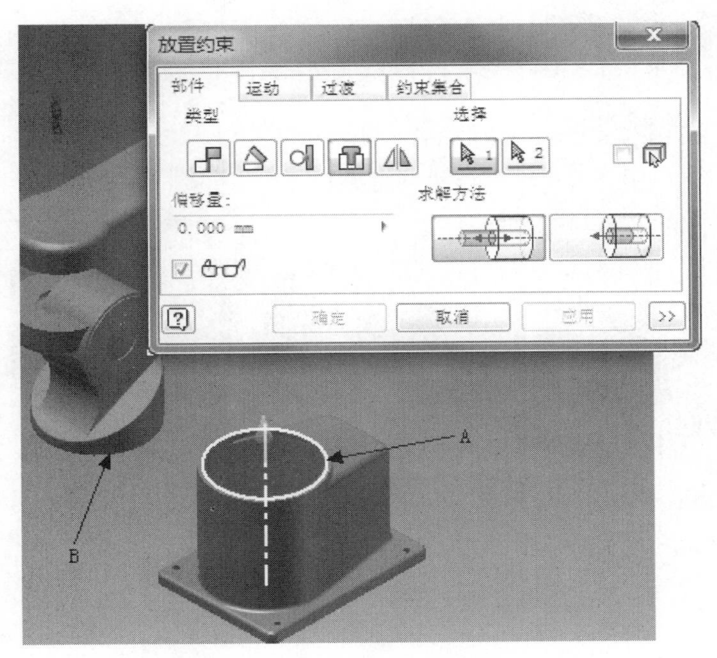

（9）如果有必要，则按“F4”键来旋转视图，选择如下图所示的两个轴进行“配合”约束，单击“应用”按钮。

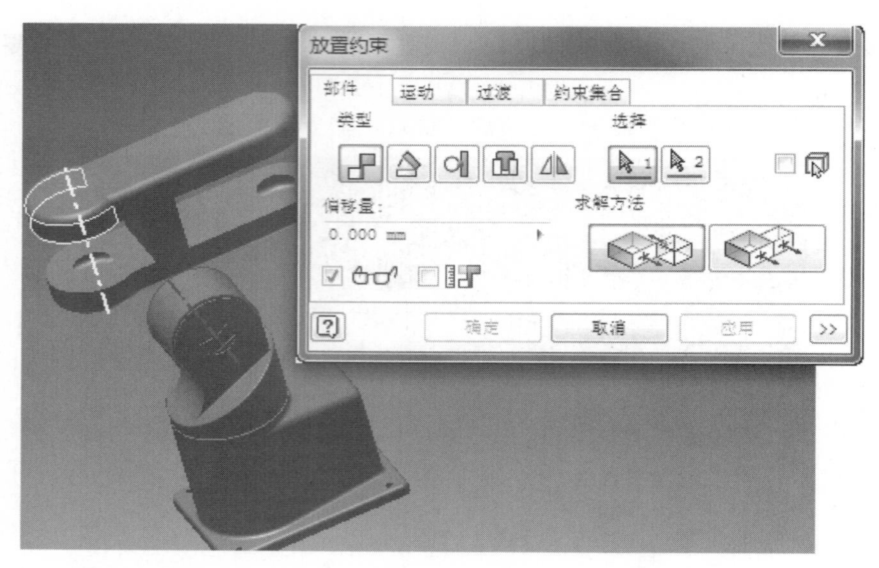

（10）选择图中的 A 面和 B 面进行“配合”约束，单击“应用”按钮，如下图所示。

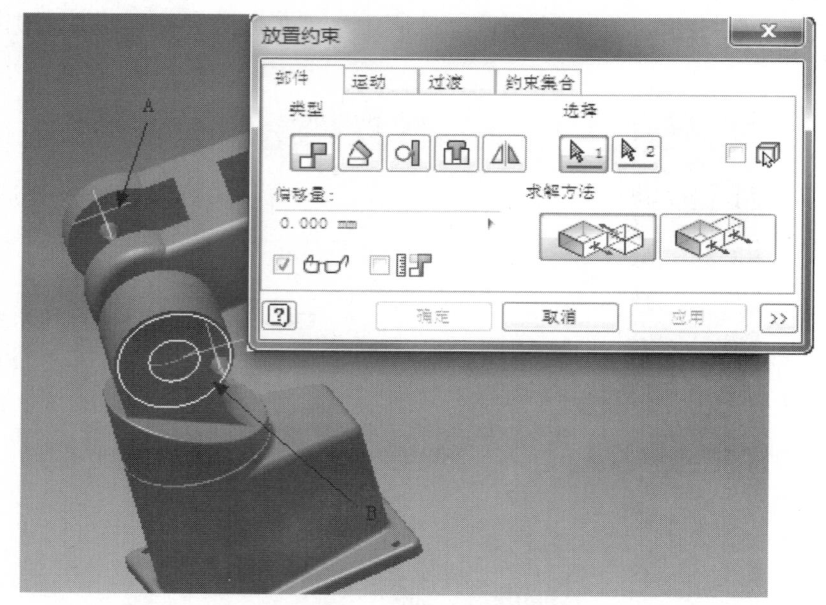

（11）选择如下图所示的符号为 A 和 B 的边，单击“应用”按钮创建约束并关闭“放置约束”对话框。

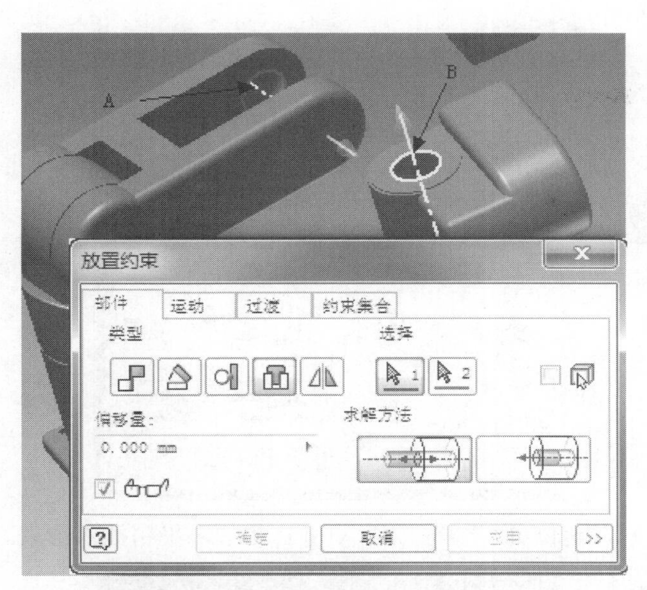

（12）如下图所示旋转视图，在工具面板上单击“约束”按钮，在“放置约束”对话框里单击“插入”按钮，选择符号为 A 和 B 的边，然后单击“应用”按钮。

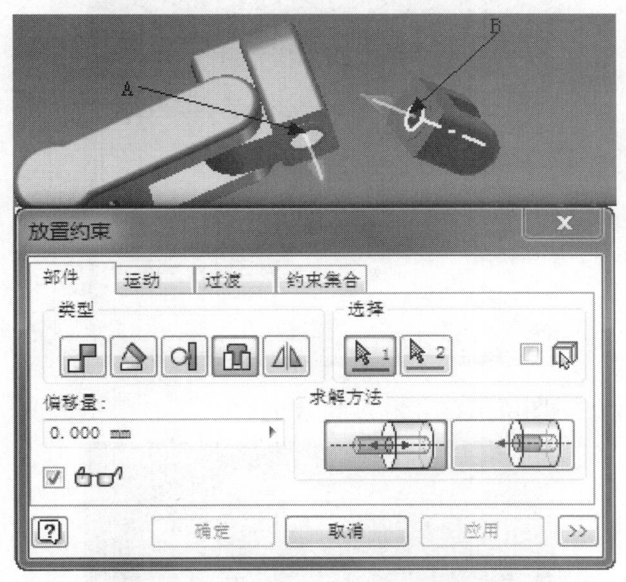

（13）如下图所示，定位另一个符号为 A 和 B 的边，采用插入约束。

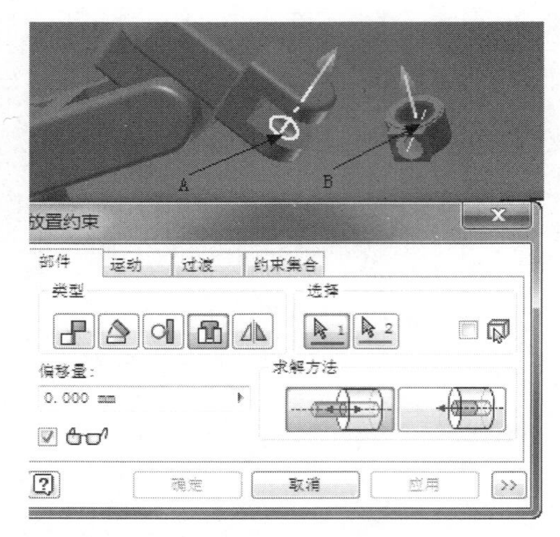

（14）如下图所示，定位另一个符号为 A 和 B 的边，采用插入约束。

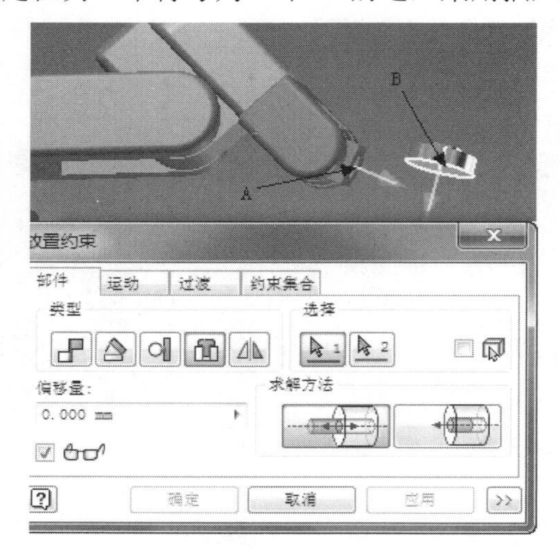

（15）定位并约束如下图所示符号为 A 和 B 的边。

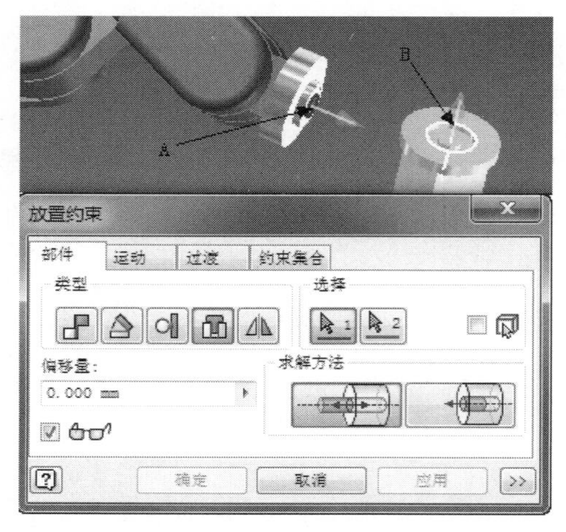

（16）在功能区的“三维造型”选项卡的“创建”组中选择“旋转”命令，如下图所示。

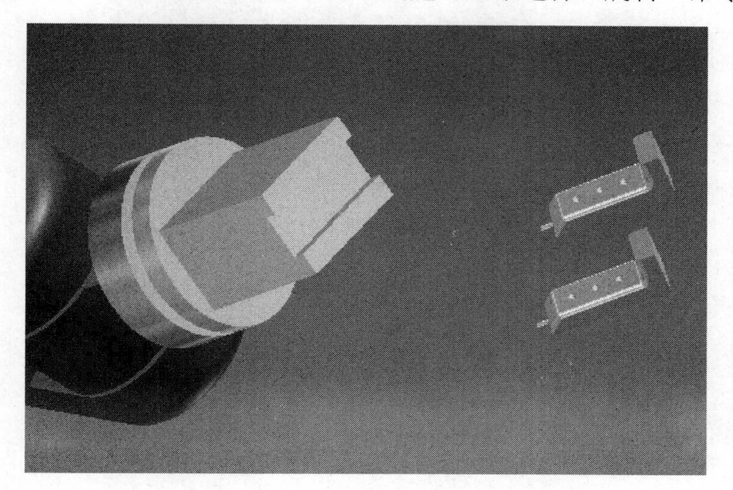

（17）在功能区“装配”选项卡的“关联”组中选择“约束”命令，选择如下图所示的面，单击“应用”按钮。

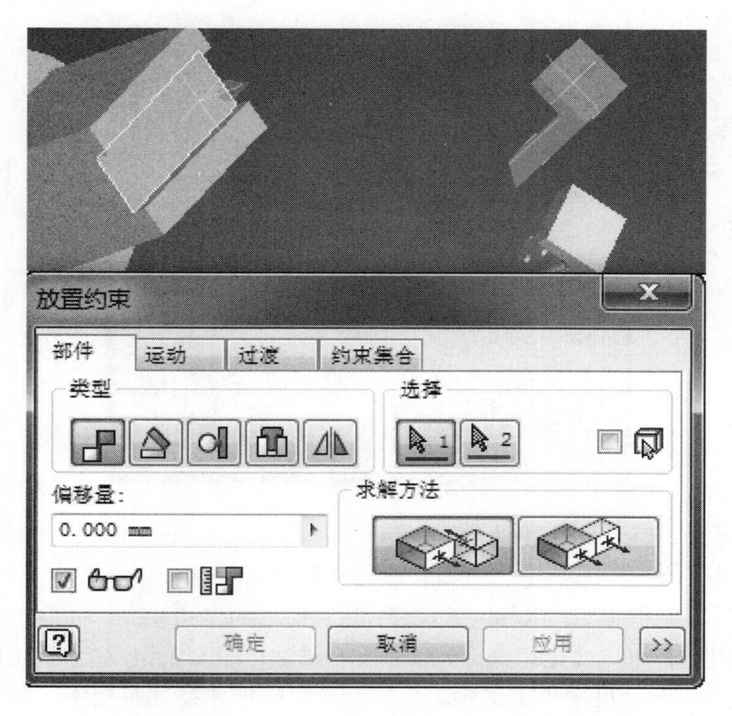

（18）再单击“对齐”按钮，选择的面会高亮显示，然后单击“应用”按钮，如下图所示。

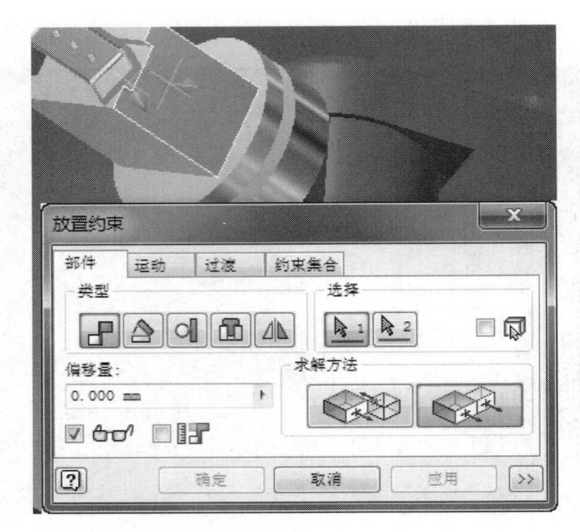

（19）在“放置约束”对话框中选择配合约束，并选择下图的A和B面，单击“应用”按钮，如下图所示。

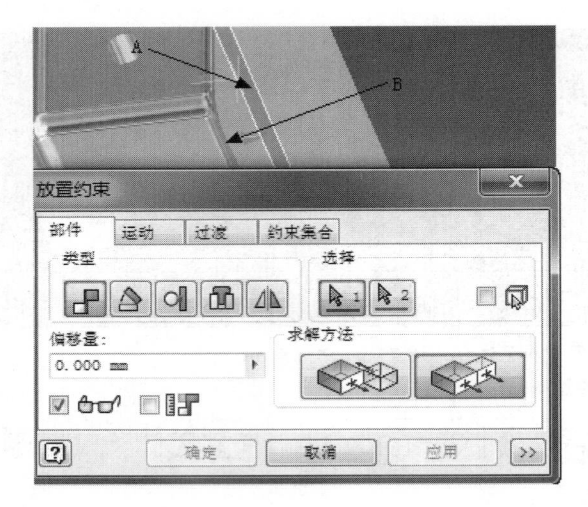

（20）重复步骤（17）～（19），约束另一个“Robot-Finger”组件，如下图所示。

（21）在“快速访问”工具栏中单击“保存”按钮。

（22）在图形窗口中单击“Robot-Base-Model-A”组件，然后在功能区“装配”选项卡的“工具集”组中选择“创建替换”命令，在弹出的对话框中双击组件“Robot-Base-Model-B”，在“约束可能丢失”对话框中单击“确定”按钮。组件被替换到装配中，然后插入约束都已经丢失。

（23）在“Robot-Base”组件和“Robot-Axisl-2”组件中重新创建装配约束。

（24）单击“保存副本为”按钮，然后在“保存副本”对话框中输入“Robot-Assembly-B”，单击“保存”按钮。

（25）关闭装配不需要再保存。

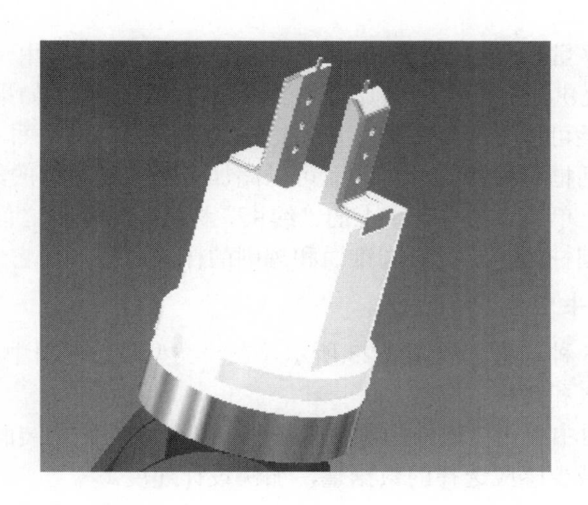

8.4　约束零部件

在部件文件中装入或创建零部件后，可以使用装配约束建立部件中零部件的方向，并模拟零部件之间的机械关系。例如，可以配合两个平面，将两个零件上的圆柱特征指定为保持同心关系，或约束一个零部件上的球面，使其与另一个零部件上的平面保持相切关系。

每次更新部件时，将强制执行装配约束。

- 可以将一些零件指定为自适应零件。Autodesk Inventor 允许自适应零件特征基于所应用的装配约束来改变其大小、形状和位置。
- 装配约束删除了零部件上的自由度，使它们相对于对方进行定位。修改零部件的几何图元时，装配约束将确保部件能够按照所应用的规则保持整体性。
- 正确应用装配约束还允许干涉检查、冲突和接触动态及分析，以及质量特性计算。正确应用约束时，可以驱动基本约束的值并查看部件中零部件的移动。

8.4.1　添加约束

Autodesk Inventor 提供了以下 5 种三维装配约束来定义零部件之间的位置关系：配合、角度、相切、插入和对称。每种类型的约束具有多种方式，这些方式由零部件的法向量的方向来定义。可以预览约束方式，这样便可以在应用约束之前显示受影响的零部件的方向。

此外，运动约束和过渡约束将模拟预定的移动。

- 运动约束指定了零部件之间的预定运动。因为它们只在剩余自由度上运转，所以不会与位置约束冲突，不会调整自适应零件的大小或移动固定零部件。
- 过渡约束指定了（典型的是）圆柱形零件面和另一个零件的一系列邻近面之间的预定关系，如插槽中的凸轮。当零部件沿着开放的自由度滑动时，过渡约束会保持面与面之间的接触。使用“添加装配约束”对话框可以控制约束的类型、方式和偏移。
- 使用“选择”按钮可以指定要约束的几何图元。“选择”按钮的颜色是图形窗口中相应的几何图元的颜色。

- 将“预计偏移量和方向”按钮与配合、表面齐平和角度约束一起使用。当启用此按钮时，可以提供正在约束的选择对象当前位置的偏移值。如果将表面齐平约束设置为配合，则还可以更改其方向，然后拾取矢量同向的两个面，反之亦然。

添加约束时，对话框将保持打开，从而可以添加多个各种类型的约束。

在以下工作流中，单击“关系”组上的“约束”按钮在零部件之间添加相切约束。相切约束定位面、平面、圆柱面、球面、圆锥面和规则的样条曲线，使它们相切。

1．“部件”选项卡

该选项卡中包括5种约束，如图8-23所示，在“类型”选项组中从左至右分别是配合、对准角度、相切、插入和对称。

在“选择”选项组中单击“先选择零件”按钮，在复杂的结构装配中，可以先定义对哪个零件进行操作，以减少感应选择的数据量，加快设计速度。

1）“配合”约束

几何关系：用于平面、直线或者点之间的平行、重合等位置约束。删除平面之间的一个线性平移自由度和两个角度旋转自由度。操作界面如图8-23所示。

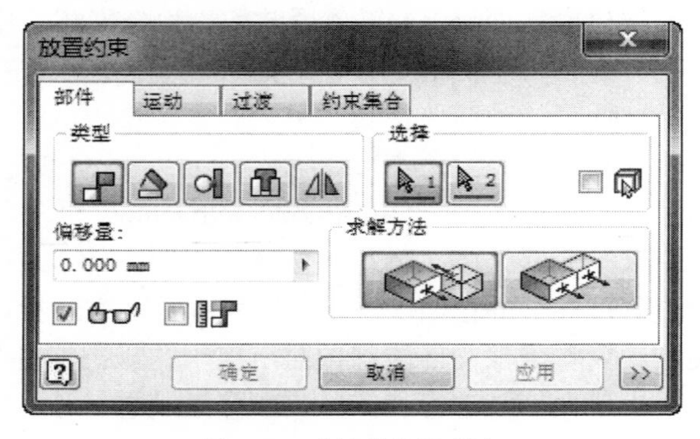

图8-23 “部件”选项卡

其中相关参数的功能及含义如下。

- 距离：两个元素之间非法向间距。
- 显示预览：在设置了参数，但尚未“确定”或者“应用”之前是否预览所造成的结果。
- 预计偏移量和方向：显示当前的可能装配参数。例如，在被约束的两个面平行的条件下，是否显示偏移量的初值，即目前的距离。可以直接使用这些参数，这就造成了“确认当前位置关系”的结果；也可以重新输入距离，这将按新的参数完成装配约束。

是否出现预计的参数，还取决于当前两个被装配元素的相互关系。如果不能以当前位置推理出一个装配结果，则不会显示“可能的参数”。若关闭此功能，将不计算和显示初值及可能的配合方法，所有的参数都需要用户设定。

- 朝向：每个面都有自己的“正方向”，调整朝向，可控制结果的方向。

“配合”约束能产生的约束结果如下。

- 对于两个平面：选定两个零件上的平面（特征上的平面、工作面、坐标面），两面朝向可以相反，也可以相同，朝向相同也成为“齐平”。可以零间距，也可以有间隙。
- 对于平面和线：选定一个零件上的平面和另一个零件上的直线（棱边、未退化的草图直线、工作轴、坐标轴），将线约束为面的平行线，也可以有距离。
- 对于平面和点：选定一个零件上的平面和另一个零件上的点（工作点），将点约束在面上，也可以有距离。
- 对于线和线：选定两个零件上的线（棱边、未退化的草图直线、工作轴、坐标轴），将两线约束为平行，也可以有距离。
- 对于点和点：选定两个零件上的点（工作点），将两点约束为重合，也可以有距离。

配合约束使一个零部件上的一组几何图元与另一个零部件上的几何图元重合，如图 8-24 所示。

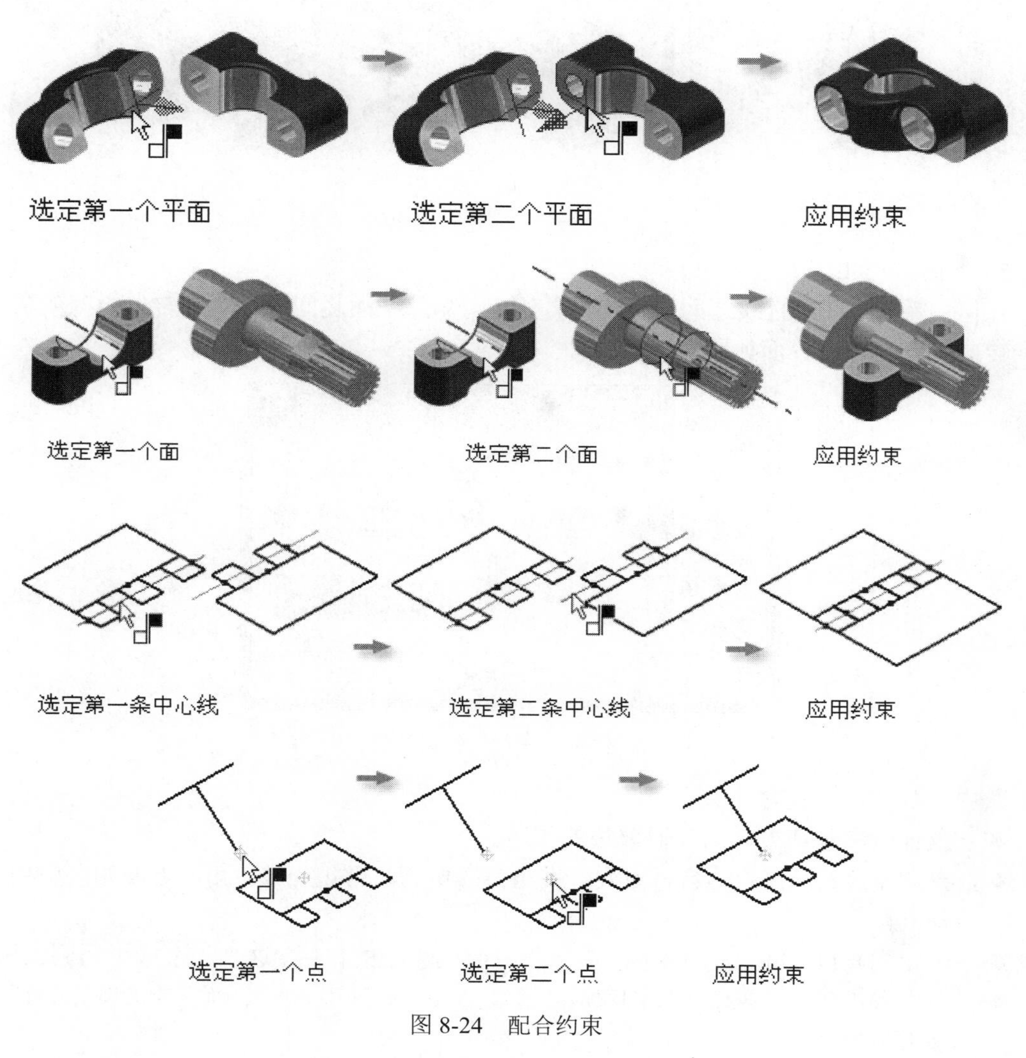

图 8-24　配合约束

- 配合方式：使用配合方式的配合约束可以使两个平面彼此相对或共面、使两条直线共线，或者将点放在曲线或平面上。
- 表面齐平方式：使用表面齐平方式的配合约束可以对齐两个零部件，使选定平面面向同一方向，或者使它们的表面法线指向同一方向。面是唯一可应用此约束的几何图元，如图 8-25 所示。

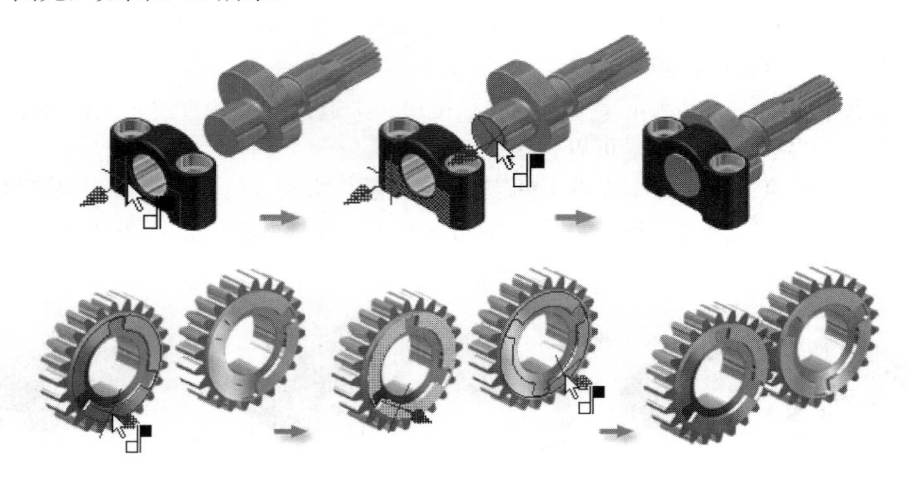

图 8-25　配合类型

2）“角度”约束

几何关系：平面或直线之间的角度位置约束。删除平面之间的一个旋转自由度或两个角度旋转自由度。操作界面如图 8-26 所示。

图 8-26 “角度”约束界面

其中参数的功能及含义如下。

- 预计偏移量和方向：类似前边的描述。
- 定向角度：角度有方向，方向、夹角值等概念与常规一致。角度方向始终应用右手规则。
- 未定向角度：角度没有方向，夹角值只起到大小的作用。这是一个极少用到的机制。
- 明显参考矢量：在做角度约束时，通过第三次选择引入一个确定的 Z 轴作为计算的参考矢量。

“角度”约束能产生的约束结果如下。

- 对于两个平面：选定两个零件上的平面（特征上的平面、工作面、坐标面），将两面约束为一定角度。当夹角为 0 时，成为平行面。
- 对于平面和线：选定一个零件上的平面和另一个零件上的直线（棱边、未退化的草图直线、工作轴、坐标轴）。它使平面法线与直线产生夹角，将线约束为面的夹定角的线，当夹角为 0 时，成为垂直线。
- 对于线和线：选定两个零件上的线（棱边、未退化的草图直线、工作轴、坐标轴），将两线约束为夹定角的线，当夹角为 0 时，成为平行。

角度约束指定两个零部件上的平面或直线之间的角度。

角度类型指定两个零部件上的平面、轴或直线之间的角度。两组几何图元不必是相同的类型。例如，可以定义轴和平面之间的角度。这种类型的约束通常用于驱动部件的运动。

角度方式确定选定平面的表面法线或选定直线描述的轴的方向。如果选择了面或线，箭头会显示该方式的默认方向。

- 定向角度采用右手定则。有些情况下，例如 0° 或 180° ，可能会反向旋转。
- 未定向角度可以采用右手定则，也可以采用左手定则。如果解出的位置近似于上次计算出的位置，则自动应用左手定则。这是默认方式，如图 8-27 所示。

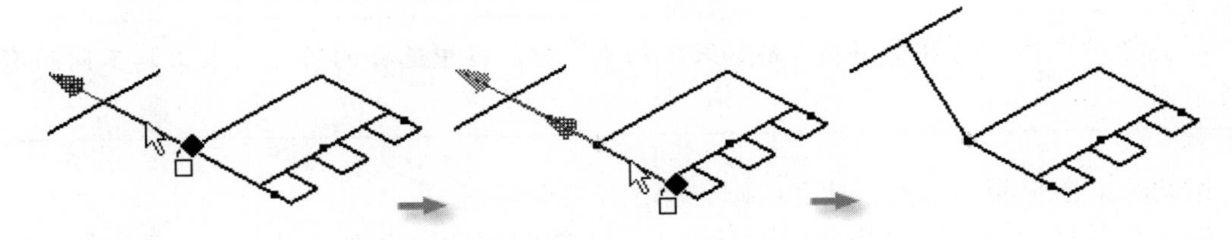

图 8-27　未定向角度

3）“相切”约束

几何关系：面或者面与线之间的相切位置约束。

操作界面如图 8-28 所示。相切可能在曲线内部或外部，这取决于选定表面的法向。相切约束删除线性平移的一个自由度，或删除圆柱和平面之间的一个线性自由度和一个旋转自由度。

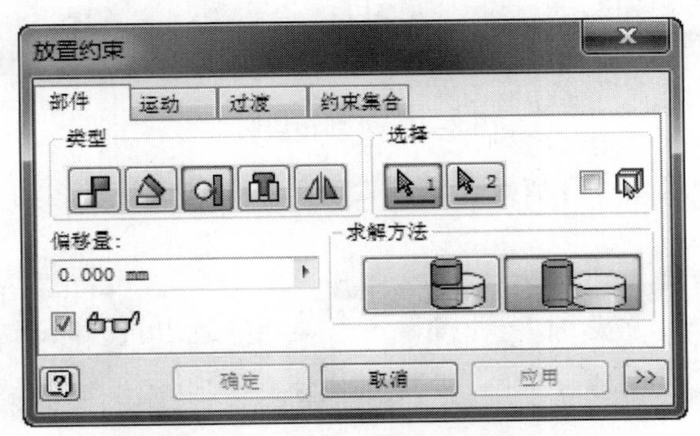

图 8-28 “相切”约束界面

“相切”约束能产生的约束结果如下：

选定两个零件上的面，其中一个可以是平面（特征上的平面、工作面、坐标面），而另一个是曲面（柱面、球面和锥面）或者都是曲面（柱面、球面和锥面）。将两面约束为相切，可以输入偏移量让二者在法向上有距离，相当于在两者之间“垫上”一层有厚度的虚拟实体。

在部件中添加“相切”约束的步骤如下：

（1）在部件文件中放置要约束的零部件。

（2）在功能区的“装配”选项卡的“关系”组中选择“约束”命令。

（3）在“放置约束”对话框的“部件”选项卡中，单击“类型”中的“相切”按钮。

（4）“第一次选择”按钮已激活。第一次选择面、曲线、平面。

（5）第一次选择后，将激活“第二次选择”按钮。选择将与第一次的选择对象相切的几何图元。

（6）选择“内切”或“外切”，指定相切位置（如果适用）。

（7）输入偏移量（如果适用）。

（8）如果选择“显示预览”，则可以观察应用约束的效果。如果任一零部件自适应，则不能预览约束。

（9）单击“应用”按钮继续放置约束，或者单击“确定”按钮创建约束并关闭对话框。

注意

选择对象的可用性根据在“添加装配约束”对话框中选择的特定约束工具不同而有所不同。

相切约束使平面、柱面、球面或圆锥面在切点处接触。

相切类型必须至少有一个表面不是平面。不能在相切约束中使用由样条曲线定义的表面。相切可能在曲线内部和外部，这取决于选定表面的法向。

外部方式将第一个选定零件放置在切点处的第二个选定零件之外。外部相切是默认的方式，如图 8-29 所示。

图 8-29　外部相切约束

内部方式将第一个选定零件放置在切点处的第二个选定零件之内，如图 8-30 所示。

图 8-30　内部相切约束

如果其他零部件遮挡了所需的几何图元，可执行以下操作：

- 在添加约束之前，暂时关闭挡在前面的对象的可见性。
- 在“添加装配约束”对话框中选择“先拾取零件”，单击要约束的零部件。
- 取消勾选该复选框将恢复选择所有零部件的功能。

可选几何图元仅限于选定零部件上的特征。

- 将光标指向所需的几何图元，单击鼠标右键，然后在弹出的快捷菜单中选择“选择其他”命令。

单击“选择其他”框中的箭头以循环选择基础面、曲线和点。

单击中心为绿色的按钮接受亮显的选择。

如果发现难以选择面、边或点，则可以调整“位置公差”选项以更改选择优先级。

编辑约束的步骤如下：

（1）在浏览器中以前添加的约束上单击鼠标右键，在弹出的快捷菜单中选择“编辑约束”命令。

（2）在弹出的“编辑约束”对话框中指定新的约束类型（配合、对准角度、相切或插入）。

（3）输入被约束的零部件彼此之间的偏移距离。

如果应用的是对准角度约束，则请输入两组几何图元之间的角度。可以输入正值或负值，默认值为零。

如果在“约束”对话框中选择了“显示预览”，则会调整零部件的位置以匹配偏移值或角度值。

（4）通过“约束”对话框或右键菜单应用约束。

对话框将保持打开，可以根据需要应用任意数量的装配约束。

4）“插入”约束

几何关系：插入是平面之间的面对配合约束和两个零部件的轴之间的配合约束的组合，旋转自由度将保持打开。例如，插入约束可用于在孔中放置螺栓，使螺栓轴与孔轴同轴，螺栓头端面与孔端面配合。相当于用两个零件上选定的圆弧或者弧形边实现所在面的配合，所在圆心同心，而两轴线的方向可以设置为相同或相反。插入约束的约束对象不一定是孔、轴。操作界面如图 8-31 所示。

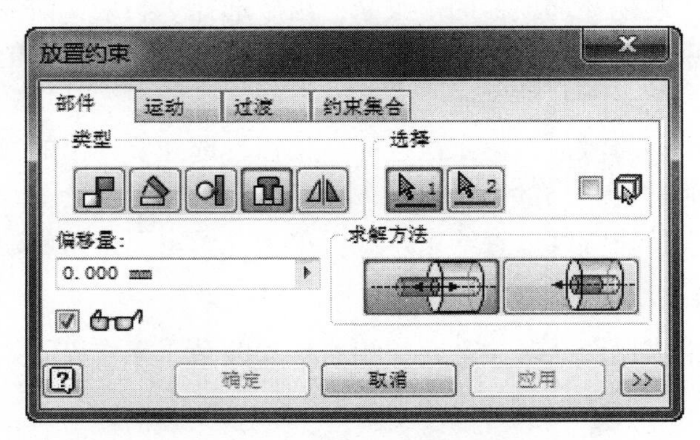

图 8-31　“插入”约束界面

插入约束使一个零部件上的环形边与另一个零部件上的环形边同心且共面。插入约束的偏移值是包含圆形边的两个面之间的距离。例如，可以使用此约束在孔中放置销或带帽螺栓。

方式指定包含环形边的平面的面法向。箭头指示了法向。相对方式使两个平面彼此相对，与配合约束中的情况类似。对齐方式使法线指向相同的方向，如图 8-32 所示。

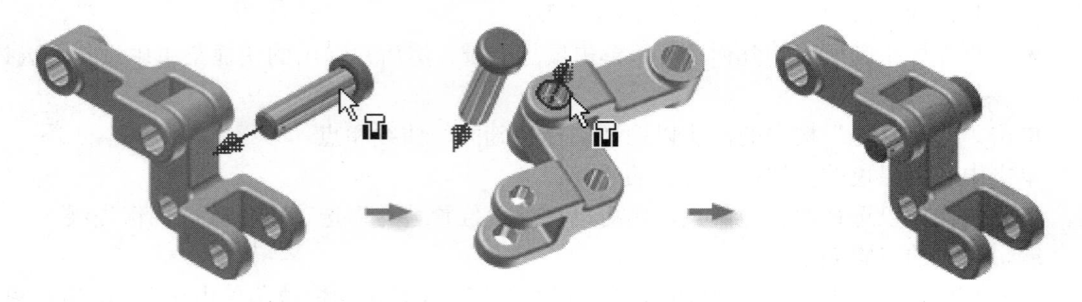

图 8-32　插入约束

5）“对称”约束

几何关系：对称约束根据平面或平整面对称地放置两个对象，操作界面如图 8-33 所示。

图 8-33 “对称”约束界面

在部件中添加“对称”约束的步骤如下：

（1）在功能区的“装配”选项卡的“关系”组中选择“约束”命令。

（2）在“放置约束”对话框的“部件”选项卡中单击“类型”中的“对称”按钮。

（3）选择要约束的第一个几何图元。

（4）第一次选择后，将激活“第二次选择”按钮。选择要约束的第二个几何图元。

（5）选择对称平面。

（6）单击“应用”按钮继续放置约束，或者单击“确定”按钮创建约束并关闭对话框。

2．“运动”选项卡

此选项卡主要用来描述两个对象之间的相对运动关系。操作界面如图 8-34 所示。

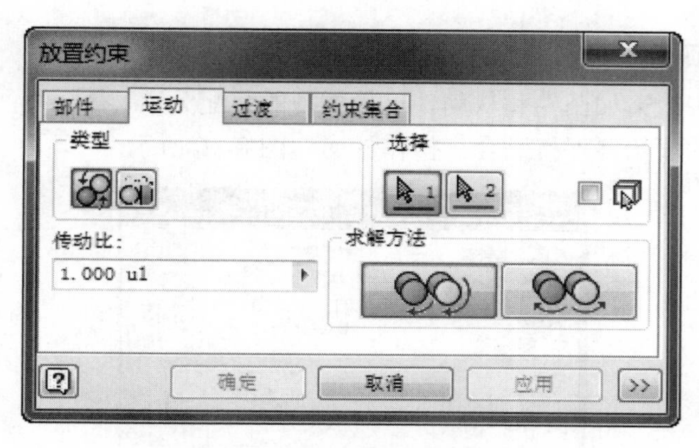

图 8-34 “运动”选项卡

- 转动：表达两者相对转动的运动关系，比如常见的齿轮副。
- 转动-平动：相对运动的一方是转动，另一方是平动，如常见的齿轮齿条的运动关系。
- 转向：两者相对转动的方向，可以相同，比如一副皮带轮；两者相对转动的方向也可相反，比如典型的齿轮副。
- 传动比：用于模拟两个对象之间不同转速的情况。

“运动”选项卡只是用来表达两者相对的运动关系，因此不要求两者有具体的几何表达，如接触等。因此用常用的相对运动来表达设计意图是非常方便的。运动约束显示在浏览器中，当单击或在浏览器项目上移动鼠标指针时，被约束零部件在图形窗口亮显。“驱动约束”命令不可用于运动约束。但是，可根据指定的方向和传动比间接驱动运动约束所约束的零件，如图 8-35 所示。

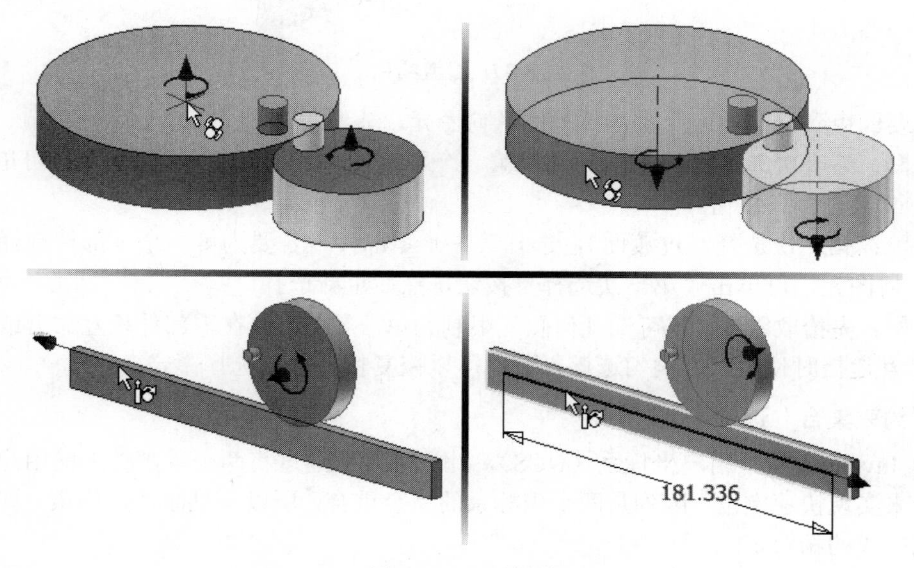

图 8-35　驱动约束

3．“过渡”选项卡

过渡约束用来表达诸如凸轮和从动件这种类型的装配关系，是一种面贴合的配合，即在行程内，两个约束的面始终保持贴合。操作界面如图 8-36 所示。

图 8-36 “过渡”选项卡

过渡约束指定了（典型的是）圆柱形零件面和另一个零件的一系列邻近面之间的预定关系，如插槽中的凸轮。当零部件沿着开放的自由度滑动时，过渡约束会保持面与面之间的接触，如图 8-37 所示。

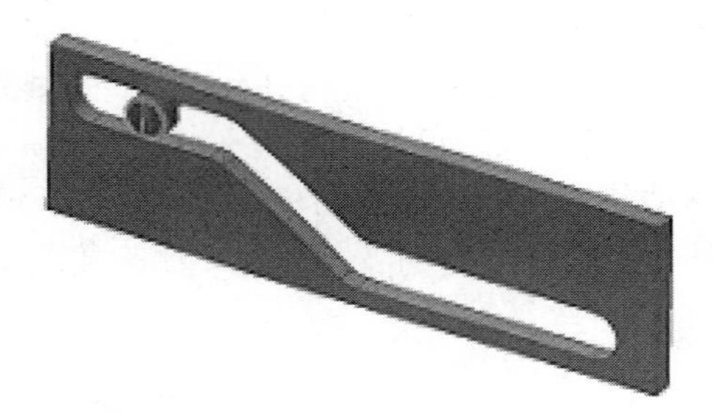

图 8-37 过渡约束

选择要约束到一起的两个零部件上的几何图元。

- ：第一次选择（移动面），选择第一个零部件。若要结束第一次选择，可单击“第二次选择”按钮。
- ：第二次选择（过渡面），选择第二个零部件。若要为第一个零部件选择其他几何图元，可单击“第一次选择”按钮，然后重新选择。
- ：先拾取零件，将可选几何图元限制为单一零部件。在零部件相互靠近或部分相互遮挡时使用。取消勾选该复选框可以恢复特征优先选择模式。

4．“约束集合”选项卡

因为 Inventor 支持用户坐标系（UCS），此选项卡即通过将两个零部件上的用户坐标系完全重合来实现快速定位。因为是两个坐标系的完全重合，所以一旦添加此约束，即两个部件已实现完成的相对定位。

另外，仅支持两个 UCS 的重合，不支持约束的偏移（量）。

选择要约束在一起的两个 UCS。

- ：第一个 UCS，选择第一个 UCS。
- ：第二个 UCS，选择第二个 UCS。若要选择另一个第一个 UCS，可单击“第一个 UCS”按钮，然后重新选择。
- ：先拾取零件，将可选 UCS 限制到单一零部件。在 UCS 相互靠近或部分相互遮挡时使用。取消勾选该复选框可以恢复特征优先选择模式。

8.4.2　查看约束

创建好约束后，可以用浏览器中不同的方法来进行查看，如果在浏览器中选择一个约束，模型中便会加亮显示与其相关的约束，如图 8-38 所示。

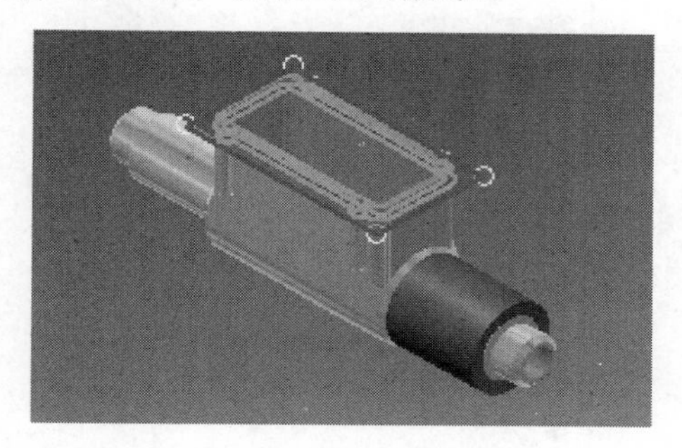

图 8-38　表面齐平的几何约束

1．浏览器中的装配视图

创建好装配约束后，每个添加约束的零部件约束的一半与这些零部件相关联。比如，当浏览器在默认状态下观察零部件时，每个约束都会在浏览器中列出两次。

图 8-39 展示了零件添加的装配约束会出现在零件之下。如果需要编辑、抑制或删除某个装配约束，可以展开零部件，选择装配约束。

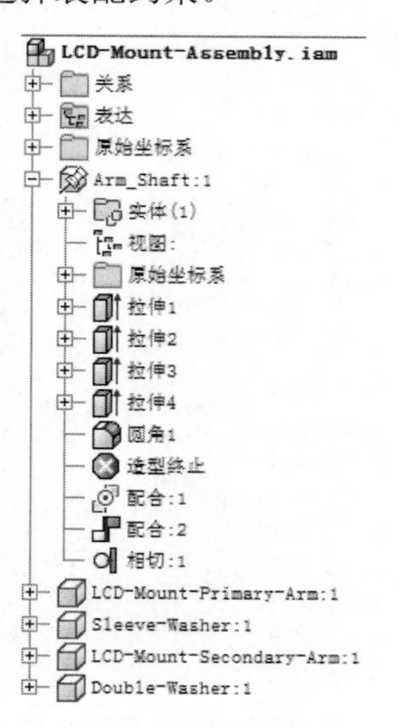

图 8-39　造型视图

2．浏览器中的造型视图

如果将浏览器的显示模式改为造型视图，装配约束将会出现在专门的约束文件夹之下，可以展开该文件夹选择。使用这种显示方式，所有的约束都在同一位置，然而在大的装配中很难定位所约束的零件，如图 8-40 所示。

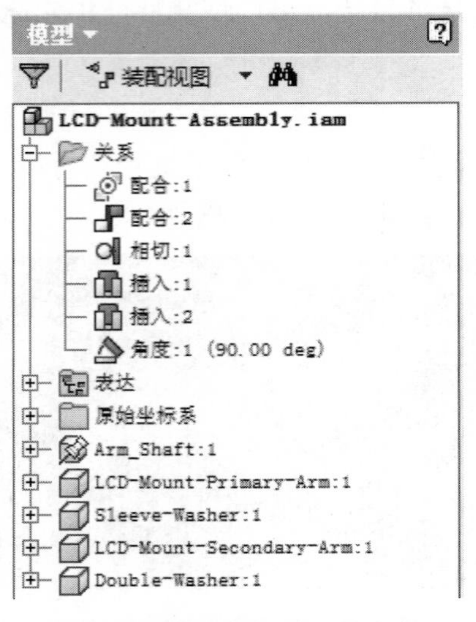

图 8-40 浏览器造型视图中的装配

3．快捷菜单

在浏览器中，在约束上单击鼠标右键，会弹出一个快捷菜单。

- 在窗口中查找：可放大当前的视图观察模型所选的约束，这样可以帮助识别约束。
- 另一半：这个选项亮显了约束的另一半，通过展开其他的零部件，来查看已经被应用及高亮显示的约束，这个选项可以帮助识别约束被哪些零部件使用了，如图 8-41 所示。

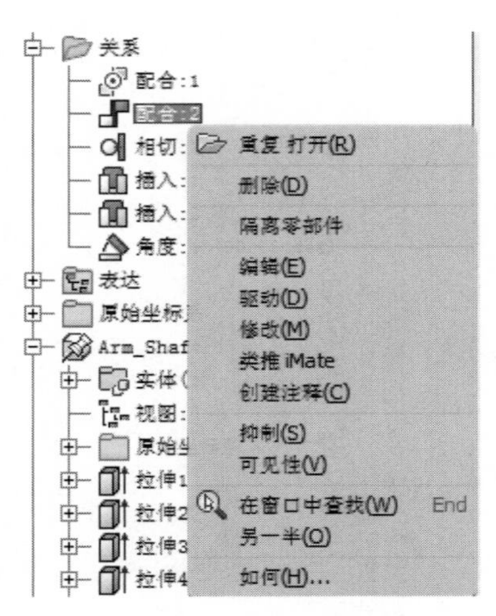

图 8-41 在图形窗口中查找高亮显示该装配

8.4.3 编辑装配约束

可以用与装入零部件相同的方法来编辑约束。在浏览器中选择约束，在约束上单击鼠标右键，然后在弹出的快捷菜单中选择“编辑”命令，如图 8-42 所示。

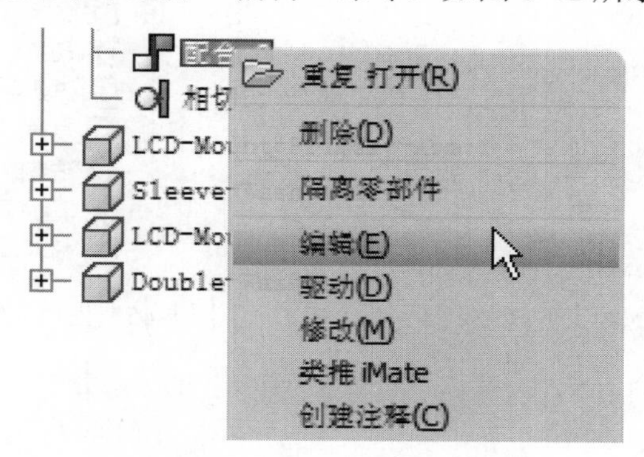

图 8-42 选择“编辑”命令

编辑约束的时候，所有编辑操作可以在与创建约束相同的对话框中进行，所有选项都可以改变，包括约束的类型，如图 8-43 所示。

图 8-43 “编辑约束”对话框

不用“编辑约束”对话框，有两种方法可以改变约束的偏置值或角度。

(1)选择约束，编辑栏将会在浏览器下方出现。输入新的偏置值或者角度，然后按“Enter”键，如图 8-44 所示。

(2) 在浏览器中，在约束上单击鼠标右键，然后在弹出的快捷菜单中选择“修改”命令，在弹出的对话框中输入新的偏移量或者角度，然后单击☑按钮，如图 8-45 所示。

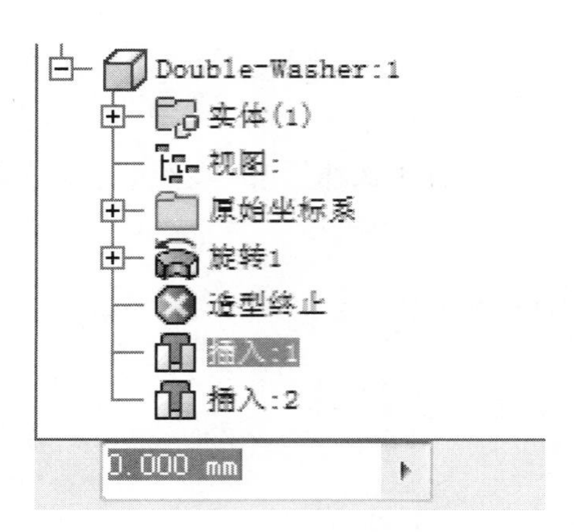

图 8-44　编辑装配约束的尺寸

图 8-45　使用“编辑尺寸”对话框

练习 8-3

约束零部件

在本练习中，将运用这一节中学习的观念和技术在装配中约束零部件。应用约束之后，可以在装配中编辑一些约束来查看效果。

操作步骤如下：

（1）打开 LCD-Mount-Assemblyi.am。

（2）在功能区的“装配”选项卡的“关系”组中单击“约束”按钮，然后选择如下图所示的零件内部边，单击“应用”按钮创建一个轴/轴的约束。

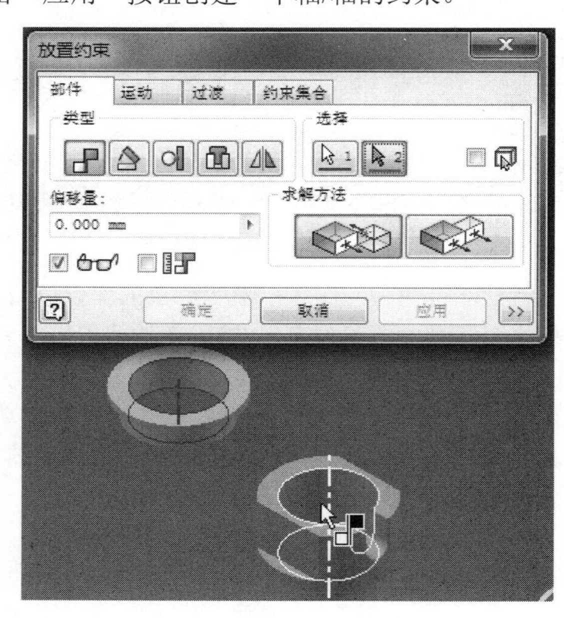

（3）单击“取消”按钮关闭对话框，然后拖动被约束的组件“Seeve-Washer:1”。

（4）在功能区的“装配”选项卡的“关系”组中单击“约束”按钮，选择如下图所示的符号为 A 的面，必须保证指针在工具上方或将它不显示。单击左边的箭头或右边的箭头，直到内部的 B 面高亮显示，然后选择其他的中心，单击“应用”按钮创建约束并关闭对话框。

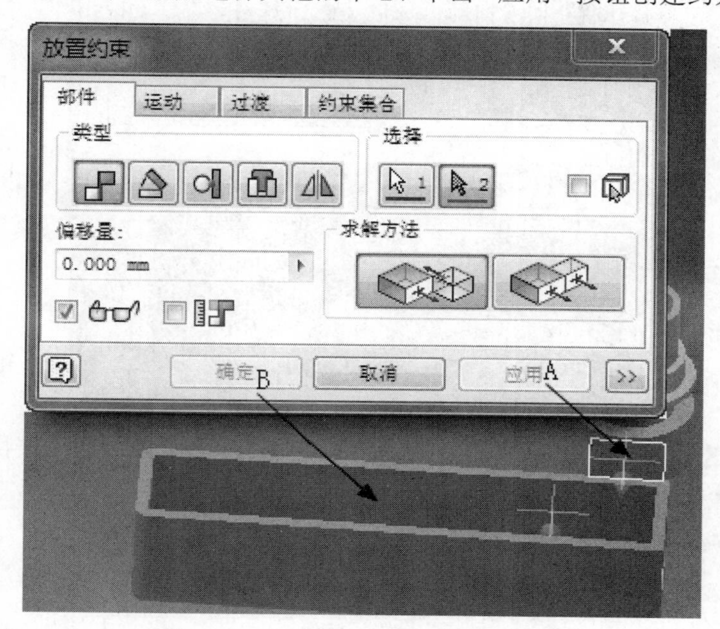

（5）在功能区的“三维模型”选项卡的“创建”组中单击“旋转”按钮，然后如下图所示进行旋转。

（6）在功能区的“装配”选项卡的“关系”组中单击“约束”按钮，选择“相切”类型，选择符号为 A 和 B 的面，然后选择外切选项，单击“应用”按钮，如下图所示。

（7）在功能区的“装配”选项卡的“关系”组中单击“约束”按钮，选择“插入”类型，然后选择如下图所示的符号为A和B的边，单击“应用”按钮。

（8）在“放置约束”对话框中选择“插入”类型，选择如下图所示的符号为A和B的边，单击“应用”按钮。

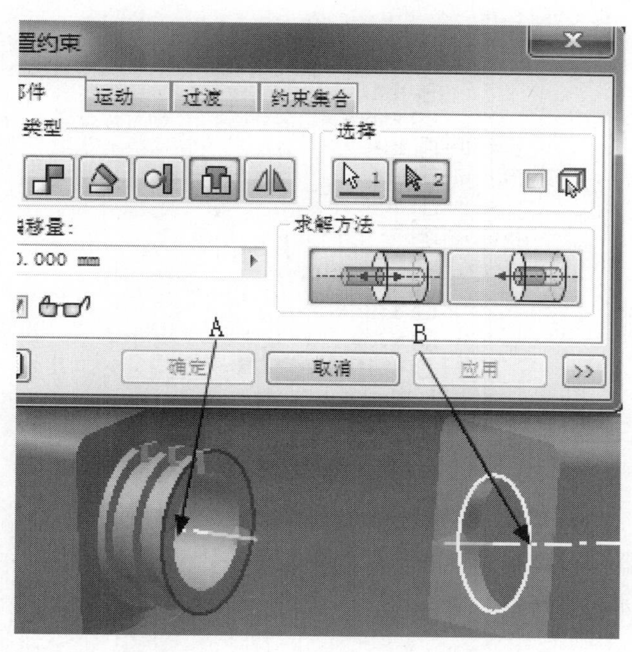

（9）在“放置约束”对话框中选择“角度”约束，然后选择如下图所示的面，在“角度”数值框中输入 45，单击“应用”按钮。

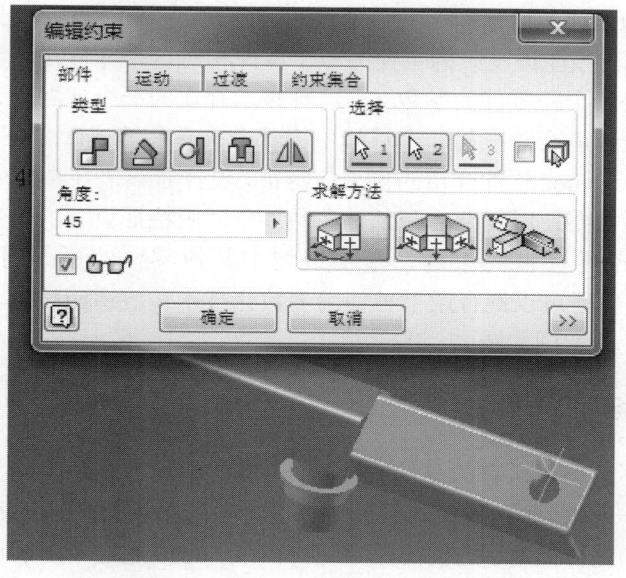

（10）在浏览器中扩展组件“LCD-Mount-Secondry-Arm:1”并选择“角度:1”约束，在“编辑尺寸”对话框中输入 90，按“Enter”键，如下图所示。

（11）转换浏览器到模型视图，并扩展约束文件夹，观察约束。

（12）保存并关闭所有文件。

8.5 自适应零件

自适应特征是为设计者设计的一种零部件的方法，当它被创建后，它可以与装配件适应。以往，如果一个零部件发生改变，为了使另一个零件相对这个零件在装配中也随着改变，参数模型系统需要使用一个跨零件的参数式。这种技术存在的一个问题是，跨零件的参数将会变得非常复杂。使设计者必须在另一个环境中去管理关系和等式。

使用 Autodesk Inventor 软件介绍的自适应特征，设计者只需在装配中创建另一个零部件的自适应关系，而不需要使用复杂的跨部件参数。自适应特征更多的是基于装配约束，自适应特征可以确保零部件在被约束后，基于装配中其他零件的更改而改变。另外，使用 Autodesk Inventor 软件还可以混合或单独使用参数化技术和自适应技术，因而可以使用更多适合的方法来表达设计意图。

8.5.1 自适应特征简介

自适应特征并不适用于所有的零件或装配件，有效地使用自适应的关键之处是知道什么时候该使用它。创建一个包含自适应特征的零件时，为了成功地解决约束和关联草图的问题，当装配约束需要它们这样做时，它们的尺寸允许改变。可以通过不同的途径来创建自适应特征，比如，可以在装配之外创建零件并且指定自适应特征稍后再使用，或者在装配上下文中创建一个零件，并且从装配件中的其他组件投影几何图形来自动创建自适应特征。

1．识别自适应零件和特征

通过浏览器中的识别符号来识别零件和特征的自适应状态。如果要自适应起作用，那么自适应符号就必须出现在零件特征的每个层次上。通常会有两个自适应的标记：在装配中的零件级 A 和特征级 B。如果说草图约束相关的几何模型或者是已经被设置为自适应，那么自适应标记将会出现在草图前，如图 8-46 所示。

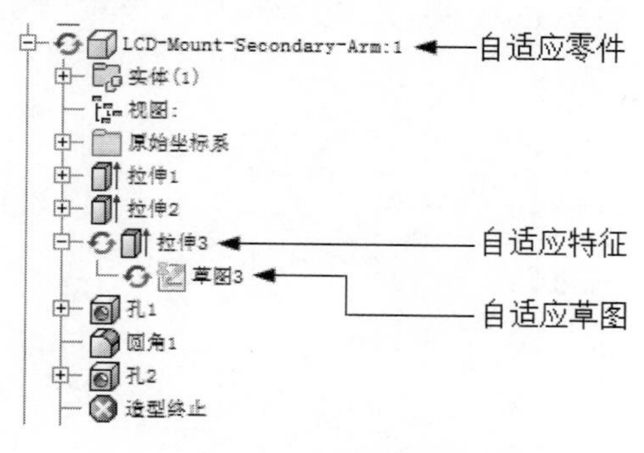

图 8-46　自适应状态

2．何时使用自适应特征

在下列情况中，可以使用自适应特征：

- 部件包含的特征在很大程度上基于装配中其他组件的尺寸或定位。
- 部件共享公共的草图，比如装配凸缘。

8.5.2　创建自适应零部件的方法

创建自适应特征有两种方法，可以基于设计意图选择模型中需要使用自适应的特征。一些自适应特征需要一些明确的参数，比如拉伸距离，但更改时可能要求下层的草图几何图元也改变。

1．使用关联草图创建一个特征

在关联装配中创建零部件时，可以从其他组件投影几何图元到当前草图上，基于当前应用设置的选项上，几何模型要么被相关引用，要么处于静止状态。当投影的几何图元是相关的几何图元时，草图会自动设置为自适应，原始模型的一些改变会反映在引用的几何图元上。

如图 8-47 所示，在“工具”选项卡中选择“应用程序选项”命令后，在“应用程序选项”对话框中选择“部件”选项卡。

关联草图有如下作用：

- 在装配中创建的新零件特征的位置与其他零件的特征相配合。
- 在装配中创建的新零件特征的位置依附于其他零件之上，例如法兰上的盖板。
- 可以创建零件间隙配合的特征。

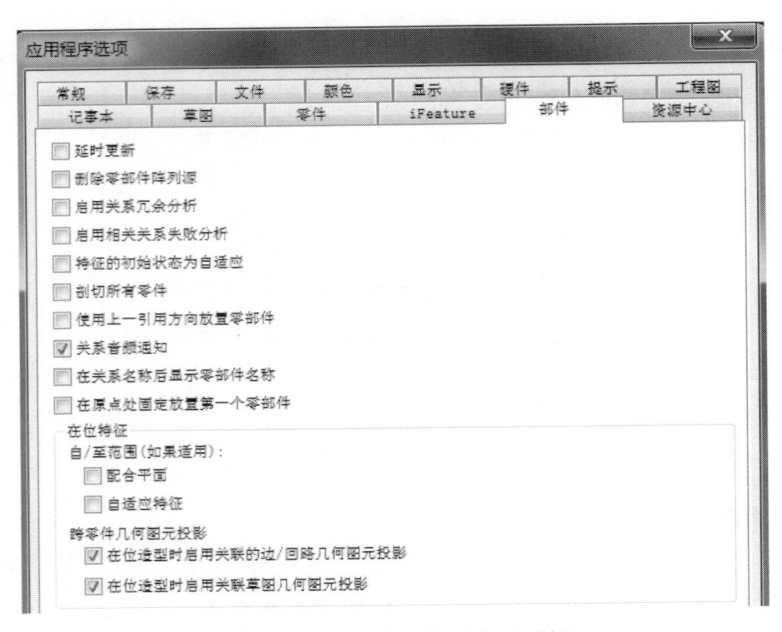

图 8-47 “应用程序选项”对话框

2．创建一个欠约束的特征，并将它设置为自适应

创建一个草图轮廓并故意遗忘施加草图约束。如草图要自适应，那就必须指定草图中要自适应的元素。创建好特征后，在浏览器中用鼠标右键单击特征，然后在弹出的快捷菜单中选择“自适应”命令，如图 8-48 所示。

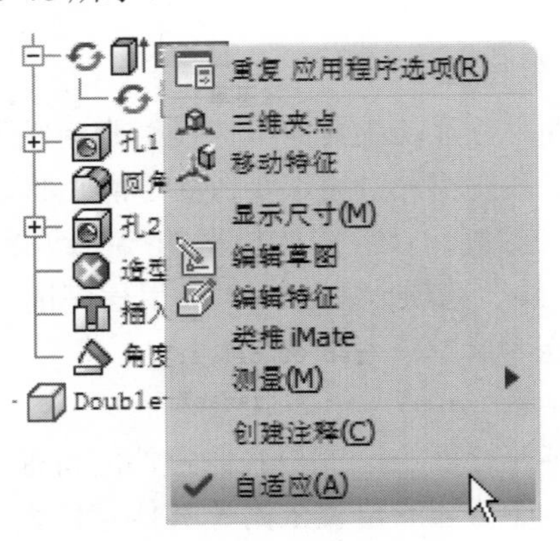

图 8-48 设置特征自适应

3．在特征特性中指定自适应

对于每个特征都已经指定了特性，它可设置为自适应。

一个孔特征有以下特性可设置为自适应：

- 草图（必须是非全约束的）。
- 孔的深度。
- 名义上的直径。

- 埋头孔直径。
- 埋头孔深度。

在“特征特性”对话框中，所有的特征都可以被设置为自适应。

欠约束的自适应特征如下：

- 用来在有二维设计草案轮廓时，创建自适应关系。
- 用来当没有已存在的模型投影边界时，创建自适应关系。
- 用来在了解零件在装配中需要约束的自适应特征之后，创建自适应关系。
- 在另一个装配级中的自适应特征。
- 创建装配特征并且使用约束偏置值控制装配公差。
- 创建相配合的特征和用装配约束的偏移来控制装配间隙。

8.5.3　自适应草图

可以通过投影相关零件的轮廓作为关联的几何轮廓来创建自适应草图。如果原始轮廓发生改变，改变的东西将会自动反映在关联的轮廓上，如图 8-49 所示。

在图 8-49 中，垫圈的基础特征草图来自下面凸缘的投影。如果改变凸缘的草图轮廓，它们将会自动反映在所投影的自适应草图上。

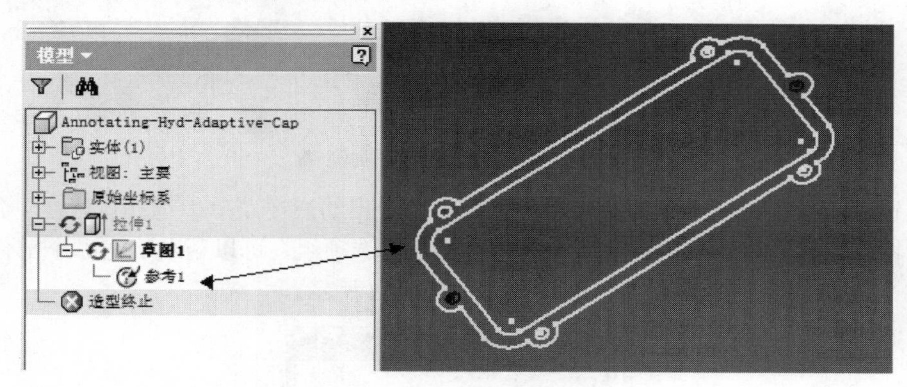

图 8-49　自适应草图实例

创建自适应的步骤如下：

（1）创建一个装配，装配中至少包含一个零件。

（2）在功能区的“工具”选项卡的“选项”组中选择“应用程序选项”命令，然后在“应用程序选项”对话框的“部件”选项卡中勾选“在位造型时启用关联的边/回路几何图元投影”复选框，如图 8-50 所示。

（3）在关联装配中创建一个新的零件，并使投影的关联草图自适应。想获得自适应草图就在面板中单击“投影几何图元”按钮，然后选择边或回路投影在新的零件上。如果要投影单个边，那么就选择指定的边；如果要投影回路，那么就选择回路内部的一个点。

（4）投影的几何轮廓出现在草图中，并且在浏览器中作为一个自适应部件。

（5）使用投影的草图轮廓创建所需要的轮廓。

（6）如果对原始部件进行改变，则观察反映在自适应零件上的变化。

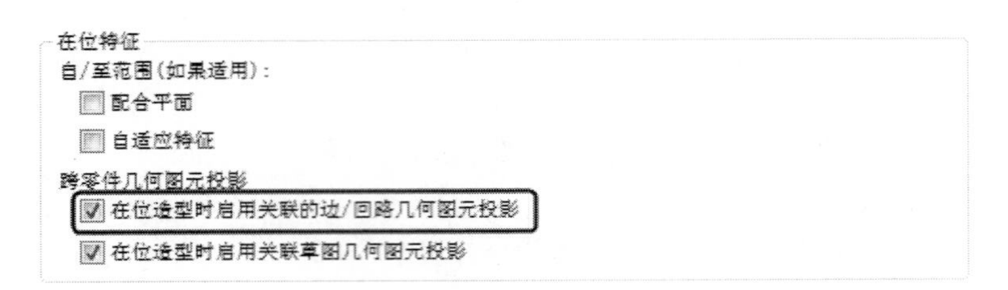

图 8-50 “部件”选项卡中的选项

8.5.4 自适应特征

可以通过使用特征某些方面欠约束的方法来创建自适应部件。草图欠约束确保与基于装配约束的其他特征自适应，可以让轮廓的欠尺寸或是欠约束，创建特定的特征属性，比如拉伸自适应。

在图 8-51 中，自适应特征是通过最初故意欠约束的草图建立的，使用装配和对齐约束，自适应部件可以通过一些更新来驱动并且改变尺寸。

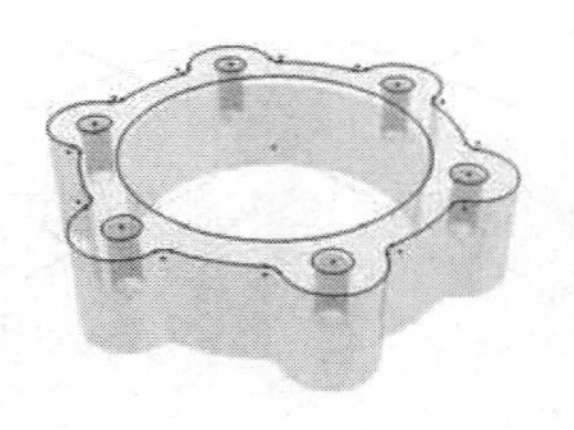
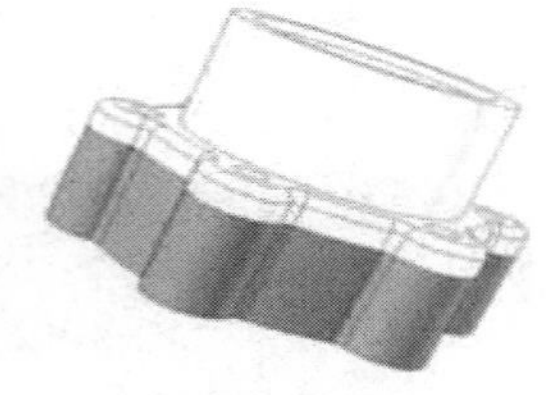
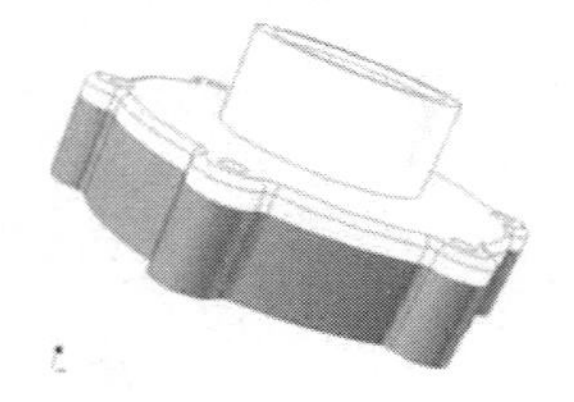

图 8-51 自适应特征实例

在浏览器中，在特征上单击鼠标右键，然后在弹出的快捷菜单中选择“特性”命令，在弹出的“特征特性”对话框中包含了一个“自适应”选项组，可以帮助决定哪个部件需要自适应。这个选项是基于特征的类型之上的，如图 8-52 所示。

图 8-52 特征特性

创建自适应特征的步骤如下：

（1）使用一个欠约束的草图在装配中创建一个零件，如图 8-53 所示。

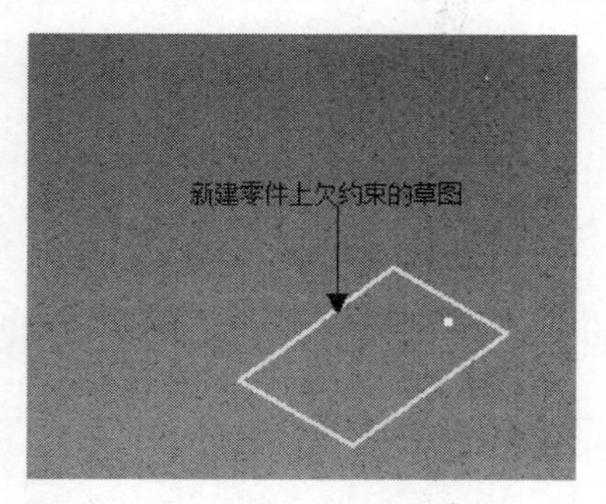

图 8-53　新建零件上欠约束的草图

（2）使用草图特征工具，创建零件的基础实体，如图 8-54 所示。

图 8-54　创建基础实体

（3）在浏览器中的特征上单击鼠标右键，然后在弹出的快捷菜单中选择“自适应”命令，如图 8-55 所示。

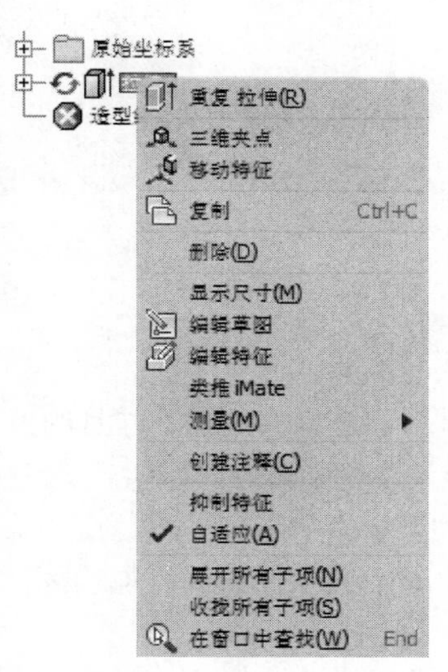

图 8-55 选择“自适应”命令

（4）根据设计意图添加装配约束，自适应部件会随着有效的装配约束而自动更新，如图 8-56 所示。

图 8-56　添加装配约束

（5）继续根据设计意图添加所需要的装配约束，自适应部件会随着有效的装配约束而自动更新，如图 8-57 所示。

图 8-57　完成装配的自适应零件

8.5.5　装配中的自适应情况

将一个在装配之外创建的零件添加到装配中，并且约束它为自适应。零件的自适应状态并不是最初就设置好的，如果设置零件自适应，则可以在浏览器或者图形窗口中选中零件并单击鼠标右键，然后在弹出的快捷菜单中选择“自适应”命令。

将自适应特征与装配中其他固定的零件特征添加约束后，自适应零件的特征将会随着有效的装配约束而改变尺寸。

在装配尺寸中包含了自适应零件的许多引用，只有一个引用的零件可以指定为自适应，自适应引用零件的一些改变，同样也会自动反映在其他引用的零件上。当一个零件在某个装配中处于自适应状态时，就不能在其他装配下处于自适应状态。自适应零件的一些改变是非常重要的。当零件处于使用状态时，这些修改会在每个装配中反映出来。如果许多装配中要用同样的零件自适应，那么可以使用保存副本命令复制保存零件，每个装配都使用不同文件名的零件文件自适应。

图 8-58 描述了两个装配文件，对于螺钉零部件，每个都包含了一个关系。在 Adaptive-Occurrences.iam 的装配文件中，只有螺钉零件的一个引用设置为自适应。在装配文件中，引用了同样的螺钉零件，由于螺钉在 Adaptive-Occurrences.iam 装配中处于自适应状态，所以它不能在装配中自适应。在第一个装配中强迫改变螺钉零件时，变化也同样反映在第二个装配中，这个例子的结果是螺钉零部件不适用装配中的孔尺寸。

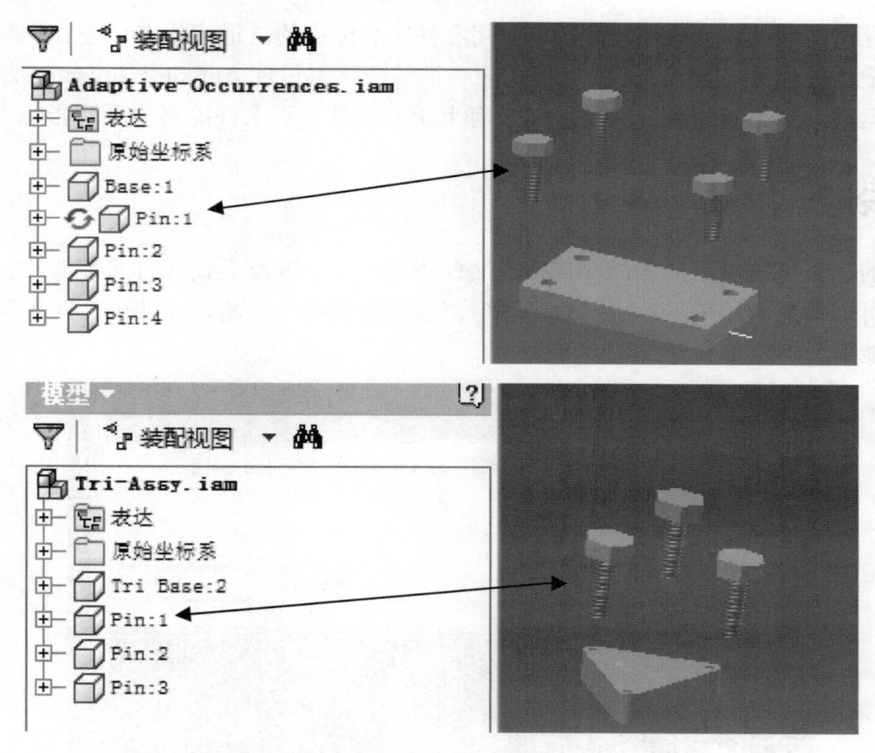

图 8-58　自适应零件在两个装配中的应用情况

8.5.6　使用装配约束

可以对自适应零件使用装配约束，同样也可以对非自适应零件使用装配约束。对自适应零件使用装配约束时，零部件将会根据所保留的自由度来移动。自适应变化只有在没有适应装配约束的自由度时才发生。

当对自适应零件添加约束时，经常会出现一个错误提示，这个信息不能详细说明所指的问题，在使用自适应零件时，零件的一些特征特性没有指定为自适应，或者说一个约束或者一个尺寸干涉自适应零件发生改变。当这个信息出现时，单击“取消”或者“接受”按钮，然后研究自适应零部件的特征和草图。如果单击“取消”按钮，则需要重新添加约束。如果单击“接受”按钮，则约束便保存在错误的状态。解决好这个错误后，这个约束便会自动生效。

8.5.7 使用自适应零件的注意要点

使用自适应零部件时，需要注意以下几点：

- 自适应不能解决所有的设计问题。
- 在装配中的自适应零件，都会增加零部件之间的复杂关联关系，因此将影响装配的性能。
- 在自适应的改变应用之后，应关闭零件在装配中的自适应状态，这个步骤是提高装配的性能的关键，因为任何自适应特征的变化都迫使 Autodesk Inventor 去进行复杂运算。如果装配包含数百个（没有上千）零件，那么性能将会受到影响。

8.6 装配分析

不同的工具可提供帮助分析零部件在装配中的应用，以及查找现有的零部件。本节将学习如何分析零件之间的干涉，也同样可以学习零件上曲面的分析，还使用“打开”对话框中的查询功能来查询零部件，如图 8-59 所示。

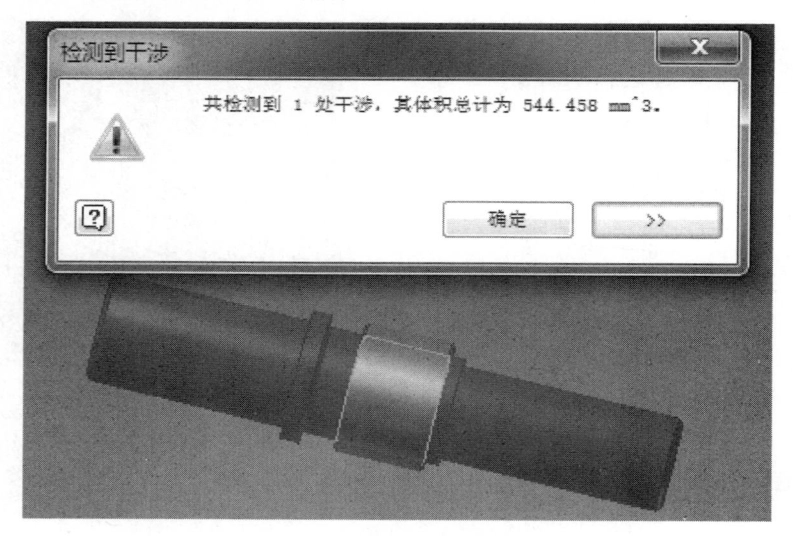

图 8-59　零件干涉分析

8.6.1 干涉分析工具

在装配中设计零部件时，必须确定在装配中的零部件是否与其他零部件有干涉。这个分析工具可以检查装配中的零部件之间的干涉情况，如图 8-60 所示。

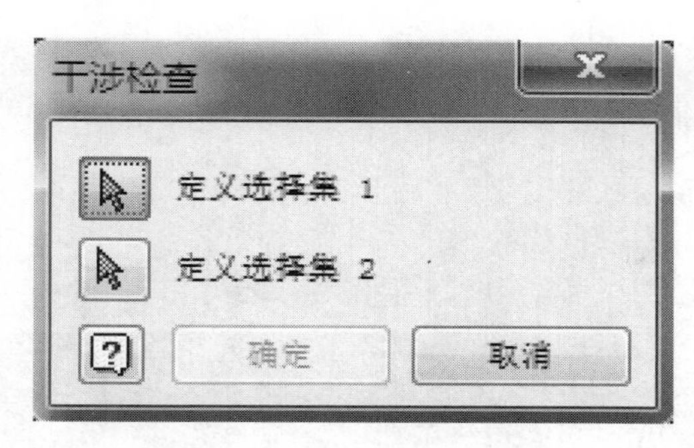

图 8-60 “干涉检查”对话框

- 定义选择集 1：单击这个按钮选择零部件放置在第一个选择集，可以在浏览器或者图形窗口中选择，所选的零部件是相对于第二个选择集的零部件。
- 定义选择集 2：单击这个按钮选择零部件放置在第二个选择集，可以在浏览器或者图形窗口中选择，所选零部件是相对于第一个选择集的零部件。包含的零部件是可以挑选的。

当干涉检查在执行时，选择集 1 的零部件将与选择集 2 的零部件进行干涉分析检查，如果将两个零部件放在相同的选择集中，那么它们之间的干涉就无法检查出来，为了检查每个零部件与其他零部件间的干涉，可以在选择集 1 中选择一个零件，而其他所有的零部件在选择集 2 中选择。

如果发现干涉，那就会弹出“检查到干涉”对话框，显示零部件和干涉位置，可以复制这个信息到剪贴板中，然后粘贴到其他的应用程序中。也可以将它打印出来，如图 8-61 所示。

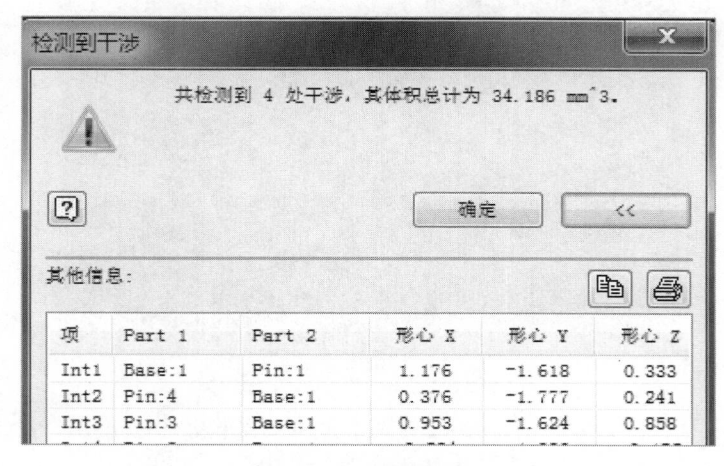

项	Part 1	Part 2	形心 X	形心 Y	形心 Z
Int1	Base:1	Pin:1	1.176	-1.618	0.333
Int2	Pin:4	Base:1	0.376	-1.777	0.241
Int3	Pin:3	Base:1	0.953	-1.624	0.858

图 8-61　干涉检查报告

按下列步骤分析零部件中的干涉：

（1）打开一个装配。

（2）在功能区“检验”选项卡“干涉”面板中选择“干涉检查”命令，然后选择包含选择集 1 的零部件，如图 8-62 所示。

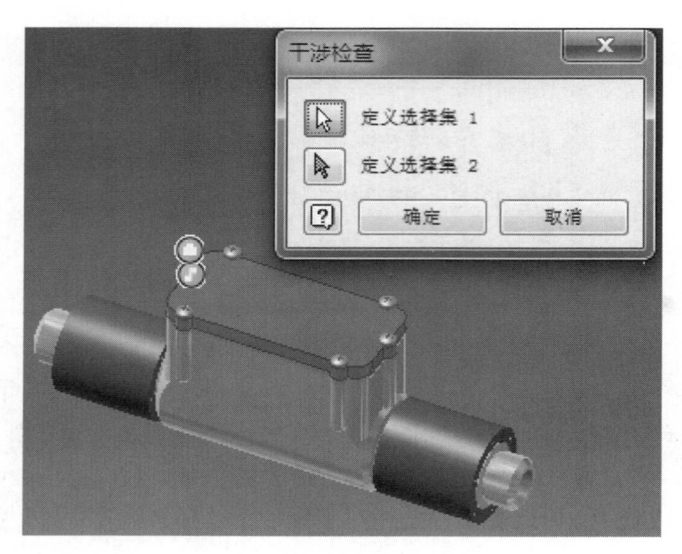

图 8-62　定义选择集 1

（3）单击“定义选择集 2”按钮，然后相对于选择集 1 选择零部件，单击“确定”按钮，如图 8-63 所示。

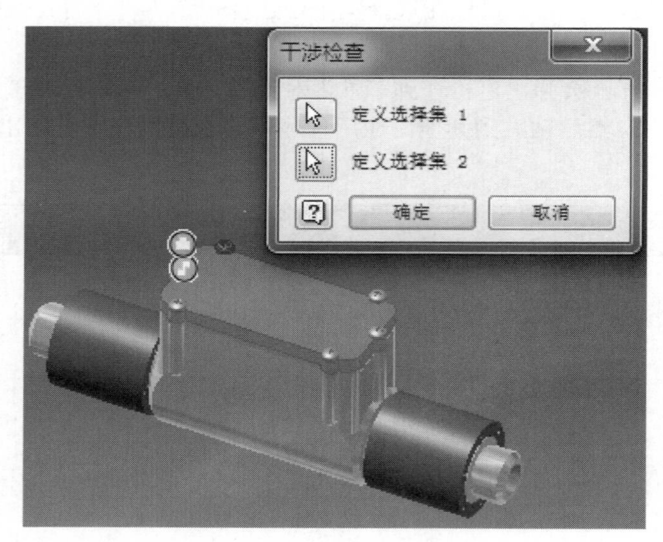

图 8-63　定义选择集 2

（4）如果发现有干涉，将会弹出“检测到干涉”对话框，并会给出一个具体的干涉总数量及总的体积。干涉区域将在图形窗口中以红色显示出来，可以将对话框扩展开以获得更多的信息，可以将此复制或打印出来。

8.6.2　面分析工具

在零件环境和构造环境中，可以在制造前使用曲面分析命令来分析零件以验证几何质量。对于特定模型，可以保存同一类型或不同类型的几个不同分析。例如，可以定义若干方法检查同一模型上的一组特定曲面。

应用分析后，将在浏览器中创建一个“分析”文件夹，分析将放置在此文件夹中。每个保存的分析都将按其创建顺序添加到浏览器中。在浏览器中，现用的分析的名称和可见性与分析文件夹名称一起显示。例如，Analysis: Zebra1 (On)。

可以使用浏览器中的“分析”文件夹来更改现用的分析的可见性和新建分析。展开“分析”文件夹以查看和管理所有其他保存的分析。可以切换到现用的分析，也可以在列表中编辑、复制和删除任何保存的分析。

可以执行的分析类型如下。

- 斑纹分析：通过将平行线投影到模型上来分析曲面连续性。结果显示光线是如何在曲面上反射的，以帮助用户识别需要改进曲面质量的区域。
- 拔模分析：根据拔模方向分析模型，以确定在零件和模具之间是否可以充分拔模，以及是否可以通过铸造来制造模型。一个范围显示了拔模斜度在指定范围内的变化。
- 曲率梳分析：对模型面、曲面、草图曲线和边的曲率及整个平滑度提供可视分析。
- 高斯曲率分析：通过对零件表面应用渐变色来确定高曲面曲率区域和低曲面曲率区域。梯度显示是曲面曲率的一种可视指示，它运用了高斯曲率分析计算方法。
- 截面分析：提供某一截面上零件的基本图形视图，或实体零件内部多个截面的详细信息和相应图形。它还会分析零件是否符合最小壁厚和最大壁厚要求，不适用于构造环境。

1. 斑纹检查

斑纹检查分析用来分析检查零件表面的连续性，如图 8-64 所示。

图 8-64 “斑纹分析”对话框

- ：“斑纹”命令可以检查所选择的零件或者两个面之间的连续性，其位于功能区的“检验”选项卡的“分析”组中。
- 方向：选择“水平”、“竖直”或“沿轴”条纹方向。指定显示条纹之间最大反差的方向，以指明曲面之间的过渡。
- 厚度：通过黑色与白色的相对比例来指定条纹的厚度。“最小”设置将形成全黑条纹。“最大”设置将形成全白条纹。
- 密度：指定条纹的间距或密度。“最小”设置将产生较少的条纹。“最大”设置将产生大量的条纹。一起使用“密度”和“宽度”以得到所需的结果。
- 不透明度：指定条纹不透明度。“透明”将导致条纹几乎不可见。“不透明”将导致条纹完全遮住模型的颜色。操纵此设置可以一次查看多个分析样式，如斑纹样式和拔模样式。
- 显示质量：指定斑纹图案的分辨率或曲面质量，以获得较好的条纹显示效果。默认设置为零，会产生最粗略的结果。设置越低，面数就越少，锯齿状显示更加严重。设置越高，面数就越多，过渡更为平滑，但是显示该零件的时间可能会增加。设置为 100% 将生成最佳结果。
- 全部：在零件环境中指定是否分析零件中的所有几何图元。包括整个零件和零件中的任何曲面特征（缝合曲面）。在构造环境中指定分析是否适用于构造环境中的所有实体和曲面体。
- “选择”按钮：选择要检查的几何图元。
- 面：指定是否分析在零件或构造环境中的一个实体或任何曲面体中选定的面。
- 缝合曲面：指定是否分析选定的曲面特征，以及每个选定的曲面特征中的所有面，如图 8-65 所示。

图 8-65 选择几何图元

通过将平行线（条纹）投影到模型上来分析曲面曲率的连续性。曲率是两条曲线或曲面之间平滑程度的数学表示。方向改变率称为曲率。曲线的平滑程度通常由字母 G 及后缀数字来指定。

G0（点）连续性表示端点相连。两个边或曲面之间的过渡是显而易见的。可以是紧急过渡也可以是平滑过渡。如图 8-66 所示为两个面之间的 G0 相交的斑纹分析。面相交，但是斑纹没有对齐。

图 8-66　G0 斑纹分析

G1（相切）连续性表示曲线之间平滑过渡。两个曲线或曲面在连接处的轨迹似乎在相同的方向上，但是曲率变化率（速度）是显而易见的。如图 8-67 所示为两个面之间的 G1 相交的斑纹分析。两个面之间存在相切圆角，条纹边排成一列，但包含尖角。

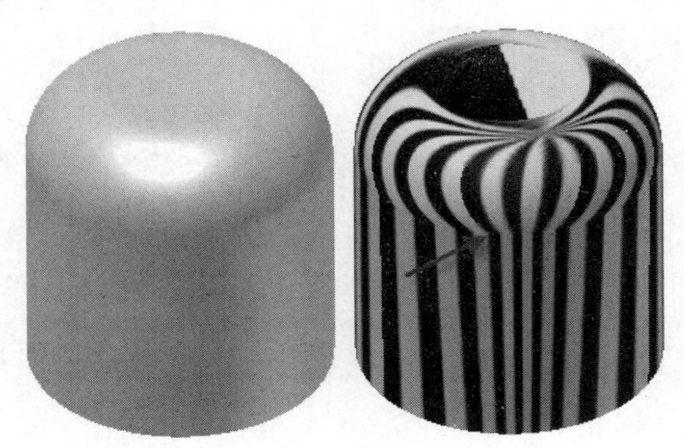

图 8-67　G1 相交的斑纹分析

G2（相切）连续性表示曲线之间很平滑地过渡。端点重合的两条曲线相切且在连接处具有相同的“速度”（曲率）。如图 8-68 所示为两个面之间的 G2 相交的斑纹分析。两个面之间存在平滑（G2）圆角，条纹边排成一列，两面之间平滑过渡。

注意

在构造环境中的分析不会创建保存的分析。

2. 拔模分析

可以使用拔模分析来检查铸件的适应性。设计一个铸件时，试图将模型脱离模具时，90°的角将引发很多的问题，面拔模通常两个面之间采用一个微小的拔模角度来解决这个问题。拔模分析可分析的是所选面或者零件。在所选择的零件或者面上用一系列的颜色来表示结果。颜色表示所指定的拔模角之间的拔模角度范围，如图 8-69 所示。

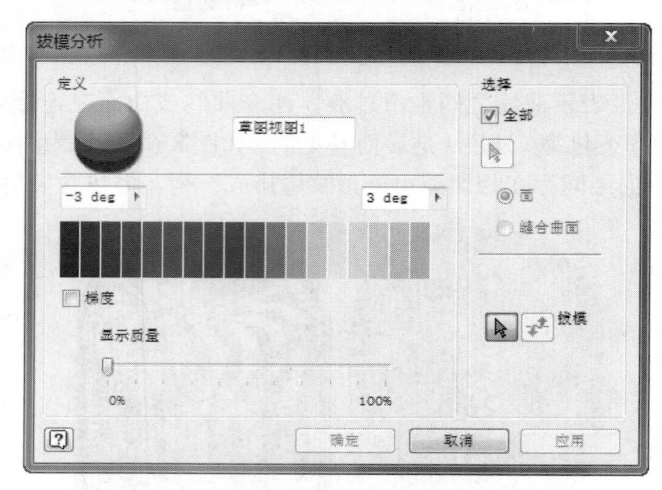

图 8-69 “拔模分析”对话框

- 定义：设置拔模分析结果的外观。在构造环境中不可用。不能充分拔模的面通过颜色的变化来显示，这些颜色的变化与拔模的变化相关联。改变拔模方向可能会显示不同的结果。“拔模”命令在功能区的“检验”选项卡的“分析”组中。
- 拔模起始角度：设置分析拔模或拔模斜度的角度范围的起始角度。
- 拔模终止角度：设置分析拔模或拔模斜度的角度范围的终止角度。
- 梯度：选择该选项后，将以梯度（而不是离散的色带）来显示拔模分析结果。
- 显示质量：指定梯度或色带的分辨率或曲面质量。设置越低，面数就越少。设置越高，面数就越多，并且显示该零件的时间可能会增加。
- 全部：在零件环境中，指定是否分析零件中的所有几何图元。包括整个零件和零件中的任何曲面特征（缝合曲面）。在构造环境中，指定是否分析构造环境中的所有实体和曲面体。
- 表面：指定是否分析在零件的一个实体或任何曲面体中选定的面。
- 缝合曲面：指定是否分析选定的曲面特征，以及每个选定的曲面特征中的所有面。
- 拔模：指定模具分离方向（从内芯上拉出模具外壳）。
- 选择：选择要指明方向的几何图元（平面或工作平面），拔模方向与平面垂直。
- 反向：反转拔模方向。

选择不同的几何图元重新应用分析定义，无须修改该定义。

8.6.3　搜索定位零部件

可以在激活的装配中使用查询工具来搜索文件或者零部件，可以基于各种各样的属性文件通过定义标准创建不同的查询，并且在使用过后将其保存起来。在对话框中有两个轻微的不同之处，进入查询状态时，通过单击“打开”对话框中的“查询”按钮进入“查找：Autodesk Inventor 文件”对话框。

在对话框中会列出当前的查询标注。可以通过下面的特性和条件列表选项来创建查询标准，此时可选择一定的条件，如果需要的话，则可用数值。然后单击“添加到列表”按钮来增加查询标准。使用“保存搜索”按钮保存即将要使用的查询条件，然后用“打开搜索”按钮来打开预先保存的查询条件，如图 8-70 所示。

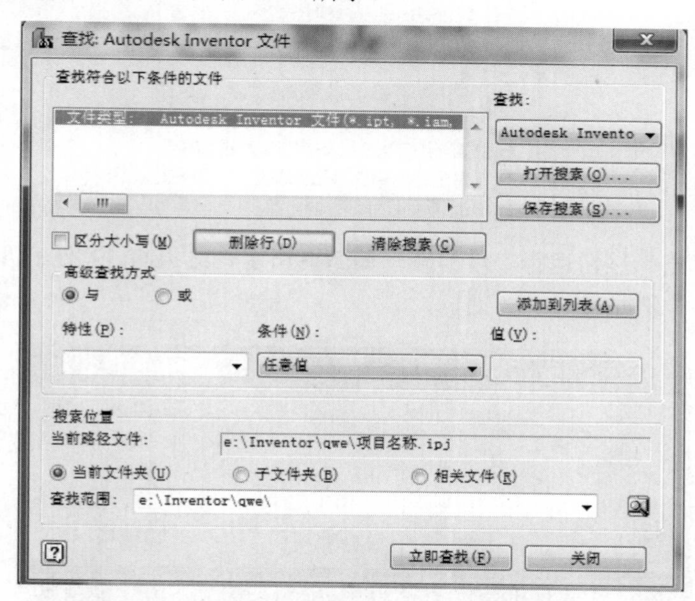

图 8-70　“查找：Autodesk Inventor 文件”对话框

建立和有选择性地保存搜索文件，然后单击“立即查找”按钮，来查找 Autodesk Inventor 的文件。建立和有选择性地保存搜索条件，然后单击“立即查找”按钮，来查找处于激活装配状态下的零部件，查找到零部件将在浏览器中亮显。对于大型装配，在浏览器中使用人工较难定位零部件时，可以使用该工具进行查找。

练习 8-4

装配分析

在本练习中，要使用在这一节中所学到的理念和技术在装配中执行一个装配干涉检查，可使面分析工具在一个部件文件夹中分析面，然后通过查询工具来查询变化的零部件。

操作步骤如下：

（1）打开 Hyd-Reservoir-Assembly.iam。

（2）在功能区的“检验”选项卡的“干涉”组中选择“干涉检查”命令，然后为定义选择集 1 在图形窗口中选择 4 个螺钉。

（3）在“干涉检查”对话框中单击“定义选择集 2”按钮，然后在浏览器中选择下图所示的组件。

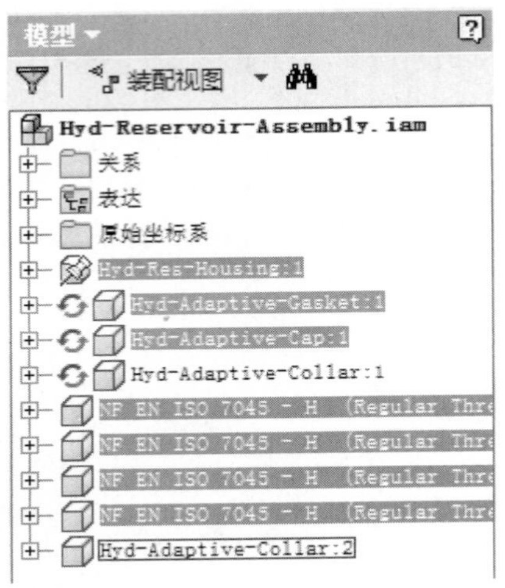

（4）单击“确定”按钮运行干涉检查，如下图所示，结果有 12 处干涉。单击“确定”关闭“检查到干涉”对话框。

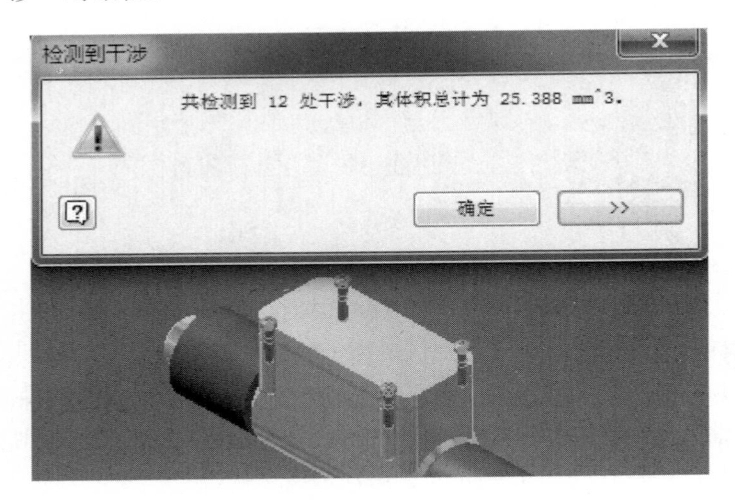

（5）使用查询工具在装配中定位组件，这样可以看见特定的标准。

（6）按“Ctrl+F”组合键，然后在“查找部件”对话框中调整属性、条件和值，单击“添加到列表”按钮，如下图所示。

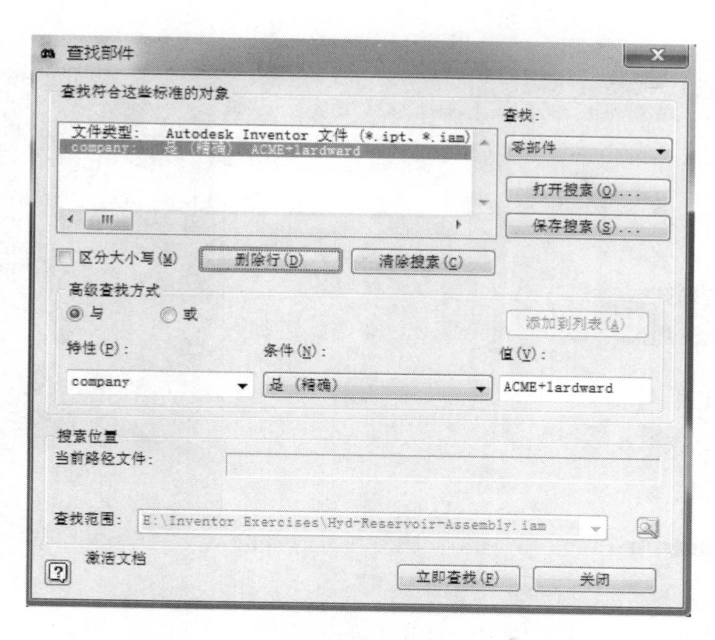

（7）在“查找部件”对话框中单击“立即查找”按钮，所有的组件装配标准将会被选择且高亮显示在浏览器中，对于大的装配，在装配中查找组件是非常有效的方法。

（8）保存并关闭所有文件。

（9）打开“Plastic-Housing-Analysis”零件。

（10）在功能区的“检验”选项卡的“分析”组中选择“斑纹”命令，选择“面”单选按钮，然后单击“选择”按钮，选择下图所示的两个面，并单击“确定”按钮。

（11）旋转视图在选择面上观察斑纹。

（12）在功能区的“检验”选项卡的“分析”组中选择“拔模”命令，然后选择“表面”单选按钮，并单击“选择”按钮，如下图所示选择要检查的面。拖动滑块，然后选择孔的内部面，单击“确定”按钮观察分析结果。

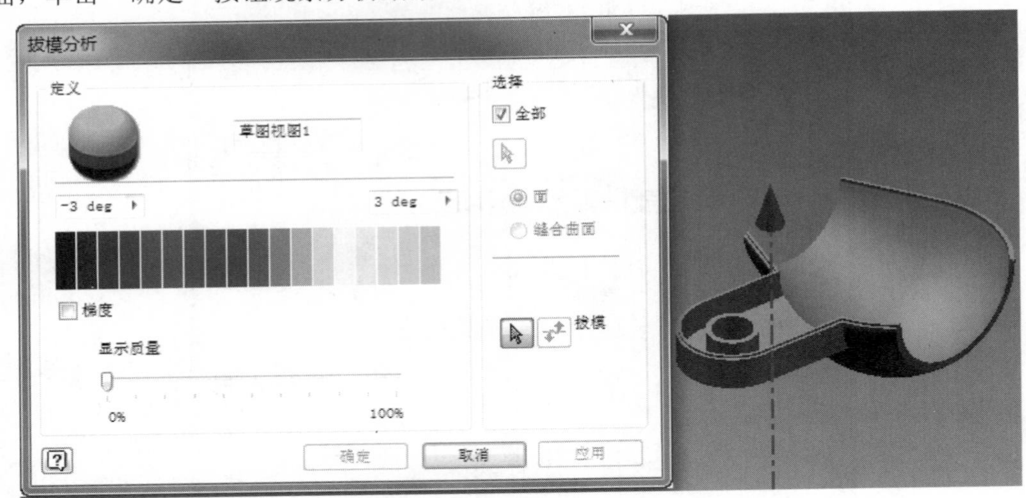

（13）在功能区的“三维模型”选项卡的“修改”组中选择“面拔模”命令，如下图所示，在选择的面上创建3°的拔模角，使用孔的内部面定义拖动方向。

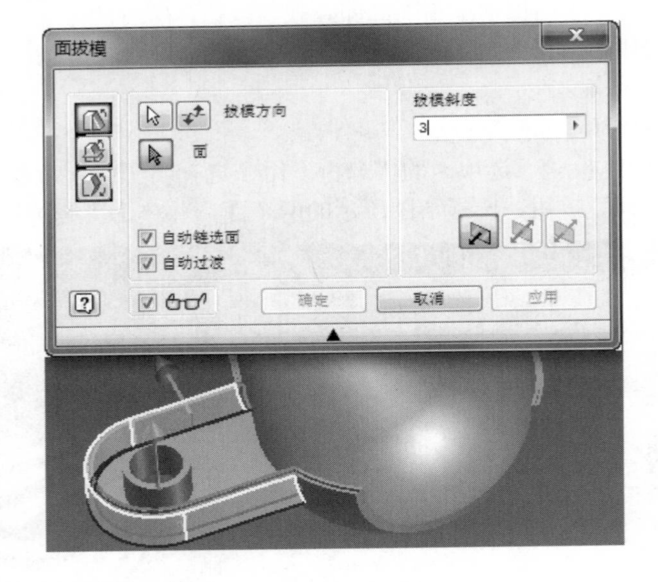

（14）在功能区的“检验”选项卡的“分析”组中选择“拔模”命令，将拔模功能激活，单击“应用”分析同样的面。

（15）关闭对话框，注意应用于面上的绿色表明在选择的面上接受拔模面。

（16）保存并关闭所有文件。

第 9 章　表达视图处理技术

本章学习目标

- 掌握如何创建表达视图。
- 熟悉调整表达视图中零部件位置。
- 掌握动作的详细设置。
- 熟悉特殊动作的设置。

在传统设计中，机器装配过程是比较难以表达的。Inventor 的“表达视图”正是解决这种装配过程表达的有效工具。表达视图可以输出成*.avi/*.wmv 等动画文件，可在 Windows 通用的播放工具中打开和播放，也可以借此创建工程图。

实际上“表达视图”的精确名称应当是“装配分解模型”。这里创建的直接结果并非通常意义上的“视图”，而是一个对现有三维装配模型进行特殊位置和查看规则定义的模型；这个模型中不具有编辑原始零部件的能力。

9.1　表达视图的创建

创建表达视图之前，必须创建一个表达文件，使用一个.ipn 格式的文件来存储视图，在表达视图中可以使用默认的模板。

在“快速访问”工具栏的“新建”下拉列表中选择“表达视图”命令，如图 9-1 所示。

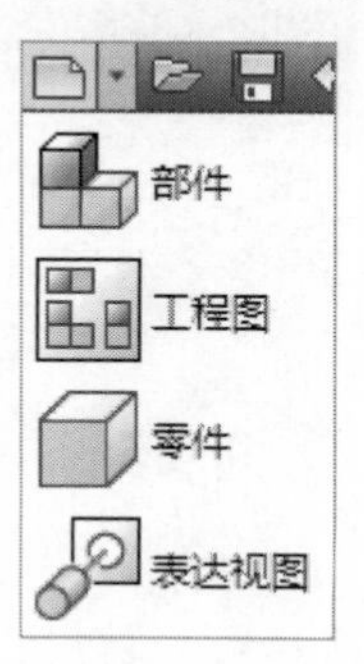

图 9-1　选择“表达视图”

1．表达视图环境

表达视图环境与部件环境和装配环境相似，面板包含用来创建表达视图的工具，图形窗口中显示出用于表达视图中的几何模型，浏览器中显示出视图的名称和表达视图相关的其他的一些信息，如图 9-2 所示。

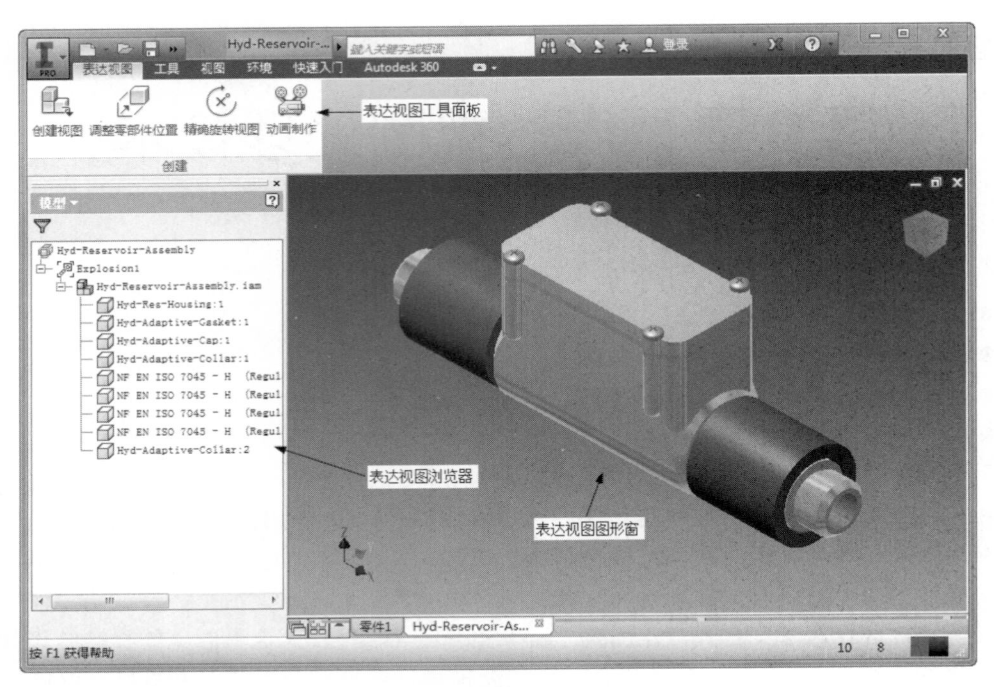

图 9-2　表达视图环境

2．创建表达视图

可使用表达视图来创建装配的分解视图，可以创建的表达视图的数量是不受限制的。但是在每个表达视图文件中只能涉及一个装配件。

在功能区的“表达视图”选项卡的“创建”组中选择“创建视图”命令，将弹出“选择部件”对话框，如图 9-3 所示。

图 9-3　“选择部件”对话框

- 文件：如果已经打开一个装配件，它将在自动列表中列出来。如果在当前状态下没有打开的装配件，则必须输入装配文件的路径或者单击“浏览”按钮来浏览装配文件。

● 选项：单击该按钮，会弹出“文件打开选项”对话框，用来选择设计视图表达，并将它作为表达视图的基础视图，单击“浏览”按钮来浏览装配文件，如图 9-4 所示。

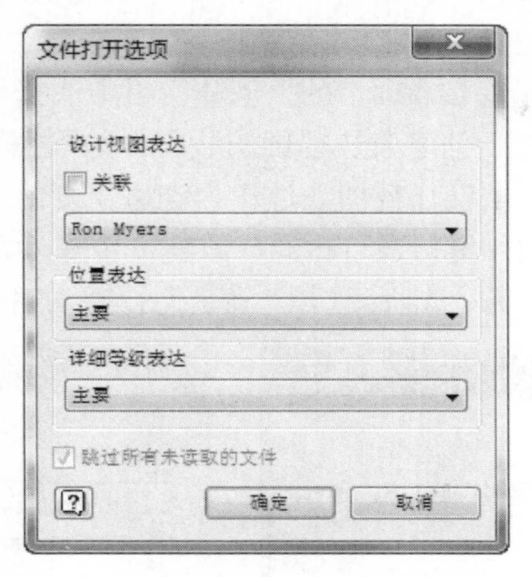

图 9-4 “文件打开选项”对话框

● 分解方式：从下列选项中选择分解方法。
 ➢ 自动：这个选择可基于所输入的值在装配中自动移动零部件来创建分解视图，只有已经添加装配约束比如装配、插入，才可以自动分解。
 ➢ 手动：使用这个选项创建表达视图可以不使用分解零部件，可以通过增加调整方式移动每个零部件来创建分解视图。
 ➢ 距离：输入一个分解距离来移动每个零部件，这个选项仅适用于自动分解零部件。
 ➢ 创建轨迹：这个选项用来显示每个零部件从装配位置移动到分解位置的路径。

图 9-5 描述了一个典型的表达视图，图中包含了两个表达视图，每个表达视图都会在浏览器中显示出来，可以展开它来显示装配件，其他的选项通过过滤后显示在浏览器中。

在浏览器中双击视图可以激活视图，也可以重命名视图，在今后创建二维视图时可以用与此相同的名称，如图 9-5 所示。

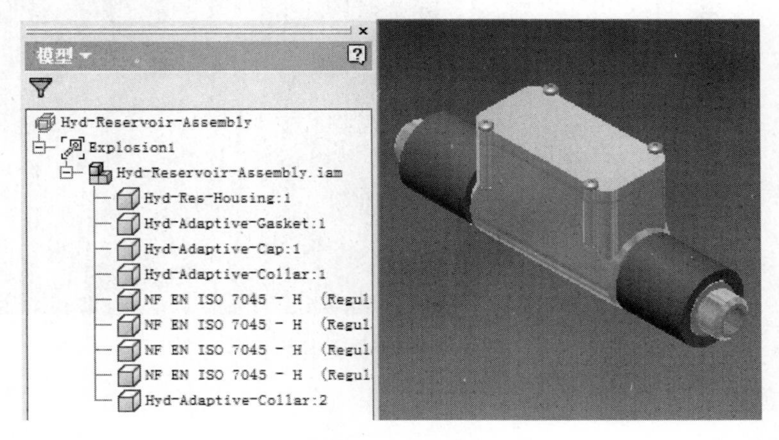

图 9-5　表达视图

3．创建表达视图的步骤

按下列步骤创建表达视图：

（1）创建新的表达视图文件。

（2）在功能区的“表达视图”选项卡的“创建”组中选择“创建视图”命令，在“选择部件”对话框中输入或浏览用于创建表达视图的装配件的路径。单击“选项”按钮，在“文件打开选项”对话框中选择一个设计视图表达作为表达视图的基础视图。要想自动分解零部件，则选择“自动”单选按钮，然后在“距离”数值框中输入距离；要想在零部件上创建轨迹，则勾选“创建轨迹”复选框，然后单击“确定”按钮创建表达视图，如图 9-6 所示。

图 9-6　创建表达视图

（3）表达视图被创建后，它将会出现在表达视图浏览器中，展开视图观察零部件，其位置参数将会自动被应用。如果想要编辑位置参数，则在浏览器的底部件编辑框中输入一个新的值，如图 9-7 所示。

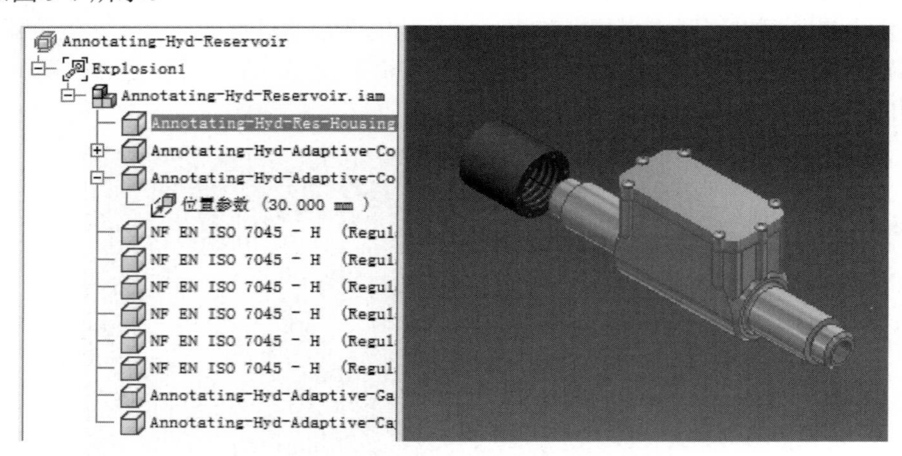

图 9-7　编辑位置参数

（4）继续创建所需要的表达视图。

4．编辑表达视图

用户可以删除、激活或创建新的表达视图。

（1）在部件浏览器中选择“表达”→“视图”命令，在所需的表达视图上单击鼠标右键，然后在弹出的快捷菜单中选择“激活”命令。

（2）对零部件的显示做出必要的更改。

（3）保存文件以保留对视图表达的更改。

5．恢复表达视图

使用此方法可以将已命名的表达视图应用于部件文件。显示内容将重置为保存在表达视图中的配置。在保存表达视图后，对部件所做的所有编辑都应用于视图。

（1）在部件浏览器中选择“表达”→“视图”命令，然后选择表达视图。

（2）在表达视图上单击鼠标右键，然后在弹出的快捷菜单中选择“激活”命令，或双击该表达视图。

6．将表达视图复制到详细等级表达

可以将表达视图复制到详细等级表达，以通过抑制不可见零部件将它们从内存中删除。使用下面的步骤从表达视图中创建“详细等级”。

（1）在部件浏览器中选择“表达”→“视图”命令，在相应的表达视图上单击鼠标右键，然后在弹出的快捷菜单中选择“复制到详细等级”命令。

（2）将创建复制表达视图中的名称和零部件可见性状态的新详细等级。

（3）展开“详细等级”节点，亮显新详细等级，在其上单击鼠标右键，然后在弹出的快捷菜单中选择“激活”命令，以激活将不可见零部件从内存中卸载的 LOD 表达。

7．导入关联的表达视图

可以关联地导入表达视图。将表达视图指定给装配层次中任意层次上的子部件，并使其关联。对该视图所做的更改将反映在包含该子部件的上级部件中。

（1）在部件浏览器中，在该子部件上单击鼠标右键，然后在弹出的快捷菜单中选择“编辑”命令。

（2）在激活的子部件中，在“表达”文件夹上单击鼠标右键，然后在弹出的快捷菜单中选择“表达”命令。

（3）在“表达”对话框中单击下三角按钮，从列表中选择一个表达视图。

（4）勾选“关联”复选框，然后单击“确定”按钮。

若要在编辑子部件时临时修改视图表达，可选择“去除关联性”。

（5）通过更改零部件可见性或启用状态，根据需要对视图表达进行修改。

（6）单击“保存”按钮保存部件。

8．使用已定义的表达视图来放置子部件

使用已定义的表达视图来放置子部件非常便利。例如，用户希望仅显示必需的零部件以减少屏幕的杂乱感。

（1）在功能区的“装配”选项卡的“零部件”组中选择“放置”命令。

（2）在“打开文件”对话框中，选择 Autodesk Inventor *.iam 文件。

（3）单击“选项”按钮，在“文件打开选项”对话框中，选择先前定义的表达视图，然

后单击“确定”按钮。

（4）单击“打开”按钮。应用了选定表达视图的子部件将附着到光标。

（5）在激活部件的图形窗口中单击，以放置该子部件。放置所需数量的子部件，单击鼠标右键，在弹出的快捷菜单中选择“结束”命令。

注意

使用已定义的 LOD 表达或替换 LOD 表达放置子部件来减少上级部件中的内存使用。

9.1.1 创建位置参数和轨迹

当创建好表达视图后，需要在分解视图中对零部件增加创建位置参数，以移动零部件到新的位置。即使选择自动分解的方法，但大多数的视图仍需要手工调节。

调整一个零部件，可以选择在一些方向移动或者旋转零部件，对于装配定位来说，当调整零部件完成后，可以显示零部件从装配位置到当前位置的轨迹。通过轨迹可以清晰地知道零部件在分解位置或装配位置的过程路径，如图 9-8 所示。

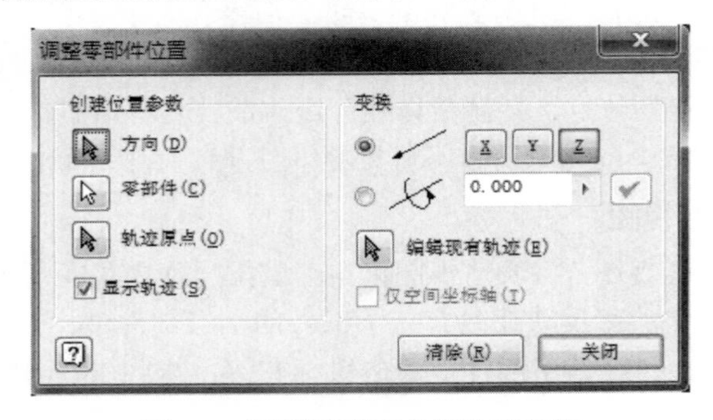

图 9-8 “调整零部件位置”对话框

- 方向：单击“方向”按钮来定义调整的方向。首先选择零部件的一个面或者一条边，即显示轨迹图标，当选择调整部件的特征时，调整的方向还没有被定义。一旦选择了轨迹坐标的方向，就可以按所选择轨迹坐标方向来控制移动。蓝色的轴表明了当前移动的轴，如图 9-9 所示。

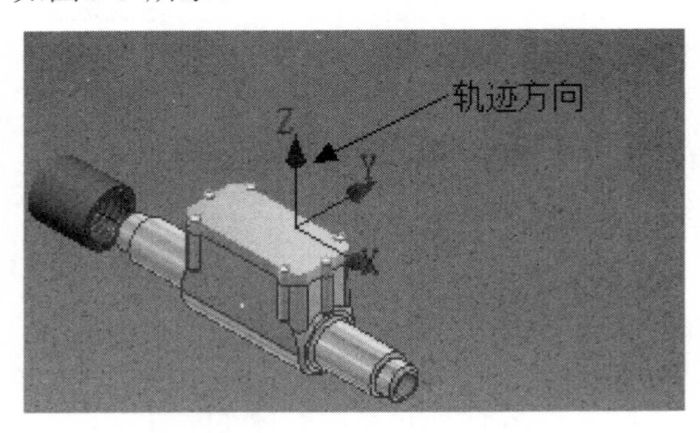

图 9-9 轨迹方向

可以转换激活的方向，在“调整零部件位置”对话框中选择另一个方向；在轨迹坐标中选择另一条轴将它变为当前的轴。

- 零部件：单击“零部件”按钮，然后选择需要调整的零部件，如果选择错误，则按“Esc”键取消选择，然后再重新选择零部件。
- 轨迹原点：单击“轨迹原点”按钮，设定不同的轨迹原点。
- 显示轨迹：单击该按钮，显示零部件的调整轨迹线。
- 变换：在“调整零部件位置”对话框中，在平移区域可以为调整设置转换选项。可以选择这个选项来移动或者旋转零部件。
- ：选择该单选按钮可确保沿着选择的轴来移动零部件，在图形窗口中单击 X、Y、Z 轴与选择其他的轴是一样的。
- ：选择该单选按钮，可以确保沿着所选择的轴来旋转零部件，为调整输入一个距离或者是角度值，然后单击绿色的确认按钮，注意可以为平移或者旋转的调整使用数值栏。
- 编辑现有轨迹：单击“编辑现有轨迹”按钮进行轨迹的编辑，选择轨迹后调解调整值。
- 仅空间坐标轴：不旋转所选零部件，只旋转空间坐标轴。勾选此复选框，输入旋转角度，然后单击“应用”按钮。在旋转空间坐标轴后，就可以用它来定义位置参数了。
- 清除：清除对话框中的设置，以设置其他位置参数。
- 关闭：单击该按钮以关闭对话框。

创建调整和轨迹的步骤如下：

（1）创建一个表达视图。

（2）在功能区的“表达视图”选项卡的“创建”组中选择“创建视图”命令，然后选择一个面或者一条边来定义调整方向，如图 9-10 所示。

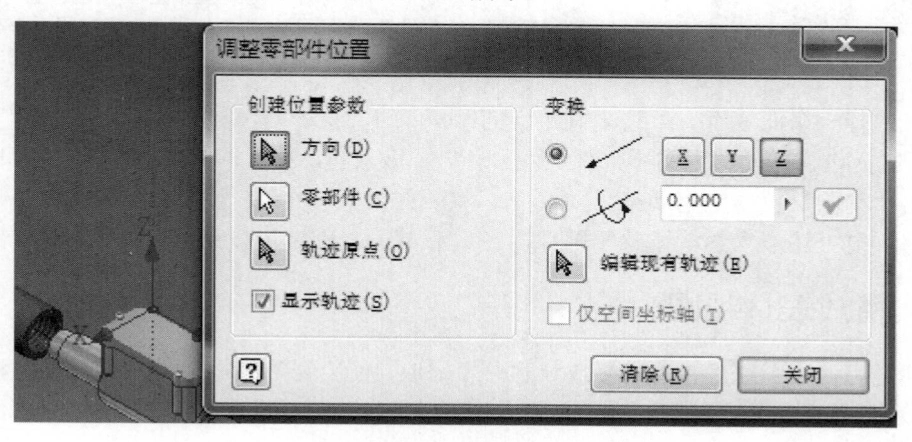

图 9-10　选择调整的方向

（3）选择需要包含在调整中的零部件，如图 9-11 所示。

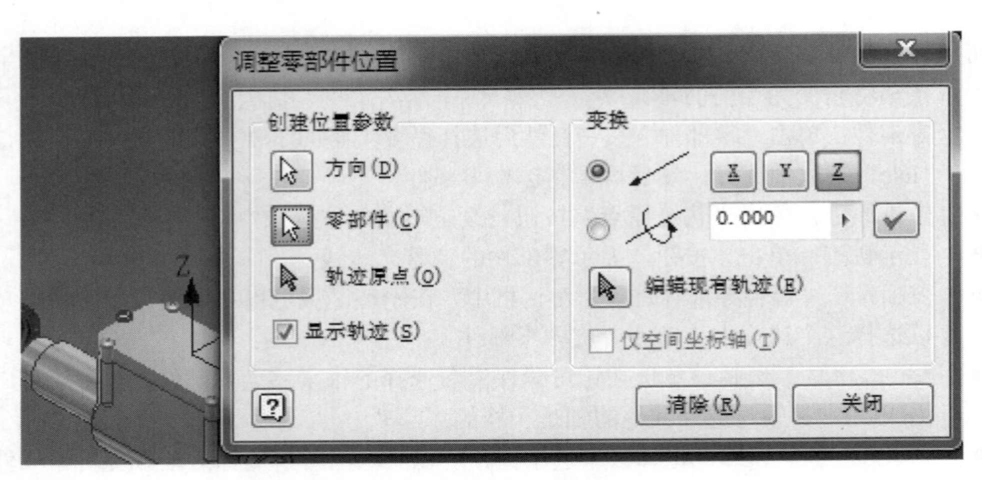

图 9-11　选择需要调整的零件

（4）确定平移的设置，输入数值或在窗口中拖动零部件。单击“清除”按钮应用调整，如图 9-12 所示。

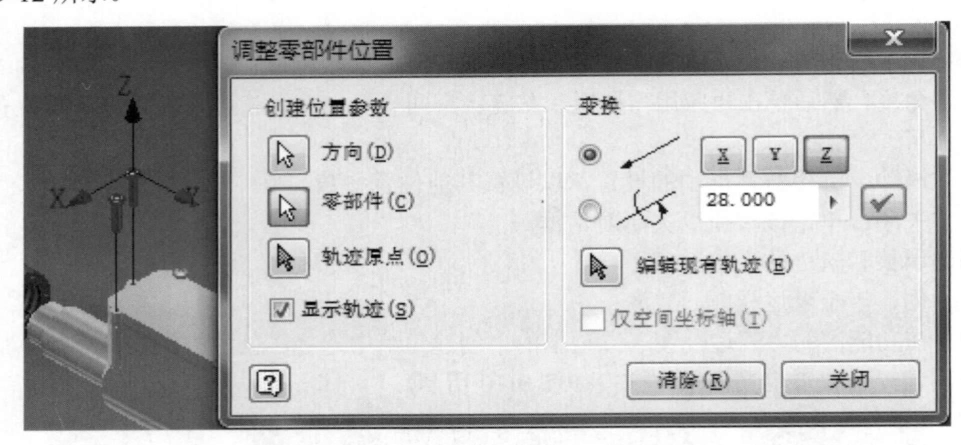

图 9-12　拖动零件或输入调整值

（5）选择一个面或者一条边来确定方向。

（6）选择包含在调整中的零部件，然后确定转移方向，单击并在空白的图形窗口中拖动。然后单击“清除”按钮应用调整。

（7）重复上述步骤继续调整零部件，完成后单击“确定”按钮。

9.1.2　播放表达视图

创建好表达视图以后，还需要按分解顺序播放，使装配中的零部件从装配位置移动到分解位置，还可以在电脑上使用标准的 AVI 格式重复放映。可以设置表达视图的选项有好几个，但其中有一些不属于本节的范围。在这一节中介绍播放表达视图的基本方法。

在启动动画工具后，可使用标准播放工具来进行播放、重复或者停止。在“动画”对话框中的运动区域单击“录像”按钮，可以录制标准的 AVI 格式的文件。

展开对话框来调整播放顺序，在默认状态下采用自动播放所做的调整。在“动画顺序”列表框中选择项目，可以使用向上移动或向下移动按钮，来改变所选项目的播放顺序。播放完后，单击“重设”按钮来重新设置播放顺序到开始，如图 9-13 所示。

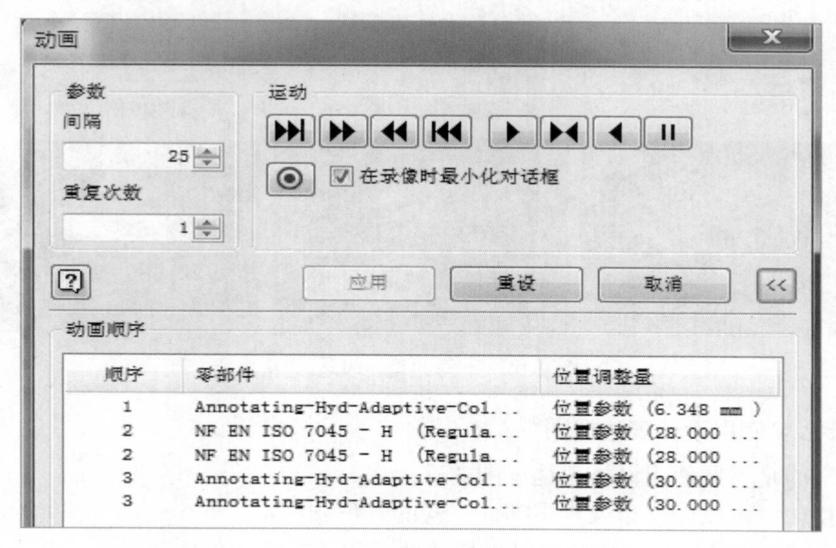

图 9-13 “动画”对话框

在浏览器的顶点部单击“过滤器”按钮，在弹出的菜单中选择“顺序视图”命令。在这里可以显示并调整播放顺序。使用这个视图可以拖动零部件调整位置，从一个顺序到另一个顺序中。

9.2 设计表达视图

设计表达视图可以用来存储和恢复装配中不同的场景，还可以存储零部件的可见性、颜色设置，以及当前视图的方向与缩放范围。

9.2.1 什么是设计表达视图

1. 关于设计视图表达

在零部件装配工作环境中，需要不断地变换视图的观察方向和放大倍数，指定颜色样式，在浏览器中操作零件显示状况，使用设计视图表达，能详细地保存这些装配场景，并迅速恢复。

例如，在做装配工作时，有时需要设置与当前工作无关的零部件不在视图中显示。如果已保存了所需场景的配置，就可以很方便地通过激活“设计视图表达”的方式来达到目的，而不用一个个地去关闭零部件的显示，如图 9-14 所示。

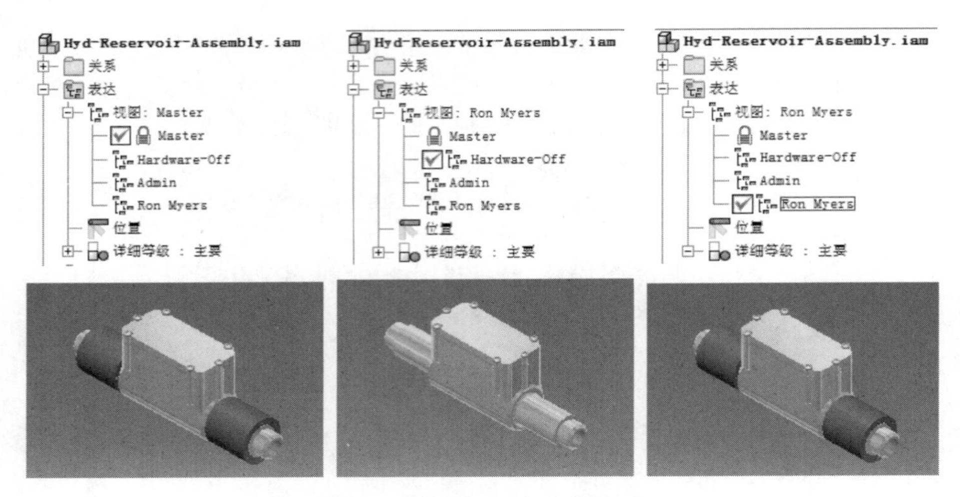

图 9-14　不同的设计表达视图

2．为什么要使用设计表达视图

下面列举的是需要使用设计表达视图的理由。

- 可视化：可以保存和恢复零部件不同的着色方案。
- 视觉清晰：在装配环境中可以先快速地关闭所有零部件的可见性，再选择仅与当前设计任务有关的零部件显示，然后保存设计表达视图。
- 增强的性能：在大装配中保存和控制零部件的可见性，使其仅显示必须使用的零部件。
- 团队设计的途径：在 Autodesk Inventor 中，若干名工程师可以同时在同一装配环境中工作，设计师们可以使用设计表达视图来保存或恢复用于完成自己设计任务所需的显示状况。每个设计师也可以访问其他设计师在装配环境中创建的公用设计表达视图。
- 表达视图的基础：如果在设计表达视图中保存有零部件的可视属性，那么在表达视图中很容易复制这些设置。
- 工程图的基础：可以保留和取消装配的显示属性，以用于创建工程图。

3．设计表达视图的类型

在 Inventor 中可以创建两种类型的设计表达视图。

- 公用的设计表达视图：设计表达视图的信息存储在装配（*.iam）文件中。
- 专用的设计表达视图：设计表达视图的信息存储在单独的（*.idv）文件中。在默认情况下，所有的设计表达视图都存储为公用的。早期版本的 Inventor 是将所有的设计表达视图存储在单独的（*.idv）文件中。当打开用早期版本的 Inventor 创建的装配文件时，存储设计表达视图的（*.idv）文件同时被输入，并保存为公共的设计表达视图。

在设计表达视图对话框中，可以新建、删除设计表达视图，以及给设计表达视图添加属性。

4．存储位置

- 公用：所有设计表达视图都存储在装配文件中。

- 专用文件：设计表达视图存储在单独的设计视图文件中。

5. 设计表达视图

在列表中恶意激活或删除选中的设计表达视图。

- 命令区：可以输入设计表达视图名称。
- 删除：删除所选的设计表达视图。
- 激活：激活所选的设计表达视图。
- 新建：在命令区输入名称后，即可使用此命令建立新的设计表达视图。

6. 系统定义的设计表达视图

下面的设计表达视图是自动地在每个装配文件中创建的。

在每个先新装配中都会自动创建一个空的设计表达视图，当激活这个设计表达视图时，所有零件都为可见，在该装配层次上赋予的任何颜色都被删除。

9.2.2　设计表达视图中存储的信息

下面是设计表达视图存储的信息：

- 当前观察角度。
- 缩放范围。
- 零件的状态。
- 零件的可见性。
- 装配中零件的颜色应用。
- 草图和工作特征的可见性。
- 在浏览器中展开或收拢显示零件。

9.2.3　设计表达视图的命令

单击鼠标右键，打开设计表达视图的快捷菜单，如图 9-15 所示。

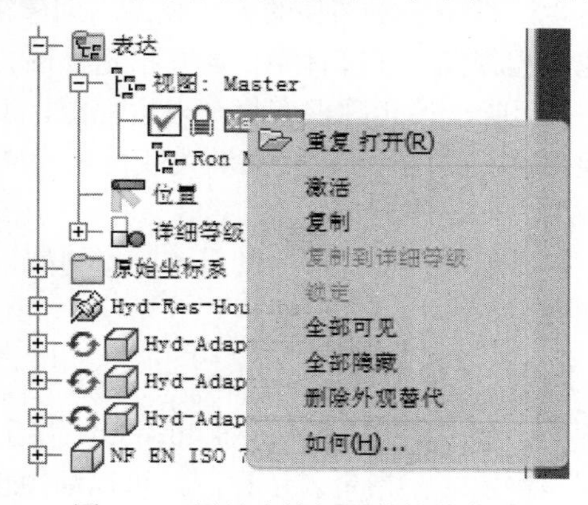

图 9-15　设计表达视图的快捷菜单

- 激活：激活所选的设计表达视图，也可以用双击的方式激活所选设计表达视图。
- 锁定：锁定所选的设计表达视图。

- 复制：复制所选的设计表达视图。
- 全部可见：显示所有的零部件。
- 全部隐藏：隐藏所有的零部件。
- 删除外观替代：删除任何在装配层次赋予的颜色，恢复零部件的默认颜色。

装配视图变化是动态地存储到设计表达视图中，所以在选择好了视图方向、缩放范围和颜色配置后就要锁定设计表达视图。除非将设计表达视图锁定，当前的视图状态总是不断地被保存在激活设计表达视图中。

9.2.4 表达视图的应用与好处

1. 如何使用表达视图

使用表达视图控制设计过程中部件的显示状态：

- 根据需要打开和关闭零部件可见性来简化当前任务。
- 为零部件指定唯一的颜色。例如，零部件可以在一个视图中为不透明的灰色，在另一个视图中为透明的蓝色。
- 创建包含适当零部件可见性、相机观察角度和缩放区的显示配置以备调用。
- 由“对象可见性”命令控制草图的可见性（表达视图不会捕获在浏览器中控制的草图的可见性状态）。
- 控制定位特征可见性。
- 保存进行中的部件设计视图以保留工作意图。
- 创建有助于归档部件的视图。例如，封面关闭以在内部查看零部件的视图。
- 创建唯一视图以在工程图中过滤明细栏。例如，归档部件步骤。
- 通过关闭所有不必要的零部件来简化创建位置表达的任务。
- 通过关闭不显示的零部件来提高工程视图创建速度。例如，内部零部件。
- 先为创建详细等级表达准备部件，再使用“复制到详细等级”命令。
- 通过创建仅包括衍生过程所需零部件的表达视图为创建衍生部件准备部件。

使用表达视图可以创建工程视图。在部件中，通过指定视图方向、可见性、颜色和其他零部件属性来设置表达视图。用唯一的名称保存每个表达视图，并指定创建工程视图时要使用的表达视图。锁定表达视图并启用至工程视图的关联性来控制部件中的新零部件实例，也会显示在工程视图中的时间。

使用简化的表达视图，仅显示重叠视图所需的零部件。例如，重叠部分显示在各自的顶部，以在不同位置显示零部件。

2. 表达视图如何改进工程视图的创建

当创建部件或零件文件的工程视图时，Autodesk Inventor 将生成一个预览视图来帮助用户进行视图放置。通过在创建预览之前指定表达视图，可以缩短创建工程视图所需的时间。表达视图可能会关闭某些零部件的可见性，这样，就比在所有零部件都可见的情况下所需的内存要少。

充分利用其性能优势和内存节约特性的步骤：

（1）关闭要创建工程视图的部件文件，这样该文件中的图形就不会被加载到内存中。

（2）在工程图文件中，单击要创建的视图。在“工程视图”对话框中选择仅显示需要查看的零部件的表达视图。

（3）表达视图中不可见的零部件不会加载到内存中。

注意

使用“复制到详细等级”将表达视图复制到 LOD 表达，以最大限度地节省内存。

3．表达视图对设计小组有何帮助

在小组设计方式中，各个设计师设计的都是部件设计中相互依存的部分内容。每个设计师都专注于特定的零部件组。共享部件的功能允许设计师在关注零部件的子部件时可以查看顶级部件的常用内容。在部件中工作的每个人员都可以：

- 在设计过程中保存和命名符合特定需要的视图表达。
- 创建唯一的视图，可以在打开部件时通过名称进行调用。视图的显示特征与上次在部件中工作时的特征相同，即使其他设计师正在此文件中工作。
- 隐藏或忽略任意零部件的颜色。这些显示特征存储在表达视图中，允许各个设计师进行控制，而与部件或其零部件上的其他工作无关。

4．为什么要使用全部不可见表达视图来打开大型部件

使用 Autodesk Inventor 的表达视图，可以打开和关闭零部件的可见性，这样在处理大型部件时就会更加轻松。通过关闭不是立即需要的零部件的可见性，可以专注于需要处理的零部件，使其显示更加清晰，用户也更容易选择零部件。

在打开大型零部件时，关闭所有零部件，仅手动打开要显示的零部件会很有用。系统运行时就好像该部件只包含选中显示的这一小部分零部件，因此在更改部件时，系统可以显著提高响应速度。

当使用→“打开”（或从快速访问工具栏中单击“打开”按钮）打开部件时，单击“选项”以指定标记为“全部不可见”的表达视图。系统在打开该部件时，将关闭所有零部件的可见性。部件浏览器显示了该部件的内容（对所有零部件图标都使用隐藏色），因此用户可以手动打开需要处理的零部件。在打开或放置大型部件时，“全部不可见”表达视图比显示所有零部件时占用的图形内存少。打开详细等级表达将最大限度地节省系统内存。

注意

若要一次性重新显示所有零部件，应关闭部件，然后选择→“打开”命令，指定“全部可见”表达视图。

5．为什么要导入现有的表达视图

将一个部件装入到另一个部件中作为子部件时，在该部件的装配过程中创建的表达视图非常有用。通过导入表达视图，可以在任何顶级部件的环境中应用以前创建的这些视图。

如果使用以前创建的表达视图装入子部件，就可以充分利用图形内存。当在顶级部件中

装入子部件时，其可见性和启用状态是有效的。仅将需要的信息加载到图形内存中。

> 注意
> 使用“复制到详细等级”将表达视图复制到 LOD 表达，以捕获零部件的可见性状态并抑制不可见的零部件。被抑制的零部件不会被加载到内存中。在上层部件中放置部件时使用 LOD 表达或替换 LOD 表达以最大限度地节省内存。

6．表达视图如何与部件的其他自定义视图配合使用

有多种方法可以合并部件的自定义视图，来展现用户的设计意图。

- 隔离零部件：与位置表达配合使用，表达视图可以在部件中分隔出感兴趣的区域。例如，若要检查几个子部件的运动，请仅选择这几个零部件，单击鼠标右键，在弹出的快捷菜单中选择“隔离”命令，以关闭其他所有零部件的可见性。创建表达视图，可以将此视图保存下来，以便快速检索。隔离了某些零部件之后，可以单击鼠标右键，在弹出的快捷菜单中选择“撤销隔离”命令，以便将可见性恢复到隔离之前的状态。
- 复制表达视图：用户可能希望有几个相似版本的表达视图。例如，需要体验零部件的几种柔性状态，分别在不同的位置显示一个子部件。可以复制表达视图，然后根据需要修改每一个视图。在创建工程视图时，可以选择每个修改过的表达视图，以显示每种柔性状态下的工程视图。用户还可以通过在视图上单击鼠标右键，在弹出的快捷菜单中选择“复制到详细等级”命令，将视图表达复制到详细等级。
- 锁定修改：可以锁定表达视图以防止修改（例如，添加零部件）对视图造成影响。如果对子部件使用导入的表达视图来避免将不需要的小零部件加载到内存中，则可能需要编辑每个子部件，以便锁定适用的表达视图。在激活的部件文件中，在浏览器中的视图名称上单击鼠标右键，然后在弹出的快捷菜单中选择“锁定”命令。锁定符号将显示在锁定的视图旁边。
- 恢复默认颜色：用户可能需要为某些零部件设置特定的颜色，以便与保存的零部件颜色相区别。要将零部件颜色恢复为原始样式，可单击鼠标右键，在弹出的快捷菜单中选择“删除颜色替代”命令。

9.3 视图表达中的动作处理

9.3.1 体验零件装配动作定义

1．定义单个零件的移动

（1）选定轴零件并单击鼠标右键，在弹出的快捷菜单中选择“调整零部件位置（T）”命令，弹出“调整零部件位置”对话框。默认的首先操作就是确定坐标系。要将光标放在这个零件与移动方向正交或平行的典型结构的表面上（如端面），Inventor 将会感应到相关特征的数据，将坐标系安放到合适的位置上，如图 9-16 所示。

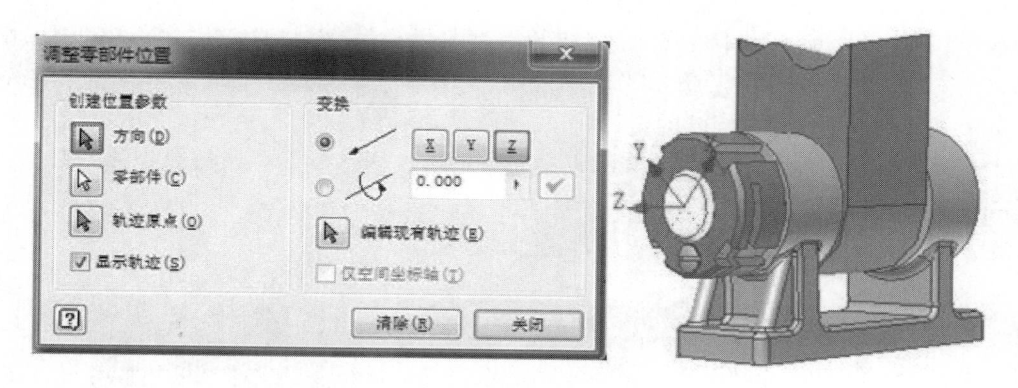

图 9-16　确定移动坐标系

（2）在“变换”选项组中选择“移动”单选按钮，设置 *Z* 轴反方向移动 100mm，并单击“应用”（绿对号）按钮，如图 9-17 所示。

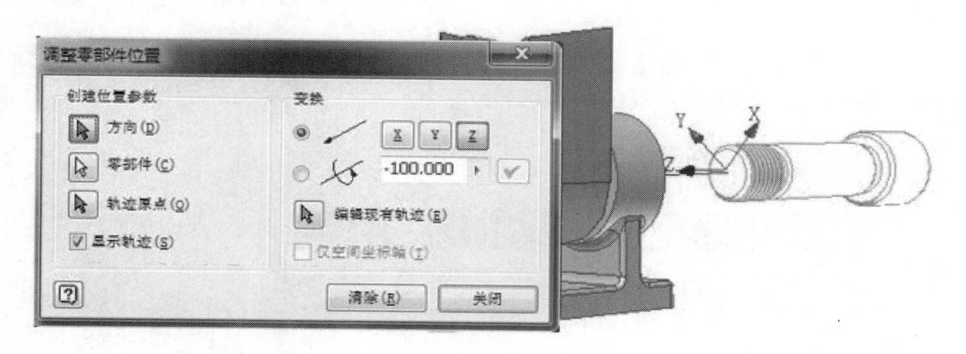

图 9-17　移动设置

（3）单击“关闭”按钮，在工具面板中选择“动画（A）”功能，接着通过如图 9-18 所示设置播放动画（操作与系统媒体播放器相同），可以看见移动的动画效果。

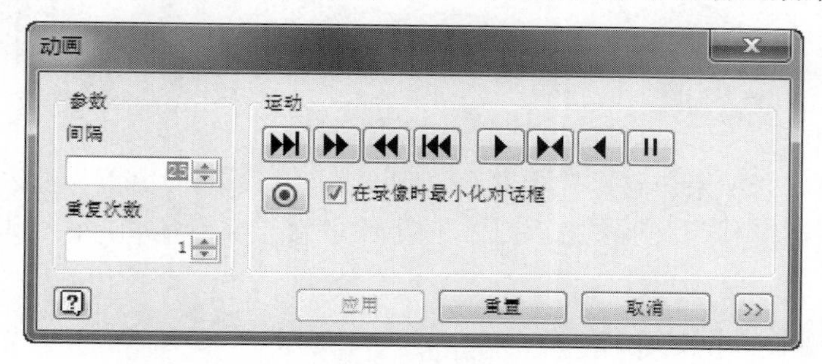

图 9-18　动画播放界面

2．定义单个零件的转动

（1）选定螺母零件并单击鼠标右键，在弹出的快捷菜单中选择“调整零部件位置（T）”命令，要将光标放在这个零件与转动轴同轴的圆柱、圆锥结构表面上，Inventor 将会感应到相关特征的数据，将坐标系安放到合适的位置上，如图 9-19 所示。

（2）在“变换”选项组中选择“转动”单选按钮，设置绕 Z 轴转动 720°（只是大略的示意，不必是真实的转动圈数），并单击“应用”（绿对号）按钮（见图 9-20）。

设置转动的，要注意坐标轴的定位。

对于这个螺母零件，因为其外表面不是完整的圆柱面，要注意在放置坐标系时，等着 Inventor 感应到了圆柱面之后，再按下拾取键。

如果轴的位置不正确，转动的结果就错了。

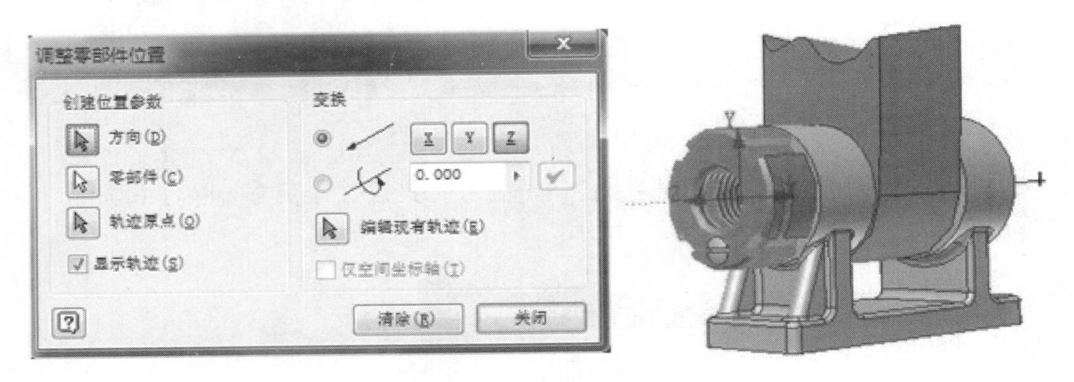

图 9-19　确定转动坐标系

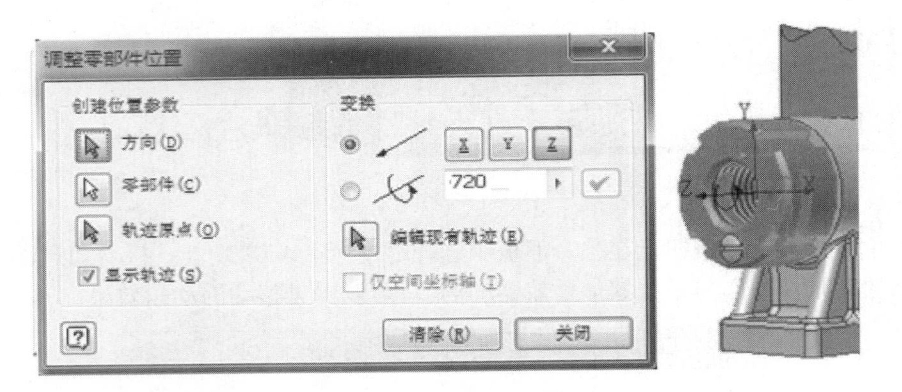

图 9-20　转动设置

换一种操作方法，如果位移不需要精确，则在“调整零部件位置”对话框中选择“移动”操作之后，将鼠标指针移到 Z 轴的箭头上，按下拾取键，向左拖动，在合适的位置上放开拾取键。

3．定义多个零件共同的动作

多个零件一起做同一个动作，这是常有的需求。其实，只是动作设置对象的选择问题。按住“Ctrl”键，在浏览器中选定两个螺钉零件，单击鼠标右键，在弹出的快捷菜单中选择“调整零部件位置（K）”命令，如图 9-21 所示。

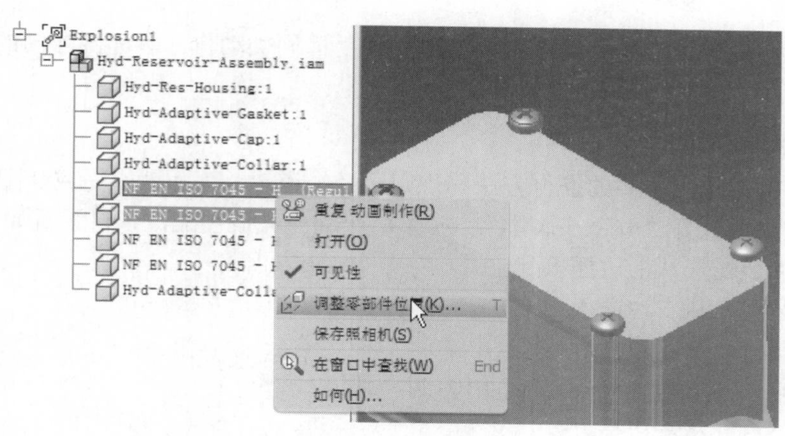

图 9-21　两个零件移动

4. 定义一个零件一次完成的几个动作

一个零件一次完成几个动作，也是常见需求。例如，螺母旋入，就是转动和移动同时完成。先将动作分别设置好，选定螺母零件，移动 15mm 和转动 3600°，因为螺距是 1.5mm，完成两个动作。在浏览器中单击“过滤器”按钮，在弹出的菜单中选择“顺序视图(S)”命令（见图 9-22），浏览器会改成动作的顺序显示模式，展开各项，结果如图 9-23 所示。

图 9-22　选择“顺序视图”命令

选定移动动作，按住拾取键，拖放到“顺序 2”中（到图 9-24 指示的光标指点处）。这样，两个动作就合成一个了。

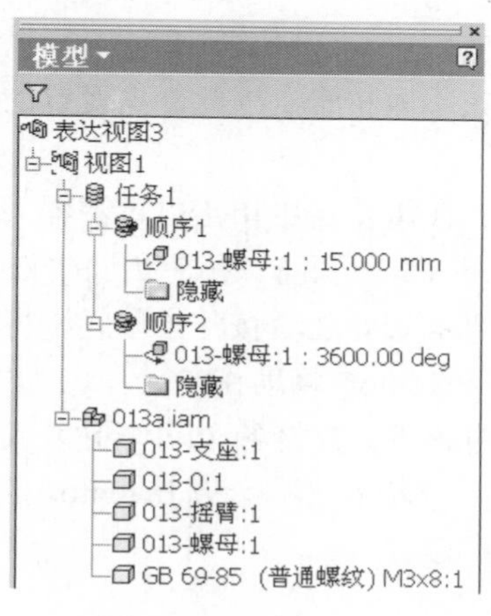

图 9-23　展开各项

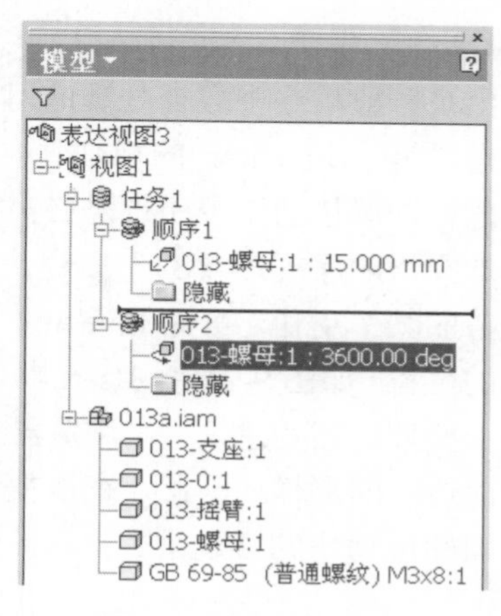

图 9-24　拖放到一起

这种动作合成，应当是处理不同类型的动作；而同类动作（例如同方向的两次移动），Inventor 会自动将它们合成为一个动作。

5. 完成装配动作

经过前边的讨论，主要的操作方法和规则已经知道了，下面就来完成装配动作。

（1）首先要设计好“分镜头脚本”。应有 6 个动作完成装配，各自设置如下：

① 摇臂的装配（从上边插入到位）。

② 轴的装配（从右边插入到位）。

③ 螺母移近（从左边移近）。

④ 螺母旋入（移动 15mm，转动 10 圈，到位）。

⑤ 螺钉移近（从左边移近）。

⑥ 螺钉旋入（移动 18mm，转动 10 圈，到位）

（2）动作②：按下“T”键，选定轴，沿着轴线向右拖动，合适的时候单击界面中的绿对号。将这个“顺序”更名为“装入轴”。

（3）动作①：按下“T”键，选定摇臂，沿着竖直方向向上拖动，合适的时候单击界面中的绿对号。将这个“顺序”更名为“装入摇臂”。

（4）动作④：按下“T”键，选定螺母，注意坐标系要放在螺母轴线上；沿轴线方向向左拖动，输入距离 15；将这个“顺序”更名为“装入螺母”；再设置沿轴线的转动 3600°；单击界面中的绿对号；之后将这个动作合并到“装入螺母”中。

（5）动作⑥：按下“T”键，选定螺钉，注意坐标系要放在轴线上；沿轴线方向向左拖动，输入距离 18；将这个“顺序”更名为“装入螺钉”；再设置沿轴线的转动 1024°（示意转动）；单击界面中的绿对号；之后将这个动作合并到“装入螺钉”中。

（6）动作③：按下“T”键，选定螺母，沿着轴线向左拖动，合适的时候单击界面中的绿对号。将这个“顺序”更名为“移近螺母”。

（7）动作⑤：按下“T”键，选定螺钉，沿着轴线向左拖动，合适的时候单击界面中的绿对号。将这个“顺序”更名为“移近螺钉”。

6. 调整动作的顺序

先进后出是一般程序中数据处理的习惯，与常识不太符合。因此，先设置的动作，将在后面做，这也成为了 Inventor 的规则。

但不管怎样，调整动作顺序也是必需的功能。先在浏览器中单击“过滤器”按钮，在弹出的菜单中选择“顺序视图（S）”命令，展开“任务 1”，可见，先进后出的规则。

选定任务的某个动作，可见 Inventor 将相关零件亮显，之后按住拾取键，将这个动作拖放到要到达的位置，如图 9-25 所示。在默认状态下，Inventor 将动作自动命名为“顺序 xxx”。为了将来便于管理，笔者建议，在浏览器这种显示内容下，要将各个动作更名成容易理解的名称，就像前边做的那样，因此，在改变动作顺序后，名字就不会被 Inventor 自动更改，我们也能清晰地知道动作的含义了。

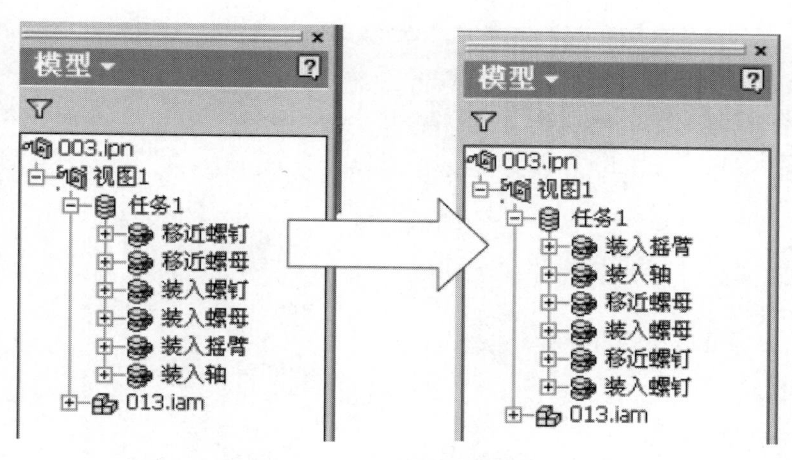

图 9-25　动作顺序调整前后

7．动画录制

在表达视图工具面板中单击“动画制作”按钮，将弹出“动画”对话框。在其中单击“录像”按钮，并在弹出的“另存为”对话框中输入结果文件名称和位置，如图 9-26 所示。

图 9-26　输出动画文件

之后单击“保存”按钮，会弹出“ASF 导出特性”对话框，如图 9-27 所示。根据情况选择配置，可以是默认的，也可以是自定义的。在“配置”下拉列表框中选择自定义配置。

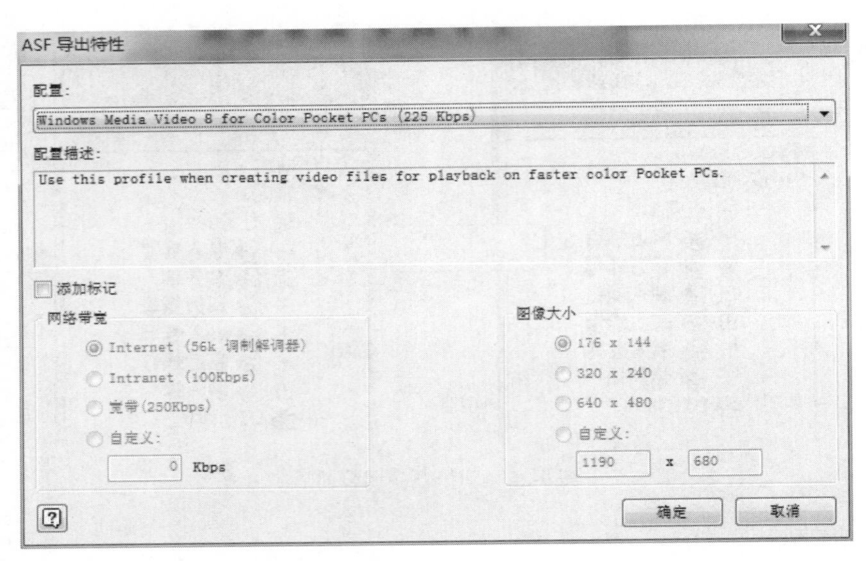

图 9-27　格式选择

9.3.2　动作定义详细设置

1．动作参数调整

在上边的动画中，螺钉似乎是反转（因为参数设置不合适，转动方向反了）的。

打开一个零件，在浏览器中单击这个动作，在 Inventor 窗口左下角显示的数值框中加上负号，如图 9-28 所示。

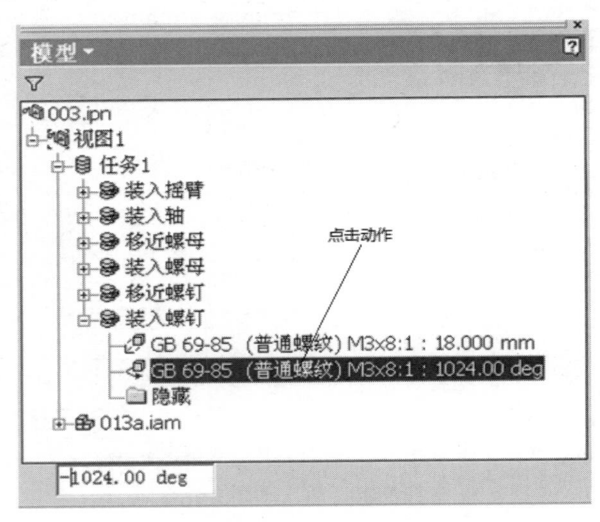

图 9-28　参数调整

2．动作“速度”调整

根据 Inventor 的规则，一个动作的视觉速度有移动长度或转动角度，以及播放这个动作有多少个片段这两个参数控制。在动作路径参数确定的前提下，播放片段多，则动作视觉速度慢。

调整螺钉旋入转动的速度。可以在浏览器中选定这个动作，然后单击鼠标右键，在弹出的快捷菜单中选择“编辑”命令，弹出如图 9-29 所示的“编辑任务及顺序”对话框。在其中把“间隔”参数设置成 100，之后单击“顺序”选项组中的“播放”按钮，可以发现视觉速度已经变慢了。

出于原文表达的原因，这个“间隔”并不是准确的说法，简单地说，就是“步数”，也就是用多少步“走”完这段路。

这种调整参数，在“动画”对话框中也有一个，但是“编辑任务及顺序”对话框中的这个参数具有最高的“权”。也就是说，如果在“编辑任务及顺序”对话框中设置了与“动画”对话框中不同的“间隔”参数，“动画”对话框中的设置将被忽略。

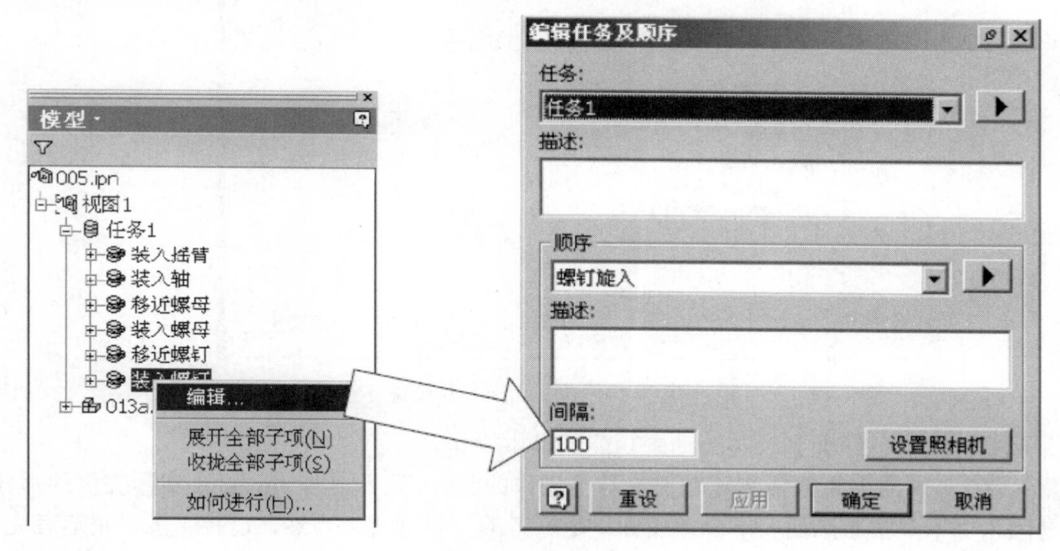

图 9-29　编辑动作

3．动作“镜头”的调整

在 IPN 文件的参数设置中，每个动作都可以有自己独特的查看角度和显示大小。可以设置和记忆这种镜头切换，方法很简单：先设置成需要的样子，之后选定这个动作，并单击鼠标右键，在弹出的快捷菜单中选择“编辑”命令，之后在“编辑任务及顺序”对话框中选择“设置照相机”→“应用”命令。

注意

镜头切换的中间过程的长短是 Inventor“应用程序选项”对话框的“显示”选项卡中的“视图转换时间(秒)”参数所控制的，如图 9-30 所示。如果这个参数设置成“0”，则不执行镜头切换的设置。

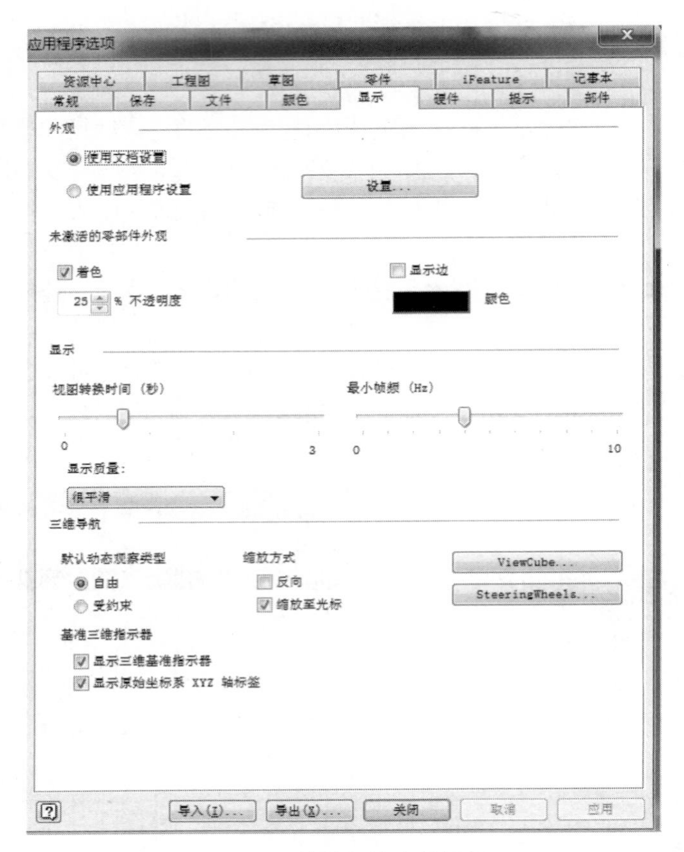

图 9-30　镜头切换参数设置

至此，我们已经看到了装配动画功能的基本操作。

这里，笔者完全是依托浏览器作为各个操作的起点，而不是像 Inventor 实际提供的那样。这是因为“不多学新东西、不少做设计”是笔者的一贯观点。当然，这种主意，是笔者完全了解了 Inventor 相关功能之后整理的，认为可以使读者走一条捷径。

Inventor 的表达视图是专门为装配分解示意而设计的，并不是通常概念上的动画，其功能与 Autodesk 中的 3ds Max 相比，相差甚远。但笔者认为，作为装配分解示意，这已经够了。

如果想进一步扩展使用，完成装配功能中动作模拟所不能做的效果，也还是有可能的。

- 滑块变速移动的效果。
- 丝杠运动的效果。

第 10 章　工程图处理技术

本章学习目标

- 掌握图纸和尺寸样式标准的设定方式。
- 掌握应用工程图工具，创建基础和投影视图。
- 掌握编辑视图及特性、删除视图的方法。
- 了解如何在视图中应用自动中心线。
- 熟悉创建孔和螺纹孔标注的方法。
- 了解如何在工程图环境中使用装配浏览器。
- 掌握如何创建斜视图和剖面视图。
- 掌握如何创建局部和断开视图。
- 掌握如何创建局部剖视图。
- 掌握编辑视图及特性、删除视图的方法；可以更改现有工程视图的方向。
- 掌握工程视图的基本标注方法。
- 了解应用工程图资源的使用方法。
- 了解样条曲线的标注方法。
- 熟悉排列尺寸的方法。
- 了解使用双重尺寸的方法。
- 掌握创建多个视图。
- 熟悉剖切视图中的剖面线。
- 了解剖面线的增强功能。
- 掌握工程图草图中的剖面线填充。
- 掌握旋转剖视图及旋转视图的增强功能。

工程图是将设计者的设计意图及设计结果细化的图纸，是设计者与具体生产制造者交流的载体，当然也是产品检验及审核的依据。绘制工程图是机械设计的最后一步，在当前的机械设计及制造水平下，也是相当重要的一步，绘制工程图是必须完成的。

虽然 Inventor 已经提供了丰富的工程图处理功能，但是用户还不能很完美地绘制完全符合规定的工程图，这是为什么呢？原因如下：

- 用户对 Inventor 绘图工程图相关功能的规则不了解。不是每个现实需求 Inventor 都有独立的功能直接完成，很多都需要多个功能组合来完成，由于对规则的不理解，导致在功能组合应用时不是很顺畅。本书就是为用户详解 Inventor 相关功能的规则，让用户能够掌握 Inventor 现有功能的规则，并利用它们来完成自己所需工程图的绘制。

- 工程图中有大量的人为规定，如简化画法、筋不剖、过渡线的规定等，这些规则不要说不同国家的设计标准，就是在我国，不同行业，甚至同行业的不同设计部门，也有区别。这种纷繁复杂的、习惯不一致的、与三维模型的真实投影结果不完全相同的机械工程图的规则是人为规定的，要想利用一个软件的自身功能完全自动化地解决，实在是一件相当困难的事情。

10.1 工程图创建环境

在主菜单中选择“新建（Ctrl+N）”命令，弹出“新建文件”对话框，在对话框中选定.idw扩展名的模板，单击“确定”按钮，这样就创建了一个工程图文件，进入了工程图的创建环境。

工程图创建环境主要由以下 6 部分构成，如图 10-1 所示。

- 快速访问工具栏：主要包括新建、打开、存储、撤销、重做、打印、搜索、帮助等功能按钮，这是在 Inventor 的每个模块下都具有的功能。
- 选项卡：有 7 个功能按钮，它们分别为放置视图、标注、工具、管理、视图、环境和快速入门。它们是 7 个工具菜单名，Inventor 根据功能不同，把工程图处理技术的所有功能分成 7 种，分别归类到这 7 个工具菜单中，当单击每个按钮时，就会切换到该菜单下的工程图处理工具。
- 组：工程图处理常用的一些工具，它会随着工具菜单中选项的变化而提供给用户不同的处理工具，在选项卡中，Inventor 又将功能分成不同的组，例如，“创建”、“修改”、“草图”、“图纸”等，以方便用户使用。

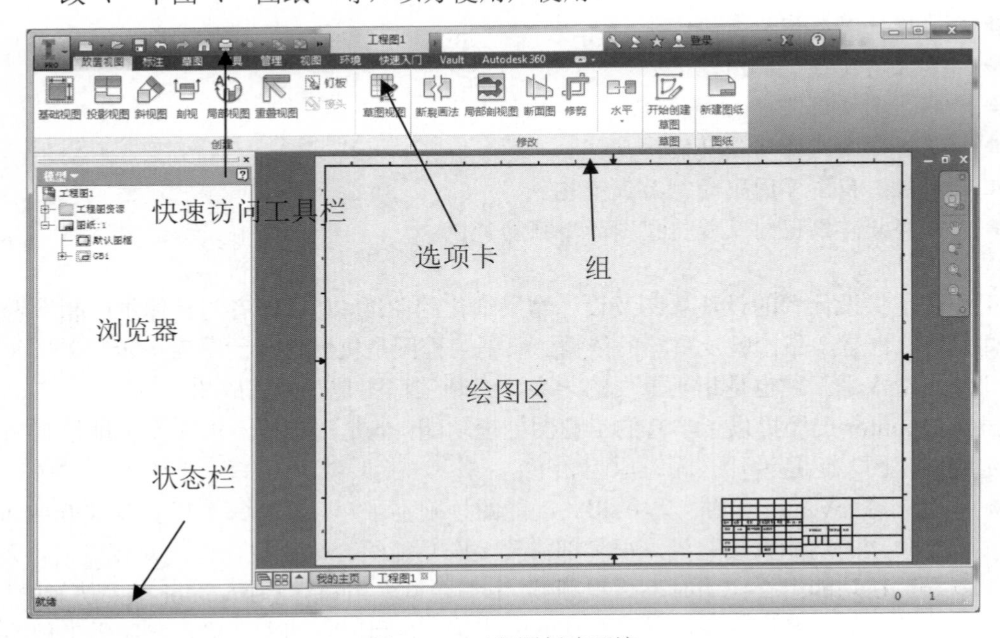

图 10-1　工程图创建环境

- 绘图区：工程图图形的编辑绘制区域，在这个区域中可以创建工程图中的各种视图及文字描述，同时也可以选择各种工程图要素进行编辑和修改。
- 浏览器：工程图的各种属性，以树形结构显示该工程图的构成。当需要对图纸中的某要素进行编辑时，如果在图形区中选择该对象不方便捕捉，则也可以在浏览器下找到该要素的节点进行选择。
- 状态栏：告诉用户当前的工作状态，并为下一步操作提供建议。

除以上功能设置外，在图形区单击鼠标右键，在弹出的快捷菜单中也提供了工程图的处理功能。快捷菜单主要有以下功能命令，如图 10-2 所示。

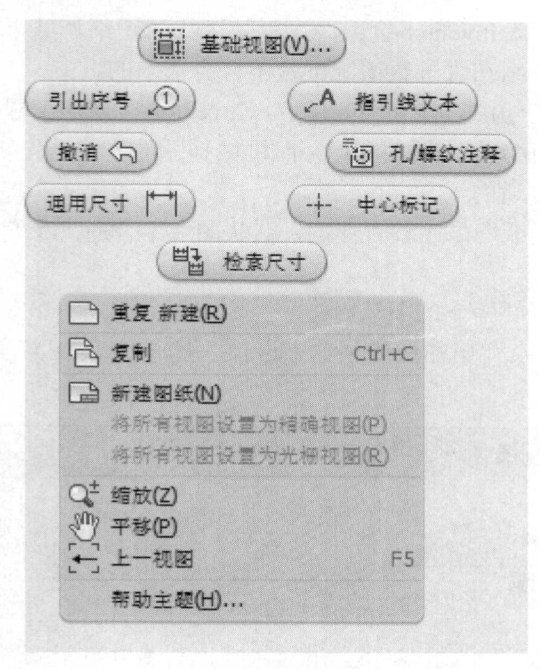

图 10-2　快捷菜单

- 重复上次操作：重复执行上次操作的功能。
- 复制：复制所选择的对象。
- 新建图纸：为了方便打印，在一个 Inventor 工程图文件中，可以包含多张图纸，利用该功能就可以在工程图文件中创建更多的图纸。
- 基础视图：创建基础视图功能。
- 缩放：缩小或放大绘图区图纸显示大小。
- 平移：移动图纸位置。
- 上一视图：当缩放或平移了绘图区图纸，选择此命令可以恢复到缩放或平移前的状态。
- 帮助主题：选择此命令，打开工程师帮助手册。

10.2 工程图资源的定制

Inventor 是一款国际化的三维设计软件，其中有些规则及默认设置不能很好地满足我们设计的需求，为了用它来绘制出符合需求的工程图，必须掌握如何定制我们自己的工程图资源。

10.2.1 图纸的选择

在开始创建工程图时，Inventor 会给一个默认大小的图纸。结果在后面绘图的过程中我们会发现，默认大小的图纸在大多数情况下是不符合需求的。

这是 Inventor 和我们绘图习惯不同的地方，Inventor 中创建工程图的规则是“先有纸的大小”，根据纸的大小来确定“图的大小”。而机械制图的习惯是先知道“图的大小”，然后根据图的大小再去选择合适的纸。

在 Inventor 中选择图纸还是比较方便的，默认图纸不合适，我们可以很容易换掉，其操作流程如下：

（1）在浏览器中选择要操作的图纸。

（2）单击鼠标右键，在弹出的快捷菜单中选择“编辑图纸（E）”命令，弹出“编辑图纸”对话框，如图 10-3 所示。

图 10-3 “编辑图纸”对话框

（3）在“大小”下拉列表框中选择合适的图纸大小。

（4）在“方向”选项组中设定图纸的方向。

（5）设置完成后，单击“确定”按钮结束。

10.2.2　定制标题栏数据来源

标题栏中的各个栏目数据来自哪里？

目前 Inventor 提供的工程图模板中零件图标题栏的数据来源是这个工程图自身的数据，而不是零件的原始数据。但是，工程图是设计模型的表达者，标题栏中的数据应该来源于零件模型。

因此，想正常使用 Inventor 的工程图，必须要重建标题栏，使它的数据处理符合设计需求。基本的想法是：标题栏中的、与被表达零件相关的数据，一定是自动取自零件本身，而不可以在工程图中另外建立或者修改。同时，在 Inventor 中，认为标题栏是工程图中一个独立的单元。这种数据处理方法是正确的，我们可以继续使用。我们需要定制的是标题栏中各个栏目数据的取值对象。

在设置之前，必须要确切地知道零件模型中会有哪些信息可用于工程图标题栏，并对两者之间的关系做确切对应。经过作者长期的使用和研究，得出如表 10-1 所示的对应规则。

表 10-1　零件模型与工程图标题栏的对应关系

零件特性			工程图可接受的零件特性	零件特性			工程图可接受的零件特性
选项卡名		特性名称		选项卡名		特性名称	
概要	1	标题	名称		18	预估成本	预估成本
	2	主题	主题		19	创建日期	创建日期
	3	作者	作者		20	供应商	供应商
	4	主管	主管		21	Web 链接	Web 链接
	5	单位	单位	物理特性	25	材料	材料
	6	种类	种类	状态	26	审核人	审核人
	7	关键词	关键词		27	审核日期	审核日期
	8	备注	备注		28	工程批准人	
	9	零件代号	零件代号		29	工程批准日期	
	10	库存编号	库存编号		30	状态	
	11	描述	描述		31	制造批准人	
	12	版本号	版本号		32	制造批准日期	
	13	项目	项目		34	设计状态	
	14	设计人	设计人		18	预估成本	
	15	工程师	工程师		10	创建日期	
	16	批准人	批准人		20	供应商	
	17	成本中心	成本中心		21	Web 链接	

根据表 10-1 中的对应关系，就可以定制标题栏数据。现以标题栏中“零件名称”的定义为例讲解定义的流程。

（1）新建一个工程图，在工程图的浏览器中展开“工程图资源”下的“标题栏”，有 GB1 和 GB2 两个标题栏，选定 GB1 标题栏更符合 GB 标准的要求。

（2）选定 GB1 标题栏后，单击鼠标右键，在弹出的快捷菜单中选择“编辑”命令。

（3）这时视图区域直接切换到标题栏的编辑状态。

（4）在视图区找到“<名称>”，然后选定它并单击鼠标右键，在弹出的快捷菜单中选择“编辑文本（E）”命令，弹出“文本格式”对话框。

（5）在对话框的文本框中删除原来的“<名称>”，在“类型”下拉列表框中选择“特性-模型”选项，然后在“特性”下拉列表中选定“名称”选项。

（6）单击“精度”右边的“添加文本参数”按钮。

（7）这时文本框中的“<名称>”就来源于零件模型了，单击“确定”按钮。

（8）其他项目也按照这样的流程定制，定制完成后单击功能区中的“完成草图”按钮。

（9）保存编辑。

（10）把这个工程图保存为模板。

这样以后用这个工程图模板创建工程图，标题栏的数据就直接来源于零件模型了。

10.2.3 定制图框

在开始创建工程图时，Inventor 会给我们一个默认的图纸，但是图纸的图框是不符合 GB 制图规则要求的，主要表现在两个方面：Inventor 默认图纸图框左边没有留 25mm 的装订边；图框左上角没有图号栏。因此，要绘制符合 GB 要求的工程图，必须要重新定制图框。

GB 标准图框定制流程如下：

（1）用 GB.idw 模板创建一个工程图，这样我们可以继承 GB 模板中其他做好的设置。

（2）在工程图的浏览器中删除“图纸：1”下面的“默认图框”。

（3）在工程图的浏览器中选择“工程图资源”→“图框”选项，单击鼠标右键，在弹出的快捷菜单中选择“定义新图框（D）”命令。

（4）这时 Inventor 将自动切换到草图模式，并会自动提供图纸边框的 4 个草图点，可以借此定义图框的位置。

（5）创建图框线，按照 GB 图框和图纸边的关系，在图框线和 4 个边框草图点之间创建驱动尺寸约束，如图 10-4 所示。

（6）在图框左上角创建定义图号栏，并在该栏目中定义接受模型的特性。

（7）定制完成后，单击“完成草图”按钮，给新定义的图框命名为“GB 标准图框”，单击“保存”按钮。

（8）在浏览器中的“图框”下，选定定义的新图框，单击鼠标右键，在弹出的快捷菜单中选择“插入”命令，这时看到图纸中的图框就是我们新定义的。

（9）把这个文件保存成模板。

定义图号栏内容：图框和图号栏图线绘制完成后，在功能区启动“文本”功能，在图号栏中添加文本，弹出“文本格式”对话框；在对话框中把字体设为“新宋体”，字号大小设为 5，旋转 180°，类型设置为“特性-模板”，特性设置为“零件代号”；单击“添加文本参数”按钮，如图 10-5 所示；单击“确定”按钮完成定义。

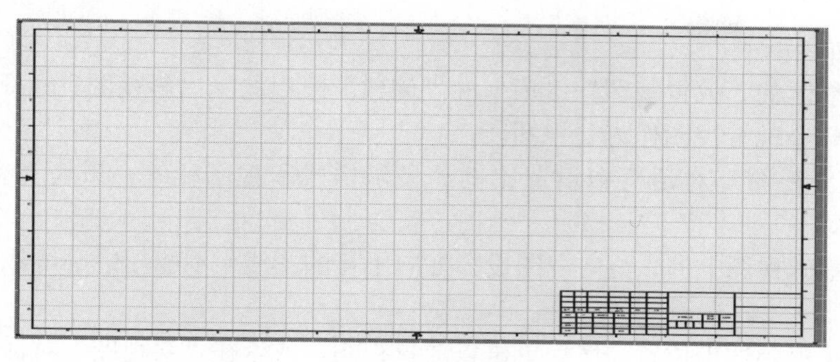

图 10-4　定制图框

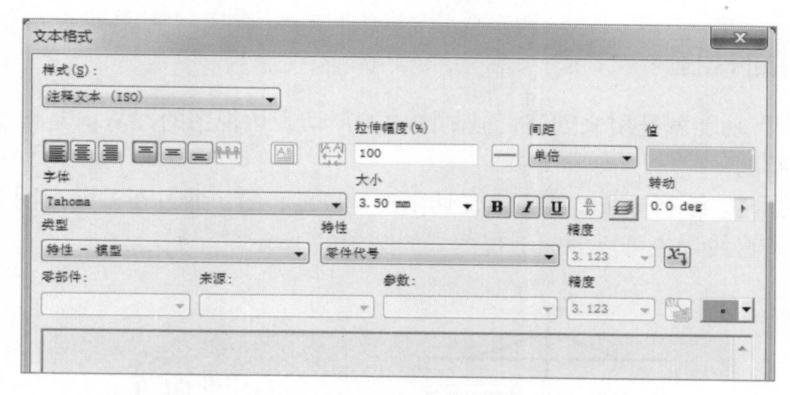

图 10-5　定义图号栏

10.3　斜视图和剖面视图

10.3.1　斜视图

"斜视图"功能是用来创建机械视图中的"向视图"的，但是其中有些处理规则是不符合 GB 机械制图标准的，需要用 Inventor 的相关功能进行修饰来满足需求，如图 10-6 所示。

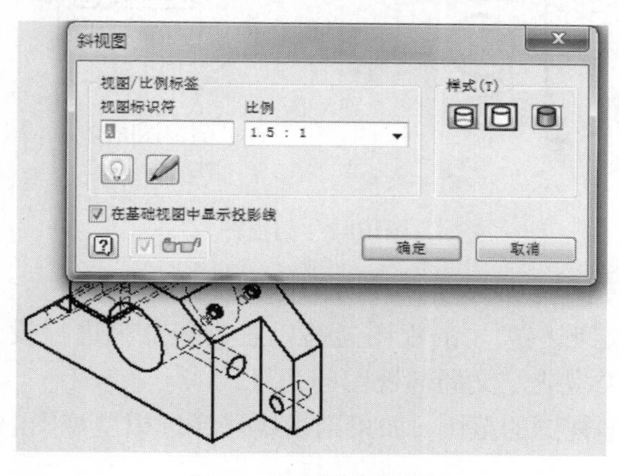

图 10-6　创建斜视图

操作流程如下：

（1）在功能区的“放置视图”选项卡的“创建”组中选择“斜视图”命令。

（2）选择一个现有视图作为父视图。

（3）在“斜视图”对话框中设置比例、显示样式和视图标签，或者接受当前设置，如图 10-6 所示。

（4）选定基础视图上的、与向视图投影方向平行的图线（不能用中心线或者草图线）做方向线。

（5）将预览移到适当位置，然后单击以放置视图，或者在“斜视图”对话框中单击“确定”按钮。只能以与选定边或直线垂直或平行的对齐方式放置视图。

10.3.2 剖面视图

“剖面视图”功能就是用来创建机械制图中的剖切表达视图的，基本上和 GB 机械制图规则要求是相符的。

创建剖视图时，绘制一条直线来定义切割剖视图的位置。通过在与父视图关联的工程图草图中指定一条直线，也可以创建剖视图，如图 10-7 所示。

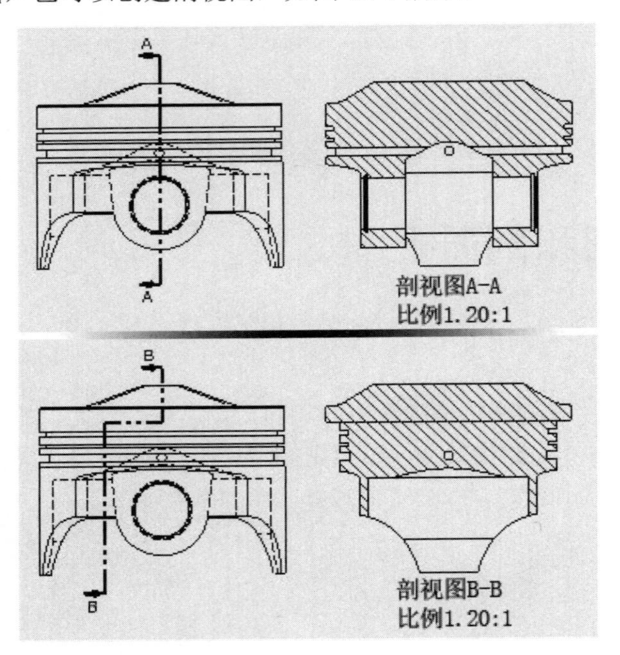

图 10-7 剖视图

在图 10-8 中，剖视图用于显示引出序号的零部件。

视图剖切线能够确定哪些类型的视图能够以它为起点来进行投影。根据创建直线的方式，可以定义剖视图的类型或定义局部视图的边界。

剖切线的长度定义剖视图的范围。如果剖切线只穿过模型视图的一部分，则创建局部剖视图。

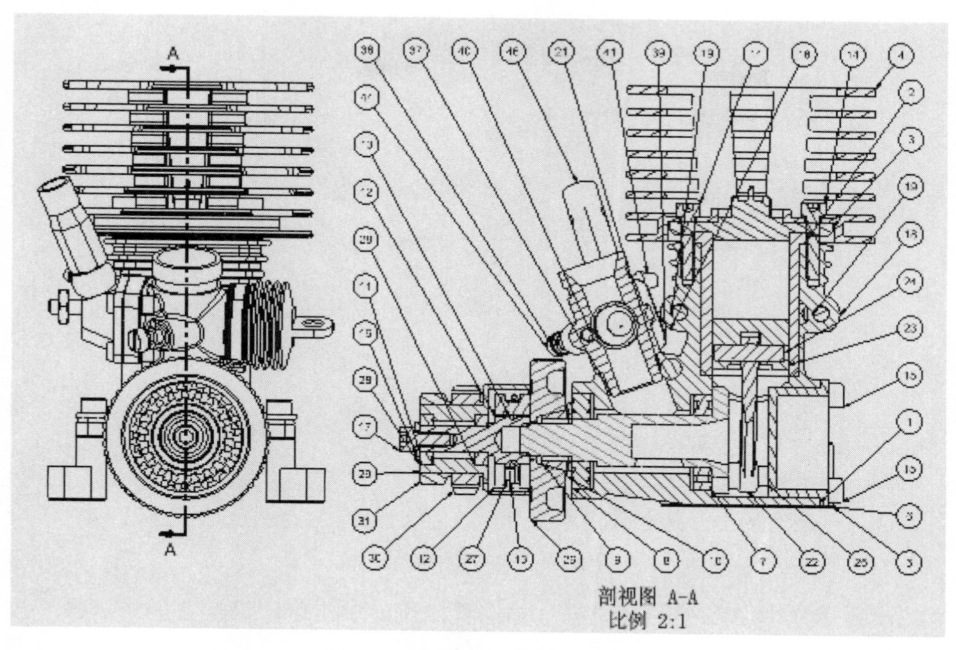

图 10-8　剖视图显示引出序号

如果视图剖切线绘制在父视图之外，则它定义的是用于投影斜视图的平面。

注意

- 在部件视图中，可以从剖切中排除零部件。在浏览器中要排除的零部件上单击鼠标右键，然后在弹出的快捷菜单中选择“无”命令。
- 创建子（从属）视图后，父视图的截面属性将复制到子视图中，但它们之间并不关联，即修改父视图的剖视图属性不会影响子视图的剖视图属性。用户可以修改设置，而不影响父视图属性。
- 剖视图和可见性设置都会被复制到投影视图。所有视图都为剖视图和可见性设置提供了独立的控制。对设置所做的更改仅影响对其内容设置进行更改的视图。
- 视图的剖视图和可见性设置会影响局部剖视图操作的结果。
- 基于表达的剖视图会显示轨迹。用户可以打开和关闭一个或所有轨迹的可见性。
- 如果使用类推约束或直接约束放置视图剖切线，必须先编辑草图删除约束，然后才能拖动被约束的点或线段。

剖面视图创建操作流程如下：

（1）在功能区的“放置视图”选项卡的“创建”组中选择“剖视”命令。

（2）选择现有视图作为父视图。

（3）单击以设置视图剖切线的起点，然后单击以确定剖切线的其余点视图。剖切线上点的个数和位置决定了剖视图的类型。

（4）单击鼠标右键，然后在弹出的快捷菜单中选择“继续”命令以完成视图剖切线，弹出“剖视图”对话框，如图 10-9 所示。

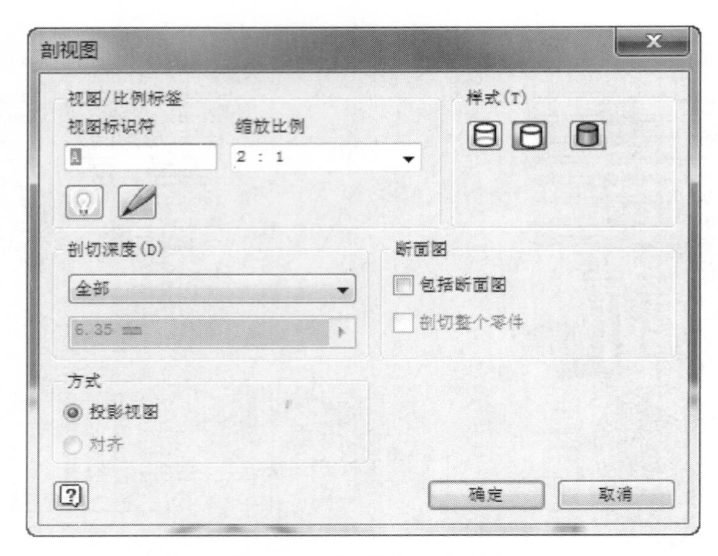

图 10-9 “剖视图”对话框

（5）在该对话框中编辑视图标识符号并选择比例。单击“切换标签的可见性”按钮，更改标签可见性。单击“编辑视图标签”按钮，然后在“文本格式”对话框中编辑视图标签。

（6）设定显示样式。

（7）设定视图的剖切深度。

（8）如果方便，可选择剖视图的投影或旋转方法。

（9）将预览移到适当位置，然后单击以放置视图。只能在视图剖切线指示的对齐位置内放置视图。

在开始创建剖切路径线的时候，可能不太精确，可以在剖视图创建完成后，调整剖切路径线。每一个剖视图都关联一个草图，并在浏览器中显示在这个剖视图的上边。编辑这个草图，必要时投影基础视图的相关图线，用几何约束和尺寸约束进一步确定剖切路径线的相关参数即可。

练习 10-1

剖视图

本练习中将创建一个剖视图。在创建完成后，关闭一些零件的剖面，然后移动剖切线，最后改变剖切面。

操作步骤如下：

（1）打开 Collar-Flange-Assembly.idw。

（2）在功能区的“放置视图”选项卡的“创建”组中选择“剖视”命令，然后选择左下图所示的视图。

（3）把指针移动到圆弧的中心但不要单击，当系统自动推断到中心时会出现一个绿点，不要选择此点，如右下图所示。

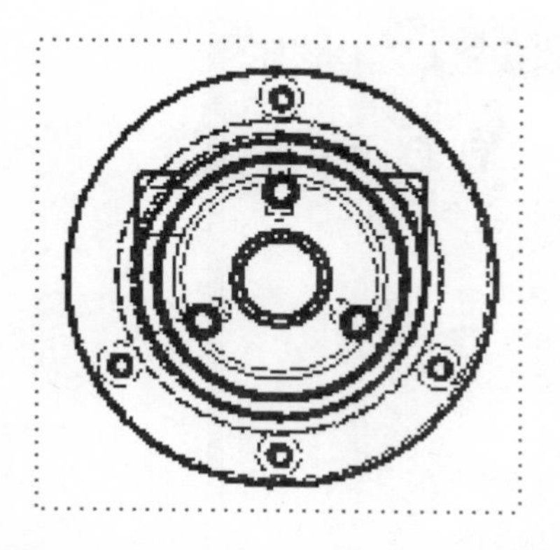
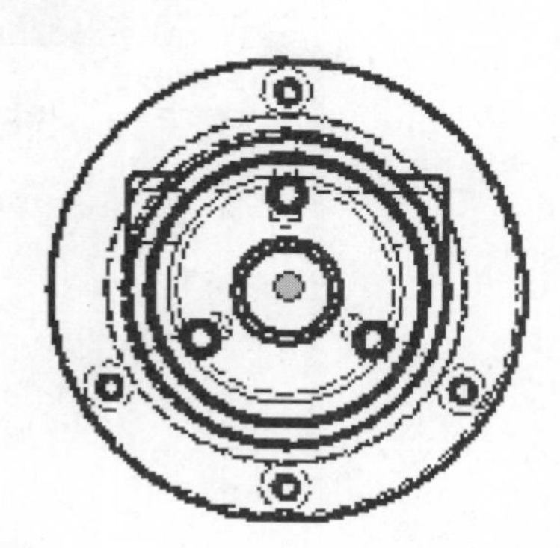

（4）随着这个高亮的点，把鼠标指针移动到视图的上方。可以看到只是点会自动投射。在点的旁边单击，将其作为截面线的起点，如左下图所示。

（5）把指针拖回视图的中心，然后当看到中心指示时单击鼠标左键，一条截面线就约束到了圆的中心，如右下图所示。

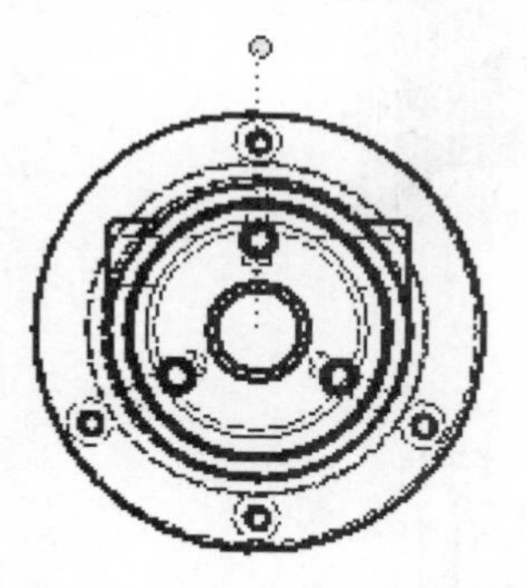
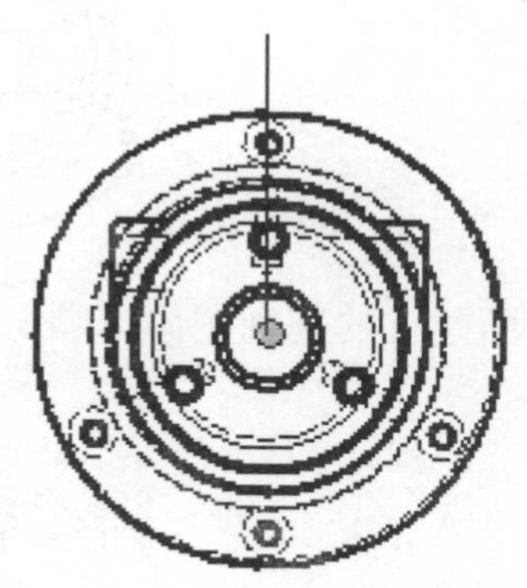

（6）把指针拖到部件的右边并且经过右边孔的中心，在中心点指示时单击，如下图所示。

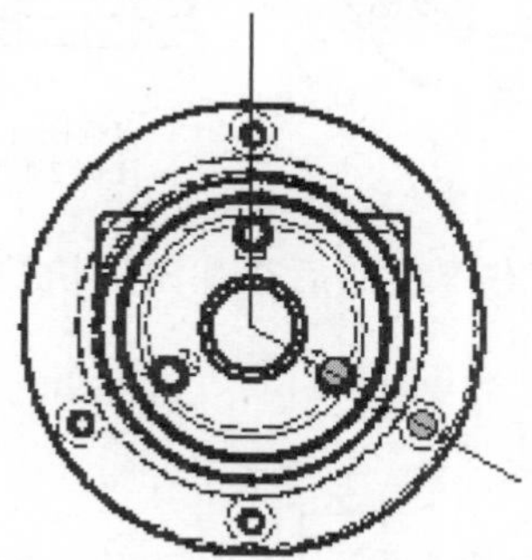

（7）在图形窗口中单击鼠标右键，然后在弹出的快捷菜单中选择“继续”命令。

（8）把视图拖到右边，在“剖视图”对话框的“视图标识符”文本框中输入“A”，然后把视图放置在如下图所示的位置。

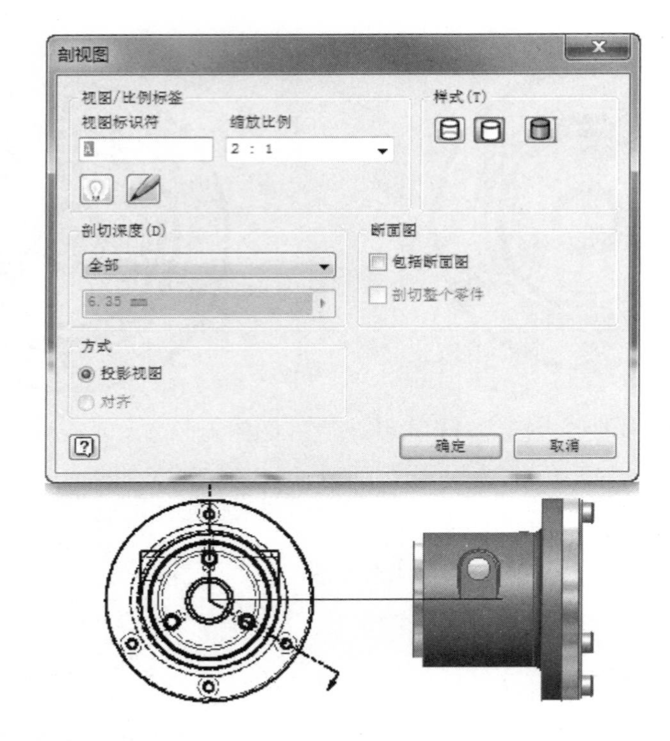

（9）所建立的剖视图如下图所示。

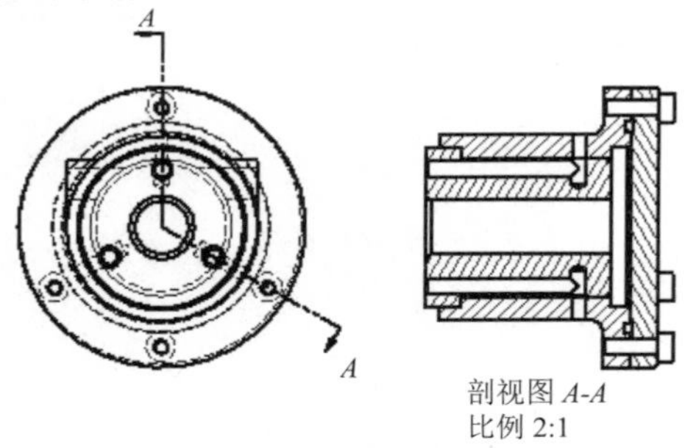

（10）在截面视图上单击鼠标右键，然后在弹出的快捷菜单中选择“编辑视图”命令，如下图所示。

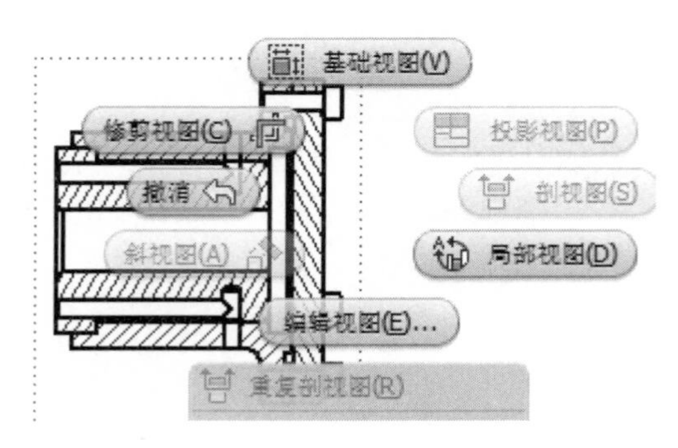

（11）选择显示方式为着色，然后单击“确定”按钮，如下图所示。

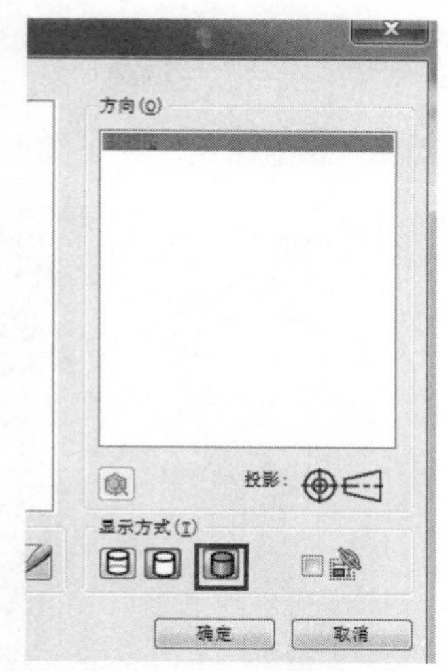

（12）在剖面符号上单击鼠标右键，然后在弹出的快捷菜单中选择“编辑剖面线样式”命令，如下图所示。

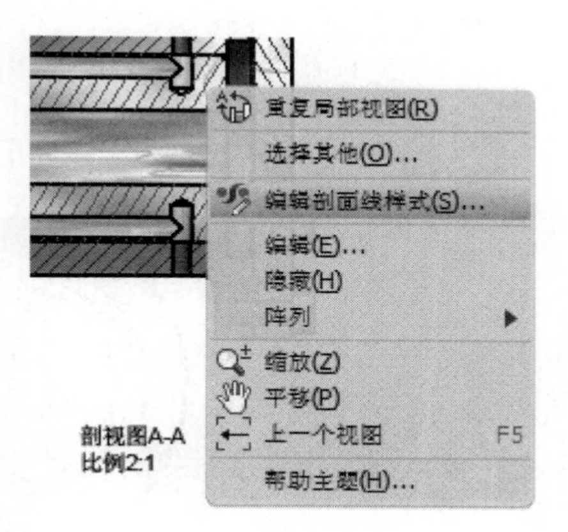

（13）在“编辑剖面线样式”对话框的“图案”下拉列表框中选择“ANSI 31”选项，在“角度”数值框中输入 45 并单击“确定”按钮，如下图所示。

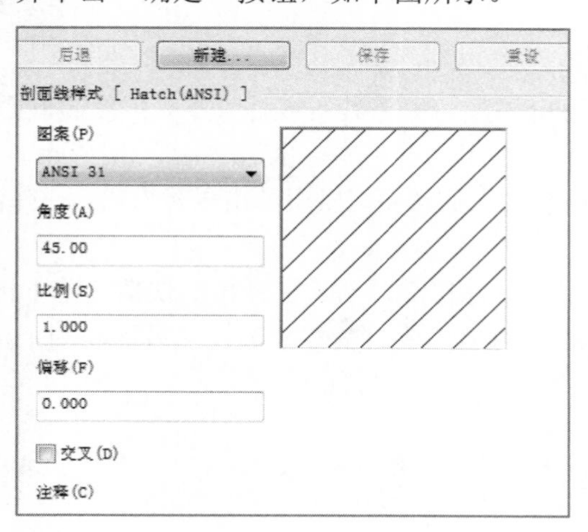

（14）在浏览器中展开剖视图，然后按住“Ctrl”键选择“Copper-Gasket:1.ipt”和“Collar-End-Cap.ipt”组件，在其中一个组件上单击鼠标右键，在弹出的快捷菜单中选择“剖视参与件”→“截面”命令，以清除剖视图标记，如下图所示。所选的组件将不被剖切。

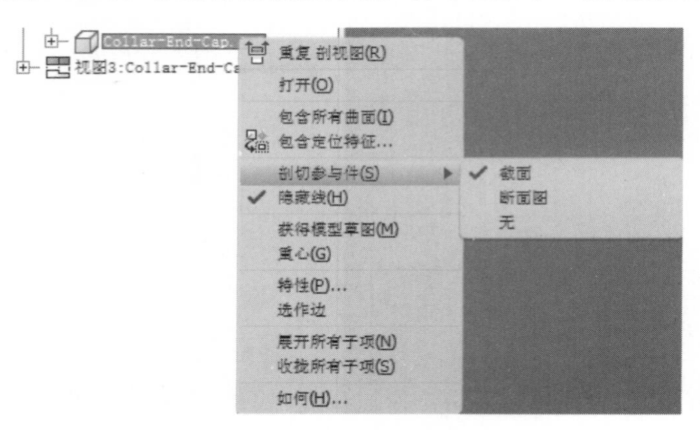

（15）在剖视图上观察出现的改变，如左下图所示。

（16）在截面线上单击鼠标右键，然后在弹出的快捷菜单中选择“编辑”命令，如右下图所示。

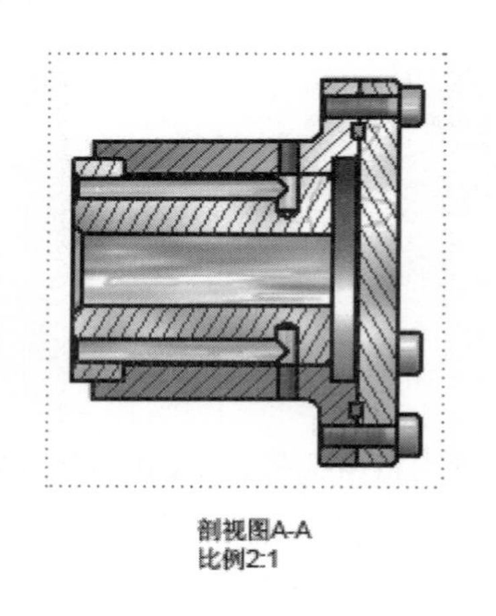

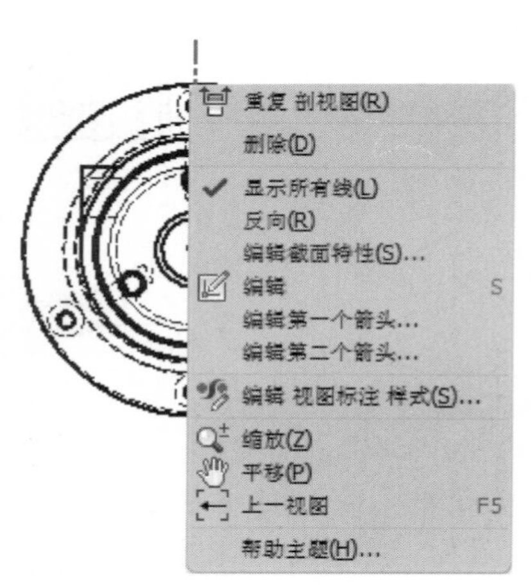

（17）在工具面板上单击显示约束工具，然后选择有角度的截面线，约束就显示出来了，如左下图所示。

（18）选择圆心中不符合要求的约束，然后单击鼠标右键，在弹出的快捷菜单中选择“删除”命令。

（19）在图形窗口中单击鼠标右键，然后在弹出的快捷菜单中选择“确定”命令。

（20）现在可以在草绘线的端点单击鼠标左键，然后拖动到正交位置。单击放置草绘线到与第一条截面线垂直的位置，如右下图所示。

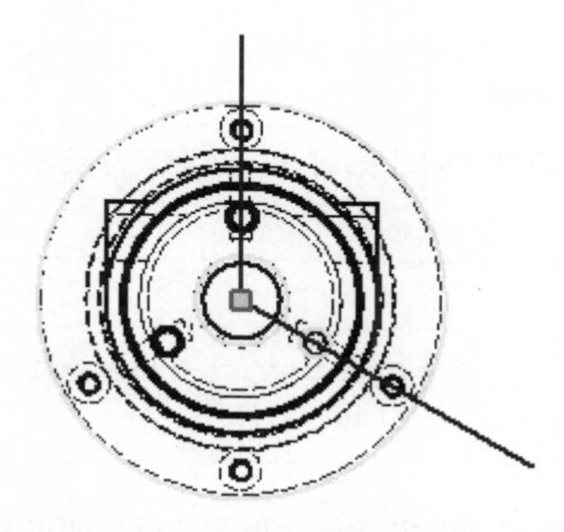

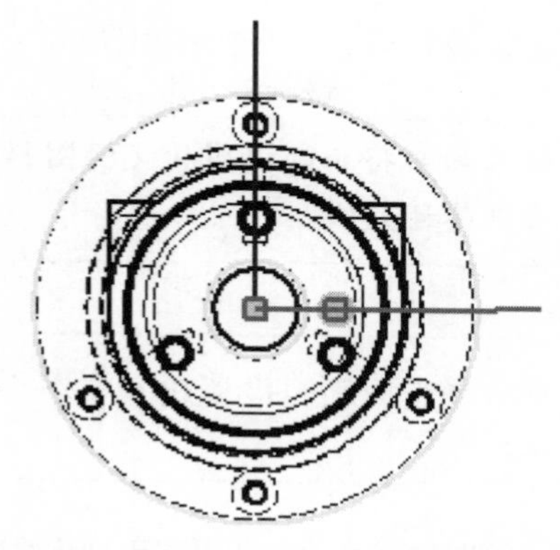

（21）在图形窗口中单击鼠标右键，然后在弹出的快捷菜单中选择“完成草图”命令。

（22）注意剖视图的变化。

（23）在功能区的“放置视图”选项卡的“创建”组中选择“投影视图”命令，然后建立截面视图的轴测图。编辑视图的显示方式为着色。

（24）把视图放置到如下图所示的位置。

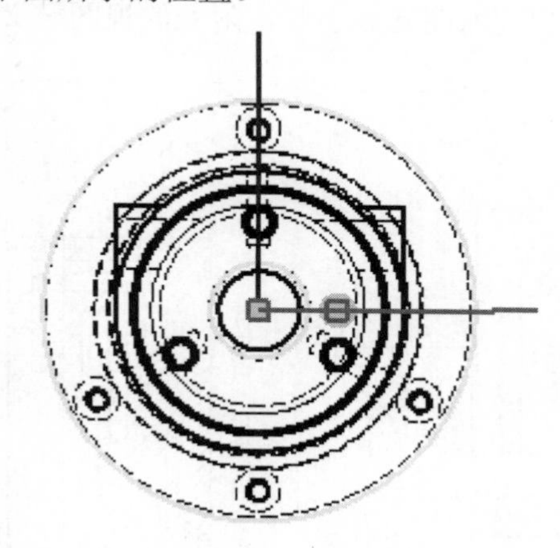

（25）保存并关闭所有文件。

10.4　局部视图和断开视图

10.4.1　局部视图

“局部视图”功能在 Inventor 中主要是用来创建局部放大视图的，虽然也可以创建局部缩小视图，但在机械制图中是没这种需求的。用于局部放大圆形或者矩形区域的表达。

局部视图提供详细截面轮廓的环形和矩形形状，所产生的视图具有不同类型的切断线，用户可以选择“锯齿状”（默认类型）或“平滑”。

如果用户选择“平滑”切断线，则可以选择在所产生的局部视图周围显示全边界（环形或矩形）。还可以在局部视图中的轮廓和全边界之间创建连接线。这 3 个标注对象（轮廓、边界和连接线）形成一个标注对象。

注意

如果用户将局部视图从父视图移动（通过拖动）到其他图纸，则会删除连接线，并且无法创建连接线。

提示

在局部视图中的轮廓和全边界之间的连接线上单击鼠标右键，以添加或删除连接线的顶点。

在工程图环境中，可以使用“附着”命令将局部视图定义与父视图关联。如果父视图几何图元的尺寸或位置关系发生改变，则所附着的视图定义仍保持附着状态并随用户指定的附着顶点移动。

视图定义保持其与父视图的相对位置。在浏览器中，每个附着视图或符号的旁边都显示一个针符号。

在图 10-10 中，调整模型几何图元大小时，附着的视图定义与模型几何图元一起移动。

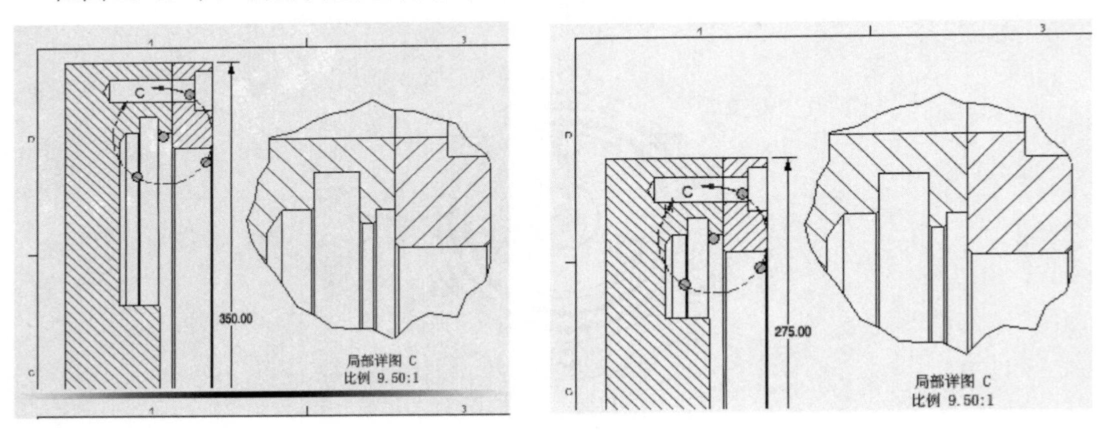

图 10-10　视图定义与模型几何图元一起移动

可以将端点、中心点和中点用做视图定义的附着顶点，也可以删除附着。

将父视图和所附着的视图定义复制到同一图纸、其他图纸或不同的工程图时，附着关系将被保留。

可以在一次操作中选择多个视图定义并将它们附着到父视图中。每个视图定义都共享父视图中的一个附着顶点。然后，可以根据需要为每个视图定义来重定义附着顶点。

局部放大视图创建的操作流程如下：

（1）在功能区的“放置视图”选项卡的“创建”组中选择“局部视图”命令。

（2）选择现有视图作为父视图，弹出“局部视图”对话框，如图 10-11 所示。

（3）在“局部视图”对话框中，设置视图标识符号、比例、视图标签的可见性。如果需要，则单击“编辑视图标签”按钮，并在“文本格式”对话框中编辑局部视图标签。

（4）设置显示样式和局部视图的轮廓形状。

（5）设置切断形状。如果选择了“平滑”切断形状，则可以选择显示局部视图的全边界，并在父视图中的局部视图和局部视图边界之间添加连接线；建议不要勾选这两个复选框，因为产生的结果和 GB 机械制图标准不相符。

（6）在图形窗口中，单击以确定适当局部视图的中心，然后移动鼠标指针，并单击以确定局部视图的外边界。

（7）将预览移到适当位置，然后单击以放置视图。局部视图与轮廓大小成比例。

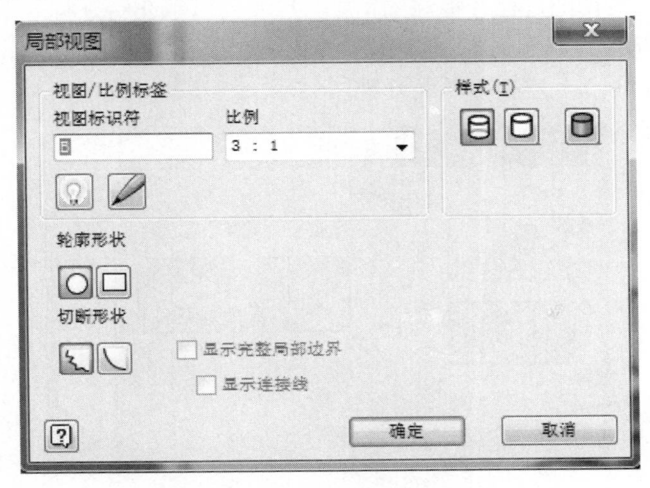

图 10-11　“局部视图”对话框

提示

- 若要将视图标识符重新放置在父视图上，请将鼠标指针暂停在该视图标识符上。当鼠标指针显示为字母 A 时，单击该视图标识符并在形状周边进行拖动。
- 若要编辑父视图中的视图标识符，在该视图标识符上单击鼠标右键，然后在弹出的快捷菜单中选择“文本”命令。
- 若要更改局部视图轮廓上的箭头，在父视图中的局部视图轮廓上单击鼠标右键。然后在弹出的快捷菜单中选择“编辑第一个箭头”或“编辑第二个箭头”命令。在“改变箭头”对话框中选择一个新箭头，然后单击“应用”按钮。
- 若要在父视图上向局部视图标识符添加指引线，请在局部视图编号上单击鼠标右键，在弹出的快捷菜单中选择“选项”→“指引线”命令。然后，将局部视图标识符移至所需位置。将自动创建指引线，并与“视图标注样式”中的设置相对应。
- 若要更改局部视图边界，请在该局部视图编号上单击鼠标右键，在弹出的快捷菜单中选择“选项”命令，然后在级联菜单中：
  - ➢ 选择“平滑断开线”命令，以使用平滑切断线取代局部视图中的锯齿状切断线，然后选择后续选项。
  - ➢ 选择“全边界”命令，以在局部视图周围显示边界。
  - ➢ 选择“连接线”命令，以在父视图中的局部视图和局部视图边界之间创建连接线。

10.4.2 断开视图

1．创建断开视图

利用一个基础视图或投影视图来创建断开视图。创建完断开视图后，可以利用断开视图工具来断开此视图。当创建完断开视图后，所有被断开并以断开视图显示的父视图和子视图都是相互关联的。如果视图是已经标注的，那么尺寸线显示在断开符号上表示该尺寸仍作用在该断开视图上。尺寸的数值仍为真实值。

如图 10-12 所示为一个连接棒以断开视图显示。注意断开线和尺寸上的断开符号。

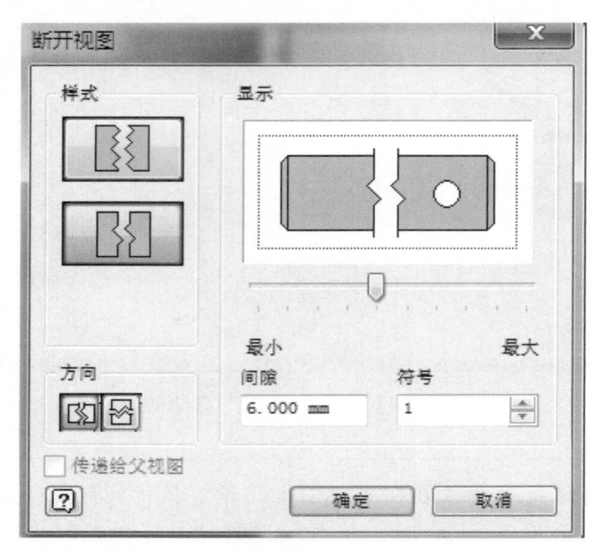

图 10-12 “断开视图”对话框

可以在“断开视图”对话框中调整以下选项。

- 样式：选择断开线的样式，如矩形或构造样式。
- 显示：使用最小/最大滑动箭头来调整打断线的显示比例。
- 间隙：为断开线的比例输入一个值。
- 符号：只有在构造样式方式下该选项才为激活状态，为构造线输入一个数值。
- 方向：选择所要的方向，如水平或垂直。
- 传递给父视图：如果勾选此复选框，则断开操作将扩展到父视图。此选项的可用性取决于视图类型和“断开继承”选项的状态。

当零部件视图超出工程图的长度，而调整零部件比例以适合工程图会使零部件视图变得过小时，可以断开视图。

当零部件视图包含大范围难以描述的几何图形时，也可以断开视图。例如，可能必须标注一个轴的两端，但是此轴的中间部分是无特征的。断开视图可以应用于零部件长度的任何地方。也可以在单个工程视图中使用多个断开。

对于穿过视图断开的尺寸线，如果其两点在由于断开而被删除的区域之外，则使用断开符号来修饰这些尺寸线以与视图断开线匹配。对于穿过断开视图的尺寸，如果其一点或两点在由于断开而被删除的区域中，则这些尺寸将隐藏起来。

用户也可以使用具有断开特征的视图来创建其他视图。例如，可以使用投影的断开视图创建断开剖视图。

注意

可以在一个对话框中为视图添加一个断开。若要向同一视图添加多个断开，则必须为每个断开激活“断开视图”对话框。

可以断开的视图有：

- 零件视图。
- 装配视图。
- 投影视图。
- 等轴测视图。
- 剖视图。
- 局部视图。

2．创建断开视图的过程

断开视图创建的操作流程如下：

（1）在功能区的“放置视图”选项卡的“修改”组中选择“断裂画法”命令。

（2）选择要断开的视图。屏幕将显示“断开”对话框。

（3）从“样式”选项组中选择断开样式。

（4）从“方向”选项组中选择断开方向。

（5）在“显示”选项组中调整断开间隙和线特性。显示为符合所选断开样式所做的设置更改。

（6）在“间隙”数值框中设置断开间隙的距离。

（7）在“符号”数值框中设置断开符号数，每处断开可以使用 1～3 个符号。只能在“结构”断开中使用。

（8）也可以取消勾选“传递给父视图”复选框。

注意

如果断开操作传递给父视图，则“传递给父视图”选项可以控制该操作。

（9）单击工程视图，放置第一条断开线。

（10）单击工程视图，放置第二条断开线。

10.4.3　编辑断开视图

断开建立以后可以像编辑其他视图一样来编辑它。使用编辑视图工具来编辑如比例、名称、显示方式等属性，也可以用一些特殊的方法来编辑断开视图。

当创建一个断开视图的时候，断开线是可见的，并在线中间显示控制点，如图 10-13 所示。

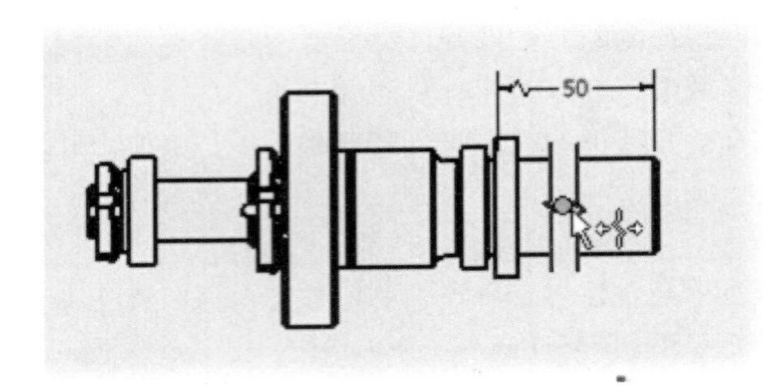

图 10-13 显示控制点

单击并拖动控制点来移动断开的位置。也可以利用单击并拖动断开线的方法重新定义断开的长度，以此来增加或减少断开的区域。

10.5 局部剖视图

在工程图的表达中，有时需要去除一定区域的材料来显示现有工程视图中被遮挡的零件或特征，这时就要使用局部剖视图。Inventor 中的“局部剖视图”功能就是帮助我们实现这种表达要求的。若要创建局部剖视图，请放置视图，然后创建与一个或多个封闭截面轮廓相关联的草图，以定义局部剖区域的边界，如图 10-14 所示。

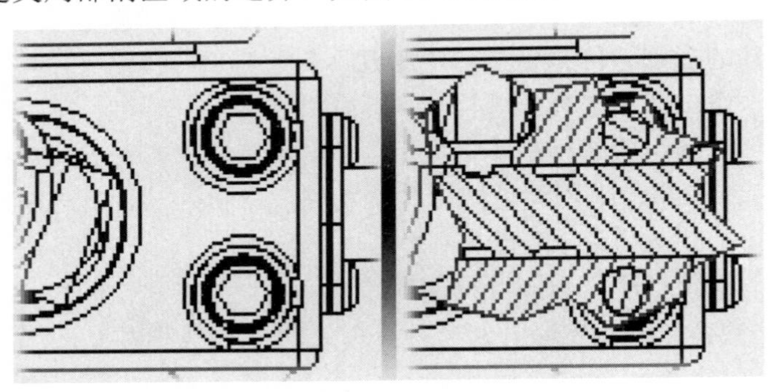

图 10-14 局部剖视图

注意

指定给“对象默认设置”中的“剖面线填充”对象的激活标准样式和剖面线样式可以确定局部剖视图中的默认剖面线。可以使用样式和标准编辑器更改该设置。

提示

若要将草图与工程视图相关联，请选择该视图，然后在“放置视图”选项卡的“草图”组中选择“创建草图”命令并创建草图。

10.5.1 创建局部剖视图

有 4 种方法可以定义局部剖区域的深度。

1．从模型中一点定义

可以指定局部剖区域的起点，然后测量从该点起的区域深度。

创建步骤如下：

（1）在功能区的“放置视图”选项卡的“修改”组中选择“局部剖视图”命令。

（2）在图形窗口中单击以选择该视图，然后单击选择已定义的边界。

注意

边界轮廓必须在与所选视图相关联的草图上。

（3）在“局部剖视图”对话框的“深度类型”下拉列表框中选择“起始点”选项。

（4）单击选择箭头，然后在图形窗口中单击深度的起点。可以在模型的任何视图中指定该点。

（5）在“深度值”数值框中输入局部剖的深度。

（6）视图完全定义好之后，单击“确定”按钮创建该视图。

2．在与投影视图关联的草图中定义

可以使用与从属投影视图关联的草图上的几何图元来指定局部剖的深度。

创建步骤如下：

（1）从基础视图投影视图。

（2）创建与投影视图关联的草图，并添加几何图元来定义局部剖视图的深度。

（3）在功能区的“放置视图”选项卡的“修改”组中选择“局部剖视图”命令。

（4）在图形窗口中，单击以选择该视图，然后单击选择已定义的边界。

注意

边界轮廓必须在与所选视图相关联的草图上。

（5）在“局部剖视图”对话框的“深度类型”下拉列表框中选择“至草图”选项。

（6）单击选择箭头，然后在图形窗口中单击以选择与投影视图相关联的草图几何图元。

（7）视图完全定义好之后，单击“确定”按钮创建该视图。

3．使用视图中的孔特征

可以使用选定视图中的孔特征来指定局部剖的深度。

创建步骤如下：

（1）在功能区的“放置视图”选项卡的“修改”组中选择“局部剖视图”命令。

（2）在图形窗口中，单击以选择该视图，然后单击选择已定义的边界。边界轮廓必须在与所选视图相关联的草图上。

（3）在“局部剖视图”对话框的“深度类型”下拉列表框中选择“至孔”选项。

（4）单击选择箭头，然后在图形窗口中单击选择孔特征。深度由孔的轴定义。

注意

如果孔特征已隐藏，请单击“显示隐藏边”来暂时显示它。

（5）视图完全定义好之后，单击“确定”按钮创建该视图。

4．按零件的深度定义

可以指定一个或多个要从选定视图中剖切出去的零件，以显示被遮挡的零件或特征。创建步骤如下：

（1）在功能区的“放置视图”选项卡的“修改”组中选择“局部剖视图”命令。

（2）在图形窗口中单击以选择该视图，然后单击选择已定义的边界。

注意

边界轮廓必须在与所选视图相关联的草图上。

（3）在“局部剖视图”对话框的“深度类型”下拉列表框中选择“贯通零件”选项。

（4）在图形窗口中单击选择零件。深度由零件的深度定义。

（5）视图完全定义好之后，单击“确定”按钮创建该视图。

提示

若要更改边界区域定义，可打开草图并做出更改。要编辑深度定义，可在浏览器视图上单击鼠标右键，在弹出的快捷菜单中选择“编辑定义”命令。

注意

剖切继承：

- 在默认情况下，为带有局部剖视图创建的子等轴测投影视图会继承局部剖切。若要关闭或打开局部剖切的继承，请在子视图上单击鼠标右键，然后在弹出的快捷菜单中选择“编辑视图”命令。打开“工程视图”对话框中的“显示选项”选项卡，并在“剖切继承”区域中选择“局部剖视图”选项。
- 平行投影视图和斜视图不支持局部剖操作的继承。
- 边界截面轮廓：选择草图几何图元以定义局部剖边界。选择“截面轮廓”命令后，单击草图截面轮廓以选择该轮廓。
- 深度选择器：选择几何图元以定义局部剖区域的深度。单击选择箭头，然后单击工程视图中的几何图形。
- 深度类型：选择定义局部剖视图深度的方法，在其下拉列表中选择深度类型。
  - 至草图：使用与其他视图关联的草图几何图元定义局部剖视图的深度。
  - 自点：为局部剖视图的深度设定数值。
  - 至孔：使用视图中孔特征的轴定义局部剖视图的深度。
  - 贯通零件：使用零件的厚度定义局部剖视图的深度。
- 深度：指定局部剖深度的数值。仅在“深度类型”为“起始点”时可用。
- 显示：选择“显示隐藏边”以在视图中暂时显示隐藏边。可以在隐藏线几何图元上拾取一点来定义局部剖深度。取消勾选该复选框则忽略视图中的隐藏线。
- 选择“剖切所有零件”以剖切当前未在局部剖视图区域中剖切的零件。取消勾选该复选框以忽略视图中未剖切的零件。

10.5.2　编辑局部剖视图

建立完局部剖视图后，一种方法是使用快捷菜单中的“标准编辑视图”命令，还可以使用其他的两种方式来编辑局部剖视图。

- 编辑定义：在浏览器中用鼠标右键单击局部剖视图，在弹出的快捷菜单中选择“编辑定义”命令。然后在“局部剖视图”对话框中重新定义视图。
- 编辑草图：在浏览器中用鼠标右键单击草图来编辑边界。

10.6　工程图标注及明细表

10.6.1　工程图标注

1. 通用尺寸

“通用尺寸”标注的流程：

（1）在功能区的“标注”选项卡的“尺寸”组中选择“尺寸”命令。

（2）在图形窗口中，选择几何图元并拖动以显示尺寸。

（3）在图纸中适当的位置单击，放置尺寸。

可能产生的结果及图元选择模式：

- 为直线或边添加线性尺寸，单击以选择该直线或边。
- 为点与点之间、曲线与曲线之间或曲线与点之间添加线性尺寸，单击以选择每个点和每条曲线。
- 添加半径或直径尺寸，单击以选择圆弧或圆。
- 添加角度尺寸，选择两条非平行直线。
- 为某段标注圆弧的弦长、弧长或角度尺寸，选择该圆弧，单击鼠标右键，然后在弹出的快捷菜单中选择“尺寸类型”→“弦长”、“弧长”或“角度”命令。
- 添加虚交点的尺寸。

如图 10-15 所示，其中的 A、B、C 三个尺寸线为虚交点尺寸，都是延长线交点与另一直线之间的长度尺寸。

虚交点尺寸标注方法是，先选第一条线并移动鼠标指针初步拉出尺寸（不要按下拾取键），单击鼠标右键，在弹出的快捷菜单中选择“交点”命令；之后选择可形成虚交点的第二条线；感应出交点后再选定第三条线；拉出尺寸。

最好不要用虚交点尺寸做尺寸标注，原因是：

- 容易造成标注混乱，不易读图。
- 该功能只能在两条直线之间形成“虚交点”，不支持弧线或者样条线。

如果确实需要这种尺寸标注，则建议做关联草图、做辅助线、标注辅助线的尺寸，这样会更直接明了，易于读图。

修改线性尺寸类型，要添加线性对称尺寸或线性直径尺寸，请选择两条平行的直线或边，单击鼠标右键，然后在弹出的快捷菜单中选择“尺寸类型”→“线性对称”或“线性直径”命令，如图 10-16 所示。

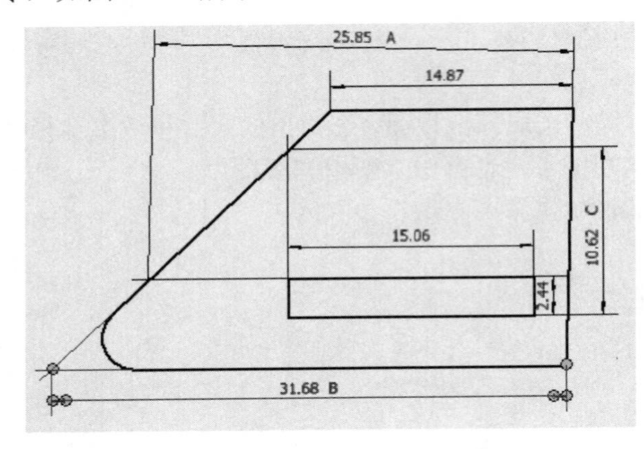

图 10-15 虚交点尺寸标注实例图

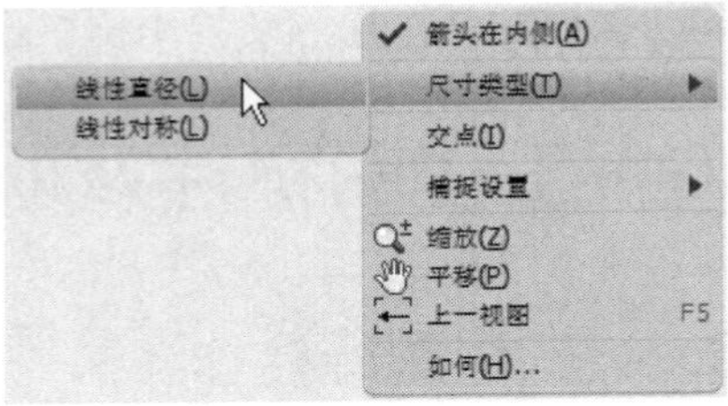

图 10-16 修改尺寸类型

2．基线尺寸

基线尺寸可以一次标注相对于同一基准的一组尺寸。虽然是同时标出，但是每个尺寸都是独立的，可以单独对其中的每一个进行修改、编辑或删除，如图 10-17 所示。红色为基准线。

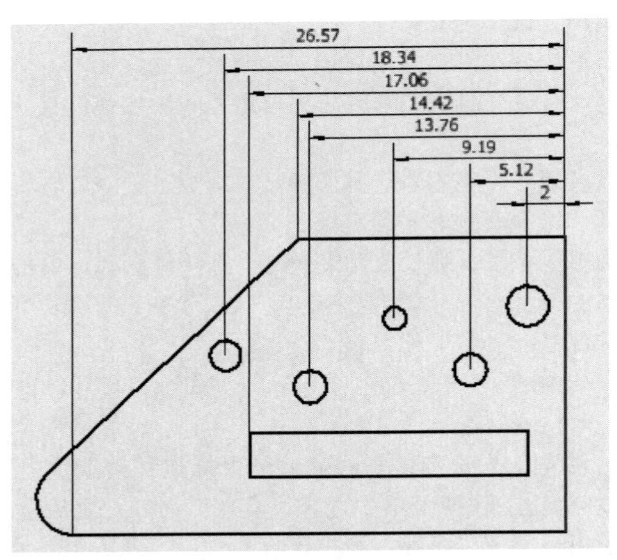

图 10-17 基线尺寸实例

标注步骤如下：

（1）在功能区的“标注”选项卡的“尺寸”组中选择“基线”命令。

（2）先选择基准线。

（3）在图形窗口中选择要标注尺寸的几何图元，有单击以选择各个图元和拖动窗口框选多个图元两种选择方法。

（4）Inventor 将在第一条选定边上指定一点作为基准。若要指定不同的基准，请在要指定为基准的尺寸界线上单击鼠标右键，然后在弹出的快捷菜单中选择“创建基准”命令。

（5）单击鼠标右键，并在弹出的快捷菜单中选择“继续”命令。移动鼠标指针以预览尺寸的位置，然后单击以设置方向。

（6）单击以选择其他点（可选操作）。

（7）完成后，单击鼠标右键，然后在弹出的快捷菜单中选择“创建”命令。

（8）要将尺寸移动到不同位置，请选择尺寸并将其拖动到期望的位置。

3．基线尺寸集

基线尺寸集和基线尺寸的用处及标注步骤都是相同的。唯一不同之处是，所标出的一组尺寸是一个集合，它们是一个整体，不能单独进行修改、编辑或删除，只能作为一组整体尺寸同时编辑、修改或删除。这里就不再对基线尺寸集功能进行详细介绍了。

4．同基准尺寸

标注几何图元到同一基准的距离。虽然是同时标出，但是每个距离标注都是独立的，可以单独对其中的每一个进行修改、编辑或删除。如图 10-18 上方所示的尺寸标注。

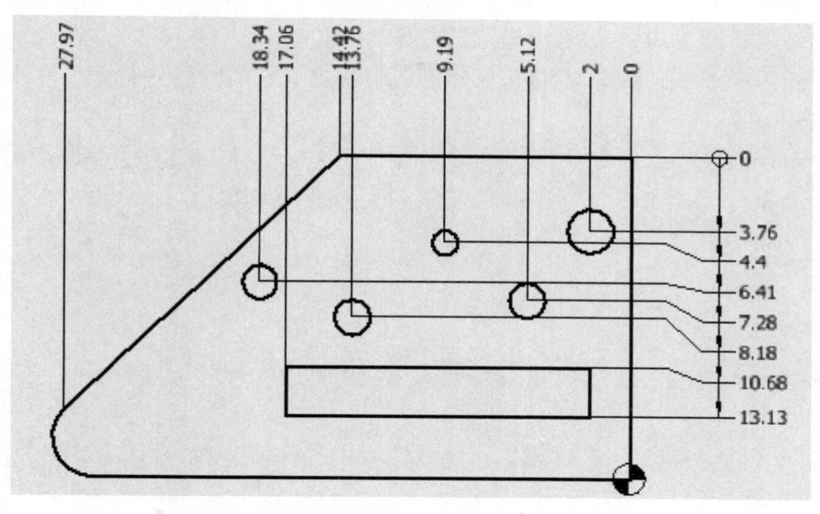

图 10-18　同基准尺寸与同基准尺寸集实例

标注步骤如下：

（1）在功能区的“标注”选项卡的“尺寸”组中选择“同基准”命令。

（2）在图形窗口中选择要标注尺寸的视图。

（3）放置基准指示器。

（4）选择要标注尺寸的几何图元，单击以分别选择图元或拖动窗口框选多个图元。

（5）单击鼠标右键，在弹出的快捷菜单中选择“继续”命令。

（6）移动鼠标指针以预览尺寸的位置，然后单击以设置方向。

（7）单击以选择并添加其他点（可选操作）。

（8）完成后，单击鼠标右键，在弹出的快捷菜单中选择“继续”命令。

5. 同基准尺寸集

标注几何图元到同一基准的距离。所标出的一组尺寸是一个集合，它们是一个整体，不能单独进行修改、编辑或删除。参见图 10-18 中右边的尺寸标注。

标注步骤如下：

（1）在功能区的“标注”选项卡的“尺寸”组中选择“同基准集”命令。

（2）选择尺寸集中的几何图元，单击以分别选择图元和拖动窗口框选多个图元。

（3）移动鼠标指针以预览尺寸集的位置，然后单击鼠标右键，在弹出的快捷菜单中选择“继续”命令。

（4）Inventor 将在第一条选定边上指定一点作为基准。

（5）单击已选择并添加其他点（可选操作）。

（6）要改变尺寸集的选项，可在任何时候单击鼠标右键，在弹出的快捷菜单中选择“选项”命令。

（7）完成后，单击鼠标右键，在弹出的快捷菜单中选择“创建”命令。

要编辑同基准尺寸集，可在尺寸上单击鼠标右键，在弹出的快捷菜单中选择“选项”命令，可设置以下参数。

- 创建基准：将基准点移动到选定的点。
- 允许断开指引线：在默认情况下处于选中状态。若清除选中标记，则不允许使用中断引线。
- 两方向均为正向：在默认情况下处于选中状态。标注为相对于零原点的正数。清除该复选框标记，可以使零基准点左侧的尺寸变为负数。
- 显示方向：将箭头放置在基准尺寸处，并指向正向。
- 反向：切换正数的方向。

6. 连续尺寸

向工程图中添加单独的连续尺寸，参见图 10-19 右边的尺寸标注。

标注步骤如下：

（1）在功能区的“标注”选项卡的“尺寸”组中选择“连续尺寸”命令。

（2）选择要标注尺寸的视图。

（3）选择要标注尺寸的几何图元，可以分别选择，也可以一次框选多个。

（4）单击鼠标右键，在弹出的快捷菜单中选择“继续”命令。

（5）移动鼠标指针以预览尺寸的位置，然后单击以设置方向。

（6）完成后，单击鼠标右键，并在弹出的快捷菜单中选择“继续”命令。

7. 连续尺寸集

向工程图中添加一组连续尺寸，它们是一个尺寸组，一个整体，不能单独进行修改、编辑或删除，参见图 10-19 下面的尺寸标注。

其操作和连续尺寸相同，这里不再进行详细讲解。

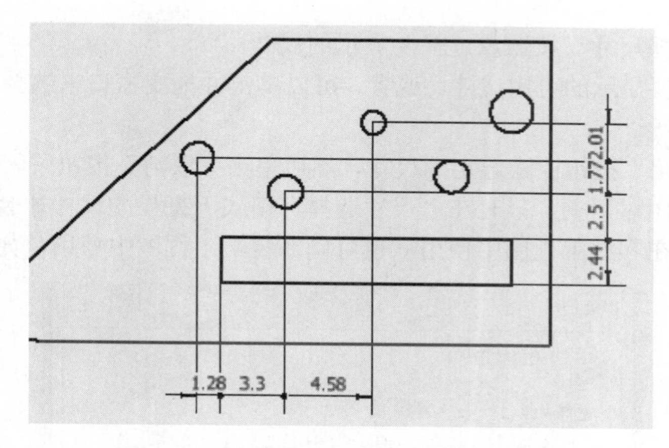

图 10-19　连续尺寸和连续尺寸集标注实例

8．排列尺寸

将工程图中的尺寸标注按一定的规则排列整齐。可以排列线性尺寸、角度尺寸、真正的等角尺寸、单独的基线尺寸与基准尺寸，如图 10-20 所示。

操作步骤如下：

（1）在功能区的“标注”选项卡的“尺寸”组中选择“排列”命令。

（2）在工程图中选择要排列的尺寸。

（3）也可以首先在工程图中选择尺寸，然后从功能区中执行“排列”命令。

（4）单击鼠标右键，在弹出的快捷菜单中选择“确定”命令以排列尺寸。

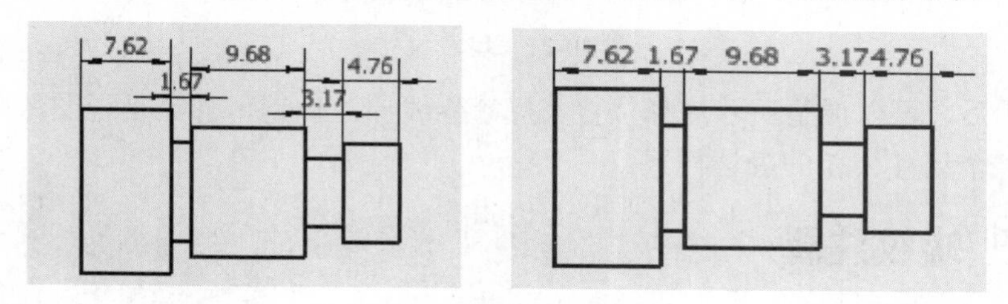

图 10-20　排列尺寸实例

9．检索尺寸

检索尺寸是工程图中直接引用模型尺寸的方法，可以被检索到的模型尺寸必须是与当前视图平面平行的尺寸，且没有在其他视图中被引用过的尺寸。

标注流程如下：

（1）在功能区的“标注”选项卡的“尺寸”组中选择“检索”命令。

（2）选择要检索尺寸的视图。

（3）若要为一个或多个特征检索尺寸，选择“选择特征”单选按钮，然后在图形窗口中进行选择。若要为视图中的一个或多个零件检索尺寸，选择“选择零件”单选按钮，然后在图形窗口选择一个或多个零件。选择时按住“Shift”或“Ctrl”键可以选择多个对象。同样，可以从选择集中删除一个对象，即按住“Shift”或“Ctrl”键选择一个或多个要删除的对象。

（4）单击“选择尺寸”按钮以选择要显示的尺寸。

（5）单击每个要显示的可用尺寸。或者，可以单击并拖曳窗口来选择标注，选定的尺寸将会亮显。

（6）单击“应用”按钮检索选定的尺寸，然后单击“取消”按钮关闭对话框；单击“确定”按钮应用并关闭对话框。只有在“尺寸选择”模式下亮显的尺寸才会显示。

检索尺寸可以在零件工程图中使用，也可以在装配工程图中使用，如图 10-21 所示。

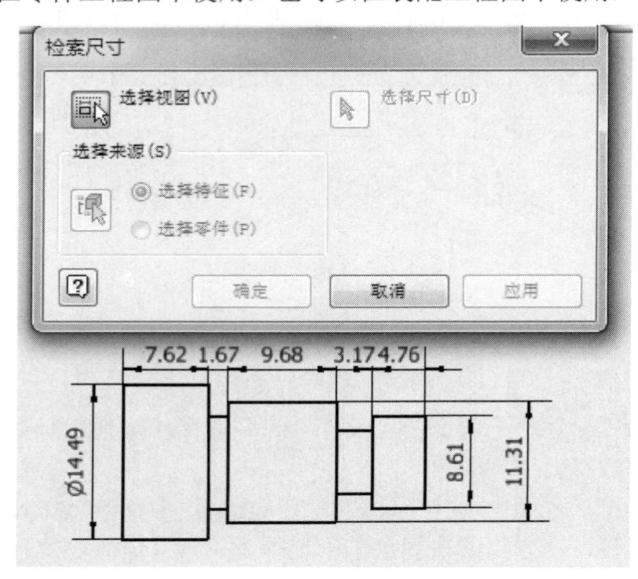

图 10-21　检索尺寸

尺寸引用后，可以调整尺寸注释位置、尺寸界线原点位置，甚至是视图依附关系，也可以单独设置一个尺寸公差的表达样式。

10.6.2　孔/螺纹注释

孔/螺纹注释使用模型中关联孔特征的信息。但是只能标注“打孔”、“螺纹”特征及类似打孔的拉伸特征。在这里我们将讲解如何用该功能进行线性标注孔/螺纹注释，如图 10-22 所示。

线性标注孔/螺纹注释操作步骤如下：

（1）在功能区的“标注”选项卡的“特征注释”组中选择“孔和螺纹”命令。

（2）在图形窗口中选择一条螺纹线。然后，选择第二条螺纹线。

（3）移动鼠标指针，单击以放置注释。

（4）完成放置孔/螺纹注释后，单击鼠标右键，在弹出的快捷菜单中选择“确定”命令。

在进行标注孔和螺纹时，中心线两侧的螺纹特征状态必须一致（剖或者不剖），否则无法实现线性标注螺纹。可以对中心线任意一侧进行单独标注。如果中心线的螺纹特征状态不一致（某侧进行了局部剖），则螺纹细实线可以线性标注，而粗实线却不可以。

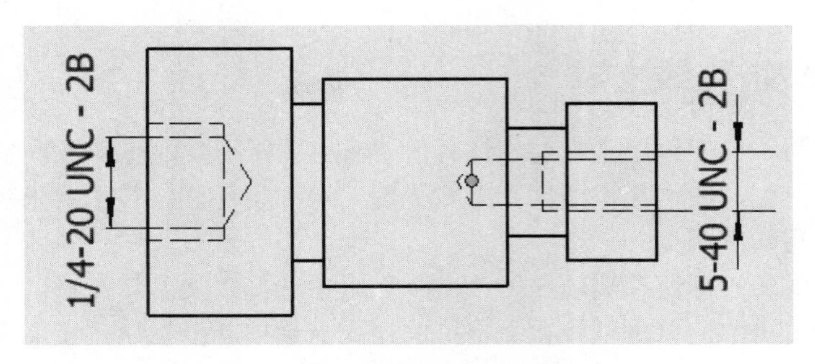

图 10-22　线性标注螺纹注释实例

10.6.3　倒角标注

倒角标注的功能可以帮助我们快速对倒角添加注释。在这里我们讲解如何给两倒角边不等的倒角添加标注。

给两倒角边不等的倒角添加标注的流程如下：

（1）在功能区的“标注”选项卡的“特征注释”组中选择“倒角”命令。

（2）在工程图上，选择倒角模型或草图边。

（3）从模型或草图中选择与倒角具有共同端点或相交的参考线或边。不能选择平行线或垂线。

（4）单击以放置倒角注释。默认附着点为倒角的中点，但创建倒角注释后，可以单击该附着点，将该点拖动到同一视图的其他位置。

（5）继续创建和放置倒角注释，单击鼠标右键，然后在弹出的快捷菜单中选择“确定”命令退出。

（6）选定该标注，单击鼠标右键，在弹出的快捷菜单中选择“编辑倒角注释（E）”命令，弹出“编辑倒角注释”对话框，如图 10-23 左图所示。

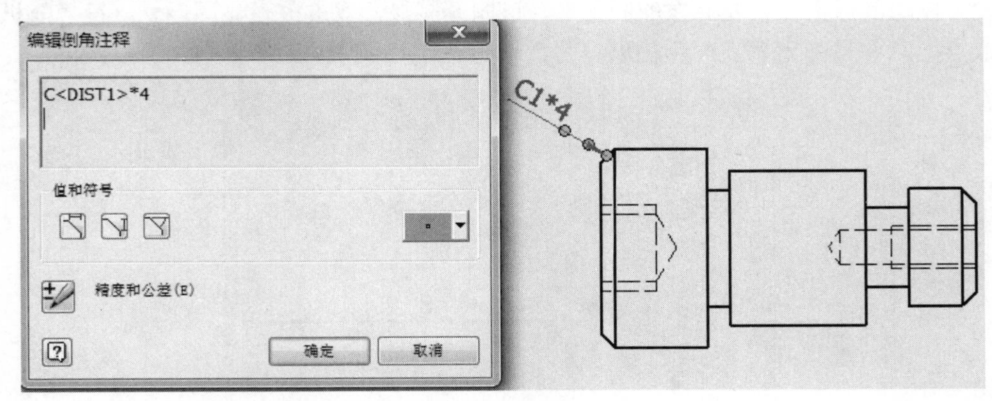

图 10-23　倒角标注实例

（7）在对话框中设置需要的标注样式、精度和公差。

（8）单击“确定”按钮完成编辑。

标注结果如图 10-23 右图所示。

10.6.4 文本/指引线文本

文本功能是用来向工程图添加通用注释的。通用注释不会附着到工程图中的视图、符号或其他对象上。例如，我们在机械制图中要说明的表面粗糙度、技术要求等。

标注操作流程如下：

（1）在功能区的“标注”选项卡的“文本”组中选择“文本”命令。

（2）在图形窗口中，单击以放置文本框的插入点或拖动鼠标以定义文本框的区域。

（3）在“文本格式”对话框的文本框中输入文本。

“指引线文本”用来向工程图添加具有指引线的文本注释。指引线文本的指引线箭头与所指图线形成关联。注释指引线附着到视图或视图中的几何图元上，当移动或删除视图时，注释也将被移动或删除。

标注操作流程如下：

（1）在功能区的“标注”选项卡的“文本”组中选择“指引线文本”命令。

（2）在图形窗口中，单击以设置指引线的起点。如果将点放在亮显的边或点上，则指引线将附着到边或点上。

（3）移动鼠标指针并单击来为指引线添加顶点。可以根据需要添加所需数量的顶点。

（4）在文本位置处单击鼠标右键，在弹出的快捷菜单中选择“继续”命令，弹出“文本格式”对话框。

（5）在“文本格式”对话框的文本框中输入文本。

10.6.5 表面粗糙度符号

表面粗糙度符号标注流程如下：

（1）在功能区的“标注”选项卡的“符号”组中选择“粗糙度”命令。

（2）拖动鼠标指针到要标注的图元上，该图元亮显，双击该亮显图元。该符号随机附着在边或点上，并且弹出“表面粗糙度符号”对话框，如图 10-24 所示。

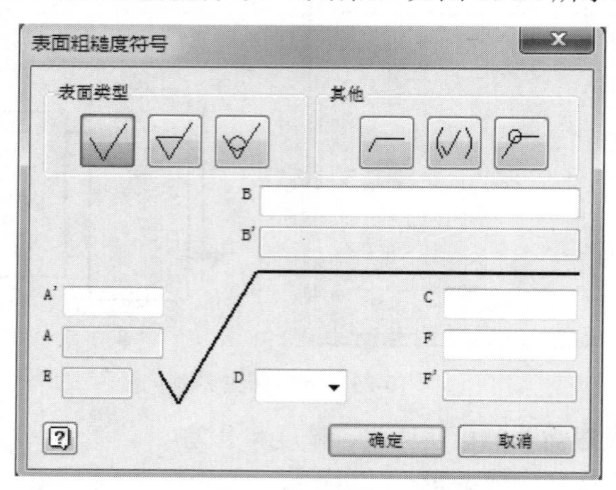

图 10-24 表面粗糙度符号设置

（3）在对话框中设置符号的属性和值，设置完成后单击“确定”按钮。在视图中单击鼠标右键，在弹出的快捷菜单中选择“取消”命令。

（4）可以拖动符号来改变其位置。如果沿着边拖动符号，将创建一条延长线。如果离开边拖动符号，将创建一条指引线。

“表面粗糙度符号”对话框中的各个参数与机械设计相关的概念相同。

调整粗糙度符号的大小，可以通过调整粗糙度对文本字体、高度设置参数。

文字的字体，可以在选定粗糙度符号后单击鼠标右键，在弹出的快捷菜单中选择“编辑粗糙度符号样式（S）”→“文本样式（T）”→“编辑文本样式”命令，在文本样式的编辑对话框中可以选择“字体（F）”和“文本高度（T）”。

10.6.6　焊接符号

焊接符号的功能是，即使模型中没有定义焊接件，用户也可以在工程视图中手动添加焊接标注。但是手动添加的焊接符号和焊接标注与模型几何图元都不具有关联性，因此不会随模型标注的更改而自动更新。

如果焊接装配模型中创建了焊接符号，在工程图中手动添加与焊缝的边关联的焊接符号时，对话框中的默认值为模型焊接符号的值。

工程图中焊接符号的标注流程如下：

（1）在功能区的“标注”选项卡的“符号”组中选择“焊接”命令。

（2）在图形窗口中，拖动鼠标指针到要标注的焊缝，焊缝轮廓线亮显，单击亮显轮廓线以设置指引线的起点，并使指引线与焊缝关联。

（3）移动鼠标指针并单击来为指引线添加顶点。

（4）当符号指示器位于适当位置时，单击鼠标右键，然后在弹出的快捷菜单中选择“继续”命令以放置符号，并弹出“焊接符号”对话框。对话框中的选项由激活的制图标准确定。

（5）设置符号的属性和值。

（6）继续放置焊接符号。完成后，单击鼠标右键，在弹出的快捷菜单中选择“取消”命令。

10.6.7　添加中心线和中心线标记

在放置工程视图或创建草图之后，可以使用以下两种方法来添加中心线和中心标记。

- 自动中心线：使用预定义的条件向选定的工程视图或草图中添加中心线和中心标记。
- 手动中心线：分别向选定的特征添加中心线和中心标记。

可以将自动中心线和中心标记添加到圆、圆弧、椭圆和阵列中，包括带有孔和拉伸切口（对称拉伸除外）的模型。iFeature 和 iPart 也可以包含自动中心线和中心标记。

设置工程图时，使用“文档设置”对话框中的选项来定义向工程视图中添加自动中心线的默认条件。要使所有的新工程图都可使用自动中心线条件，请在工程图模板中对它们进行设置。

设置包括要接收中心线和中心标记的特征类型，以及几何图元是正轴投影还是平行投影。可以设置阈值，以排除小于或大于指定半径和小于最小角度的环形特征。

将视图添加到工程图中后，可以使用默认条件添加自动中心线。如果需要，则每次可以更改一个或多个选定视图的设置。

中心线或中心标记的格式在“中心标记样式”中指定。将设置保存在样式库中后，样式会应用到使用库的所有工程图中。

注意

不能在光栅工程视图中创建自动中心线。

“自动中心线”基础参数设置流程如下：

（1）在“工具”选项卡的“选项”组中选择“文档设置”命令，在弹出的对话框中选择“工程图”选项卡，单击“自动中心线”按钮，弹出“自动中心线”对话框，如图 10-25 所示。

（2）单击“适用于”和“投影”选项组中所有的按钮，也就是说，我们把所有可能自动添加中心线的特征都添加，而不是只选择其中的几项，单击“确定”按钮。

（3）在工程图文档设置对话框中单击“应用”按钮。

（4）把这个工程图文件保存为工程图模板。

（5）以后再创建工程图就用这个模板，视图创建完成后，选定要添加中心线的视图，单击鼠标右键，在弹出的快捷菜单中选择“自动中心线”命令，在弹出的对话框中单击“确定”按钮即可完成。

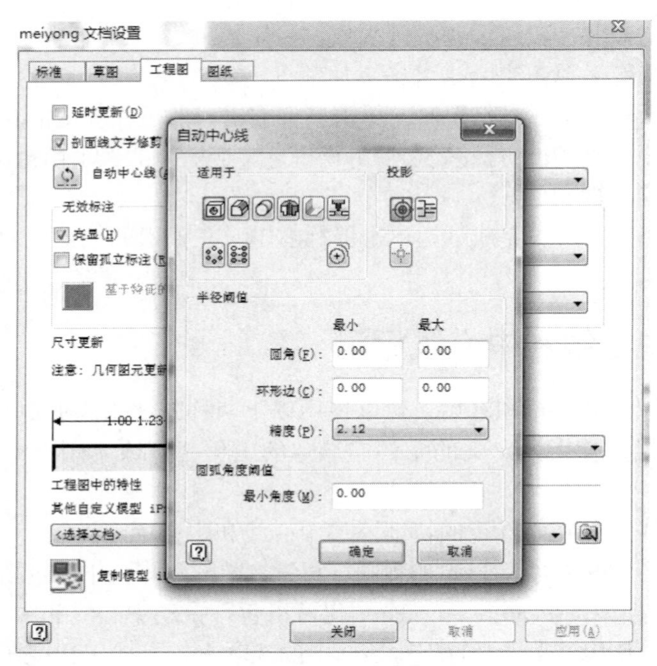

图 10-25 “自动中心线”对话框

在这里有一点要注意，就是“自动中心线”只能对特征级别的阵列孔进行阵列形中心线添加，如果是先在草图创建阵列，再创建孔特征的，这时候“自动中心线”功能就不能添加正确的中心线了。这样会标出什么结果？各位不妨自己体验一下。

“自动中心线”对话框中各项参数的意义如下。

- 适用于：选择要应用自动中心线的特征。特征可以包括孔、圆角、圆柱特征（包括冲压特征的圆弧）、旋转、折弯和钣金冲压。如果阵列中使用了特征且使用了阵列中心线，则请使用“矩形阵列特征”或“环形阵列特征”。
- 投影：在应用自动中心线和中心标记的视图中设置对象的投影。轴法向在圆形边与视图平面垂直时创建中心标记。轴平行在圆形边与视图平面平行时创建中心线。
- 定位特征：仅恢复顶层模型中可见的用户定义定位特征。要恢复其他定位特征，请使用“包含定位特征”恢复视图中的定位特征，或使用“包含”恢复一个特定的定位特征。
- 半径阈值：设置圆角、圆弧和环形特征上自动中心线的限制。中心线不会添加到指定阈值范围之外的特征。圆角设置用于将自动中心线应用到圆角特征的阈值，输入半径的最小值和最大值：环形边设置用于将自动中心线应用到圆弧和环形特征的阈值，输入半径的最小值和最大值。精度设置将圆角、圆弧和环形特征的大小与阈值进行比较时的舍入精度。单击箭头，然后选择精度。
- 圆弧角度阈值：最小角度设置用于在圆、圆弧或椭圆上创建中心标记或中心线的最小角度。

可以手动将 4 种类型的中心线和中心标记应用到工程视图中的各个特征或零件上，如图 10-26 所示。

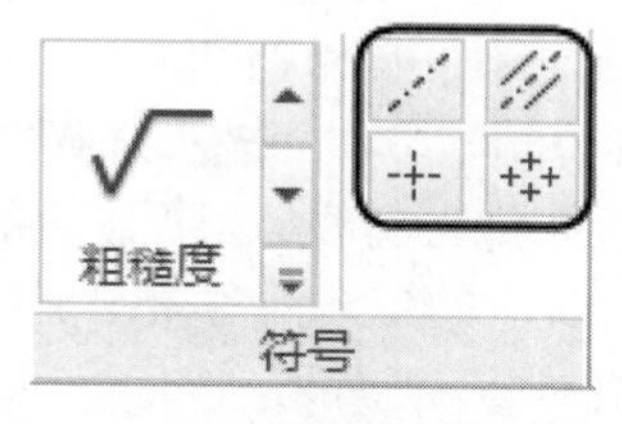

图 10-26　手动中心线功能

- 中心线：实际上是中心连线，要对两个以上的孔做标注，规则是 2 个孔——连线；3 个孔——环形；4 个以上——折叠。
- 对分中心线 ：实际上是“对称中心线”。选定两条线，将创建它们的对称线，用中心线线型。
- 中心标记：只对与圆或者圆弧有效。选定圆或者圆弧，将自动创建十字中心标记线。
- 中心阵列：实际上是环形阵列孔中心线。先选定中心孔，再选定环形阵列的各个孔，Inventor 会给这些孔添加环形阵列中心线。这个功能可以帮助我们解决在草图级别阵列孔的环形阵列中心线的标注。

10.6.8　表格

对 iPart、iAssembly 或 iAssembly 表达的选定工程视图，创建参考表样式进行格式化的表。在创建或放置表的过程中，可以通过从“标注”选项卡的样式列表中选择其他表样式来更改参考的表样式。在工程图中可以创建以下类型的表。

- 常规表：创建具有指定行数和列数的空表，或者可以使用外部.xls、.xlsx 或.csv 文件作为表来源。这些表使用在“对象默认设置”中为“常规表”指定的对象样式和图层。
- 配置表：显示 iPart 或 iAssembly 的配置数据。该表使用在“对象默认设置”中为“配置表”指定的对象样式和图层。
- 折弯表：在选择钣金零件文件作为表来源时创建，其中显示了折弯数据。这些表使用在“对象默认设置”中为“折弯表”指定的对象样式和图层。可以将折弯标识指定为字母或数字（可选）。

> **提示**
> 若要更改表的默认设置，请编辑“表样式”。

1. 创建配置表

配置表显示 iPart 或 iAssembly 的配置数据。该表使用在“对象默认设置”中为“配置表”指定的对象样式和图层。

（1）如果适用，创建一个或多个包含 iPart、iAssembly 或 iAssembly 表达的文件工程视图。

（2）在功能区的“标注”选项卡的“表格”组中选择“表”命令。

（3）如果存在工程视图，请在“表”对话框中单击“选择视图”。在图形窗口中，单击工程视图。还可以单击箭头以从列表中选择文档，或单击“浏览”按钮以导航至其他文件。

（4）如果适用，请单击“列选择器”。在“表列选择器”对话框中，选择“可选的列”窗格中的列，然后单击“添加”按钮将它们添加到“选定的列”窗格中。在默认情况下，只列出在 iAssembly 工厂中指定为关键字的列，并与关键字图标一起显示。

（5）如果适用，请单击“新建列”，将新列添加到左侧窗格中。

（6）单击“上移”或“下移”更改选定列的顺序。列将按列出顺序显示在表中。

（7）单击“确定”按钮关闭对话框，然后在图形窗口中单击以放置该表。该表的左上角将捕捉到选定几何图元，包括边框和标题栏。如果更改图纸大小，请重新放置表。

2. 创建常规表

这些表使用在“对象默认设置”中为“常规表”指定的对象样式和图层。

（1）在功能区的“标注”选项卡的“表格”组中选择“表”命令。

（2）在“表”对话框中，从源列表中选择空表。

（3）指定列数和行数。除非在“表样式”中另行指定，否则默认为 4 列 10 行。

（4）在“标注”选项卡的“格式”组中，将表的“样式”和“图层”分别设定为“按标准”、“对象默认”。如果适用，则请更改这两个设置或其中一个设置。

（5）单击“确定”按钮，将表放置在工程图纸上。如果已指定表标题和列名称，则它们将从表样式衍生而来。

（6）在表上单击鼠标右键，然后在弹出的快捷菜单中选择“编辑”命令。

（7）拖动“编辑表”对话框以调整其大小，以便可以看到所有列。使用“编辑表”对话框中的选项，添加或删除行、列和单元中的数据。

3．创建折弯表

（1）在功能区的“标注”选项卡的“表格”组中选择“表”命令。

（2）在工程图纸上，选择钣金零件的视图。

注意

如果在创建折弯表时选择工程视图，则表中的折弯方向将符合视图中的折弯方向。如果选择钣金零件文件作为折弯表的来源，则在折弯表中将显示默认折弯表方向。若要还原折弯方向，请编辑折弯表，在“折弯方向”列上单击鼠标右键，然后在弹出的快捷菜单中选择“反向”命令。

（3）单击“确定”按钮，将表放置在工程图纸上。放置的表具有默认标题：表格。默认情况下包含以下列：“折弯 ID”、“折弯方向”、“折弯角度”和“折弯半径”。

10.6.9　孔参数表

孔参数表示 Inventor 提供给我们的快速统计和标注孔信息的功能。如果向视图添加孔参数表，则孔标签会与每个选定的孔关联，对应的行会添加到表中。除了单独的孔，孔参数表可以包括拉伸切口（中间平面拉伸除外）及 iFeature、阵列、中心标记和钣金展开模式中的孔。如果在模型中添加、修改或删除了孔，则当工程图更新时，孔参数表也将更新。

注意

要为孔参数表更改默认值，请编辑孔参数表样式。

提示

使用“孔参数表”命令来创建冲压参数表。如果需要，则请更改“孔参数表样式”中的“默认筛选”，以使默认情况下孔参数表中包括恢复的冲压中心。

孔参数有 3 种创建方式，如图 10-27 所示。

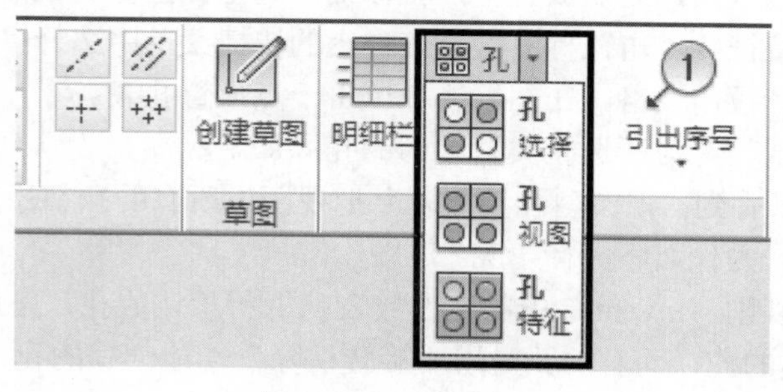

图 10-27　孔表参数

1. 选择型

（1）在功能区的“标注”选项卡的“表格”组中选择“孔选择”命令。

（2）选定要处理的视图，之后放置基准孔标记，确定孔坐标的原点。

（3）接着选定要标注的孔，可以逐个选择，也可以框选，可以选择不同类型的孔。

（4）选择完成后单击鼠标右键，在弹出的快捷菜单中选择“创建”命令，在图纸区域单击一点放置孔表。

（5）这时视图中每个选定孔的旁边将显示孔标志，完成标注。

2. 视图型

（1）在功能区的“标注”选项卡的“表格”组中选择“孔视图”命令。

（2）选定要处理的视图，之后放置基准孔标记，确定孔坐标的原点。

（3）拖动鼠标指针拉出表格，在图纸区域单击一点放置孔表。

（4）这时可以发现该视图上所有的孔都添加了标注，如图 10-28 所示。

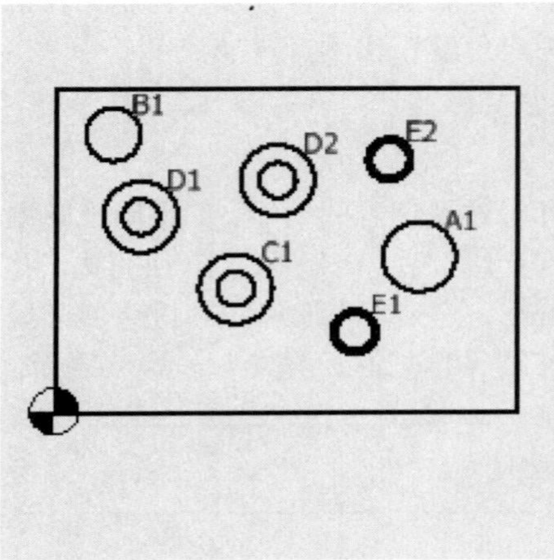

孔参数表

孔	X 距离	Y 距离	描述
A1	19.58	8.68	Ø4 通孔
B1	3.09	15.57	Ø3 通孔
C1	9.7	6.9	Ø2 通孔 ⌴ Ø4
D1	4.59	10.97	Ø2 通孔 ⌴ Ø4 ↧ 2
D2	11.94	12.98	Ø2 通孔 ⌴ Ø4 ↧ 2
E1	16.13	4.43	Ø2 通孔 ⌵ Ø2.5 X 90° 0' 0"
E2	17.97	14.13	Ø2 通孔 ⌵ Ø2.5 X 90° 0' 0"

图 10-28　视图型孔表实例

3. 特征型

（1）在功能区的“标注”选项卡的“表格”组中选择“孔特征”命令。

（2）选择要处理的视图，之后放置基准孔标记，确定孔坐标的原点。

（3）选择一个孔特征，单击鼠标右键，在弹出的快捷菜单中选择“创建”命令。

（4）拖动鼠标指针拉出表格，在图纸区域单击一点放置孔表。

（5）这时可以发现只有与所选孔类型相同的孔添加了标注。

从图 10-28 中可以看到，视图型孔参数表会把视图中所有的孔都添加标注，那么为什么有些时候孔为红色的，为什么不能标出呢？

这是 Inventor 的规则，Inventor 中的孔参数表功能所承认的孔，是用“孔”特征创建或“拉伸切除”特征创建的孔，而有的孔是用“旋转切除”功能创建的孔，在 Inventor 中不承认其他“孔”，所以孔参数表不能标注。

除了旋转切除所得的孔的问题外，该功能还有一个问题就是多次创建孔表的时候，会出现不同的孔重名的现象，这是不合理的。

解决方法：在视图中选定要修改的孔标志，单击鼠标右键，在弹出的快捷菜单中选择“编辑孔标志”命令，弹出“文本格式”对话框，在对话框中修改孔标志，修改完成后单击“确定”按钮即可。

10.6.10　引出序号

创建工程视图后，可以向该视图中的零件和子部件添加引出序号。引出序号就是一个标注标志，用于标识明细栏中列出的项。引出序号的编号与明细栏中的零件编号相对应。如图 10-29 所示为各种引出序号类型。

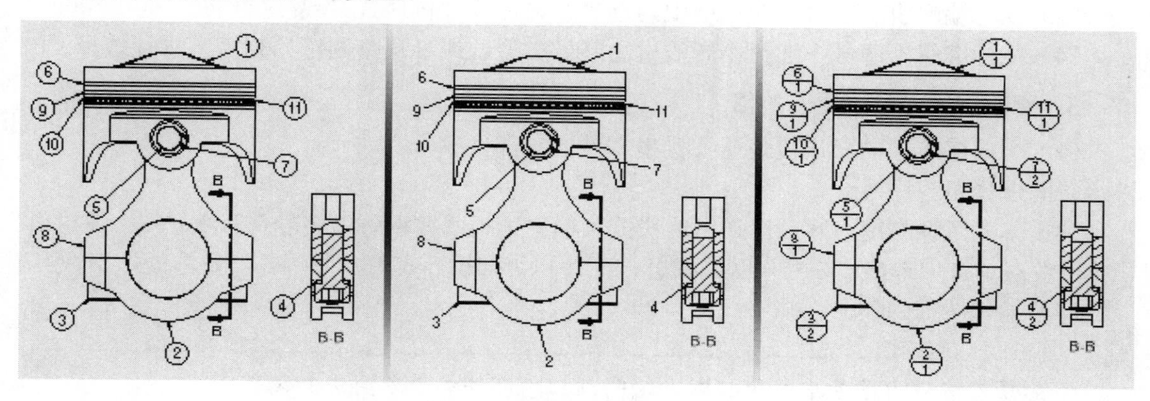

图 10-29　各种引出序号类型

操作流程如下：

（1）在功能区的“标注”选项卡的“表格”组中选择“引出序号”命令。

（2）在图形窗口中，选择视图中要标注引出序号的零件的轮廓线，以设置指引线的起点；同时弹出“BOM 表特性”对话框，如图 10-30 所示。

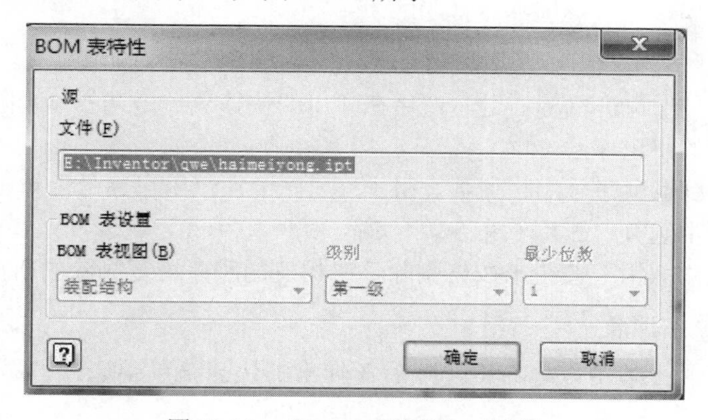

图 10-30　“BOM 表特性”对话框

（3）在“BOM 表特性”对话框的“BOM 表设置”选项组中进行设置。

（4）设置完成后，单击“确定”按钮，关闭“BOM 表特性”对话框。

（5）移动鼠标指针，然后单击以拾取引出序号的位置。

（6）单击鼠标右键，在弹出的快捷菜单中选择“继续”命令，放置该符号。

1. 编辑引出序号

默认的引出序号格式由激活的制图标准中的“对象默认样式”定义。放置引出序号后，可以更改其形状、值、箭头和样式。可以替代引出序号样式设置，但所做的编辑仅保存在当前文档中。要更改引出序号的格式，需要更改引出序号样式并将所做的更改保存到样式库中。

2. 更改引出序号类型

（1）选择引出序号。

（2）单击鼠标右键，然后在弹出的快捷菜单中选择“编辑引出序号”命令。

（3）在“编辑引出序号”对话框中勾选“忽略形状（按样式）”复选框。

（4）从标准引出序号中选择不同的引出序号类型，或者从略图符号列表中进行选择。

3. 更改引出序号中显示的值

（1）引出序号中的默认值是明细栏中零件的零部件编号。

（2）选择引出序号。

（3）单击鼠标右键，然后在弹出的快捷菜单中选择“编辑引出序号”命令。在“编辑引出序号”对话框中单击“序号”以更改引出序号和明细栏，或单击“忽略”仅更改引出序号。

（4）输入所需的值。

注意

如果忽略引出序号中的值，则更改明细栏零部件编号不会更新该值。

4. 更改箭头

（1）在引出序号上单击鼠标右键，然后在弹出的快捷菜单中选择“编辑箭头”命令。

（2）在“改变箭头”对话框中，单击下拉箭头，从弹出的下拉列表中选择箭头样式，然后单击绿色复选标记以应用该样式。

5. 删除引出序号

（1）在引出序号上单击鼠标右键，然后在弹出的快捷菜单中选择“删除”命令。根据需要继续选择要删除的引出序号。

（2）要从多项目引出序号中删除某个引出序号，请在该引出序号上单击鼠标右键，然后在弹出的快捷菜单中选择“删除”命令。

（3）可以单击“撤销”按钮来按与删除顺序相反的顺序恢复删除的引出序号。

6. 为指引线添加顶点

（1）在引出序号上单击鼠标右键，然后在弹出的快捷菜单中选择“添加顶点/指引线”命令。

（2）单击指引线以添加顶点。

（3）拖动顶点以改变指引线线段的长度和位置。

7．对齐工程视图中的引出序号

（1）在图形窗口中，按“Ctrl”键，然后选择要对齐的引出序号。

（2）单击鼠标右键，然后在弹出的快捷菜单中选择“对齐”命令，选择所需的对齐选项。

- 竖直：将引出序号竖直对齐，而不更改引出序号间的距离。
- 水平：将引出序号水平对齐，而不改变引出序号间的距离。
- 竖直偏移：将引出序号竖直对齐并使其间距相等。
- 水平偏移：将引出序号水平对齐并使其间距相等。

> **注意**
> 竖直和水平偏移选项采用关联引出序号样式中的“偏移间距”设置。

10.6.11　自动引出序号

这是对视图进行的操作，可以自动创建这个视图中所有可见零件的引出序号。

操作流程如下：

（1）在功能区的“标注”选项卡的“表格”组中选择“自动引出序号”命令，弹出“自动引出序号”对话框，如图 10-31 所示。

（2）选择要创建引出序号的视图。

（3）选择视图中要创建引出序号的零部件，也可以框选全部可见零件。

（4）定义“BOM 表设置”，大多选择默认设置。

（5）选择放置方式，放置引出序号。

（6）选择引出序号的形状。

（7）单击“确定”按钮完成创建，并关闭对话框；或者单击“应用”→“取消”按钮关闭对话框。

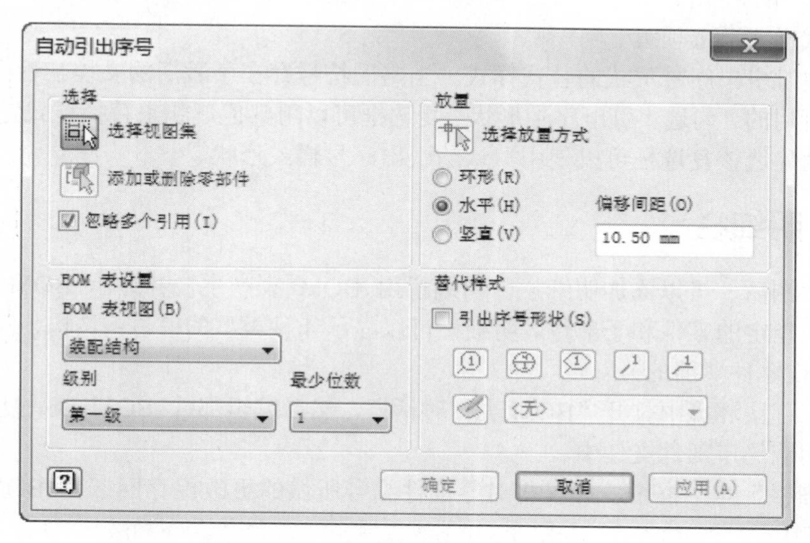

图 10-31　“自动引出序号”对话框

自动引出序号对话框中各项参数意义如下：

1)“选择”选项组

- 选择视图集：设置引出序号零部件编号的来源。
- 添加或删除零部件：向引出序号附件的选择集添加零部件或从中删除零部件。可以通过窗选及按住“Shift”键选择的方式来删除选择的零部件。
- 忽略多个引用：勾选该复选框可以仅在所选的第一个引用上放置引出序号。取消勾选该复选框可以在所有引用上放置引出序号。

2)“BOM 表设置”选项组

大多数情况直接使用默认设置，不用改变，可供选择的设置如图 10-32 所示。

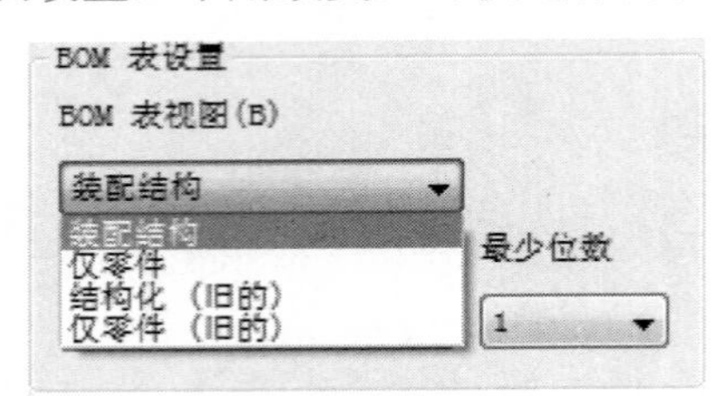

图 10-32 BOM 设置

3)“放置”选项组

- 选择放置方式：这里并不是选择放置方式，而是在放置方式选择完成后，指定关键的放置位置点。
- 环形：引出序号焊符号。
- 水平：引出序号水平排列。
- 竖直：引出序号竖直排列。
- 偏移间距：相邻引出序号之间的距离。如果是 0，则引出序号合并在一起。

4)“替代样式”选项组

提供创建时引出序号形状的替代样式。当略图符号存在于激活的文档工程图资源中时，略图符号是可用的。勾选“引出序号形状”复选框可以用其他形状来替换样式定义的引出序号形状。取消勾选该复选框可以使用默认的引出序号样式形状。

10.6.12 明细栏

创建工程图后，可以添加明细栏。明细栏由 BOM 表产生，并显示 BOM 表数据库中所列的所有或指定的零件和子部件。明细栏可以显示 4 种类型的信息：结构、仅零件、结构化（旧的）、仅零件（旧的）。

可以从工程图环境中打开“BOM 表”对话框，然后编辑部件 BOM 表。所有更改将保存在部件和相应的零部件文件中。

在“明细栏”对话框中，可以将对零部件编号所做的更改保存回部件 BOM 表（不适用于旧明细栏）。

像 BOM 表中显示的那样，“零部件”列显示零部件编号。现在，用户可以根据需要，同时在部件 BOM 表和明细栏中编辑零部件编号。除了已指定为“静态”的值以外，在部件 BOM 表中对零部件编号的更改将在明细栏和引出序号中自动更新。若要根据明细栏中的零部件编号更改来更新部件 BOM 表，请在“明细栏”对话框中单击“将替代项保存到 BOM 表”。

提示

用户可以复制明细栏并将其粘贴到其他图纸或其他工程图中，还可以拖动明细栏。将保留旧明细栏的明细栏替代，但是可以由转换明细栏的本地替代所重写。如果将一张带有明细栏和引出序号的图纸复制到另一张工程图上，则明细栏和引出序号也将一并复制。

明细栏使用在与激活的制图标准关联的明细栏样式中设置的默认格式。如果通过选择某个 iAssembly 成员的视图来创建明细栏，则默认采用视图中该成员的格式。如果已在样式中指定，则成员的 QTY 列会显示在明细栏中。如果通过浏览某个 iAssembly 来创建明细栏，则明细栏默认采用激活成员的格式，如图 10-33 所示。

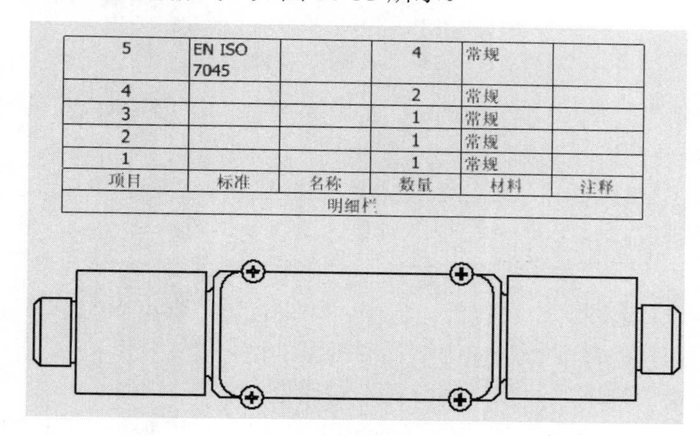

5	EN ISO 7045		4	常规	
4			2	常规	
3			1	常规	
2			1	常规	
1			1	常规	
项目	标准	名称	数量	材料	注释
明细栏					

图 10-33　明细栏

明细栏创建步骤如下：

（1）在功能区的“标注”选项卡的“表”组中选择“明细栏”命令，弹出“明细栏”对话框，如图 10-34 所示。

（2）在“明细栏”对话框中选择明细栏的来源：

- 若要创建工程视图的明细栏，请在图形窗口中选择工程视图。
- 若要从源文件创建明细栏，请在“明细栏”对话框中单击“浏览”按钮，并打开此文件。

（3）选择适当的 BOM 表视图来创建明细栏和引出序号：

- 创建明细栏时可以选择显示的类型之中的“结构化”或“仅零件”，或者两者可以在源部件中禁用。如果选择此选项，则将在源文件中选择“仅零件”BOM 表类型。
- 如果在源文件中已指定“结构化”BOM 表视图，则无法在“明细栏”对话框中更改该视图。

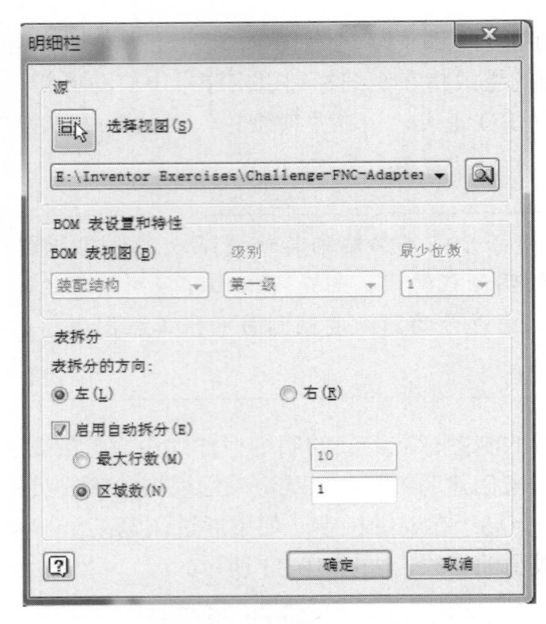

图 10-34 “明细栏”对话框

（4）单击“确定”按钮关闭对话框时，如果参考部件中“BOM 表视图”已关闭，则必要时会提示用户将其打开。

注意

使用这些特性可以设置影响零部件编号的级别和选项。

（5）在“表拆分”选项组中设置拆分方向。如果合适，则可以勾选“启用自动拆分”复选框，然后设置明细栏的最大行数或明细栏要拆分的区域数。

（6）单击“确定”按钮，关闭“明细栏”对话框。

（7）在工程图上要放置明细栏的位置处单击。可以将明细栏捕捉到图纸或标题栏的边或角。

“明细栏”对话框中相关参数的意义如下。

- “源”选项组：明细栏来源有两种可能：本装配工程图中的某个视图和现有的装配文件。
- “BOM 表设置和特性”选项组：在大多数情况下，直接使用默认设置。
- “表拆分”选项组。
  - ➢ 表拆分方向：如果启用了表拆分，则需要确定其拆分方向是向左还是向右。
  - ➢ 启用自动拆分：启用了自动拆分功能后，Inventor 会根据设置在创建明细栏时自动拆分。
  - ➢ 最大行数：自动拆分的依据，拆分后的明细栏中每个区域的行数不得大于该值。
  - ➢ 区域数：自动拆分的依据，拆分后的区域数。

1．转换旧式明细栏

可以手动将旧的明细栏转换为当前类型的明细栏。

转换会更改明细栏的内容。转换时，将应用 BOM 表的对等分组、BOM 表数量替代和 BOM 表结构属性。转换时将放弃合并明细栏。

转换仅保留目标明细栏的替代。将放弃使用相同源的其他明细栏的替代。

注意

浏览器中的明细栏图标与明细栏类型相对应。

- ：表示旧式明细栏。
- ：表示转换后的明细栏。

转换旧的明细栏的步骤如下：

（1）在工程图浏览器或图形窗口中，在旧的明细栏上单击鼠标右键，在弹出的快捷菜单中选择“转换”命令。

（2）明细栏将转换，其在浏览器中的图标将更改。

2．使用明细栏过滤器

使用明细栏过滤器从明细栏中滤掉行。可以为工程图中的特定明细栏定义明细栏过滤器，或为明细栏样式添加明细栏过滤器。

3．过滤工程图中的明细栏

明细栏过滤器从明细栏中滤掉行，但不会更改任何明细栏数据。这意味着，数量值和明细栏替代在应用明细栏过滤器后将保持不变。

过滤工程图中的旧明细栏的步骤如下：

（1）在图形窗口中的明细栏上单击鼠标右键，然后在弹出的快捷菜单中选择“编辑明细栏”命令。

（2）在“编辑明细栏”对话框中单击“过滤器设置”，以打开“过滤器设置”对话框。

（3）定义新明细栏过滤器：

① 在“定义过滤器项”中选择过滤器类型，系统将显示相应的过滤器选项。

② 设定过滤器选项并单击“添加过滤器”。若要取消选择，请单击“清除过滤器”。

提示

在“过滤器设置”对话框中选择“过滤器”选项编辑明细栏过滤器。

（4）要编辑过滤器，请在过滤器列表字段中的过滤器上单击鼠标右键，在弹出的快捷菜单中选择“编辑”命令。更改过滤器选项，然后单击“添加过滤器”以确认更改。

（5）要从列表中删除过滤器，请在过滤器列表字段中的过滤器上单击鼠标右键，在弹出的快捷菜单中选择“删除”命令。

（6）在过滤器列表中，取消勾选不想应用的过滤器的复选框。

（7）要将所选的过滤器应用到明细栏，请让复选框保持选中状态。要禁用所有明细栏过滤器，请取消勾选该过滤器的复选框。

（8）单击“确定”按钮关闭“过滤器设置”对话框。

将应用到明细栏行上的过滤器会显示在“编辑明细栏”对话框中。单击“应用”按钮以更新工程图中的明细栏。

4．在明细栏样式中定义明细栏过滤器

定义在明细栏样式中的明细栏过滤器，可用于工程图中使用该特定明细栏样式的所有明细栏。如果在样式中禁用了“过滤器”选项，则默认情况下不会应用过滤器，但仍可供以后使用。

在明细栏样式中定义明细栏过滤器的步骤如下：

（1）在功能区的“管理”选项卡的“样式和标准”组中选择“样式编辑器”命令。

（2）在“样式与标准编辑器”对话框中展开“明细栏”条目，然后选择明细栏样式。

（3）在“明细栏样式”面板中单击“过滤器设置”。

（4）在“过滤器设置”对话框中定义明细栏过滤器：

① 在“定义过滤器项”中选择过滤器类型。系统将显示相应的过滤器选项。

② 设定过滤器选项并单击“添加过滤器”。若要取消选择，请单击“清除过滤器”。

> 提示
>
> 在“过滤器设置”对话框中选择“过滤器”选项编辑明细栏过滤器。

（5）如果需要编辑或删除在过滤器列表中可用的过滤器：

① 要编辑过滤器，请在该过滤器上单击鼠标右键，并在弹出的快捷菜单中选择“编辑”命令。更改过滤器选项，然后单击“添加过滤器”以确认更改。

② 要从列表中删除过滤器，请在该过滤器上单击鼠标右键，并在弹出的快捷菜单中选择“删除”命令。

（6）为过滤器明细栏设置默认设置：

① 在过滤器列表字段中，取消勾选不想在默认情况下应用的过滤器的复选框。

② 要在默认情况下禁用所有明细栏过滤器，请取消勾选该过滤器的复选框。要将所选的过滤器在默认情况下应用到明细栏，请让复选框保持选中状态。

（7）单击“确定”按钮，关闭“过滤器设置”对话框。

（8）在样式和标准编辑器中单击“保存”按钮，以保存更改。

第 11 章　钣金设计

本章学习目标

- 掌握使用钣金造型工具创建钣金特征的方法。
- 掌握使用钣金切割工具创建切割特征。
- 掌握钣金展开模式的使用方法。
- 了解镜像钣金特征的应用。
- 掌握钣金冲压工具的使用方法。
- 熟悉钣金轮廓旋转的使用方法。
- 掌握使用钣金放样特征。
- 掌握使用接缝特征。
- 熟悉钣金展开/重新折叠的特性。
- 熟悉钣金折弯顺序标注的方法。

11.1　钣金设计环境

11.1.1　钣金设计入口

Inventor 提供了两种进入钣金设计环境的方式：

- Inventor 提供了专业的钣金设计模板 Sheet Metal（mm）.ipt，如图 11-1 所示，新建文件时，直接选择该模板，双击直接进入钣金设计环境。

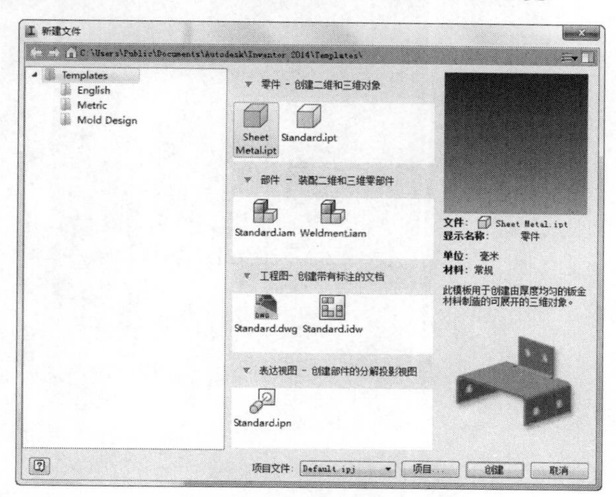

图 11-1　钣金模板

- 新建文件时，选择 Standard（mm）.ipt 模板，如图 11-2 所示，双击模板进入零件环境，在功能区的“模型”选项卡的“转换”组中单击“转化为钣金”按钮，如图 11-3 所示。将弹出提示对话框，如图 11-4 所示，提示用户设定零件的厚度与钣金样式中的厚度一致才能正确展开零件，确认后就可以进入钣金设计环境，如图 11-5 所示。

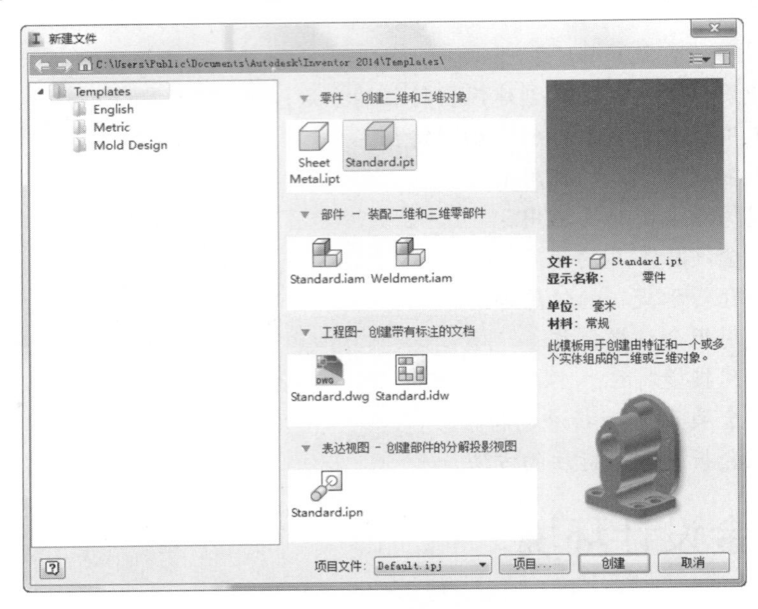

图 11-2 零件模板

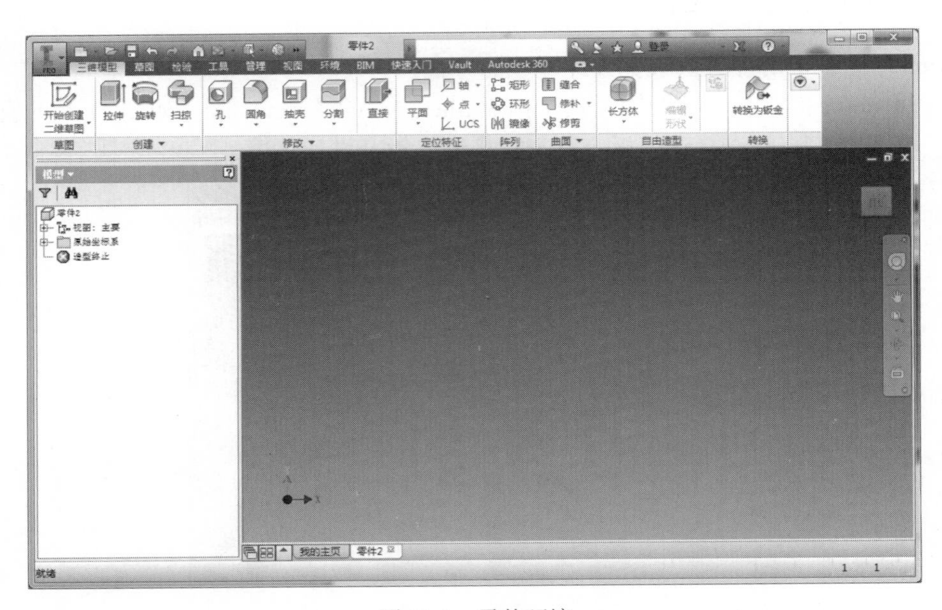

图 11-3 零件环境

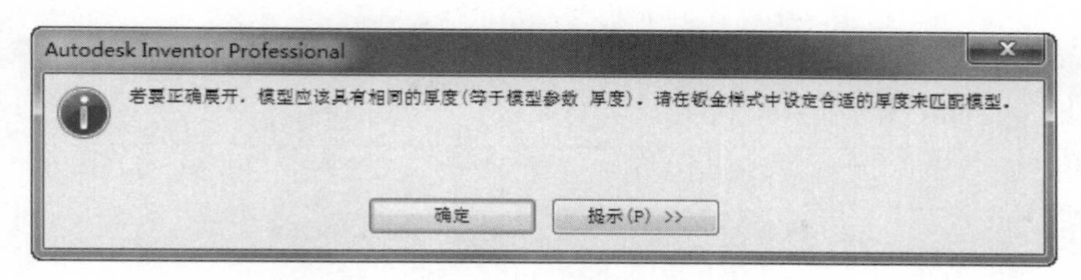

图 11-4 钣金环境

图 11-5 钣金设计环境

通过零件环境进入钣金环境时，要确保零件模型中的模型厚度等于钣金中的“厚度”，这样，零件环境下的模型才能按钣金的展开规则展开。当然要能正确展开零件模型，该零件模型必须符合钣金的展开规则。

钣金设计环境包含“钣金”选项卡、折叠模型和展开模式浏览树。

11.1.2 钣金设计工具面板

钣金设计环境的功能区中包含“钣金”、“三维模型”、“检验”、“工具”、“管理”、“视图”、“环境”和“快速入门”等选项卡。其中“钣金”选项卡下包含“草图”、“创建”、“修改”、“定位特征”、“阵列”、“设置”和“展开模式”组，如图 11-6 所示。其他选项卡同 Inventor 零件环境，这里不再赘述。

图 11-6 “钣金”选项卡

Inventor 钣金工具主要在“钣金”选项卡下的“创建”组和“修改”组中。同时还提供了“设置”及“展开模式”组，如图 11-7 所示。

图 11-7 “钣金”选项卡中的命令

当选择“创建展开模式”命令时，Inventor 将钣金零件展开，同时进入钣金的展开模式，在该模式下有“示意折弯线”、“冲压工具”、“钣金默认设置”、“折弯顺序标注”及“转至折叠零件”钣金命令，其他命令同 Inventor 零件命令。通过这些命令，可以对钣金的展开模式进行编辑，如图 11-8 所示。当然还可以选择“转至折叠零件”命令返回钣金设计环境。

图 11-8 钣金的展开模式

11.2 创建钣金特征

1. 平板

“平板”特征是 Inventor 所有钣金特征中最基础的特征，用来创建钣金件中的平板部分，特别是钣金件中的第一个特征，是 Inventor 钣金特征中最常见的命令之一。该命令位于“钣金”选项卡的“创建”组中，如图 11-9 所示。选择“平板”命令，弹出“面”对话框，如图 11-10 所示。

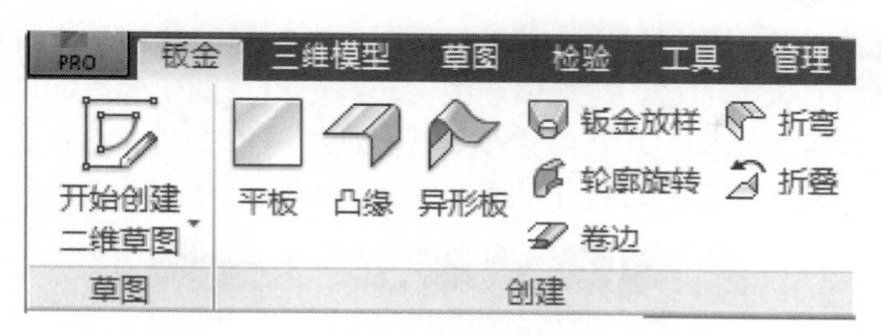

图 11-9　平板命令

图 11-10　“面”对话框

1）几何定义

该特征以草图轮廓为基础，按照设定的参数创建一块平板。可以作为模型的第一个特征，也可以再次创建，可与已有平板制作成连接结构。如果钣金环境中没有可利用的草图，那么启动“平板”命令时，Inventor 将弹出提示框，提示用户当前零件上没有可使用的草图。

2）参数

“平板”的参数包含“形状”选项卡下的截面轮廓、偏移、折弯及“展开选项”选项卡和“折弯”选项卡。

- 截面轮廓（P）：选定草图截面轮廓，如果草图中只有一个截面轮廓，则 Inventor 默认将其选中。如果草图中含有多个截面轮廓，那么用户需要手动选择一个截面轮廓作为平板的轮廓。
- 偏移（O）：平板厚度的方向选择。单击该按钮将切换平板的厚度方向。
- 折弯：如果创建第一个特征为平板特征，则折弯选项为灰显，即不能设定折弯参数，因为此时没有折弯结构。但如果已经创建了基础特征，那么继续创建的平板可以直接与基础特征生成折弯结构。

当从草图创建第二块平板时，选择截面轮廓后，在折弯参数中确定折弯半径，然后指定折弯的边，即选择已有模型的边。如果该选中的边与平板草图轮廓有间距（见图 11-11），则平板命令将自动填补连接结构完成折弯造型。折弯连接结构有两种方式：与侧面对齐的延伸折弯和与侧面垂直的延伸折弯，如图 11-12 和图 11-13 所示。

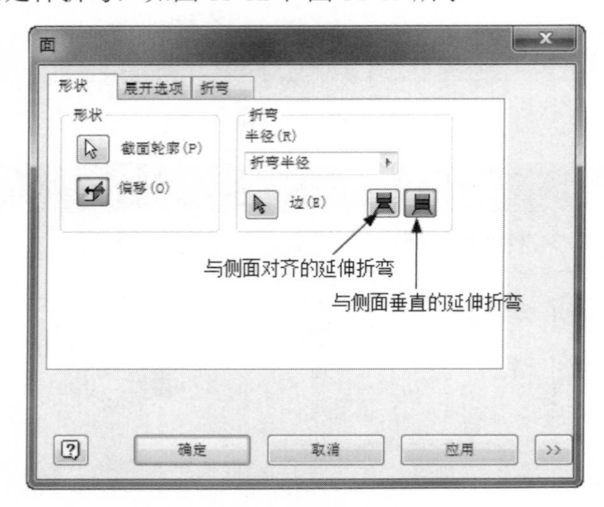

图 11-11 平板折弯选项

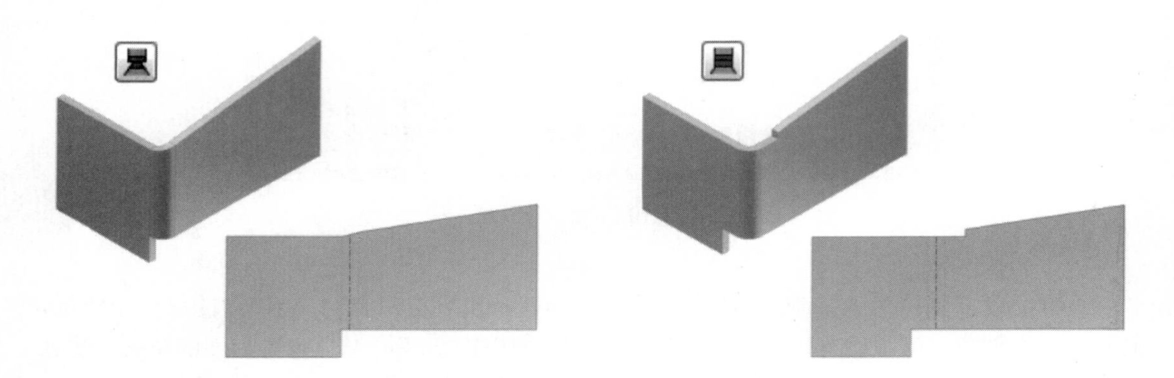

图 11-12 与侧面对齐的延伸折弯图　　11-13 与侧面垂直的延伸折弯

即使折弯方式都选择“与侧面对齐的延伸折弯”，在“折弯”选项卡中选择不同的“折弯过渡（T）”，零件的翻折模型和展开情况也不一样。

当创建带有折弯的平板特征时，可以在“展开选项”中为该折弯指定展开规则，如图 11-14 左图所示。同样，可以在“折弯”选项卡中为该折弯指定释压形状、折弯过渡和设定相关参数的值，如图 11-14 右图所示。

另外，当创建多个折弯的平板特征时，可以在“平板”对话框中设定双向折弯的方式。

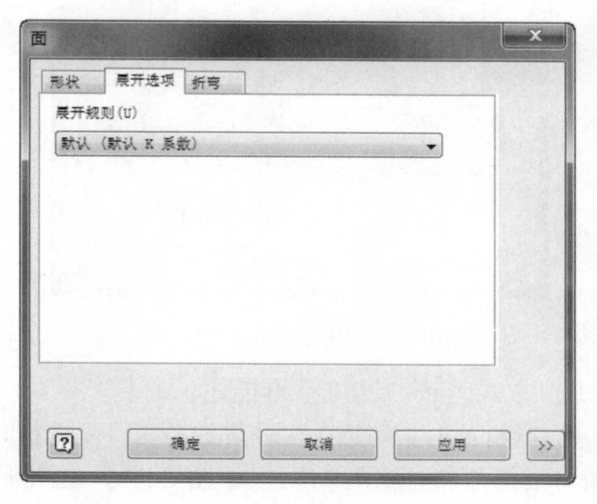

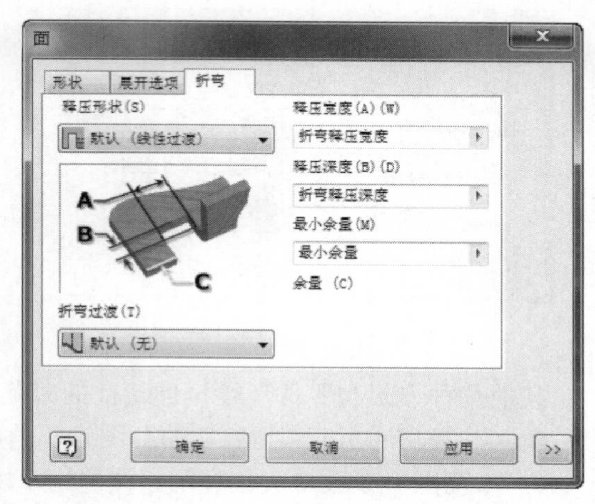

图 11-14　平板的其他设置

2. 剪切

剪切特征是 Inventor 钣金特征中常用的去除材料的特征，用来创建钣金件中孔、槽等部分。该命令位于“钣金”选项卡下的“修改”组中，如图 11-15 所示；选择“剪切”命令，将弹出“剪切”对话框，如图 11-16 所示。

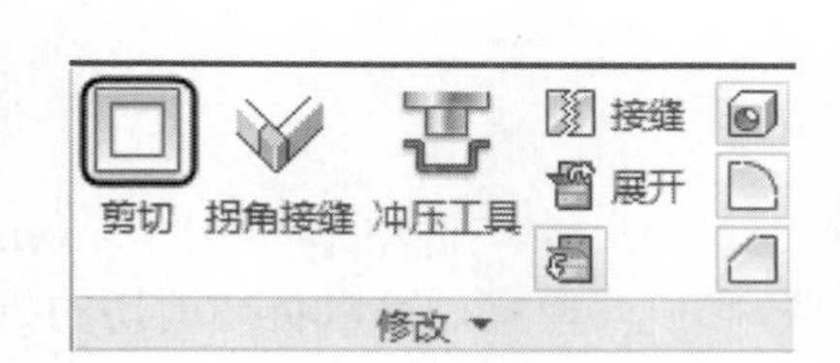

图 11-15　“剪切”命令

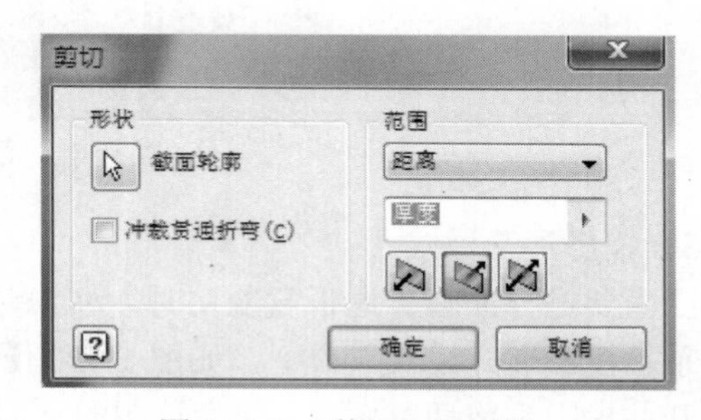

图 11-16　“剪切”对话框

1）几何定义

剪切特征主要基于草图轮廓来定义剪切区域，然后根据相应的参数设置去除材料，创建一个剪切特征。剪切特征不仅可以创建简单的单面剪切，还可以将剪切特征贯通折弯特征。

2）参数

如图 11-16 所示，剪切特征设置包含截面轮廓、冲裁贯通折弯、范围的终止方式及终止方向。

- 截面轮廓：选定草图截面轮廓，如果草图中只有一个截面轮廓，则 Inventor 默认将其选中。如果草图中含有多个截面轮廓，则用户需要手动选择一个或多个截面轮廓作为剪切的轮廓。
- 范围：如图 11-17 所示，范围包含距离、到平面或表面、到、从表面到表面和贯通。“距离”为剪切特征默认方式，距离值为厚度参数。如果输入任意距离值，那么该剪切特征将等效于一般拉伸特征布尔减操作，如图 11-18 所示，用来控制剪切的方向。

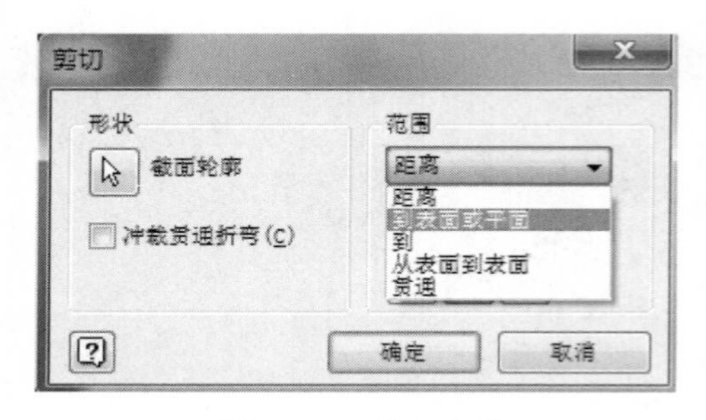

图 11-17　剪切范围　　　图 11-18　将范围设置为距离

其他几种方式与零件环境拉伸特征的“范围”方式一致，这里不再描述。

- 冲裁贯通折弯：当剪切的草图轮廓跨越折弯特征时，勾选“冲裁贯通折弯”复选框，“范围”参数将灰色显示。该剪切草图将沿折弯特征进行剪切，如图 11-19 左图所示。剪切结果如图 11-19 右图所示。

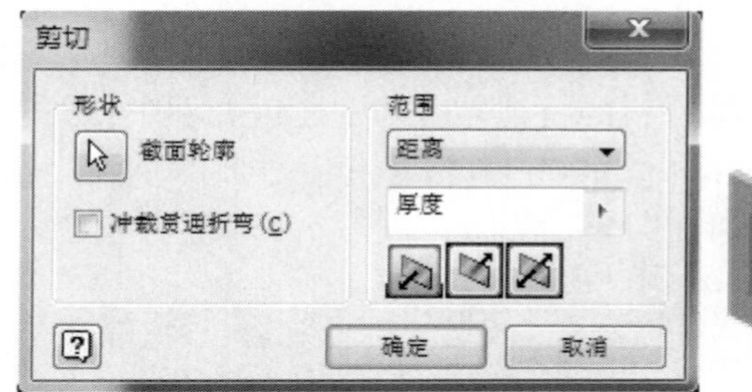

图 11-19　冲裁贯通折弯

3）投影展开模式

当需要进行冲裁贯通折弯剪切时，为了能得到精确的草图尺寸，在草图环境中，Inventor 提供了“投影展开模式”命令，如图 11-20 所示。通过投影展开模式，可以将待剪切的折弯面展开并投影到剪切草图中，作为草图的几何参考。同时可以将剪切草图与展开面形成关联关系。

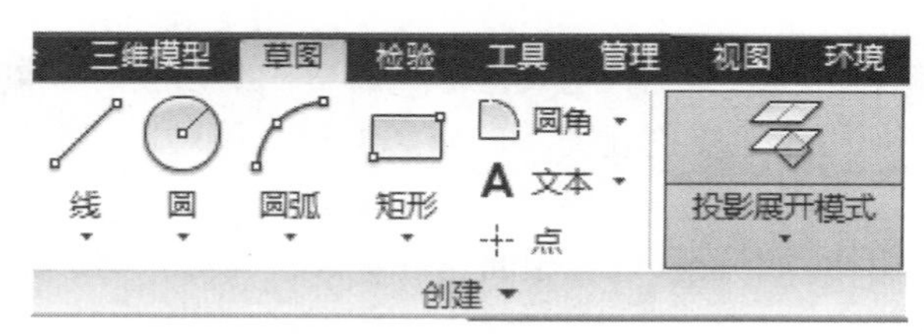

图 11-20　投影展开模式

3．折叠

折叠特征是基于草图直线将平板模型沿该直线进行折弯的一种钣金特征。该特征不会增加材料或减少材料。“折叠”命令位于“钣金”选项卡下的“创建”组中，如图 11-21 所示。

“折叠”特征的草图线必须与平板模型的边界相交，才能被选中作为“折弯线”，如图 11-22 所示。

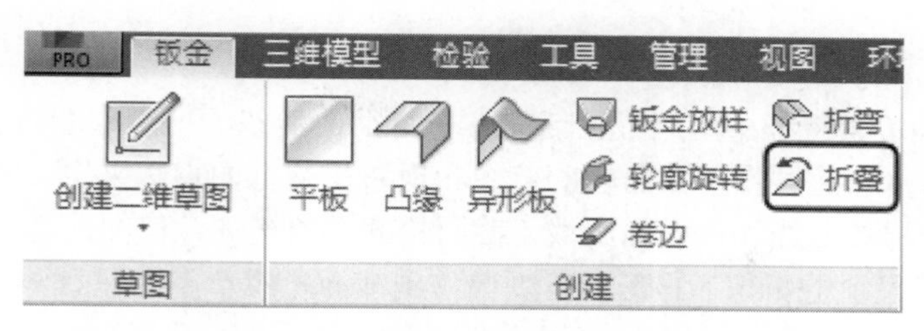

图 11-21　“折叠”命令

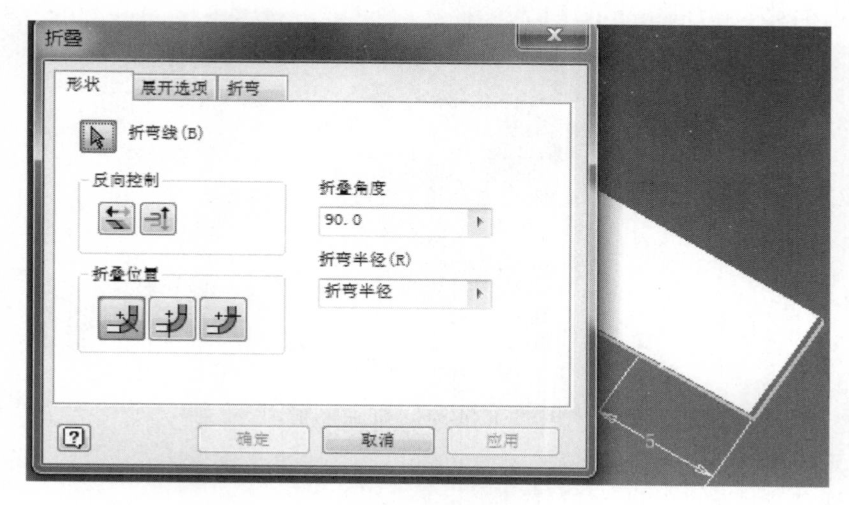

图 11-22　折叠特征

1）几何定义

在平板上沿折弯直线将平板进行折叠的钣金操作。通过该特征创建的折弯，其展开后的形状与折弯前一致。

2）参数

折叠特征的控制参数包含折弯线、反向控制、折叠位置、折叠角度和折弯半径。另外还包含“展开选项”、“折弯”选项卡，如图 11-22 所示。

- 折弯线：折叠特征一次只能选择一条折弯直线。当选中一条直线后，将不能再选择其他直线。
- 反向控制：折叠特征有两个反向控制按钮和，其中控制折叠时反转到对侧，即控制折叠时的固定面，控制折叠方向。
- 折叠位置：折叠位置用来精确控制折弯圆弧的位置。这里有 3 个按钮：折弯中心线、折弯起始线和折弯终止线。图标中红色线为我们选择的草图直线。
- 折叠角度：输入需要折叠的角度值。
- 折弯半径：输入折叠时折弯过渡的半径，Inventor 默认为“折弯半径”参数，其值为“厚度”。如果更改这个折弯半径，必须考虑是否能够相应更改该折弯半径对应的折弯展开 *K* 系数。

4．异形板

异形板特征是钣金特征中应用最灵活的一个特征，能基于任意草图线生成异形板。

如图 11-23 所示，通过使用截面轮廓草图和现有平板上的直边来定义异形板。截面轮廓草图由线、圆弧、样条曲线和椭圆弧组成。截面轮廓中的连续几何图元会在轮廓中产生符合钣金样式的折弯半径值的折弯。异形板可以偏移到截面轮廓草图的任意一边。可以使用草图截面轮廓作为凸缘中间平面来创建异形板。当异形板可以用作设计的基础特征时，系统将提供距离参数而不是边选择。

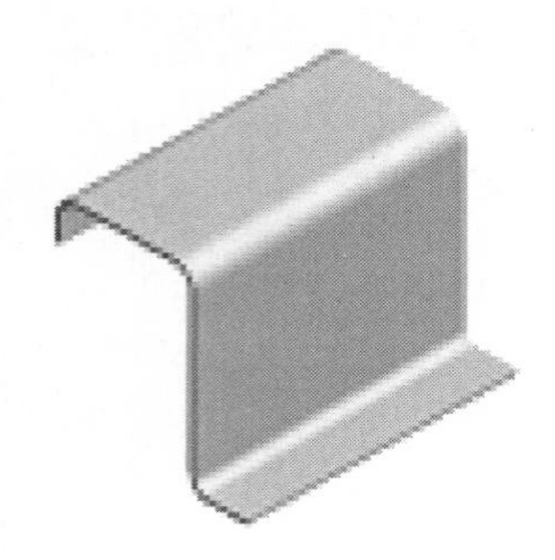

图 11-23　异形板

与凸缘特征一样，可以通过使用以下条件创建异形板：

- 特定距离。
- 由现有特征定义的自/至位置。
- 从选定边的任一端或两端偏移。

根据需要，通过选择多条独立边或平面周围的整个边回路来创建异形板。使用多条边创建的异形板可以使用由钣金样式指定的拐角选项，并可以自动被斜接。

为多边异形板选择边时，在图形窗口中，沿折弯和创建的凸缘共享拐角处会显示编辑图示符。这些图示符可以通过“折弯编辑”或“拐角编辑”功能来更改特征的默认折弯宽度和拐角参数。所有折弯宽度和拐角参数还可以通过使用“重置所有折弯”或“重置所有拐角”功能重置为默认的特征样式。

通过勾选“应用自动斜接”复选框（在“异形板”对话框的“拐角”选项卡下）创建的多边异形板会从两个凸缘上修剪材料（可能已经沿每个凸缘端进行干涉）。

1）创建钣金异形板

使用“异形板”可以创建由多条线、圆弧、样条曲线或椭圆弧定义的凸缘。只有当零件中存在未使用的开放截面轮廓时，此命令才可用。

2）创建一个异形板作为基础特征

（1）在功能区的“钣金”选项卡的“创建”组中选择“异形板”命令。

（2）单击开放的截面轮廓。

（3）可以预览凸缘材料厚度。根据需要，可以指定材料厚度沿着选定截面轮廓的对侧创建。选择中间按钮（位于边选择字段下方）。通过选择右侧的按钮可以将选定的截面轮廓用作材料中间平面。

（4）接受默认折弯半径，如果需要与当前钣金样式不同的折弯，也可以指定一个折弯半径。

（5）在“范围”下指定拉伸距离，并设置相对于截面轮廓草图平面的拉伸方向。

（6）单击“确定”按钮。

3）沿边创建异形板

（1）在功能区的“钣金”选项卡的“创建”组中选择“异形板”命令。

（2）收到提示时，请选择开放的截面轮廓。

（3）系统将提示用户：选择边（请参见以下提示）。选择边后，异形板将使用默认参数沿选定的边进行预览。

提示

选择其他边，以沿多条边创建单个异形板特征。

沿选定的截面轮廓向选定边的材料创建凸缘材料厚度。根据需要，可以指定远离选定的截面轮廓，相对于选定边的材料创建材料厚度。选择中间按钮（位于边选择字段下方）。通过选择右侧的按钮可以将选定的截面轮廓用作材料中间平面。

（4）使用默认的折弯半径或输入一个新值。

（5）根据需要，通过选择对话框中的选项卡并根据需要更改参数，以修改不同于“钣金样式”定义的选项的“展开选项”、“折弯”或“拐角”设置。

（6）单击“应用”按钮继续添加异形板，或单击“确定”按钮关闭对话框。

边选择注释：

- 为异形板选择的边必须垂直于截面轮廓草图平面。
- 如果存在以下情况，则不能选定多条边：
  - ➢ 截面轮廓草图的起点或终点与选定的第一条边定义的无限长直线不重合。
  - ➢ 将范围选项（在“更多”选项卡下）设置为“宽度”、“偏移”、“从表面到表面”或“距离”。
  - ➢ 选定的截面轮廓包含非直线或非圆弧段的几何图元。
- 从多边集中取消选定的边后，无法取消符合上述条件的主要边。

提示

如果需要，单击“距离”、“角度”或“折弯半径”字段中的右箭头，以使用“测量”、“显示尺寸”或“列出参数”来设置相应的值。

4）创建具有自动斜接的多边异形板

（1）在功能区的“钣金”选项卡的“创建”组中选择“异形板”命令。

（2）收到提示时，请选择边。选择多条边，然后使用输入的值来创建凸缘。

将使用默认参数沿选定边预览异形板。请注意，共享常用拐角的异形板将根据需要自动显示全部斜接或部分斜接。

注意

如果相邻异形板没有预览斜接拐角，请验证是否勾选了“异形板”对话框的“拐角”选项卡中的“应用自动斜接”复选框。

（3）根据需要，修改所有异形板参数。这些参数将应用到创建的每个异形板。

（4）单击“应用”按钮，以使用替换参数继续添加其他异形板，或单击“确定”按钮，创建已预览的异形板，然后关闭对话框。

5）绕边回路创建异形板

（1）在功能区的“钣金”选项卡的“创建”组中选择“异形板”命令。

（2）收到提示时，请选择开放的截面轮廓。

（3）系统将提示用户选择边。

（4）在“异形板”对话框中单击“回路选择模式”。

（5）收到提示时，请选择边回路。

现在异形板将使用默认参数绕选定的边回路进行预览。

沿选定截面轮廓向选定边的材料创建凸缘材料厚度。根据需要，可以指定远离选定的截面轮廓，相对于选定边的材料创建材料厚度。选择中间按钮（位于边选择字段下方）。通过选择右侧的按钮可以将选定的截面轮廓用作材料中间平面。

（6）使用默认的折弯半径或输入一个新值。

（7）根据需要，通过选择对话框中的选项卡并根据需要更改参数，以修改不同于“钣金样式”定义的选项的“展开选项”、“折弯”或“拐角”设置。

（8）单击“应用”按钮继续添加异形板，或者单击“确定”按钮创建预览的凸缘并关闭对话框。

回路选择注释：

截面轮廓草图必须和回路的任意一边（不必是选择回路所使用的边）重合和垂直。

- 可以在单个异形板特征内组合单边和回路选择。
- 如果存在以下情况，则不能选定多条边：
  - 截面轮廓草图的起点或终点与选定的第一条边定义的无穷直线不重合。
  - 将范围选项（在“更多”选项卡下）设置为“宽度”、“偏移量”、“从表面到表面”或“距离”。
  - 选定的截面轮廓包含非直线或圆弧段的几何图元。
- 在从多边集中取消选定边后，无法取消符合上述条件的主要边的选择。

注意

- 选择一个复杂回路并取消选择各条边会比手动选择所需的边要快。选择回路并在预览凸缘后，选择“边选择模式”，然后按住“Ctrl”键选择要取消的边。
- 如果需要，单击“距离”、“角度”或“折弯半径”字段中的右箭头，以使用“测量”、“显示尺寸”或“列出参数”来设置相应的值。

6）创建特定宽度的异形板

（1）在功能区的“钣金”选项卡的“创建”组中选择“异形板”命令。

（2）收到提示时，请选择开放的截面轮廓。

（3）系统将提示选择边（尽管可以选择多条边，但在创建特定宽度的凸缘时，必须只选择一条边）。选择边后，异形板将使用默认参数沿选定的边进行预览。

沿选定截面轮廓向选定边的材料创建凸缘材料厚度。根据需要，可以指定远离选定的截面轮廓，相对于选定边的材料创建材料厚度。选择中间按钮（位于边选择字段下方）。通过选择右侧的按钮可以将选定的截面轮廓用作材料中间平面。

（4）使用默认的折弯半径或输入一个新值。

（5）单击对话框右下方的“更多”按钮。

（6）选择范围为“宽度”。

（7）在“宽度”字段中输入宽度值。

如果异形板位于选定边的中心，则可以继续；否则，可以选择对话框中的“偏移量”选项，并从凸缘偏移的选定边上选择一个起点。为自选定点的偏移量输入值并且可根据需要反转偏移方向。

（8）根据需要，通过选择对话框中的选项卡并根据需要更改参数，以修改不同于“钣金样式”定义的选项的“展开选项”、“折弯”或“拐角”设置。

（9）单击“应用”按钮继续添加异形板，或单击“确定”按钮关闭对话框。

注意

为异形板选择的回路平面必须垂直于截面轮廓草图平面。

提示

如果需要，可单击“距离”、“角度”或“折弯半径”字段中的右箭头，以使用“测量”、“显示尺寸”或“列出参数”来设置相应的值。

7）创建偏移宽度的异形板

（1）在功能区的“钣金”选项卡的“创建”组中选择“异形板”命令。

（2）收到提示时，请选择开放的截面轮廓。

（3）当前系统提示用户：选择边（尽管可以选择多条边，但是在创建偏移宽度的异形板时，必须只选择一条边）。选择边后，异形板将使用默认参数沿选定的边进行预览。

沿选定截面轮廓向选定边的材料创建凸缘材料厚度。根据需要，可以指定远离选定的截面轮廓，相对于选定边的材料创建材料厚度。选择中间按钮（位于边选择字段下方）。通过选择右侧的按钮，可以将选定的截面轮廓用作材料中间平面。

（4）使用默认的折弯半径或输入一个新值。

（5）单击对话框右下方的“更多”按钮。

（6）选择范围为“偏移”。

（7）将自动选择边的起始顶点和终止顶点。

（8）若要更改起始参考，请单击“偏移量 1”，然后选择凸缘开始偏移的工作点、工作平面或面。输入第一个偏移距离的值。

（9）若要更改终止参考，请单击“偏移量 2”，然后选择凸缘开始偏移的工作点、工作平面或面。输入第二个偏移距离的值。

（10）根据需要，通过选择对话框中的选项卡并根据需要更改参数，以修改不同于“钣金样式”定义的选项的“展开选项”、“折弯”或“拐角”设置。

（11）单击“应用”按钮继续添加异形板，或单击“确定”按钮关闭对话框。

注意

为异形板选择的回路平面必须垂直于截面轮廓草图平面。

- 如果需要，则单击“距离”、“角度”或“折弯半径”字段中的右箭头，以使用“测量”、“显示尺寸”或“列出参数”来设置相应的值。
- 当定义范围时，支持选择与基础面的边相交的现有平面。

8）创建由自/至选择定义的异形板

（1）在功能区的“钣金”选项卡的“创建”组中选择“异形板”命令。

（2）收到提示时，请选择开放的截面轮廓。

（3）现在系统提示用户：选择边（尽管可以选择多条边，但是在创建异形板“自/至”时，必须只选择一条边）。选择边后，异形板将使用默认参数沿选定的边进行预览。

沿选定截面轮廓向选定边的材料创建凸缘材料厚度。根据需要，通过选择中间按钮（位于“边选择”字段的下面）来远离选定的截面轮廓（相对于选定边的材料）创建材料厚度。通过选择右侧的按钮，可以将选定的截面轮廓用作材料中间平面。

（4）使用默认的折弯半径或输入一个新值。

（5）单击对话框右下方的“更多”按钮。

（6）选择范围为“从表面到表面”。

（7）在对话框中单击“偏移量 1”，然后选择定义凸缘起始位置的模型几何图元。

（8）在对话框中单击“偏移量 2”，然后选择定义凸缘结束位置的模型几何图元。

（9）根据需要，通过选择对话框中的选项卡并根据需要更改参数，以修改不同于“钣金样式”定义的选项的“展开选项”、“折弯”或“拐角”设置。

（10）单击“应用”按钮继续添加异形板，或单击“确定”按钮关闭对话框。

提示

为异形板选择的回路平面必须垂直于截面轮廓草图平面。

- 如果需要，则单击“距离”、“角度”或“折弯半径”字段中的右箭头，以使用“测量”、“显示尺寸”或“列出参数”来设置相应的值。
- 当定义范围时，支持选择与基础面的边相交的现有平面。

9）创建特定距离的异形板

注意

尽管此选项通常在将异形板定义为基础特征时使用，但是在异形板比选定边长或没有选择任何边时也很有用。

（1）在功能区的“钣金”选项卡的“创建”组中选择“异形板”命令。

（2）收到提示时，请选择开放的截面轮廓。

沿选定截面轮廓向选定边的材料创建凸缘材料厚度。根据需要，可以指定远离选定的截面轮廓，相对于选定边的材料创建材料厚度。选择中间按钮（位于边选择字段下方）。通过选择右侧的按钮，可以将选定的截面轮廓用作材料中间平面。

（3）使用默认的折弯半径或输入一个新值。

（4）单击对话框右下方的“更多”按钮。

（5）选择范围为“距离”。

（6）输入一个距离值。

（7）根据需要修改相对于截面轮廓草图平面的距离方向。

（8）根据需要，通过选择对话框中的选项卡并根据需要更改参数，以修改不同于“钣金样式”定义的编辑的“展开选项”、“折弯”或“拐角”设置。

（9）单击“应用”按钮继续添加异形板，或单击“确定”按钮关闭对话框。

注意

为异形板选择的回路平面必须垂直于截面轮廓草图平面。

提示

如果需要，则可单击“距离”、“角度”或“折弯半径”字段中的右箭头，以使用“测量”、“显示尺寸”或“列出参数”来设置相应的值。

5．冲压工具

冲压工具的特征是预先定义好的冲压型孔及冲压成型特征。当我们要使用该冲压特征时，可以在已有板的基础上，创建一个草图点，并以该草图点为基准，选择该冲压工具，然后将其插入。

这样的特征也可以被进一步阵列处理。冲压工具原型是 iFearture，Inventor 预先定义了若干冲压工具。冲压工具位于“钣金”选项卡下的“修改”组中，如图 11-24 所示。

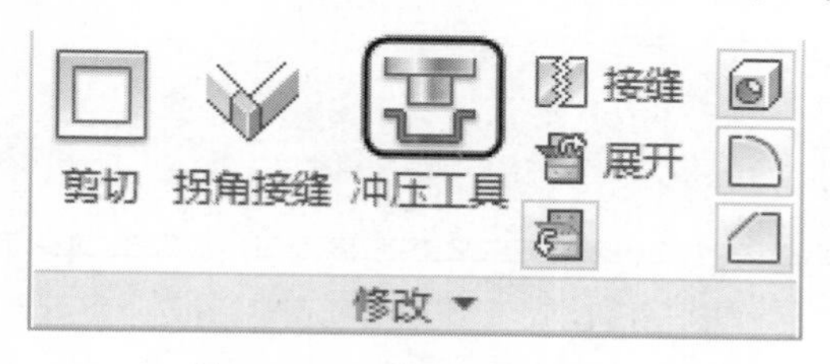

图 11-24 “冲压工具”命令

1）几何定义

冲压工具基于草图点来放置，因此在放置冲压工具之前，需要了解冲压工具的放置点位置，然后根据冲压工具放置点的位置来创建精确的草图点，以便匹配冲压工具。如图 11-25 所示，需要先选择要使用的冲压工具，然后打开冲压工具，弹出“冲压工具”对话框，如图 11-26 所示。

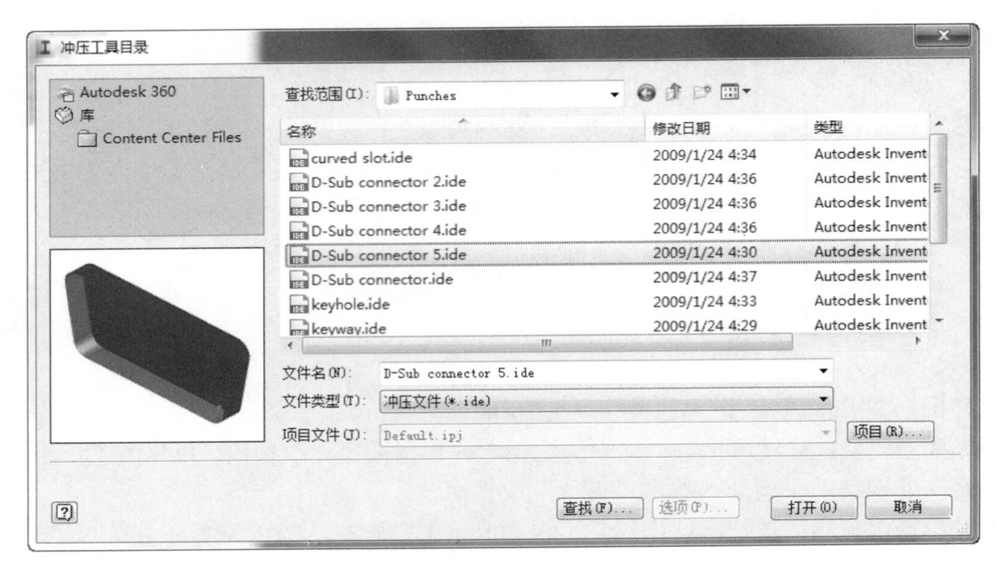

图 11-25　选择要使用的冲压工具

图 11-26　“冲压工具”对话框

2）参数

“冲压工具”对话框中包含“预览”、“几何图元”和“规格”选项卡。

- 预览：可以将冲压工具目录下的所有冲压工具列在列表中。选择需要的冲压工具，可以在对话框和 Inventor 窗口中进行预览，如图 11-27 所示。

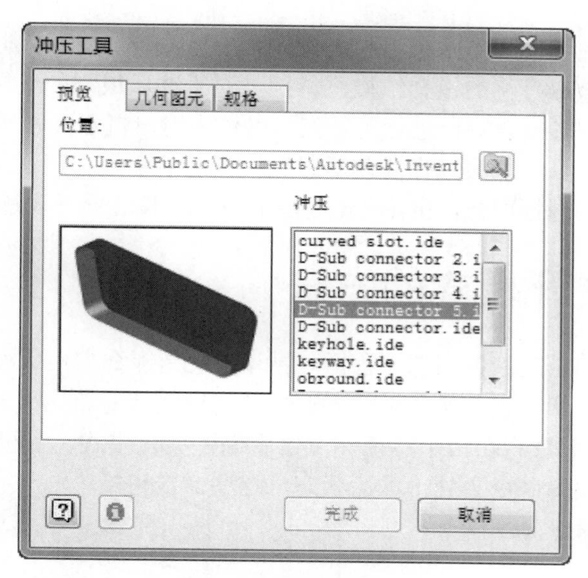

图 11-27 “预览”选项卡

- 几何图元：“几何图元”选项卡包含孔心、角度（见图 11-26）。孔心即我们选择草图中的草图点来放置冲压工具。可以选择多个草图点来放置多个冲压工具。在“角度”数值框中输入角度值，可以通过旋转冲压工具来确定冲压工具的具体方位，默认角度值为 0。
- 规格：在“规格”选项卡中列出所有控制冲压工具大小的参数，以便更改冲压工具的大小。该选项下的参数及更改方式，在定义该冲压工具时确定，使用时只能根据定义时的规则来确定冲压工具的大小，如图 11-28 所示。

图 11-28 “规格”选项卡

冲压工具是创建钣金模型的一个万能工具，虽然 Inventor 提供了几种预定义好的冲压工具，但远远不能满足千变万化的钣金结构，特别是对于冲压成型的五金零件。Inventor 为了能满足这方面的需求，对钣金特征进行了补充，提供了用户自定义冲压工具功能。这样就可以根据需要定义冲压工具，能大大提高创建钣金模型的效率。

冲压工具不能直接进行展开，Inventor 提供了冲压工具的展开表达。

11.3 钣金展开模式的方法

展开模式用于创建供制造使用的工程图。展开模式是钣金零件成型显示折弯线、折弯区域、冲压位置之前的形状，也是所有折弯展开后并考虑到所有折弯因素后整个零件的形状。

“创建展开模式”命令将在钣金特征浏览器中创建展开模式。当模型以展开模式状态显示时，一组展开模式编辑命令会处于激活状态。这些命令包括：

- 常用的造型命令。
- 折弯顺序标注。
- 示意折弯线。

1. 创建展开模式

“创建展开模式”可计算展开三维钣金模型所需的材料和布局。零件浏览器显示了“展开模式”节点，当该节点处于激活状态时，将显示模型的展开状态。编辑三维模型时，展开模式会自动更新。可对简化后续制造操作的展开模式进行编辑。但是，当模型返回到折叠状态时，这些编辑不可见。

- 通常与初始略图面特征垂直创建展开模式，但是有时必须调整方向。如果选择“展开模式”节点以修改方向、冲压表达和折弯角度测量选项，可从右键快捷菜单中选择“编辑展开模式定义”命令。
- 那些要求材料变形的特征（如散热孔或凹陷）不能展开。如果使用“冲压工具”命令将这些特征放置到钣金平板上，它们将在展开模式中精确表达为三维特征。根据需要，还可以使用选定草图或使用中心标记进行表示。草图特征和放置特征可能会产生不可预知的结果，因此应使用冲压工具将这些形状添加到钣金零件中。
- 工程图管理器将展开模式用于展开模式视图。必须先在零件中创建展开模式，才能在工程图中放置展开模式视图。如果删除该展开模式，则工程图也会失去展开模式视图。

创建展开模式后，可以在折叠零件状态和展开模式状态之间进行切换。

若要查看现有的展开模式，则：

（1）双击浏览器中的展开模式节点。

（2）在功能区的“钣金”选项卡的“展开模式”组中选择“转至展开模式”命令。

若要查看折叠模型，请执行以下步骤：

（1）双击浏览器中的折叠模型节点。

（2）在功能区的“展开模式”选项卡的“折叠零件”组中选择“转至折叠零件”命令。

展开模式需要钣金库上有一定数量的材料。该材料“足印”的长度和宽度因展开模式方向的不同而不同。长度、宽度和区域将在工程图管理器（和通过 API）中用作钣金特性，分别为展开模式范围长度、展开模式范围宽度和展开模式范围区域。每次更新或重定位展开模式时，这些特性也会更新。

2．在钣金中创建展开模式

使用“创建展开模式”命令可以创建钣金模型的展开模式。

在创建展开模式之前，用户可以选择面。Autodesk Inventor 使用所选面作为基础面来展开零件。

（1）创建钣金零件。

（2）在功能区的“钣金”选项卡的“展开模式”组中选择“创建展开模式”命令。

在浏览器中创建一个“展开模式”节点。双击“折叠模型”浏览器节点，返回到折叠模型状态，也可以在“展开模式”选项卡的“折叠零件”组中选择“转至折叠零件”命令。

3．导出展开模式

使用浏览器右键快捷菜单导出钣金模型的展开模式。

提示

必须已经创建了零件的展开模式。

（1）在浏览器中的“展开模式”图标上单击鼠标右键，在弹出的快捷菜单中选择“保存副本为”命令。

（2）浏览至要保存零件的目录，在“文件名”文本框中输入文件名。

（3）在“另存为类型”下拉列表框中选择 SAT、DWG 或 DXF 文件类型。

（4）单击“保存”按钮。

4．将展开模式导出为 DXF

经常将展开模式导出为 DXF 格式以便数控机床直接使用。这些机床通常对几何图元类型和图层位置有特定要求。熟悉各个机床的特定要求有助于获得最佳结果。

按照先前所述的通用步骤将展开模式导出为 DXF。选择 DXF 作为输出文件类型，然后单击“保存”按钮，具体步骤如下。

（1）在“展开模式 DXF 导出选项”对话框中，使用“选项”按钮来选择要输出的 DXF 文件版本。

提示

大多数机床需要 R12 格式的数据。

（2）根据需要，选中“自定义 DWG/DXF”，然后选择先前定义的包含特定输出格式的 *.xml 文件。

（3）选择“图层选项”选项卡以修改要在导出的文件中打开或关闭的图层。将不同的对象类型映射至已命名的图层。根据需要，也可以通过单击对话框中的图层名并编辑该名称来编辑图层名。使用“保存配置”选项便可以保存已编辑的名称。

提示

- 并非所有机床都需要所有可用的图层。单击“灯泡”图标关闭那些不想导出的图层。当灯泡为黄色时，图层处于打开状态且将被导出。
- 请注意顶层和底层属性。某些冲压会从顶层或底层进行冲击，并且不应用于正在导出的文件。
- 内轮廓是使用切割特征创建的形状，可表示激光切割或水切割路径。特征轮廓是使用冲压工具创建的形状。根据用户要定向的机床，请考虑单独使用这些图层。

（4）根据需要，选择“几何图元选项”选项卡来对用于导出的几何图元的类型、公差和坐标象限进行修改。

提示

许多机器文件都希望以多段线表示展开模式的外轮廓。检查目标机器的要求。

某些机器工具希望所有的 *XY* 几何图元都带有一个正号（例如，在第一象限内）。检查目标机器的要求，并根据需要使用该选项。

（5）单击“确定”按钮以导出几何图元。

提示

如果使用相同配置的文件类型、图层和几何图元选项，则可以保存在此对话框中所做的所有选择。单击“保存配置”，并为创建的配置文件提供有意义的名称。当以后为同一机器工具导出 DXF 时，从可能使用不同选项保存的其他文件中选择该配置文件。

5. 图层映射

- IV_TANGENT：折弯范围线。
- IV_BEND：“上”折弯的折弯中心线。
- IV_BEND_DOWN：“下”折弯的折弯中心线。
- IV_TOOL_CENTER：“上”冲压的冲压工具中心标记。
- IV_TOOL_CENTER_DOWN：“下”冲压的冲压工具中心标记。
- IV_ARC_CENTERS：圆弧中心标记。有些 CNC 机床需要图层而不是截面轮廓图层上的圆弧中心。
- IV_OUTER_PROFILE：外部要素几何图元。要素几何图元定义投影零件的阴影边界。
- IV_INTERIOR_PROFILES：内部要素几何图元。要素几何图元定义投影零件的阴影边界。
- IV_FEATURE_PROFILES：非要素可见边。
- IV_FEATURE_PROFILES_DOWN：非要素边在正面不可见。
- IV_ALTREP_FRONT：“上”冲压的冲压提花表达几何图元。
- IV_ALTREP_BACK：“下”冲压的冲压提花表达几何图元。

- IV_UNCONSUMED_SKETCHES：可见的未使用的草图几何图元放置在钣金展开模式的正面。不会导出草图中的文本。“在创建曲线过程中自动投影边”和“自动投影边以创建和编辑草图”两个应用选项会向未使用的草图添加不需要的几何图元。

注意

“IV 未使用的草图”图层上未使用的草图几何图元会自动放置在“按草图”模式中。这表示对草图几何图元做出的任何特定的颜色、线型或线宽指定将得以保留，并会替代“IV 未使用的草图”图层的默认特性。

- IV_ROLL：旋转中心线。
- IV_ROLL_TANGENT：旋转范围线。

6．重定位钣金的展开模式

如图 11-29 所示，展开模式创建后，可以通过使两个顶点或相切线之间的线性特征边、虚线竖直或水平对齐的方式进行重定位，也可以根据需要从前往后将模式反向。

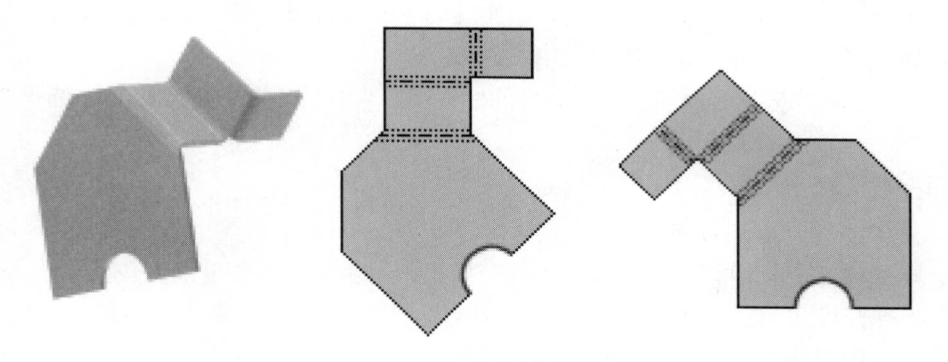

图 11-29　展开创建

7．重定向默认展开模式

（1）创建钣金零件。

（2）在功能区的“钣金”选项卡的“展开模式”组中选择“创建展开模式”命令。

（3）当展开模式处于激活状态时，在浏览器的“展开模式”节点上单击鼠标右键，在弹出的快捷菜单中选择“编辑展开模式定义”命令。

（4）在弹出的对话框中选择“水平对齐”或“竖直对齐”。

（5）拾取展开模式上的直边或两点，并单击“反转”（如果需要），然后单击“保存”按钮。

（6）单击“确定”按钮关闭对话框。

默认的展开模式将重定位相关的已水平或竖直对齐的边或直线。

8．添加命名的展开模式方向

（1）在功能区的“钣金”选项卡的“展开模式”组中选择“创建展开模式”命令。

（2）当展开模式处于激活状态时，在浏览器的“展开模式”节点上单击鼠标右键，在弹出的快捷菜单中选择“编辑展开模式定义”命令。

（3）在“方向”中的“默认”（或其他命名的方向）上单击鼠标右键，然后在弹出的快捷菜单中选择“新建”命令。

（4）在弹出的“方向名称”对话框中输入名称，然后单击“确定”按钮。

（5）选择“水平对齐”或“竖直对齐”。

（6）激活选择命令。

（7）拾取展开模式上的直边或两点，并单击“反转”按钮（如果需要），然后单击“保存”按钮。

（8）在“激活展开模式方向”下拉列表框中选择新创建的命名方向，然后单击“应用”按钮。

（9）单击“确定”关闭对话框。

9. 删除命名的展开模式方向

（1）在功能区的“钣金”选项卡的“展开模式”组中选择“创建展开模式”命令。

（2）当展开模式处于激活状态时，在浏览器的“展开模式”节点上单击鼠标右键，在弹出的快捷菜单中选择“编辑展开模式定义”命令。

（3）在“方向”表中的命名方向上单击鼠标右键，然后在弹出的快捷菜单中选择“删除”命令。

（4）单击“确定”按钮关闭对话框。

10. 重命名展开模式方向

（1）在功能区的“钣金”选项卡的“展开模式”组中选择“创建展开模式”命令。

（2）当展开模式处于激活状态时，在浏览器的“展开模式”节点上单击鼠标右键，在弹出的快捷菜单中选择“编辑展开模式定义”命令。

（3）在“方向”表中的已命名的方向上单击鼠标右键，然后在弹出的快捷菜单中选择“重命名”命令。

（4）重命名后单击“保存”按钮。

（5）根据需要，在“激活展开模式方向”下拉列表框中选择新重命名的方向，然后单击“应用”按钮。

（6）单击“确定”按钮关闭对话框。

11. 查看展开模式范围

展开模式范围定义了所需的最大长度和宽度，并包含每次编辑或重定位展开模式的展开和更新。

（1）打开钣金零件。

（2）在浏览器的“展开模式”节点上单击鼠标右键，然后在弹出的快捷菜单中选择“范围”命令。

（3）弹出“展开模式范围”对话框，查看展开模式范围。然后单击“关闭”按钮，关闭对话框。

注意

在还未进行更新的、移植的钣金零件上将显示“更新”。当编辑或重定位展开模式时，使用 R2009（或更高版本）创建的钣金零件上的展开模式范围将更新。

12．更新展开模式范围

每次编辑或重定位展开模式后，使用 R2010 创建的钣金零件的展开模式范围将更新。用于移植旧零件的展开模式范围必须手动更新，具体步骤如下：

（1）打开移植到 R2010 的旧钣金零件。

（2）在浏览器的“展开模式”节点上单击鼠标右键，然后在弹出的快捷菜单中选择“范围”命令。

（3）在弹出的“展开模式范围”对话框中单击“更新”按钮。

（4）单击“关闭”按钮，关闭对话框。

11.4　复杂钣金特征

11.4.1　凸缘

几何定义：在已有板的基础上，以选定的边为界，实现与边长相关的矩形弯折特征。

“凸缘”对话框如图 11-30 所示。

图 11-30　“凸缘”对话框

- “形状”选项卡：角度可以在 0°～180°之间，对于 0°和 180°，虽然可以输入和使用，但很少用到。
- “折弯”选项卡：“与侧面相切的折弯”按钮用于设置未来的凸缘板的外表面，与原来板所指边所在的板侧面共面。如果单击该按钮，在“形状”选项卡中选定凸缘板厚度方向的按钮将不可用，因为厚度方向已经被确定了。

- >>按钮：类似于异型板的同样功能，少了一个“距离”。

> **提示**
>
> 不能对曲线的边创建凸缘；创建凸缘的过程中不会自动处理拐角形状。

11.4.2 卷边

几何定义：这是典型的钣金结构。沿所选已有板上的直线边的全长按指定的形状模式创建卷边。

“卷边”对话框如图 11-31 所示。

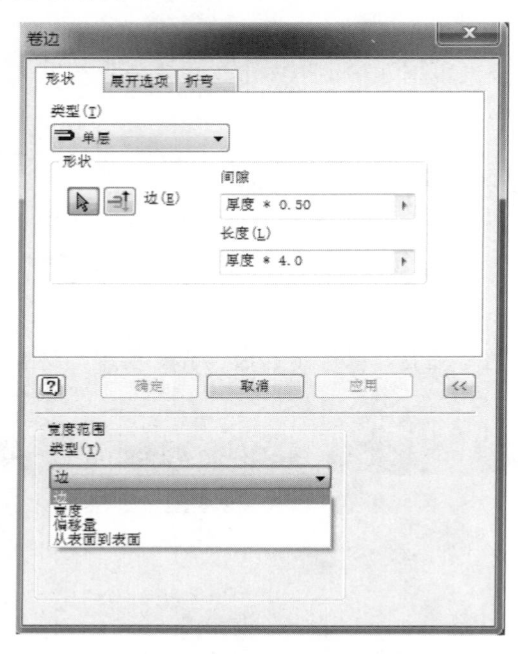

图 11-31 “卷边”对话框

- 边（E）：左边的按钮选定要处理的边，右边的按钮可以调整设置卷边的方向。
- 类型（T）：如图 11-32 所示，自左向右，依次为双线、滚边形、水滴形、单层。

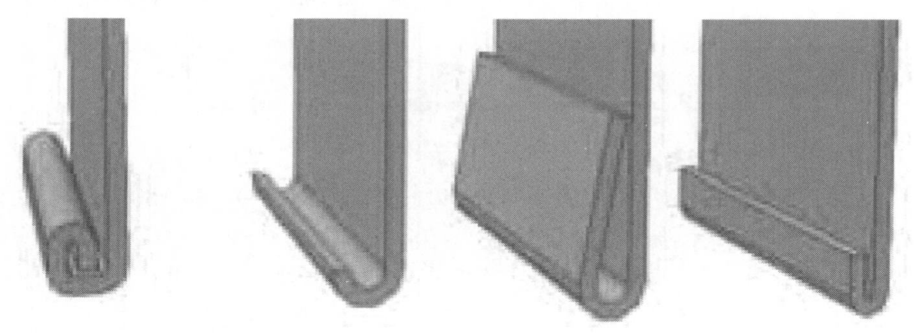

图 11-32 卷边的各种可能

11.4.3　拐角接缝

几何定义：在创建了具有拐角的钣金模型之后，处理拐角的结构关系，以便完成拐角释压工艺结构；也可以处理相平行的面的接缝。这是不能够自动完成的钣金结构，必须手动完成。

具体参数与制造这个钣金的工艺设备和方法相关，Inventor 已经提供了相关的处理类型选择。

“拐角接缝”对话框如图 11-33 所示。

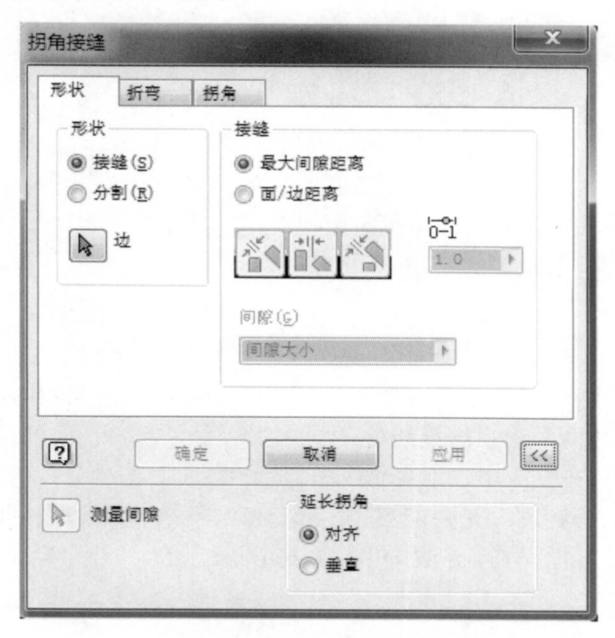

图 11-33　“拐角接缝”对话框

- 边：选定要处理的两个边。
- 接缝：在原始结构基础上，可能有 3 种不同的拐角边搭接方式。如图 11-34 所示，这是使用了常用的“圆角”释压形状创建的拐角接缝特征。不同的搭接方式，是出于结构的需要和工艺的可能性两方面考虑的。
- 间隙（G）：搭接的间距可以设置。但是从工艺角度看不能太小，应大于 0.1mm。

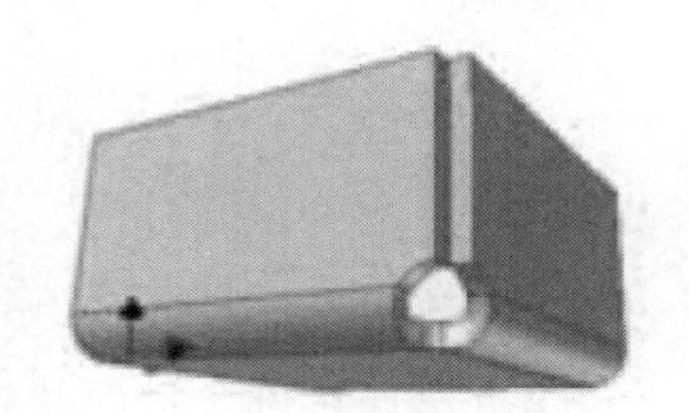
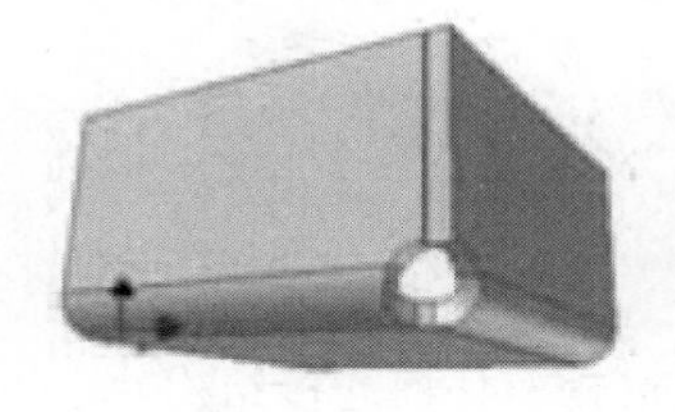
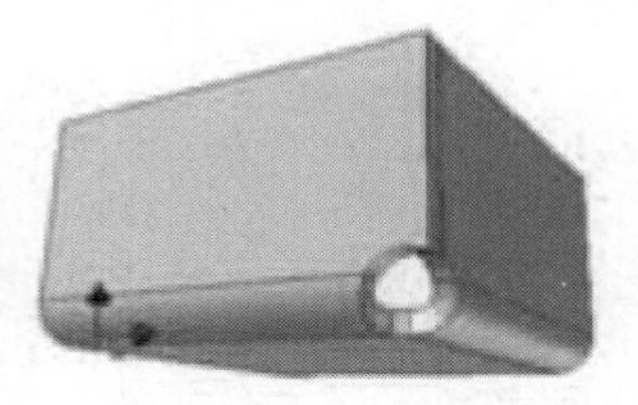

图 11-34　3 种搭接方式结果

提示

扮角释压形状和尺寸在前边的“参数”中设置默认值，也可以单独调整。这个功能还可以处理很多种类的“两个边”（典型的综合）。前面讨论的是常用的情况，还有以下几种能够被处理的两个边。

- 原始面不相平行：以垂直于所指边的方向延长原始面。例如，对 1、2 面的边操作的结果，如图 11-35 所示。

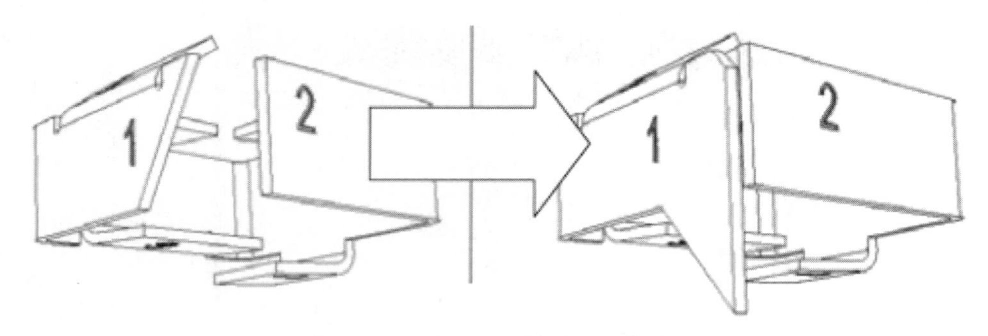

图 11-35 对 1、2 面的边操作的结果

- 原始面相互平行：结果也是以垂直于所指边的方向延长原始面，不同之处在于，“缝”出现在延长边两个交点的连线处。
- 意外的结果：在操作中，用绿色线条显示“增加”的部分轮廓；用红色线条显示被“切掉”的部分轮廓，是否能够不出错地操作，在选定边之后即可看到。意外的情况例如对 4、5 面操作，结果如图 11-36 所示。

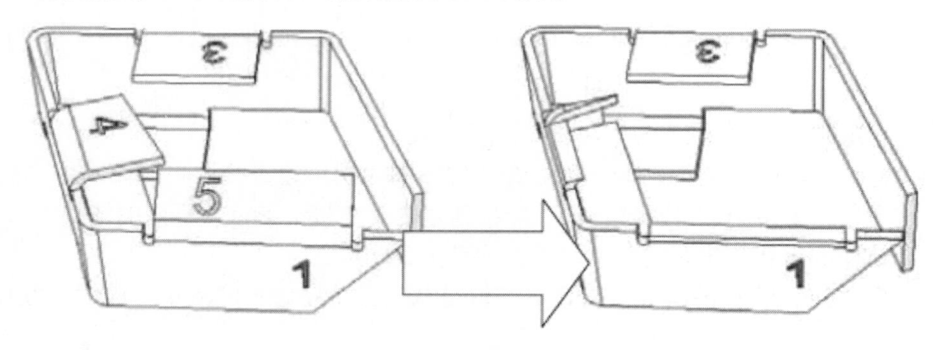

图 11-36 对 4、5 面操作的结果

11.4.4 折弯

几何定义：在已有两块板（尚未有任何连接结构）之间，创建折弯连接部分；两块板之间可以平行或夹角，但相关的边必须是平行的。

可控参数如下。

- 边：选定要处理的两块板的对应边，边必须平行，可以是同侧，也可以不同侧。
- 折弯半径：可以输入半径值，Inventor 按照这个值创建折弯的弧形部分。

提示

可以对于相互平行，且非共面的两块板进行折弯。

提示

圆角/倒角与普通造型中的同类特征类似。

阵列/镜像与普通造型中的同类特征类似。但是，对于某些钣金特征，不能执行阵列或者镜像。

第 12 章　高级钣金技术

在前面的章节中详细讲解了钣金的默认设置、基于草图的特征、基于特征的特征、钣金的展开处理和钣金的工程图。本章继续讲解钣金的展开规则、钣金冲压工具的定制、零件特征在钣金建模中的高级设计应用。

12.1　钣金展开规则

钣金的展开能力是钣金设计中最重要的方面，钣金的展开精度将直接影响钣金的下料及钣金加工精度。因此，我们必须要深刻理解钣金的展开方式及每种展开方式的内在机制，以方便我们根据不同的钣金零件调整钣金的展开方式，得到精确的钣金展开。

12.1.1　钣金展开机制

钣金展开机制主要涉及 3 个变量：折弯角度、内折弯半径和厚度。事实上，Inventor 的钣金认定折弯区厚度是均匀的，并且钣金的展开机制的钣金折弯半径主要指折弯的内折弯半径。而折弯角度指折弯基板的延长面与折弯面的夹角，三者参数的关系参见图 12-1。钣金展开机制不仅可以展开钣金特征，同时还能展开非钣金特征。但是折弯必须基于圆柱、圆锥及样条曲线。因此，Inventor 钣金可以支持导入的钣金实体，然后根据展开规则将其展开。

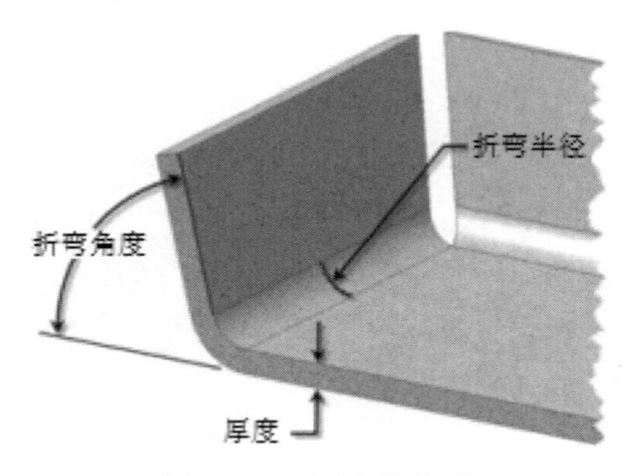

图 12-1　展开参数关系

12.1.2　钣金展开方式

在初级教程中介绍了钣金的线性展开方式，本节继续讲解折弯表展开方式和自定义表达式展开方式。

1. “折弯表”展开方式

“折弯表”展开方式：在展开方式下拉列表框中，选择“折弯表”选项，参见图 12-2，将列出一个空的折弯表，可以根据实际折弯试验数据自行定义折弯表数值。创建自定义折弯表时，首先要选择线性单位，然后输入钣金的厚度，可以输入一系列厚度值，对于每一个厚度值，创建一个折弯表值；同时折弯表提供了备用 K 系数值，以便从折弯表中读值失败时可以利用备用的 K 系数值进行展开计算。另外还必须对折弯表设置 3 个公差：板材厚度公差、折弯半径公差和折弯角度公差。接下来选择“折弯角度参考（A）”单选按钮，默认选择“开口角度参考（B）”单选按钮。最后，输入厚度值就可以定义折弯表的值了。参见图 12-3，折弯表支持插入列、插入行来定义折弯表格，输入相应的折弯角度和折弯半径，然后根据折弯角度和折弯半径及实际经验或试验值，输入到折弯表中，进行展开计算。当我们定义好折弯表后，可以单击“导出表格”按钮将定义好的折弯表导出，参见图 12-4。

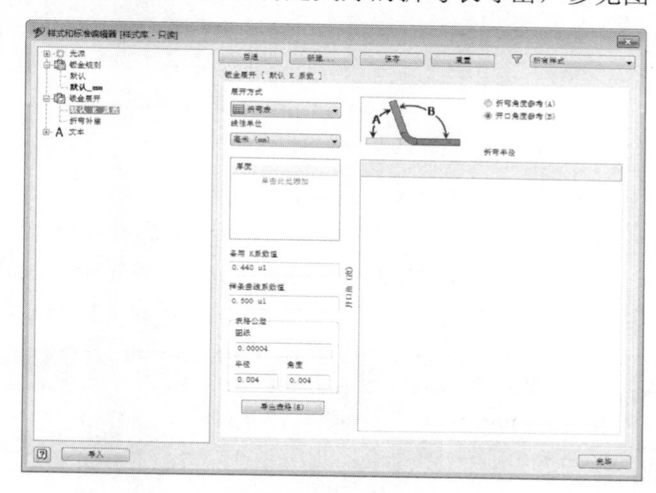

图 12-2　折弯表

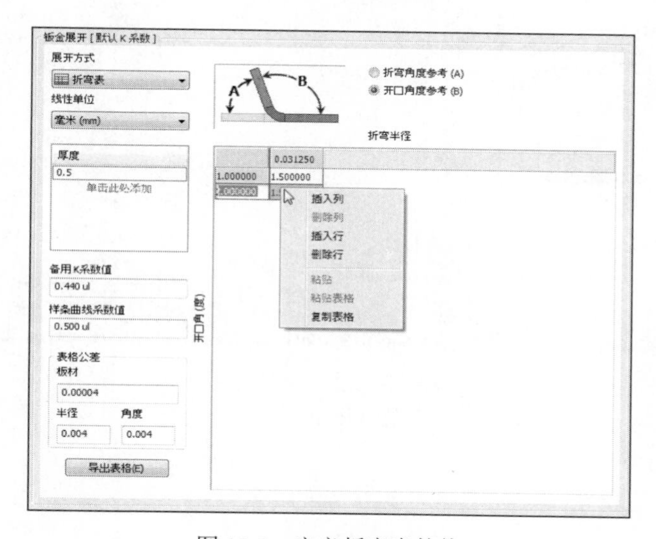

图 12-3　定义折弯表的值

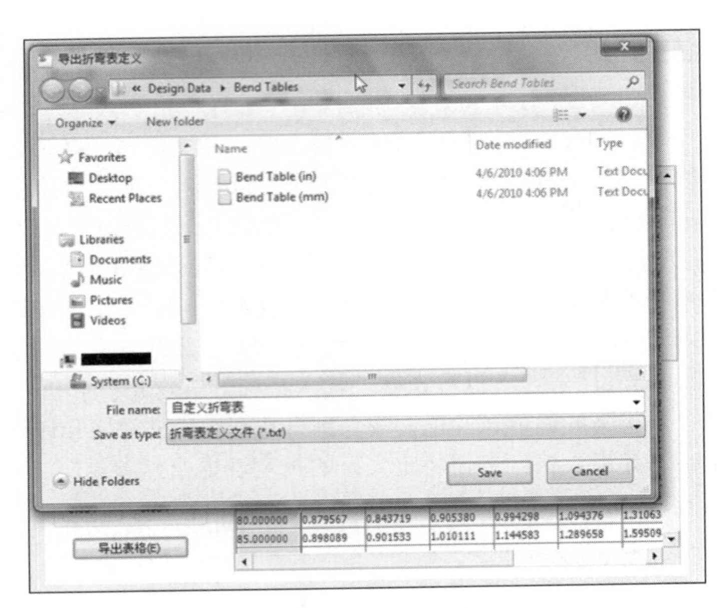

图 12-4 导出折弯表

同样，对于展开规则样式，可以导入“折弯表”到设计环境。单击“导入”按钮，参见图 12-2，弹出“导入样式定义”对话框，参见图 12-5，选择折弯表文件（详细地址：C:\Users\Public\Documents\Autodesk\Inventor 2015\Design Data\Bend Tables\Bend Table（mm）.txt），单击“Open”按钮打开折弯表，参见图 12-6。同样可以打开该文件查看详细描述。

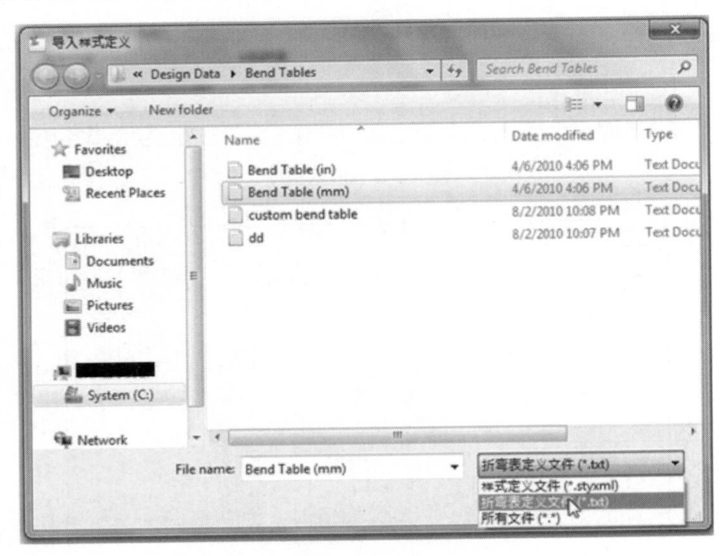

图 12-5 导入折弯表

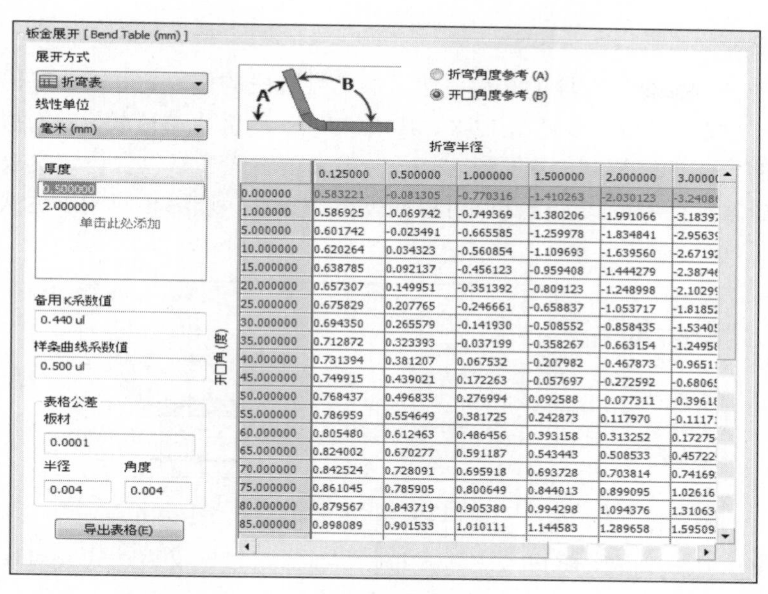

	0.125000	0.500000	1.000000	1.500000	2.000000	3.0000
0.000000	0.583221	-0.081305	-0.770316	-1.410263	-2.030123	-3.2408
1.000000	0.586925	-0.069742	-0.749369	-1.380206	-1.991066	-3.1839
5.000000	0.601742	-0.023491	-0.665585	-1.259978	-1.834841	-2.9563
10.000000	0.620264	0.034323	-0.560854	-1.109693	-1.639560	-2.6719
15.000000	0.638785	0.092137	-0.456123	-0.959408	-1.444279	-2.3874
20.000000	0.657307	0.149951	-0.351392	-0.809123	-1.248998	-2.1029
25.000000	0.675829	0.207765	-0.246661	-0.658837	-1.053717	-1.8185
30.000000	0.694350	0.265579	-0.141930	-0.508552	-0.858435	-1.5340
35.000000	0.712872	0.323393	-0.037199	-0.358267	-0.663154	-1.2495
40.000000	0.731394	0.381207	0.067532	-0.207982	-0.467873	-0.9651
45.000000	0.749915	0.439021	0.172263	-0.057697	-0.272592	-0.6806
50.000000	0.768437	0.496835	0.276994	0.092588	-0.077311	-0.3961
55.000000	0.786959	0.554649	0.381725	0.242873	0.117970	-0.1117
60.000000	0.805480	0.612463	0.486456	0.393158	0.313252	0.17275
65.000000	0.824002	0.670277	0.591187	0.543443	0.508533	0.45722
70.000000	0.842524	0.728091	0.695918	0.693728	0.703814	0.74169
75.000000	0.861045	0.785905	0.800649	0.844013	0.899095	1.02616
80.000000	0.879567	0.843719	0.905380	0.994298	1.094376	1.31063
85.000000	0.898089	0.901533	1.010111	1.144583	1.289658	1.59509

图 12-6　导入的折弯表

2．“自定义表达式”展开方式

Inventor 不仅提供了常用的“线性”和“折弯表”展开方式，还提供了高级的“自定义表达式”展开方式。通过“自定义表达式”，可以得到精确的、可控的展开尺寸，这也非常符合用户的设计习惯，进行自定义展开计算，参见图 12-7。

自定义表达式包含 4 种表达式类型：折弯余量、折弯补偿、折弯扣除和 *K* 系数。

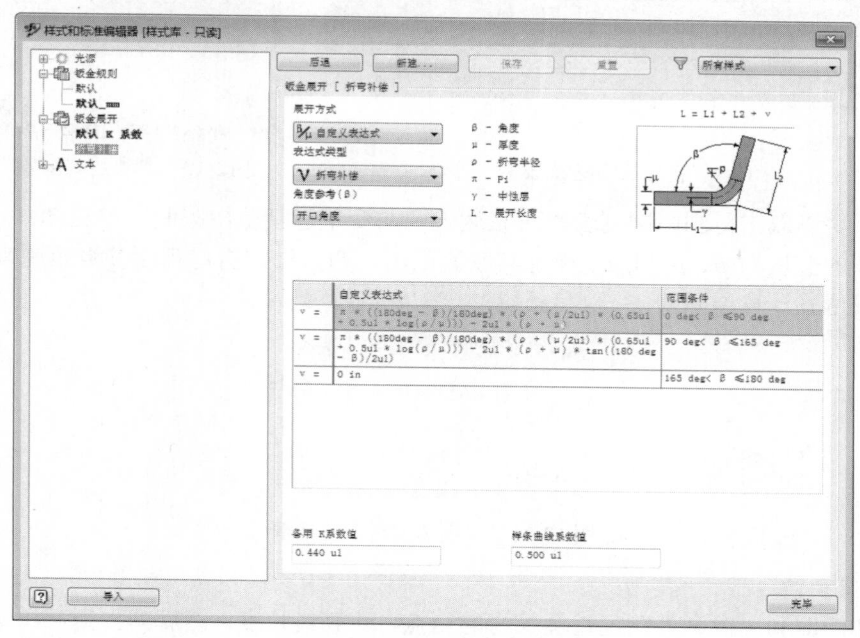

图 12-7　自定义表达式展开

1）折弯余量

通过给定的公式计算折弯段的长度，然后加上直边段的值，就可以计算出钣金的展开长度，其公式为：$L=L_1+L_2+\alpha$，参见图 12-8。其中，L_1 和 L_2 为直边段长，α 为折弯余量，其值将通过自定义的公式计算得到。参见图 12-9，自定义表达式表格包含自定义表达式和范围条件。用户可以插入多行表达式，这样就可以根据范围条件，选用相应的表达式，进行展开计算。

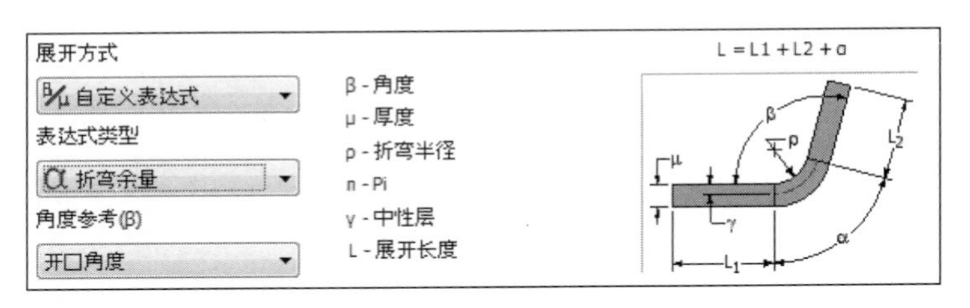

图 12-8　折弯余量

双击自定义表达式列表，将进入表达式编辑界面，可以定义表达式或对现有的表达式进行编辑，参见图 12-10。在“表达式编辑”对话框中，提供了 4 个参数，其分别为 β、ρ、μ、π。参见图 12-8，β 代表角度，即开口角度或折弯角度，根据角度参考设定；ρ 代表折弯半径，直接来自特征中的折弯半径；μ 代表厚度，来自钣金的厚度参数；π 为圆周率。这样就可以在表达式编辑界面定义用户自己的表达式来进行钣金展开计算。

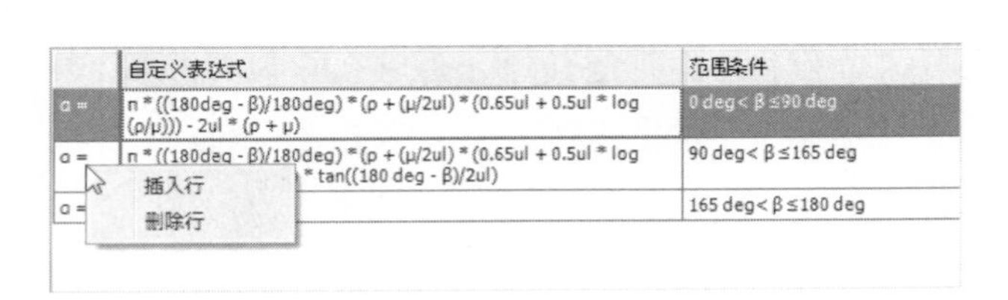

图 12-9　自定义表达式表格

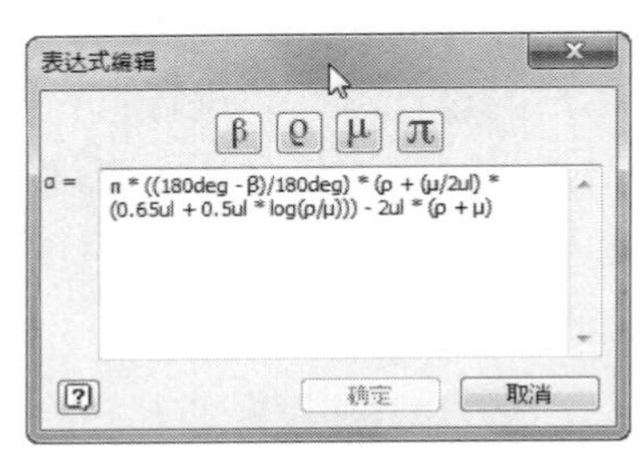

图 12-10　“表达式编辑”对话框

另外，可以双击范围限制列表，对表达式中的变量进行范围限制，参见图 12-11，还可以限定范围的变量为 β、ρ 和 μ，设定其取值范围。通常设定折弯角度参数范围来应用不同的自定义表达式计算展开。

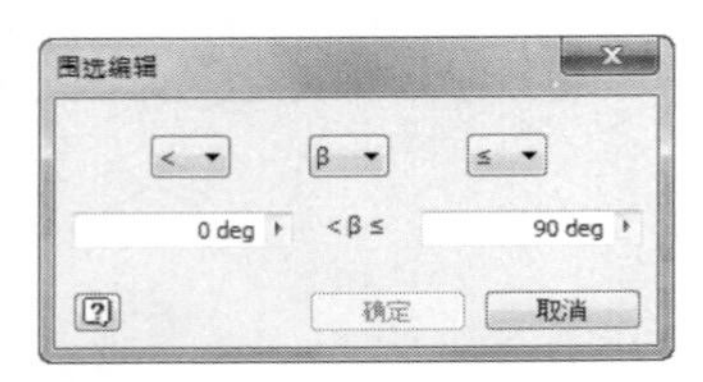

图 12-11　“围选编辑”对话框

2）折弯补偿

折弯补偿即利用钣金外侧延长至折弯的交点，计算其长度，然后减去折弯扣除值，即其公式为：$L=L_1+L_2+v$，v 为折弯补偿，参见图 12-12。然后我们可以定义折弯补偿 v 的计算表达式，过程同计算“折弯余量”一样。

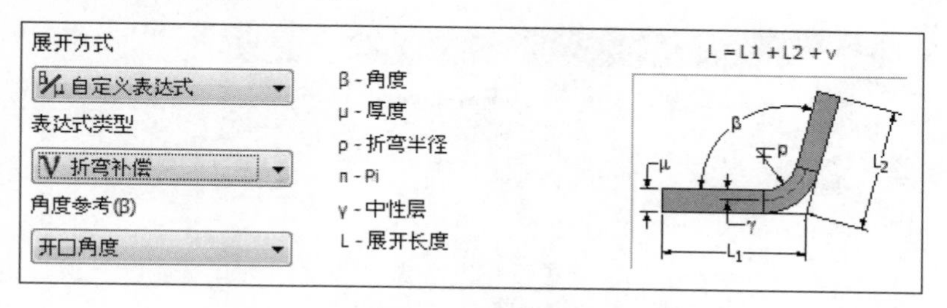

图 12-12 折弯补偿

3）折弯扣除

参见图 12-13，折弯扣除计算方法可视为折弯补偿方法的逆运算，其计算公式为：$L=L_1+L_2-\boldsymbol{\delta}$，$\boldsymbol{\delta}$ 为折弯扣除，可以通过自定义表达式来进行计算。

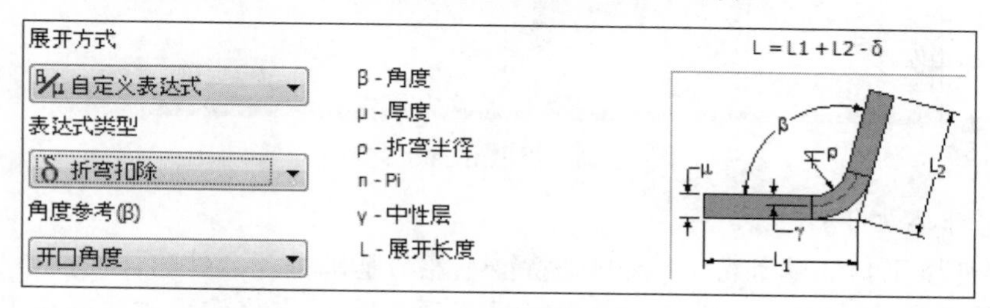

图 12-13 折弯扣除

4）*K* 系数

参见图 12-14，*K* 系数计算方法通过计算 *K* 系数，然后通过中性层计算展开，其计算公式为：$L=L_1+L_2+\alpha$，α 为折弯余量，其公式为：$\alpha=n\cdot(\beta/180)\cdot(\rho+k\cdot\mu)$，其中，$k$ 即为 *K* 系数，我们可以定义不同折弯角度下的 *K* 系数值不同，来精确计算钣金的展开。

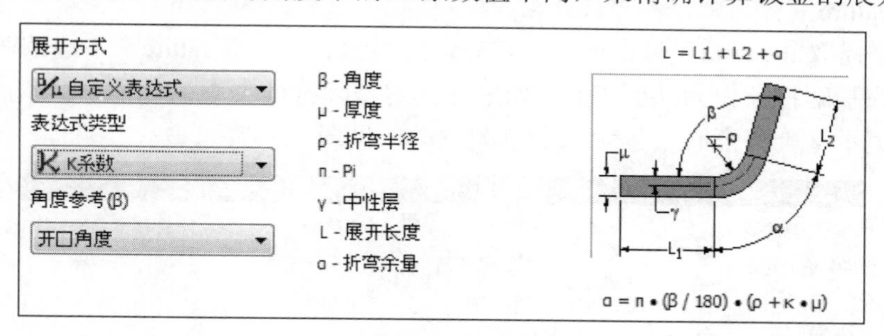

图 12-14 *K* 系数

12.2 冲压工具的定制

Inventor 钣金特征主要用于创建钣金加工的模型，例如冲裁和折弯。而在现代钣金件生产中会大量使用冲压加工。冲压的形状也各不相同，为了能在钣金中创建这些复杂形状，就需要定制不同的冲压工具。钣金的冲压工具定制过程类似于零件的 iFeature，参见图 12-15，但又有些特殊情况。

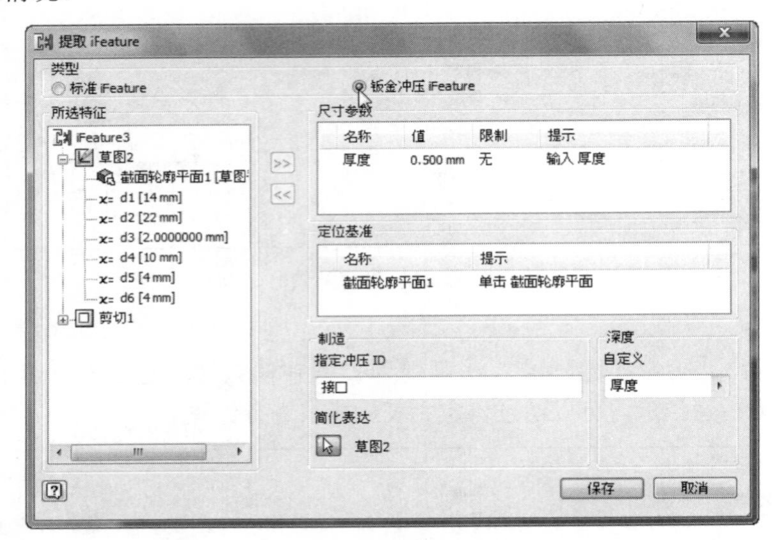

图 12-15 提取 iFeature 界面

详细创建步骤如下：

（1）创建冲压工具的基础特征，该基础特征不能与基础特征之外的任何模型有关联关系。

（2）在基础特征草图中必须有一个“草图点”，该草图点将作为放置冲压工具的“定位基准”，且基础特征草图尺寸必须与该草图点关联。

（3）如果涉及厚度，则必须引用钣金参数表中的“厚度”参数，而不应该手动输入厚度值，防止冲压工具应用于不同厚度的钣金零件而产生错误。

（4）在钣金环境中选择“管理”→“编写”→“提取 iFeature”命令，参见图 12-16，弹出“提取 iFeature”对话框，参见图 12-15。

（5）在“提取 iFeature”对话框中，首先选择“钣金冲压 iFeature”单选按钮，然后选择钣金模型中的基础特征作为冲压工具，如果选择的基础特征中不包含一个草图点，将弹出警告对话框，提示基础特征必须包含一个草图点，参见图 12-17。

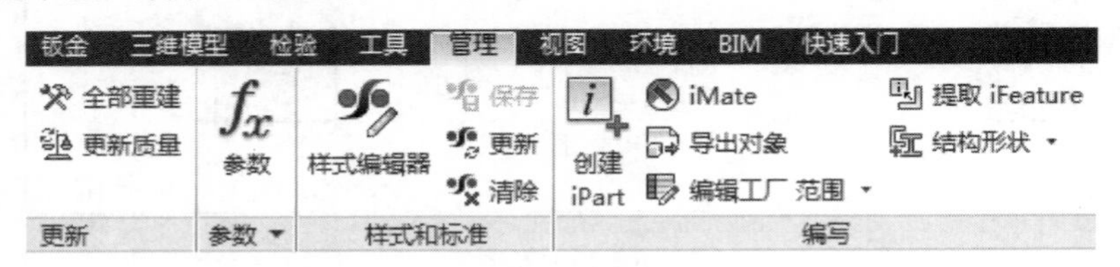

图 12-16 提取 iFeature 命令

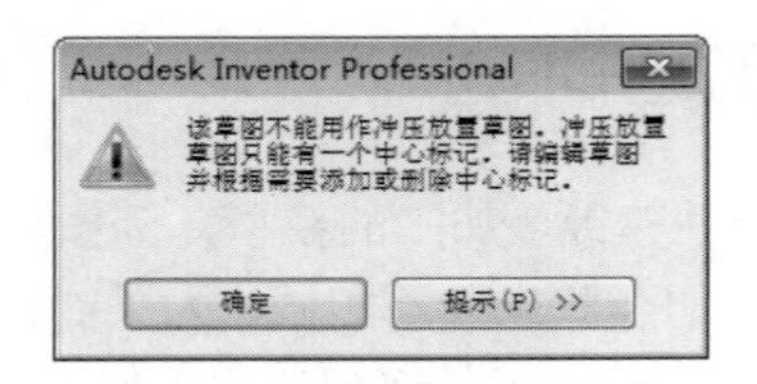

图 12-17 警告对话框

（6）选择相应的参数进入尺寸参数列表中，以便我们定义系列化冲压工具，参见图 12-18，参数值的限制类型包含无、范围和列表 3 种。

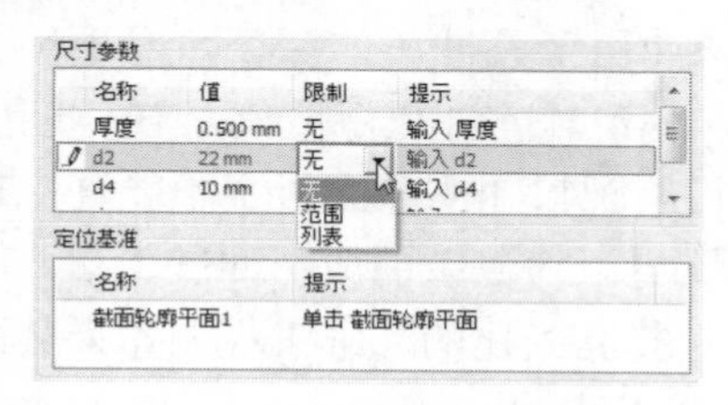

图 12-18　参数值控制

其中“无”即无限制。在使用该冲压工具时，可以任意输入值；“范围”即我们在定义该冲压工具时，将该参数值限定在一个范围内，在使用该冲压工具时，可以在该范围内输入任意值，参见图 12-19，“列表”即定义该参数的值必须为列表中定义的值，在使用时，只能选择定义好的列表值，参见图 12-20。

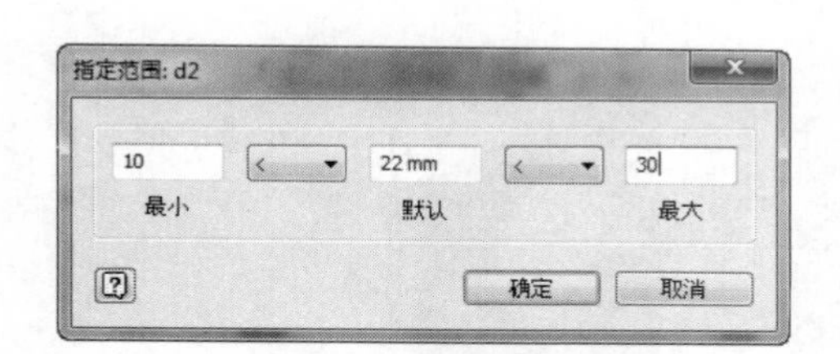

图 12-19　参数值范围

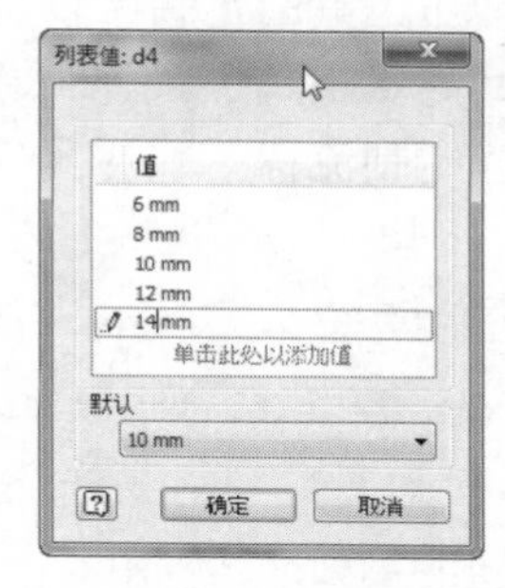

图 12-20　参数值列表

（7）“定位基准”用于定位冲压工具安放面，通常冲压工具需要一个安放面作为定位基准。但对于复杂的成形特征，可以创建多个定位特征。即可以在“定位基准”列表中添加或删除定位基准。在“所选特征”树形结构中，在要添加的定位基准上单击鼠标右键，然后在弹出的快捷菜单中选择“添加定位基准”命令。在“定位基准”列表中要删除的定位基准上单击鼠标右键，在弹出的快捷菜单中选择“删除定位基准”命令。当添加多个“定位基准”时，使用冲压工具时就需要相应地指定冲压工具的安放位置。

（8）在“定位基准”列表中选择一个“定位基准”，然后在右键快捷菜单中，可以选择“删除定位基准”、“使独立”和“合并”命令，参见图 12-21。“删除定位基准”就是使用冲压工具时，不需要指定该基准；“使独立”即创建为多个特征所共用的独立基准；“合并”即将多个特征所共用的基准列表合并为一个单一基准。

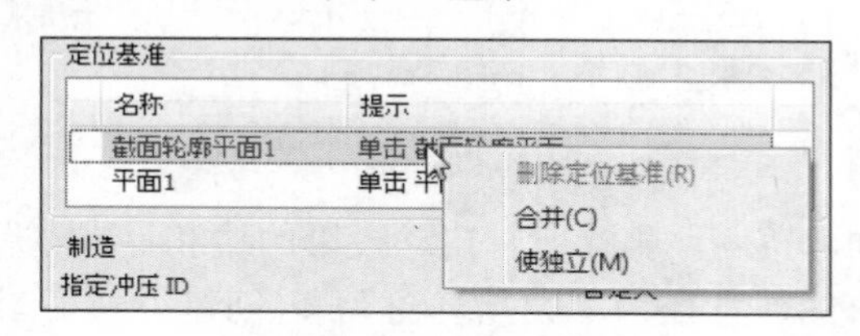

图 12-21　定位基准

（9）指定冲压 ID，即输入该冲压工具的 ID 号，以方便管理。该冲压 ID 将在工程图中的冲压参数表中体现。

（10）深度——手动输入该冲压工具冲压的深度，对于冲裁，应输入“厚度”参数值，对于成形冲压工具，应根据实际情况输入冲压深度值，该值将反映到工程图的冲压参数表中。

（11）简化表达——对于冲压工具，Inventor 钣金不能直接对其进行展开，只能通过简化表达来表示冲压工具的展开。因此，对复杂的成形冲压工具，可以在定制冲压工具时，直接指定该冲压工具的简化表达，选择其简化的二维工程图作为其简化表达，以便在选择冲压表达选项时，可以得到其二维草图表达。

（12）单击“保存”按钮将定制好的冲压工具保存到指定路径。当单击“冲压工具”时就可以选择其来使用了。

12.2.1 冲压工具定制流程

冲压工具的定制比较简单，只要确定冲压剪切特征，然后利用提取 iFeature 功能就可以定制其冲压工具了。下面通过一个简单的实例来理解冲压工具的定制，参见图 12-22。下面为具体定制流程。

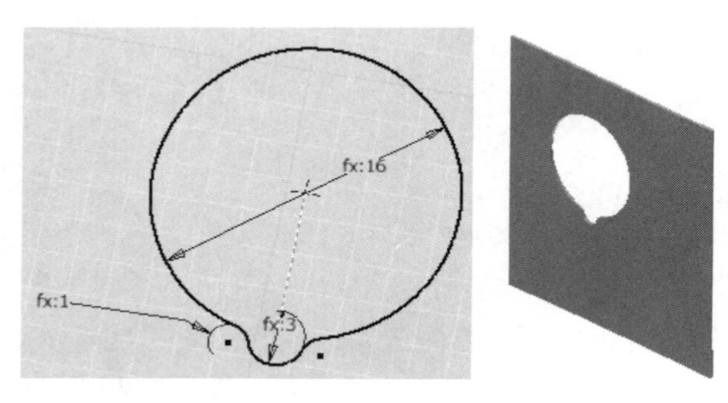

图 12-22 冲压工具实例

1. 创建草图

创建冲压工具特征的关键就是创建符合要求的草图，草图必须有一个草图点，该草图点作为放置该冲压工具的定位点，且该草图点只能有一个；冲压工具的草图不能与基础特征有关联，关联包含：投影基础特征的点、边和面，引用基础特征的参数，跨零件投影等。

（1）创建参数列表：大孔直径、小孔直径和圆角，参见图 12-23。

用户参数		
大孔直径	mm	16 mm
小孔直径	mm	3 mm
圆角	mm	1.0 mm

图 12-23 冲压工具关键参数

（2）基于基础特征创建草图，删除所有自动投影的边和点，然后创建一个草图点；以该草图点为中心创建大圆草图，直径为“大孔直径”；再创建小圆草图，直径为“小孔直径”；最后创建倒圆角，半径为“圆角”。参见图 12-22 左，相对全约束该冲压工具的草图，但可以自由拖动该草图进行移动，同时草图不会变形。

2. 创建剪切特征

选择“剪切”命令，创建剪切特征，参见图 12-22 右，该剪切特征就是要提取的冲压工具。

3. 创建冲压工具

冲压工具特征准备好后，选择“提取 iFeature”命令，弹出“提取 iFeature”对话框，参见图 12-24。

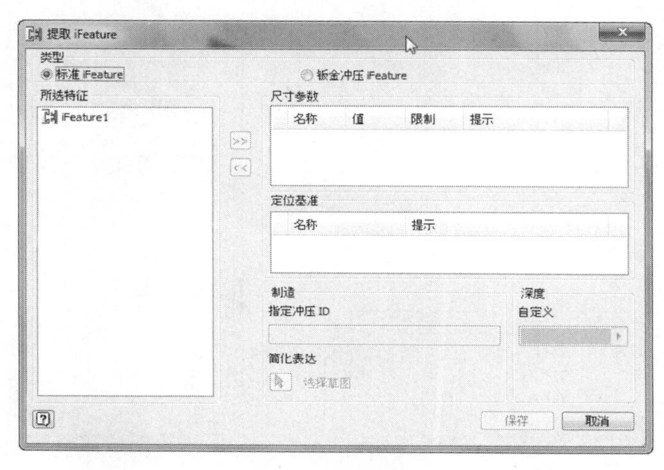

图 12-24　提取冲压工具

（1）首先，要选择“钣金冲压 iFeature”单选按钮，否则提取的是一般 iFeature 而不是钣金冲压工具。当选择该按钮后，“制造”和“深度”将亮显，以便定制冲压工具的制造信息或深度。

（2）选择需要提取为冲压工具的特征，可以直接在模型特征上选择或者在特征浏览树上选择特征节点。选择完毕后，“提取 iFeature”能在尺寸参数列中自动提取选择的特征的自定义参数，参见图 12-25。

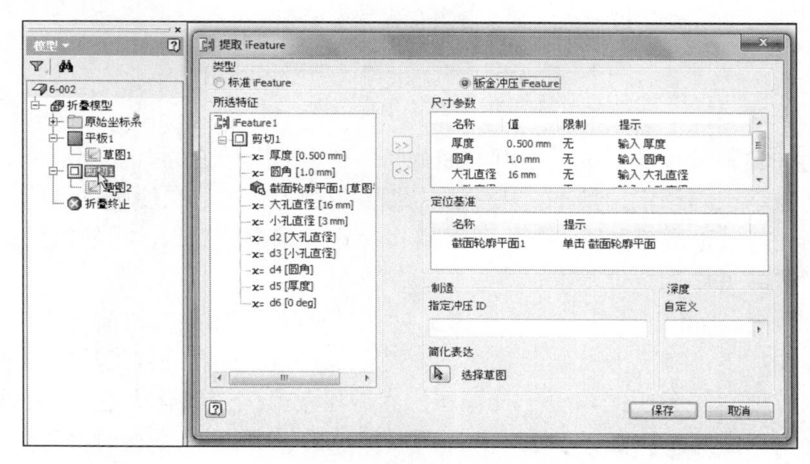

图 12-25　选择冲压工具特征

（3）根据前面所述，对参数进行参数值控制。首先，定义钣金的厚度为“厚度”参数，而不是直接输入厚度值，这样可以避免冲压工具用于不同厚度的钣金零件时而产生厚度问题，参见图 12-26。“圆角”参数值为无限制，可以在使用时根据需要任意输入。设定“小孔直径”的限制条件为列表，然后输入“小孔直径”的列表值为 3mm、4mm、5mm 和 6mm（默认值为 4mm），参见图 12-27。这样以后在使用该冲压工具时，只能选择这几个值作为“小孔直径”且默认值为 4mm。“大孔直径”在 12~25mm 之间，因此，设定该参数的限制为“范围”，然后输入范围最小值为 12mm，最大值为 30mm，参见图 12-28，取默认值为 16mm。

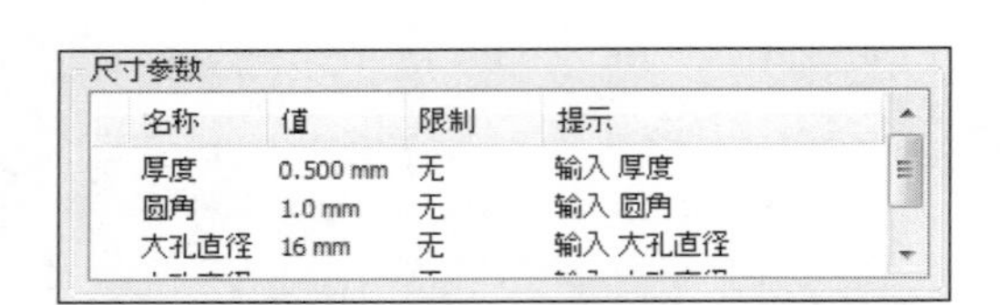

图 12-26　冲压工具参数列表

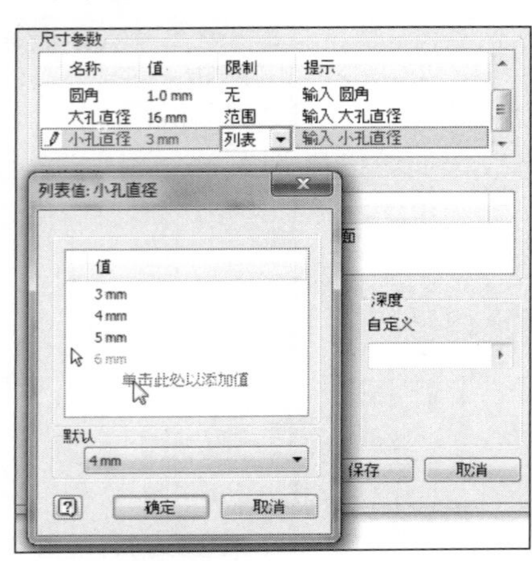

图 12-27　小孔直径

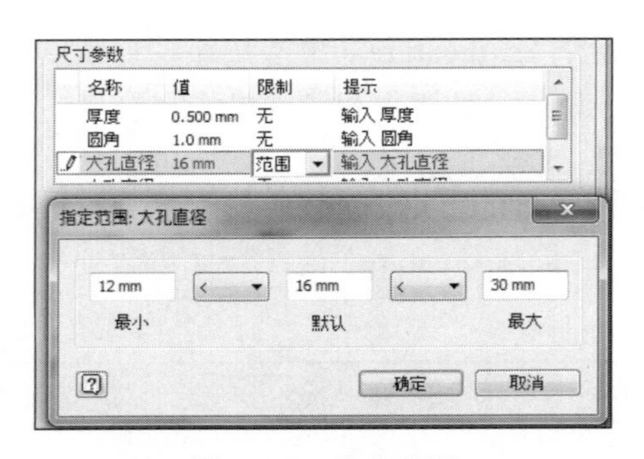

图 12-28　指定范围

（4）作为冲裁工具，其定位基准就是冲裁特征的草图所在的面，因此，Inventor 冲压工具提取命令能自动识别该定位基准，从而不需要手工进行指定。在使用时也能直接定位到草图点所在的平面。对于成形冲压工具，如果有多个定位基准，那么，在使用冲压工具时需要手动指定模型的参考作为定位基准。

（5）“钣金冲压工具”需要指定“冲压工具 ID”和冲压工具的“简化表达”，这对于钣金零件的展开和加工具有十分重要的意义。“冲压工具 ID”将直接被工程图中的“冲压参数表”引用，以方便加工车间的冲压工具管理；而冲压工具的“简化表达”，可以帮助用户更好地进行钣金展开中的冲压工具的表达。众所周知，Inventor 不能直接对冲压工具进行展开。为了更好地在展开模式中表达“冲压工具”，Inventor 钣金提供了冲压工具的展开表达，其中一项就是利用二维草图轮廓来表达冲压工具的范围，而冲压工具简化表达的草图轮廓，需要在定制该冲压工具时，进行简化表达的草图选择。我们选择的草图轮廓将作为该冲压工具的草图简化表达，参见图 12-29。选中的简化表达的草图将列在所选特征中。

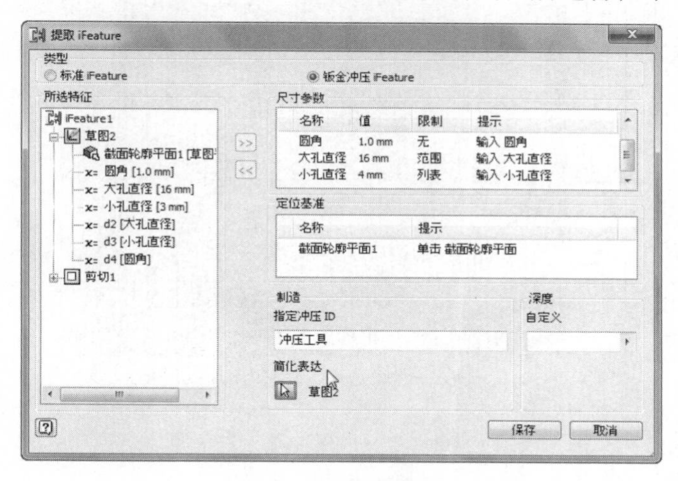

图 12-29　简化草图

（6）定制冲压工具的冲压深度。对于冲压工具，可以不指定，Inventor 将默认为冲压工具定义的“厚度”参数，当然我们可选择指定冲压工具冲裁的深度，参见图 12-30。选择冲压深度为“厚度”。

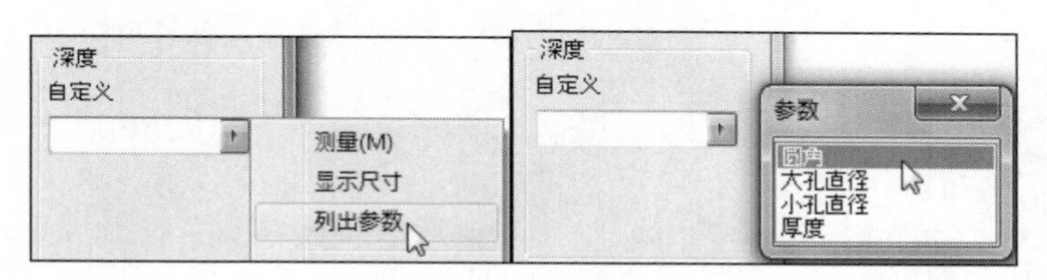

图 12-30　冲压深度

（7）单击“保存”按钮来保存冲压工具。选择冲压工具的保存路径，确定冲压工具的名称，参见图 12-31。

图 12-31　保存冲压工具

4. 冲压工具的使用

打开钣金件 12-003.ipt，创建草图点，参见图 12-32，确定冲压工具的草图定位点。

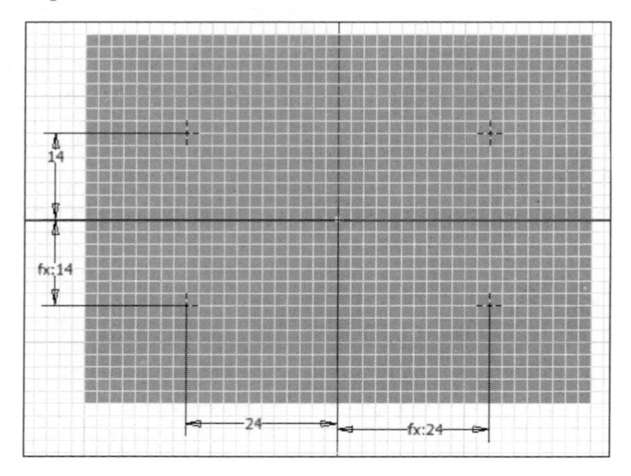

图 12-32　定义放置冲压工具草图

然后选择“冲压工具”命令，选择需要的冲压工具，参见图 12-33。

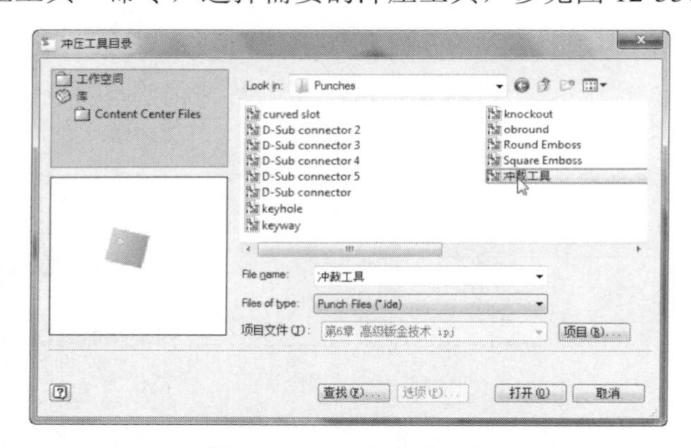

图 12-33　选择冲压工具

在“几何图元”选项下，选择草图点定位冲压工具，Inventor 默认选择草图中所有草图点，可以进行反选去除已选中的草图点，同时还可以输入旋转角度，来旋转冲压工具，参见图 12-34。

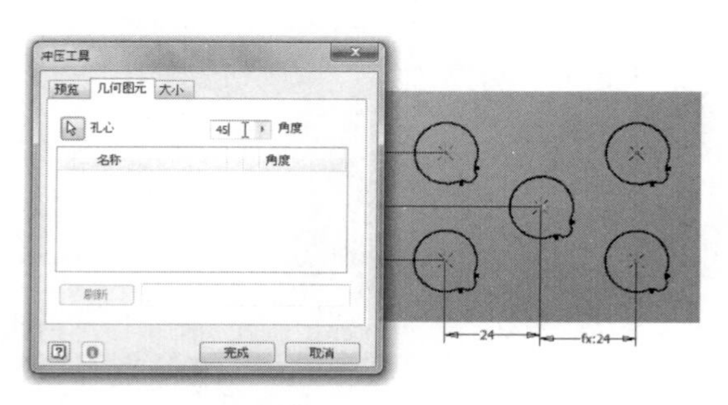

图 12-34　旋转冲压工具

在冲压工具的“大小”选项卡中，可以设定冲压工具的大小，参见图 12-35。

图 12-35　设定冲压工具大小

选择“小孔直径”选项，参见图 12-35，只能选择 3mm、4mm、5mm 和 6mm，这些正好是在定义冲压工具时设定的值。对于“大孔直径”可以直接输入直径值，当输入的值小于 12mm 或大于 30mm 时，将限制输入。参见图 12-36，输入超过限制的值将通过红色显示，同时会弹出提示对话框来提示输入的值超出定制冲压工具时设定的值。

单击“确定”按钮将选择的冲压工具加载到当前的钣金模型中，参见图 12-37。

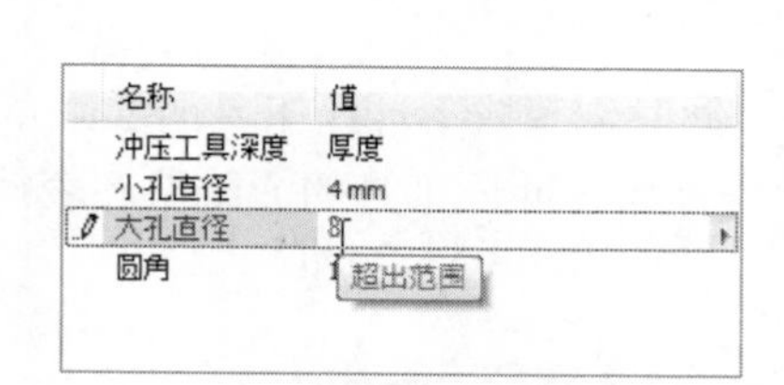

图 12-36　确定参数大小

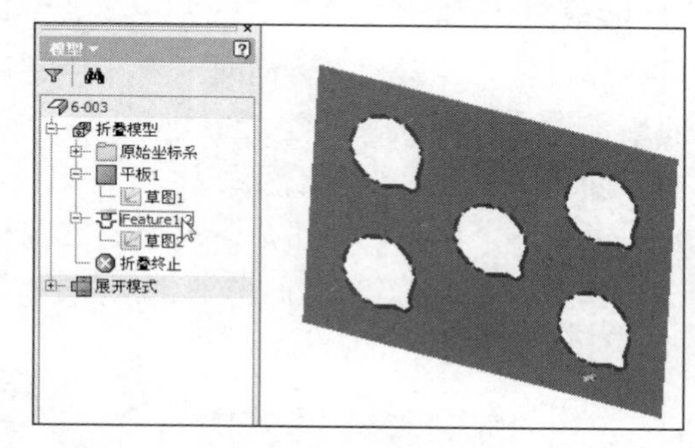

图 12-37　冲压工具特征

选择“展开模式”选项，得到该钣金模型的展开，当选择冲压工具表达为“二维草图表达和中心标记”时，其展开结果参见图 12-38。

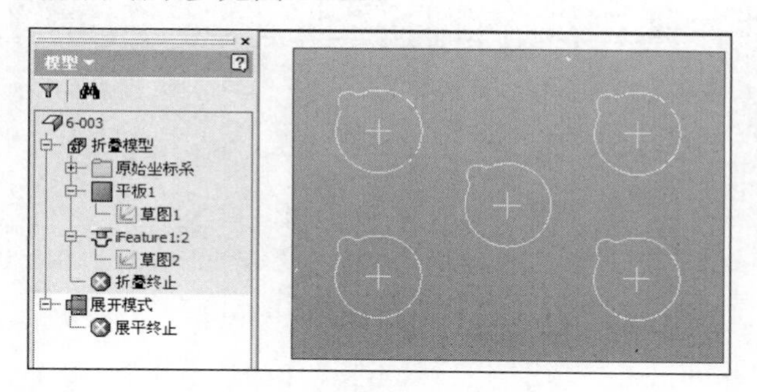

图 12-38　冲压工具展开二维草图表达和中心标记

12.2.2 成形冲压工具定制

成形冲压工具的定制要比冲裁冲压工具定制复杂得多，而且成形冲压工具的形式也是多种多样的。因此，必须要深入理解成形冲压工具定制要点及应用，才能运用自如地定制各种成形冲压工具。以冲压加工中常见的加强筋为例，参见图 12-39，来详细讲解成形冲压工具的定制过程。

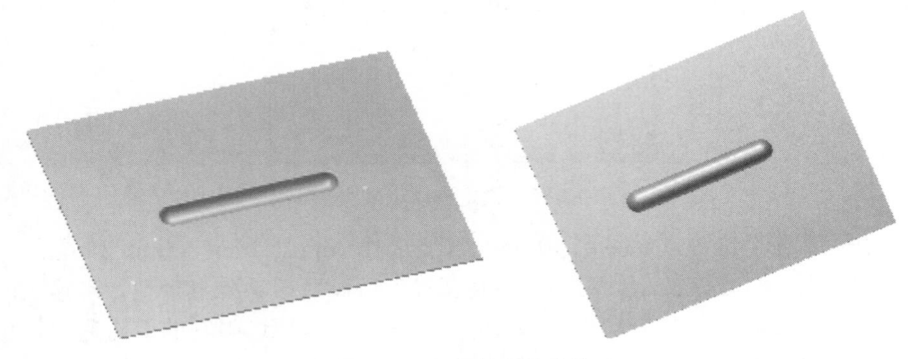

图 12-39 成形冲压工具

1．创建草图

一般成形特征都比较复杂，同时需要多个特征组合来创建成形特征，而且成形特征一般都需要使用零件特征命令来创建。创建特征时一定要切记，不能与基础板有任何的关联关系，否则，成形冲压工具将很难符合要求。

（1）创建第一个草图，创建草图点作为定位基点，同时创建成形冲压工具的二维草图表达，参见图 12-40。在提取冲压工具时，将使用该草图轮廓作为冲压工具的二维草图表达（该草图不能有任何基础模型的投影）。

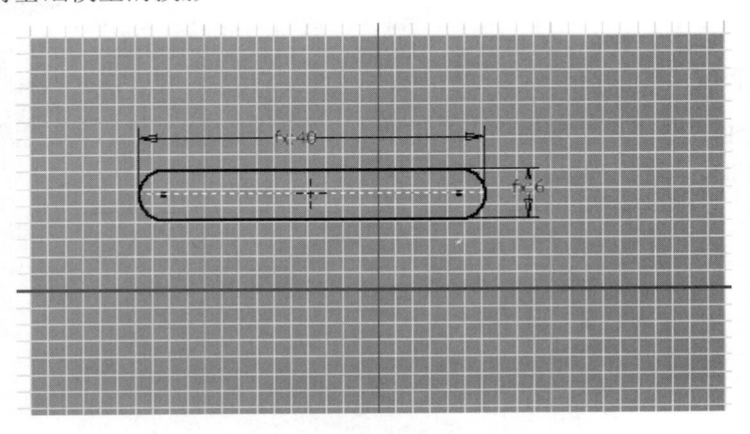

图 12-40 成形冲压工具草图

（2）创建参考工作面，首先基于草图线创建工作面，参见图 12-41，然后基于该工作面和中心构造线，创建垂直于该工作面的工作面，参见图 12-42。

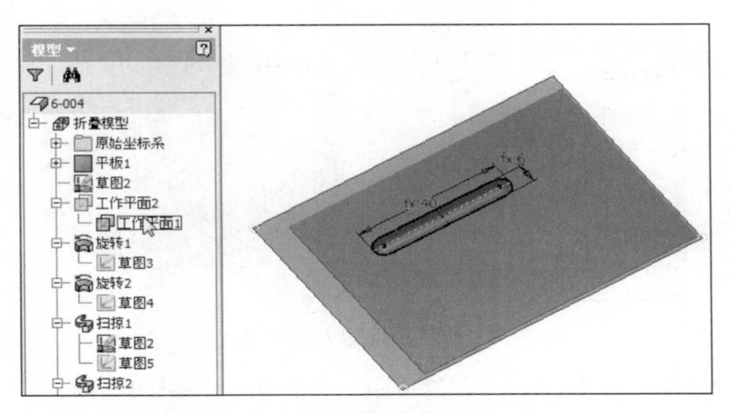

图 12-41　基于草图线的参考工作面

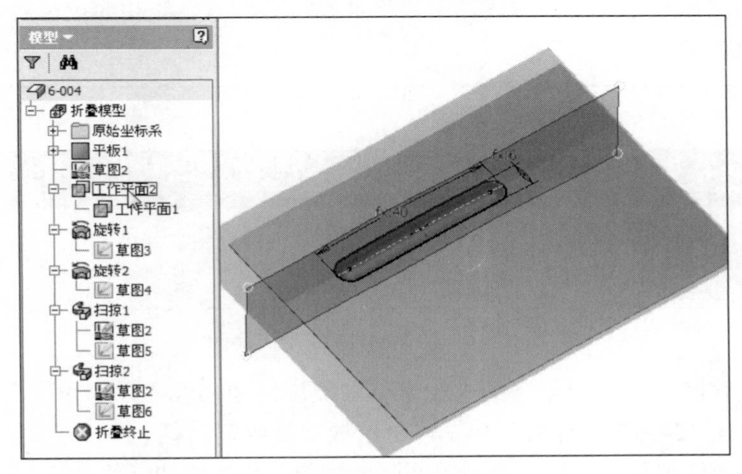

图 12-42　基于参考工作面的工作面

（3）基于创建的工作平面 2 创建草图，删除所有自动投影点、线，然后手动投影在草图 1 中创建的构造线，以构造线的投影的端点创建加强筋的草图线，参见图 12-43。注意，该草图线除与草图 2 中的构造线有关联关系外，不能与其他特征有任何的关联关系，否则在提取冲压工具时，将会失败。

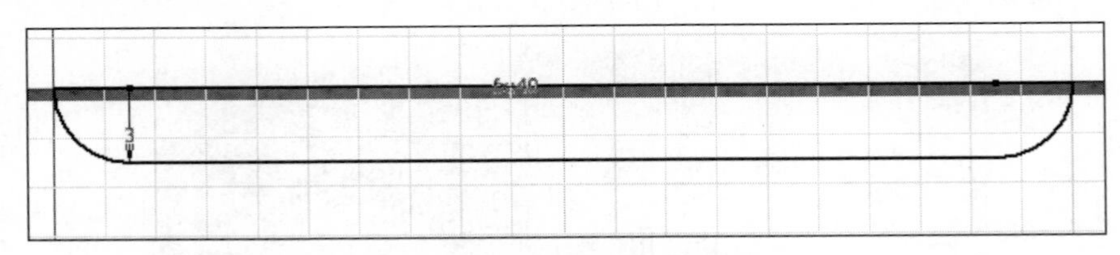

图 12-43　加强筋外轮廓草图

（4）创建旋转特征，参见图 12-44，选择创建的草图及旋转中心轴，然后选择“角度”选项，对称旋转 180°。

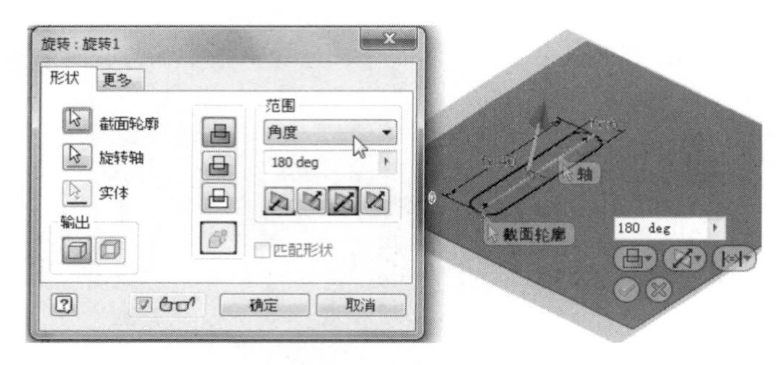

图 12-44　创建旋转特征

（5）然后基于创建的工作平面 2 创建草图，投影构造线和加强筋的外轮廓线；再基于构造线的投影线的端点偏移一个“厚度”距离，创建加强筋的内壁草图轮廓线，参见图 12-45。注意：在投影加强筋外轮廓线的时候，不要将基础特征的点、线和面投影到该草图中，否则在提取特征时将提取更多的关联特征。

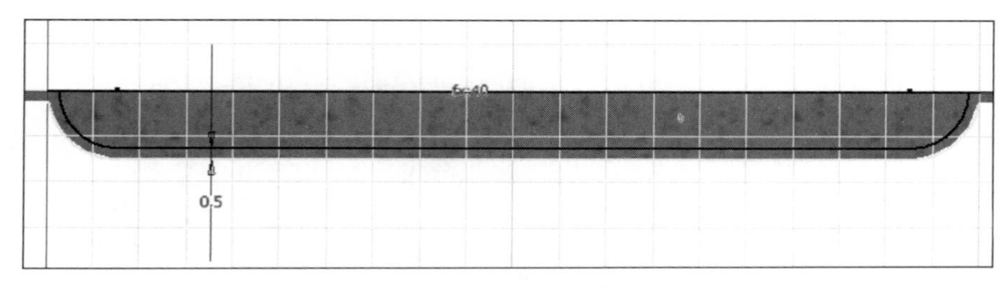

图 12-45　加强筋内壁草图轮廓线

（6）创建旋转特征，选择创建的内轮廓草图及旋转中心线，以“角度”180° 对称旋转去除材料，参见图 12-46，这样就创建了基础的成形加强筋特征。

（7）接下来处理圆角，如果直接利用倒圆角功能，那么该加强筋特征将与基板的特征形成关联关系，那么在使用冲压工具时，将要多选择定位基准。这就增加了放置冲压工具的难度。因此，需要特殊处理成形冲压工具的圆角，对于不同的冲压工具，圆角的处理也不一样，应该灵活应用 Inventor 的基础特征。通常最常用的方式，就是利用“扫掠”特征来处理圆角，也就是创建倒圆角的截面草图，以及成形冲压工具的截面轮廓线草图，以扫掠去除材料的方式创建圆角。该例中，创建的内、外圆角草图参见图 12-47。

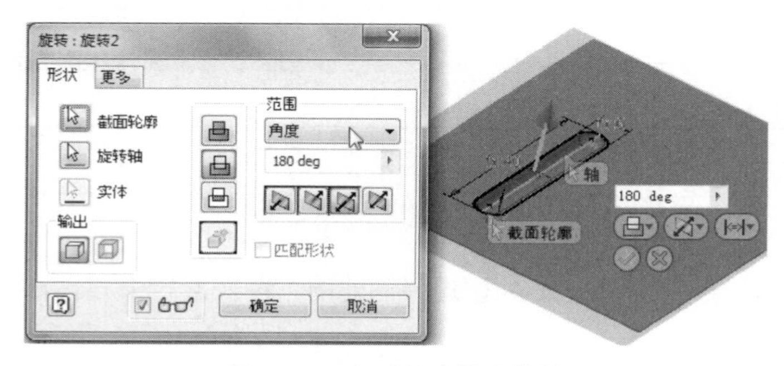

图 12-46　加强筋内轮廓旋转

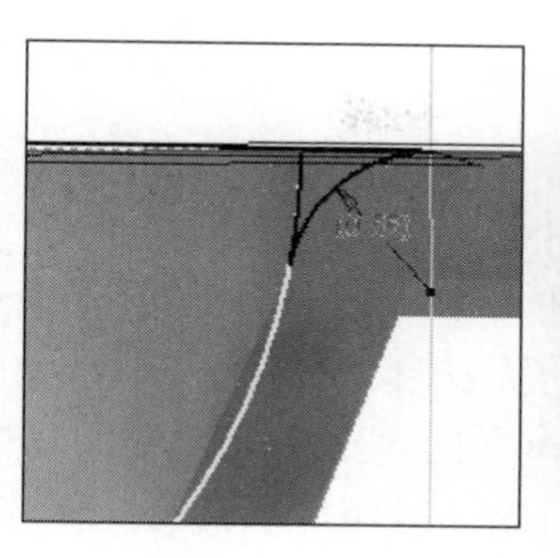
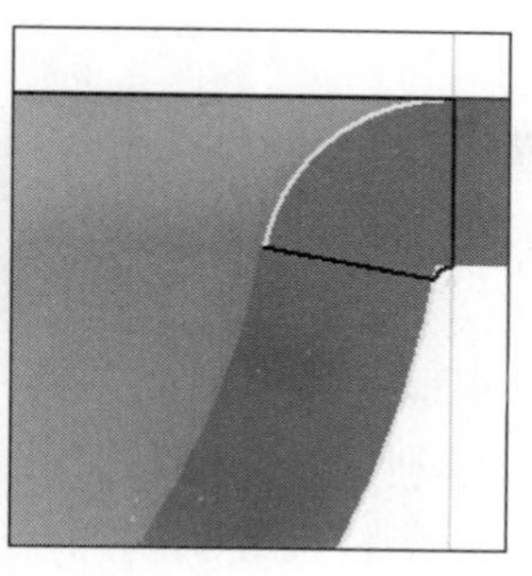

图 12-47 加强筋内、外圆角处理草图

然后，共享草图 2，以及创建的定位基点的草图，利用二维草图表达的轮廓线为“扫掠”的路径来创建圆角，参见图 12-48。

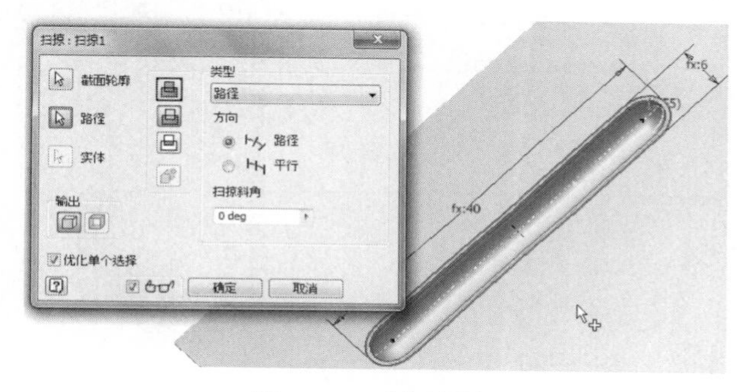

图 12-48 创建圆角

2．创建成形冲压工具

同冲裁冲压工具一样，创建好成形冲压特征后，选择“提取 iFeature”命令来创建成形冲压工具。参见图 12-49 及模型 12-004.ipt，选择加强筋特征，可以看到定位基准为一个草图平面，如果这里多于一个定位基准，那么在使用冲压工具时就要多指定放置基准。同样可以设定尺寸参数的输入限制，同冲裁工具创建。最好定义好冲压 ID 及简化表达和冲压深度。

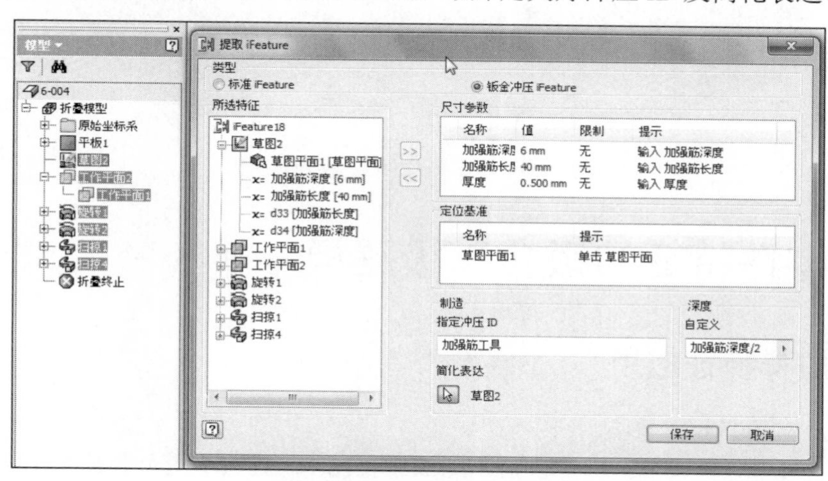

图 12-49 加强筋冲压工具

3．使用该冲压工具

打开 12-004.ipt，创建草图点，然后选择“冲压工具”，选择刚才定义好的加强筋冲压工具，选择草图点定位，然后确定冲压工具大小，放置该冲压工具，参见图 12-50。

选择“展开模式”将冲压工具展开，冲压工具将按冲压工具表达方式来表达，参见图 12-51，可以看到原提取冲压工具的特征将无法展开，也无法被简化表达。因此，对于复杂的成形模型，虽然可以利用零件特征将其模型创建出来，但不能被钣金展开及简化表达。这就要求我们将需要的成形特征定制为冲压工具，以便能够展开表达及用工程图冲压参数表来表达。同时，也能在最大限度上设计重用及管理。

图 12-50　加强筋冲压工具

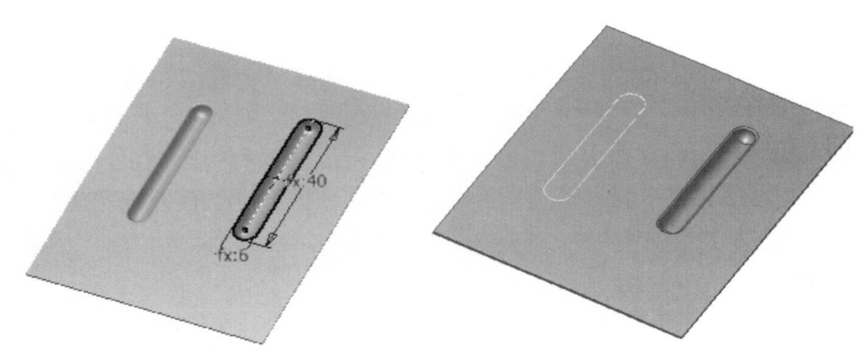

图 12-51　加强筋冲压工具及展开

12.3　零件特征的钣金高级建模

12.3.1　放样特征应用

（1）打开 12-005.ipt，参见图 12-52。

（2）创建参考工作平面，然后创建草图 2 和草图 3，具体草图及参数参见图 12-53 和模型 12-005.ipt。

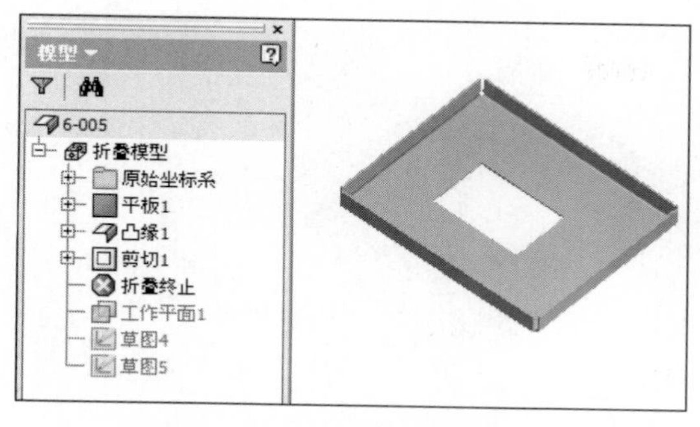

图 12-52　零件放样特征应用

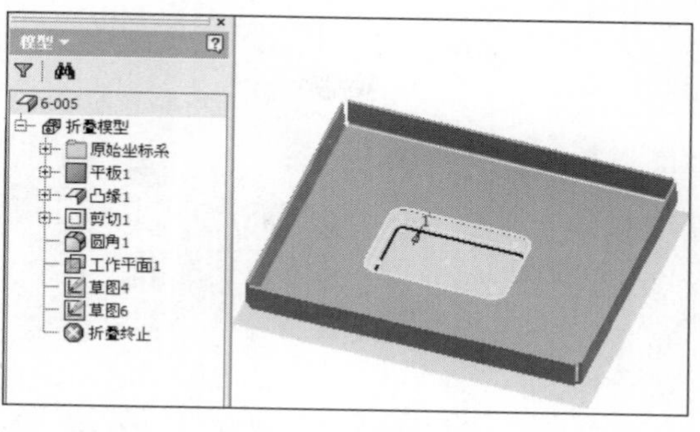

图 12-53　创建放样草图

（3）创建放样曲线特征，参见图 12-54。

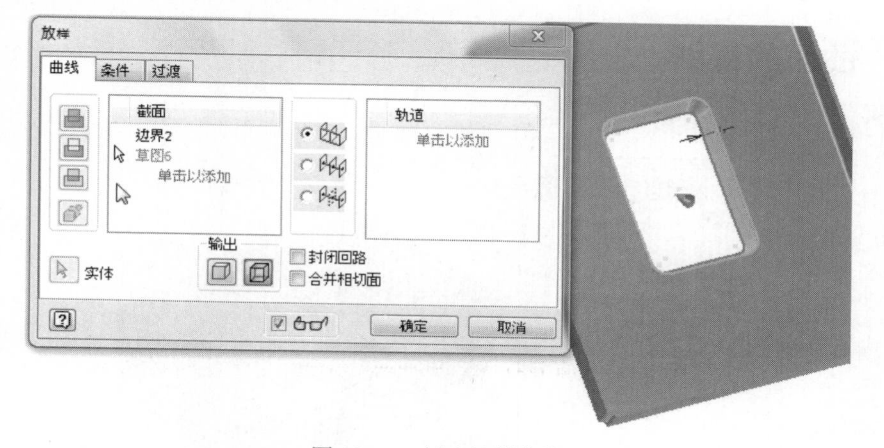

图 12-54　创建放样曲线

（4）补底面及缝合所有面，参见图 12-55。

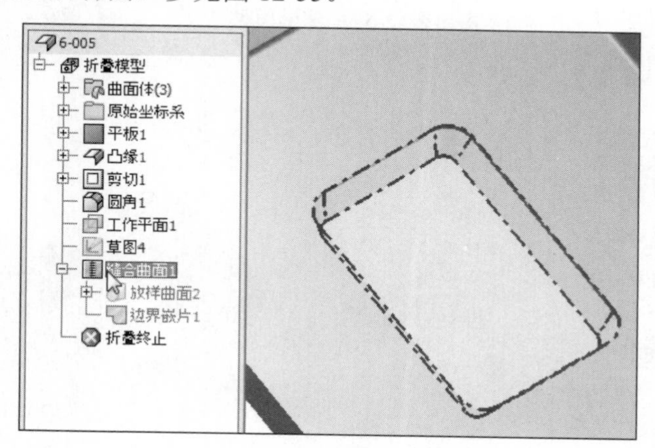

图 12-55　补底面及缝合所有面

（5）利用加厚特征将曲面加厚，注意加厚的厚度应取钣金的“厚度”参数，参见图 12-56。

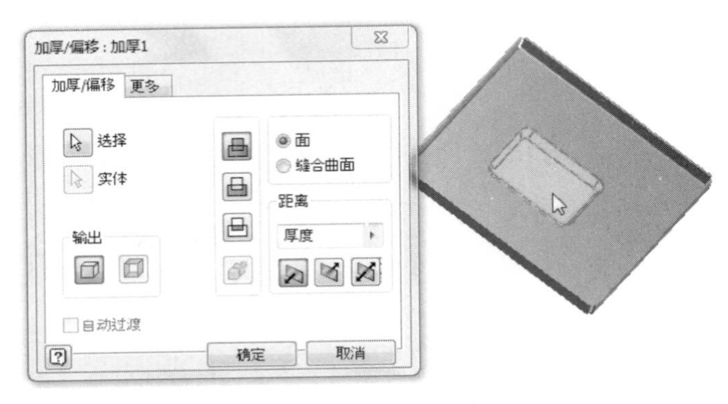

图 12-56 曲面加厚

12.3.2 曲面的应用

（1）打开 12-006.ipt，参见图 12-57。

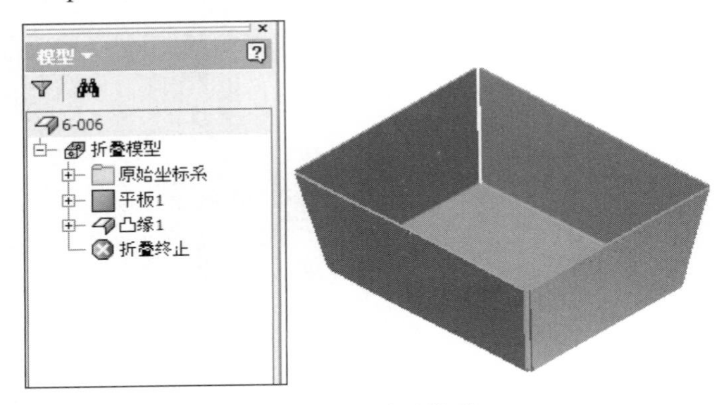

图 12-57 基础模型

（2）创建曲面，参见图 12-58。

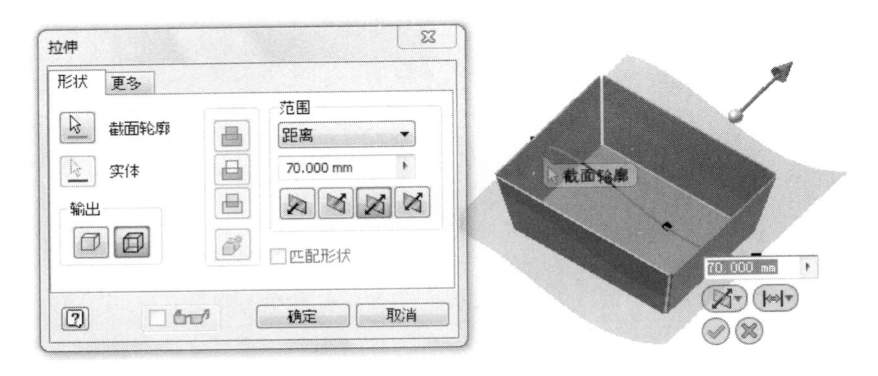

图 12-58 创建曲面

（3）利用曲面为剪切工具剪切钣金模型，参见图 12-59。

（4）得到理想的钣金模型及展开，参见图 12-60。

图 12-59　剪切模型

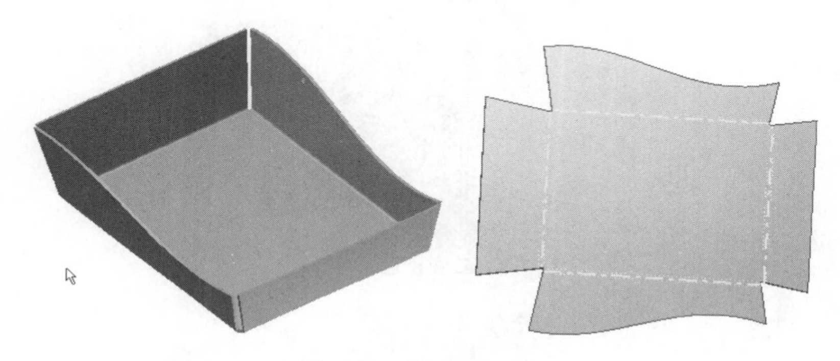

图 12-60　曲面剪切结果

12.3.3　基于零件的关联设计

（1）新建钣金零件，完成草图衍生零件 12-007.ipt，参见图 12-61。

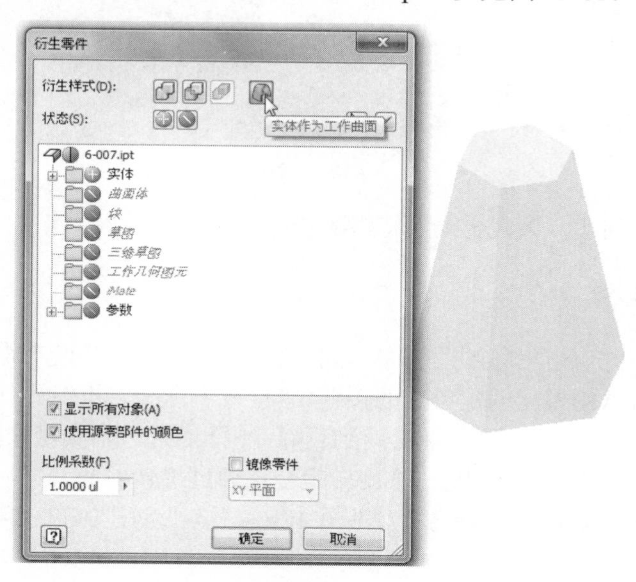

图 12-61　衍生零件

（2）基于衍生的曲面，每面创建草图，然后生成平板，参见图 12-62。注意，最后一块平板不能与其他平板自动创建折弯过渡，因此，需要手动创建折弯，进行封闭，参见图 12-63。

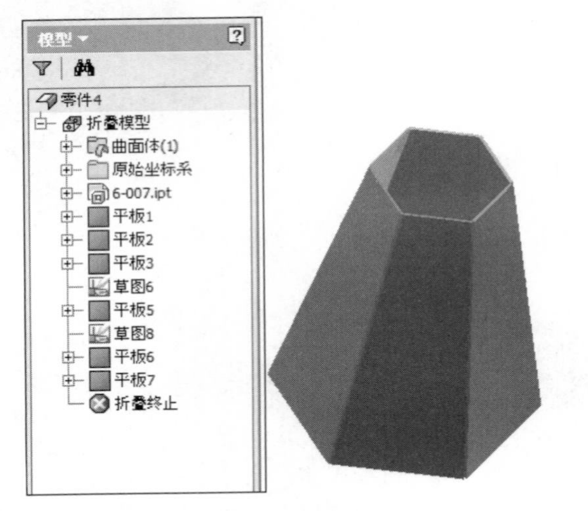

图 12-62　创建平板

图 12-63　折弯特征

（3）完成钣金的创建，该钣金模型将跟随基础零件关联更新。

12.3.4　定制接缝

Inventor 钣金对于封闭的钣金模型，如放样特征等提供了“接缝”命令割开，这样才能对其展开，但对于特殊的模型创建特殊的接缝，“接缝”命令将不能胜任，这时就需要借助于 Inventor 的零件特征来定制接缝，使其达到目标。下面通过一个实例来探讨如何定制接缝。

（1）打开模型 12-009.ipt，这是一个旋转钣金件通过旋转曲面，然后加厚所得的壳体钣金件。为了将其展开，需要创建接缝，参见图 12-64，需要创建如图 12-65 所示的接缝及展开。

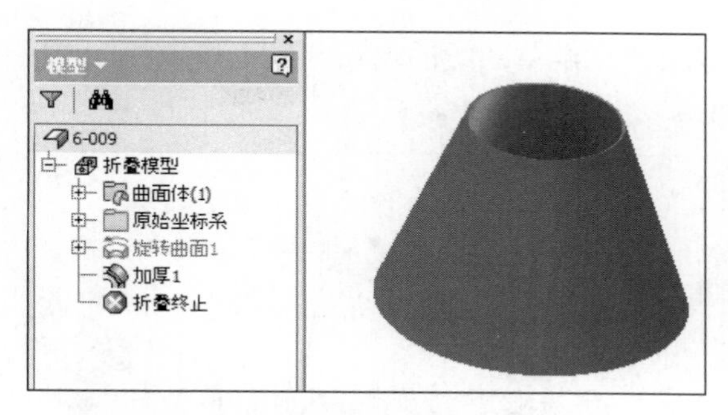

图 12-64　圆筒壳体

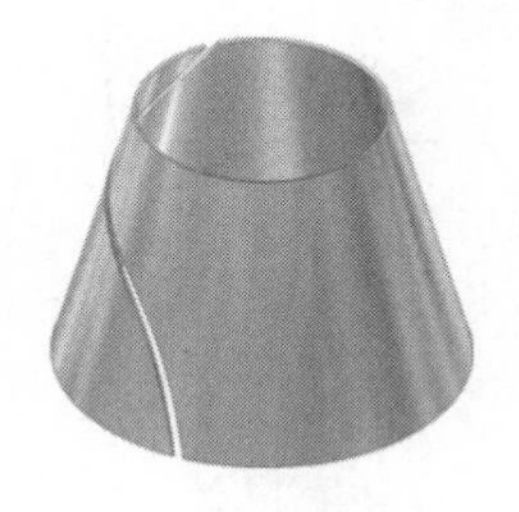

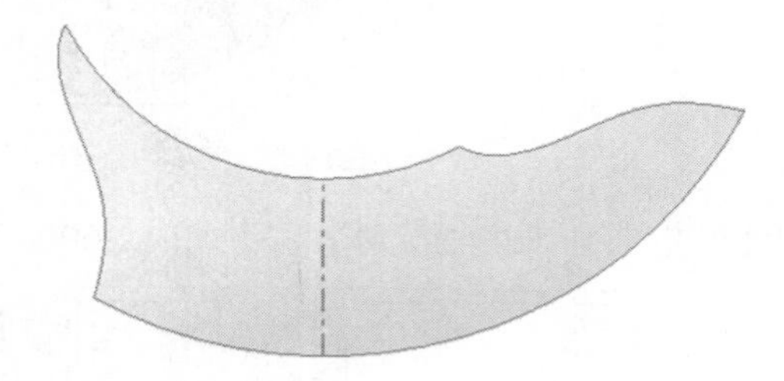

图 12-65　圆筒壳体接缝

（2）基于 *XY* 平面创建草图，创建草图线，参见图 12-66。

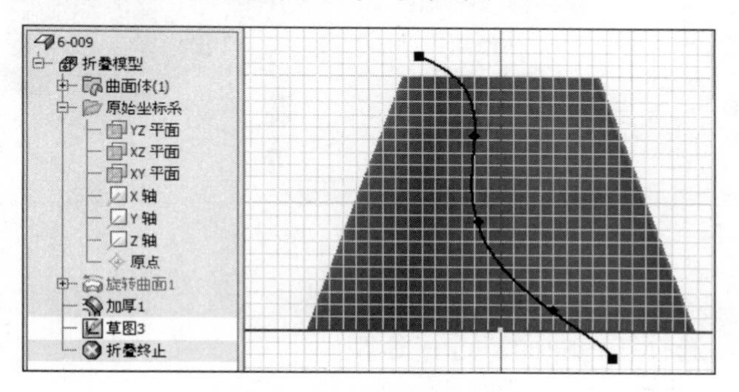

图 12-66　创建曲线草图

（3）创建三维草图，投影该二维草图曲线到壳体的内表面，参见图 12-67，在壳体上得到投影曲线。

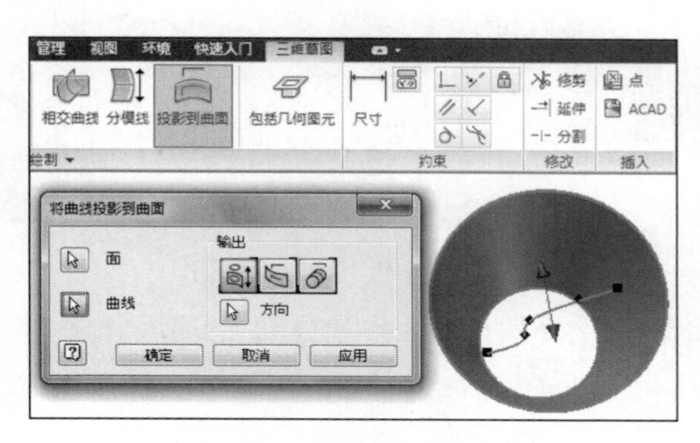

图 12-67　创建三维草图曲线

（4）基于三维草图线及该三维草图线的端点创建工作平面，然后基于该工作平面创建草图圆，以该圆为接缝截面，参见图 12-68。

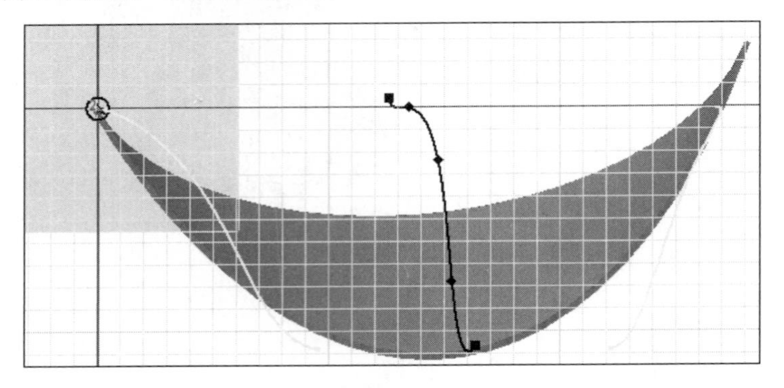

图 12-68　创建草图圆

（5）创建扫掠曲面来剪切壳体，参见图 12-69。

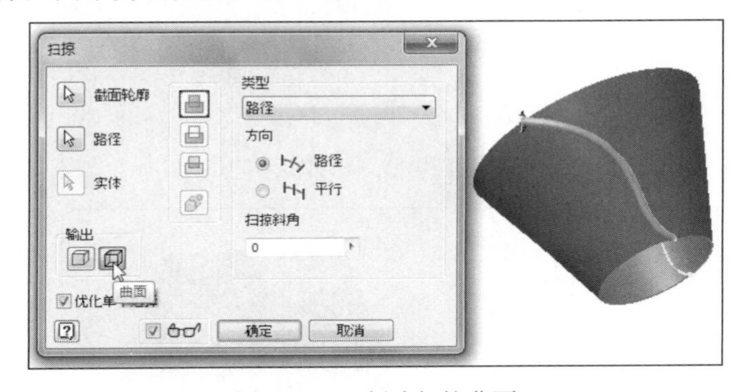

图 12-69　创建扫掠曲面

（6）由于扫掠的曲面不能完全与壳体相交，因此，需要延长该扫掠曲线。选择“延伸”命令，参见图 12-70，选择扫掠曲面，进行延伸。

图 12-70　延伸扫掠曲面

（7）选择“分割”命令，选择扫掠曲面作为分割工具，选择壳体内表面进行分割，参见图 12-71。

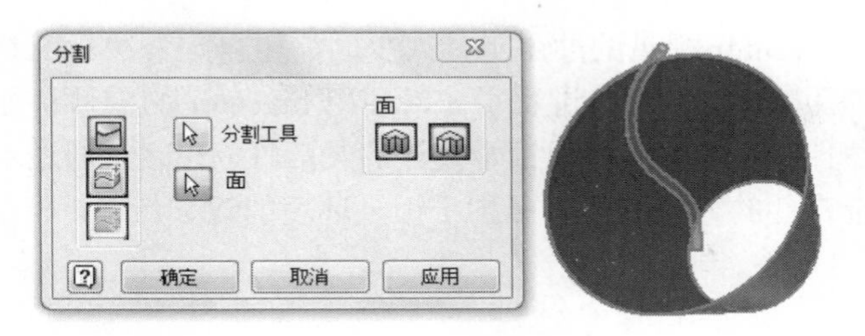

图 12-71 分割壳体内表面

（8）选择“加厚/偏移”命令，去除材料，参见图 12-72，创建该壳体的接缝。

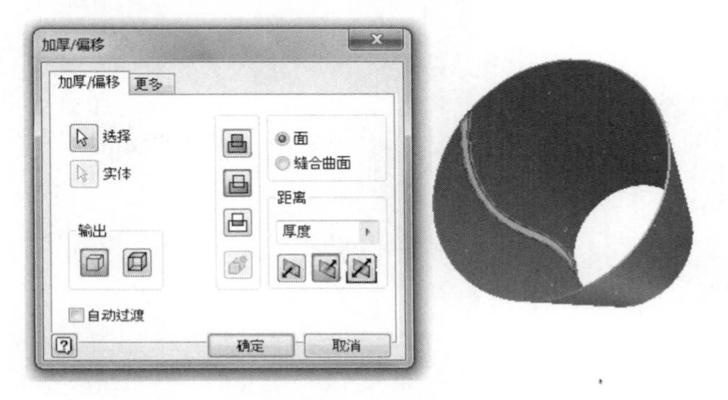

图 12-72 创建接缝

（9）将壳体进行展开，参见图 12-73。

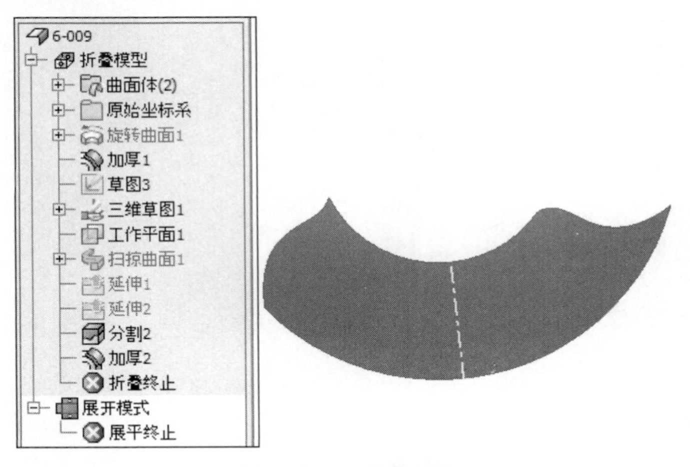

图 12-73 壳体展开

12.4 本章小结

本章主要介绍了钣金的高级应用及钣金的本质原理。首先讨论了钣金的展开原理及钣金的展开方式，包含了折弯表展开和自定义表达式展开，通过本章的学习，可以定义折弯表及符合要求的自定义表达式展开。其次，Inventor 钣金提供了非常强大的冲压工具来创建复杂的成形特征，但是，Inventor 提供的冲压工具太少，需要自定义冲压工具，因此，本章深入探讨了如何自定义冲压工具。最后，讲解了如何利用 Inventor 的零件特征来创建符合要求的复杂的钣金模型，并且通过实例来体现钣金设计的灵活性。总之，通过本章的学习，读者需要掌握灵活设计钣金零件的方法，而不必拘于钣金环境的钣金特征。

第 13 章　模型和样式

本章学习目标

- 了解增强的可视化。
- 熟悉增加 Inventor 对修改的衍生。
- 使用增强的可视化工具。
- 了解对颜色编辑器的新访问方式、增强的颜色编辑器。
- 使用真实外观材料库。
- 使用基于图像的光源。
- 掌握导入或导出剖面线图案。
- 掌握模型修复工具。

13.1　材料

Autodesk 产品中的材料代表实际材料，如混凝土、木材和玻璃。可以将这些材料应用到设计的各个部分，为对象提供真实的外观和行为。在某些设计环境中，对象的外观是最重要的，因此材料具有详细的外观特性，如反射率和表面粗糙度。在其他环境下，材料的物理特性更为重要，因为材料必须支持工程分析。

材料库是一组材料和相关资料。库可以通过添加类别进行细分。Autodesk 提供的库包含许多按类型组织的材料类别，如混凝土、金属和玻璃。

在功能区的“工具”选项卡“材料和外观”组中选择“材料”命令，弹出“材料浏览器”对话框，如图 13-1 所示。

- 文档材料设置工具栏：修改文档中的材料视图。
- 库设置工具栏：修改其中的库和材料视图。
- 文档材料列表：显示当前文档中的材料，是否应用于对象；要访问常用任务菜单，在材料上单击鼠标右键。
- 库列表：显示库中打开的库和类别。
- 库材料列表：显示库中的材料或库列表中选定的类别。
- 材料浏览器工具栏：提供控件来管理器库和类别，并在当前文档中创建默认新材料。

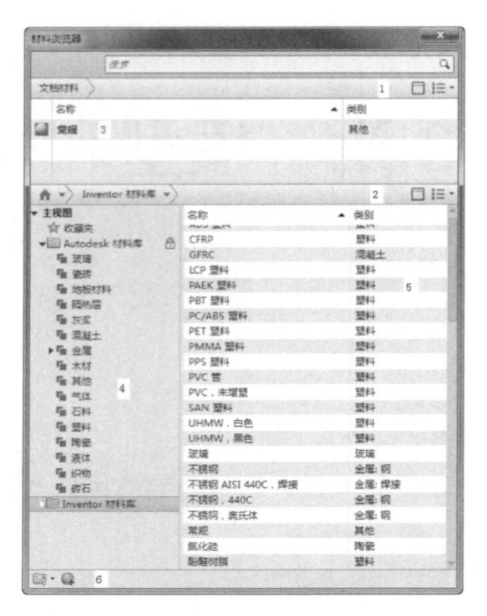

图 13-1 “材料浏览器”对话框

13.2 外观

外观可以精确地表示零件中使用的材料。外观可按类型列出，且每种类型都有唯一的特性。外观定义包含颜色、图案、纹理图像和凸纹贴图等特性，将这些特性结合起来，即可提供唯一的外观。指定给材料的外观是材料定义的一个资源。

1. 外观浏览器

外观分为不同的类别，例如金属、塑料和陶瓷。类别包含各种类别的相关外观。

在功能区的“工具”选项卡的“材料和外观”组中选择“外观”命令，弹出“外观浏览器”对话框，如图 13-2 所示。

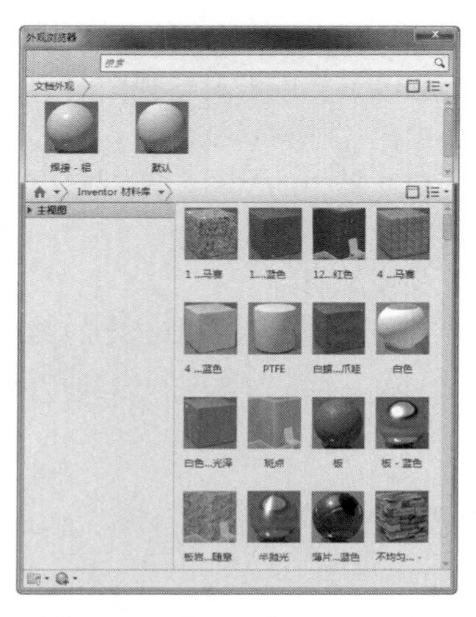

图 13-2 “外观浏览器”对话框

此对话框提供访问权限来创建和修改文档中外观资源，并可用于访问库中的外观。

2. 颜色编辑器

颜色栏显示了轮廓颜色与方案中计算得出的应力值或位移之间的对应关系。用户可以编辑颜色栏以设置彩色轮廓，从而使应力/位移按照用户所需的方式来显示。

Inventor Publisher 中同样提供了大量的材料，以及一个很方便的颜色编辑器，如图 13-3 所示。

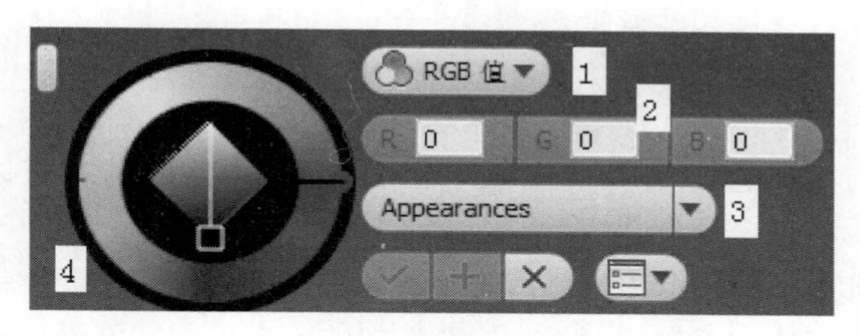

图 13-3　颜色编辑器

- 1 – 颜色提取器。
- 2 – 设置颜色。
- 3 – 选择材料。
- 4 – 色调调整。

Inventor Publisher 中导入 Inventor 部件后，颜色处理将遵循下面的规则：

- 如果 Inventor 中给定了材料，则颜色按照材料走。
- 如果 Inventor 中给定了材料，并给了一个与材料不同的颜色，则使用新颜色。
- 如果已经导入到 Publisher 后，通过修改材料又给了一个新的颜色，则这个新的颜色将覆盖前面的两个颜色。
- Publisher 中修改的颜色、材料无法返回到 Inventor 中。
- 在 Publisher 中存档后。 Inventor 修改了颜色/材料，通过检查存档状态，Publisher 可以自动更新颜色和材料。
- 如果在 Publisher 中修改过颜色/材料，则不会更新。

所以比较好的工作流程是：

（1）Inventor 设计部件，同时导入到 Publisher 中做固定模板。

（2）Inventor 更改设计，Publisher 更新文件。

（3）Inventor 完成材料、颜色的定义后，Publisher 更新。

（4）如果有不满足需求的，则在 Publisher 中进行颜色、材质的更改。

13.3　衍生零部件

衍生零件是引用现有零件以关联复制实体和其他信息（如草图、定位特征和参数）的新零件。衍生部件是引用现有部件的新零件。可以向衍生零件或部件添加特征。当新特征添加到基础零部件或编辑衍生特征时，衍生零件将随这些变化而更新。

当根据零部件删除和孔修补衍生部件以实现规则的其他好处时，请使用“选项”选项卡。将部件衍生为曲面组合来创建占用磁盘空间最小的文件，计算零件的速度明显快于衍生实体。曲面组合使用的内存较少，并且使用部件时性能较好。

有两种方式可以创建衍生零件，即“推”方式和“拉”方式。该部分将详细介绍使用“拉”方式创建衍生零件的步骤。以下命令可从源“推”出衍生零件：

- 生成零件（零件文件命令）。
- 生成零部件（零件文件命令）。
- 包覆面提取（部件文件命令）。

还可以使用“衍生零部件”命令向零件文件中插入现有零件和部件，以作为实体。

当用户要控制对模型的更改时，衍生零件和部件将很有用。用户可以修改原始模型，并更新所有衍生零部件，以自动合并更改。

在较高级别的部件中使用衍生零件和部件时，可以减少内存消耗并减小文件大小。例如，衍生零件将作为单个实体加载到内存中，与部件中的所有单独的零部件正好相反。一种有效使用衍生零件的方法是，将其作为来源部件中的部件替换详细等级。还可以使用“衍生零部件”命令来生成结果，这与使用“包覆面提取”命令创建衍生零件非常相似。

“选项”选项卡中包含一个复选框，勾选它可以使用“内存节约模式”从部件创建衍生零件。该选项创建的零件不缓存任何源实体，从而占用的内存较少。如果启用，则源实体不在衍生零件浏览器中显示。“选项”选项卡中还包含零件镜像、比例、简化、零件删除和孔修补设置。

如图 13-4 左图所示为未使用“内存节约模式”创建的零件的浏览器内容。如图 13-4 右图所示为使用“内存节约模式”创建的零件的浏览器内容。

图 13-4　未使用“内存节约模式”和使用“内存节约模式”创建的零件的浏览器对比

注意

如果选择了衍生样式选项“将每个实体保留为单个实体”，则“内存节约模式”不可用。

使用“单个组合特征”选项衍生的部件可以创建单曲面零件，这种零件占用的内存比实体少。曲面体不缓存任何源实体，并且不能参与干涉检查。曲面组合体保留原始零件颜色和纹理，如图 13-5 所示。

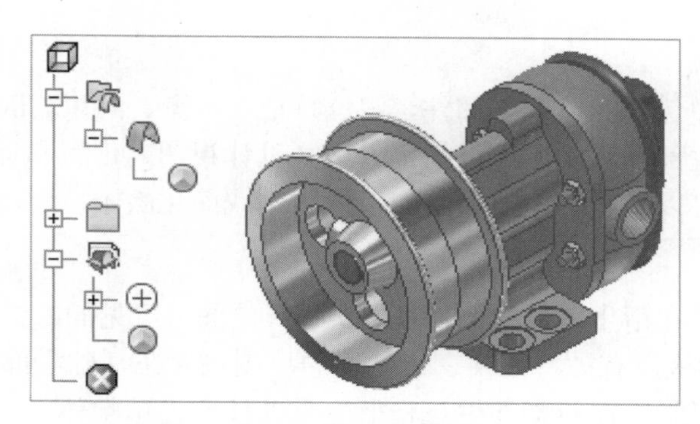

图 13-5 单个组合特征

13.3.1 如何知道使用哪些衍生样式

实体合并后消除平面间的接缝：从部件创建零件文件时，默认选中该选项。使用该选项可以从部件或多实体零件创建单实体零件文件。共享一个平面的零件或实体之间的边都合并在一起。

实体合并后保留平面间的接缝：该选项可合并部件中的零件，或将多实体零件中的选定实体合并为零件文件中的单个实体。新零件保留共享一个平面的不同零件或实体之间的边。所得的零件保留共享平面所包含零件或实体的原始颜色。这样产生的工程视图效果最好，因为将保留所有的边和缝。

将每个实体保留为单个实体：从另一个零件文件创建零件文件时，默认选中该选项。使用该选项可以：

- 从另一个零件文件创建零件。
- 从部件创建多实体零件。
- 从另一个多实体零件文件创建多实体零件。

单个组合特征（仅衍生部件）：创建单一曲面体零件文件。生成的曲面体保留平面接缝，并保留原始零件的颜色和纹理（如位图螺纹）。使用该选项可以创建占用磁盘空间最小的零件文件。曲面组合零件非常适合用作部件替换详细等级或在 BIM Exchange 中导出。所得曲面体不能参与合并操作或干涉检查。曲面体可以用作“分割”命令中的分割工具。

实体作为工作曲面（仅衍生零件）：参与合并操作或干涉检查。曲面体可以用作“分割”命令中的分割工具。

创建衍生零件时，浏览器中的衍生图标与使用的样式选项匹配。

注意

如在“表达”选项卡中勾选“关联”复选框，则不能排除在衍生的表达视图中可见的任何零部件。在源部件中使用表达视图来控制零部件的包括或排除。

13.3.2 创建衍生零件或衍生部件

可以使用零件、部件、钣金零件或焊接件创建衍生零件。在新文件中源被称为“基础”

零部件。

可以在衍生零件中包含实体或零部件、定位特征、草图、约束、iMate 和参数，也可以将它们排除在外。衍生部件时，还可以指定表达（设计视图、位置和详细等级）。

衍生零件或部件可以是源的缩放版本、镜像版本或简化版本。

1. 衍生零件

选择包含或不包含在衍生零件中的特征、实体、曲面、可见的二维和三维草图、定位特征、参数和 iMate。那些没有被特征共享或使用的草图包含在基础零部件中。如果源零件是多实体零件，则还可以指定在新文件中是将衍生零部件变为单实体、多实体还是曲面。

开始先创建一个零件文件。如果要创建多实体零件，则创建一个或多个特征或实体。如果要创建不包含已存在的特征或实体的零件，请在开始创建新零件时单击“完成草图”按钮，以关闭默认草图。

操作步骤如下：

（1）在功能区的“管理”选项卡的“插入”组中选择“衍生”命令。

（2）在“打开”对话框中浏览要作为基础零部件的零件文件（.ipt），然后单击“打开”按钮。

（3）选择衍生样式。

- ：创建不包含平面接缝的单实体衍生零件。
- ：创建包含平面接缝的单实体衍生零件。
- ：如果源零件包含多个实体，则创建包含一个或多个实体的衍生零件。这是默认选项。
- ：创建包含单个曲面体的衍生零件。

（4）在“衍生零件”对话框中，模型元素以层次结构显示。接受默认值或使用顶端的状态按钮快速更改所有选定对象的状态。还可以单击单个对象旁边的状态图标以转换状态选项。如果源零件仅包含一个实体，则该实体会显示在图形屏幕中。如果源零件是多实体零件，但只有一个实体可见，则该可见实体会显示在图形屏幕中。如果源零件是多实体零件，但有多个实体可见，则任何实体都不会显示在图形屏幕中。若要指定要包括在内的实体，请展开“实体”文件夹，然后使用状态按钮来包括或排除实体。如果要包括所有实体，可以选择“实体”文件夹，然后单击包括状态按钮。

注意

选择源零件文件中的可见实体。

- ：选择要包含在衍生零件中的元素。
- ：排除衍生零件中不需要的元素。用此符号标记的项在更新到衍生零件时将被忽略。如选择非导出对象包含在衍生零件中，则关闭“衍生零件”对话框时，将显示一条确认消息，通知用户基础文件会将该对象标记为要导出。

（5）如果需要，请单击“从基础中选择”按钮，从而可以从基础零部件窗口中对零部件进行图形选择。选择零部件后，单击“接受选择”按钮。

（6）如果需要，则请取消勾选“显示所有对象”复选框，以在列表中仅显示导出元素。

（7）指定比例系数和镜像平面：

- 接受默认比例系数 1.0，或者输入任意正数。
- 如果需要，则请勾选“零件镜像”复选框，以从基础零件镜像衍生零件特征。在下拉列表中选择一个基准工作平面作为镜像平面。

（8）单击“确定”按钮。

注意

如选择要包含到衍生零件中的几何图元组（如曲面），则以后添加到基础零件的任何可见表面都会在更新时衍生。将衍生零件放置到部件中以后，单击“更新”按钮可以只重新生成本地零件，单击“全局更新”按钮将更新整个部件。

2. 衍生部件

衍生零部件源自部件文件，可能包含零件、子部件和衍生零件。选择要向衍生零部件添加、从中去除的几何图元，也可以包含或排除草图、工作几何图元和参数。

提示

此功能可以查看哪些零部件被包含、排除或减去，几何图元会在图形窗口中改变颜色，以匹配该对话框的“实体”选项卡上的符号状态。

首先，创建一个零件文件，然后单击“返回”按钮以关闭默认草图。

操作步骤如下：

（1）在功能区的“管理”选项卡的“插入”组中选择“衍生”命令。

（2）在“打开”对话框中，浏览要用作基础零部件的部件文件（.iam）。

单击“选项”按钮，以指定要在衍生零部件中使用的表达，然后单击“确定”按钮，以关闭“文件打开选项”对话框。单击“打开”按钮。

注意

如果要使用一种详细等级表达，请在此对话框中指定它。以后在衍生零部件中不能对其进行更改。

（3）选择衍生样式。

- ：创建不包含平面接缝的单实体衍生零件，这是默认选项。
- ：创建包含平面接缝的单实体衍生零件。
- ：如果源零件包含多个实体，则创建包含一个或多个实体的衍生零件。
- ：将衍生零件创建为单个曲面组合，该组合保留原始零部件的颜色和纹理。创建占用磁盘空间最小的文件。

（4）在“衍生部件”对话框中，零部件按层次结构显示出来。

在“实体”选项卡中，接受默认值或使用顶端的状态按钮快速更改所有选定零部件的状态。

提示

要快速选择子部件中的所有零件，在树控件中的父节点上单击鼠标右键，并在弹出的快捷菜单中选择“选择所有零件”命令。

还可以单击单个零部件旁边的状态图标，并循环显示各状态选项。

注意

如在“表达”选项卡中勾选了“关联”复选框，则不能排除指定的设计视图中的可见零部件。

- ：选择要包含在衍生零件中的零部件。
- ：从衍生零件中排除零部件。用此符号标记的项在更新到衍生零件时将被忽略。
- ：从衍生零件去除零部件。如果被去除的零部件与零件相交，则会生成一个空腔。
- ：将衍生零件中选定的零部件表示为边框，并从边框形状创建一个实体。减少的细节会降低内存消耗。
- ：使选定的零部件与衍生零件相交。至少有一个零部件的状态必须为“包含”。如果零部件不与衍生零件相交，则不会生成实体。

（5）如果需要，则请单击“从基础中选择”按钮，从而可以从基础零部件窗口中对零部件进行图形选择。选择零部件后，单击“接受选择”按钮。

注意

如选择了要添加或去除的子部件，则在更新时会自动包括后来添加到子部件的任何零部件。将衍生零件放置到部件中以后，单击“更新”按钮可以只重新生成本地零件，单击“全局更新”按钮将更新整个部件。

13.3.3 更新衍生零件

可以修改衍生零件，但是，在修改完原始零件或部件之后，必须更新衍生零件来合并所做的修改。衍生零件或部件不会自动更新。可以控制衍生零部件中发生更改的时间。更新衍生零件有以下两种方法。

1. 更新具有激活链接的零件

当基础零件或部件修改后，浏览器中的衍生零部件的显示会带有一个发光的红色灯泡，表示已过期。如果源部件已被修改且衍生零件已过期，则右键快捷菜单中的“编辑衍生部件”命令不可用。

若要更新零部件，请单击快速访问工具栏上的“更新”按钮，如图 13-6 所示。

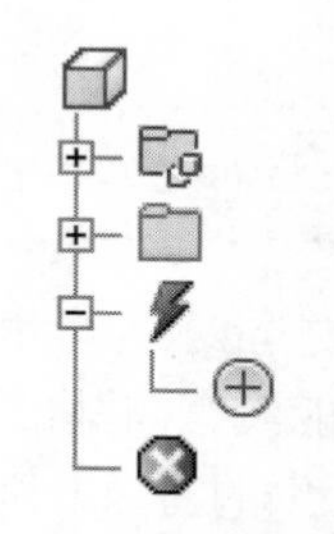

图 13-6　更新零部件

注意

仅当衍生零件或部件所引用的对象修改之后，具有激活链接的零件或部件才会标记为要更新。

2. 更新具有禁用链接的零件

当基础零件是在所属部件中标记为替代 LOD 的部件时，则禁用更新链接，用户必须手动更新零件。

若要更新零部件，需执行以下操作：

（1）打开磁盘上的零件文件。浏览器中的零件文件节点由“替代零件”图标表示，并且浏览器中的更新节点由“禁用链接”图标表示。

（2）浏览到浏览器的顶端，在零件节点上单击鼠标右键，并在弹出的快捷菜单中选择“检查更新”命令。

（3）如果衍生部件需要更新，则有消息声明：“可以更新到外部链接。现在要进行更新吗？”，单击“是”按钮以更新衍生部件，或单击“否”按钮以取消更新进程。

13.3.4　管理和导出衍生零件

如果在对原始模型进行修改时不想再更新衍生零件或衍生部件，请执行以下操作。

抑制链接：在浏览器中的衍生特征上单击鼠标右键，在弹出的快捷菜单中选择“抑制与基础零部件的链接”命令。

清除零部件的导出：

（1）在浏览器中的衍生特征上单击鼠标右键，在弹出的快捷菜单中选择“打开”命令，以打开基础零部件。

（2）在功能区的“管理”选项卡的“编写”组中选择“导出对象”命令，弹出“导出对象”对话框。

（3）选择感兴趣的任意导出对象并单击“排除”按钮。

（4）返回到衍生零部件并单击“更新”按钮。

（5）衍生但不再导出的所有对象都不再更新衍生特征。在此类情况下，将显示“设计医生”，以提供处理这些对象引用的解决方案。

断开链接：在浏览器中的衍生零件或衍生部件上单击鼠标右键，在弹出的快捷菜单中选择“断开与基础零件的关联”命令。对于衍生部件，选择“断开与基础部件的关联”命令。

注意

保存衍生零件或部件后，就无法重新建立链接了。

导出对象：可以标记要在基础文件中显示为衍生的特定对象。虽然衍生特征可以隐含地标记对象，但是创建衍生特征的用户可能没有向基础零部件写入的权限。在这样的工作流中，基础零部件的编写器应当导出它们要衍生的对象。例如，在执行衍生操作之前，可以在源文件中将用户参数或草图标记为要导出。

具体步骤如下：

（1）在功能区的“管理”选项卡的“编写”组中选择“导出对象”命令。

（2）在“导出对象”对话框中选择一个或多个要导出的对象，然后单击对话框顶端的“导出”按钮。选定的每个对象都将获得一个箭头➡状态图标。或者，可以单击此图标以切换树中单个对象的状态。

（3）如果更改对象的状态使其不再为导出，参考对象将失败。使用“设计医生”修复错误。

13.4 资源中心

资源中心数据库包含 750 000 多个零件，涵盖 18 种国际标准。资源中心零件都组织到库中。使用资源中心浏览器或“搜索”来查找特定零件。

Autodesk Inventor 安装时提供了一组标准的资源中心库，其中包含标准零件（紧固件、型材、轴零件等）和特征。

注意

资源中心特征包含各种几何形状，如圆锥、圆柱和球体，既有英制尺寸又有米制尺寸。特征放置在 Autodesk Inventor 零件文件中。

使用资源中心，客户可以将资源中心中的零部件放置在设计文档中。

可以展开标准库并使用自定义标准件创建用户库。使用资源中心编辑器可以自定义从标准库复制到用户库的标准件。使用资源中心发布可以将新零件（特征）发布到用户库。

13.4.1 资源中心工具和中心库

资源中心工具：

- 使用资源中心浏览器浏览整个资源中心数据库。
- 使用资源中心搜索查找资源中心数据库中的特定零部件。
- 定义过滤器以指定资源中心中显示的标准件。
- 在资源中心收藏夹中创建喜爱的零部件列表。
- 使用“从资源中心放置”对话框，将资源中心零件装入部件。
- 使用“放置特征”对话框，将资源中心特征插入到零件中。

- 使用“从资源中心替换”工具，将部件中的零件替换为资源中心零件。
- 使用“更改尺寸”工具，更改部件中装入的标准资源中心零件的尺寸。
- 使用资源中心零件来配合包含在设计加速器中的零部件生成器的工作（例如创建螺栓连接或轴）。
- 使用“从资源中心打开”工具，在ProdName中打开 Autodesk Inventor 资源中心零件。
- 使用资源中心编辑器编辑资源中心库中的数据，如族特性、族表、族模板或文件名。
- 使用资源中心发布，在资源中心库中发布零件、iPart 或特征。

以下资源中心库可用，并且可以与 Autodesk Inventor 一起安装。

- Inventor ANSI。
- Inventor DIN。
- Inventor GOST。
- Inventor ISO。
- Inventor JIS 和 GB。
- Inventor 其他（包括以下标准：AFNOR、AS、BSI、CNS、CSN、IS、KS、PN、SFS、SS、STN、UNI）。
- Inventor 特征。
- Inventor Parker（由 Parker 用于三维布管配件的标准件）。
- Inventor Routed Systems（三维布线和三维布管标准零部件）。
- Inventor 钣金（包含钣金 [PEM 品牌] 紧固件）。

如果用户是单机用户，请将资源中心库安装到“桌面资源中心”文件夹中。若要选择安装特定库，则必须在“选择资源中心库”对话框中取消选择不使用的库。

若要从库配置中删除安装的标准库，请使用“配置库”对话框。若要添加标准库，请重新运行 Autodesk Inventor 安装向导。

提示

资源中心数据库十分庞大。若要使用资源中心来优化硬盘空间并提高性能，建议用户仅安装所需的库。

如果用户在共享环境中工作，请在连接到网络的计算机上安装 Autodesk 服务器（不安装 Autodesk Inventor）和资源中心库。使用此计算机作为存放资源中心库的服务器，资源中心库便可共享。

只能对可读/写库进行编辑和发布。默认 Autodesk Inventor 库是只读的，而不能进行编辑。且无法更改这些库的只读状态。

提示

如果用户是单机用户，请使用“配置库”对话框来创建新的读/写库。如果用户是工作组的成员，请使用 Autodesk Server Console 来创建新的读/写库。

13.4.2 从资源中心调入命令

标准件主要在部件中使用，在 Autodesk Inventor 中，打开或者新建一个部件，然后在“装配”选项卡的“零部件”组中选择“从资源中心放置”命令，即启动了从资源中心调入命令，如图 13-7 所示。

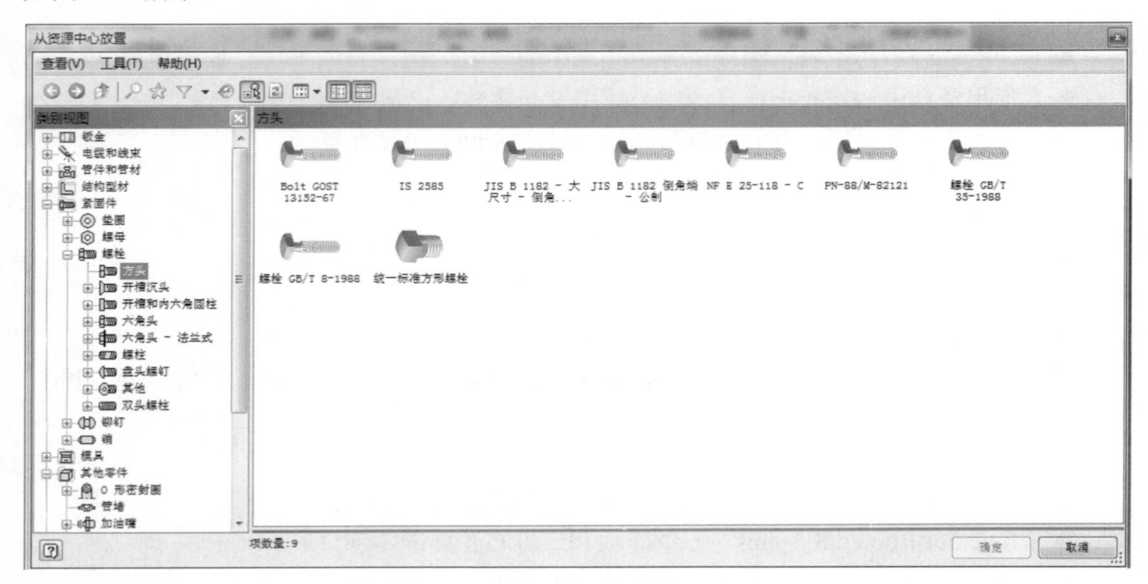

图 13-7 “从资源中心放置”对话框

1. 手动放置

在 Autodesk Inventor 中有两种装入资源中心零部件的方法：手动放置和自动放置。如果选择了工具栏中的“自动放置”，则自动放置将为主要放置方法，手动放置为备用放置方法。

以螺栓 GB/T35 为例介绍手动放置方法。

在“类别视图”中依次展开“紧固件”→“螺栓”→“方头”文件夹，则可以在“列表视图”中看到“螺栓 GB/T35-1988”的族。该族的成员将显示在“列表视图”中，如图 13-7 所示。在界面右侧窗格中选定“螺栓 GB/T35-1988”族，双击该族或者单击“从资源中心放置”对话框中的“确定”按钮。

弹出如图 13-8 所示的族对话框，在该对话框中选择具体尺寸和参数设置，本例中选择螺纹描述=M8，公称长度=40mm。

如果只插入这个规格的标准件，单击“确定”按钮，插入结束后就完成了，在右键菜单中选择“结束”命令即可。

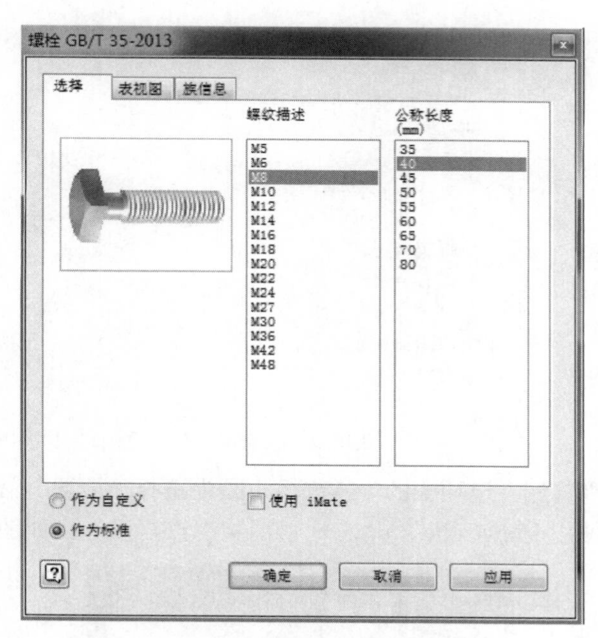

图 13-8　族对话框

1）作为自定义

将库中的模型原始结构按照新建零件的模式，插入到装配的环境中。

既然是新建零件的模式，那么就需要选定存放位置和文件名称，而且所有特征都可以编辑修改。这种机制可用于创建需要“补充加工”的标准件。但默认的 BOM 身份仍然是“外购件”。

2）作为标准

放置进来的模型是标准件的身份，不能进行特征结构编辑操作。默认的 BOM 身份是“外购件”。

在这种设置下，放置进来的模型可以进行编辑，即便是很复杂的编辑操作，一直等到用户确认这个编辑后，Inventor 才会发出出错报告而拒绝执行，因为存放标准件模型的文件夹是“只读”属性的。

3）使用 iMate

用模型自带的 iMate，搜索模型中现有的、未被使用的 iMate，并进行匹配从而完成自动装配。以标准件螺钉 GB/T 29.2—1988 为例，介绍 iMate 的使用。

（1）新建一个部件，使用“从资源中心设置”命令，查找并调入螺钉 GB/T 29.2—1988 中的一个成员。例如，螺纹描述为 M4、公称长度为 20mm。

（2）在浏览器中先前放置的螺钉上单击鼠标右键，然后在弹出的快捷菜单中选择“展开所有子项”命令。记录插入 iMate 的名称为“插入 1”，如图 13-9 所示。

（3）在视图区中选中刚刚放入的螺钉 GB/T 29.2—1988，按“Delete”键将其删除。

图 13-9　浏览器

（4）在功能区的“装配”选项卡的“零部件”组中选择“放置”命令，然后在部件中放置零件的一个引用。使用 ViewCube 或动态观察调整视点，以达到如图 13-10 所示的效果。

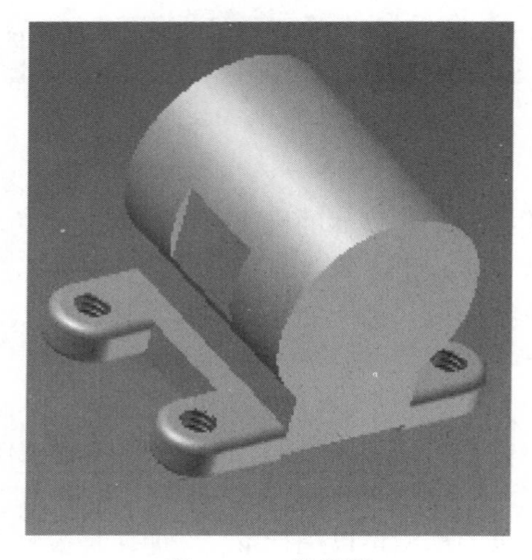

图 13-10　效果图

（5）在浏览器中的“外壳”零件上单击鼠标右键，在弹出的快捷菜单中选择“编辑”命令。

（6）在“管理”选项卡的“编写”组中选择“iMate”→“创建 iMate”命令。

（7）在弹出的“创建 iMate”对话框中单击“插入”按钮，然后选择环形边，如图 13-11 所示。

（8）单击“更多”按钮以展开对话框，然后在“名称”字段中输入“插入 1”。

（9）单击“确定”按钮，iMate 已经在零件中创建。

（10）单击“返回”按钮，返回到上级部件。

（11）启动“从资源中心放置”命令，并选择螺钉 GB/T 29.2—1988，在族对话框中选择螺纹规格。

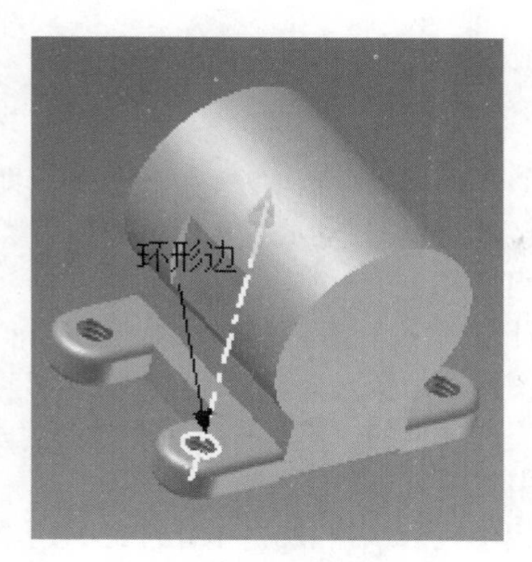

图 13-11　选择环形边

（12）勾选“使用 iMate”复选框，然后单击“确定”按钮。选定的头螺栓将在位预览中显示，如图 13-12 所示。

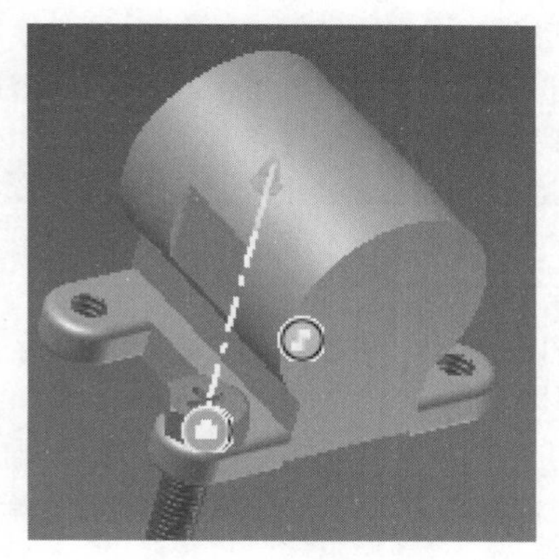

图 13-12　预览效果

（13）在图形窗口的任意位置放置头螺栓，单击鼠标右键，然后在弹出的快捷菜单中选择“完毕”命令，结果如图 13-13 所示。

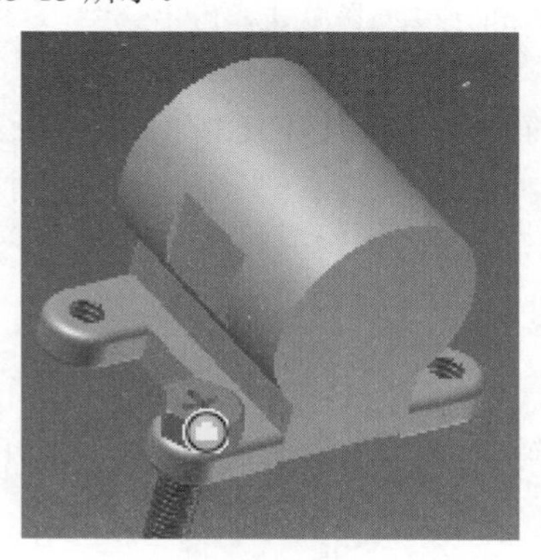

图 13-13　结果图

（14）单击“保存”按钮，输入部件名保存部件。

2. 自动放置方式

自动放置是放置资源中心零部件的默认方法。自动放置，即自动询问几何图元的放置和尺寸，并预览建议的尺寸和放置。使用自动放置可以放置以下类型的标准零件：螺栓、螺母、垫圈、带孔销、轴承和弹性挡。

自动放置使用功能以设计自动化来增强放置技术。它将自动检查基于标准件族特征进行放置尺寸和尺寸调整的几何图元。

（1）在功能区的“装配”选项卡的“零部件”组中选择“从资源中心中放置”命令。

（2）使用“搜索”功能来查找可用的螺栓。

（3）在“搜索结果”面板中找到螺栓 2671.1GB/T2004，单击鼠标右键，然后在弹出的快捷菜单中选择“浏览到类别”命令，在“列表视图”中将显示并选中该族。

（4）确认工具栏中“自动放置”功能为开启。

（5）双击“螺钉 2671.1GB/T2004”族，将光标定位在空的装配孔上方。

（6）单击以显示自动放置菜单。

（7）自动放置可确定选定的零部件是否需要多次放置。请注意，其他每个装配孔的上环形边将亮显，以指明自动放置功能放置其他零部件的位置。

注意

菜单中的“插入多个”选项可控制如何放置多个零部件。

（8）拖曳屏幕预览上的红色箭头，将螺栓的公称长度改为 30mm。当拖动红色箭头时，工具提示会显示零部件的整体尺寸。

（9）选择自动放置菜单上的“应用”命令，来放置 3 个圆柱头螺栓。

（10）在图形窗口中单击鼠标右键，然后在弹出的快捷菜单中选择“完毕”命令以结束操作。

（11）单击“保存”按钮，保存部件。

3. 更改尺寸

标准件调入部件中后仍然可以更改其尺寸，以上一节中（使用 iMate）保存的部件为例介绍如何更改标准件尺寸。

（1）打开上一节中保存的部件，选中螺钉 GB/T 29.2—1988。

（2）单击鼠标右键，在弹出的快捷菜单中选择“更改尺寸”命令。

（3）弹出如图 13-14 所示的对话框，选择标准件的尺寸参数，例如，螺纹描述=M6，公称长度=25。

（4）单击“确定”按钮，并保存。

对于选项“全部替换”，如果勾选该复选框，则所有与选中的标准件尺寸相同的标准件，全部将被新尺寸的标准件替换；如果取消勾选该复选框，则只替换选中的单个标准件。

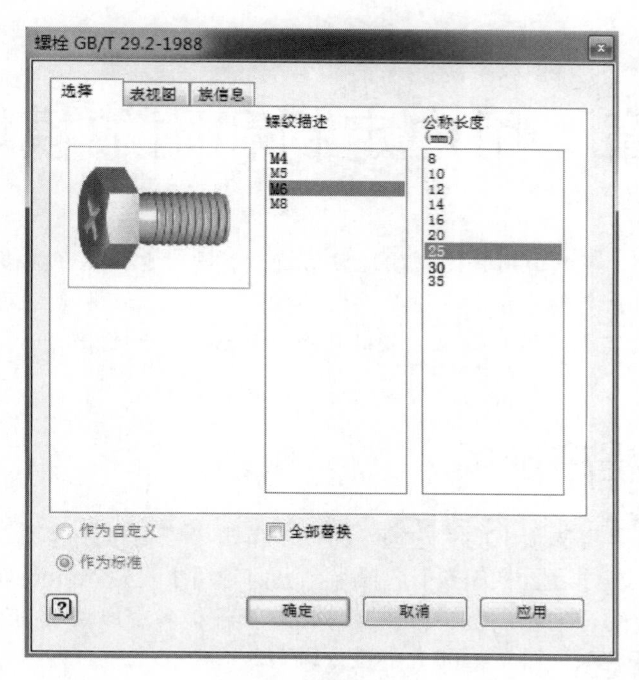

图 13-14　更改尺寸

注意

在尺寸选项对话框中，“作为自定义”及“作为标准”的选项为灰显，说明两项功能在更改尺寸中不起作用。因为替换后的标准件还是自定义的，如果原来的标准件是作为标准件的，那么替换后的还是作为标准件的。

第 14 章　用户定制和附加模块管理

在 Inventor 中，可以由用户定制的地方有许多，同时也提供了很多辅助设计的附加模块。通过这些用户定制，可以找到属于用户自己风格的配置和使用习惯。本章仅选取一些经常用到且确实会给用户带来方便的几个模块进行详细讲解。

14.1　应用程序选项

在功能区的“工具”选项卡的“选项”面板中单击“应用程序选项”按钮，弹出“应用程序选项”对话框，该对话框中有多个选项卡，它们是用于设置 Autodesk Inventor 工作环境的颜色和显示、文件的行为和设置、默认文件位置及各种多用户功能的选项。Inventor 2015 中支持对“应用程序选项”对话框的大小进行调节。

14.1.1　“常规”选项卡

该选项卡可以设置 Autodesk Inventor 的操作习惯。

1．“打开文件”对话框

选择该选项，在启动 Inventor 时，会自动显示“打开文件”对话框。

2．“新建文件”对话框

选择该选项，在启动 Inventor 时，会自动显示“新建文件”对话框。

3．从模板新建

选择该选项，指定模板和项目文件，在启动 Inventor 时，会在指定项目下，创建一个由指定模板生成的设计文件。

4．启动时显示欢迎屏幕

第一次启动 Inventor 时，会显示 Inventor 欢迎界面，再次启动 Inventor，该欢迎界面将不再显示。如果想每次启动 Inventor 时都显示欢迎界面，则需要选择该选项。该选项也存在于欢迎界面的左下角。启动操作没有选中该选项，启动 Inventor 时不会显示欢迎屏幕。

5．文本外观

通过下拉列表选择设置对话框、浏览器、标题栏和驱动尺寸的文本字体。同时可以设置浏览器等部分的文字显示高度，参见图 14-1。

6．撤销文件大小

设置用来跟踪模型或工程图改变的临时文件大小，以便撤销所做的操作。当使用大型或复杂模型和工程图时，考虑增加该文件的大小，以便提供足够的“撤销”操作容量。以 MB 为单位输入大小，或用向上箭头、向下箭头来选择大小，参见图 14-2。

图 14-1　文本外观　　图 14-2　标注比例

7．标注比例

设置图形窗口中非模型元素（如尺寸文本、尺寸上的箭头、自由度符号等）的大小。用户可以在 0.2~5.0 之间调整比例，默认为 1.0。控制结果参见图 14-3。

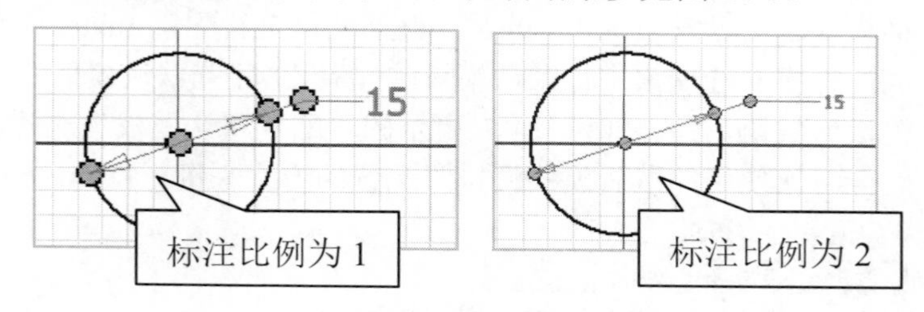

图 14-3　标注比例设置实例

8．捕捉区大小

设定自动感应功能的感应范围（以像素为单位）。允许输入范围为 1~10，参见图 14-4。

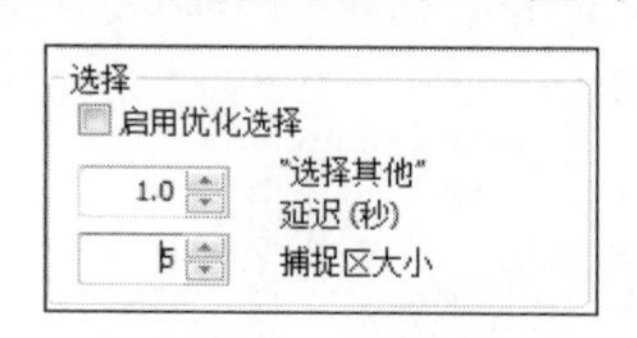

图 14-4 捕捉区大小

Inventor 的自动感应功能是无处不在的，这种功能是以光标为中心，在一个正方形区域内搜索目标，之后根据找到的对象进行后处理。这个正方形区域的尺寸以像素为单位，被包含在这个区域内，或者与这个区域的边界相切割的对象将被选定。该参数值就是用来设定正方形区域的具体大小的。

在一般情况下，如果在操作时经常感觉难以顺利捕捉，应增加这个值。

14.1.2　“保存”选项卡

该选项卡是用来指定、更改是否会被强行检出并进行多用户模式保存的。在关闭某文件时，以及在保存参考它的其他文件时，保存该文件。

保存提醒计时器：开启和关闭“自动保存”提醒通知功能，参见图 14-5。勾选“保存提醒计时器”复选框，计时器会在打开 Autodesk Inventor 时自动启动计时。

建议勾选该复选框，而且时间间隔不要太长，这样可以在遇到特殊情况（如断电、电脑死机）时，减少设计数据的流失。

图 14-5 保存提醒计时器

14.1.3 “文件”选项卡

该选项卡是用来设置 Autodesk Inventor 用于不同功能的文件的位置的。

1. 配置默认模板

Inventor 2013 以前版本的默认模板在安装 Inventor 时进行配置，包括默认模板的度量单位设置和绘图标准设置。一旦安装好 Inventor，就不能再重新配置 Inventor 的默认模板了。现在则可以通过应用程序的选项来进行默认模板的配置，“配置默认模板”按钮见图 14-6。单击“配置默认模板”按钮，弹出如图 14-7 所示的“配置默认模板”对话框，进行默认模板的参数配置，这样每次使用的默认模板将按照配置的方式来进行操作。

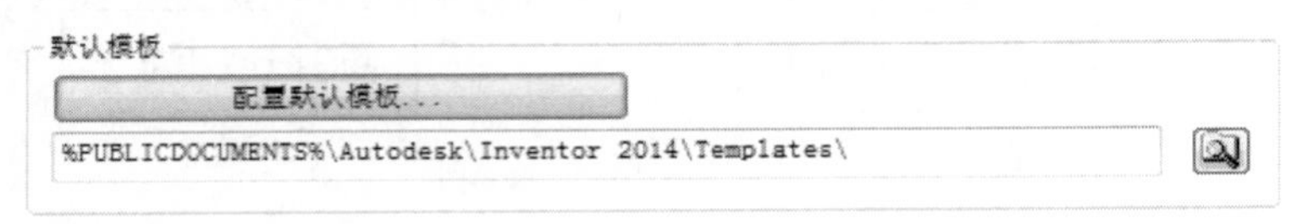

图 14-6　配置默认模板

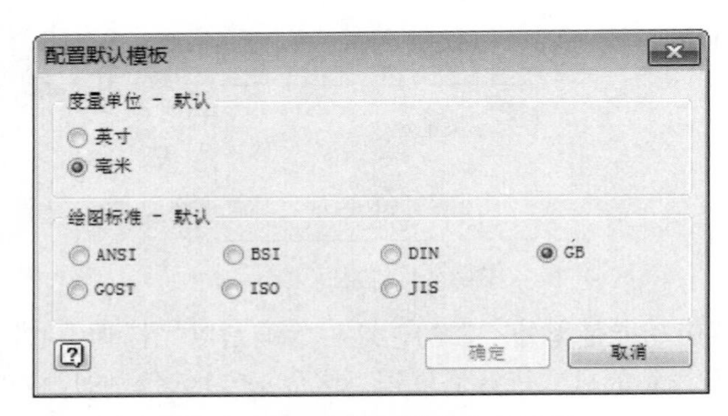

图 14-7 “配置默认模板”对话框

2. 撤销

指定临时文件的位置，临时文件用于跟踪对模型或工程图所做的修改，从而可以撤销操作。

建议不要使用默认设置，参见图 14-8，因为这也是操作系统的安装位置。将这些临时文件都放在一个存放不重要数据的地址上，可保持系统软件盘区的整洁，而且便于清理。

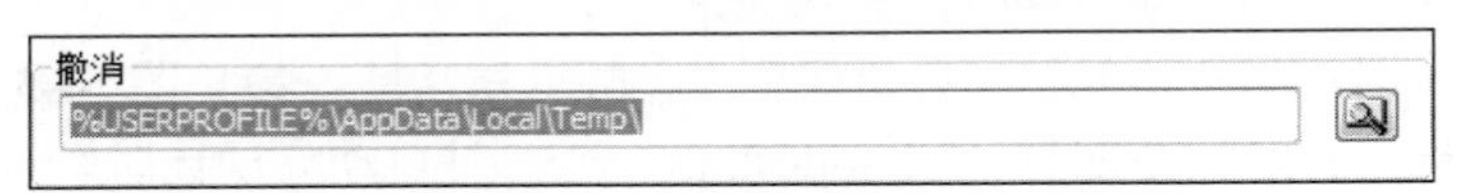

图 14-8　临时文件位置

3．启用快速打开文件

勾选该复选框，使用可用的缓冲内存；取消勾选该复选框，禁止在缓存中存储文件，参见图 14-9。

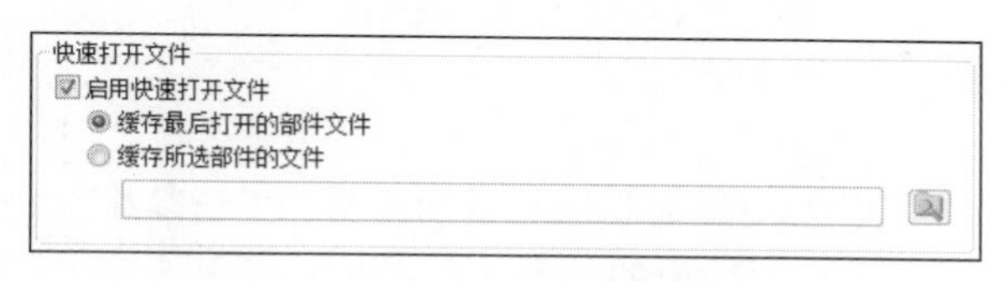

图 14-9　快速打开文件

4．缓存最后打开的部件文件

选择该单选按钮，最后激活的部件文件将存储在可用的缓存中。

5．缓存所选部件的文件

选择该单选按钮，指定的部件将存储在可用的缓存中。

14.1.4　“颜色”选项卡

该选项卡用来设置图形窗口的颜色方案、背景外观和可选的背景图像。

1．背景

设定图形窗口背景图像的样式，有 3 种样式可供选择：单色、梯度和背景图像，参见图 14-10。

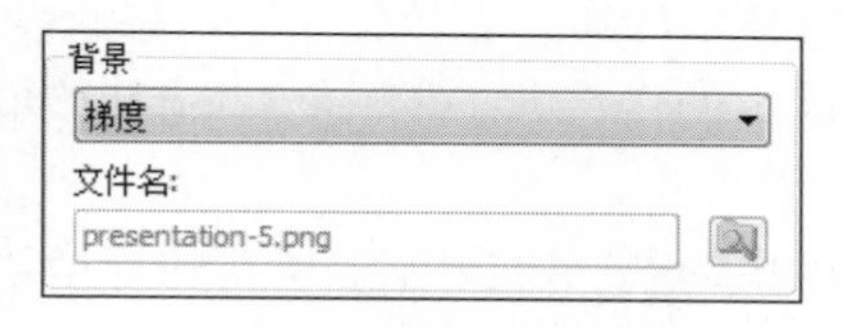

图 14-10　背景设置

- 单色：将“颜色方案”中选择的颜色，以纯色应用于背景。
- 梯度：将“颜色方案”中选择的颜色，以饱和度渐变色应用于背景。
- 背景图像：自定义设置背景，当选择该选项时，下面的“文件名”文本框处于激活状态，通过浏览功能，可以在本计算机上找到喜欢的背景图片，设置为图形窗口的背景。

2．反射环境

在设定实体表面为镜面时，指定反射贴图的图像和图像类型，参见图 14-11。通过浏览功能，可以在本计算机上找到适合做反射环境的图片，设置为反射贴图。

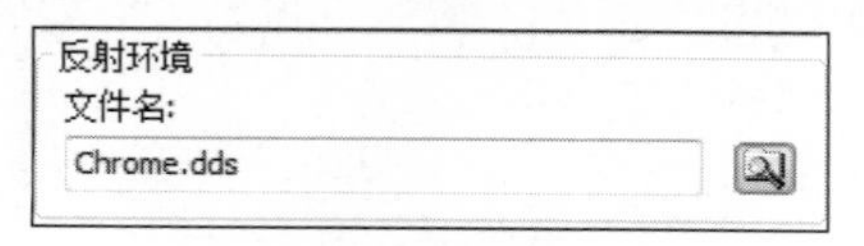

图 14-11　反射环境设置

14.1.5 “显示”选项卡

该选项卡可以设置模型显示参数。这些设置用于在打开模型或在当前模型上显示新视图时显示该模型。

1．外观

通过文档设置或应用程序选项控制模型的显示参数。有些参数定义模型在图形窗口中打开时的外观，其他参数则定义模型环境的外观。通常，文档中与应用程序选项中存在相同的参数。但是，当激活“使用文档设置”选项时，每个文档可以用特定的视觉样式、地平面、光源样式等打开。当仅使用显示参数的应用程序选项集合时，不需要文档。

- 使用文档设置：指定当打开文档或文档上的其他窗口（又称视图）时使用文档显示设置。此时将忽略应用程序外观设置。
- 使用应用程序设置：指定当打开文档或文档上的其他窗口（又称视图）时，使用应用程序选项显示设置。此时将忽略文档显示设置。
- 设置：在对话框中单击“设置”按钮，弹出“显示外观”对话框，参见图 14-12。该对话框中的设置用于指定新文档窗口显示模型的方式。其中：
  - ➢ 以虚线显示隐藏边。控制模型隐藏边显示为实体或隐藏线。勾选该复选框则隐藏边以虚线显示；取消勾选该复选框则隐藏边以实线显示。
  - ➢ 隐藏边暗显。设定隐藏边的暗显程度，以百分比计算，百分比的范围为 10% ~ 90%。取消勾选“以虚线显示隐藏边”复选框，不应用暗显效果。
  - ➢ 远景暗显。设置远处实体的暗显效果，以更好地表达模型的深度。
  - ➢ “模型边”选项区中的“使用零件颜色”。选择该单选按钮，则模型边的颜色从零部件颜色衍生而来。
  - ➢ “模型边”选项区中的“一种颜色”。所有的模型边以同一种颜色显示，颜色在右边颜色框里设定。
  - ➢ “模型边”选项区中的“显示分模线”。对于非激活零件，勾选该复选框将显示轮廓，取消勾选该复选框将不显示轮廓。

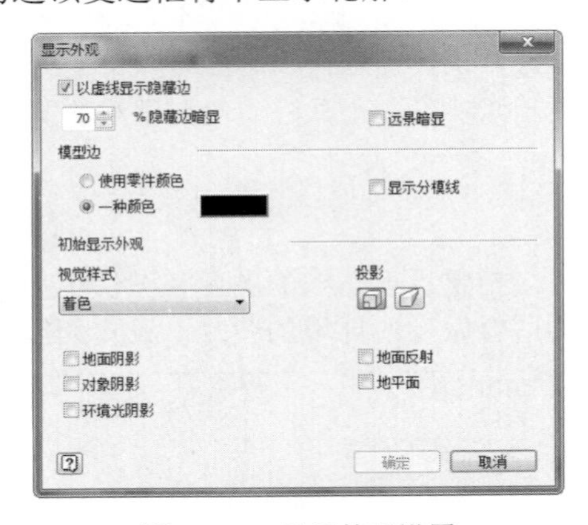

图 14-12 显示外观设置

2．未激活零件外观

这些参数用于设置所有未激活的零部件外观显示效果，如果零部件不是部件中在位编辑的编辑目标或者零部件未启用，则它们就是未激活的零部件。

- 着色：指定未激活的零部件面显示为着色。勾选该复选框将启用着色，取消勾选该复选框，未激活的零部件则采用线框显示。
- 不透明度：控制非激活零件的透明程度，如果选择了“着色”，则可以设定着色的不透明度。
- 显示边：设定未激活的零部件的边显示。选择该选项后，未激活的模型将基于模型边的应用程序或文档外观设置显示边。
- 颜色：设定用于显示未激活的模型边的颜色。

3．显示质量

设置模型显示分辨率。在 Inventor 中，显示质量分 4 个等级，分别为很平滑、平滑、中等和粗糙。可以通过显示质量下的下拉列表进行选择设置。

分辨率越平滑，模型的显示效果越好越逼真。但是，对模型进行修改后，重新显示模型的时间也就越长，对机器的显卡性能要求也越高。

建议用户根据自己的需要进行合理设置，如果需要渲染图，则可以设置最高的分辨率。但是当进行大型模型或复杂模型设计时，请考虑降低显示质量以加快操作。

14.1.6　“草图”选项卡

该选项卡主要是设置草图绘制环境，以及在创建草图时一些自动功能的设置选项。

1．二维草图环境配置

1）约束放置优先

为自动约束的位置设置首选约束类型。有两种选择：平行和垂直、水平和竖直，参见图 14-13。

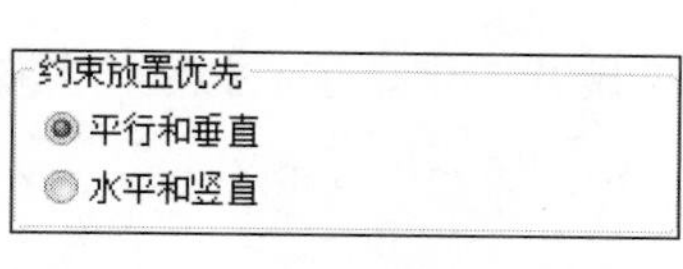

图 14-13　约束放置优先设置

- 平行和垂直：选择该单选按钮，则首先查找定义几何图元之间的平行和垂直关系约束，然后再查找定义几何图元与草图坐标系相关的方向约束。
- 水平和竖直：选择该单选按钮，则首先查找定义几何图元与草图坐标轴之间的水平和竖直约束，然后再查找定义几何图元之间的约束。

2）过约束尺寸

设置在草图上放置过约束尺寸时，Inventor 的反馈行为有两种选择：应用联动尺寸和过约束条件时发出警告，参见图 14-14。

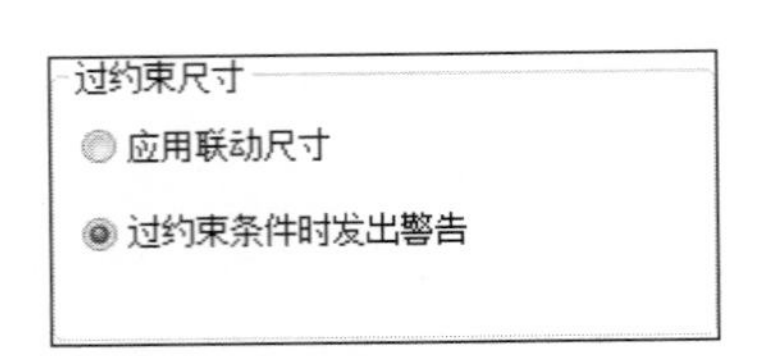

图 14-14　过约束尺寸反馈设置

- 应用联动尺寸：选择该单选按钮，在草图上放置过约束尺寸时，该尺寸自动转变成联动尺寸，该尺寸的值会用括号括起来。改变其他尺寸时，该尺寸也随之更新，但是该尺寸不能直接赋值，它的值是根据草图的约束关系，用其他驱动尺寸计算而得来的，参见图 14-15。

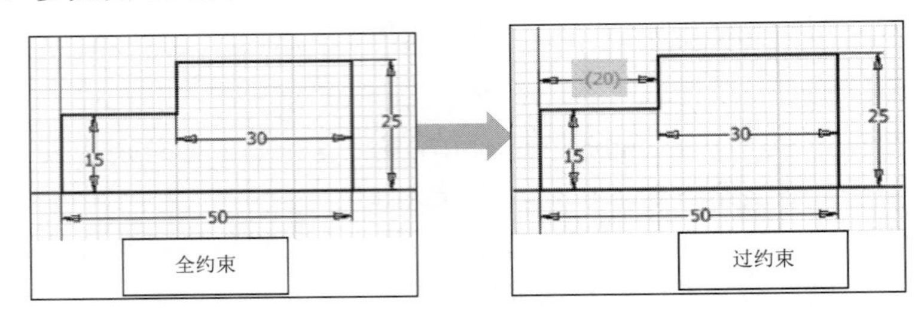

图 14-15　应用联动尺寸实例

- 过约束条件时发出警告：选择该单选按钮，当在草图上放置过约束尺寸时，Inventor 将自动弹出警告对话框，参见图 14-16。

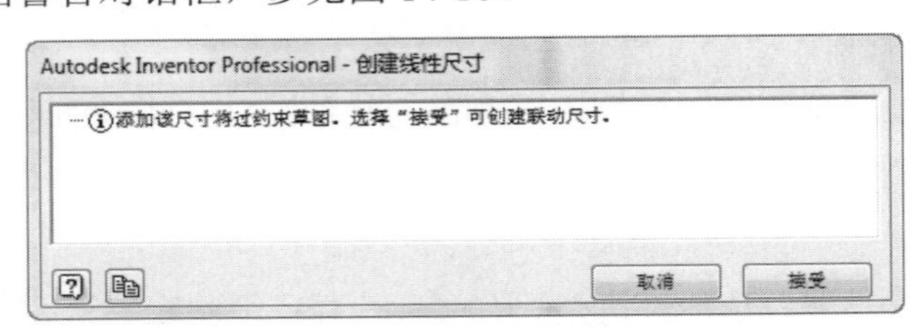

图 14-16　过约束尺寸警告对话框

如果需要把该尺寸转化成联动尺寸，则单击“接受”按钮即可；如果不需要该尺寸，则单击“取消”按钮，Inventor 会自动取消该尺寸。

3）显示

设置绘制草图时坐标系和网格的元素的显示情况，参见图 14-17。勾选复选框以显示该元素；取消勾选复选框则隐藏该元素。

- 网格线：勾选该复选框，草图中将显示主网格线。
- 辅网格线：勾选该复选框，草图中将显示辅网格线。关于主网格线和辅网格线的属性设置将在文档设置中详细讲解。
- 轴：勾选该复选框，草图中将显示平面坐标轴。
- 坐标系指示器：勾选该复选框，草图中将显示如图 14-18 所示原点处的平面坐标系。

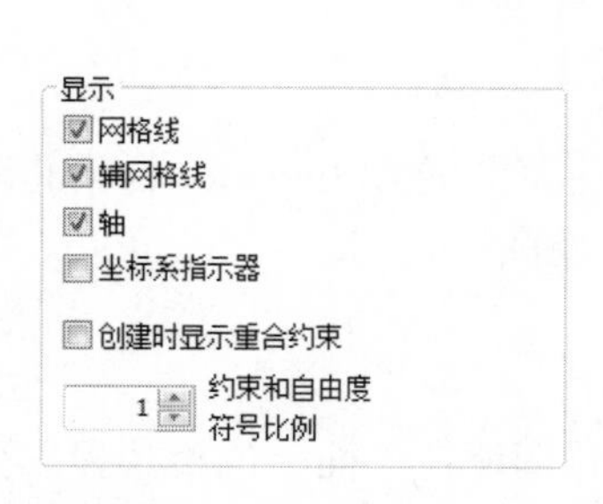

图 14-17　显示设置

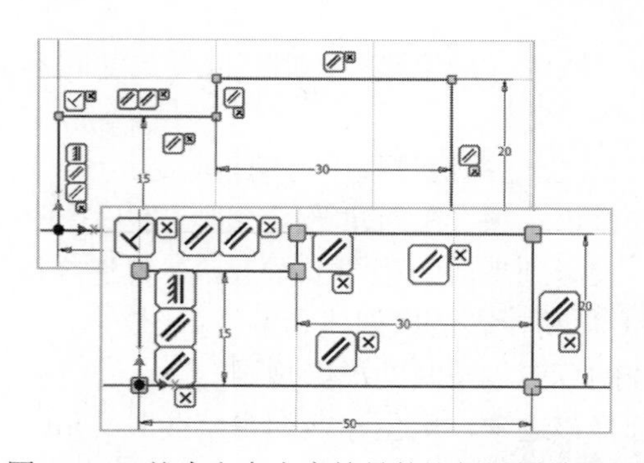

图 14-18　约束和自由度符号的比例设置效果对比

- 创建时显示重合约束：勾选该复选框，在草图中已经重合约束的点会自动显示出来。
- 约束和自由度符号比例：设定图形窗口中约束和自由度符号的显示大小，其值的可设定范围为 0.2~5，默认值为 1。设置效果参见图 14-18，上面为默认比例值 1，下面的比例值为 2。

4）样条曲线拟合方式

设定样条曲线两点之间过渡的平滑状况，确定样条曲线求解的初始类型。有 3 种选择：标准、AutoCAD 和最小能量-默认张力，参见图 14-19。

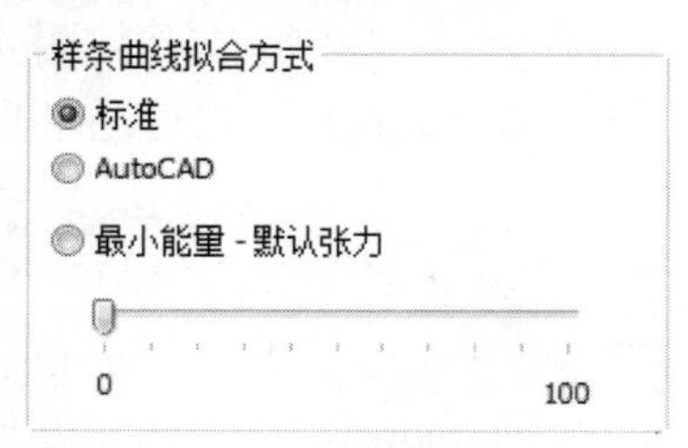

图 14-19　样条曲线拟合方式

- 标准：选择该单选按钮，则样条曲线拟合方式为创建点之间平滑连续（最小 G3）的样条曲线。适用于 A 类曲面。
- AutoCAD：选择该单选按钮，则样条曲线拟合方式为使用 AutoCAD 拟合方式（最小 G2）来创建样条曲线。不适用于 A 类曲面。
- 最小能量-默认张力：选择该单选按钮，则样条曲线拟合方式为创建平滑连续（最小 G3）且曲率分布良好的样条曲线。适用于 A 类曲面。

设定该滑动条用来预先确定二维样条曲线的张弛度。如果调整现有样条曲线的样条曲线张力，则无论使用何种拟合方式创建了样条曲线，均将转变为“最小能量—默认张力”拟合方式。

5）捕捉到网格

设置草图任务中的对网格要素捕捉状态。选择该选项，在执行绘图任务时，光标自动捕捉网格，否则将不捕捉。建议不要选择该选项，否则将使图线绘制工作效率大打折扣。

6）在创建时编辑尺寸

设置创建尺寸时是否打开尺寸编辑框。选择该选项，在放置驱动尺寸时，自动打开尺寸编辑框；取消选择该选项，则在放置尺寸时不显示编辑框。建议选择该选项，以方便尺寸编辑。

7）在创建曲线过程中自动投影边

选择该选项，在创建草图线时（不只是曲线，而是任何草图线），Inventor 自动将现有几何图元投影到当前的草图平面上。建议选择该选项，以方便图线绘制。

8）自动投影边以创建和编辑草图

控制草图创建时的投影规则。

选择该选项，则创建或编辑草图时，Inventor 自动将草图所在平面上的棱边投影到草图平面上，并作为参考几何图元。否则，将不自动投影。默认为选择该选项。

9）新建草图后，查看草图平面

选择该选项，新建草图后，草图平面自动与观察视图平面平行。取消选择该选项，则在选定的草图平面上创建一个草图，而不考虑视图的方向。

10）新建草图后，自动投影零件原点

选择该选项，新建草图时，Inventor 会自动在草图上投影零件坐标原点，否则不自动投影。建议选择该选项，以方便绘图。

11）点对齐

选择该选项，类推新创建几何图元的端点和现有几何图元的端点之间的对齐。将显示临时的点线以指定类推的对齐。如果未选择该选项，则可通过将光标置于该点上临时调用，完成相对于特定点的类推对齐。

2. 三维草图环境配置

新创建三维直线时自动创建过渡。当绘制三维草图直线时，在直线拐角处创建圆弧过渡。默认设置为关。勾选该复选框以自动创建圆弧过渡，否则将不自动创建。

14.1.7 “零件”选项卡

该选项卡用来设置创建新零件时的默认参数。

1. 新建零件时创建草图

新建零件文件时，设置创建草图的配置。有 4 种配置选择，参见图 14-20。

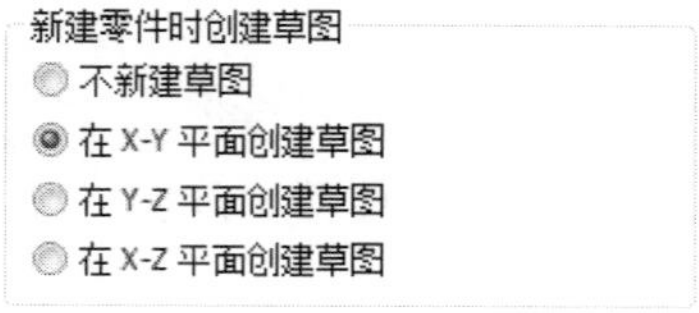

新建零件时创建草图
不新建草图
在 X-Y 平面创建草图
在 Y-Z 平面创建草图
在 X-Z 平面创建草图

图 14-20　新建零件时创建草图的配置

- 不新建草图：选择该单选按钮，新建零件时，禁用自动创建草图。
- 在 X-Y 平面创建草图：选择该单选按钮，新建零件时在 X-Y 平面上自动创建草图，进入草图绘制环境。
- 在 Y-Z 平面创建草图：选择该单选按钮，新建零件时在 Y-Z 平面上自动创建草图，进入草图绘制环境。

- 在 X-Z 平面创建草图：选择该单选按钮，新建零件时在 X-Z 平面上自动创建草图，进入草图绘制环境。

2．构造

设置曲面的构造情况。

不透明曲面：选择该选项，在视图中创建的曲面将为不透明曲面。否则将为半透明曲面。

除此之外，设置曲面是否透明还有另一种操作方法，参见图 14-21。

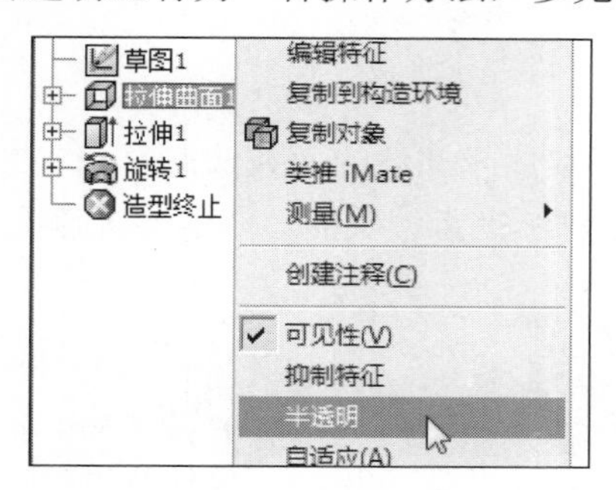

图 14-21　曲面透明设置

在浏览器中，选定要设置的曲面，单击鼠标右键，在弹出的快捷菜单中选择“半透明”命令；选择该命令则曲面为半透明，不选择该命令则曲面为不透明。

3．启用构造环境

Inventor 2013 开始用户修复环境代替构造环境，默认构造环境将被禁用，但可以在选项设置中启用构造环境，重新使用构造环境功能。见图 14-22 启用构造环境，然后就可以继续使用构造环境了。见图 14-23，将曲面复制到构造环境。

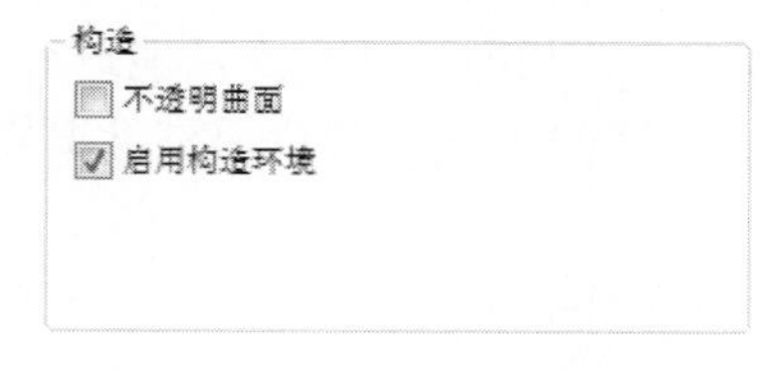

图 14-22　显示设置

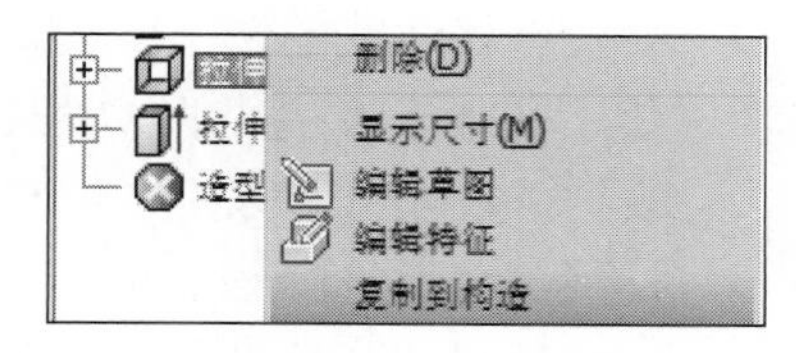

图 14-23　复制到构造

4．自动隐藏内嵌定为特征

当通过其他定位特征退化时，自动隐藏定位特征。选择该选项可使用自动隐藏，取消选择该选项则禁用自动隐藏。

5．自动使用定位特征和曲面特征

设置有关控制默认浏览器行为的首选项。

勾选该复选框，自动使用曲面特征和定位特征（例如缝合特征会使用输入曲面特征，而工作平面会使用工作点）。这样，浏览器就会更整洁，特征从属项之间的通信也会更有效。

取消勾选该复选框，关闭曲面特征和定位特征的自动使用功能。如果创建了多个工作平面，每个平面都偏移于前一个工作平面（例如为放样特征创建草图）。

建议取消勾选该复选框，因为自动使用会导致不希望出现的浏览器节点的深度嵌套。

6. 三维夹点

设置三维夹点选项的首选项。

- 启用三维夹点：勾选该复选框可以启用三维夹点。取消勾选该复选框可以完全删除三维夹点功能，参见图 14-24。当选择该选项，选择特征后单击鼠标右键，在弹出的快捷菜单中有“三维夹点”功能，参见图 14-24 左；否则，此功能将被抑制掉，参见图 14-24 右。
- 选择时显示三维夹点。

勾选该复选框可以在选择零件或部件的面或边时显示夹点。当选择优先设置为边和面时，夹点将显示，并可以使用三维夹点编辑面。取消勾选该复选框则关闭夹点显示。

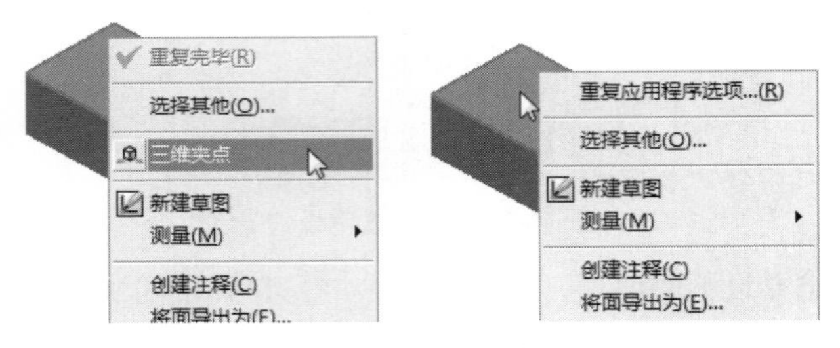

图 14-24　三维夹点功能

- 尺寸约束：设置当利用三维夹点功能进行编辑时导致的特征变化与现有约束不一致，尺寸约束如何响应。
  - 永不放宽：选择该选项，则在利用三维夹点功能进行编辑时，禁止在具有定义的线性尺寸或角度尺寸的方向上对特征进行编辑。
  - 在没有表达式的情况下放宽：选择该选项，则在利用三维夹点功能进行编辑时，禁止在基于表达式的线性尺寸或角度尺寸定义的方向上对特征进行编辑。没有表达式的尺寸可以进行编辑。
  - 始终放宽：选择该选项，允许利用三维夹点功能对特征进行编辑，无论是否应用线性尺寸、角度尺寸或基于表达式的尺寸。

注意

选择该选项，如果夹点编辑影响尺寸或基于表达式的尺寸，则将显示警告。接受后，尺寸和表达式将被放宽。

- 几何约束：设置由三维夹点编辑导致的特征变化与现有约束不一致时，几何约束如何响应。
  - 永不打断：选择该选项，当约束存在时，禁止对特征进行三维夹点编辑。
  - 始终打断：选择该选项，即使约束存在时也能够对特征进行三维夹点编辑，编辑时断开相关几何约束。

> **注意**
>
> 选择该选项，当三维夹点编辑需要打断一个或多个约束时，将显示警告。

14.1.8　“部件”选项卡

该选项卡用来设置关于使用部件环境的默认选项。

1．延时更新

编辑零部件时，设置更新部件的配置。勾选该复选框以延迟部件更新，直到单击该部件文件的“更新”为止。取消勾选该复选框则在编辑零部件后自动更新部件。

2．删除零部件阵列源

设置删除阵列元素时的默认行为。勾选该复选框，在删除阵列时删除源零部件。取消勾选该复选框可在删除阵列时保留源零部件实例。

3．启用约束冗余分析

设定 Inventor 是否检查所有装配零部件的约束状况，以进行自适应调整。默认设置为未选择。

勾选该复选框后，Inventor 将执行辅助分析，并在发现冗余约束时通知用户。即使没有显示自由度，系统也将对其进行更新。

取消勾选该复选框后，Inventor 将跳过辅助分析，辅助分析通常会分析是否有冗余约束并分析所有零部件的自由度。系统仅在显示自由度符号时才会更新自由度分析。应当使其有效，以便监控装配约束是否出现冗余。

4．启用相关约束失败分析

设定如果约束失败，Inventor 是否进行分析，以标识所有受影响的约束和零部件。默认设置为未选择。

勾选该复选框后，如果约束失败，则 Inventor 将进行分析，并标识出所有受影响的约束和零部件。取消勾选该复选框后，将不进行分析。应当使其有效，以便监控装配约束是否有矛盾。

5．特征初始状态为自适应

设置在部件环境新创建的零件特征是否可以自动设为自适应。默认设置为未选择。

选择该选项，在部件环境中新建零件的特征自动设置为自适应。否则不设置。

6．剖切所有零件

当部件以剖视方式显示时，控制是否剖切部件中的零件，子零件的剖视图方式与父零件相同。默认设置为未选中，部件中的零件不剖切。

7．使用上一引用方向放置零部件

控制放置在部件中的零部件是否继承该零部件上一个引用的放置方向。默认设置为不继承。

8．关系音频通知

勾选该复选框则在创建约束时播放提示音。取消勾选该复选框则关闭声音。

9．在约束名称后显示零部件名称

指定 Autodesk Inventor 是否在浏览器中的约束后附加零部件实例名称。默认为不选择该选项。建议选择该选项，以方便装配约束关系查询，参见图 14-25，左边图为激活该选项的状态。

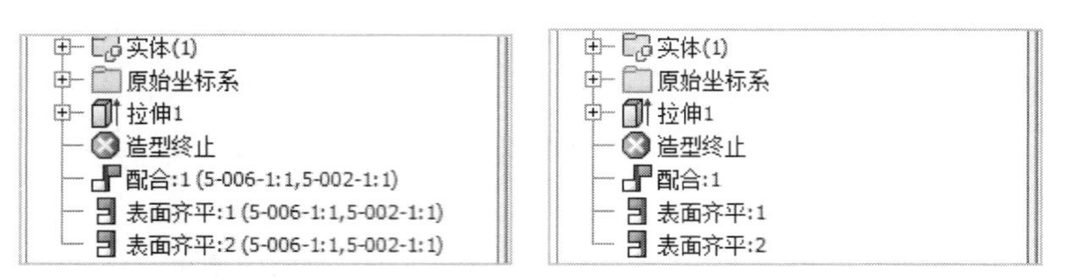

图 14-25　在约束名称之后显示零件名称实例

10．在位特征

在部件中创建在位零件或特征时，用户可以设置选项来控制在位特征。自/至范围（如果可能）。

- 配合平面：通过相配合的平面确定在位特征所需的大小，并使在位特征与该平面配合，但不允许它调整，参见图 14-26。

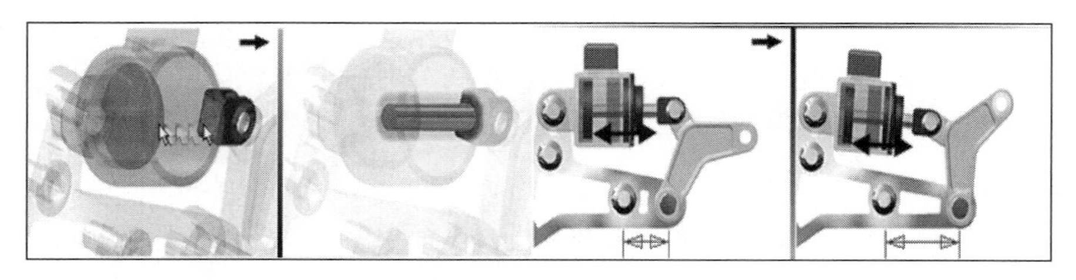

图 14-26　配合平面设置实例

- 自适应特征：当其构造的基础平面改变时，自动调整在位特征的大小或位置，参见图 14-27。在部件中创建在位零件应当选择该选项。

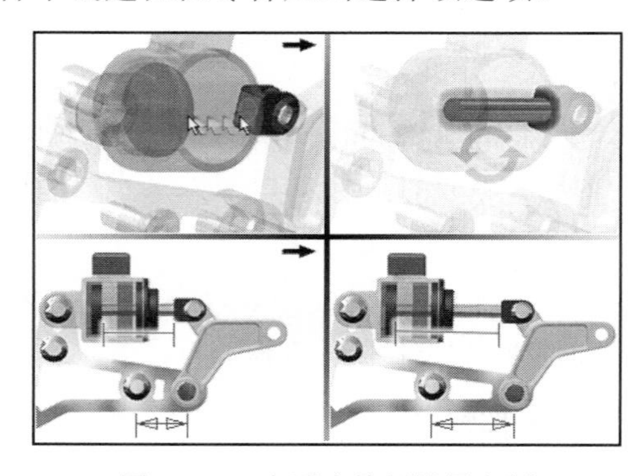

图 14-27　自适应特征设置实例

跨零件投影几何图元：指定创建在位特征时跨零件投影的相关设置。

在位造型时启用关联的边/回路几何图元投影，当在部件中创建零件或特征时，将选定的几何图元从一个零件投影到另一个零件的草图上，以创建参考草图。投影的几何图元是关联的，并且会随父零件改变关联更新。投影的几何图元可以用来创建草图特征，参见图 14-28。

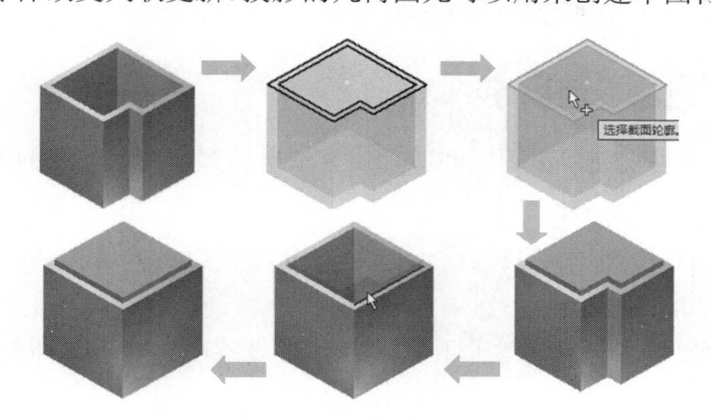

图 14-28　跨零件投影实例

默认设置为“开”。取消勾选该复选框则关闭草图关联性。建议保持该选项始终为“开”状态，因为这样才符合设计规则。

11．零件不透明性

当显示部件截面时，可以确定哪些零部件以不透明的样式显示。共有两个选项，全部和仅激活零部件。具体设置表现如下。

- 全部：当显示模式为着色或带显示边着色时，选择该选项，所有的零部件都以不透明样式显示。
- 仅激活零部件：选择该选项，则以不透明样式显示激活的零部件，强调激活的零部件，暗显未激活的零件。此显示样式可忽略“显示选项”选项卡中的某些设置。

12．缩放目标以便放置具有 iMate 的零部件

设置图形窗口在放置具有 iMate 的零部件时的默认缩放方式。共有 3 种选择：无、装入零部件和全部，具体设置表现如下。

- 无：选择该选项，当放置具有 iMate 的零部件时，视图保持原样，不执行任何缩放。
- 装入零部件：选择该选项，当放置具有 iMate 的零部件时，则放大放置的零件，使其填充图形窗口。
- 全部：选择该选项，当放置具有 iMate 的零部件时，则缩放部件，使模型中的所有元素适合图形窗口。

13．快速模式设置

快速模式是一种处理超大型部件的新方法，可以将加载部件的速度提高 5~10 倍，从而有效地节省工作时间，参见图 14-29。

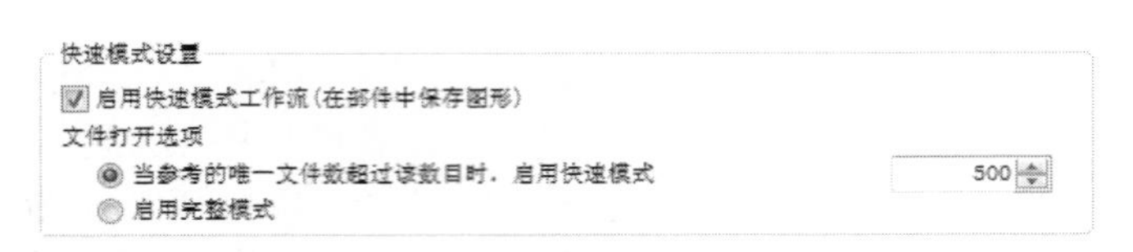

图 14-29　快速模式设置

14.1.9　“工程图”选项卡

本选项卡是用来设置使用工程图的选项，合理地设置会使工程图的绘制工作事半功倍。

1．放置视图时检索所有模型尺寸

设置在工程图中放置视图时检索所有模型尺寸的默认设置。如果勾选该复选框，则在创建基础视图时，将向基础视图添加适用的模型尺寸。该功能只对零件工程图有效，对于装配工程图，不会检索出模型尺寸。这个开关应当很少设置成有效，此开关有效的结果参见图 14-30。

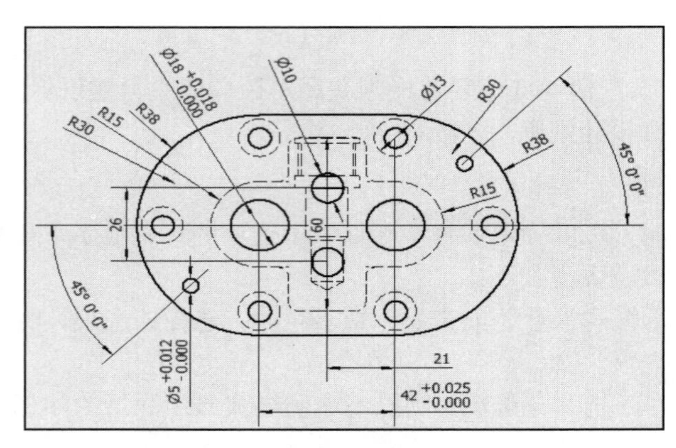

图 14-30　放置基础视图时自动检索尺寸

2．创建标注文字时居中对齐

设置尺寸标注文本的默认位置。

当创建线性尺寸或角度尺寸标注时，勾选该复选框，尺寸文本居中对齐。取消勾选该复选框，尺寸文本的位置由放置尺寸时的光标位置决定。

两种设置的区别参见图 14-31，左图是激活该选项时的表现，右图则是不激活该选项时的表现。一般情况下，应该勾选该复选框。

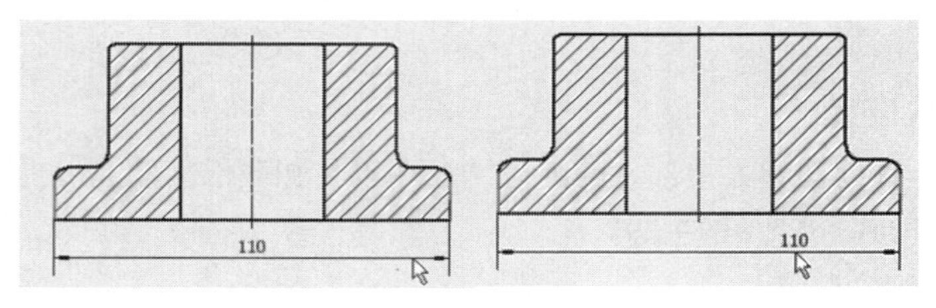

图 14-31　标注文本居中对齐实例

3．启用同基准尺寸几何图元选择

设置创建同基准尺寸时如何选择工程图中的几何图元？

当在工程图中创建同基准尺寸时，勾选该复选框，可以选择多个几何图元，一次性标注多个图元。取消勾选该复选框，每次只能选择一个几何图元进行标注。

一般情况下应该勾选该复选框。

4．在创建时编辑尺寸

设定在用“通用尺寸”功能进行标识时，“编辑尺寸”对话框的默认显示情况。

选择该选项后，使用“通用尺寸”命令放置尺寸时，将自动弹出“编辑尺寸”对话框。

如果不选择该选项，将不弹出该对话框，这时如果需要打开“编辑尺寸”对话框，就要用鼠标左键双击放置的尺寸标注，才能打开该对话框。

一般情况下，应勾选该复选框。

5．视图对齐

设置工程视图的默认对齐方式。有两种选择：居中和固定。具体设置表现如下。

- 居中：选择该选项，父子视图关联对正。默认是选中的。
- 固定：这里并非是固定，而是将父子视图解脱对齐关系改变成“向视图”的模式。在工程视图的创建中，应该保持“居中”为默认设置。

6．剖视标准零件

在部件的工程视图中控制标准零件的剖切表达。有 3 个选项：遵从浏览器设置、始终和从不。默认设置为遵从浏览器设置。具体设置结果如下。

- 遵从浏览器设置：标准件是否剖切，由浏览器中的“剖切参与件”功能进行设定，参见图 14-32，标准件是否参与剖切由用户自己选择，默认情况下是不剖切的。

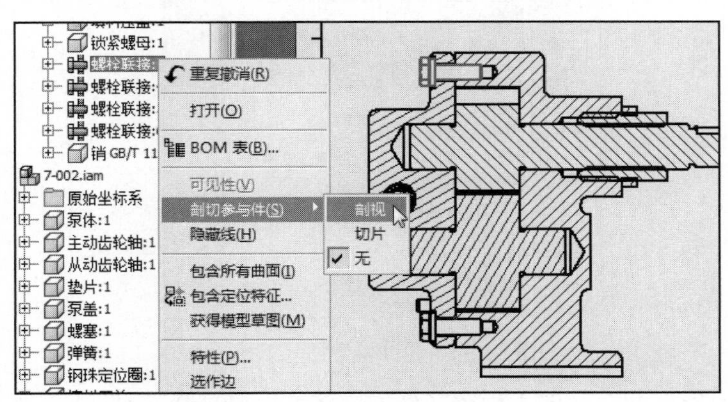

图 14-32　标准件剖切设置

- 始终：选择该选项，标准件参与剖切，而且浏览器中的“剖切参与件”功能被关闭，用户不能进行选择。
- 从不：选择该选项，标准件不参与剖切，而且浏览器中的“剖切参与件”功能被关闭，用户不能进行选择。

7．标题栏插入

指定插入标题栏时使用的插入点。定位点对应于标题栏的最外角。单击适当控件以设置所需的位置，参见图 14-33。

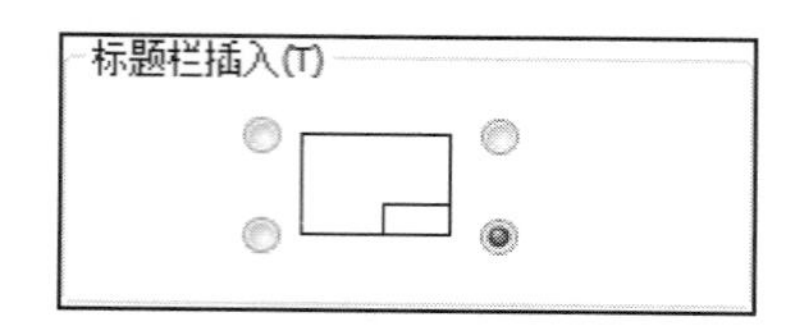

图 14-33　标题栏插入位置设置

注意

先前插入的标题栏不受此设置的影响。要更改现有标题栏的位置，可以在浏览器中相应的工程图纸上单击鼠标右键，在弹出的快捷菜单中选择“编辑图纸”命令，在弹出的“编辑图纸”对话框中更改标题栏的位置。或者删除现有的标题栏，重新插入一个新的标题栏，这个新的标题栏将按照此处设置的位置插入。

8．默认工程图文件类型

设定使用快速访问工具栏中的“新建工程图”命令创建工程图时所使用的默认工程图文件类型（.idw 或.dwg）。

另外，还要设定在零件、部件和表达视图环境中搜索工程图时所使用的默认工程图文件类型（.idw 或.dwg）。若要搜索工程图，应在浏览器中选择零件、部件或表达视图，单击鼠标右键，在弹出的快捷菜单中选择“打开工程图”命令，参见图 14-34。

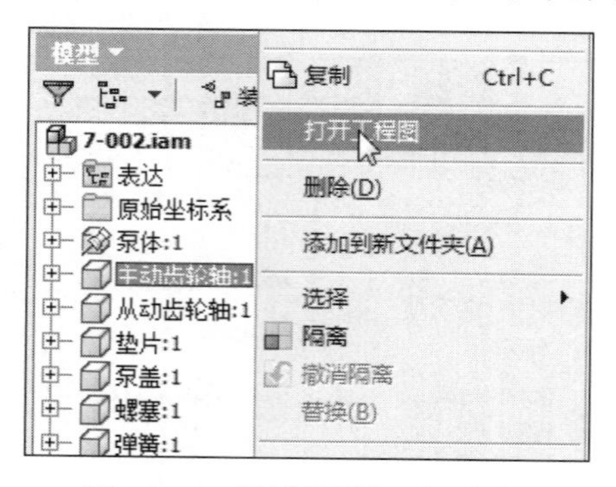

图 14-34　通过模型打开工程图

如果未找到具有匹配名称的工程图文件，则将弹出“打开”对话框。“文件类型”选项设定为“Autodesk Inventor 工程图（.idw 或 .dwg）”。

9．Inventor DWG 文件版本

设定默认的 Inventor DWG 文件版本。可设定的版本参见图 14-35。

在 Inventor 2015 中，版本的默认设置为“AutoCAD 2013”版本。

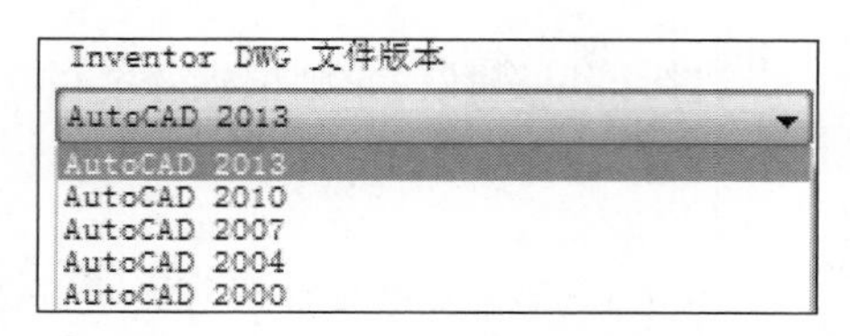

图 14-35　Inventor DWG 文件版本

在 Inventor 中 DWG 版本的控制，有以下 3 种情况：

- 当 IDW 文件另存为 Inventor DWG 文件时应用该设置。
- 从模板创建新的 Inventor DWG 时，DWG 版本由该模板控制。
- 当 IDW 或 Inventor DWG 另存为 AutoCAD DWG 文件时，DWG 版本由“保存副本为”对话框中的“选项”控制。

10．默认对象样式

默认对象样式有两种选择：按标准和按上次使用样式。所表达含义如下。

- 按标准：将对象样式默认指定为采用当前标准的“对象默认值”中指定的样式。默认情况下设置为该选项。
- 按上次使用样式：指定在关闭并重新打开工程图文档时，默认使用上次使用的对象和尺寸样式。

11．默认图层样式

设置图层的默认样式，有两种选择：按标准和按上次使用样式。所表达的含义如下。

- 按标准：将图层样式默认指定为采用当前标准的“对象默认值”中指定的样式。
- 按上次使用样式：指定在关闭并重新打开工程图文档时，默认使用上次使用的图层样式。

12．线宽显示

设置线宽显示的默认情况。

- 显示线宽：勾选该复选框，则启用工程图中唯一线宽的显示。取消勾选该复选框则用相同的线宽显示所有线。此设置不影响打印工程图的线宽。
- 设置：勾选“显示线宽”复选框后，“设置”按钮被激活，单击“设置”按钮，弹出“线宽设置”对话框，在该对话框中设置线宽的显示，参见图 14-36。

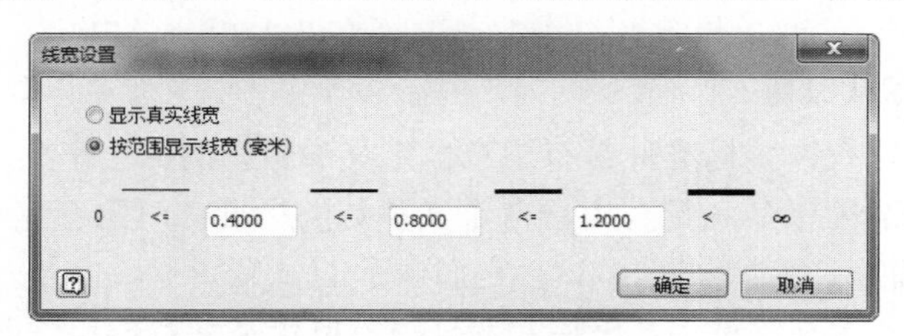

图 14-36　显示线宽设置

> 显示真实线宽： 选择该单选按钮，则在工程图中按照打印出来的效果在屏幕上显示线宽。

➢ 按范围显示线宽：选择该单选按钮，则根据输入的值来显示线宽。线宽独立于缩放比率。

注意

该对话框中的线宽设置，只是在工程图中显示线宽，并不影响打印工程图的线宽。

13. 内存节约模式

在 Inventor 中，工程图的创建与处理是计算机资源消耗最大的功能处理模块。内存节约模式将会在进行工程图计算处理过程中，用降低软件性能的方法来节省内存。

选择“内存节约模式”选项时，无法撤销或还原工程视图创建和编辑操作。因此，该应用程序中的“撤销”和“重做”按钮将被禁用，参见图 14-37。

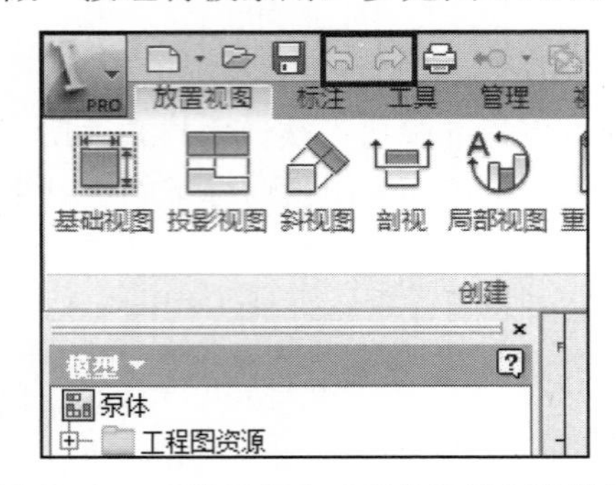

图 14-37 “撤销”和“重做”按钮被禁用

此选项可以增大容量，但是不利于 Autodesk Inventor 快速计算数据。

14.1.10 “资源中心”选项卡

该选项卡用来设定资源中心的默认配置。

1. 在放置过程中刷新过期的标准零件

此功能是用来控制已装入装配中的标准件是不是随着资源中心库版本的变化而更新。选择该选项，则装配中现有标准零件文件将自动替换为资源中心库中更新版本的零件。

取消选择该选项，即使资源中心库中存在更新版本的零件，部件中的标准件文件仍为装入时版本的标准零件。

2. 自定义族的默认设置

在资源中心库中，有许多标准件带有用户自定义参数，例如工字梁、槽钢、管件等。该功能就是用来设定在装配中装入带有用户自定义参数的标准件时的存储方法。有两种选择：作为自定义和作为标准件，参见图 14-38。它们表示的含义如下。

- 作为自定义：选择该选项，在装入带有用户自定义参数的零件时作为自定义零件存储，存储到当前项目的工作文件夹。自定义零件和普通的设计零件是一样的，用户可以进行任何编辑。
- 作为标准件：选择该选项，在装入带有用户自定义参数的零件时作为标准零件存储，存储到“资源中心文件”文件夹。存储后用户不能做任何编辑。

3．访问选项

设置库的访问方式，Inventor 提供了两种资源中心库的访问方式：桌面资源中心和 Vault Server。

- Inventor 桌面资源中心：选择该选项，选择桌面资源中心作为资源中心库的位置。编辑“桌面资源中心”文件夹的路径，或单击“浏览”按钮找到“桌面资源中心”文件夹。
- Autodesk Vault Server：选择该选项，选择 Vault 服务器作为资源中心库的位置。前提是在该服务器上库必须可用，并且必须登录才能使用资源中心。关于怎么登录服务器上的资源中心库，在初级的资源中心篇章已做详细讲解，此处不再多做介绍。

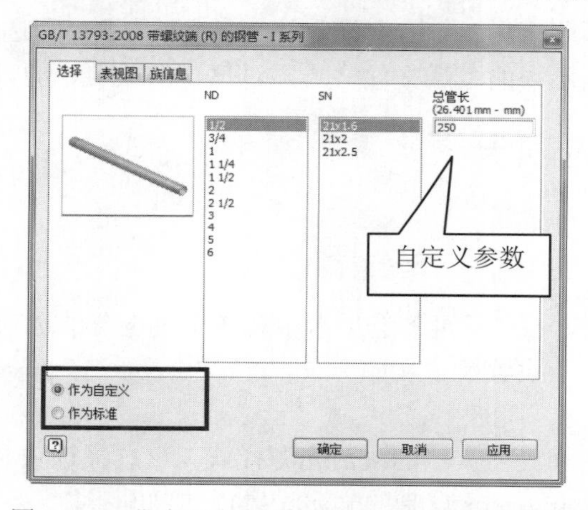

图 14-38　带有用户自定义参数的标准件存储设置

14.1.11　应用程序选项设置的导入/导出

在应用程序选项对话框的最下面，有“导入”和“导出”两个按钮，通过该组操作，可以将定制后的应用程序选项进行共享。它们的功能如下：

1．导出

将当前应用程序选项设置保存为 .xml 文件。单击“导出”按钮则弹出“保存副本为”对话框。选择文件位置，并输入文件名称，然后单击“保存”按钮。

2．导入

从.xml 文件中导入应用程序选项设置。单击“导入”按钮则弹出“打开”对话框。浏览到所需的.xml 文件，然后单击“打开”按钮。参见图 14-39，另外在“导入”下拉列表框中，可以直接“使用 AutoCAD 相关设置”或者“使用 Inventor 设置”这两个默认设置，在以前的版本中只能在安装 Inventor 的时候选择，现在可以在选项设置中直接导入使用了。

图 14-39　导入/导出

14.2　文档设置

新建或者打开一个设计文件，在功能区，在“工具”选项卡中的“选项”面板中单击“文档设置”按钮，弹出“文档设置”对话框，该对话框有多个选项卡，它们可以对当前激活文件进行设置。

当前激活文件格式不同，在“文档设置”中，选项卡的数目和选项卡中的可设置项也各不相同。下面我们就根据不同的激活文件格式，对每个选项卡中的设置进行详细介绍。

14.2.1　“标准”选项卡

设置当前文档的激活标准。

1．零件

当激活文档为零件时，在“标准”选项卡中有 3 个可设置的选项：激活光源样式、显示外观和物理特性—材料，其设置及含义如下。

1）激活光源样式

单击下三角按钮以选择当前文档的激活光源样式。可选择选项参见图 14-40。共有 9 种可选光源样式，它们都是 Inventor 自带的光源设置样式。

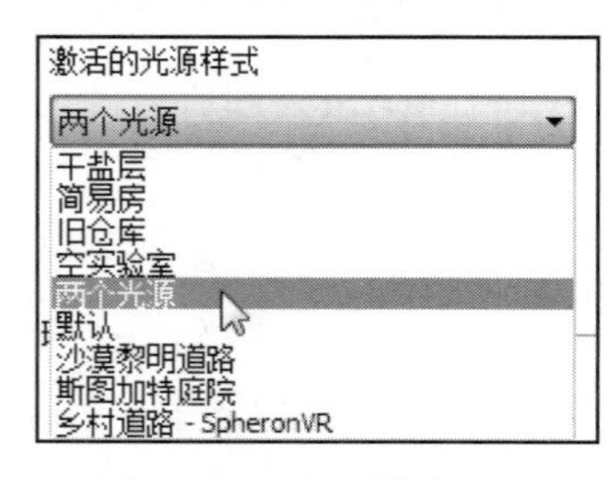

图 14-40　光源模式设置

2）显示外观

设置零件的外观显示模式，单击其下面的“设置”按钮，弹出“显示外观”对话框，在对话框中设定零件的显示外观参数。

其设置和“1.1.5‘显示’选项卡”中的“显示外观”对话框设置是相同的，只是那里的设置是针对 Inventor 所有文档的整体设置，而在这里只是针对当前激活文档的外观显示设置。

当该选项卡和应用程序选项卡中的显示设置产生冲突时，应遵循该选项卡设置。

3）物理特性—材料

为当前激活的零件设置材料。通过下拉列表进行选择。

2．普通部件或表达视图

当激活文档为普通部件或表达视图时，在“标准”选项卡中有 3 个可设置的选项：激活光源样式、显示外观和虚拟部件—默认材料。其设置及含义如下：

激活光源样式和显示外观的设置，和上节“零件的光源和显示样式”设置相同，不再做讲解。

虚拟部件—默认材料，为当前装配或表达视图文档中新创建的任何虚拟零部件指定默认的材料。通过下拉列表进行材料选择。

3．焊接件

当激活文档为焊接件时，在“标准”选项卡中有 3 个可设置的选项：激活光源样式、显示外观虚拟部件—默认材料和标注—默认标准。其设置及含义如下：

激活光源样式、显示外观和虚拟部件—默认材料的设置，和上节中相同，不再做讲解。

标注—默认标准，为当前文档中新创建的任何标注指定默认的标准样式。可选标准参见图 14-41。中文版默认设置为 GB 标准。

4．工程图

当激活文档为工程图文件时，在“标准”选项卡中只有一个可设置的选项：标注—激活的标准。其设置及含义如下：

标注—激活的标准，为当前激活的工程图文档选择标注标准。并将选定的标准添加到与文档关联的默认标准。可选标准参见图 14-42。

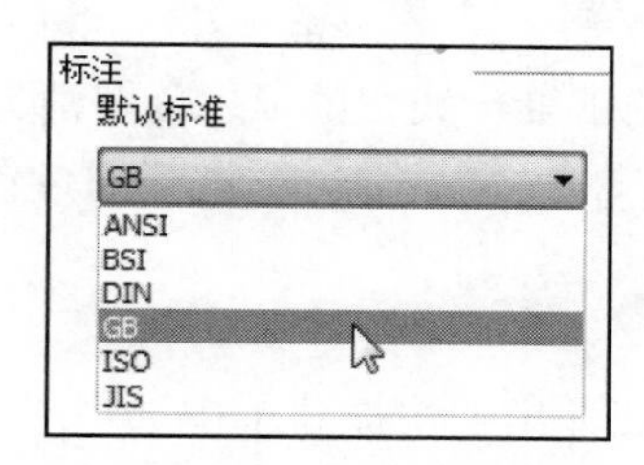

图 14-41　标注标准设置

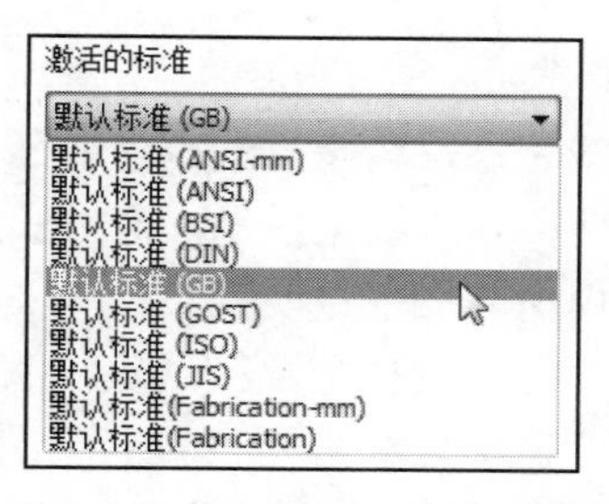

图 14-42　工程图标注标准设置

14.2.2　“草图”选项卡

当激活文档为零件、部件或工程图文件时，设定草图环境中默认捕捉间距、网格设置和草图相关的其他设置。

1．捕捉间距

设置草图中相邻两个捕捉点之间的间距，以便在激活零件或工程图中精确绘制草图，参见图 14-43。

X、*Y* 轴方向距离可分别设置，且两个轴的设置可以不同。

2．网格显示

设置二维草图中网格显示的网格线间距，参见图 14-44。

图 14-43　捕捉间距设置

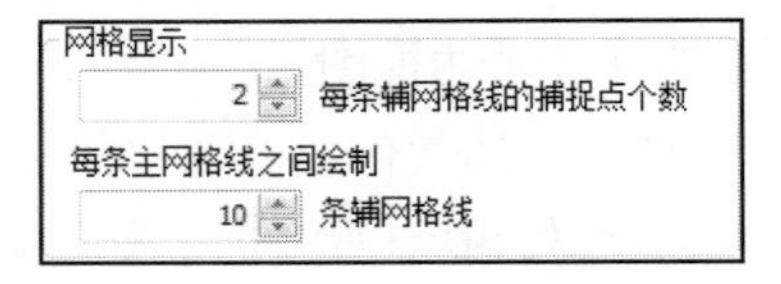

图 14-44　网格显示设置

在二维草图中，网格的方向与草图平面坐标轴的方向平行。并分为主网格线和辅网格线。主网格线在网格显示中颜色较重，线较宽。

- 每条辅网格线的捕捉点个数：通过定义辅网格线的捕捉点数设置辅网格线之间的距离。例如，如果将 X 轴的捕捉距离设置成 1，并且指定每条辅网格线有两个捕捉点，则辅网格线在 X 轴方向间距为 2。
- 每条辅网格线之间的主网格线数：设置主网格线之间辅网格线的数量，同时确定相邻主网格之间的距离。

3．线宽显示选项

当前激活文档为零件或部件时，设置当前激活文档中草图图线的线宽显示选项，参见图 14-45。

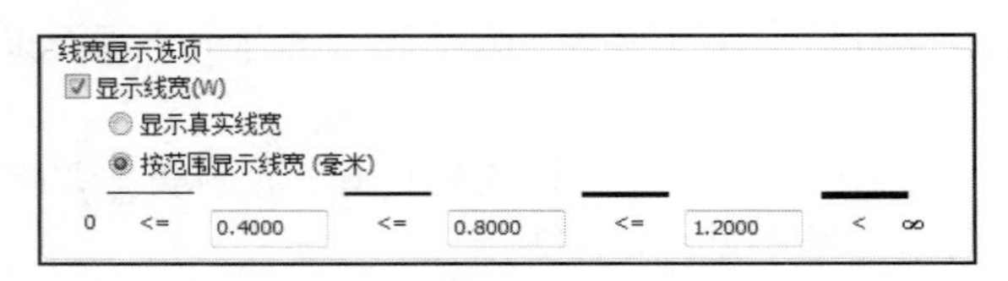

图 14-45　设置草图中显示线宽

显示线宽：勾选该复选框，则在草图中启用模型草图中唯一线宽的显示。取消勾选该复选框，则用相同的线宽显示所有线。此设置只是对草图中的线宽显示情况进行的设置，并不影响打印模型草图的线宽。

要设置打印的模型草图线宽，其步骤如下：

在浏览器中，选定要设置的草图，单击鼠标右键，在弹出的快捷菜单中选择“特性…”命令，弹出“几何图元特性”对话框，在对话框中设置草图图线的颜色、线型和线宽。这些设置可以决定模型草图的打印情况。

- 显示真实线宽：选择该单选按钮，屏幕上以打印出来的真实效果显示线宽。
- 按范围显示线宽：选择该单选按钮，则参见图 14-45 所示的选项卡中用户输入的值来显示线宽。值的范围从最小（左端）到最大（右端）。

4．三维草图

当激活文档为零件时，设置激活文档中三维草图的默认设置。

自动折弯半径，这里并不是什么折弯半径，可能是翻译的问题。在这里应该是“自动过渡半径”，是设置绘制三维线时，在三维直线拐角处自动创建过渡圆角的圆角半径。

14.2.3　“造型”选项卡

当前激活文档为零件或部件时，在“文档设置”中才会有“造型”选项卡。该选项卡的主要功能是指定自适应、文档历史的包含项或排除项、激活零件的三维捕捉间距，以及螺纹孔的设置，参见图 14-46。

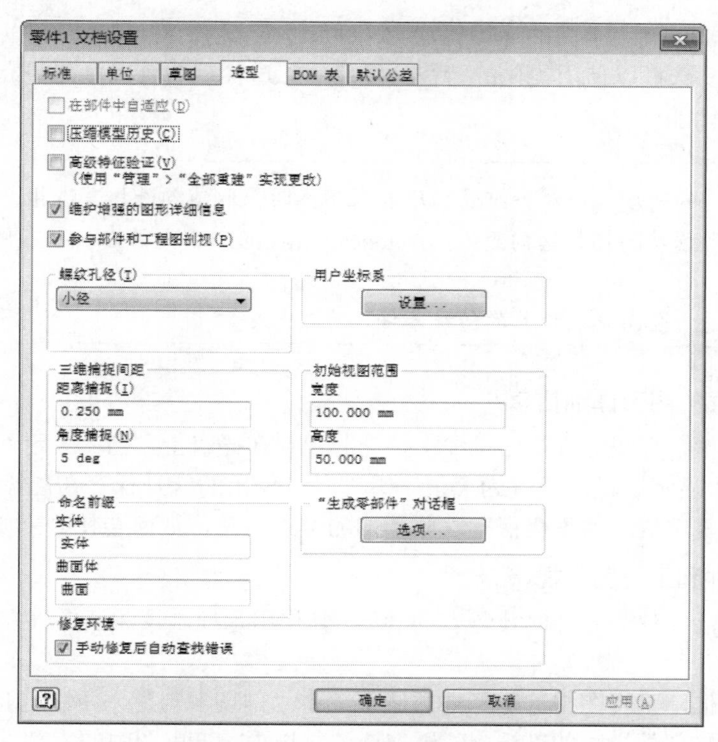

图 14-46　当前激活文档为零件时的"造型"选项卡

1．在部件中自适应

仅当激活的零件是自适应零件时该功能才可用。其功能是删除在部件中自适应使用的零件的指示器。取消勾选该复选框即删除自适应指示器；勾选此复选框则不删除自适应指示器。

注意

通常情况下，只有部件不再使用零件时，才能改变自适应状态。如果删除仍在部件中自适应使用的零件的指示器，则该零件将变为刚体。

2．压缩模型历史

这是仅当激活文件为零件时才具有的功能，其用途是选择在保存文件时是否清除回退文档历史。勾选该复选框，在每次保存文件时会自动删除回退文档历史记录；取消勾选该复选框，则每次保存文件时可重新生成文档历史，以便重新启用快速编辑性能，即使用"全部重建"功能。

注意

一般情况下是不勾选此复选框的，因为设计的过程中很多情况下需要找回历史文档记录，仅当磁盘空间有限时勾选该复选框。

3．高级特征验证

设置计算零件特征的算法。

勾选该复选框以使用全面的计算算法。这种算法计算速度较慢，但可以生成更精确的特征。取消勾选该复选框以使用优化的特征计算算法。这种算法可以显著提高抽壳、拔模、加厚和偏移特征的性能。

注意

- 当要求设计的速度，而对特征的精度要求不高时，取消勾选该复选框。
- 为避免出现意外的拓扑结构变化，Autodesk Inventor 不允许在一个零件中混合使用这两种算法。
- 该选项对通过全面算法计算的传统零件不可用。

4．维护增强的图形详细信息

勾选该复选框，则图形详细信息和文件一起保存在磁盘上。当“应用程序选项”的“显示”选项卡中，“显示质量”设置为“很平滑”时，使用的就是保存在磁盘上的图形详细信息。取消勾选该复选框，将不会保存这些图形的详细信息，从而会使显示质量相对较低。

5．参与部件和工程图剖视

这是仅当激活文件为零件时才具有的功能。其作用是控制该激活零件在部件和工程图中是否参与剖切。

勾选该复选框，工程图中的零部件关联菜单中“剖切参与件”下将选择“剖视”选项，并且零部件将参与部件模型的剖视。若不勾选该复选框，工程图中的零部件关联菜单中“剖切参与件”下将选择“无”选项，并且零部件不会参与部件模型的剖视。

6．螺纹孔径

设定在当前激活文件中，模型创建时螺纹孔模型特征的大小。共有 4 种选择，分别为螺纹的大径、小径、中径或攻丝底孔，参见图 14-47。

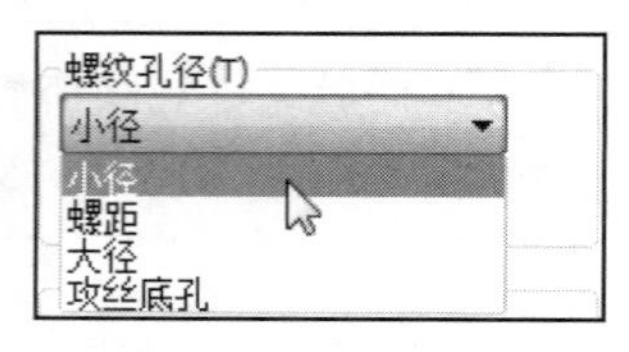

图 14-47　模型螺纹孔径设置

注意

建议使用此选项的默认值，即设置为“小径”。因为，按照 Inventor 工程图的投影规则，仅当“螺纹孔径”被设置为“小径”时，才能正确生成工程图中的螺纹线。

7．三维捕捉间距

设置在三维草图中捕捉时，相邻捕捉点之间的最小距离和角度，以便在激活零件中精确绘制三维草图。同时也可以控制使用移动特征拖动特征时的捕捉精度。

设置项目分为距离捕捉和角度捕捉。它们分别控制捕捉时距离和角度的精度。具体设置参见图 14-46。

8. 初始视图范围

当用模板创建一个新的零件文件或部件文件时，设定初始可见区域的大小。此设置仅影响创建文件时的视图，因此，应在模板文件中配置。

用户可以通过设定图形窗口的初始高度和宽度来设定可见区域的大小，参见图 14-46。该设置中使用的单位将遵循模板的“单位”选项卡上的设置。

注意

- 打开现有的部件时，初始视图由激活的设计视图控制。
- 打开现有的零件时，初始视图由零件大小控制。

9. 用户坐标系

设置 UCS（用户坐标系）命名前缀、定义默认平面和选择 UCS 及其特征的可见性。单击“设置”按钮，弹出“USC 设置”对话框，参见图 14-48。

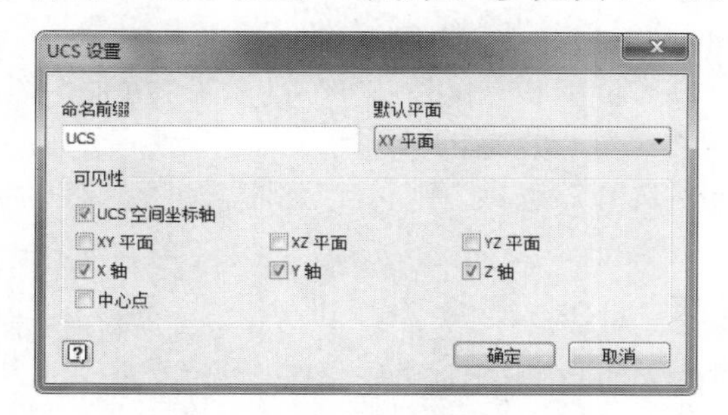

图 14-48　用户坐标系设置

UCS（用户坐标系）是定位特征的集合（3 个工作平面、3 个轴和 1 个中心点）。但是与原始坐标系不同，在一个文档中可有多个 UCS，并且用户可以根据设计的需要有区别地放置并定向它们。

- 命名前缀：设置 UCS 前缀。UCS 名称则由该前缀和数字指数组成。例如，“命名前缀”设置为“我的 USC”，在当前激活文档中创建用户坐标系时，创建的第一个用户坐标系将被自动命名为“我的 USC1”，第二个则被自动命名为“我的 USC12”。
- 默认平面：选择默认二维草图平面。当 UCS 空间坐标轴选做输入时，会影响二维草图的行为及“观察”命令。
- 可见性：选择用户坐标系组成要素的可见性。可选项参见图 14-48。

10. 命名前缀

设置新创建实体或曲面体的默认命名方案前缀。这是仅当激活文件为零件时才具有的功能。用于在创建每个新实体或曲面时为它们指定有含义的名称。实体和曲面体的默认前缀分别是“实体”和“曲面”，参见图 14-46。

例如，“命名前缀—实体”设置为实体，则在当前激活文档中创建用户坐标系时，创建的第一个实体会自动命名为实体 1，第二个则会自动命名为实体 2。

11. 交互式接触

这是仅当激活文件为部件时才具有的功能。

设置系统对零部件之间接触情况进行分析的相关选项。

- 所有零部件：选择该选项，则对部件中的所有零部件分析接触情况。
- 仅接触集合：选择该选项，仅对所选零部件进行接触分析。
- 曲面复杂性：设置分析的曲面复杂程度，通过曲面复杂性的选择可以略微降低接触和干涉检测的精度以获得更好的性能。共有 3 个选项：所有曲面、常规曲面和简单曲面。它们设置的含义如下。
  - ➢ 所有曲面：选择该选项，则在分析时所有曲面都考虑在内。此选项会使分析最精确，但对于某些模型来说分析速度会很慢。
  - ➢ 常规曲面：选择该选项，则在分析时考虑大多数曲面，忽略某些圆角（光滑过渡）。此选项是分析性能与精度之间的合理的折中。
  - ➢ 简单曲面：选择该选项，则在分析时忽略未分析的曲面。此选项可获得最佳的分析性能，但会导致分析精度非常低。

同时选择“曲面复杂性”选项和“仅接触集合”（或“所有零部件”）选项来限制接触和干涉的零部件，可以缩减对接触识别器的资源开支。

- 接触识别器关闭：选择该选项，则关闭识别器分析，不对零部件之间的接触情况进行分析。

12. “生成零部件选项”对话框

这是仅当激活文件为零件时才具有的功能。

这是针对零件中的“多实体”功能进行设置的，为利用“多实体”功能“生成零部件”工作流设定默认选项。

单击“选项”按钮，弹出“生成零部件选项”对话框，参见图 14-49。

- 零件文件默认设置：当利用“多实体”功能生成零件时，相关选项的默认设置。
  - ➢ 名称：为“多实体”功能生成的零件设置默认的命名方案。命名方式是在“对象名称”和“布局名称”与“对象名称”的组合之间选择以作为默认文件名称。同时也可以选择包括“前缀”和“后缀”。
  - ➢ 位置：为生成的零件文件设置默认的存储地址。可以从“用户路径”、“工作空间”、“目标部件位置”或“源路径”中进行选择设置。当选择“用户路径”时，则可以直接输入或通过浏览来设定存储地址。
  - ➢ BOM 表结构：为“多实体”功能生成的零件设定默认的 BOM 身份。
  - ➢ 模板：为“多实体”功能生成的零件设定默认的文件模板。生成零件时有两种模板可选，普通零件模板 Standard.ipt 和钣金零件模板 Sheet Metal.ipt。也可单击后面的按钮，从弹出的对话框中选择不同标准的零件模板。

- 部件文件默认设置：当利用“多实体”功能生成部件时，相关选项的默认设置。
  - ➢ 名称：为“多实体”功能生成的部件设置默认的命名方案。命名方式是在“对象名称”和“布局名称”与“对象名称”的组合之间选择以作为默认文件名称。同时也可以选择包括“前缀”和“后缀”。
  - ➢ 位置：为“多实体”功能生成的部件文件设置默认的存储地址。可以从“用户路径”、“工作空间”、“目标部件位置”或“源路径”中进行选择设置。当选择“用户路径”时，则可以直接输入或通过浏览来设定存储地址。
  - ➢ BOM 表结构：为“多实体”功能生成的部件设定默认的 BOM 身份。
  - ➢ 模板：为“多实体”功能生成的部件设定默认的文件模板。生成部件时有两种模板可选：普通装配模板 Standard.iam 和焊接装配模板 Weldment.ipt。也可单击后面的按钮，从弹出的对话框中选择不同标准的零件模板。

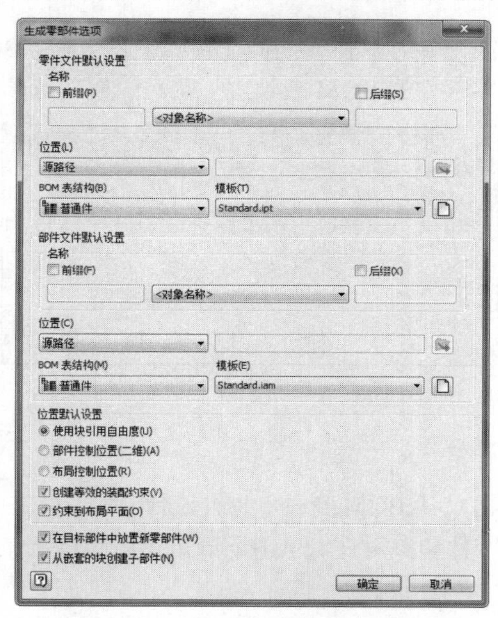

图 14-49　“生成零部件选项”对话框

- 位置默认设置：当生成部件时，设置零件的默认装配情况。
  - ➢ 使用块引用自由度：选择该单选按钮，则基于块实体自由度设定零部件位置选项。如果块实体的自由度为零，则零部件实体使用“布局控制位置”。否则，将使用“部件控制位置”。
  - ➢ 部件控制位置(二维)：选择该单选按钮，当生成的零部件装入到目标部件时，零部件实体位置受到部件自由度的控制。用于运动部件。
  - ➢ 布局控制位置：选择该单选按钮，当生成的零部件装入到目标部件时，零部件实体位置是静态的，且受布局控制。
  - ➢ 创建等效的装配约束：勾选该复选框以将块实例之间的草图约束转换为父部件中零部件实体之间的等效装配约束。

- ➢ 约束到布局平面：勾选该复选框以将零部件实体约束到目标部件中的布局平面。
- 在目标部件中放置新零部件：勾选该复选框，则当用“多实体”功能生成新零部件时，设定新生成的零部件自动装入到目标部件中。
- 从嵌套的块创建子部件：勾选该复选框，则当用“多实体”功能生成新零部件时，对于嵌入的块，将默认的“生成零部件”类型设定为“部件”。

13．修复环境

这是 Inventor 2015 零件修复环境的选项设置。

手动修复后自动查找错误：默认勾选该复选框，将在执行手动修复操作（如边界嵌片）之后自动检查模型的质量。在复杂模型上选择此选项后，性能将降低。

14.2.4 “BOM 表”选项卡

当前激活文档为零件或部件时，在“文档设置”中才会有“BOM 表”选项卡。该选项卡的功能是指定当前激活零部件的 BOM 表设置。其可设置的选项参见图 14-50。

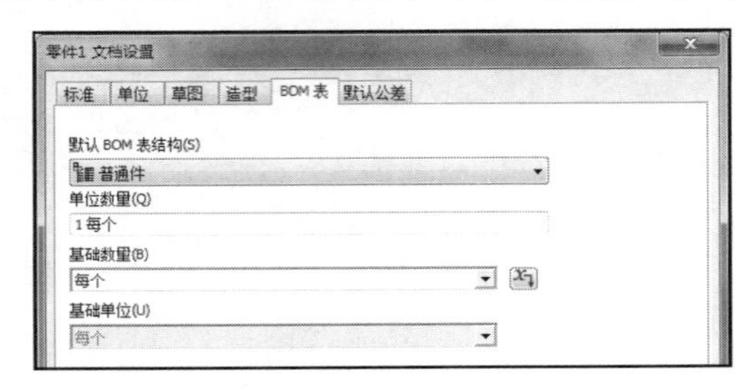

图 14-50 “BOM 表”选项卡

1．默认 BOM 表结构

设置当前激活零部件的默认 BOM 身份。共有 5 种 BOM 身份可选，它们分别为普通件、不可拆分件、虚拟件、外购件和参考件，单击下三角按钮即可从弹出的下拉菜单中选择，参见图 14-51。

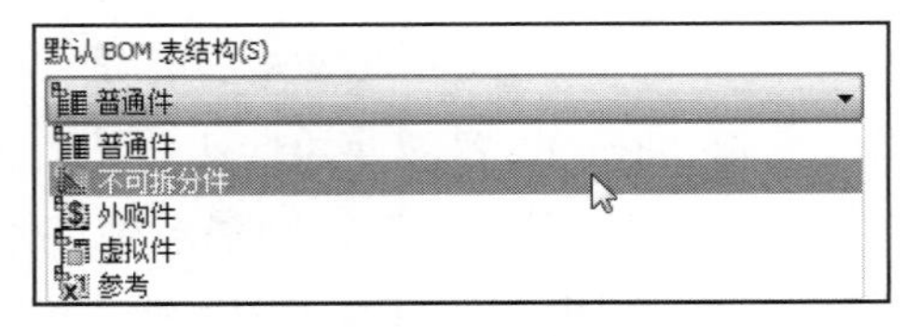

图 14-51 BOM 身份选项

注意

如果当前激活文件为不可见，则可以将该 BOM 结构替代为对整个部件都适用的零部件引用的参考。

2．单位数量

设定显示单位数量。单位数量由两种特性组成：基础数量和基础单位。

3. 基础数量

设置零部件的基础数量。

操作方法为，单击“基础数量”的下三角按钮，打开一个对话框，参见图 14-52，从中选择要用做“基础数量”的参数，然后单击“确定”按钮。若要编辑或添加参数，单击“基础数量”选项旁的“编辑参数”按钮。

“基础数量”选项对于部件文档是只读的。

4. 基础单位

当“基础数量”参数选定后，则此项为激活状态，为参数设置基础数量单位。

操作方法为，单击“基础单位”的下三角按钮，打开一个对话框，参见图 14-53，在对话框的下拉列表中选择“基础单位”，并单击“确定”按钮。

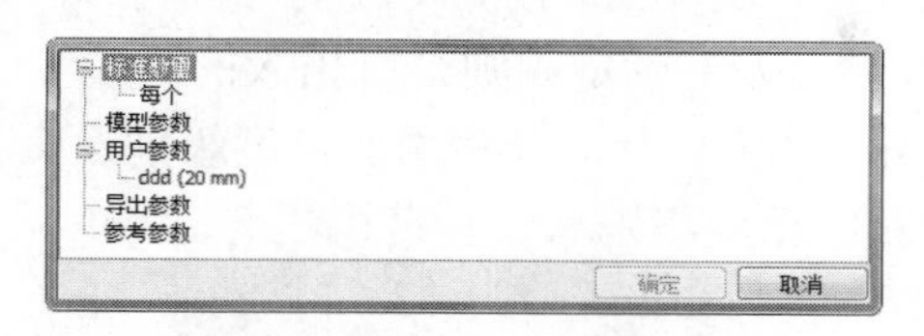

图 14-52　选择“基础数量”参数

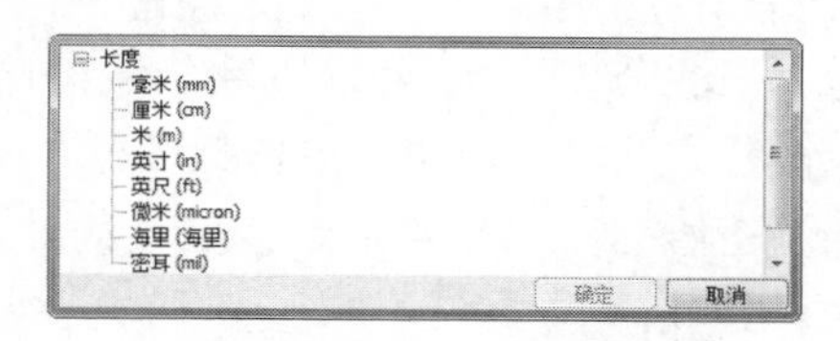

图 14-53　设定“基础单位”

“基础单位”选项对于部件文档也是只读的。

14.2.5　“默认公差”选项卡

仅当前激活文档为零件时，在“文档设置”中才会有“默认公差”选项卡。它是在零件中对驱动尺寸没有添加公差时，设置零件驱动尺寸的默认线性和角度精度级别和公差。这里的“默认公差”可以理解为机械设计中的“未注公差”。

该选项卡可设置的选项参见图 14-54。

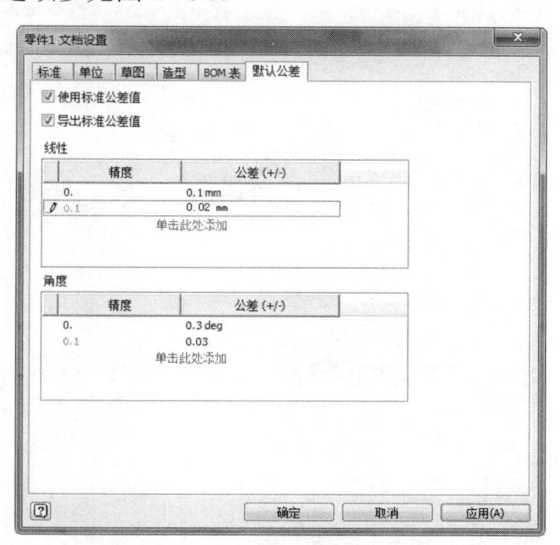

图 14-54　“默认公差”选项卡

1．使用标准公差值

勾选该复选框，则在当前激活零件文件中创建驱动尺寸时使用在此选项卡中设置的精度和公差值配置。如果取消勾选该复选框，此选项卡中的精度和公差配置不会被驱动尺寸使用。

2．导出标准公差值

勾选该复选框则将此选项卡中的精度与公差配置复制到“iProperty 自定义”选项卡中。同时，重用工程图中的自定义特性。

3．线性

对线性驱动尺寸进行尺寸的精度和公差配置。在 Inventor 中默认公差的设置规则是这样的，根据尺寸的精度级别来设置不同的默认公差配置。参见图 14-54，如果驱动尺寸为整数，则精度一栏应填写为 0.；如果保留一位小数，则应填写为 0.1。根据精度的不同可以设置不同的“未注公差”。这种规则和机械设计中的“未注公差”确定规则是有出入的。

设置方法为，单击“单击此处添加”按钮，则新产生一行，分别添加精度级别及上偏差和下偏差值的对应公差范围。这样就设定了一个新的精度级别和公差范围组合。

4．角度

对角度驱动尺寸进行尺寸的精度和公差配置。在 Inventor 中默认角度公差的设置规则也是根据角度尺寸的精度级别来设置不同的默认公差配置。

其设置方法和线性尺寸的默认公差设置方法是相同的。

14.2.6　“工程图”选项卡

仅当前激活文档为工程图时，在“文档设置”中才会有“工程图”选项卡，用来设置工程图或工程图模板中相关功能的默认选项。该选项卡可设置的选项参见图 14-55。

图 14-55　“工程图”选项卡

1．延时更新

为当前激活的工程图设置更新选项。

取消勾选该复选框，则在模型更改时工程图自动关联更新，勾选该复选框，则抑制自动更新。默认为取消勾选该复选框。

建议不要勾选该复选框，因为工程图随模型的更改关联更新是我们在设计中必须始终保持的设计需要。

注意

- 如果勾选“延时更新”复选框，则在当前激活工程图中，“放置视图”选项卡上的许多命令将被禁用，“标注”选项卡上的“孔注释”、“折弯注释”、“引出序号”、“明细栏”和“孔参数表”不可用。
- 如果在模板中设置了“延时更新”，则无法在使用该模板创建的工程图中放置视图。

2．剖面线文字修剪

勾选该复选框，在工程图中标注时，标注文本周围若有剖面线，则自动打断标注文本周围的剖面线。否则，就不打断剖面线。效果参见图 14-56。

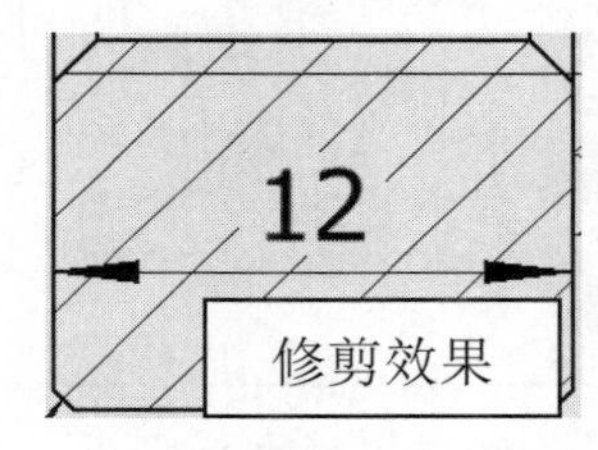

图 14-56　剖面线文字修剪设置实例

由以上实例可看出，修剪才是我们要的标注效果，所以要保持该复选框为勾选状态。

注意

- 若要对用户定义符号的周围进行修剪，请选择各个符号引用的“符号修剪”选项。
- 基准目标和等轴测视图中不支持剖面线文字修剪。

3．自动中心线

为当前激活的工程图中的“自动中心线”功能设置默认选项。

4．无效标注

在工程图中，如果标注所附着的零部件被删除、升级、降级或替换，则该标注变为无效。

- 亮显：勾选该复选框，将亮显当前激活的工程图文件中失去了连接关系的无效尺寸和其他标注。取消勾选该复选框，则无效标注不亮显。
- 保留孤立标注：选择该复选框，将保留已和几何图元分离的标注。取消勾选该复选框将删除孤立的标注。
- 基于特征的标注捕获颜色：只有选择“保留孤立标注”选项时，该选项才处于激活状态。其功能是为基于特征的无效标注指定颜色，以使无效标注区别于其他标注。

注意

当某尺寸变为无效标注时，可以选择该无效标注。单击鼠标右键，在弹出的快捷菜单中选择“重新连接标注”命令，以重新连接到有效的定位点。

5. 内存节约模式

选择该选项后，指示 Autodesk Inventor 在进行视图计算之前和期间更保守地占用内存，代价是降低性能。它通过更改加载和卸载零部件的方式来保留内存。

该功能有 3 种选择：使用应用程序选项、始终和永不。当选择“使用应用程序选项”时，则使用“应用程序选项”对话框中“工程图”选项卡中的默认设置；当选择“始终”选项时，则始终开启内存节约模式；当选择“永不”选项时，则关闭该模式。其他相关影响参见本书“14.1.9 ‘工程图’选项卡”。

6. 着色视图

设置着色视图的相关选项。

- 使用位图：对着色视图使用位图的频率，有两个选项：始终和仅脱机。当选择“始终”选项时增加容量并改善视图的着色性能。
- 位图分辨率：设置着色视图的图像质量。影响文件大小、图形外观和打印质量。单击下三角按钮，从弹出的下拉列表中选择选项，可选分辨率参见图 14-57。

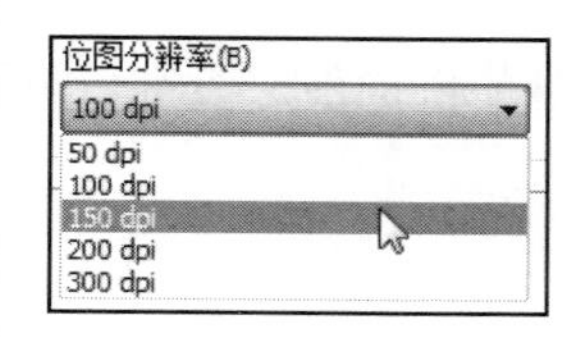

图 14-57 选择分辨率

注意

选择较高的分辨率可影响性能。如果使用着色视图的大模型或复杂模型，建议将“使用位图”下拉列表中的“始终”设置为低位图分辨率，这样会降低内存消耗。

7. 尺寸更新

设置几何图元更新时尺寸文本对齐的控制选项。

尺寸文本对齐，控制更新几何图元时角度尺寸和线性尺寸的文本位置。共有 3 种选择：视图位置和保持居中、尺寸线百分比。

- 视图位置：选择该选项，更新几何图元时，仍保持图纸上的文本位置。
- 视图位置和保持居中：选择该选项，将保持尺寸文本居中，同时所有其他尺寸也保持它们在图纸中的位置。
- 尺寸线百分比：选择该选项，将保持相对于尺寸线的所有尺寸文本位置。

8. 工程图中的特性

定义工程图特性（iProperties）相关选项的默认设置。

- 其他自定义模型 iProperty 源：指定包含自定义 iProperty 的文件，并将自定义特性的名称添加到“自定义特性—模型”列表。然后可在工程图或模板中使用特性。可以通过单击下三角按钮从弹出的下拉列表中选择文件，也可以单击“浏览”按钮以找到并选择文件。

- 复制模型 iProperty 设置：从关联模型中复制 iProperty 信息到当前激活的工程图中。

操作方法为，单击该按钮，弹出“复制模型 iProperty 设置”对话框，参见图 14-58，在对话框中选择要复制到工程图中的模型 iProperty，单击“确定”按钮，完成设置。

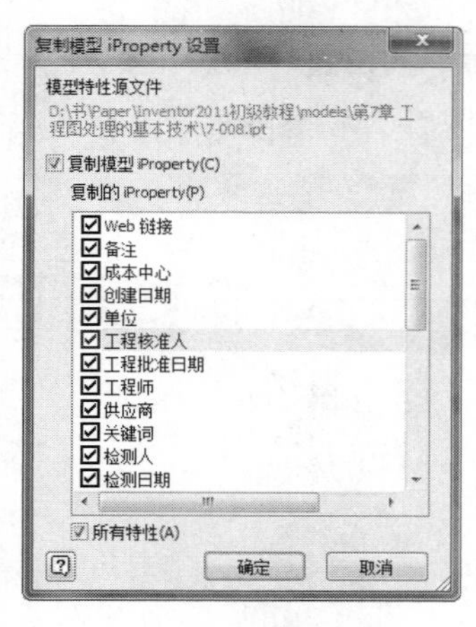

图 14-58 复制模型特性

复制的模型 iProperty 可以在明细栏、标题栏和其他访问模型或工程图 iProperty 的注释中使用。

14.3 “自定义”对话框

该对话框是 Inventor 提供给用户的，用户可以根据专业设计寻求、界面风格爱好和个人操作习惯，对 Inventor 的工作环境进行自定义设置。

在功能区，在“工具”选项卡中的“选项”面板中单击“自定义”按钮，弹出“自定义”对话框，参见图 14-59。该对话框中有 3 个选项卡：功能区、键盘和标记菜单。

14.3.1 “功能区”选项卡

功能区选项卡分为左右两列，其中左列将列出 Inventor 所有的命令，而右列是用户自定义面板的命令。默认为空。参见图 14-59，在左列，默认为显示 Inventor 所有命令。用户可以使用下拉列表，通过 Inventor 选项卡来过滤命令，以便选择需要的命令放到用户自定义面板中。而在右列，将显示用户自定义面板的命令及自定义面板所在的选项卡，参见图 14-59。

首先，在右列，选择用户自定义面板所要添加到 Inventor 的哪个选项卡中，然后选择左列中的命令，“双击”或者单击»按钮将其添加到右列的自定义面板中。同时可以单击«按钮将其移除。

1. 显示图标的文本注释

在每个命令前的“文本”列中，勾选该复选框，在用户自定义面板中显示该命令图标同时显示文本标签。取消勾选该复选框，则只显示命令图标，而不显示文本标签。

2．大图标

在 Inventor 中，每个命令的图标都有两个显示版本：大图标和小图标。

在每个命令前的“大”列中，勾选该复选框，将在用户自定义面板中显示大图标；取消勾选该复选框，将显示小图标。

3．移动用户自定义面板中命令的位置

选择需要移动位置的命令，然后单击▲按钮向上移动或单击▼按钮向下移动。

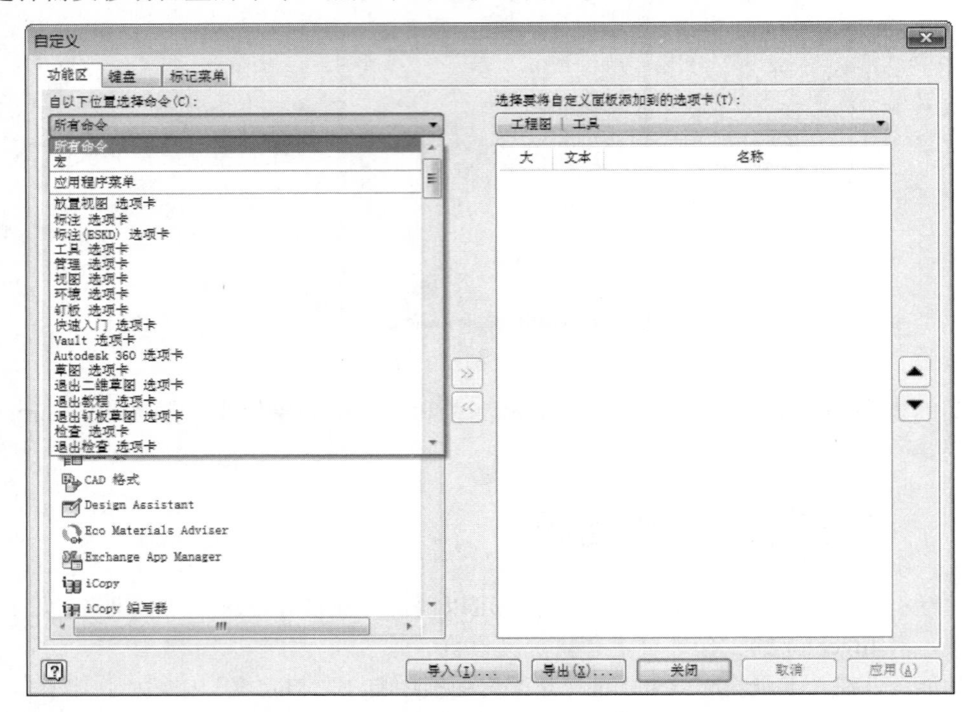

图 14-59 “自定义”对话框

14.3.2 “键盘”选项卡

该选项卡用于设置命令的简化名和快捷键组合，参见图 14-60。

1．类别

选择类别过滤器以显示与该类别关联的所有命令。

2．键过滤器

选择一个过滤器以缩小关联命令的视图。有全部、已指定和未指定 3 个选项。

3．使用默认的多字符命令别名

勾选该复选框时，则使用 Autodesk Inventor 附带的多字符命令别名。默认情况下，不会勾选该复选框。

4．重设所有键

单击此键，则删除所有自定义键盘快捷键和命令别名并基于“使用默认的多字符命令别名”复选框的设置恢复默认值。

5．复制到剪贴板

将“键盘”选项卡的内容（包括表头）复制到剪贴板。可以将其粘贴到电子表格或其他文档中。如果在编辑快捷键时选中此命令，则将放弃对快捷键的所有更改并重置为上一个值。

定制快捷键操作流程：

（1）在命令名下面的列表中找到要定义快捷键的命令。

（2）选择该命令，单击“键”下面与该命令同列的位置，弹出输入框，参见图 14-60。

（3）输入需要的快捷键组合。

（4）单击旁边的对号，接受定制。

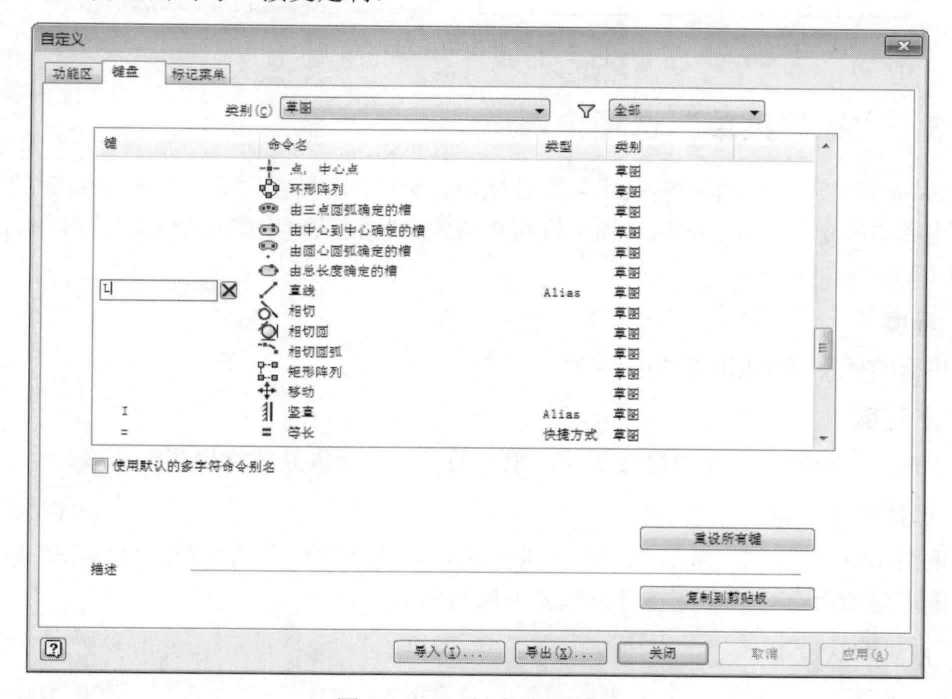

图 14-60　“键盘”选项卡

查找全部命令快捷键的方法：

（1）在主菜单中，单击“帮助”按钮旁边的下三角按钮。

（2）弹出下拉菜单，在下拉菜单中选择“快捷方式/别名快速参考”命令，参见图 14-61 中左图。

（3）弹出“快捷方式/别名快速参考”对话框，参见图 14-61 中右图。

（4）在该对话框中就可以找到所有定制了快捷键的命令。

当用快捷键进行某命令的操作时，Inventor 会在键入命令过程中，在界面左下角的提示栏中显示某些提示。

对于 Inventor 目前的状态，还没能完全建立 AutoCAD 风格的命令行交互规则。但如果能记住常用命令的快捷键，那么使用快捷键来启动命令，仍然可以在一定程度上提高设计效率。

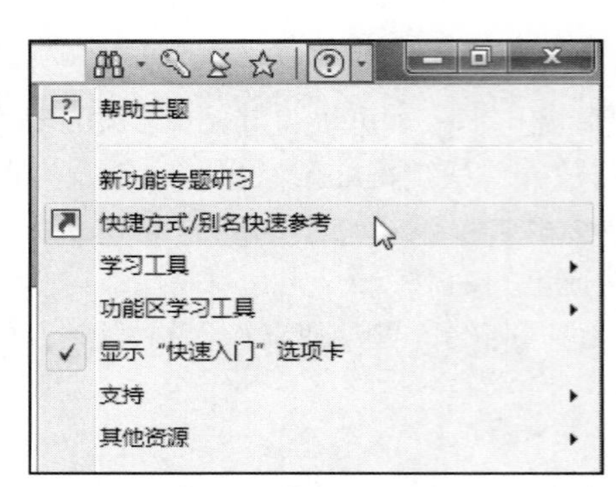

图 14-61　查找快捷键设置

14.3.3 “标记菜单”选项卡

Inventor 2012 以后版本的新技术，通过标记菜单中的命令方位，使用鼠标右键的移动轨迹来快速启动命令新方式。而该选项卡则可以自定义标记菜单中的每个方位的命令名称，参见图 14-62 。

1. 环境

为相应的环境指定相应的标记菜单。

2. 子环境

为零件、工程图、部件和焊接部件环境中的子环境提供其他标记菜单选项。

3. 选择菜单位置

参见图 14-62，在东、南、西、北等 8 个方位，选择方位上的命令，然后在右侧的命令区，单击需要的命令，该命令将替换该方位原有的命令。

4. 恢复默认设置

单击“恢复默认设置”，放弃所做的更改，并将当前的标记菜单恢复为默认节点选择。

5. 标记菜单样式

- 仅显示文本：选择该单选按钮，在标记菜单中只显示命令的文本。
- 显示图标和文本：选择该单选按钮，在标记菜单中显示命令的图标和文本。
- 仅显示图标：选择该单选按钮，在标记菜单中只显示命令的图标。

6. 溢出式菜单

- 短菜单：显示缩短的溢出式菜单，该菜单包含最常用的命令。
- 仅放射状菜单：不显示溢出式菜单。
- 完整菜单：显示整个溢出式菜单。默认情况下启用该设置。

7. 使用经典关联菜单

勾选该复选框，禁用标记菜单，恢复使用旧的快捷关联菜单。

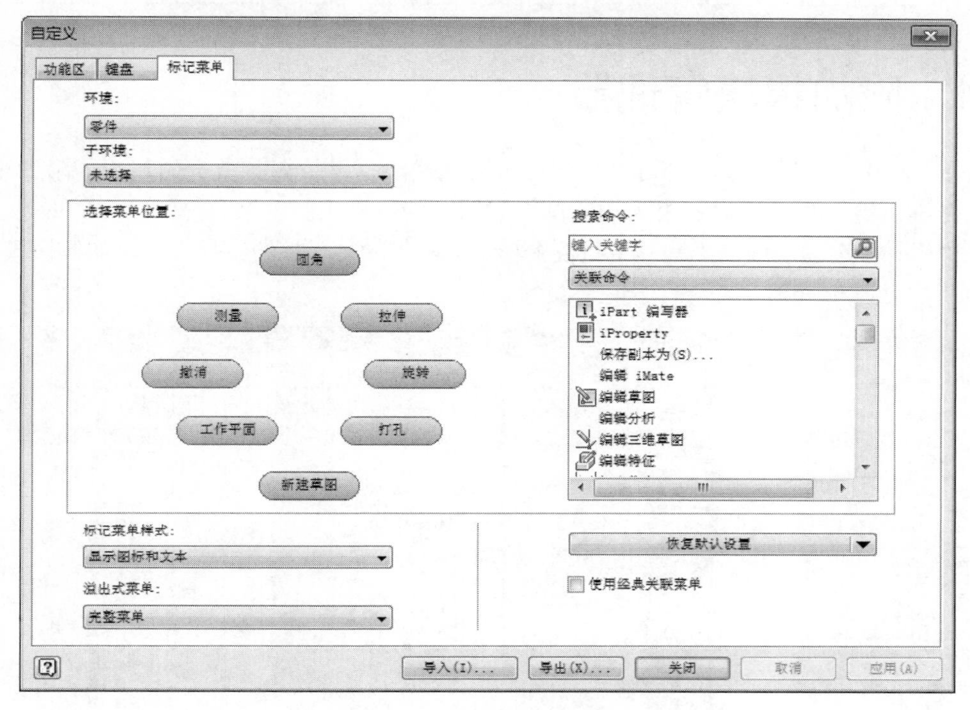

图 14-62　“标记菜单”选项卡

注意

若要禁用标记菜单，请选择“视图”选项卡中“窗口”面板的“用户界面”，并在下拉菜单中取消勾选“标记菜单”复选框。

若要删除标记菜单命令，请在该命令节点上单击鼠标右键，然后在关联菜单中，选择“删除”命令。若要恢复已删除的命令，请在该命令节点上单击鼠标右键，然后选择“重置”命令。

14.3.4　“自定义”对话框中的共用按钮

1. 导出

将自定义设置保存为 .xml 文件。单击“导出”按钮，则弹出“导出自定义设置”对话框，选择文件位置，并输入文件名称，然后单击“保存”按钮。

2. 导入

导入保存自定义设置的.xml 文件，可以使用其他已有的自定义设置。

单击“导入”按钮，则弹出“导入自定义设置”对话框，选择要导入的 .xml 文件，然后单击“打开”按钮即可。

> **注意**
>
> *在单击“导入”按钮之前，需关闭所有打开的 Autodesk Inventor 文件。*

14.4 附加模块管理器

Inventor 软件的体系架构，可以加载许多附加模块，以扩充其自身的能力。附加模块管理器就是提供给用户的针对各个附加模块加载情况的管理工具。

在“工具”选项卡中的“选项”面板中单击“附加模块”按钮，弹出“附加模块管理器”对话框，参见图 14-63。

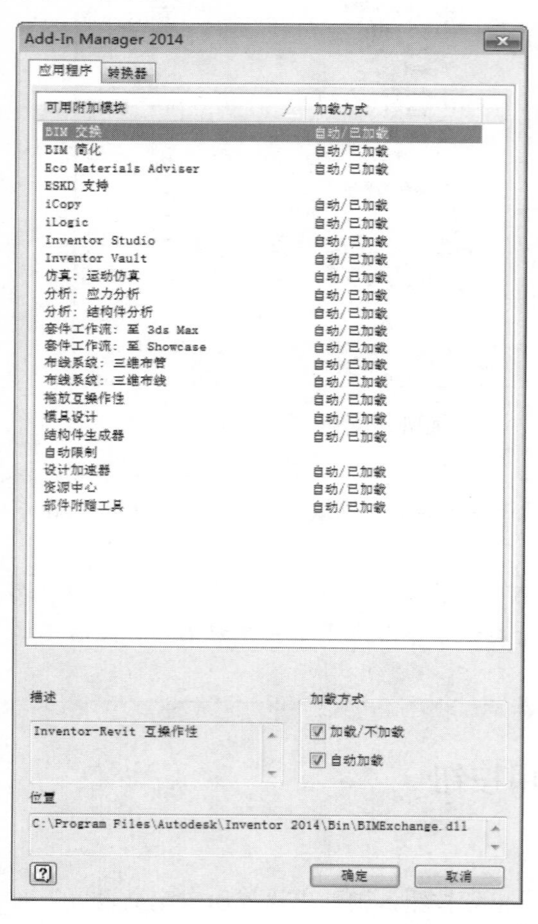

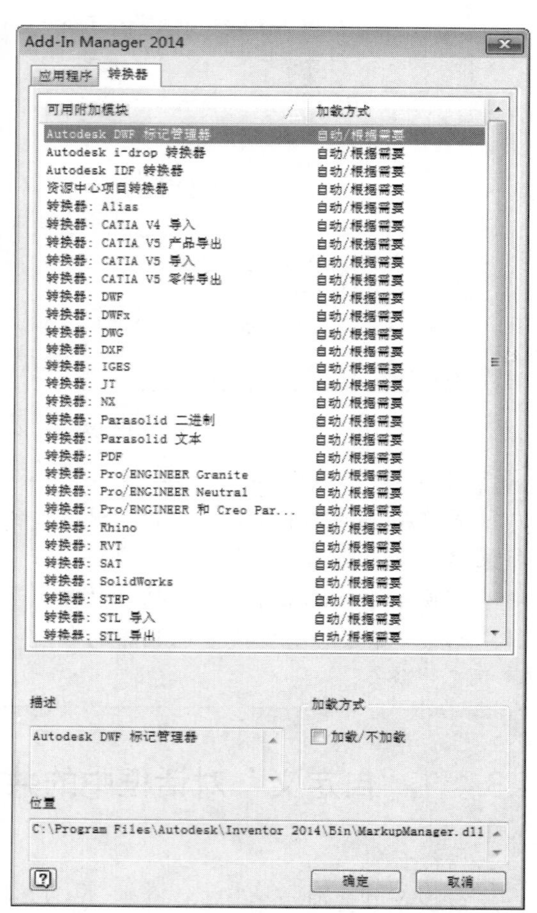

图 14-63 附加模块管理器

1. 可用附加模块

列出已安装的所有附加模块。分为应用程序和转换器两大类。转换器类主要包含数据格式转换种类。

2．加载方式（1）

列出所有已安装附加模块对应的当前加载情况。共有 4 种加载情况：加载、不加载、启动 / 加载和启动 / 不加载。

不加载的附加模块在表中不列出加载方式，加载方式栏为空白。

3．描述

当在列表中选择某个附加模块时，会自动在描述框内显示对该模块的简单描述。

4．加载方式（2）

更改列表中的加载方式。

- 加载 / 不加载：在列表中选定附加模块，通过“加载”和“不加载”之间的切换，设置该模块的加载方式。加载方式列表会关联更新，以反映选定附加模块的加载方式。勾选该复选框，则加载选定的附加模块。否则，将不加载。

> 注意
>
> 该选项无法在操作过程中卸载 Autodesk Inventor Professional 附加模块。

- 自动加载：在启动时自动加载和使用附加模块管理器手动加载之间切换选定的附加模块。

加载方式组合：

- 勾选“自动加载”复选框，而取消勾选“加载 / 不加载”复选框，模块的加载方式为自动 / 已卸载。
- 勾选“自动加载”复选框，同时勾选“加载 / 不加载”复选框，模块的加载方式为自动 / 已加载。
- 取消勾选“自动加载”复选框，而勾选“加载 / 不加载”复选框，模块的加载方式为加载。
- 取消勾选“自动加载”复选框，同时也取消勾选“加载 / 不加载”复选框，模块的加载方式为不加载，即加载的方式为空白。

在描述列表框中，对某些附加模块的描述不清楚，在这里对个别模块的描述做补充。

- BIM 交换：把 Inventor 的模型添加一定的属性，导入到 Revit 并能被 Revit 识别的三维模型的模块。
- BIM 简化：将 Inventor 的模型进行简化，以便导入到 Revit 中显示简化的模型。
- 部件附赠工具：部件附带加载工具模块。
- Autodesk DWF Markup Manger：DWF 注释与标记管理模块。
- Autodesk IDF 转换器：印制电路板设计数据和 Inventor 数据转换模块。
- Autodesk i-drop 转换器：直接导入网络上的*.ipt 或者*.SAT 文件到 Inventor 中使用的模块。
- 模具设计：注塑模具设计模块。
- ESKD 支持：ESKD 制图标准支持图纸文本和注释。
- iLogic：iLogic 模块，iLogic 使用户可以进行规则驱动的设计，以一种简单的方式捕获和重复使用自己的作品。

- 资源中心：资源中心模块界面程序包。若不加载，则工具面板上没有 CC 的按钮。
- 资源中心项转换器：管路设计、设计加速器，在引用资源中心内容时，需要这个必要的转换器才行。因为资源中心并没有完全涵盖所有模块的资源引用需要。
- 拖放互操作性：几何模型动态拖动修改模块。
- 自动限制：设计数据“自动限制”模块。
- 分析：有限元分析模块。
- 转换器：其他文件生成模块。

取消每个附加模块的“在启动时加载”选项，可以提高计算机性能。卸载每个附加模块也可提高计算机性能。所以在此建议根据自己专业的需要，把不用的模块卸载，并设置在启动时也不加载。这可以明显减少 Inventor 对运行资源的消耗。

14.5 本章小结

本章主要讲述了 Inventor 中用户可以自己定制的一些选项和工具，它们主要包括应用程序选项、文档设置、自定义对话框和附加模块管理器。对于它们当中每一项设置的含义都做了详细的讲解，并附带提出了相关的设置建议。

通过对本章知识的学习，用户可以根据自己专业的需求、个人操作习惯和对界面风格的喜好，设置自己喜欢且实用的 Inventor 工作环境。

当然，对于多数应用来说，Inventor 默认的环境设置应当是很合适的，不需要做什么改动。但是，通过本章的学习不仅可以让用户更加了解 Inventor，而且能更好地使用 Inventor。

第 15 章　设计助理和附加工具

Inventor 不仅提供了丰富的设计工具，同时还提供了针对设计数据的管理功能和相关的附加处理工具。本章将详细地讲解这些设计数据管理功能和附加工具。

15.1　设计助理（Design Assistant）

在以前的设计软件中，设计数据的管理大多是人工进行的，很烦琐，而且易丢失。而 Inventor 给我们提供了“设计助理”功能，它可以顺利地帮助我们解决这些管理问题，使设计数据的管理工作简单易行，而且效果很好。

“设计助理”功能可以在不启动 Inventor 的条件下启用，其启用步骤有两条途径。

- 启用步骤一：选择要处理的设计文档，单击鼠标右键，在弹出的快捷菜单中选择“Design Assistant(G)”命令，打开“Design Assistant 2015”面板，参见图 2-1。
- 启用步骤二：在操作系统界面左下角，选择“开始”→“所有程序”→“Autodesk”→“Autodesk Inventor 2015”→“Design Assistant 2015”命令，打开“Design Assistant 2015”面板。

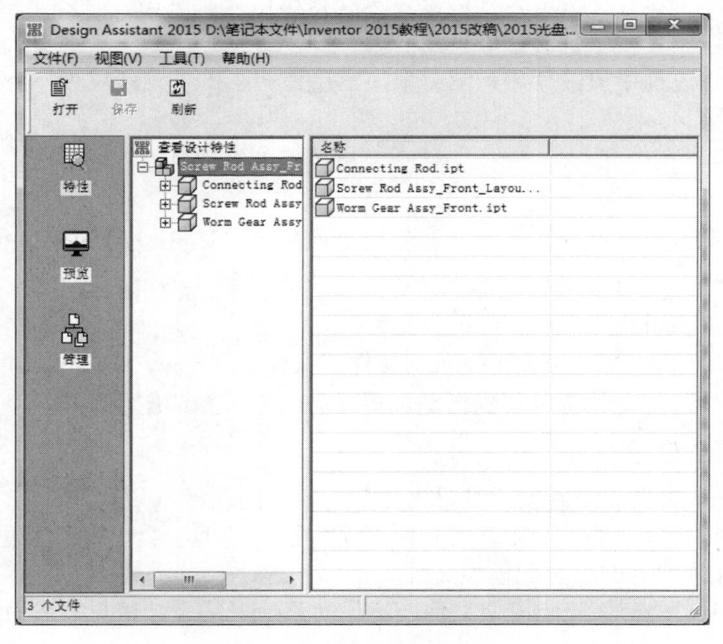

图 15-1　设计助理

设计助理主要包括设计结果打包、文件清理、管理文件之间的连接、预览文件、复制设计特性、管理设计特性和设计项目管理等功能。

下面我们就根据以上几个方面的功能来详细介绍设计助理。

15.1.1 设计结果打包

在讲解设计结果打包之前，我们要了解设计结果包括哪些设计文档。就机械设计而言，设计结果应包括零件模型、装配模型、全套的工程图和明细表等，当然还包括大量的分析、计算、校核与说明文档。

在 Inventor 中，“项目”是帮助我们进行设计数据管理的工具，“项目”可以允许设计项目相关文件存放在选定的一个或多个文件夹中甚至包括复杂的远程网络上的链路下。

机械设计的过程就是反复修改配凑的过程，对于自己设计的零部件、引用的标准件和型材等，都要反复进行结构和参数的配凑，而最后的结果可能是通过很多次的设计调整才确定的。例如标准件，装入一个螺钉，不满意，换一个规格甚至型号，是经常遇到的事。在这个过程中，Inventor 将建立许多模型文件。这样，最后的设计结果中并没有被使用的“废旧零部件”在当前项目的文件夹中肯定存在。

这种情况下就需要“打包”来帮我们进行后期的设计数据整理，帮助我们从项目文件中得到有用的数据文件，摈弃“设计垃圾”。

1. 打包的作用与机制

1）“打包”的作用

- 整理和归纳设计参与的文件，并按实际使用情况复制出一套完整的文件。
- 同时保持原有的文件之间的链接关系。
- 对于设计过程中曾经使用，但后来决定不使用了的“设计垃圾”会自动识别而不会包装进来。
- 打包后的结果与原来的设计文件会脱离关系但能够独立存在。

2）“打包”机制

- 对于所有引用文件，都必须能够使用当前项目（*.ipj 文件）来进行解析。
- 将 Inventor 文件及其所有或选定的引用文件打包到单个文件夹下，即使这些文件存储在多个网络位置。
- 包含引用所选 Autodesk Inventor 文件的文件。
- 打包时，这些文件将复制到指定位置，同时不改变或删除源文件。

2. 打包的操作流程

1）将 Inventor 的当前激活项目设置为要打包输出的项目

这一步是必须要确认的，否则在打包时对文件进行的搜索会出现错误。

2）选定要打包项目的总装配模型文件

在 Inventor 中，只有总装配模型文件才能最完整地表达设计信息，因为它引用了准备打包处理的全部设计内容。

有以下两种操作可以选定总装配模型文件。

- 操作一：在项目文件夹中找到总装配模型文件，选定该文件，单击鼠标右键，在弹出的快捷菜单中选择“打包（K）”命令。
- 操作二：先启动设计助理工具，单击“打开”按钮，弹出“打开 Autodesk Inventor 文件”对话框，找到项目的总装配模型文件，选定该文件，单击“打开”按钮。回到设计助理界面，选定总装配模型文件，单击鼠标右键，在弹出的快捷菜单中选择“打包（K）”命令，参见图 15-2。

两种操作都可以在不启动 Inventor 的情况下完成。如果设计项目结构比较简单，用第一种操作比较方便，如果设计项目结构比较复杂，则用后一种操作逻辑更加清晰。

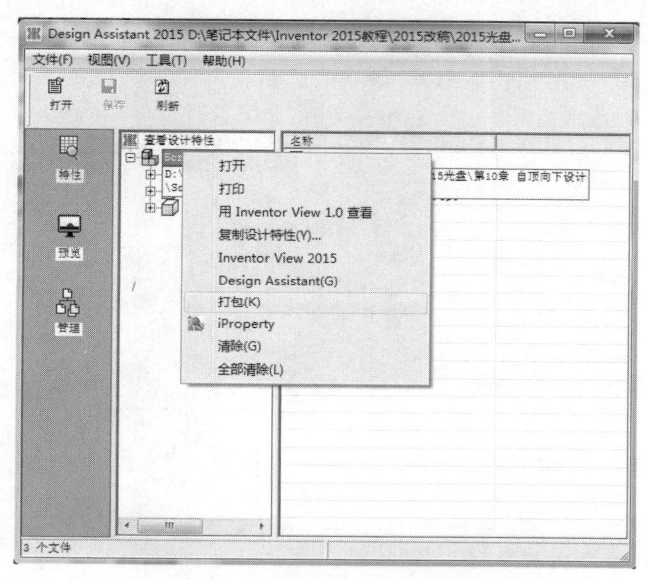

图 15-2　打包操作实例

3）针对当前激活项目的检查

在上面选择“打包（K）”命令后，设计助理将对 Inventor 当前激活项目进行检查，如果当前激活项目不是要进行打包输出的设计项目，则弹出如图 15-3 所示的提示信息框。出现这种情况是不可以的，可能会导致打包文件搜索出现错误，需要解决。

图 15-3　打包错误提示

解决方法有以下两种。

- 方法一：打开 Inventor，在功能区中，单击“启动”面板中的“项目”按钮，弹出的“项目”对话框，将当前激活项目设置为要打包输出的项目，单击“完毕”按钮，设置完成。

- 方法二：在设计助理界面中，选择“文件”→“项目”命令，弹出“选择项目文件”对话框，选择要打包输出的设计项目作为当前应用项目，单击“关闭”按钮，设置完成。

项目设置完成后，重新启用打包功能，就不会再有错误提示。单击“打包”按钮后，则直接打开“打包”选项卡。

4）“打包”对话框中栏目的设置

选择“打包”选项后，弹出“打包”对话框，参见图 15-4。

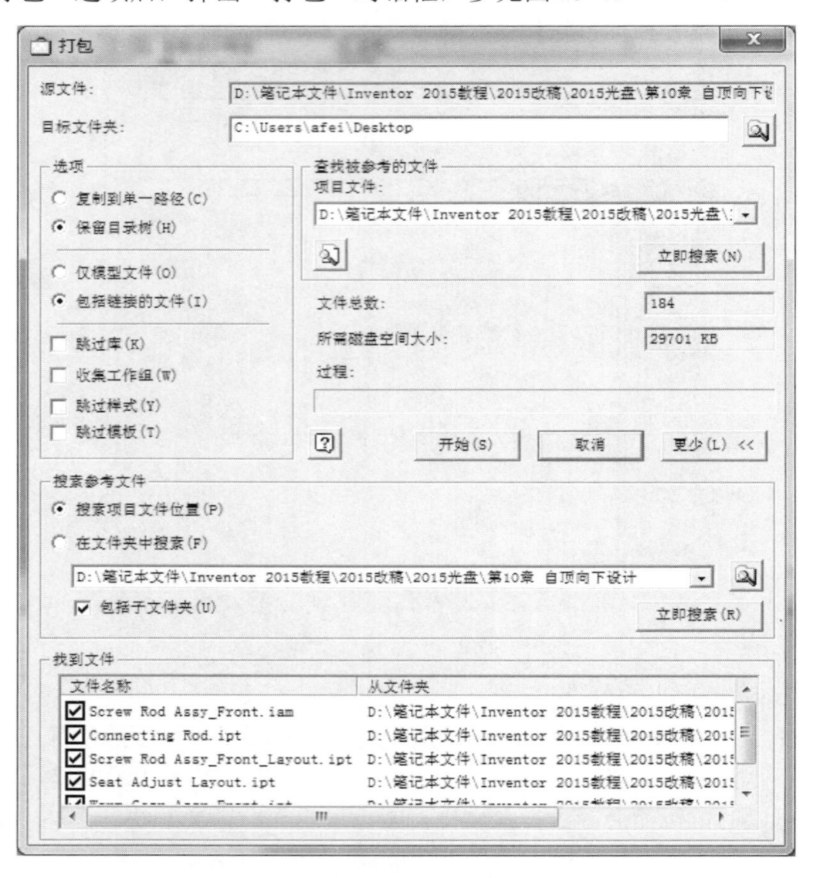

图 15-4 “打包”对话框

对话框中的栏目和各项参数介绍如下。

- 源文件：显示当前选定的总装配文件的地址。
- 目标文件夹：设定打包结果的保存位置。可以用右边的浏览器按钮，在弹出的对话框中设定目标保存文件夹。
- 选项：打包内容选项设置，选项名称已经很清楚地表达了其含义，这里不再赘述。取消勾选“跳过库”复选框，因为其作用是搜索这个项目下相关装配中已经用到的所有标准件模型，并打包出去。如果选择，则不打包装配中用到的标准件模型，这种结果不能满足机械设计需求。

- 查找被参考的文件：其实这里并不能理解成“查找被参考的文件”，而应理解为“查找相关的模型文件”，这些实体模型文件是打包必须要包含的，包括自装配模型、零件、标准件等。

设置好项目文件之后，单击“立即搜索”按钮，设计助理就以项目为基础，搜索该项目下所有参与总装配的模型文件。搜索完成后，统计出“文件数量”，以及“所需磁盘空间大小”。

- 搜索参考件：这里也不能理解为“搜索参考文件”，而应该理解为“搜索除了模型文件之外与本设计相关的其他文件”，这些文件主要包括工程图。

设置完成后，单击“立即搜索”按钮，则弹出“打包：查找引用文件结果”对话框，参见图 15-5，并在对话框中列出搜索查找到的所有相关文件的名称，即当前存储地址。然后单击“添加”按钮，即可把这些文件添加到打包内容中。

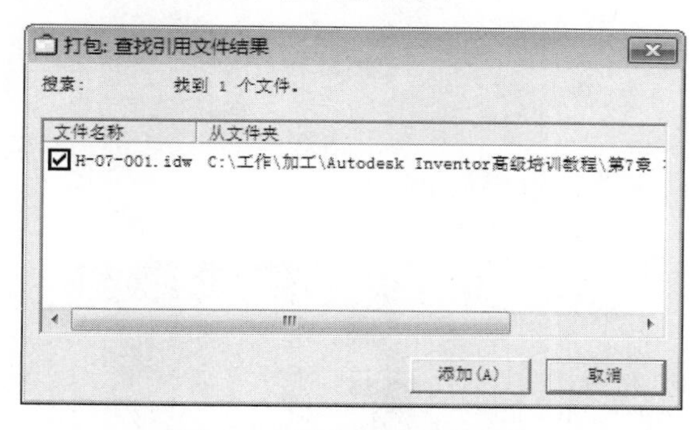

图 15-5　搜索项目关联文件

- 找到文件：“打包”对话框最下面一栏，其实就是打包内容列表，它包含了两次搜索得到的所有文件。在这里用户可以查看自己本次打包后的结果内容。

5）执行打包

以上设置完成后，在“打包”对话框中单击“开始（S）”按钮，开始执行打包，“过程条”会显示打包的进程。完成后，单击“完毕”按钮，即可关闭“打包”对话框。

6）打包结果内容统计

完成后，设计助理会自动在打包结果文件夹中创建一个打包信息统计文档，该文档是名称为“packngo”的记事本文件。

该文件中包括打包的时间、操作方式、复制文件数、文件总数据量，以及源文件的位置、名称、类型、Inventor 的版本、文件版本信息等。

打包结果文件将不会包括设计垃圾文件，也不包括旧版本的设计文件。

这样实现了设计结果的整理，只保留了我们所需要的设计数据。应当把打包结果进行多处备份或刻制光盘，以防数据丢失。

7）打包结果的应用

在打包的过程中，打包功能会根据打包的总装配文件，在打包结果文件夹中自动创建一个和原总装配文件重名的新项目文件。例如，针对“H-07-001.iam”的打包，在打包结果文件夹中会发现有一个新的项目文件，文件名为“H-07-001.ipj”。这个项目文件的名称，用户可以根据设计管理需要在打包结果文件夹中更改。

要使用打包结果继续进行设计，这时不应该再利用原始文件进行操作，而是用打包的结果进行设计操作。这是因为打包结果包含了所有设计所需数据，而原始文件却包含垃圾数据。

把打包结果放到指定的位置，打开 Inventor，在“项目”对话框中，通过“浏览”找到新的项目文件，把它设置为当前激活项目，接下来就可以利用打包结果进行下面的设计了。

15.1.2 预览设计结果

设计助理中可以预览设计结果。其操作是：在设计助理界面中单击“预览”按钮，切换到“预览”机制，然后在结构树中选定要查看的内容，将显示零部件等模型的预览图形，选定这个预览，单击鼠标右键，在弹出的快捷菜单中会显示出在这种情况下可进行的相关操作，参见图 15-6。

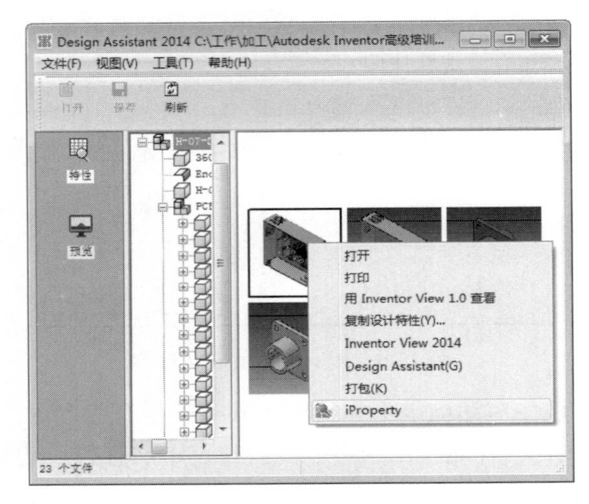

图 15-6　预览设计结果

15.1.3 管理设计文件之间的链接

在设计过程中，Inventor 的“项目”功能可以帮助我们自动实现定位和管理设计文件之间的链接关系。但是在实际设计中，我们不光需要保持文件之间的链接关系，在必要的时候还要对相关的文件进行搜索查询，这是“项目”功能所不能顺利完成的。

在现实的设计中，经常会遇到同一个设计零件或部件会在多个不同的设计项目中用到的情况，这时只需要在一个项目中进行设计，其他项目可以重复利用这个设计，只需要根据项目需要更改零件或部件的名称即可。另外还有可能在设计新产品时，可以利用老产品的设计结果，对其重新命名，然后在原结果的基础上进行修改，也就是设计重用。这两种情况都要对设计文件进行重命名。这也是“项目”功能所不能完成的，更不能直接在文件夹中更改文件名，因为文件名是“项目”功能建立链接的依据，没有经过 Inventor 的修改文件名，“项目”也不能知道这些变化，将导致链接丢失。

设计助理却可以帮助我们顺利完成这些需求，并且能够保持链接关系。

1. 查找字符串

在实际设计中，经常需要在某产品设计中搜索带有某些字符的零部件。设计助理的查找功能可以帮助我们实现这种需求。操作如下：

（1）在设计助理中，打开该产品的总装配文件，单击“管理”按钮，切换到“管理”机制。

（2）在主菜单中，选择“工具”→“查找”→“字符串”命令，弹出“查找字符串”对话框，参见图 15-7。

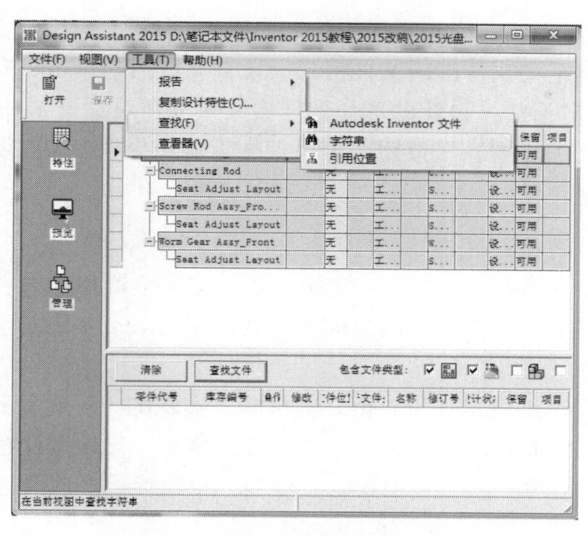

图 15-7　查找字符串

（3）在对话框中输入要查找的字符串，单击“确定”按钮，执行查找。

（4）查找完成后，设计助理会将带有这个字符串的文件特殊显示，参见图 15-8。

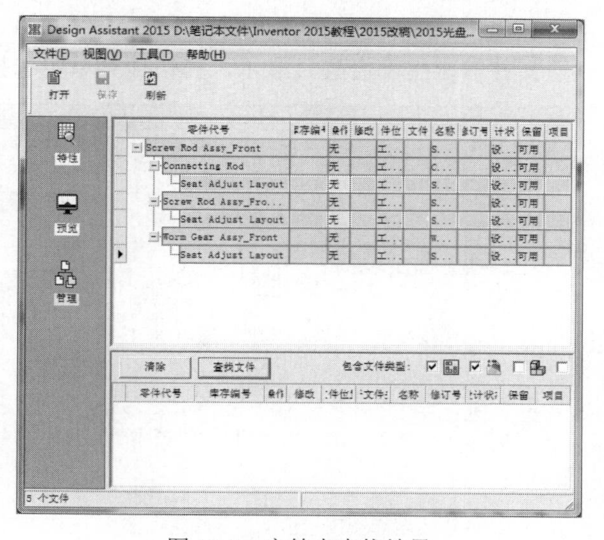

图 15-8　字符串查找结果

2. 文件引用搜索

在实际设计中，有些零部件可能被多次、在不同的装配中引用。设计助理能方便地找到指定文件的引用信息。

操作方法为，在界面中选定要查找的零件，在主菜单中，选择“工具”→“查找”→“引用位置”命令，弹出“引用位置”对话框。

- 搜索引用文件：选定文件在当前项目中的存储位置。
- 查找范围：设定搜索的范围，单击“单击以添加…”按钮，在弹出的对话框中查找添加搜索范围。
- 文件类型：设定查找范围的文件格式。设置完成后，单击“立即搜索”按钮，弹出“找到文件”对话框，设计助理会把搜索结果列在对话框中。

搜索完后，单击“保存列表”按钮，可以把搜索的结果以 TXT 格式文件输出，以便统计和设计分析使用。

3. 文件重命名

在设计过程中，Inventor 的“项目”功能需要以文件位置和文件名作为基本的数据来管理各文件之间的链接关系。所以文件的重命名需要经过 Inventor 来实现，否则将来会丢失文件在设计中的链接关系。

设计助理的重命名功能就是在 Inventor 的机制下实现的，在重命名时链接关系记录会自动更新。因此，不会丢失原有的链接关系。文件重命名后，与该文件有链接关系的所有文件都保持原有关系而不会出错。

文件重命名操作如下：

（1）启动“设计助理 Design Assistant”，打开需要重命名文件所在的顶级装配（一般为总装配）。

（2）单击“管理”按钮，切换到“管理”机制，选定要重命名的文件。

（3）在“操作”列下，用鼠标右键单击该文件所在行的单元格，弹出快捷菜单，参见图 15-9，这时所有对该文件的应用都会醒目显示，在快捷菜单中选择“重命名”命令。

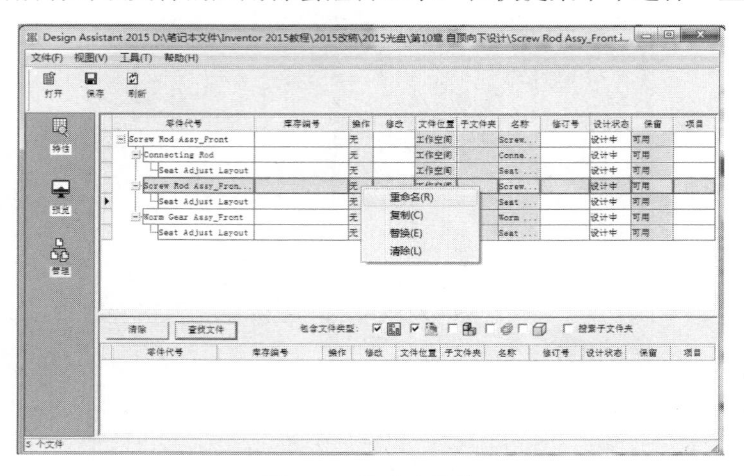

图 15-9 重命名操作

（4）在“名称”列下，用鼠标左键双击该文件所在行的单元格，这时弹出“打开”对话框，参见图 15-10，输入新的文件名，单击“打开”按钮，则关闭该对话框。

（5）这时零件代号会关联成更新的文件名，如果对该文件名不满意，可以在“零件代号”单元格中单击鼠标右键，弹出快捷菜单，参见图 15-11，在快捷菜单中选择“重设”命令，这样文件将恢复原来的名称，可以进行重新修改。

图 15-10　改变名称

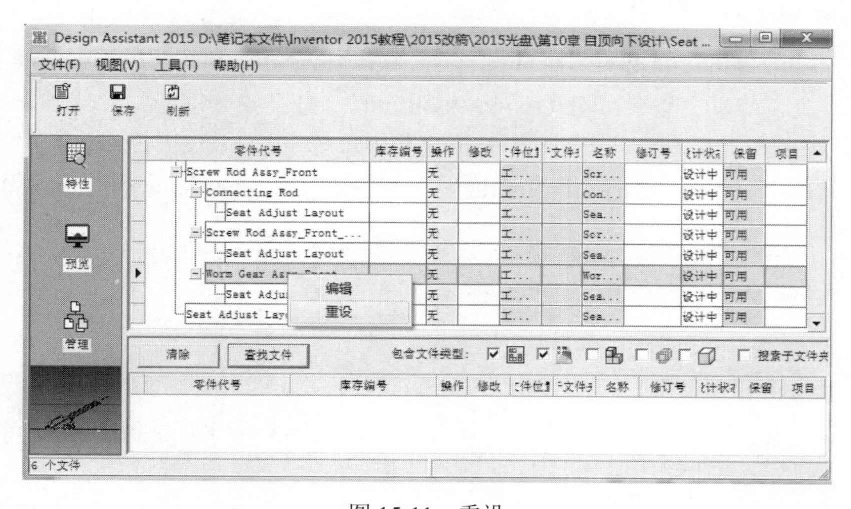

图 15-11　重设

（6）重命名完毕后，一定要在设计助理界面中单击“保存”按钮，否则上面所做的修改都不会生效。

注意

重命名的对象不能为标准件，如果要对标准件重命名，则要在装入标准件时选择设置为“作为自定义”零件。

15.1.4 复制设计特性

机械设计的数据包括几何数据和非几何数据，在 Inventor 中模型的非几何数据是用模型的 iProperties 进行设置和存储的，其中，某些参数在设计产品的全部设计参与模型中需要统一，这就是设计助理中“复制设计特性”所能解决的需求。其操作步骤如下：

（1）启动“设计助理 Design Assistant”，选择“工具”→“复制设计特性（C）”命令，弹出“复制设计特性”对话框。

（2）在“复制自”下拉列表中，先选择要复制特性的源文件，再选定要从这个文件中输出给别人的具体的特性。

（3）在“复制到”下拉列表中，选择要接受这些特征的文件。

（4）设置完成单击“复制”按钮，则完成设计特性复制。

注意

对于单个模型的 iProperties，最好还是在 Inventor 模型文件中进行设置。只有确实需要批量处理，而且在自己的专业模板中没有做好统一的 iProperties 数据的情况下，才去使用设计助理中的“复制设计特性”。如果当前设计项目设置为共享或半隔离，则不能进行设计特性复制。

15.1.5 管理设计特性

在设计助理中也可以对某个零件或部件的 iProperties 进行设置和管理。

操作步骤为，启动“设计助理 Design Assistant”，打开要处理的文件或其所在的装配，选定该零部件，单击鼠标右键，在弹出的快捷菜单中选择“iProperties”命令，弹出“iProperties”对话框，参见图 15-12，下面的操作和在模型文件中定义 iProperties 相同，此处不再赘述。

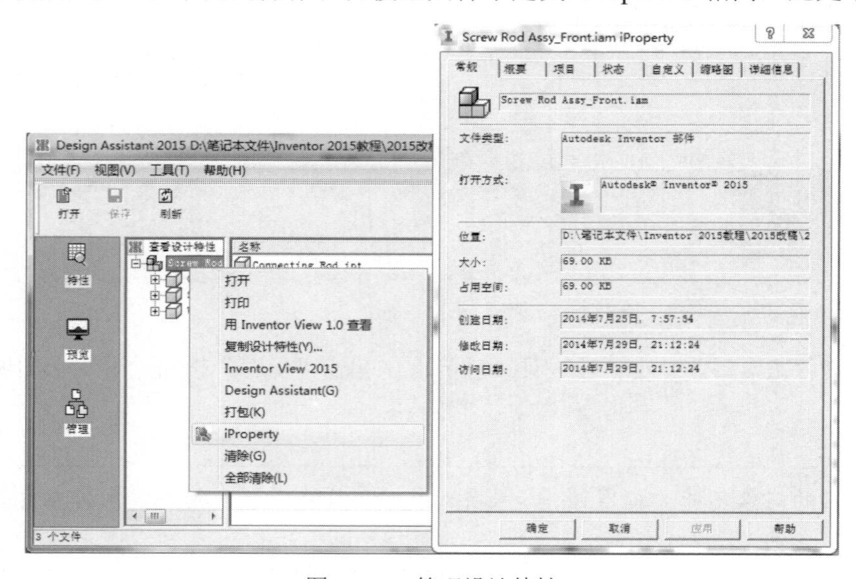

图 15-12 管理设计特性

注意

对于单个模型的 iProperties，最好还是设计时在 Inventor 模型文件中进行设置；只有在设计时忘记设置 iProperties 数据的情况下，才利用设计助理功能进行设置和定义。

15.1.6　设计项目管理

在设计助理中也可以对设计项目进行相关设置。

其操作步骤为，启动“设计助理 Design Assistant”，选择“文件”→“项目”命令，弹出“选择项目文件”对话框，在该对话框中可以选择激活某个项目，或对项目的相关属性进行设置，设置方法及步骤和在 Inventor 下相同，此处不再赘述。

注意

对于项目的相关属性，建议最好在 Inventor 下进行设置，而不要在设计助理中进行设置，这样有利于保证项目相关属性的单一、有效、简明性。

15.2　附加工具

为了更好地实现辅助设计功能，Inventor 提供了一组附加工具，以帮助用户对设计项目进行有效管理，参见图 15-13。

图 15-13　附加工具

15.2.1　附加模块管理器

在操作系统界面左下角，选择“开始”→“所有程序”→“Autodesk” →“Autodesk Inventor

2015”→“工具”→“附加模块管理器”命令，弹出“附加模块管理器”对话框。本工具与本教程“15.4 附加模块管理器”中所介绍功能是相同的，只是打开方式不同。其详细设置本处不再赘述。

15.2.2 工程图资源转移向导

本工具的作用是将工程图资源从源工程图文件复制到目标工程图。其可操作的内容包括以下两个方面：

- 将选定源文件中的标题栏、图框和略图符号等设置转移到选定的多个工程图之中。
- 选择性地替换目标工程图中现有的资源。

操作流程如下：

（1）先关闭 Inventor，否则不能启用该功能。

（2）在操作系统界面左下角，选择“开始”→“所有程序”→“Autodesk”→“Autodesk Inventor 2015”→“工具”→“工程图资源转移向导”命令，弹出“工程图资源转换向导”操作界面，参见图 15-14。

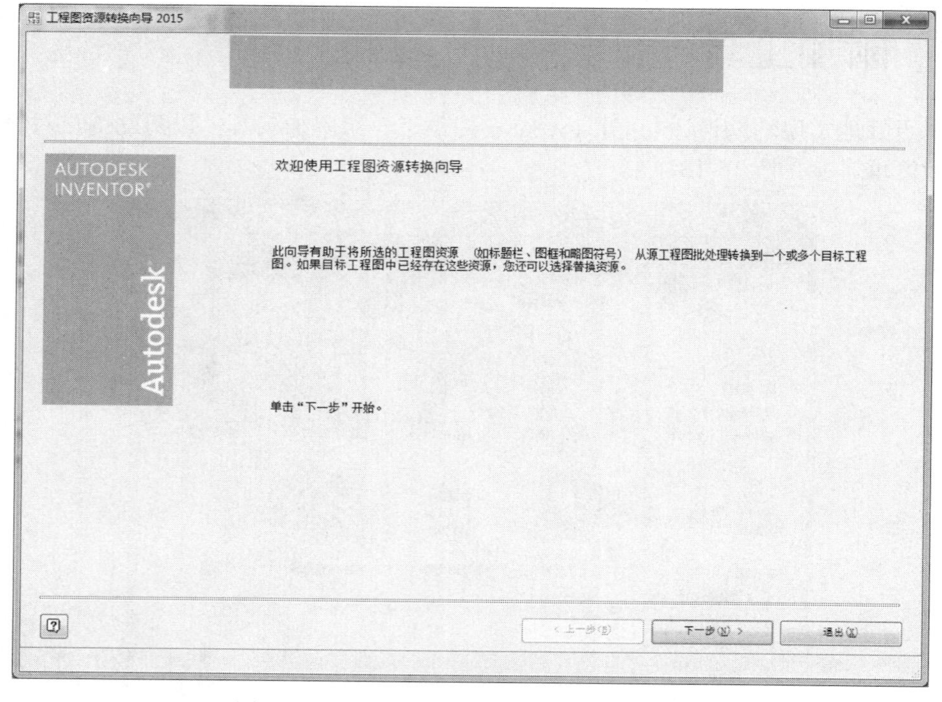

图 15-14 “工程图资源转换向导”操作界面

（3）单击“下一步”按钮，进入“选择源工程图和资源”选择界面，并弹出“选择源工程图”对话框，参见图 15-15。

图 15-15 “选择源工程图”对话框

（4）确定源工程图后，在该界面的“预览”和“源资源”中将显示相关的内容，参见图 15-16。在“源资源”中选择所指定的源文件中的工程图资源，也就是具体有哪些信息需要传递给别人。

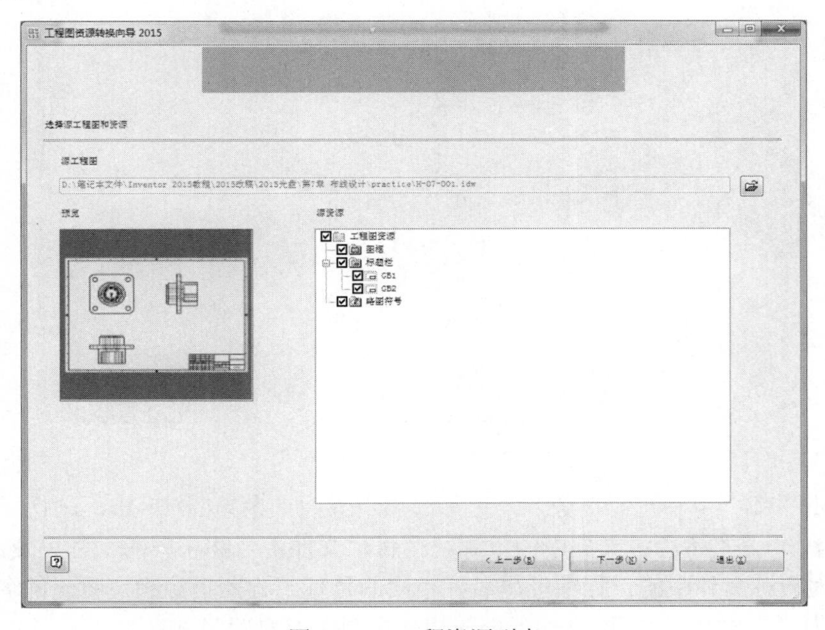

图 15-16 工程资源列表

（5）“源资源”选择完成后，单击“下一步”按钮，进入“选择目标工程图”界面，并弹出“选择目标工程图”对话框，在该对话框中选择要接受“源资源”的工程图，可单选也可多选，参见图 15-17。目标工程图选择完成，将选择的目标工程图列在界面中，参见图 15-18。

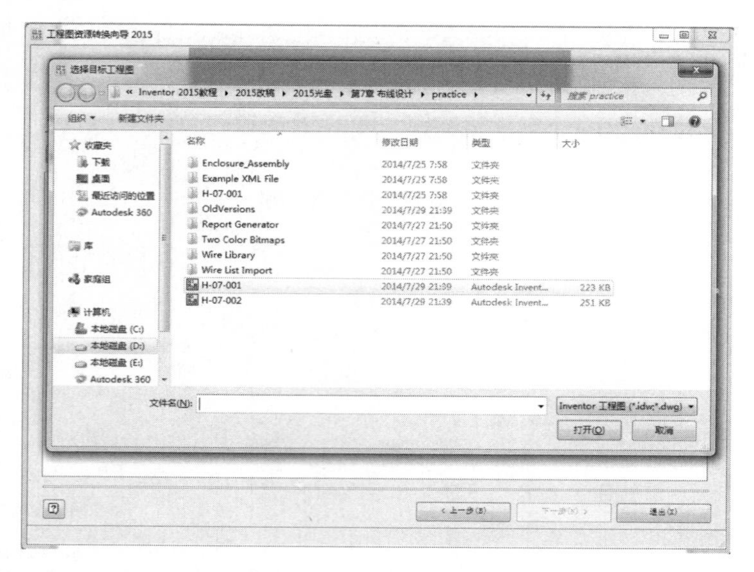

图 15-17　工程图资源列表

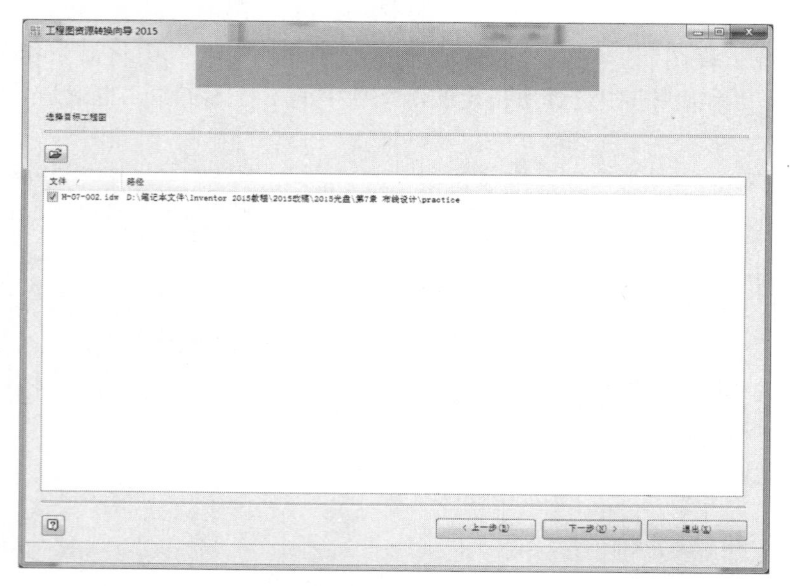

图 15-18　目标工程图列表

（6）单击“下一步”按钮，进入“选择选项”界面，参见图 15-19，进行资源转换的相关设置。其中，“是”指用源文件中的资源替换目标文件中名称相同的工程图资源；“否”为默认设置，为与源文件中的工程图资源名称相同的目标工程图资源指定唯一的名称，被复制的资源命名为“副本×××”，目标工程图相关资源保留原始名称。

（7）设置完成，单击“下一步”按钮，进入“开始批处理”界面，参见图 15-20，该界面中列出了本次工程图资源转换的内容统计及相关设置。确认后，单击“开始”按钮，执行资源转换操作。

（8）进入资源转换进度界面，以显示处理进度，完成后，显示处理结果日志，单击“退出”按钮，关闭“工程图资源转移向导”。

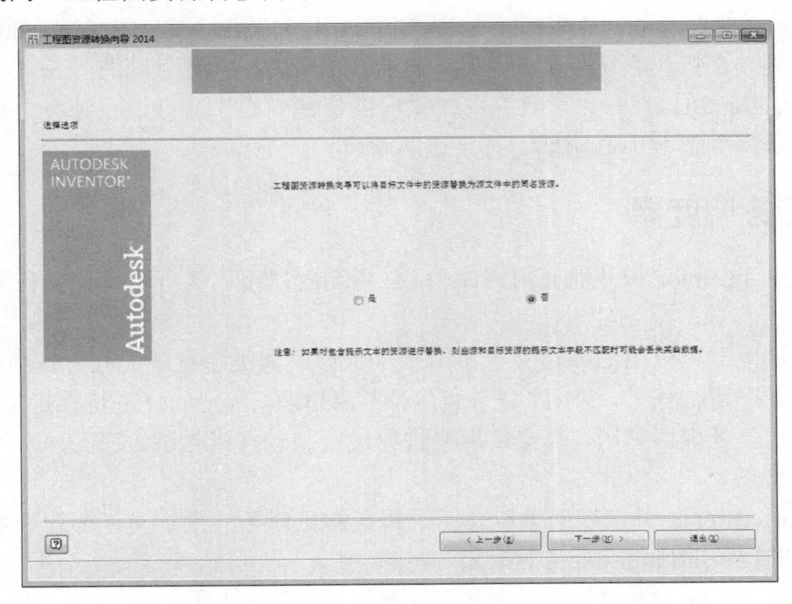

图 15-19　资源转换的相关设置

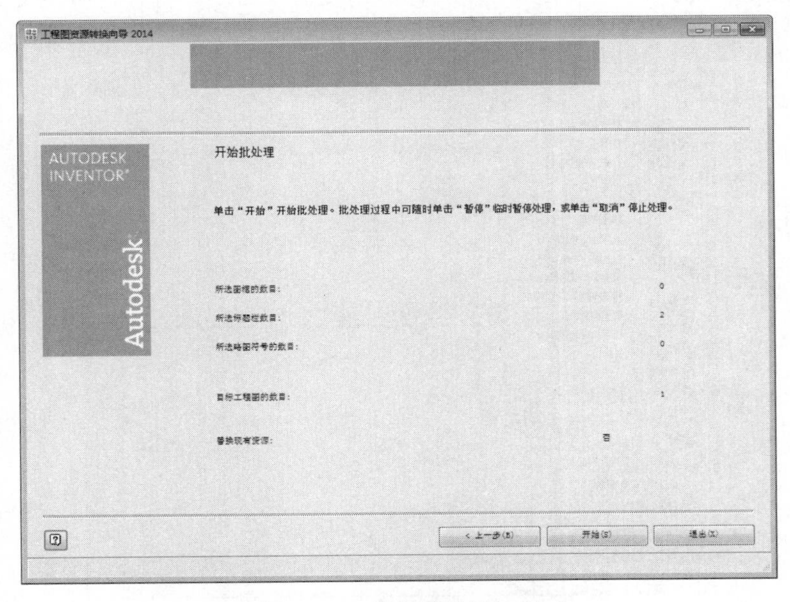

图 15-20　资源转换批处理

15.2.3　供应商资源中心

该工具的作用是链接到 Autodesk 提供的资源中心网站，在该网站 Autodesk 为用户提供了大量模型资源，用户可以通过它下载所需的模型，同时也可以把自己设计的模型在此共享给其他的 Inventor 用户。

该网站地址为：

http://usa.autodesk.com/adsk/servlet/index?siteID=123112&id=20069253&linkID=9242019。

操作步骤为，在操作系统界面左下角，选择“开始”→“所有程序”→“Autodesk”→“Autodesk Inventor 2015”→“工具”→“供应商资源中心”命令，系统会自动打开默认浏览器，并自动链接到资源中心网址，打开该网站。

15.2.4 任务调度器

在 Autodesk Inventor 和其他应用程序中，任务调度器可以执行自动化的任务并可作为批处理器。

使用任务调度器可以组织和定义一个或多个来自不同类型程序的耗时任务。在计划的时刻按照指定的顺序运行任务。关闭“任务调度器”窗口后，预定的任务将在指定的时间运行。无论有多少个物理处理器可用，都要使用多进程设置来运行批处理。在同一个处理器上运行多个 Inventor 任务。

Autodesk Inventor 任务调度器中包含用于执行常见任务的预定义任务管理器，以及用于定义用户自己的任务的自定义任务管理器。

操作步骤为，在操作系统界面左下角，选择“开始”→“所有程序”→“Autodesk” →“Autodesk Inventor 2015”→“工具”→“任务调度器”命令，打开任务调度器界面，参见图 15-21。

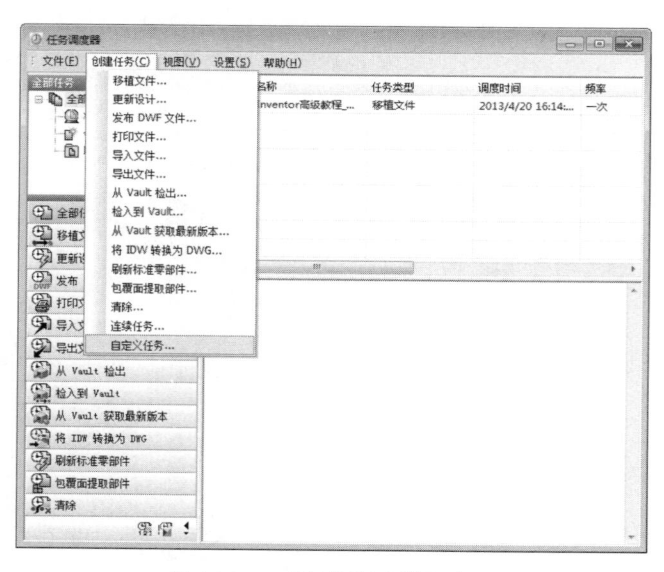

图 15-21 “任务调度器”窗口

从“创建任务”的下拉菜单中，我们可以看到，任务调度器提供了 14 种用户可以选择使用的预定义任务类型，每种任务表示的含义如下。

- 移植文件：创建和编辑用于从 Inventor 的以前版本中移植文件的任务。

- 更新设计：创建和编辑更新选定的 Inventor 项目和文件的任务，包括设计关联更新中的“全部重建”。
- 发布 DWF 文件：将选定的 Inventor 文件（.ipt、.iam、.dwg、.idw、.ipn）转换为 DWF 格式。
- 打印文件：创建和编辑自动打印 Inventor 支持的所有文件的任务。
- 导入文件：将其他格式的文件转换成 Inventor 的文件，其他格式包括：.model、.wire、.CATPart、.prt、.dwg、.step 等。
- 导出文件：将 Inventor 的文件转换成其他格式的文件导出。
- 从 Vault 检出：将激活 Vault 项目中的文件从 Autodesk Vault 检出到本地硬盘。
- 检入到 Vault：将激活的 Vault 项目中的文件检入到 Autodesk Vault。
- 从 Vault 中获取文件最新版本：创建和编辑要从 Vault 下载最新版本的文件的任务。
- 将 IDW 转换为 DWG：将 .idw 文件转换为 Autodesk Inventor .dwg 文件。
- 刷新标准零部件：将更新资源中心中已编辑过的零件或部件的实例。该程序将在相关部件中搜索适当的零件并刷新这些零件。
- 包覆面提取部件：将创建现有部件的简化单零件表达，该零件只包含部件的包覆面。
- 连续任务：设置多个任务并对其进行调度，以便在指定的时间以指定的顺序执行。在连续任务中设置的任务称为“子任务”。
- 自定义任务：使用现有自定义任务类型或已创建的任务类型来创建和调度自定义任务。

15.2.5 项目编辑器

在操作系统界面左下角，选择“开始”→“所有程序”→“Autodesk”→“Autodesk Inventor 2015”→“工具”→“项目编辑器”命令，打开项目编辑器界面，在该界面中可以选择激活某个项目，或对项目的相关属性进行设置，设置方法及步骤和在 Inventor 下相同，此处不再赘述。

15.2.6 样式库管理器

样式库管理器是对 Inventor 样式库细节数据进行管理的工具。

操作步骤为，在操作系统界面左下角，选择“开始”→“所有程序”→“Autodesk”→“Autodesk Inventor 2015”→“工具”→“样式库管理器”命令，打开样式库管理器界面，参见图 15-22。

样式库管理器主要由 CAD 管理员使用，执行以下操作：

（1）将样式从一个样式库复制到另一个样式库。如果“样式库 2”为一个新建的空样式库，就可以利用中间的双箭头将“样式库 1”中的样式复制到“样式库 2”中。

（2）重命名样式库中的样式。直接选中要处理的样式，单击鼠标右键，在弹出的快捷菜单中选择“重命名”命令，在弹出的“重命名样式”对话框中输入新的名称，单击“确定”按钮即可。

（3）从样式库中删除样式。直接选中要删除的样式，单击鼠标右键，在弹出的快捷菜单中选择“删除样式”命令即可。

以上所有对样式库的修改，只有在重新启动 Inventor 之后才生效。

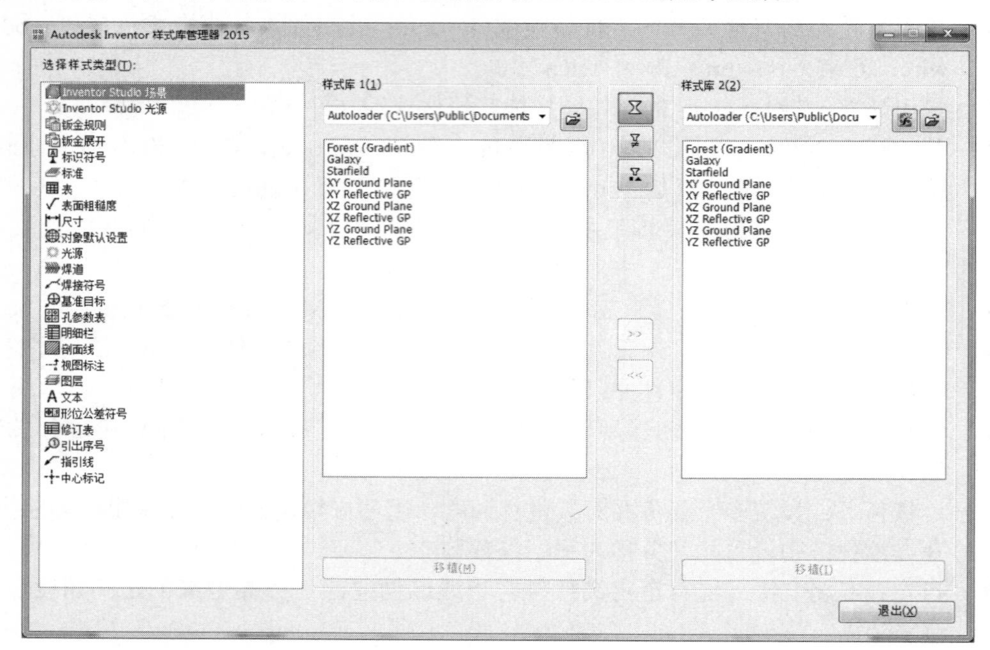

图 15-22 样式库管理器

15.3 本章小结

本章主要讲解了对设计数据进行管理的相关功能，主要包括设计助理和附加工具两大部分的内容。

设计助理主要包括设计结果打包、预览、设计特性的复制和管理、设计项目的管理和设计文件的链接管理，这些功能可以帮助用户在设计后期对设计结果进行有效的管理和完善。

附加工具主要包括附加模块管理器、工程图资源转移向导、供应商资源中心、任务调度器、项目管理器、样式管理向导和样式库管理器。这些工具可以帮助用户管理在设计中用到的数据资源。

通过对本章的学习，用户对 Inventor 的了解会更加深刻，同时对某些公共数据、资源或样式的批处理能力得到质的提高，可以帮助用户更有效地管理和完善自己的设计成果。